ANGLO-HINDI

MEDICAL DICTIONARY

[अंगरेजी–हिन्दी चिकित्सा शब्द–कोष]

4th Edition

Since 1960

Urinary [illegible]. Relating to [illegible]. U. System, the kidneys, ureters, bladder and urethra. [illegible]

Urinate. To micturate, to urinate. [illegible] करना, पेशाब करना।

Urination. Micturition, the act of passing urine. मूत्र त्यागकी क्रिया।

Urine (u-rin). The fluid secreted by the kidneys. मूत्र, पेशाब।

Urinemia (u-rin-e-mi-ah). Contamination of blood, due to the nonexcretion of urinary materials. रक्त मूत्रता [illegible]

Urinomucoid (u-rin-o-mu-koid). A mucus like substance found in the urine. [illegible] पेशाबमें श्लेष्माकी तरह एक पदार्थ।

Uriniferous (u-rin-if-er-us). Conveying urine. मूत्रवाही।

Urinific (u-rin-if-ik). Uriniparous. मूत्रोत्पन्नकारी।

Uriniparous (u-rin-ip-ar-us). Producing or preparing urine. मूत्रोत्पादकारी।

Urinogenital (u-rin-o-jen-it-al). Relating to the urinary and genital organs. मूत्र तथा जननेन्द्रिय-सम्बन्धीय।

Urinometer [illegible]. An instrument for ascertaining [illegible] the specific gravity [illegible]

Urinose, Urinous [illegible]. Resembling or containing urine. मूत्र [illegible]

Urinosexual (u-rin-o-seks-u-al). Urogenital, genito-urinary. मूत्र जननेन्द्रिय सम्बन्धीय।

Urinous. Relating to or of the nature of urine. [illegible] प्रकृति [illegible]

Urisolvent (u-ris-ol-vent). Dissolving uric acid. [illegible]

Uritis (u-ri-tis). Dermatitis [illegible] त्वक्-प्रदाह।

Urning (oor-ning). A sexual perversion in which the sexual object is a person of one's own sex. समलिङ्गीसे रमणेच्छा।

Uroacidimeter (u-ro-as-id-im-et-er). An instrument for measuring the acidity of urine. मूत्रका अम्लत्व मापनेका यंत्र।

ANGLO-HINDI

MEDICAL DICTIONARY

[अंगरेजी–हिन्दी चिकित्सा शब्द–कोष]

BOOKS AND ALLIED (P) Ltd.

No. 1-E(1), 'Shubham Plaza' (1st Floor)

83/1 Beliaghata Main Road, Kolkata 700010 (India)

Tel : (+91-33)6535-3844, 2241-8573 • ***Fax*** : (033)2358-2127

e-mail : books@cal.vsnl.net.in

ANGLO-HINDI

MEDICAL DICTIONARY

[अंगरेजी–हिन्दी चिकित्सा शब्द–कोष]

First (B&A) Edition : 2006

Publisher : Arunabha Sen
BOOKS & ALLIED (P) LTD.
8/1 Chintamoni Das Lane, Kolkata 700009

Typesetter : BOOKS & ALLIED (P) LTD.
8/1 Chintamoni Das Lane, Kolkata 700009

Printer : EUREKA
91/A, Baithakkhana Road, Kolkata 700009

Price : Rs. **175.00** (Rupees One hundred and Seventy-five) only

[Based on 4th Edition published previously by M. Bhattacharyya & Co. (P) Ltd., Kolkata.]

भूमिका

अंगरेजी भाषाका साहित्य एक प्रकारसे उन्नतिके शिखरतक पहुँच चुका है; प्रत्येक विषयके प्रचुर ग्रन्थ-भण्डार पाये जाते हैं। डाक्टरी विषयके कईएक शब्द-कोष इङ्गलैण्ड तथा अमेरिकासे प्रकाशित हो चुके हैं। उन सबमें दो-एक शब्द-कोष अच्छे सुप्रसिद्ध हैं।

परन्तु अभीतक अपनी देशी भाषाओंमें केवल दो-एक भाषामें ही इस प्रकारका प्रयास किया गया है, परन्तु उसमें विशेष सफलता नहीं देखी गयी। हिन्दी भाषामें तो डाक्टरी शब्दोंका, हिन्दी भाषान्तर अबतक किसीने भी प्रकाशन करनेका साहस नहीं किया।

इस एक बड़े अभावकी पूर्ति करनेके लिये कई वर्ष पहलेसे यह विचार केवल मनोराज्यमें ही था, अब श्री भगवानकी असीम कृपासे वही कल्पना सार्थक हो रही है; परन्तु हमें जिन कठिनाइयोंका सामना करना पड़ रहा है, वह सर्वसाधारणसे छिपा नहीं है। इस महा संग्रामके लगनेसे छपाईकी सभी सामग्रियाँ एक प्रकारसे दुर्लभ-सी होती जा रही हैं और उनके दरोंमें दुगुनी, चौगुनी और पाँचगुनी वृद्धि हो गयी है। इतनेपर भी कागज प्राप्त नहीं है।

हमारा शब्द-कोष हिन्दी भाषामें एकदम नवीन वस्तु है, परन्तु अबतक अन्य देशी भाषामें जो कोष निकले हैं, उन सबसे इसमें बहुत बड़ी विशेषता है। इस बातकी पूरी चेष्टा की गयी है कि कोई भी उपयोगी शब्द छूटने न पाये और प्रत्येक शब्दका अंगरेजी भाव देकर उसका पर्यायवाचक शब्द सरल हिन्दीमें दिया गया है, ताकि डाक्टरी पढ़नेवाले, क्या ऐलोपैथी क्या होमियोपैथीके जानकर डाक्टर एवं विद्यार्थीगण इससे पूरा लाभ उठा सकते हैं।

यह बात आपको अवश्य माननी ही होगी कि वर्षोंसे भारतवर्षमें लोग डाक्टरी पढ़ते-पढ़ते चले आये हैं; परन्तु किसीने आजतक इस ओर ध्यान नहीं दिया। यह श्रेय केवल हमारी कम्पनीको ही प्राप्त है कि इस प्रकारका नवीन प्रयास विशेषतः हिन्दीमें समय-समय पर होता रहता है।

इस ग्रन्थरत्नकी रचना एवं प्रकाशनमें जो अथक परिश्रम और असुविधाओंका सामना करना पड़ा है—यह सब प्रयास तभी सार्थक समझा जायेगा, जब कि डाक्टरी पढ़नेवाले हिन्दी भाषा-भाषी हमारे इस प्रयाससे समुचित लाभ उठायेंगे। इति शुभम्।

कलकत्ता
१९४२ ई०

भवदीय—
एम. भट्टाचार्य एण्ड कं. प्रा:. लि:.

चौथे संस्करणकी भूमिका

डाक्टरी विषयके हिन्दी शब्द-कोष, जो बहुत बड़ी कमीकी पूर्ति करनेकी वजहसे तथा इस ग्रन्थ-रत्नकी लोक-प्रियताकी दिनानुदिन बढ़ती देखकर हमें इस अनुपम ग्रन्थका चौथा संस्करण अपने पाठकोंके समक्ष रखते हुए अतीव आनन्द हो रहा है।

वर्त्तमान परिस्थिति, जिसमें कागज, छपाई वगैरहका खर्च बहुत ही बढ़ा हुआ है, फिर भी अपने हितैषी पाठकोंके मांगकी बढ़ती देखकर और इस उद्देश्यसे कि इस अमूल्य ग्रन्थकी पहुँच सबोंके पास हो ; इसीलिये खर्चकी अधिकता होते हुए भी इस बेजोड़ ग्रन्थके मूल्य में थोड़ी-सी वृद्धि की गयी है।

आशा है, हमारे ग्राहक और अनुग्राहक सभी पूर्व संस्करणके भाँति ही इस संस्करणको भी अपनाकर हमारा परिश्रम सार्थक करेंगे, जैसा कि अभीतक करते आ रहे हैं।

कलकत्ता
१९८० ई०

भवदीय—
एम. भट्टाचार्य एण्ड कं. प्रा:. लि:.

M. BHATTACHARYYA'S
MEDICAL DICTIONARY

[ANGLO-HINDI]

A.

A. A prefix signifying want or absence of. अभाव-सूचक-उपसर्ग । (e. g. Apyrexia means want of pyrexia or fever).

āā. An abbreviation of latin 'ana', which denotes, 'of each', Used in writing prescriptions. प्रत्येक-सूचक संक्षिप्त रूप । विशेषकर दवाके व्यवस्था-पत्र (नुस्खे) लिखनेमें प्रयुक्त होता है ।

Ab (ab). A prefix meaning from removed from. से अथवा किसी पदार्थसे पृथक कर देनेके अर्थमें व्यवहृत उपसर्ग ।

Abactio (ab-ak-she-o). **Abactus Venter.** Artificial abortion. कृत्रिम रूपसे किया हुआ गर्भ-पात ; परोचित गर्भपात ।

Abaissement (ah-bas-mahn). Despondency ; depression. विषाद, उदासी ।

Abalienation (ab-al-yen-a-shun). Decay of physical or mental power. मानसिक या शारीरिक शक्तिका क्षय ; चित्त-भ्रंश ।

Abanet (ab-an-et). A girdle-shaped bandage. कमरबन्दके आकारकी एक पट्टी या बन्धन ।

Abaptiston (ab-ap-tis-ton). A small instrument or saw for perforating the skull or cutting out a bone therefrom. करोटीको काटने या वहांको कोई हड्डी काट निकालनेकी एक ऐसी आरी या यंत्र जो मस्तिष्कमें नहीं घुस सकता ।

Abarthrosis (ab-ar-thró-sis). A freely moveable joint. सचल अस्थि-सन्धि ।

Abarticular (ab-ar-tik-u-lar). Remote from a joint. सन्धि-दूरवर्ती, सन्धिसे दूर-स्थित ।

Abarticulation (ab-ar-tik-u-lá-shun). (1) See 'Diarthrosis'. (१) सचल अस्थि-सन्धि । (2) A dislocation. (२) सन्धि-च्युति ; सन्धिका अपने स्थानसे हट जाना ।

Abasia (ah-bá-ze-ah). Inability to walk due to defect in co-ordination. असमता दोषके कारण चलनेसे अक्षम। **A. Astasia**, loss of standing or walking power. खड़े होने या चलनेको शक्तिका क्षय। **A. Atactica,** abasia distinguished from uncertainty of movement. गति-शक्तिकी अनिश्चयताके कारण चलनेसे अक्षम। **A. Paralytic**, a form due to paralysis ; the legs giving away under the weight of the body. पक्षाघातके कारण चलनेसे अक्षम ; जिसमें दोनों पैर शरीरका भार वहन करनेमें असमर्थ रहते हैं। पाक्षाघातिक गति-शक्ति-राहित्य। **A. Trembling,** abasia due to trembling of the legs. पैरमें कम्पनके कारण गति-शक्ति-राहित्य।

Abatardissement (ah-bah-tär-déz-moń). Deterioration of race or breed. जाति या वंशकी अपकृष्टता।

Abattoir (ab-at-woŕ). A slaughter-house. कसाईखाना, हत्यागृह।

Abaxial abaxile (ab-akś-e-al, ab-aks il). Not situated in the axis of body. शरीरकी अक्षरेखासे दूरस्थित।

Abbe's Condencer or Illuminator A system of lenses attached to a microscope for condensing the light upon an object. अनुवीक्षण-यन्त्रमें लगाये हुए परकले या लेन्स, जिनकी सहायता से किसी निर्दिष्ट बिन्दु या वस्तुपर आलोक केन्द्रीभूत किया जाता है।

Abbe's Rings. Oval shaped catgut rings for supporting the ends of intestine to be stitched together. भेंड़की आँतसे तैयार की हुई अण्डेके आकारकी अंगूठियाँ, जिनके द्वारा सिलाई करनेके समय आँतोंका सिरा मिलाया जाता है।

Abbe's Operation. A lateral intestinal anastomosis made with the rings of catgut. भेंड़की आंतसे तैयार की हुई अण्डाकार अँगूठियाँ (कटगट रिङ्ग) जिनके द्वारा पार्श्ववर्त्ती आन्त्रिक रक्तवहा नाड़ीका दूसरी नाड़ीमें संयोजन होता है।

Abdom. Abbreviation for 'abdomen, 'ऐब्डोमेन' शब्दका संक्षिप्त रूप।

Abdomen (ab-dó-men). The cavity between the thorax and pelvis ; the belly, उदर, उदर-गह्वर, तलपेट ; वक्ष और वस्ति-गह्वरके मध्यका स्थान। **Accordian A.,** swelling of the abdomen, due neither to distension with gas nor to a tumour and appearing and disappearing rapidly. उदरमें अर्बुद या वायु न रहनेपर भी उदरका फूलना जो बहुत तेजीसे घटता बढ़ता है। **Acute A.** any severe condition within the abdomen demanding immediate operation. उदरकी एक सांघातिक अवस्था, जिसमें तुरंत नश्तर लगाना आवश्यक होता है। **A. Navicular,** scaphoid abdomen ; a condition in which the anterior abdominal wall is sunken and presents a concave contour. नावकी आकृतिका उदर ; उदर को वह अवस्था जिसमें आभ्यन्तरिक औदरिक प्राचीर भीतर धँस जाता है और इस तरह वक्र आकार दिखाई देता है। **A Obstipum**, congenital shortness of the rectus abdominis muscle. उदरच्छदा सरला पेशीकी आजन्म ह्रस्वता। **A. Pendulous**, a relaxed condition of the abdominal walls. झुलता हुआ उदर, तोंद ; उदरकी दीवारका ढीलापन। **A. Caphoid**, an abdomen whose anterior wall is hollowed out. This condition is generally seen in children of cerebral disease. उदर-गह्वर, जिसका अग्र-प्राचीर खोखला हो गया हो। मस्तिष्कके रोगके रोगी बालक-बालिकाओंमें यह अवस्था प्रायः दिखाई देती है।

Abdominal (ab-dom-in-al). pertaining to the abdomen उदर-सम्बन्धी ; औदरिक। **A. Aneurysm**. an aneurysm of abdominal aorta. औदरिक महाधमनीकी ; सूजन या शोथ। **A. Aorta**, the aorta below the diaphragm वक्षोदर-मध्यस्थ-पेशीके नीचेवाली महाधमनी ; औदरिक महाधमनी। **A. Cavity**. the cavity within the peritoneum ; the space between the peritoneum and abdominal walls. उदर-गह्वर, उदरक कला और उदर-प्राचीरके मध्यका स्थान। **A. Ganglia**. the semilunar ganglion. औदरिक अर्बुद ; उदरका अर्बुद। **A. Muscle**, the muscle of the belly-wall. उदर प्राचीरकी पेशी। **A, Phthisis**, tuberculosis of the intestines or bowels. उदर अथवा आँतोंका क्षय-रोग। **A. Respiration**, respiration chiefly carried on by the abdominal muscles and the diaphragm. श्वास प्रश्वास, जिसमें वक्षोदर मध्यस्थ-पेशी और औदरिक पेशी द्वारा श्वास-प्रश्वासकी क्रिया होती है। **A. Typhus** typhoid fever. आन्त्रिक ज्वर, सान्निपातिक ज्वर। **A. Viscera**, the organs of the abdomen ; intestines. औदरिक यंत्र-समूह ; आँतें।

Abdominoanterior (ab-dom-in-o-an-té-ri-or). Having the belly forward, noting a position of the fetus in uterus, with its belly turned towards the anterior abdominal wall of the mother. फूला हुआ उदर ; अग्रगामी उदर ; गर्भाशय-स्थित भ्रूणकी वह अवस्था प्रकट करता है, जिसमें भ्रूणका पेट माताके उदरके अग्र-प्राचीरकी ओर घूमा रहता है।

Abdominocystic (ab-dom-in-o-sis-tik). Belonging to the abdomen and bladder. उदर और मूत्राशय सम्बन्धी।

Abdominogenital (ab-dom-in-o-jen-it-al). pertaining to the abdomen and the genital organs. उदर और जननेन्द्रिय सम्बन्धी।

Abdominohysterectomy (ab-dom-in-o-his-ter-ek-to-me). Removal of the uterus through an incision in the abdominal wall. उदर-प्राचीरमें नश्तर देकर जरायुको निकाल देना।

Abdominohysterotomy (ab-dom-in-o-his-ter ot-o-me). Cutting into the uterus, cesarean section performed through an incision in the abdominal walls. उदर-प्राचीर काटकर जरायुमें नश्तर लगाना और भ्रूणका प्रसव कराना।

Abdominoposterior (ab-dom-in-o-pos-té-re-or). Having the belly backward, noting a position of the fetus in uterus, with its abdomen turned towards the back of the mother. पश्चाद्वर्त्ती उदर; गर्भाशयमें भ्रूणकी वह अवस्था जिसमें उसका उदर माताकी पीठकी ओर घूमा रहता है।

Abdominoscopy. Examination of the abdomen. उदर-परीक्षा।

Abdominous (ab-dom-in-us). Having a large belly. बड़ा पेटवाला, तम्ब्रोदर, तोंदियल।

Abdominovesical (ab-dom-in-o-ves-ik-al). pertaining to the abdomen and bladder, उदर और मूत्राशय सम्बन्धीय।

Abduce (ab-doos). To draw away; to separate; to abduct. खींच निकालना; हरण करना; पृथक करना।

Abducens (ab-dú-senz). (1) The sixth cranial nerves. (१) छठी करोटी नाड़ियाँ, छठाँ ज्ञान-तन्तु; (2) Two external rectus muscle of the eye. (२) दो वहिर्नेत्रवाहिनी पेशियाँ। **A. Oculi,** a muscle drawing away the eye-ball outward. चक्षुगोलक-बहिराकर्षिणी पेशी। **A. Oris,** a muscle elevating the angle of the mouth मुख-कोणोत्थापिका पेशी।

Abducent (ab-dú-sent). Abducting; effecting a separation from the center. हरण; केन्द्रसे पृथक्करण।

Abduct (ab-dukt). To draw away from the median line or from a neighbouring part of limb शरीरकी मध्य-रेखा या किसी अंगके निकटस्थ अंशसे अलग करना।

Abductor (ab-duk-tor). An adducent muscle. वहिर्नयनी पेशी। (पेशियाँ देखिये)

Abenteric (ab-en-ter-ik). Situated apart from the intestines. अन्त्राशयसे दूरीपर अवस्थित।

Aberrans (ab-ér-anz). Wandering away. भ्रमणकारी; अपने स्थानसे इधर-उधर हटनेवाला।

Aberrant (ab-er-ant) Vessels taking an unusual course. विपथगामी रक्तवाहिनियाँ। **A. Arteries,** long and slender vessels, connected with the brachial or auxillary artery. प्रगंडोया धमनी या सहायक धमनीसे संयुक्त लम्बी और क्षीण रक्तवाहिनियाँ।

Aberratio (ab-er-á-she-ó). Aberration. अस्वाभाविक पथकी ओर गति; विपथ-गामी गति। **A. Lectis**, metastasis of milk secretion, दुग्ध-स्रावका स्थान परिवर्त्तन। **A. Testis**, the situation of testes in a part distant from the path, which it takes in normal descent. स्वाभाविक रूपसे उतरनेके समय अण्ड जिस पथसे उतरना चाहिये, उस पथसे दूरके अंशमें उतरकर रहना। अस्वाभाविक स्थानमें अण्ड-निर्माण।

Aberration (ab-er-á-shun). (1) Deviation from the normal situation. (१) स्वाभाविक स्थितिसे विपर्य्यय। (2) Disordered state of mind or intellect. (२) मन या बुद्धिकी विश्रृङ्खलित अवस्था; चित्त विभ्रम। **A. Chromatic,** an unequal refraction of different coloured rays, producing a blurred image. भिन्न-भिन्न रंगीन रश्मियोंका असम मात्रामें किरण फैलाना, जिससे अस्पष्ट मूर्त्ति उत्पन्न होती है। **A. Distantial**, indistinct vision due to distance. दूरीके कारण अस्पष्ट दृष्टि; दूर रहनेके कारण कोई पदार्थ स्पष्ट न दिखाई पड़ना। **A. Mental,** unsoundness of mind, that may or may not amount to insanity. अस्वस्थ चित्त; यह उन्माद जैसा भी हो सकता है और नहीं हो सकता है; मानसिक विश्रृङ्खलता।

Aberrometer (ab-er-óm-et-er). An instrument for measuring optical aberration or any error in delicate experiments or observations. दृष्टि-विकार जाँचने या कोई सूक्ष्म प्रयोग अथवा पर्यवेक्षणमें भ्रम मापनेका यन्त्र-विशेष।

Abevacuation (ab-e-vak-u-á-shun). An abnormal evacuation in the way, either of excess or of deficiency. वृद्धि या ह्रासके रूपमें अस्वाभाविक भावसे मल-मूत्र प्रभृतिका रेचन।

Abietate (ab-i-et-ät). A salt of abietic acids. ऐबियेटिक एसिडका नमक।

Abietite (ab-i-et-it). A sugar obtained from the leaves of Abies pectinata, the silver fir of Europe. एबिज पेक्टिनाटा नामक, युरोपके तालिस-पत्र जातिके वृक्षके पत्तोंसे, जिसके पत्तोंपर दो रूपहली रेखाएं रहती हैं, निकली हुई चीनी।

Abiogenesis (ab-i-o-jén-es-is). Spontaneous generation; the production of living beings from matter not alive. स्वतः सम्भूत; अचेतन पदार्थसे सचेतन पदार्थका उद्भव; स्वतः उत्पादन।

Abiology (ah-bi-ol-o-je). The study of non-living things; an organology. अजैव पदार्थोंका अध्ययन।

Abionarce (ab-i-o-naŕ-s). Inactivity due to infirmity. सामर्थ्यहीनताके कारण जड़ता ।

Abionergy (ab-i-oń-er-je). Degeneration or failure of vitality resulting in loss of specific resistance ; abiotrophy. जीवनी-शक्तिका क्षय या नाश, जिससे आपेक्षिक प्रतिरोध शक्ति या तो कम पड़ जाती है या ध्वंस हो जाती है ।

Abiosis (ab-i-ó-sis). (1) Absence of life. जीवन-राहित्य ; (2) Death ; abiotrophy. जीवनी-शक्तिका क्षय या नाश ; मृत्यु ।

Abiotic (ab-i-ó-tik). Incompatiable with life ; non-viable, चैतन्यहीन ; अ-जैव ।

Abiotrophia (ab-i-o-tro-fe-ah). Abiotrophy. जीवनी शक्तिका क्षय या नाश, जिससे आपेक्षिक प्रतिरोध शक्ति कम पड़ जाती है ।

Abirritate (ab-iŕ-it-tate). To sooth ; to deminish or emiliorate irritation. शान्त करना; घटाना ; उत्तेजना घटाना ।

Ablactation (ab-lak-tá-shun). Weaning. बच्चेका दूध छुड़ाना ।

Ablastemic (ah-blas-té-mik). Not germinal. जीवाणु-सम्बन्धो नहीं ।

Ablate (ab-lāt). To remove : to amputate. हटाना ; अङ्गच्छेदन करना ; नश्तर लगाना ; काट निकालना ।

Ablatio (ab-lá-she-o). Ablation ; removal ; amputation. शरीरका कोई अंश काट निकालना ; अङ्गच्छेदन ; नश्तर लगाना । **A. Placenta**, premature detachment of the placenta. गर्भ-फूलका असमयमें ही पृथक्करण । **A. Retina**, detachment of retina. आँखके चित्रपत्रका पृथक्करण ।

Ablation (ab-lá-shun). Removal of a part, specially by cutting. शरीरके किसी अंशका पृथक्करण, विशेषकर काटकर हटा देना ।

Ablepharia, Ablepheron (ah-blef-á-re-ah, ah-bleŕ-ra-on). Total or partial absence of eye-lids. पलकोंका सम्पूर्ण या आंशिक अभाव ।

Ablepharous (ah-blef-ar-us). Having no eye-lids. पलकहीन ; जिसे पलकें न हों ।

Ablepsia (ah-blep-se-ah). Lack or loss of sight ; blindness. दृष्टिका अभाव ; अन्धापन ; अन्धत्व ।

Abluent (ab-lu-ent). That which cleanses. निर्मल-कारी ; शरीरको साफ करनेकी प्रणाली ।

Ablution (ab-lú-shun). The act of washing or cleansing by some liquid or medicine ; bathing. किसी तरल या औषधि द्वारा धोने अथवा निर्मल करनेका कार्य ; धौत-करण ; स्नान ।

Abmortal (ab-moŕ-tal). Situated away from a dead or injured part. मृत या आघात-प्राप्त अंशसे दूर-स्थित ।

Abnerval (ab-neŕ-val). Proceeding from or going away from a nerve, said of electric current. किसी स्नायुके भीतर होकर या हटकर जाना ; खासकर वैद्युतिक प्रवाहके सम्बन्धमें व्यवहृत होता है ।

Abneural (ab-nú-ral). Distant from the central nervous system ; ventral. केन्द्रीय नाड़ीसंस्थानसे दूरस्थित ; उदर-सम्पर्कीय ।

Abnormality, Abnormity (ab-nor-ma-li-te, ab-noŕ-mit-e). An irregularity : a malformation, अनियमितता ; विश्रृङ्खलता ; विकृति ; विश्रृखल गठन ।

Aboiement (ah-bwah-mon'). A barking. भूंकनेकी आवाज ।

Abolition (ab-o-liśh-un). Complete suspension, as of a function. वृत्तिका सम्पूर्ण विलोप या स्थगित-करण ।

Abomasitis (ab-o-mas-ít-is). Inflammation of the abomasum. आमाशयका प्रदाह ।

Abomasum, Abomasus (ab-o-má sum, ab.o-má-sus). the true stomach of a ruminating animal. आमाशय ;रोमन्थक जन्तुका चतुर्थपाकाशय ।

Aborad (ab-ó-rad). Away from the mouth. मुख-गह्वरसे दूरस्थित ।

Aboral (ab-ó-ral). Opposite to, or remote from the mouth. मुंहके विपरीत या मुख-गह्वरसें दूरस्थित ।

Abort (ab-ort). (1) To bring to an end before full development. (१) पूर्ण विकसित होनेके पहले ही अन्त कर देना । (2) To miscarry. (२) अकाल प्रसव कराना । (3) To arrest the development of disease. (३) रोग-विकासको रोकना । (4) An abortion. (४) गर्भ-स्राव ।

Aborticide (ab oŕ-tis-id). (1) The killing of a fetus within the uterus. (१) गर्भाशयके भीतर ही भ्रूणकी हत्या । (2) That which causes abortion and kills the fetus. गर्भस्रावकारी और भ्रूणहत्याकारी ।

Aborticidum (ab-or-tiś-id-um). The means of killing a fetus. भ्रूणको मारनेका साधन ।

Abortient (ab-oŕ-shent). (1) An agent producing abortion, (१) गर्भ-स्रावकारक । (२) Sterile. (२) बन्ध्या ।

Abortifacient (ab-or-tif-á-shent). A drug inducing abortion. गर्भ-स्रावी औषधि ।

Abortion (ab-oŕ-shun). 1. The premature expulsion of the fetus. जीवन-धारण योग्य होनेके पहले ही भ्रूणका निष्कासन ।

Abortionist (ab-oŕ-shun-ist). One who practices abortions. गर्भपातका व्यवसाय करनेवाला ।

Abortive (ab-oŕ-tiv). Rudimentary ; not reaching full development. अकाल प्रसूत ; जो भ्रूण पूरे दिनोंका हुए बिना ही प्रसव हो जाये।

Abortus (ab-oŕ-ťus). An aborted fetus ; abortion. गर्भ-स्राव।

Abouchment (ah-boosh-mon̍). The termination of a small vessel in a larger one. क्षुद्र रक्तवहा नाड़ीका बड़ी रक्तवाहिनीमें सम्मिलन-स्थाव।

Aboulia. See Abulia. एबुलिया देखिये।

Aboulomania (a-boo-lo-mā-ni-ah). Mental derangement by weakened will power. दुर्बल इच्छा शक्तिसे उत्पन्न मानसिक विश्रृङ्खलता।

Abrachia (ah-brá-ke-ah). Absence of the arms, especially if congenital ; a child born without arm. बिना बाहुका भ्रूण ; बिना बाहुका सन्तान-प्रसव।

Abrachiocephalus (ah-brá-ke-o-sefa-lus). A fetus without head or arms ; congenital absence of the head and arms. मस्तक तथा बाहु-हीन भ्रूण।

Abrachius (ah-brá-ke-us). An armless fetus or person. बाहु-रहित भ्रूण या व्यक्ति।

Abrasio (ab.rá-ze-o). Scraping or scratching. खरोंच या रगड़कर त्वचा अथवा श्लैष्मिक झिल्ली निकाल डालना। A. **Cornea,** a scraping of or other excrescene from the cornea. कनीनिकामें खरोंच या अन्य उद्भेद।

Abrasion (ab-rá-zhun). A circumscribed removal of the epidermis of skin or mucus membrane ; a scraping away of a portion of the surface. उद्भेद होनेके कारण चमको उपत्वचा या श्लैष्मिक झिल्लीको निकाल डालना ; शरीर-पटलका कोई भाग नोंच फेंकना।

Abreaction (ab-re-ak-shun). Purgation ; (see catharsis and psychanalysis) विरेचन ; जुलाब ; अन्त्र-अन्त्रबहा नली प्रभृतिका नैसर्गिक या मनुष्य-कृत शोधन।

Abrin (á-brin). The poison occurring in jequirity seeds. गुञ्जा विष।

Abrosia (ab-ró-ze-ah). A wasting away. क्रमशः क्षय-प्राप्ति।

Abruptio placentæ. Premature detachment of the placenta. फूलका पहले ही निकाल लेना।

Abscess (ab-ses). circumscribed collection of pus. फोड़ा ; व्रण। A. **Alveolar,** inflammation in the gum or alveolus, with pus formation. पीव पैदा होनेके साथ ही मसूढ़े या दन्त-गुहाका प्रदाह। A. **Amebic, amœbic,** an abscess of the liver following dysentery, which contains amebas. यकृतका फोड़ा जिसकी वजहसे रक्तामाशय हो जाता है और जिसमें अमीबा नामक कीटाणु पाया जाता है। A **Biliary,** abscess of gall-bladder.

पित्ताशयका फोड़ा। **A. Canalicular,** an abscess of the breast communicating with a milk-duct. दुग्धवाही नलीसे संयुक्त स्तनका फोड़ा। **A. Critical** an abscess occurring to wards the end of an acute disease. किसी नयी बीमारीके अन्तमें होनेवाला फोड़ा। **A. Idiopathic,** an abscess due to local causes. स्थानिक कारणोंसे उत्पन्न फोड़ा। **A. Lacunar,** abscess of the urethral lacunæ. मूत्रनलीके गह्वरका फोड़ा। **A. Metastatic,** a secondary abscess formed at a distance from the primary focus. प्रधान फोड़ेसे कुछ दूरीपर होनेवाला गौण फोड़ा। **A. Miliary,** one of a set of small collections of pus. कितने ही छोटे-छोटे एक साथ होनेवाले फोड़े। **A. Psoas,** a deep seated abscess on the loins, affecting the psoas muscle. कमरका एक गहरा फोड़ा, जो कटि-बन्धनी पेशीपर होता है। **A. Residual** an abscess recurring on the site of the former in old inflammatory products. पुराने प्रादाहिक रोगोंमें प्रादाहित स्थानपर होनेवाला फोड़ा। **A. Solitary,** an abscess of the liver ; tropical abscess. यकृतका फोड़ा ; रक्तामाशय-संयुक्त यकृतका फोड़ा। **A. Stercoral,** a collection of pus in which fecal matter is found mixed. मल-सम्मिलित पीववाला फोड़ा। **A. Stich,** an abscess which develops at or near a stich or suture. सीवनी-सन्धिके पास या उसीपर पैदा होनेवाला फोड़ा। **A. Subdiaphragmatic.** an abscess beneath the diaphragm. वक्षोदर मध्यस्थ पेशीके नीचेका फोड़ा। **A. Submammary,** an abscess beneath the mammary gland. स्तन-ग्रन्थिके निम्न भागका फोड़ा। **A. Traumatic.** an abscess due to injury. आघातके कारण फोड़ा। **A. Tympanitic,** an abscess containing gas. वाष्प पूरित फोड़ा। **A. Urinous,** an abscess communicating with the bladder or the urethra and containing urine mixed with the pus. मूत्रनाली या मूत्राशय-सम्बन्धी फोड़ा, जिसमें पेशाबके साथ पीव आता हो। **A. Verminous,** an abscess which contains larvæ or other intestinal worms. एक फोड़ा जिसमें कीड़ेके अण्डे या अन्य आंत्रिक क्रिमि पायी जाती है।

Abscission (ab-sish-un). The removal of any part by excision. नश्तर देकर किसी शारीरिक अंशको निकाल देना।

Absconsio (ab-skon-sheo). A cavity or sinus. एक गह्वर या नासूर।

Absinthe (ab-sinth). Absinthium. Acordial containing oil of wormwood. नागदौना ; सोमराजका तेल-मिश्रित एक बलकारक औषध।

Absinthism (ab-sinth-izm) The morbid effect of the excessive or habitual use of acsinthe as a stimulant drink, showing mental deterioration and muscular debility. नागदौनाके रसका बलकारक पेयके रूपमें अत्यधिक पान या पानाभ्यासका दुष्परिणाम, जिससे मानसिक तथा मांसपेशिक दुर्बलता प्रकट होती है।

Absorb (ab-sorb). 1. To take any material into the body through the lymphatics or blood-vessels. लसिका-वाहिनी या रक्तवहा नाड़ियों द्वारा शरीरमें किसी उपाजानको शोषण कर लेना। 2. To take up gases, liquids, or the rays of light. गैस, तरल पदार्थ या आलोक-किरणको ग्रहण कर लेना।

Absorbent (ab-sór-bent). Having the power to absorb or suck up. An organ that absorbs any substance possessing absorbing power. आशोषक शक्तिसे पूर्ण ; आशोषक यंत्र ; आशोषण शक्ति रखनेवाला कोई द्रव्य ; आत्मी-करण। **A. Cotton,** cotton freed from oily matters. तैल-तत्वसे रहित रुई। **A. Vessels,** the lymphatics. लसिका-वाहिनियाँ।

Abstemious (ab-sté-me-us). Temperate or moderate in eating or drinking. मिताहारी ; लघु-आहारी।

Abstergent (ab-stér-jent). Cleansing ; purifying ; detergent. शोधक, धावक, प्रक्षालक, मलापहारक।

Abstract (ab strakt). A preparation made by evaporating a fluid extract to a powder and triturating with sugar of milk. किसी तरल सारका बाष्प निकाल कर दूधकी चीनीके साथ बनाया हुआ एक चूर्ण।

Abstraction (ab-strack-shun). 1. Separation of an ingredient, as by distillation. 2. Blood-letting. 3. Concentration. किसी यौगिक पदार्थसे विश्लिष्टकरण ; स्रावण द्वारा किसी अवयवका अलग करना। २। खून निकालना। ३। अन्य साधारण मनोयोग।

Abstractum (ab-strak-tum). See Abstract. 'ऐब्स्ट्रैक्ट' शब्द देखिये।

Abulia (ah-bú-le-ah). Loss or deficiency of will-power. मनःशक्तिकी कमी या क्षय।

Abulomania (ah-bu-lo-má-ne-ah). Mania with loss of will-power, इच्छा-शक्तिके क्षयके साथ उन्माद।

Abuse (a-búz). Misuse ; excessive use of any thing. अपव्यवहार ; खासकर किसी पदार्थका अत्यधिक व्यवहार। **A, Self,** masturbation. हस्तमैथुन।

Acalculia (ah-kal-kú-le-ah)- Loss of power to work out mathematical calculations. A condition resembling loss of power of speech. गणित सम्बन्धी प्रश्न हल करनेकी

शक्तिका क्षय। बालकशक्ति लोप होनेकी भांतिकी अवस्था।

Acampsia (ah-kamṕ-se-ah). Inflexibility of a limb. किसी अंग या अंश विशेषकी अनमनीयता; झुक या मुड़ न सकना।

Acantha (ak-ań-thah). The spinal column. मेरुदण्ड, पीठकी रीढ़।

Acanthesthesia (ak-an-thes-thi-se-ah). A aricking sensation as if with needles. सुई चुभोनेकी भांति अनुभूति।

Acanthia lectularia. Cimex lectularis, bed-bug. खटमल।

Acanthion (ak-ań-the-on). A. point at the base of the anterior nasal spine. पश्चात्-नासादण्डके मूलका एक स्थान।

Acantholysis (ak-an-thol-is-is). A. skin disease characterized by atrophy of the prickle layers of the skin. एक तरहका चर्म-रोग, जिसमें चर्मका काँटेदार स्तर क्षीण हो जाता है।

Acanthoma (ak-an-thóm-ah). An overgrowth of the prickle layers of the skin. चर्मके काँटेदार स्तरका बहुत बढ़ जाना।

Acanthosis (ak-an-tho-sis). A disease of the epidermis affecting particularly the stratum of prickle-cells. वहिस्त्वचाका रोग, जिसका प्रभाव खासकर सूच्याकार कोषके स्तरपर होता है। **A. Nigricans**, general pigmentation of the skin and the formation of papillary outgrowths. समस्त त्वचाका रङ्ग लाल हो जाना और उसपर उभारदार दाने निकलना।

Acanthulus. An instrument for removing thorns from wounds. घावसे काँटा निकालनेवाला यंत्र।

Acapnia (ah-kaṕ-ne-ah). Diminution of carbon dioxide in the blood. रक्तसे अङ्गाराम्ल वाष्प घट जानेवाली अवस्था।

Acardia (an-kaŕ-de-ah). Congenital absense of the heart, हृद्पिण्ड-रहित भ्रूण।

Acardiac (ah-kaŕ-dé-ak). Having no hear, हृद्पिण्ड-रहित।

Acardiacus (ah-kaŕ-de-ak-us). **Acardius.** Fetus without the heart. हृद्पिण्ड-रहित भ्रूण।

Acardiohemia (ah-kaŕ-de-o-hé-me-ah) A lack of blood in the heart. रक्त-हीन हृद्पिण्ड।

Acardionervia (ah-kar-de-o-neŕ-ve-ah). Diminished nervous action of the heart. हृद्यंत्रकी घटी हुई स्नायविक क्रिया।

Acardiotrophia (ah-kaŕ-de-o-tró-fe-ah). Atrophy of the heart. हृद्यंत्रकी क्षीणता।

Acariasis (ak-ar-i-as-is). A disease caused by mites. घुन जैसे

क्षुद्र कीटोंके कारण उत्पन्न रोग।

Acaricide (ak-aŕ-is-id). A medicine used to destroy mites. क्षुद्र कीटनाशक औषधि।

Acarid, Acaridan (ak-ar-id, ak-aŕ-id-an). A mite. एक क्षुद्र कीट।

Acarodermatitis (aḱ-ar-o-der-mat-í-tis). Any skin inflammation caused by acarid. क्षुद्र कीटके कारण उत्पन्न चर्मका कोई प्रादाहिक रोग।

Acaroid (ak-ar-oid). Like a mite. जूँ, घुन प्रभृतिकी तरह क्षुद्र कीटकी भाँति।

Acarophobia (ak-ar-o-fó-be-ah). Morbid fear of the itch. खुजलीका उन्मत्तकारी भय।

Acarpous (ah-kaŕ-pus). Skin-diseases without elevation. उद्भेद-हीन चर्म-रोग।

Acarus (aḱ-ar-us). A kind of tiks and mites. जू, घुन प्रभृति जैसा एक प्रकारका छोटा कीड़ा।

Acatalepsy (ah-kat-al-ep-sy). Uncertainty in diagnosis. रोग-निदानमें अनिश्चयता।

Acataleptic (ah-kat-al-eṕ-tiḱ). Mentally deficient; doubtful. मानसिक अवनत; सन्देही।

Acatamathesia (ah-kat-a-ma-thé-ze-ah). A loss of the faculty of understanding. बोध-शक्तिका क्षय।

Acataphasia (ah-kat-af-é-ze-ah). Inability to utter complete sentence. सम्पूर्ण वाक्य बोलनेकी शक्तिका न रहना।

Acatastasia (ah-kat-as-tá-se-ah). Irregularity; deviation from the normal. असमता; अनियमितता; स्वाभाविकसे स्खलन।

Acatharsia (ah-ka-thar-se-ah). A failure to obtain desired purgation. इच्छित विरेचनका न होना; खुलासा दस्त न आना।

Acathisia (ah-kath-iś-e-ah). A neurosis characterised by an inability to remain in sitting posture. एक स्नायु-रोग, जिसमें बैठनेकी स्थितिमें नहीं रहा जाता।

Accelerans (ak-sel-er-anz). Nerve that accelerates heart's action. एक स्नायु जो हृद्-क्रियाकी गति बढ़ा देता है।

Accelerant (ak-sel-er-ant). A catalyzer. एक प्रवर्त्तक; स्वयं अपरिवर्त्तित रहकर अन्य पदार्थ-समूहोंमें रासायनिक क्रिया करनेवाला; योगवाही किया करनेवाला।

Accentuation (ak-sen-tshu-á-shun). Increased loudness or distinctness. स्वरकी स्पष्टता अथवा उच्चताकी वृद्धि।

Accelerator (ak-sel-e-ra-tor). That which increases the rapidity of action. जो क्रियाकी गति वृद्धि कर देता है; वेगवर्द्धक; एक वेगवर्द्धक स्नायु।

A. Urine, a muscle of the penis that assists in the expulsion of urine and semen. मूत्र और वीर्य-

वहिष्कारिणी पेशी।

Accentuation (ak-sen-tshu-á-shun) Increased distinctness. बढ़ी हुई स्पष्टता या आवाज। (हृदयकी आवाजके लिये व्यवहृत होता है)।

Acceptor (ak-sep-tor). A substance which unites with another substance. स्वीकारक; एक द्रव्य जो अन्य द्रव्यमें मिल जाता है।

Accessiflexor (ak-seś-if-lek-sor). Accessory flexor muscle. सहायिका संकोचनी पेशी।

Accessory (ak-seś-or-e). Auxiliary; assisting. सहायक। **A. Glands of Pancreas.** क्लोम-ग्रन्थिकी सहायक ग्रन्थि। (Brunner's faid glands) **A. Nucleus,** the origin of the spinal accessory nerve. सहायिका सौषुम्न नाड़ीका उत्पत्ति-स्थान।

Accipiter (ak-sip-it-er). A bandage of the face with tails resembling a hawk-claw. चेहरेका एक बन्धन, जिसमें बाजके पंजेकी तरह पूंछ-सी रहती है।

Acclimatation, accelimation, acclimatization (ak-li-mat-á-shun, ak-li-má-shun-ak-li-mal-iz-á-shun) The habituation to a climate. किसी जलवायुका अभ्यसित हो जाना।

Accommodation (ak-om-o-dá-shun). Adaptation; adjustment. समीकरण, संविधान, उपयोगीकरण। **A. Histologic,** change in the shape of cells to meet an altered physical condition. कोषोंके आकारमें शारीरिक अवस्थाके अनुसार परिवर्त्तन। **A. Negative,** adjustment of the eye for long distances by relaxation. आँखको दूर-दृष्टिके लिये उपयोगी बनाना। **A. Positive,** accommodation for near vision. निकटदृष्टिके लियेसंविधान। **A. Relative,** accommodation produced by the two eyes acting together. दोनों आँखोंके एकत्र कार्य करनेके कारण उत्पन्न संविधान।

Accommodative (ak-om-o-da-tiv). Pertaining to accommodation. संविधान सम्बन्धी। **A. Iridoplegia,** incapability of iris to respond to accommodative effort. उपतारामें सांविधानिक चेष्टाओंको ग्रहणकरनेकीशक्तिका अभाव; उपतारामें सांविधानिक क्रियाको ग्रहण करनेकी शक्तिका न रहना।

Accouchement (ak-koosh-mong). Parturition; confinement. प्रसवावस्था। **A. Force,** forcible delivery with the hand or by instrument. हाथ या यंत्र द्वारा कृत्रिम प्रसव।

Accoucheur (ah-koo-shur). An obstetrician. किसी स्त्रीको प्रसव करानेवाला; पुं०-प्रसव करानेवाला।

Accrementition (ak-re-men-tish-un). Growth or increase by the addition of similar tissues. समान

तन्तुओंके संलग्न द्वारा उत्पत्ति या वृद्धि ।

Accretion (ak-ré-shun). (1) Increase by the addition of material of the same nature as that already present. समान प्रकृतिके पदार्थ-संयोग द्वारा अभिवृद्धि । (2) Accumulation of foreign matter on the surface of a tooth or in a cavity. दन्तगात्र या दन्तगह्वरमें बाहरी पदार्थका सञ्चय । (3) Adhesion—पारस्परिक संयोग ; आशक्ति ; संलग्नता ।

Accumulator (ak-ú-mu-la-tor) An instrument for collecting and storing electricity. विद्युत् संचायक यंत्र, एक यंत्र जिसके द्वारा विद्युत्का संग्रहण और सञ्चय होता है ।

Acedia (ah-sé-de-eh). Despondency ; apathy ; listlessness. उदासी ; निराशा ; निर्वेदता ।

Acelious, Acceleous (ah-sé-le-us). Without a belly. उदर हीन ।

Acenesthesia (ah-sen-es-thé-zeah). Abolition of the sense of physical existence, seen in melancholia and hypochondriasis. शरीर-दिद्यमानता-सम्बन्धी ज्ञानका रहना । यह भाव चित्तोन्मत्तता या विषादवायु अथवा व्याधिशंका रोगमें दिखाई देता है ।

Acentric (ah-seń-trik). Peripheric, not arising in the nerve-centre. परिधि-सम्बन्धी ; स्नायुकेन्द्रसे अनुत्पन्न ; जो स्नायु-केन्द्रसे न उत्पन्न होता हो ।

Aceognosia (as-e-og-ńo-se-ah). Knowledge of remedies. औषधि-ज्ञान ।

Aceology (as-e-ol-o-je). Therapeutics. आमयिक प्रयोग तत्व ; चिकित्सा-विधान ।

Acephalia (ah.sef-á-le-ah). Absence of the head. शिर-विहीन ।

Acephalobrachius (ah-sef-a-lo-brá-ke-us). A monster with neither head nor arms. एक विकृताकार भ्रूण जिसे न सर रहता है, न बाहु । शिरो-बाहुविहीन विकृताकार भ्रूण ।

Aceratosis (ah-ser-at-ó sis). Deficiency of the horny tissues, such as nails. नाखून-प्रभृतिकी भाँति सींगवाले तन्तुओंकी कमी या अभाव ।

Acerbity (ah-seb-it-e). Acidity combined with astringency. कोष्ठ-बद्धताके साथ अम्लत्व ; कब्ज मिला अम्ल-रोग ।

Acervuloma (ah-ser-vu-ló-mah). See Psammoma. सामोमा देखिये ।

Acervulus (as-eŕ-vu-lus). Brain-sand ; sabulous matter near the pineal gland. मस्तिष्क-सैकत : मस्तिष्कमें होनेवाला एक प्रकारका शिलाकणकी भाँति दानेदार खनिज पदार्थ । मस्तिष्कके पीनियल पिण्डके निकट उत्पन्न होनेवाला एक शिलाकणकी भाँति पदार्थ ।

Acescence (as-eś-ens). The sourness ; the process of becoming sour. खट्टापन ; अम्लत्व ; खट्टा होनेकी प्रणाली ।

Acescency (as-eś-en-se). Mild sour. थोड़ा खट्टा ।

Acesia (ah-sé-ze-ah). Recovery ; cure. आरोग्य ; आराम ; रोग-मुक्ति ।

Acestoma (as-es-tó-mah). A mass of granulation. क्षताङ्कुर ।

Acetabular (as-et-ab-u-lar). Pertaining to the acetabulum. वंक्षणोलूखल-सम्बन्धी ।

Acetabulum (as-et-ab-u-lum). The rounded cavity in the innominate bone which receives the head of the femur. नितम्बास्थिके बाहरी पृष्ठका एक गहरा गोल गढ़ा, जिसमें उर्वस्थिका शिर टिकता है ; वंक्षणोलूखल ।

Acetamid (as-et-am-id). A white crystaline substance. एक सफेद स्वच्छ पदार्थ ।

Acetanilid (as-en-at-il-id). Odorless, antipyretic powder. एक गन्धहीन ज्वर-रोधक चूर्ण ।

Acetate (aś-et-āt). A salt of acetic acid. सिर्केकी तेजाबसे बना हुआ नमक ; ऐसेटिक एसिडका नमक ।

Acetic (as-eṫ-ik). Pertaining to vinegar ; sour. सिर्का-सम्बन्धी ; खटाई । **A. Acid**, See Acid. एसिड देखिये ; सिर्काका तेजाब ।

Acetimeter (as-et-iṁ-et-er). तरल ऐसेटिक एसिड मापक यंत्र ।

Acetin (aś-eṫ-in). A glyceryl acetate. गिलसरिनके सतके साथ बना ऐसेटिक एसिडका नमक ।

Acetol (aś-e-tol). 1. An alcohol. 2. A toothache-remedy. १। एक सुरासार । २। दन्त-रोगकी एक दवा ।

Acetone (aś-et-ón). A substance found in tha urine and blood in dibetes ; it is the cause of the peculiar odor in that disease. बहुमूत्रमें मूत्र और रक्तमें मिलनेवाला एक पदार्थ ; इसीके कारणसे उस रोगमें रोगीके पेशाबमें एक विचित्र गन्ध मिलती है ।

Acetonemia. The presence of acetone, in large amount, in the blood. रक्तमें अति मात्रामें ऐसिटोनका रहना ।

Acetous (aś-et-us). Relating to vinegar. सिर्का-सम्बन्धी ।

Acetozone (as-et-o-zón). A crystaline substance used as a germicide and antiseptic. कीटाणुनाशक और संशोधकके रूपमें व्यवहृत होनेवाला एक मणिभ पदार्थ ।

Acetphenitidin (as-et-fen-iṫ-id-in). See Phenacetin. फेनासिटिन देखिये ।

Acetum (as-é-tnm). Vinegar. सिर्का ।

Acetyl (aś-e-til). A radical supposed to exist in acetic acid. एक मौलिक उपादान जिसकी स्थिति ऐसेटिक एसिड (गंसिघोक्षार) में मान ली गयी है ।

Acetylene (as-eṫ-il-én). A colorless, inflammable gas of a disagreeable odor. एक वर्णहीन दुर्गन्ध-पूर्ण जलनेवाला वाष्प। (गैस)

Acetyltannin. An astringent powder used in diarrhœa. अतिसारमें प्रयुक्त होनेवाला एक कोष्टवद्धकारक चूर्ण।

Achalybemia (ah-kal-ib-é-me-ah). A lack of iron in the blood. रक्तमें लौहका आभाव।

Ache (ā-ke), A continued pain. अविराम वेदना ; लगातार बना रहनेवाला दर्द।

Acheilia (ah-ki'-le-ah). congenital absence of one or both lips. भ्रूणमें एक या दोनों ओठोंका न रहना ; ओष्ठाभाव।

Acheiria (ah-ki'-re-ah). Congenital absence of one or both hands. भ्रूणमें एक या दोनों हाथोंका न रहना ; हस्त-राहित्य।

Acheirus (ah-ki'-rus). A fetus or person born without hands. जन्मका हस्त-रहित भ्रूण या मनुष्य।

Achillea (ak-il-é-ah). A genus. of herbs. एक प्रकारकी बूटी। **A. Millefolium,** a bitter tonic. एक तिक्त बलवर्द्धक।

Achilles Tendon (ak-il-i'z) The powerful tendon of the gastrocnemius and soleus muscles which is inserted into the heel. जंघा-पृष्ठसे लेकर पैरकी एंड़ी तककी पेशीकी बलवती कण्डरा ; पिण्डिकाकी महती और पिचिण्डका लम्बी पेशीकी बलवती कण्डरा।

Achillobursitis (ak-il-o-bur-si'-tis) Inflammation of the bursas above the Achilles tendon. पिचिण्डका कण्डराके चारों ओरके गह्वरका प्रदाह।

Achillodynia (ak-il-o-dín-e-ah). Pain in the tendon of Achilles. पिचिण्डिका कण्डरामें दर्द।

Achillotomy (ak-il-ot-o-me). Division of the tendon of Achilles. पिचिण्डिका पेशीकी कण्डराका विभाजन।

Achlorhydria (ah-klor-hi-dre-ah). Want of hydrochloric acid in the gastric secretion. पाकाशयिक स्रावमें हाइड्रोक्लोरिक एसिडका अभाव।

Achloropsia (ah-klo-rop-se-ah). Green-blindness ; inability to distinguish green tints. हरितान्धता ; हरे रंगकी पहचान न कर सकना।

Acholia (ah-kó-le-ah). Lack or absence of bile. पित्तकी कमी या अभाव।

Acholic (ah-ko-lik). Free from bile. पित्त-रहित।

Acholuria (ak-o-lú-re-ah). Absence of bile-pigment in the urine. मूत्रमें पित्त-वर्णका न रहना ; पित्तके रंगसे रहित पेशाब।

Achor (á-kor) An eruption of small pustules on the hairy parts.

केशपूर्ण अंशोंमें छोटी फुन्सियों-से दाने ; गंजसार ।

Achoresis (ak-o-ré-sis). Diminution of the capacity of a hollw organ. किसी शून्यगर्भ अवयशकी समाईमें न्यूनता ।

Achorion (ah-kó-re-on). A genus of fungus organisms in the skin. चर्ममें उत्पन्न होनेवाला क्षत्रक श्रेणीका एक कीट ।

Achroa, Achroia (ak-ro-ah, ak-rai-ah). See Achroma. आक्रोमा देखिये ।

Achroma (ah-kró-mah). Absence of colour. वर्णहीनता ।

Achromacyte (ah-kró-mas-it). A decolorized red blood-corpuscle. एक वर्ग-भ्रष्ट रक्तका लाल कण ।

Achromasia (ah-kro-má-ze-ah). 1. Lack of normal pigmentation of the skin. 2. Lack of stain from a tissue or cell. (१) चर्मके स्वाभाविक वर्णकी कमी । (२) किसी तन्तु या कोषसे वर्ण-प्राप्तिका न होना ।

Achromate (ah-kro-māt). A color-blind person. वर्णान्ध मनुष्य ; एक मनुष्य जिसे रंगका ज्ञान न होता हो ।

Achromatic (ah-kro-mat-ik). Colorless. वर्ण-हीन ; अवर्णक । **A. lens.** a lens correcting chromating aberration. वार्णिक अपेरण नियमितकारी ताल (लेन्स) । वह लेन्स जो देखनेके समय स्वाभाविक रंगके दिखाई देनेकी गड़बड़ीको ठीक कर देता है ।

Achromatin (ah-kró-mat-in). The substance in the nucleus of a cell prior to division. विभाजनके पूर्व किसी कोषकी मींगीका पदार्थ ।

Achromatism (ah-kro-mat-izm). 1. An absence of color. (१) वर्णहीनता । 2. The absence of chromatic aberration. (२) वार्णिक अपेरणका अभाव ।

Achromatopsia (ah-kro-mat-op-se-ah). Total color-blindness. रङ्गका एकदम दिखाई न देना ; सम्पूर्ण वर्णान्धता ।

Achromatosis (ah-kro-mat-ó sis). Deficiency of colour in the tissues. मांस तन्तुओंमें रङ्गकी कमी ।

Achromaturea (ah-kro-mat-ú-re-ah). A colorless state of the urine. मूत्रकी वर्णहीन अवस्था ; पेशाबमें कोइ रंग न रहना ।

Achromia (ah-kró-me-ah). Same as Achroma. आक्रोमाका ही द्योतक है ।

Achromodermia (ah-kro-mo-dér-me-ah). Colorless state of the skin ; Leukoderma. चर्मकी वर्ण-हीन अवस्था ; धवल कुष्ठ ।

Achromotrichia (ah-kro-mo-trik-e-ah). Lack of pigment in the hair, केशोंकी वर्ण-हीनता ।

Achylia (ah-ki-le-ah). Absence of chyle. आशोषण कालमें क्षुदान्त्रकी लसिका-वाहिनियोंसे निकले पाक-रसका अभाव। **A. Gastrica**, diminished or abolished secretion of the gastric juice in the atrophy of the mucous membrane of the stomach. उदरकी श्लैष्मिक झिल्लोकी क्षीणतामें पाचक-रसके स्रावकी कमी या एकदम अभाव। **A. Pancreatica,** absence or dificiency of the pancreatic secretion. क्लोम-रसकी कमी या अभाव।

Achylous (ak-i-lus). Lacking in gastric juice or other digestive secretion. पाकाशयिक रस या अन्य पाचक रसका अभाव।

Achymia, Achymosis (ah-ki-mi-ah, ah-ki-mó-sis). Absence or deficiency of chyme. आहार-रसकी कमी या अभाव।

Acicular (as-ik-u-lar). Needle-shaped. सूच्याकार ; सुईकी तरहका।

Acid (as-id). 1. Sour, sharp to taste. 2. Any compound of an electro-negative element with one or more hydrogen atoms that are replaceable by electro-positive element. १। अम्ल, तेजाब, तीक्ष्ण स्वादयुक्त अम्ल। २। विद्युत्ऋणीय तत्वका कोई सम्मिश्रण, जिसमें एक या अधिक ऐसे हाइड्रोजेन परमाणु हों, जो धन विद्युत्मय तत्व द्वारा पुनः स्थानापन्न किये जा सकें। **A. Abric**, a crystalline acid from jequirity. गुंजासे बननेवाला मणिभ अम्ल। **A. Acetic**, the acid of vinegar. सिरकाका अम्ल ; गसिघो-क्षार। **A Aconitic**, the acid from leaves and rods of Aconitum napellus and other plants. अतिविष या बच्छनाग विष तथा अन्य उद्भिदोंसे प्रस्तुत अम्ल। **A. Acrylic,** any one of a group of organic acid which is found in animal and vegetable tissues. जैव अम्लोंमेंसे एक, जो जीव तथा उद्भिद तन्तुओंमें मिलता है। **A. Adenylic**, acid derived from the thymus. उण्डूकग्रन्थिसे निष्कासित अम्ल। **A. Agaric, Agaricic**, a white powder from white agaric. It is used in night sweats. श्वेत शिलीन्ध्रसे निकाला एक स्वच्छ चूर्ण। रातमें पसीना होनेके रोगमें इसका प्रयोग होता है। **A. Aldepalmitic**, an acid from cow's butter. गायके दूधके मक्खनसे निकाला अम्ल ; गो-दुग्धाम्ल। **A. Anacardic, a** crystalline principle from Anacardium Occidental. ऐनाकार्डियम आक्सिडेण्टलसे (काजू) प्राप्त एक मणिभ मूलतत्व। **A. Angelic,** an acid from the roots of Angelica officinalis ; useful in gout, rheumatism and intermittent fever. ऐंजेलिका आफिसिनैलिसकी जड़से प्रस्तुत

अम्ल ; यह गठिया, वात तथा सविराम ज्वरमें लाभदायक है। **A. Anisic**, an acid from anise and fennel. सौंफ और सोआसे तैयार अम्ल। **A. Anisuric,** an acid obtainable from urine. यह अम्ल मूत्रमें प्राप्त हो सकता है। **A. Anthranilic**, a crystalline acid, obtained by oxidizing indigo. नीलके अम्लीकरण द्वारा यह अम्ल प्राप्त होता है। **A. Anticylie,** a fragrant acid, used as an antipyretic. एक सुगन्धित अम्ल ; यह ज्वरघ्नके रूपमें व्यवहृत होता है। **A. Arsenie,** an acid from arsenic by digesting with nitric acid and hydrochloric acid. नाइट्रिक एसिड और हाइड्रोक्लोरिक एसिडके साथ गलाकर संखियासे यह अम्ल निकलता है। **A. Arsenious, Arsenous,** an alternative and antiseptic white powder. एक परिवर्त्तक और पचन-निवारक स्वच्छ चूर्ण। **A. Azotic,** nitric acid. नाइट्रिकएसिड ; शोराका तेजाब। **A. Benzoic,** a white acid. from benzoin and coal-tar. लोहबानका अम्ल ; अश्मपुष्पाम्ल। **A. Boracic or Boric,** an acid from borax, in powder form, used as antiseptic सुहागासे प्रस्तुत एक पचन-निवारक श्वेत चूर्ण; बोरिक एसिड। **A. Borocitric,** a combination of boric and citric acids. बोरिक और साइट्रिक एसिडका एक सम्मिश्रण। **A. Bromic**, a colorless acid liquid. एक वर्णहीन तरल अम्ल ; एसिड ब्रोमिक। **A. Caffeic,** an acid from coffee. काफीसे प्रस्तुत अम्ल। **A. Camphoric,** an acid from camphor ; generally used in night-sweats. कर्पराम्ल। कपूरसे प्रस्तुत एक अम्ल, जो रात्रि-स्वेद नामक रोगमें व्यवहृत होता है। **A. Caprylie, Caprillic,** an acid from butter and cocoanut oil. मक्खन और नारियलके तेलसे प्राप्त अम्ल। **A. Carlazotic**, acid picric. पिकरिक एसिड। **A. Carbolic,** a colorless compound obtained by the distillation of coal-tar. अलकतरा चुआकर प्राप्त एक वर्णहीन अम्ल-विशेष। **A. Carbonic**, an acidulous liquid made by dissolving carbon dioxide in water. ईषदम्ल तरल, जो पानीमें कार्बोनिक एसिड गैसको गलाकर बनाया जाता है ; अङ्गाराम्ल ; अङ्गारक द्रावक। **A. Caseic,** lactic acid. दुग्धाम्ल ; दूधसे उत्पन्न अम्ल। **A. Cathartic,** active principle of senna. सनायके एक सक्रिय अवयवका अम्ल। **A. Cerctic,** an acid from waxes. मोमका अम्ल ; सिक्थकाम्ल। **A. Chloric,** an oily liquid derived from barium chlorate. एक तेलकी भाँति तरल, जो बेरियम क्लोरेट नामक पदार्थसे निकाला जाता है। **A. Cholalic,** an acid from the decomposition of the bile.

acid. पित्ताम्लके विच्छेदन द्वारा प्राप्त एक अम्ल। **A. Chole-ic,** an acid from ox-bile. वृषभ-पित्ताम्ल ; बैलके पित्तसे प्राप्त अम्ल। **A. Chromic**, an acid from chromium anhydrid. क्रोमिक धातुसे निष्कासित अम्ल। **A. Chrysophanic,** a yellow crystalline acid. एक पीला मणिभ अम्ल। **A. Cinnamic,** an acid from storax or tolu. शिलारस या टोलूसे प्राप्त अम्ल। **A. Citric,** an acid from lemon, lime etc. जम्बीरद्राव, मातुलुङ्गाम्ल। **A. Cryptophanic,** an acid found in human urine. मानव मूत्रमें प्राप्त एक अम्ल-विशेष; मूत्राम्ल। **A. Cyanuric,** an acid found in urea. मूत्रके प्रधान उपादानमें प्राप्त अम्ल। **A. Dextrotartaric,** tartaric acid. शोधित सुराकिट्टसे प्राप्त अम्ल। **A. Diacetic,** an acid found in urine in diabetes. बहुमूत्र-रोगीके मूत्रमें प्राप्त एक अम्ल-विशेष। **A. Excretolie**, a fatty acid from feces 'मलसे प्राप्त एक बसामय अम्ल। **A, Gallic**, found in nutgalls, tea, etc. माजूफल, चाय इत्यादिमें प्राप्त अम्ल-विशेष। **A. Gallotannic,** ordinary tannin. साधारण कषाय-रस ; कषाय रसाम्ल। **A. Glutaric,** found in decomposing pus. बिगड़े हुए पीवमें प्राप्त अम्ल-विशेष। **A. Glycollic,** an acid from green grapes. अपक्व द्राक्षाम्ल ; हरे अंगूरोंसे प्राप्त एक तेजाब। **A. Glycosuric**, an acid occuring in urine. मूत्रमें उत्पन्न अम्ल-विशेष। **A. Hippuric,** an acid from the urine of domestic animals, very rarely found in human urine. पालतू पशुओंमें प्राप्त अम्ल-विशेष, मानव-मूत्रमें कदाचित ही पाया जाता है। **A. Hydrobromic**, used in nervous condition. स्नायविक अवस्थामें व्यवहृत होनेवाला एक अम्ल-विशेष। **A. Hydrocyanic**, a colorless liquid. It is a valuable antispasmodic. एक वर्णहीन तरल ; यह एक उत्कृष्ट आक्षेप (अकड़न) दूर करनेवाला है। **A. Hydrofluoric**, an extremely poisonous colorless acid. एक बहुत विषैला वर्णहीन अम्ल-विशेष। **A. Hypophosphorous,** in well diluted form, it is a stimulant and tonic in nervous diseases. तनुकृत रूपमें, स्नायविक रोगोंमें यह उद्दीपक और बलवर्द्धकके रूपमें कार्य करता है। **A. Iodic**, an acid from iodin. आयोडिनसे प्राप्त अम्ल। इसका द्रव परिवर्त्तक है। **A. Lactic**, an acid from milk or grape-sugar. दुग्ध या अंगूरकी चीनीसे प्राप्त अम्ल-विशेष। **A, Malic**, an acid found in fruits. फलोंमें प्राप्त अम्ल। **A. Malonic,** an acid from opium. अफीमसे प्राप्त अम्ल ; अहिफेनाम्ल। **A. Metaphosphoric**, a glossy solid substance, used as a test for albumin in the urine. एक चमकीला कठिन पदार्थ, जो मूत्रमें अण्ड-लालकी जांच करनेके प्रयोगमें व्यवहृत होता है। **A. Muriatic,** same as **A. Hydrochloric.** नमकका कलमी तेजाब। यह हाइड्रोक्लोरिक एसिडके समान ही होता है। **A. Nicotinic,** an acid from tobacco. तम्बाकूसे प्राप्त अम्ल। **A. Nitric,** a corrosive liquid. एक प्रकारका क्षयकर तरल; सोराका तरल अम्ल। **A. Nitrohydrochloric,** a volatile liquid prepared from nitric and hydrochloric acid. एक उड़ जानेवाला तरल जो नाइट्रिक एसिड तथा हाइड्रोक्लोरिक एसिडसे बनता है। **A. Nitrous,** an unstable compound. एक अस्थायी सम्मिश्रण। **A. Oleic or Oleinic,** an acid found in olive, almond and other oils. जायतून, बादाम प्रभृति तेलोंमें प्राप्त अम्ल। **A. Oxalic,** a poisonous acid, from wood-sorrel, cellulose etc. एक विषाक्त अम्ल जो हूका साग अथवा वृक्ष आदिके दुश्छेद्य स्थिति स्थापक मूल उपादानसे प्राप्त होता है। **A. Oxaluric,** an acid found in healthy urine. स्वस्थ मूत्रमें प्राप्त अम्ल। **A. Oxy-butyric,** a poisonous acid, occurring in the urine in diabetes, बहुमूत्र रोगीके मूत्रमें प्राप्त एक विषाक्त अम्ल-विशेष। **A. Oxymandel,** occurs in urine in acute yellow atrophy of the liver. यकृतके नये पित्त-शोथ रोगके मूत्रमें प्राप्त अम्ल-विशेष। **A. Pectic,** an acid from pectin. पके फलोंमें प्राप्त एक प्रकारके शिथिल पदार्थका अम्ल। **A. Perchloric,** a volatile liquid. एक वाष्पशील तरल। **A. Phenaceturic,** an acid found in the urine of herbivorous animals. एक अम्ल-विशेष जो घास-पात खानेवाले पशुओंके मूत्रमें पाया जाता है। **A. Phenic,** carbolic acid. कार्बोलिकाम्ल। **A. Phosphoric,** an acid obtained by oxidation of phosphorus. फास्फोरसको उड़ाकर प्राप्त अम्ल; फुस्फुराम्ल। **A. Phosphorous,** the acid whose salts are called phosphites. फुस्फुरद्रावक; एक अम्ल जिसका नमक फुस्फुरक लवण कहलाता है। **A. Picric,** a yellow, crystalline acid; used as a dye, a test and a fixing agent. एक पीला मणिभ अम्ल, जो रंगाई, परीक्षा तथा किसी चीजको स्थायी बनानेके काममें आता है। **A. Prussic,** हाइड्रोसियानिक एसिड देखिये। **A. Pyrophosphoric,** an acid from phosporic acid. फुस्फुरकाम्लसे प्राप्त एक अम्ल-विशेष। **A. Quinic,** an acid derived from cinchona bark. सिनकोनाकी छालसे निकाला हुआ अम्ल। **A. Salicylic,** an acid found in various plants and made from carbolic acid. अनेक

प्रकारके उद्भिदोंमें यह अम्ल प्राप्त होता है और कार्बोलिक एसिडसे बनाया जाता है। **A. Succinic**, an acid from amber. मृगनाभिका अम्ल। **A. Sulphonitic**, an acid used in catarrh and laryngitis. सर्दी तथा गलकोष-प्रदाहमें इसका प्रयोग होता है। **A. Sulphoricinic** or **Sulphoricinoleic**, a compound from castor oil and sulphuric acid, used in skin-diseases. रेंड़ीका तेल तथा गन्धकाम्लका एक सम्मिश्रण। चर्म-रोगोंमें इसका व्यवहार होता है। **A. Sulphuric**, a liquid colorless acid of caustic nature, derived from sulphur. गन्धकका तेजाब ; गन्धकाम्ल ; एक वर्णहीन क्षयकर प्रकृतिका अम्ल। यह गन्धकसे बनता है। **A. Sulphurous**, an acid used in diphtheria and skin-diseases as a bleacher. डिपथीरिया तथा कितने ही चर्म-रोगोंमें परिष्कारकके रूपमें इसका व्यवहार होता है। **A. Tannic**, an acid form nut-galls. माजूफलसे बना अम्ल। **A. Tartaric**, an acid from grape-juice and plants. अंगूरके रस तथा उद्भिदोंसे प्राप्त अम्ल-विशेष। **A. Telluric**, the dibasic acid tellurium. टेलूरियमका द्विभास्मिक अम्ल। **A. Thiolinic**, sulpurated linseed oil. गन्धक द्वारा उपधूमित तीसीका तेल। **A. Uric**, an acid found in urine and some organs of the body. मूत्र तथा शरीरके कुछ अवयवोंमें प्राप्त अम्ल-विशेष ; मूत्राम्ल।

Acidemia (as-id-é-me-ah). Abnormal acidity of the blood ; a condition in which alkalinity of the blood is much decreased. रक्तका अस्वाभाविक अम्लत्व प्राप्त करना ; शरीरकी एक अवस्था, जिसमें रक्तका क्षारीय भाग बहुत घट जाता है।

Acid-gland. A gastric gland which secretes the acid of the gastric juice. एक पाकाशयिक ग्रन्थि, जिससे पाकाशयिक रसाम्लका स्राव होता है।

Acidifiable (as-id́-if-i-a-bl). Susceptible of being made acid. अम्लीकरण-प्रवण ; जो अम्लमें परिणत किया जा सके।

Acidification (as-id-if-ik-á-shun). The act of making acid. अम्लीकरण।

Acidimeter (as-id-iḿ-ét-er). An instrument for performing acidimetry. अम्ल-मापक यंत्र।

Acidimetry (as-id-iḿ-et-re). The determination of the amout of free acid in a solution. अम्लमिति ; किसी द्रवमें अम्लका परिमाण निर्द्धारित करना।

Acidism (as-id-izm). A condition of the body due to introduction of out-side acid. शरीरकी वह विकृत

अवस्था जो वाह्य अम्ल प्रवेश करनेके कारण बन जाती है।

Acidity (as-id́-it-e). Sourness; a sign of indigestion. अम्लत्व; अम्ल-पित्त रोग।

Acidology (as-i-dol'-o-gi). The study or science of surgical appliances. शल्य-विद्या-विज्ञान या शल्य-विद्याका अध्ययन।

Acidosis (as-id-ó-sis). A condition caused by an abnormal production of acids in the body either formed within the body or taken in from without. When this condition gives rise to morbid symptom it is called **acid intoxication.** अस्वाभाविक अम्ल उत्पन्न हो जानेके कारण शरीरकी एक अवस्था। यह अम्ल शरीरके भीतर ही अधिक बन गया हो या इसने बाहरसे प्रवेश कर अपना प्रभाव विस्तार किया हो। यही अवस्था बढ़कर जब रोग-लक्षण उत्पन्न हो जाते हैं, तो उसे अम्ल-मादकता कहते हैं।

Acidulate (as-id'-u-lāt). To render more or less acid or sour. अम्लीकारण; थोड़ा या अधिक अम्ल अथवा खट्टापन पैदा करना।

Acidulous (as-id'-u-lus). Slightly acid or sour. क्षुद्र अम्ल या थोड़ा खट्टा।

Acinesia (as-in-é-ze-ah). Akinesia; loss of motion. स्पन्दन-शक्ति-राहित्य; गति-शक्ति-राहित्य।

Acinetic (as-in-et ik). Akinetic स्पन्दन-शक्ति-रहित।

Aciniform (as-iń-if-orm). Acinous; like grape, अंगूरकी तरह; द्राक्षावत्।

Acinose (aś-in-óze). Acinous. द्राक्षावत्।

Acinous (aś-in-us). Resembling a bunch of grapes. Certain glands, the excretory ducts of which start from little sacs, arranged in cluster-like grapes. अंगूरके गुच्छेकी तरह; कितनी ही ग्रन्थियाँ, जिनकी स्राव-नलियाँ उन छोटे-छोटे गह्वरोंसे आरम्भ होती हैं, जो अंगूरके गुच्छेकी तरह सजाये हुए हैं।

Acinus (aś-in-us). Alveolus; 1. One of the sacs-like beginings of the excretory ducts of an alveolar gland. 2. An air-cell of the lung. 3. A lobule of the liver. (१) एक सूक्ष्म-कोष या गह्वर। (२) अंगूरके गुच्छेकी तरहकी ग्रन्थिसे स्राव निकालनेवाली नलीका थैलीकी तरह अग्र-भाग। फुस्फुस-वायु-कोष। (३) यकृतका सूक्ष्म-खण्ड।

Aclastic (ak-laś-tik). Not refracting. अवर्त्तक।

Acleitocardia (ah-kli.to-kaŕ-de-ah). Patency of the foramen ovale; incompleteness of the wall which seperates the auricle of the heart. भ्रूण-हृदयका छिद्र भरपूर

न खुलना ; हृदयके ग्राहक-कोष्ठको अलग करनेवाली प्राचीरकी अपूर्णता।

Aclusion (ak-lú-zun). Imperfect adjustment of the opposing surfaces of the molar and bicuspid teeth. चर्वणक और द्विशिर दांतोंके विपरीत पटलोंका असम्पूर्ण व्यवस्थापन।

Acme (ák-me). The period of greatest intensity of any symptom. किसी रोग-लक्षणका अति तीव्र काल।

Acne (ák-ne). Any inflammatory disease of the sebaceous glands from retained secretion. स्राव-रोध होनेके कारण उत्पन्न हुआ तैल-ग्रन्थिका कोई प्रादाहिक रोग ; मुँहासा ; उद्भेद। **A. albida,** milium. उपत्वचाके नीचे उत्पन्न एक क्षुद्र सफेद अर्बुद। **A. artificialis,** caused by extermal irritation. वाह्य उपदाहके कारण उत्पन्न प्रदाह। **A atrophica,** a varioli-formis. ललाट और खोवड़ीमें छत्ते-की-छत्ते फुन्सियां। **A. ciliaris,** acne of the edges of the eyelids. पलकोंके किनारेके दाने। **A. frontalis,** acne of the forehead. ललाटपर होनेवाले मुँहासे या दाने। **A. generalis,** acne diffused over the whole body. समस्त शरीरमें होनेवाले दाने। **A. hypertrophica,** an extreme development of **Acne Rosacea.** अत्यधिक गुलाबी रङ्गके दानोंका चेहरेपर होना ; मुहासा। **A. indurata,** acne marked by chronic, livid indurations. पुराने कड़ापन-भरे दाने। **A. iodine,** an eruption caused by excessive use of lodin. अत्यधिक आयोडिन व्यवहारके कारण उद्भेद। **A. keratosa,** a form in which a horny plug takes the place of comedo. एक प्रकारके मुँहासे जिनमें नोक काली न होकर खीलदार हो जाती है। **A. menthgra,** an cruption in the beard. दाढ़ीमें दाने ; क्षौरोद्भेद ; हजामतके दाने। **A. pancreatica,** small cysts in the pancreas due to obstruction of the smaller ducts. क्षुद्र नालिकाओंके रोधके कारण क्लोम-ग्रन्थिमें छोटे-छोटे कोष होना। **A. rosacia.** a chronic inflammation of the face and nose. चेहरा तथा नाकका पुराना प्रदाह ; मुँहासा। **A. tarsi.** acne of the sebaceous glands of the eyelids. पलकोंकी तैल-स्रावी ग्रन्थियोंके उद्भेद। **A. vulgaris,** common acne. साधारण मुँहासे ; मुख-व्रण।

Acneform (ák-ne-form). Resembling acne. मुँहासा-सम्बन्धीय।

Acnemia (ak-né-me-ah). Deficient development of the calf of the legs. पैरकी पिण्डलियोंका दोषावह उभार।

Acnitis (ak-ni-tis). A suppurative skin inflammation. एक पक जानेवाला चर्म-प्रदाह।

Acognosia (ak-og-nó-ze-ah) Knowledge of or the study of remedies. औषध-ज्ञान या अध्ययन।

Acolabis (a-có-la-bis). A Kind of toothed forceps. एक प्रकारका दाँतादार डाक्टरी चिमटा।

Acology (ak-ol-o-ge). The science of remedies ; therapeutic. भेषज विज्ञान।

Acolous (ak-o-lus). Having no limbs. प्रत्यङ्ग-हीन।

Acomia (ak-ó-me-ah). Baldness ; absence of hair on parts where it is normal. खल्वाटपन ; स्वाभाविक रूपसे जिन अंगोंमें केश होने चाहियें वहाँ न होना।

Aconin (ak-o-nin). An alkaloid from aconitin. वत्सनाग-विषका उपक्षार।

Aconite (ak-o-ni't). A poisonous drug from the root and leaves of Aconitum Napellus. काठ-विष ; बच्छनाग-विष।

Aconitin (ak-on-it-in). The active principle of aconite. बच्छनाग-विषका सक्रिय अवयव।

Aconuresis (ak-on- u-ré-sis). Involuntary passage of urine. इच्छा न रहनेपर भी पेशाब होते जाना ; अनैच्छिक मूत्रस्राव।

Acopic (a-cop-ic). Refreshing ; restorative ; a restorative medicine. स्फूर्तिदायक ; बलकारक ; एक बलवर्द्धक औषध।

Acoprous (ah-kop-rus). Having little or no fæces in the bowel. आंतोंमें बहुत थोड़ा या बिल्कुल ही मलका न रहना ; मल-राहित्य।

Acorea (ah-kó-re-ah). Absence of the pupil of the eye. आँखकी पुतलीका न रहना ; चक्षुतारा-राहित्य।

Acoria (ak-ó-re-ah). Insatiable hunger. अतृप्त क्षुधा ; रोगकी एक अवस्था जिसमें रोगीको यह कभी नहीं अनुभव होता कि उसका पेट भर गया।

Acormus (ah-kor mus). A monster without a trunk or body. धड़-रहित जीव।

Acorus (ak o-rus). A genus of plant. एक प्रकारका उद्भिद। **A. Calamus.** Sweet flag. उग्रगन्धा ; वच, बचा।

Acoulalion (ak-oo-lá-le-on). An apparatus used in teaching speech to deaf. बहरेको बोलना सिखानेवाला यंत्र ; वधिर वाक्य-शिक्षक यंत्र।

Acoumeter (ak-oó-met-er). An instrument for testing the accuracy or acuteness of hearing. श्रवण-शक्तिकी तीक्ष्णता या यथार्थता परिमापक यंत्र। एक यंत्र जिसके द्वारा यह जाँचा जाता है, कि रोगीकी श्रवण-शक्ति कितनी तीक्ष्ण या शुद्ध है।

Acouphonia (ah-koo-o-fó-ne-ah). A mode of auscultation in which the observer places his ear on the chest and hears the sound produced by percussion. एक प्रकारकी आकर्णन (सुनने) की विधि, जिसमें सुनने-वाला रोगीके वक्षपर अपने कान रखकर अंगुलीके आघातसे उत्पन्न हुए शब्दकी जाँच करता है। वक्ष-परीक्षामें ऐसा किया जाता है।

Acousma (ak-ooz′-mah). The hearing of imaginary sound. भ्रम शब्दका सुनना।

Acousmatagnosis (ak-oos-mat-ag-nó-sis). Failure to recognize sounds due to mental disorder ; mind-deafness. मानसिक विशृङ्खलताके कारण शब्दोंका पहचान न सकना।

Acousmatamnesia (ak-oos-mat-am-nê-ze-ah). Inability to recall the memory of sounds. शब्दोंको पुनः स्मरण करनेकी शक्तिका न रहना।

Acoustic (ak-owś-tic). Pertaining to sound or to the sense of hearing. शब्द-सम्बन्धी अथवा श्रवण-शक्ति-सम्बन्धी। ध्वनिविज्ञान-विषयक ; शाब्दिक। **Acoustic Nerve,** the auditory nerve or eighth pair of cranial nerves. श्रावणी नाड़ी या अष्टमी नाड़ी। **A. Reflex,** imitative repetition of words heard. सुने हुए शब्दका नकलकी तरह दोहराना ; गूंज।

Acousticon (ak-owś-tik-on). An ear-trumpet. श्रवण-तुरी।

Acoustics (ak-owś-tics). The science of sound. शब्द-विज्ञान।

Acrania (ah-krá-ne-ah). Partial or total absence of the cranium. माथेकी करोटीका आंशिक या सम्पूर्ण अभाव।

Acranial (ah-krá-ne-al). Without a skull. करोटी-रहित ; बिना खोपड़ीवाला।

Acrasia (ah-krá-ze-ah). Intempe-rence ; lack of self-control ; debility. असंयम ; आत्म-संयमका अभाव ; दुर्बलता।

Acratia (ah-kra-she-ah). Weakness ; failure of strength ; impotency. दुर्बलता ; शक्तिहीनता ; ध्वजभङ्ग।

Acraturesis (ah-kart-u-rê-sis) Inability to pass the urine, due to atony of the bladder. मूत्राशयकी दुर्बलताकी वजहसे पेशाब करनेसे अक्षम।

Acrid (aḱ-rid). Sharp ; pungent ; burning. कटु-कषाय गुण-युक्त ; तीक्ष्ण ; ज्वालापूर्ण ; जलन करनेवाला।

Acrinia (ah-kriń-e-ah) A suspension of secretion. स्राव-रोध।

Acrisia (ah-kriś-e-ah). A state of disease in which there is no crisis or no opinion can be formed ; an irregular course of disease. रोगकी वह अवस्था जिसमें रोगका संकटकाल अथवा रोगोल्वण नहीं रहता अथवा उसके सम्बन्धमें कोई मत नहीं निर्धारित किया जा सकता ; रोगकी अनियमित गति।

Acritical (ah-kriť-ik-al). Having no crisis. रोगोल्वण-हीन।

Acritochromacy (ak-krit-o-kró-ma-se). Color-blindness. वर्णान्धता। रंगका न दिखाई देना।

Acroanesthesia (ak-ro-an-es-thé-ze-ah). Pain in the extremities. शाखा-अंगोंमें दर्द ; हाथ-पैरोंमें दर्द।

Acroarthritis (ak-ro-ar-thri'-tis). Arthritis of the extremities. शाखा-अंगोंका सन्धि-वात ; हाथ-पैरोंकी सन्धियोंका वात।

Acroasphyxia (ak-ro-as-fiks-e-ah). Asphyxia of the extremities. हाथ-पैरोंका विशुद्ध रक्तका गति-रोध।

Acroblast (ak-ro-blast). The extermal layer of the mesoblast. गर्भके अभ्यन्तरस्थ मध्य-जीवाङ्कुर-स्तरका बाहरी स्तर।

Acrocephalia (ak-ro-sef-á-le-ah) Having a conic head. शङ्खाकार मस्तकवाला।

Acrochordon (ak-ro-kor-don). A soft, pendulous growth on the neck or eyelids of old persons. वृद्धोंके गले और पलकें प्रभृतिपर होनेवाला एक कोमल नोकदार अर्बुद।

Acrocinesis (ak-ro-sin-é-sis). Excessive motility of parts or of muscles ; strong tendency to spasm ; abnormal freedom of movement. अङ्गोंकी अत्यधिक स्पन्दनशीलता ; अत्यधिक आक्षेप-प्रवण ; अस्वाभाविक गति-स्वातंत्र्य।

Acrodynia (ak-ro-dín-e-ah). Epidemic erythema. बहुव्यापक अरुणिका रोग ; अहिपूतन। इसमें शाखा-अंगोंमें वातकी तरह दर्द भी होता है।

Acroesthesia (ak-ro-es-thé-ze-ah). 1. Increased sensitiveness. 2. Pain in the extremities. १। अत्यधिक स्पर्श-द्वेष। २। शाखाओंमें दर्द।

Acrolein (ak-ró-le-in). A volatile oily liquid. एक वाष्पशील तैलाकार तरल।

Acromania (ak-ro-má-ne-ah). Extreme or violent mania. अत्यधिक या तीव्र उन्माद।

Acromastitis (ak-ro-más-ti-tis). Inflammation of the nipple. स्तनवृन्त-प्रदाह।

Acromegaly (ak-ro-még-al-e). A disease in which the bones and soft parts of the face and extrenities are abnormally enlarged. एक रोग जिसमें हाथ-पैर तथा चेहरेकी हड्डियाँ और कोमल अंश अस्वाभाविक रूपसे बढ़ जाते हैं।

Acromial (ak-ró-me-al). Relating to acromion. स्कन्धास्थि-प्रवर्द्धन-सम्बन्धी।

Acromicria (ak-ró-mik-re-ah). Unusual smallness of any of the extremities. किसी भी शाखा अङ्गका अस्वाभाविक छोटापन।

Acromion (ak-ro-mé-on). The outward prolongation of the spine of the scapula, forming the point of the shoulder. स्कन्धास्थि-प्रवर्द्धन।

Acromiothoracic (ak-ró-me-o-tho-ra-sik). Pertaining to the acromion and thorax. स्कन्धास्थि-प्रवर्द्धन तथा वक्षगह्वर सम्बन्धी।

Acromphalus (ak-rom-fal-us). 1. The centre of the navel. 2. A sign of the first stage of umbilical hernia. १। नाभी का केन्द्र। २। नाभिदेशीय अन्त्र-वृद्धिकी थमावस्थाका एक चिह्न।

Acronarcotic (ak-ro-nar-kot-ik). Both acrid and narcotic. कषाय एवं मादक दोनों ही।

Acroneurosis (ak-ro-nu-ró-sis). A neurosis affecting the extremities. शाखाओंका स्नायु-रोग।

Acronyx (ak-ro-niks). An ingrowing nail. भीतर घुसनेवाला नाखून।

Acroparalysis (ak-ro-par-al-is-is). Paralysis of the extremities. शाखा अंगोंका पक्षाघात।

Acroparesthesia (ak-ro-par-es-thé-ze-ah). A disease having stiffness and numbness of the extremities, without pain or paralysis. दर्द या पक्षाघातके बिना ही शाखाओंके कड़े और सुन्न हो जानेका रोग।

Acropathology (ak-ro-path-ol-o-ge). Pathology of the exteremities शाखाओंका निदान-विज्ञान।

Acropathy (ak-rop-a-the). Any disease of the extremities. शाखा-रोग ; हाथ-पैरोंकी कोई बीमारी।

Acrophobia (ak-ró-fó-be-ah). A morbid dread of heights ; kenophobia. ऊचाईका भयंकर भय।

Acroposthia (ak-ro-pos-the-ah). The prepuce. लिंगाग्र-त्वचा ; चमड़ी।

Acroposthitis (ak-ro-pos-thi'-tis). Inflammation of the prepuce. लिंगाग्र-चर्मका प्रदाह।

Acrose (á-crós). An artificial sugar prepared from acrolein. ऐकोलीन द्वारा प्रस्तुत नकली चीनी।

Acrosphacelus (ak-ro-sfas-ef-us), Gangrene of the fingers. अंगुलीका सड़नेवाला घाव।

Acrothymion (ak-ro-thi'-me-on). A wart with several elevations. कई सींगोंवाले मसे।

Acrotism (ak-ro-tizm). Absence or imperceptibility of the pulse. नाड़ीका अभाव अथवा नाड़ीका न मिलना ; अदृश्य नाड़ी।

Acrotrophoneurosis (ak-ro-tro-fo-nu-ró-sis). Trophic disturbance of one or more extremities. एक या अधिक शाखाओंकी पोषण-विशृङ्खलता ; हाथ-पैर किसी भी एक शाखा अंगका भरपूर

पोषण न होना अथवा न्यूनाधिक पोषण होना।

Actæa (ak-té-ah). A genus of herb with cathartic properties. एक प्रकारका विरेचक उद्भिद।

Actinic (ak-tiń-ik). Possessing the power of exciting chemical actions—said of rays of light. क्रियाशील किरण; रोशनीकी किरणकी क्रियाको उत्तेजित करनेवाला।

Actinism (aḱ-ti'n-izm). The chemic property of light. किरणका रासायनिक गुण।

Actinolyte (ak-tin-o-lit). Any substance that is markedly changed by light. आलोक द्वारा स्पष्ट परिवर्त्तित हो जानेवाला कोई पदार्थ।

Actinometer (ak-tin-o-ḿet-er). An apparatus for measuring the penetrating power of active rays. किरण-मापक यंत्र।

Actinomycosis (aḱ-tin-o-mi-kó-sis). A chronic disease of the cattle charactarized by the formation of lumpy tumours on the jaws and tongue. एक पशु-रोग विशेष, जिसमें जीव और जबड़ोंपर लोंदेकी तरह अर्बुद हो जाते हैं।

Actinoneuritis (aḱ-ti-no-nu-ri-tis). Neuritis caused by prolonged and repeated exposure to X-Ray or Radium. रेडियम अथवा एक्स-रे का अति तथा बारम्बार व्यवहारके कारण स्नायु-प्रदाह रोग।

Actinopraxis (aḱ-tin-o-prak-śis). The employment of X-Rays or Radium in diagnosis or treatment. एक्स-रे या रेडियम द्वारा चिकित्सा अथवा रोग-निदान।

Actinoscopy (ak-tin-os-co-pi). Examination of tissues and structures of the body by means of the X-Rays एक्स-रे द्वारा शरीर-तन्तु या शरीर-विधानकी परीक्षा।

Action (aḱ-shum). The performance of any of the functions. क्रिया। **A. reflex,**—an involuntary action of one part of the body, due to an impression on some afferent nerve. किसी अन्तर्वाही स्नायु-पर प्रभाव पड़ जानेके करण शरीरके किसी अंगको अनैच्छिक क्रिया होने लगना। पारावर्त्तित क्रिया।

Actol (aḱ-tol). Silver lactate (an antiseptic). सिलवर लैक्टेट; शुद्ध चाँदी।

Acuclosure (ok-u-kló-zhur). Arrest of hemorrhage by means of a needle. सुई द्वारा रक्त-स्रावका रोकना।

Acuity (ak-ú-it-e). Clearness or acuteness of vision. दृष्टि-शक्तिकी स्वच्छता या वास्तविकता।

Aculeate (ak-ú-le-át). Pointed ; covered with sharp points. नोकदार कण्टकावृत्त; काँटेदार।

Acumeter (ak-ū-met-er). An instrument for testing hearing. श्रवण-शक्ति-परीक्षक यंत्र विशेष ।

Acuminated (ak-ú-min-āt-ed). Having a long projecting and highly tapering point. दीर्घ सूक्ष्माग्र ; लम्बी नोकवाला ; नुकीला ।

Acupuncture (ak-ú-punk-chur). Puncture made with long fine needle for diagnctic purposes. रोग-निदानके लिये लम्बी महीन सुईसे छेद करना ; सूचो-बेधन ।

Acus (á-kus). A surgical needle. सुई ; अस्त्रौपचारमें व्यवहृत होनेवाली सुई ।

Acusticus (ak-ú-stik-us) The auditory nerve. श्रावणी नाड़ी ।

Acute (uk-út). Sharp ; severe ; rapid ; having a short and severe course. तेज ; प्रबल ; शीघ्रगामी ; संक्षिप्त पर तीव्र गतिशील । **Acute diseases**—नयी बीमारियाँ ।

Acutorsion (ak-u-toŕ-shun). Acupressure in which the bleeding vessel is twisted by means of the inserted needle. सूची-परिचालन जिसके द्वारा रक्त-स्रावो नसको मं तर घुसी हुई सुईके द्वारा मरोड़ दिया जाता है ।

Acyanoblepsy (ah-si-an-o-blep-se). A defect of vision in consequenc of which blue colour can not be distinguished ; blue-blindness. दृष्टि-दोष, जिसके कारण नीला रंग नहीं पहचाना जाता ; नील-वर्णान्धता ।

Acyanopsia (ah-si-an-op-se-ah). Same as acyanoblepsy. नील-वर्णान्धता ।

Acyclia (ah-si-kli-ā). Failure of the circulation. दौरान रुक जाना ; प्रवाह-रोध ।

Acyesis (ah-si-é-sis). Sterility in women. स्त्रियोंका बन्ध्यत्व ; बाँझपन ।

Acystia (ah-siś-te-ah). Congenital absence of the bladder. जन्मका मूत्राशय-राहित्य ।

Acystinervia, Acystineuria (ah-sis-tin-eŕrve-ah ah-sis-tin-ú-re-ah). Absence of nervous control of bladder ; paralysis of bladder. मूत्राशयपर स्नायविक अधिकारका अभाव ; मूत्राशयिक पक्षाघात ।

Adacrya (ah-dak-re-ah). A deficiency of the lachrimal secretion. अश्रु स्रावको कमी ; कम आँसू निकलना ।

Adactylia (ah-dak-til-e-ah). Absence of fingers or toes or of both. अंगुलियाँ या अंगूठा या दोनोंकी ही कमी ; अंगुलि-हीनता ।

Adactylous (a-dać-til-us) Without fingers अंगुलिहीन ; बिना अंगुलियोंका ।

Adamantene (ad-am-ań-tin). Pertaining to the enamel of the teeth. दन्त-वेष्ट-बहिरावरण सम्बन्धीय ; दाँतोंपर जो

शहरी चिकना चमकीला आवरण चढ़ा रहता है, उससे सम्बन्ध रखनेवाला ।

Adams Apple—Pomum adami—चुल्लो कोढ़ ; कण्ठ ।

Adams disease– See Adams-stokes disease. Bradicardia, associating with apoplectic or epileptic spasms and occasional presence of heart block. नाड़ीकी अस्वाभाविक धीर गति, इसके साथ ही संन्यास अथवा मृगीकी तरह अकड़न और हृद्-अवरुद्धता भी कमी-कभी सम्मिलित रहती है ।

Adaptation (ad-ap-tá-shun) 1. The adjustment of the pupil to any variation of light. 2. An advantageous chang in function or constitution of an organ or tissue to meet new condition. १। चक्षु-ताराको विभिन्न आलोक-रश्मिपरस्थिरकरना । २। किसी तन्तुपर शारीरिक यंत्रको कियामें लाभदायक परिवर्त्तन, जिससे वह उस नवीन अवस्थाके लिये उपयोगी हो सकता हो ।

Addict (ad'-ikt). One who habitually uses narcotics or liquor जिसे तम्बाकू या शराबका अभ्यास हो ।

Addisons Anemia.—Pernicious anæmia. मारात्मक रक्त-क्षीणता ।

Addisons Disease. A disease marked by a peculiar bronzed pigmentation of the skin, severe prostration and progressive anæmia. एक प्रकारका रोग, जिसमें एक प्रकारके विचित्र पीतलके रङ्गके दाने शरीरपर निकल आते हैं, साथ ही अत्यधिक सुस्ती रहती है और रक्त-हीनता बढ़ती ही जाती है ।

Adduct (ad-ukt). To draw toward the centre. किसी केन्द्रकी ओर आकर्षण करना।

Adduction (ad uk-shun). Movement toward the centre or median line. मध्य-रेखा या केन्द्रकी ओर गति ।

Adductor (ad-uk-tor). Any adducting muscle. कोई केन्द्राभिमुख आकर्षिणी पेशी ।

Adelomorphus. (ad-el-o mor-fus) Having no definite form. अनिश्चयात्मक रूपवाला ।

Ademonia (ad-e-mó-ne-ah). Anxiety ; distress ; depression of spirits. चिन्ता ; आत्म-दुर्बलता ।

Aden (á-den) A gland ; a bubo ग्रन्थि ; गाँठ । **A. ulcer.** An ulceration of the leg occurring in tropical countries, being the result of Beri-Beri. बेरी-बेरी रोगके कारण होनेवाला पैरका जखम, जो विशेषकर ग्रीष्म-प्रधान देशोंमें ही होता है ।

Adenalgia (ad-en-al-je-ah). Pain in a gland. किसी ग्रन्थिमें दर्द ; ग्रन्थिक-शूल ।

Adenasthenia (ad en-as-thé-ne-ah). Deficient glandular activity. ग्रन्थिकी कियाकी गड़बड़ी ।

Adendric (ah-deń-drik). Having no dendrons. नाड़ी-कोषकी वृक्षाकार गतिका न होना।

Adenectomy (ad-en-ek-to-me). Excision of a gland. ग्रन्थि-छेदन ; गाँठमें नश्तर।

Adenectopia (ad-en-ek-tó-pe-ah). Displacement of a gland. ग्रन्थिकी स्थान-च्युति ; किसी गाँठका अपने स्थानसे हट जाना।

Adenemphraxis (ad-en-em-fraks-is). Glandular obstruction. ग्रन्थि-मुखका अवरोध ; किसी ग्रन्थिका मुँह बन्द हो जाना।

Adeniform (an-eń-if-orm). Resembling a gland. ग्रन्थिके आकारका।

Adenitis (ad-en-i'-tis). Inflammation of the gland. ग्रन्थि-प्रदाह।

Adenization (ad-en-iz-á-shun). The assumption of a gland-like appearance. ग्रन्थिका आकार धारण करना।

Adenoblast (ad-eń-o-blast). An embryonic cell from which glandular tissues are developed. एक भ्रूण-कोष जिससे ग्रन्थि-तन्तु परिवर्द्धित होते हैं।

Adenocele (ad-en-o-sil). A cystic gland-tumor. एक कौषिक ग्रन्थि-अर्बुद।

Adenosystoma (ad'-en-o-sis-tó-mah) An adenoma consisting cysts. कोष-पूर्ण अर्बुद।

Adenofibroma (ad-en o fi-bró-mah). An adenoma with fibromatious elements. तन्तु-पूर्ण अर्बुद।

Adenography (ad-en-og-raf-e). A treatise on glands. ग्रन्थि-सम्बन्धी निबन्ध या ग्रन्थ।

Adenoid (ad'-en-oid). Resembling a gland ग्रन्थिके आकारका।

Adenology (ad-en-ol-o-je). The knowledge with regard to the gland. ग्रन्थि-सम्बन्धी ज्ञान।

Adenolymphocele (ad'-en-o-lim-fo-sil). Fatty infiltration along the lines of the lymphatic vessels. लसिका-वाहिनियोंके आस-पास बसामय रस-स्राव।

Adenolymphoma (ad'-en-o-lim-fó-mah). Adenoma of a lymph organ. लसिका-यंत्रका अर्बुद।

Adenoma (ad-en-ó-mah). The swelling or morbid enlargement of a gland ; a glandular tumor. ग्रन्थिकी सूजन या रोगात्मक वृद्धि ; ग्रन्थि-ार्बुद।

Adenomalacia (ad-en-o-mal-á-se-ah). The softening of a gland. ग्रन्थिकी कोमलता।

Adenopathy (ad-en-op-ath-e). Any disease of the gland. ग्रन्थि-रोग।

Adenopharyngitis (ad'-en-o-far-in-gi-tis). Inflammation of the tonsils and pharynx. गल-कोष तथा तालु-मूलका प्रदाह ।

Adenophthalmia (ad'-en-of thal-me-ah). Inflammation ef the Meibomianglands नेत्रच्छद-ग्रन्थिका प्रदाह ।

Adenosclerosis (ad'-en-o-sklé-ró-sis). The hardening of a gland. ग्रन्थिकाठिन्य ; ग्रन्थिका कड़ापन ।

Adenosis (ad-en-ó-sis). Any disease of a gland. कोई ग्रन्थि-रोग ।

Adenotome (ad'-en-ó-tóm). An instrument for cutting glands. ग्रन्थि-छेदक यंत्र ; गाँठ चीरनेका यन्त्र ।

Adenotomy (ad-en-ot-o-me). 1. Dissection of a gland. 2. Anatomy of the glands. १ । ग्रन्थिच्छेदन ; २ । ग्रन्थि-शरीर-तत्व ।

Adenotyphus (ad-en-o-ti-fus). Abdominal typhus fever. औदरिक मोह-ज्वर ।

Adenotyphoid fever. Typhoid fever with extreme swelling of mesenteric gland. सान्निपातिक ज्वर, जिसमें मध्यान्त्र त्वक् ग्रन्थिमें अत्यधिक सूजन उत्पन्न हो जाती है ।

Adeps (ad'-eps). Lard. चर्बी । **A. Anserinus,** goose-greese हंसकी चर्बी । **A. Benzoinatus,** lard containing one per-cent benzoic acid or 2 per-cent of benzoin. चर्बी जिसमें सैकड़े १ भाग बेञ्जोयिक एसिड या २ भाग बेञ्जोयिक सम्मिलित रहता है । **A. Suillus,** hog's lard. सूअरकी चर्बी ।

Adermia (ah-dér-me-ah). An absence of the skin. चर्म्महीनता ।

Adermogenesis (ah-der-mo-jén-es-is). Imperfect development of the skin. चर्म्मकी अपूर्ण वृद्धि ।

Adhatoda (ad-hat-o-dah). A genus of plants. एक प्रकारका उद्भिद । **A. Vasica,** a very efficacious remedy for all sorts of coughs. अड़ूसा ।

Adherent (ad-hé-rent). Sticking ; adhering two surface or parts ; morbid connection of contiguous surfaces. संयोजन, संलग्नकरण ; (२) असम संयोग ।

Adhesive (ad-hé-siv). Sticky ; causing adhesion. लसदार ; संलग्नशील ; जुड़ जानेवाला । **A. Inflammation,** the process by which wounds are united. टूटे हुए अंशको जोड़नेकी प्रणाली । **A. plaster,** any plaster which adheres to the skin. चर्ममें चिपक जानेवाला प्रदेह ।

Adiactinic (ah-di-ak-tin-ik). Impervious to acttinic rays. क्रियाशील किरणों द्वारा अभेद्य ।

Adiaphoresis (ad-i-if-or-é-sis). Deficient perspiration. कम पसीना होना ।

Adiapneustia (ad'-i-ap-nús-te-ah). Absence of the perspiration. पसीनेका अभाव या न होना ।

Adicity (ad-iś-it-e). Valence. परमाणुकी ग्रहण-शक्ति ।

Adiemorrhysis (ah-di-em-oŕ-is-is). Stoppage of the circulation of blood in a certain part. किसी अंशमें रक्त-प्रवाहका रोध ; शरीरके किसी भागमें खूनका दौरान रुक जाना ।

Adipectomy (ad-ip-ek-tó-me). The excision of a mass of adipose tissue. बसामय झिल्लीको लोंदा निकालना ।

Adipic (ad-ip-ik). Relating to fat. बसा-सम्बन्धी ; चर्बी-सम्बन्धी ।

Adipocele (ad'-ip-o-sil) A hernia containing fat or fatty tissue. बसा या बसामय तन्तु मिश्रित अंत्र-वृद्धि ।

Adipogenic (ad-ip-o-jen-ik). Producing fat. बसा उत्पन्नकारक ।

Adipolytic (ad-ip-o-li-tic). Effecting the digestion of fats. बसा-पचन-प्रभावशील ; चर्बीको पचा देनेवाला ।

Adipometer (ad-ip-om-et-er). An instrument for measuring the thickness of the skin. चर्मकी मोटाई नापनेवाला यंत्र ।

Adipose (ad-ip-ós). Fatty. बसामय । **A. Arteries.** Arterial branches supplying fat. बसा-प्रदानकारिणी धमनी-शाखा । **A. Tissue,** cellular membrane with fat collected in the cells. बसामय कौषिक झिल्ली ।

Adiposis (ad-ip-ó-sis). Fatty degeneration , corpulence. चर्बीका बढ़ना ; मेद-वृद्धि ; स्थूलता । **A. Hepatica,** fatty degeneration of the liver. यकृतकी मेद-वृद्धि ।

Adipositas (ad-rp-oś-it-as). Fatness. स्थूलता । **A. Cordis,** A fatty condition of the heart. हृद्‌पिण्डकी मेद-पूर्ण अवस्था । **A. Universalis,** obesity. मेद-वद्धि ।

Adiposuria (ad-ip-o-sú-re-ah). Lipuria ; the presence of fat in the urine. मूत्रमें बसाकी वर्त्तमानता ; बसामय मूत्र ।

Adipsia (ah-dip-se-ah). Absence of thirst. तृष्णा-हीनता ; प्यासका न रहना ।

Adipson (ad-ip-son). A beverage relieving thirst. तृष्णा-निवारक पेय ।

Adipsous (ad-ip-sous). Allaying thirst. तृष्णारोधक ; प्यास रोकनेवाला ।

Aditus (ad'-it-us). An entrance. प्रवेश-पथ ।

Adjuvant (ad-ju-vant). An auxiliary remedy ; a medicine that assists the action of another drug. सहायक औषध ; आनुसंगिक औषधि ; अनुपान ।

Admaxillary (ad-mak-sil-a-re). Connected with the jaw. हनु-सम्बन्धी ।

Adiminiculum (ad-min-ik-ú-lum). 1. That which gives support to a part. 2. Adjuvant. १ । जो किसी

अंशको सहारा पहुँचाता है । २। सहायक ; आनुसंगिक ।

Adnate (ad-nāt). Grown together. पृष्ठिक परागकोष ; संलग्न ; संयुक्त उत्पन्न ।

Adneural (ad-nú-ral) Situated at the nerve. स्नायु-स्थित ।

Adnexa (ad-neks ah). Appendages. संयोजित वस्तु; उपाङ्ग; अनुसंग; संयुक्तांश ।

Adnexitis (ad-neks-i' tis). Inflammation of the adnexa uterus. जरायु संयुक्तांशका प्रदाह ।

Adolescence (ad-o-leś-ens). Youth ; the period between puberty and maturity. यौवनावस्था ; जवानी ।

Adoral (ad-ó-ral). Near the mouth मुख-गह्वर निकटस्थ ; मुँहके पासका ।

Adrenal (ad-ren-al). Near the kidney. उपवृक्कक ; मसानेके निकटवाला ।

Adrenalin (ad-reń-al-in). The trade name of an active principle of the supra-renal gland. ऊर्द्ध-वृक्कक ग्रन्थिके सक्रिय अवयवका व्यवसायी नाम ।

Adsorption (ad-sorṕ-shum). The power of taking up a liquid or gaseous substance. तरल तथा वाष्पीय पदार्थकी आशोषण शक्ति ।

Adspection (ad-spec-shun). Examination. परीक्षा ।

Adult (á-dult). Arrived at maturity ; grown-up. यौवन-प्राप्त ; युवक ; अवस्था-प्राप्त ।

Adulteration (ah dul-ter-é-shun). The corrupting of pure ingredients with others resembling them, that of inferior value. मिलावट ; शुद्ध पदार्थमें उसी ढङ्गकी घटिया चीजकी मिलावट ।

Advancement. The surgical detachment of a muscle or tendon, which is attached to an advanced point. किसी पेशी या कण्डराको अस्त्र-चिकित्सा द्वारा अग्रिम अंशमें लगा देना ।

Adventitia (ad-ven-tiśh-e-ah). The outer coat of blood-vessels. रक्त-वाहिनियोंका वाह्य-स्तर ।

Adventitious (ad-ven-tish-us). Not natural or hereditary ; accidental. अस्वाभाविक तथा अवंशानुक्रमिक ; आकस्मिक ।

Adynamia (ad-in-á-me-ah). Weakness ; vital debility. दुर्बलता ; जीवनी शक्तिका दौर्बल्य ।

Adynamic (ad-in-am-ik). Asthenic. दौर्बल्य विशिष्ट ; कमजोर ; दुर्बल ।

Adynatus (ad-in-at-us). Sickly. बीमार ; रुग्न ।

Aeration (a-er-á-shun). Airing ; saturating a fluid with air or gas. वायु-सम्पुटित करण; किसी तरलको वायु या वाष्पसे सम्पुटित करना ।

Aerendocardia (á-er-en-do-kaŕ-de-ah). The presence of gas or air within the heart. हृद्पिण्डमें वाष्प या वायकी वर्त्तमानता ।

Aerhemoctonia (a-er-hem-ok-tó-ne-ah). Death by air in the veins. शिराओंमें वायु प्रवेश कर जानेके कारण मृत्यु।

Aerenterectasia (á-er-en-ter-ek-tá-ze-ah). Distention of the intestines with air or gas. गैस या वायुके कारण अंत्र-प्रसारण।

Aerial (a-é-re-al). Relating to the air. वायु-सम्बन्धी।

Aeriferous (a-e-rif-re-us). Conducting the air. वायु चालक।

Aeriform (a-e-ŕif-orm). Like the air ; gaseous. वायु-सम ; हवाकी तरह ; वाष्पमय ; वाष्पीभूत ; वाष्पाकार।

Aerobia (a-er-o'-be-ah). Organism requring air to maintain life. जीवन-धारणके लिये वायु चाहनेवाले जीव ; वायु-जीवी।

Aerobic (a-er-o'-bik). Living in air ; unable to live without air. जीवन-धारण करनेवाले ; वायुहीन अवस्थामें जीवन धारण न कर सकनेवाले।

Aerobion (a-er-o'-be-on). An organism which can live and grow only in the presence of air or oxygen. केवल वायु या अम्लजान मिलने पर ही जीवित रहने या बढ़नेवाले जीव ; वायु-जीवी।

Aerobiosis (a-er-o-bi'-o-sis). Existence in an atmosphere containing oxygen. अम्लजानपूर्ण वायु-मंण्डलके जीव।

Aerocele (á-er-o-sél). Distention of a small natural cavity with gas. वाष्पके कारण किसी क्षुद्रस्वाभाविक गह्वरका प्रसारण।

Aerocolpos (a-er-o-koĺ-pos) Distention of the vagina with air. वायुजनित योनि प्रसारण ; वायुके कारण योनि-पथका फैल जाना ;

Aerocoly (a-er-o'-ko'-le). Distention of the colon with gas. वायुके कारण वृहदन्त्रका प्रसारण।

Aerogenic (a-er-o-jeń-ik), Gas-forming. वाष्प-निर्माणक ; वाष्प बनानेवाला।

Aerohydropathy (á-er-o-hi-drop-ath-é). The treatment with air and water. पानी और वायुसे चिकित्सा ; जल-वायु-चिकित्सा।

Aerometer (á-er-om-et-er), An instrument for weighing or estimating the density of air. वायु-मापक या वायु घनत्व-मापक यंत्र।

Aeroperitonia (á-er-o-per-it-o'-ne-ah). Distention of the peritoneal cavity with the gas. वाष्पके कारण उदर परिवेष्टीय गह्वरका प्रसारण ; तलपेटका वायुके कारण फैलना।

Aerophagy (er-off-aj-e). The swallowing of air. वायुका टानना ;

वायुकी घूंट लेना ; यह अवस्था गुल्मवायु-रोगमें विशेषकर दिखाई देती है ।

Aerophobia (a-er-o-fó-be-ah) A morbid dread of drafts of air. वायु-प्रवाहका रोगात्मक भय ।

Aerophore (a-eŕ-o-for). An apparatus for forcing air into the lungs. फुसफुसमें वायु प्रवेश करानेवाला यंत्र ।

Aeroplethysmograph (a er o-pleth-iś-mo-graf). An instrument to record the respaired air. श्वास-प्रश्वा-वायु-परिमापक यंत्र ।

Aeroscope (á-er-o-sko'p). An instrument for the examination of the purity of air. वायुकी शुद्धताकी परीक्षा करनेवाला यंत्र ।

Aerosis (a-er-o'-sis). The production of gas in the organs of the body. शरीर-यंत्रमें वाष्पकी उत्पत्ति ।

Aerotherapy (á-er-o-theŕ-ap-e), The use of air in the treatment of diseases रोग-चिकित्सामें वायुका व्यवहार ; वायु-चिकित्सा ।

Aerothorax (a-er-o-thoŕ-aks). Pneumothorax. फुसफुसवेष्ट-गह्वर में वायु-सञ्चय ।

Aerotonometer (a-er-o-to-nóm-e-ter). An instrument for measurtng the tension of oxygen or other gases of the blood. रक्तमें अम्लजान अथवा अन्य वाष्पका परिमाण मापनेवाला यंत्र ।

Aerotympanal (a-eŕ-o-tim-pan-al) Relating to the air and tympanum. वायु-कर्ण-पटह सम्बन्धीय ।

Aerozol (á-er-o-zol). An essential oil containing 25 parts of ozone. २५ सैंकड़े अम्लजान-सार-विशिष्ट एक प्रकारका तैल ।

Aerteriversion (a-eŕ-ter iv-eŕ-shun). the method of stopping the hemorrhage by everting the cut end of an artery. किसी धमनीका कटा अंश उलटकर रक्त-रोध करनेकी प्रणाली ।

Æsculus (eś-ku-lus). A genus of trees and shrubs. एक प्रकारका वृक्ष-विशेष ।

Aether. See Ether. ईथर देखिये ।

Aethiopification (e-the-o-pif-ik-á-shun). A discoloration of the skin from the long continued use of drugs. बहुत दिनोंतक औषध सेवनके कारण चर्म-विवर्णता ।

Afebrile (ah-feb-ŕil). Non-febrile ; apyretic. ज्वर-हीन ; ज्वर-रहित ।

Afetal (ah-fé-tal). Without a fetus. भ्रूण-रहित ।

Affection (af-eḱ-shun). 1. Love. १ । प्रेम । 2. An abonormal condition of body or mind ; disease. २ । शारीरिक या मानसिक अस्वाभाविक अवस्था ; रोग, व्याधि ।

Afferent (aŕ-er-ent). Carrying toward the centre. केन्द्र-वाहक ; केन्द्र-गामी ।

Afferentia (af-er-eń-she-ah). Any afferent vessel. कोई केन्द्रवाहिनी नाड़ी।

Affinity (af-iń-it é). 1. Relationship. १। सम्बन्ध। 2 Attraction. २। आकर्षण। 3. Chemical attraction. ३। रासायनिक प्रीति। **A. Chemic,** the force that unites different kinds of matter to form a new compound. रासायनिक प्रीति ; वह शक्ति जो नवीन योगोंके लिये विभिन्न प्रकारके पदार्थोंको सम्मिलित कर देती है। **A. Residual,** the force that associates the components of a chemical reaction. रासायनिक अवशिष्ट प्रीति ; वह शक्ति जो रासायनिक प्रतिक्रियाके अवयवोंको सम्मिलित कर देती है।

Affusion (af-fú-zhun). The pouring of water upon the body or its part for theraputic perposes. चिकित्साके लिये समस्त शरीर या किसी अंश विशेषपर जल-सिंचन।

African Lethargy. Sleeping sickness among the Africans. अफ्रिकावासियोंका निद्रा-रोग।

Afrodyn (af́-ro-din). An aphrodisiac remedy. एक कामोद्दीपक ओषधि।

After-birth. The placenta and membranes which are extruded after the birth of a child. परिस्राव ; सन्तान प्रसवके बाद निकलनेवाला फूल तथा झिल्लियाँ प्रभृति।

After-cataract. Secondary cataract. मोतियाबिन्दकी गौणावस्था।

After-images. Continued retinal sensation after withdrawl of the object. प्रतिमूर्त्तिके हट जानेपर भी दृश्य-पटलपर लगातार उसकी भावानुभूति होना।

After-pains. Postpartum pains ; painful cramp-like contractions of the uterus occuring after childbirth. प्रसवके बाद जरायुके संकोचनके कारण ऐंठनकी तरह दर्द ; प्रसवान्तिक वेदना।

After-sensation. A sensation which persists after its original cause has ceased to act. मूल कारणकी क्रिया बन्द हो जानेपर भी बना रहनेवाला भावोद्रेक।

After-sound. The sensation of sound after the cause of the sound has ceased to act. शब्दका मूल कारण नष्ट हो जानेपर भी शब्दकी अनुभूति बनी रहना।

Agalactia (ah-gal-ak-te-ah). Absence of milk in the breasts after child-birth. सन्तान प्रसवके बाद स्तनमें दूध न होना।

Agalactous (ah-gal-aḱ-tus). 1 Checking the secretion of milk. १। दुग्ध-स्रावका रोध ; स्तनके दूधका आना बन्द हो जाना। 2. Artificially fed. २। मातृ-दुग्धके अलावा अन्य खाद्योंसे परिपोषित।

Agalorrhœa (ah-gal-o-ré-ah). Arrest of the flow of milk. दुग्ध-स्राव-रोध ; स्तनके दूधका रुक जाना ।

Agamogenesis (ah-gam-o-jeń-es-is). Non-sexual reproduction ; reproduction without union of the male and female elements. अनुद्वाहिक सन्तानोत्पादन ; स्त्री-पुरुष जातिके सम्मिलन बिना ही सन्तानोत्पत्ति ।

Agar-agar. A gelatinous substance, used in the treatment of constipation. एक लसदार पदार्थ ; कब्जियतकी चिकित्सामें इसका प्रयोग होता है ।

Agaric (ag-aŕ-ik). A mushroom ; a name of various fungi. शिलीन्द्र, छत्रक ; विभिन्न जातीय छत्रकका नाम । **Agaricin**, an extract from white agaric. सफेद छत्रकका सत ।

Agastric (ah-gaś-trik). Having no distinct alimentary canal. अजठर ; अन्नवहानाली-विहीन ।

Agenesia (ah-jen-é-ze.ah). 1. Defective development. १ । सदोष विकास ; दोषपूर्ण परिपोषण । 2. Impotence ; sterility. नपुंसकता ; बन्ध्यात्व ।

Agenesis (ah-jeń-es-is). Imperfect development of parts. किसी अंगकी दोषपूर्ण अभिवृद्धि ।

Agenosomia (ah-jen-o-so'-me-ah). Incomplete development of genitals. सञ्जमेन्द्रियका असम्पूर्ण विकास ।

Ageustia (ah-gūś-te-ah). A loss of taste. स्वाद-हीनता ।

Agglomerated (ag-loḿ-er-āt-ed). Collected into a mass. पिण्डीभूत ; पिण्डाकार ।

Agglutinant (ag-gloo'-tin-ant). 1. Adhesive. १ । संयोजक । 2. An external gluey application. २ । एक प्रकारका लसदार प्रलेप ।

Agglutination (ag-gloo'-tin-á-shun). 1. A joining together. १ । संयोजन ; जोड़ । 2. The action of an agglutinant substance. २ । किसी संयोजक पदार्थकी क्रिया ।

Agglutinative (ag-gloo'-tin-a-tive). Adhesive. संयोजक ; संश्लिष्टकारक ।

Agglutinogens (ag-glóo-tin-o gens). An inheritable substance which agglutinates the blood of parent and child only. एक वंश-प्राप्त पदार्थ जो माता-पिता तथा सन्तानके ही रक्तका संयोजन करता है ।

Aggravation (ag-rá-vé-shun). increased severity of symptoms. लक्षणोंकी तीव्रताकी वृद्धि ; रोग-वृद्धि ।

Aggregate (aǵ-re-gát). To unite together in mass. राशि-करण ; पुंजकरण ।

Agitation (aj-it-á-shun). Mental emotion from the voilence of some prevailing passion. विक्षोभ ; उत्तेजना ।

Agitator (aj-i-tā-tor). Any apparatus for sterring a mixture. किसी सम्मिश्रणको मिलानेवाला यंत्र ।

Aglobulia (ah-glo-bú-li-ah). Decrease in the quantity of red blood-globules. रक्त-कणोंके परिमाणका ह्रास ।

Agglossia (ah-glos-e-ah). Absence of the tongue. जिह्वा-हीनता ; जीभका न रहना ।

Aglossostomia (ah-glos-o-sto'-mi-ah). A mouth without a tongue. जिह्वाहीन मुखगह्वर ।

Aglutition (ag-lu-tish-un). Inability to swallow. निगलनेमें अशक्यता ।

Agmatology (ag-mat-ol-o-je). The branch of surgery concerning fractures. अस्थिभंग सम्बन्धी चिकित्सा-शास्त्र ।

Agminated (ag-min-a-ted). Collected together into masses. स्तूपी-कृत ।

Agnail (ag-nal). Hangnail ; whitlow. नख-भङ्ग ; अँगुलबेढ़ा ।

Agnathia (ag-na-the-ah). Absence of the jaws. हनु-हीनता ; जन्मसे ही जबड़ोंका न रहना ।

Agnathous (ag-ná-thus), Without lower jaw. निम्न हनुसे रहित ।

Agnea (ag-nć-ah). A loss of perceptive power from disease. रोगके कारण दृष्टि-शक्तिका क्षय ।

Agneithia (ag-ni'-the-ah), Same as agnathea. हनु-हीनता ।

Agnosia (ag-no'-se-ah). Loss of the power to recognise objects. किसी चीजको पहचाननेकी शक्तिका न रहना ।

Agomphiasis (ah-gom-fi'-as-is). Looseness of the teeth. दाँतोंका ढीलापन ; दाँत शिथिल पड़ जाना ।

Agomphious (ah-gom-fi-us). Having no teeth. दन्त-विहीन ; जिसे दाँत न हों ।

Agonal (ag-o-nal). The period precending death. आसन्न मृत्युकाल ।

Agonia (ag-o'-ne-ah). 1. Extreme distress. १। घोर मर्मान्तिक यंत्रणा । 2. Sterility. २। वन्ध्यात्व ।

Agony (ag-o-ni). 1 Intense pain or anguish of body or mind. १। अत्यधिक शारीरिक या मानसिक कष्ट । 2. The death struggle. २। मृत्यु-यंत्रणा ।

Agoraphobia (ag-or-af-o'-be-ah). 1. A feeling of distress of being alone in any large place. १। किसी वृहत् स्थानमें एकाकी रहनेमें भयका भाव । 2. A dread of crowd. २। जनता या भीड़से भय ।

Agræmia (ag-ré-me-ah). That condition of blood which characterizes gout. गठिया वात प्रकट करनेवाली रक्तकी अवस्था ।

Agrammatism (ag-ram-at-izm). Loss of the power to construct grammatical sentence. व्याकरण-विशुद्ध वाक्य बनानेकी शक्तिका न रहना ।

Agraphia (ah-grá-fe-ah). Inability to express thoughts in writing. लिखकर भाव व्यक्त करनेकी शक्ति न रहना। **A. Absolute,** loss of the power to form a letter. एक भी अक्षर निर्माणकी शक्तिका न रहना। **A. Acoustic,** loss of the power of wring when dictated. लिखानेपर लिखनेकी शक्तिका न रहना। **A. Amnemonica,** loss of the power to arrange words in such a way as to express meaning. इसमें रोगी लिख सकता है, पर अर्थसूचक शब्द-विन्यासकी शक्ति नहीं रहती। **A. Literal,** inability to write letters of the alphabet. वर्णमालाके अक्षर लिखनेकी शक्तिका न रहना। **A. Motor,** inability to move the hand necessary in writing. लिखनेमें जिस तरह हाथ हिलानेकी जरूरत पड़ती है, उस तरह न हिला सकना। **A. Verbal,** ability to formletters, butnot able to write words. अक्षर लिख सकनेकी शक्तिका रहना, पर शब्द-विन्यासकी शक्तिका न रहना।

Agraphic (ah-graf-ik). Pertaining to agraphia. लिखकर भाव व्यक्त करनेका शक्ति-राहित्य-सम्बन्धीय।

Agria (ag-re-ah). Herpes ; any severe pustular eruption. एक प्रकारका दाद ; कोई भी फुन्सियोंवाला तीव्र उद्भेद।

Agrimony (ag-rim-o-ne). A herb, the root of which is mild astringent. एक बूटी जिसकी जड़ साधारणतः संकोचक होती है।

Agriothymia (ag-re-o-thim-e-ah). Ferocious mania. भीषण उन्माद।

Agrius (ag-re-us). Very severe, especially skin eruption. बहुत तीव्र, खासकर चर्मोद्भेदके विषयमें कहा जाता है।

Agromania (ag-ro-má-ne-ah). Intense or morbid desire to live in solitude. एकान्तमें निवासकी अत्यधिक या रोगात्मक इच्छा।

Agrypnia (ah-grip-ne-ah). Insomnia, sleeplessness. अनिद्रा।

Agrypnotic (ah-grip-not-ik). 1. Sleepless. १। निद्राहीन। 2. A drug that prevents sleep. २। निद्रा-रोधक ओषधि।

Ague (á-gu). Malarial fever, marked by chill, fever and sweating. शीत, ताप तथा पसीना सम्मिलित मेलेरिया ज्वर ; जाड़ा-बोखार ; शीत-ज्वर। **A. Brass founders,** a disease of brass-founders, similar to intermittent fever. सविराम ज्वरकी भाँतिका पीतल ढालनेवालोंका एक रोग। **A. Brow** intermittent supra-orbital neuralgia. भवोंका सविराम स्नायु-शूल। **A. Cake,** malarial enlargement of the spleen. मेलेरियाजनित प्लीहा-वृद्धि। **A. Catenating,** malaria complicating some other-disease. अन्य रोग सम्मिलित मेलेरिया ज्वर। **A. Dumb,**

sub-acute malaria with irregular attacks. धीमा सविराम ज्वर, जिसका आक्रमण अनियमित होता है। **A. Face,** facial neuralgia. मुखमण्डलका स्नायु-शूल।

Ague-root. Aletris. ओक वृक्षको जड़।

Ahypnia (ah-hip-ne-ah). Insomnia. अनिद्रा।

Aichmophobia (āk-mo-fó-be-ah). An insane fear of sharp pointed instrument. तीक्ष्ण नोकवाले यंत्रोंका पागल बना देनेवाला भय।

Aidoitis (a-id-o-i'-tis). Vulvitis. योनि-प्रदाह।

Ail (āl). 1. To suffer, to be indisposed, ill. १। रोग भोगना, तबीयत खराब होना, बीमार होना। 2. To trouble with some pain or illness. २। किसी दर्द या बीमारीके कारण कष्ट पाना।

Ailment (āl-ment). An indisposition. अस्वस्थता। **A. Minor,** mild disorder, such as headache, indigestion etc. अजीर्ण, सर-दर्द प्रभृतिकी तरह सामान्य स्वास्थ्य विश्रङ्खलता।

Ailurophobia (i-lu-ro-fó-be-ah). An abnormal fear of cats. बिल्लीका अस्वाभाविक भय।

Aiodine (ah-i-o-din). An extract of thyroid gland. गल-ग्रन्थिका सत या सार।

Air (ār). The atmosphere. वायु, हवा। **A. Cell,** an air-vesicle. वायु कोष। **A. Complemental,** the excess of air which may be drawn into the lungs by forced inspiration. जोरकी साँस द्वारा फेफड़ोंमें खींचा हुई अधिक हवा। **A. Douche,** a current of air blow, into a cavity. किसी गह्वरमें होनेवाला वायु-प्रवाह। **A. Hunger,** dyspnoea on both inspiration and expiration. निश्वास प्रश्वास दोनोंमें ही श्वासकष्ट। **A. Passages,** said of nares, mouth, larynx, trachea and bronchial tubes. नाक, मुँह, गलकोष, टेंटुआ तथा श्वासोपनली प्रभृति वायु-पथ। **A. Reserve,** air which usually remains in the lungs after an ordinary expiration. साँस छोड़नेपर फेफड़ेमें बाकी बची हुई हवा। **A. Residual,** air that fills the pulmonary vesicles and cannot be expelled by forced inspiration. वायु-कोषोंमें भरी हुई हवा जो जोरसे साँस छोड़नेपर भी नहीं निकाली जा सकती। **A. Tidal,** which enters and comes out of the lungs during ordinary respiration. साधारण श्वास-प्रश्वासके समय फुसफुसमें जाने-आनेवाली हवा।

Aiol (ár-ol). Trade name for Bismuth oxyilodogallate. बिस्मथ आक्सिइलोटोगेलेटका व्यापारिक नाम।

Akinesis (ah-kin-é-sis). Loss of motion. गति-राहित्य। **A. Algida,**

paralysis from muscular pain. मांसपेशिक वेदनाके कारण पक्षाघात।

Ala (á-lah). Any wing-like structure; any expanded structure. कोई पक्षकी तरह बनावट ; कोई प्रसारित बनावट। **A. Alba-lateralis**, a white eminence on the floor of the fourth ventricle. चतुर्थ क्षेत्रक कोष्ठका स्वच्छ उच्च-स्थान। **A. Albamedialis,** a white area over the hypoglossal nucleus. जिह्वाधोवर्ती केन्द्रपरका सफेद स्थान। **A. Auris**, the auricle of the ear. कर्णशकुली। **A. Cineria**, a gray triangular space on the floor of the fourth ventricle. चतुर्थक मस्तिष्कीय-गह्वरपटलका एक भूरा त्रिकोण स्थान। **A. Lobuli antralis,** the lateral part of the central lobe of the cerebellum. लघुमस्तिष्कके मध्य-खण्डका पश्चाद्‌ भाग। **A. Magna,** the great wing of the sphenid bone. कीलकास्थिका वृहत्‌ पक्ष। **A. Nast,** the wing of the nostril. नासा-पक्ष। **A Parva,** the lesser wing of the sphenoid bone. कालीकास्थिका लघु पक्ष। **A. Pontis,** the posterior part of the roof of the fourth ventricle. चतुर्थक मस्तिष्क-गह्वर पटलका अग्र भाग। **A. Temporalis**, a magna. कीलकास्थिका वृहत्‌ पक्ष। **A Vomeris,** wing of the vomer. सोतवतस्थि पक्ष।

Alalia (ah-lá-le-ah). A defect or lack of the power of speech due to paralysis or defect of the vocal organs. स्वरयंत्रकी विश्रृङ्खलता या पक्षाघातके कारण वाचा-शक्तिमें गड़बड़ी या एकदम बोल न सकना।

Alantol (al-an-tol). An oily liquid from elecampane. रासना (फरमेल) का तैलाक्त तरल।

Alar (á-lar). Relating to a wing or ala. पक्ष-सम्बन्धीय।

Alate (á-lat) Having wings. पक्षपूर्ण।

Alba (al-bah). The white substance of the brain. मस्तिष्कका सफेद पदार्थ।

Albaras (al-bar-as). A skin disease having white shining patches. एक प्रकारका चर्म-रोग, जिसमें सफेद चमकीले चकत्ते शरीरपर पड़ते हैं। श्वेत-कुष्ट ; धवल कुष्ट।

Albedo (al-bé-do). Whiteness सफेदी ; श्वेतता ; धवलता।

Albicans (al-bik-anz). White ; corpus albicans. सफेद ; श्वेताङ्ग।

Albinism (al-bin-izm). Abnormal whiteness of the skin, hair and eyes. चक्षु, केश तथा चर्मकी अस्वाभाविक धवलता।

Albino (al-bi'-no). A person affected with whiteness of skin, hair and eyes. धवल कुष्ट-रोगी।

Albinurea (al-bin-ū-re-ah). White urine. धवल मूत्र ; सफेद पेशाब ।

Alboeinereous (al-bo-sin-re-us). Relating to both white and gray matter of the brain. मस्तिष्कके स्वच्छ और धुसर पदार्थ सम्बन्धीय ।

Albuginea (al-bu-jiń-e-ah). White or whitish layer of fibrous tissue. सफेद या सफेदी लिये झिल्ली । **A. Oculi,** the sclera. चक्षु-श्वेत पटल । **A. Ovarii,** the outer layer of the ovary. डिम्बाशयका वाह्य-पटल । **A. Tester,** envelope of the testicles. अण्डकोषावरक श्वेत झिल्ली ।

Albugineotomy (al-bu-jin-e-oť-o-me). Incision into any tunica albuginea. किसी भी श्वेत झिल्लीका नश्तर ।

Albugineous (al-bu-jiń-e-us). 1. Whitish. १। सफेदीलिये । 2. Relating to any tunica albuginea. २। किसी सफेद झिल्ली सम्बन्धीय ।

Albuginitis (al-bu-jin-i-tis). Inflammation of any tunica albuginea. किसी श्वेत झिल्लीका प्रदाह ।

Albugo (al-bú-go). A white opacity of the cornea leucoma. ऑखोंकी फूली ।

Albumen (al-bú-men). 1. The white of an egg. १। अण्डेका सफेद अंश । 2. Albumin. २। अण्डलाल ।

Albumimeter (al-bu-miḿ-et-er). Am instrument for determining the proportion of albumen in the urine. मूत्रमें अण्डलाल मापनेवाला यन्त्र-विशेष ।

Albumin (al-bú-min). A protein widely distributed throughout the tissues and fluids of plants and animals. It is soluble in water and coagulable by heat. जीव और उद्भिद तन्तुओंमें प्राप्त होनेवाला एक पलीय (अन्नसार) ; यह पानीमें गल जाता है और गर्म करनेपर जम जाता है । **A. Acid,** albumin altered by the action of acid. अम्ल क्रिया द्वारा परिवर्त्तित अण्डलाल । **A. Blood,** serum. रक्ताम्बु । **A. Circulating,** analbumin found in the fluids of the body. शरीर-तरलमें प्राप्त अण्डलाल विशेष । **A. Derived,** albumin formed by the chemicai action. रासायनिक प्रक्रिया द्वारा प्रस्तुत अण्डलाल । **A. Egg.** ovalbumin, albumen. अण्डज, अण्डलाल । **A. Native,** an albumin occurring normally in the tissues. मांस-तन्तुओंमें प्राप्त अण्डलाल । **A. Serum,** a variety especially found in the blood. एक प्रकारका अण्डलाल जो खासकर रक्तमें ही मिलता है । **A. Vegetable,** an albumin found in plants. उद्भिदोंमें प्राप्त अण्डलाल विशेष ।

Albuminaturia (al-bú-min-a-tú-re-ah). An excess of albumen in the urine, generally symptom of the disease of the kidneys. एक प्रकारका मूत्र-रोग, इसमें पेशाबके साथ बहुत अधिक मात्रामें अण्डलाल निकलता है; साण्डलाल मूत्र।

Albuminiferous (al-bu-min-if́-er-us). Producing albumen. अण्डलाल उत्पादक।

Albuminimeter (al-bu-min-iḿ-et-er). An apparatus for determining the quantity of albumin in the urine or other fluid. मूत्र या अन्य तरलमें अण्डलाल मापक-यंत्र।

Albuminiparous (al-bu-min-iṕ-ar-us). Albuminiferous. अण्डलाल-उत्पादक।

Albuminoid (al-bú-min-oid). Resembling albumen. अण्डलालकी तरह।

Albuminosis (al-bú-min-ó-sis). Increased quantity of albumin in the blood. रक्तमें अण्डलालकी अधिकता।

Albuminuria (al-bu-min-ú-re-ah). The presence of albumin in the urine. सांडलाल मूत्र। **A. Cardiac,** that which is caused by valvular disease. हृद्कपाटके रोगके कारण अण्डलाल मिला मूत्र। **A. Colliquative,** an albuminuria which is excessive in degree, generally seen in typhoid. अत्यधिक सांडलाल मूत्र; अधिककर आंत्रिक ज्वरमें यह लक्षण दिखाई देता है। **A. Febrile,** an albuminuria occurring during the course of a fever. ज्वर-कालमें सांडलाल मूत्र। **A. Mixed,** a trus albuminuria mixed with false. वास्तविक तथा मिथ्या अण्डलाल मिला पेशाब। **A. Neurotic,** an albuminuria caused by nervous diseases. स्नायविक रोगके कारण सांडलाल मूत्र। **A. Orthotic,** albumin found in the urine when the patient is erect. मूत्रमे उसी समय यह अण्डलाल मिलता है, जब रोगी सीधा खड़ा रहता है। **A. Renal**, albuminuria due to disease of the kidneys. वृक्कके रोगके कारण सांडलाल मूत्र। **A. True** albuminuria which contains albuminous elements of the blood in the urine. सांडलाल मूत्र, जिसमें रक्तके अंडलालोत्पादक कर्ण रोगीके पेशाबमें प्राप्त होते हैं।

Albuminuric (al-bú-min-ú-rik). Pertaining to albuminuria. अंडलालीय मूत्र-सम्बन्धीय।

Albumone (al-bu′-mon). A protein found in blood. रक्तमें प्राप्त पलीय।

Alburnum (al-beŕ-num). The soft whitesubstance between the inner bark and heart-wood. अन्तर्बल्कल और कड़े काष्टके बोचका कोमल सफेद अंश या सरस काष्ठ।

Alcohol (al-ko-hol). The pure or rectified spirt of wine. सुरासार।

A. **Absolute,** alcohol containing no water. जल-बिहीन सुरासार।

Alcoholase (al-ko-hol-ās). A ferment converting lactic acid into alcohol. लैक्टिक एसिडको सुरासारमें परिवर्त्तन करनेवाला किण्व।

Alcoholate (al-ko-hol-āt). Preparations containing alcohol. सुरासार-मिश्रित पदार्थ।

Alcoholic (al-ko-hol-ik). Relating to or containing alcohol. सुरासार-सम्बन्धीय या सुरासार-मिश्रित।

Alcoholism (al-ko-hol-izm). Alcohol poisoning ; drunkenness. सुरासार द्वारा विषाक्त ; पानात्यय ; अत्यधिक सुरासारपायी ; शराबीपन।

Alcoholophilia (al-ko-hol-o-fil-e-ah). A morbid craving for alcoholic drinks. मद्यपानकी अस्वाभाविक इच्छा।

Alembic (al-em-bik). A vessel used for distillation. बक-यन्त्र ; चुआनेका यन्त्र।

Alembroth (al-em-broth). A compound of mercury and ammonia. नौसादर तथा पारदका एक सम्मिश्रण।

Aletris (al-et-ris). The pharmacopoeal name for the root of the Aletris farinosa. ओक वृक्षकी जड़।

Aleukemia (ah-lu-ké-me-ah). A deficiency of the white corpuscles in the blood. रक्तके श्वेत-कणका ह्रास।

Alexia (al-eks-e-ah). Word-blindness ; an inability to read. शब्द अन्धता ; पढ़नेमें असमर्थ।

Alexin (al-eks-in). A defensive protein. एक रक्षात्मक पलीय।

Alexipyretic (al-eks-e-pi-ret-ik). A febrifuge. एक ज्वरघ्न औषध।

Algae (al-je). A sea-weed. शैवाल।

Algefacient (al-je-fá-shent). Refrigerant. शैत्यकारक, शीतलकर, ठण्डा करनेवाला।

Algesia (al-jé-ze-ah). Extreme sensitiveness to pain ; hyperesthesia. स्नायु या स्नायु-केन्द्रकी अस्वाभाविक संवेदन-शक्ति ; अत्यधिक स्पर्शानुभव।

Algesthesis (al-jes-thé-sis), Any painful sensation. कोई वेदनायुक्त अनुभूति।

Algid (al-jid). Chilled with cold ; to become cold. बरफकी तरह शीतल ; हिमाङ्ग।

Algid Cholera. Asiatic cholera. एशियाई हैजा।

Algid state. The cold stage of the disease. हिमाङ्ग अवस्था ; पतनावस्था।

Alginuresis (al-jin-u-ré-sis). Painful urination. वेदनायुक्त मूत्र-स्राव ; पेशाबके समय दर्द।

Algiomotor (al-jé-o-mó-tor).Causing painful muscular contractions. वेदनायुक्त मांसपैशिक आकर्षण ; मांस-

पेशियोंमें ऐमा खिचाव जिससे दर्द पैदा होता है।

Algogenesis (al-go-jen-es is). The origin of pain वेदनाका उत्पत्ति स्थान।

Algogenic (al-go-jeń-ik). Causing pain. वेदना-प्रदायक ; दर्द पैदाकरनेवाला।

Algometer (al-gom-et-er). An instrument for measuring sensitiveness. संवेदन-परिमापक यंत्र।

Algophobia (al-go-fó-be-ah). A morbid fear of pain. अत्यधिक वेदना-भय ; दर्दसे बहुत अधिक डरना।

Algor (al-gor). Coldness ; a chill. ठण्डक ; शीतांग।

Alible (al-i-bl). Nutritive पुष्टकारक ; पोषक।

Alienation (āl-yen-á-shun). Mental derangement ; insanity. मानसिक विश्रृङ्खलता ; उन्माद ; चित्त-विभ्रम।

Alienist (āl-yen-ist). One who treats mental diseases. मानसिक रोगोंका चिकित्सक।

Aliferous (al-if-er-ous). Having wings. डैनेवाला ; पक्षयुक्त।

Aliment (al-im-ent). Nourishment ; food. पौष्टिक खाद्य ; आहार्य ; भोज्य।

Alimentary (al-im-eń-ta-re). Performing the functions of nutrition. पोषक ; क्रिया-निर्वाहक ; पुष्टिद। **A. Canal**, the entire passage (from the mouth to the anus) through which the aliment or food passes, मुँहसे लेकर मलद्वारतकका वह पथ, जिसके द्वारा खाद्य जाता है ; अन्नवहानली। **A. Duct**, the thoracic duct. महालसिकावाहिनी।

Alinasal (al-in-á-zal). Pertaining to the nasal wings. नासा-पक्ष सम्बन्धीय।

Aliphatic (al-e-fat-ik). Relating to a fat. चर्बी या बसा-सम्बन्धीय।

Alkali (al-kal-i). A strongly basic substance, capable of saponifying fats. क्षार (इसमें सज्जी, यवक्षार प्रभृति भस्म आ जाते हैं)। यह पानीमें गलता है। **A. Fixed**, potassium or sodium hydrate. स्थिर-क्षार। **A. Metal**, lithium, potassium, sodium etc. लिथियम, पोटासियम, सोडियम प्रभृति धातुजक्षार। **A. Vegetable**, a mixture of potassium ; hydrate and carbonate. पोटासियम हाइड्रेट और कार्बोनेटका सम्मिश्रण। **A. Volatile**, ammonium hydroxid. वाष्पशील क्षार।

Alkalimeter. An instrument for determining the degree of alkalimity of any mixture. किसी मिश्रणमें कितना क्षार है, यह मापनेका यंत्र।

Alkaline (al-ka-lin). Having the properties of an alkali. क्षारीय।

Alkalinity (al-ka-liń-it-e). The peculiar properties of an alkali. क्षारीयता।

Alkaloid (aĺ-kal-oid). Resembling alkali. क्षारोद ।

Alkannin (al-kan-in). The red dye from alkanet. ऐल्कानेटका लाल रङ्ग ।

Allantois (al-ań-to-is). A fetal appendage or membrane. भ्रूणका बन्धन या झिल्ली ।

Alliaceous (al-e-á-shus). Resembling garlic. लहसुनकी तरह ।

Allonal. A bitter yellowish powder slightly soluble in water. एक तिक्त पोला चूर्ण, जो पानीमें कुछ गल जाता है ।

Allopath (aĺ-o-path). One practising allopathy. विषम मतका चिकित्सक।

Allopathy (al-óp-ath-e). A system of therapeutics in which disease is treated by exciting a morbid process of another kind or in another part—a method of substitution. विषम-मत चिकित्सा; एक चिकित्सा-प्रणाली जिसमें किसी दूसरे अंशमें या दूसरी तरहकीरोगात्मक क्रियाको उत्तेजित कर चिकित्सा की जाती है ।

Allorrhythmia (al-or-riťh-me-ah). Irregularity in puls-interval. नाड़ीके विराम-कालकी अनियमितता ; नाड़ीकी गति जितने समाव अन्तरपर होनी चाहिये, उतनी न होना ।

Allotriodontia (al-ot-re-o-doń-she-ah). Presence of teeth in abnormal places. अस्वाभाविक स्थानमें दाँत पैदा होना ।

Allotriogeustia (al-ot-re-o-jú-ste-ah). A perverted condition of the sense of taste. स्वाद-ज्ञानकी विकृत अवस्था ।

Allotriophagy (al-ot-re-off'-aj-e). An unnatural appetite. अस्वाभाविक भूख ।

Allotriuria (al-ot-re-ú-re-ah). A perverted condition of urine. मूत्रकी परिवर्त्तित अवस्था ।

Alloy (aĺ-oi). A combination of two or more metals. मिश्र धातु ।

Allylamin (al-il-aḿ-in). A liquid substance obtained from oil of mustard. सरसों तेलसे प्राप्त एक तरल पदार्थ ।

Alochia (ah-ló-ke-ah). An absence of lochia. प्रसवके बादका स्राव न होना ; परिस्रावका अभाव ।

Aloe (al-o-é-aĺ-ó). A genus of plants of the lily family. मुसब्बर ।

Alogia (ah-ló-je-ah). An inability to speak, due to lesion of nerve-substance. स्नायु-तत्वकी कमीके कारण बोलनेकी शक्तिका न रहना ।

Alopecia (al-o-pé-se-ah). Loss of the hair. केश-हीनता ; खल्वाट रोग । **A. Adnata**, congenital baldness. जन्ममे केशका व रहना । **A. Circumscripta**, baldness occuring in patches, leaving the scalp smooth and white. गुच्छे-गुच्छे केश झड़ जाना,

उस स्थानकी खोपड़ी चिकनी और सफेद निकल आती है। **A. Simplex,** premature baldness. समयके पहले ही केश झड़ जाना। **A. Universalis.** the rapid loss of hair, a debilated state. तेजीसे केश झड़ते जाना ; एक दुर्बल अवस्था।

Alsol (al-sol). A preparation of aluminum acetate and tartaric acid. एल्युमिनम एसिटेट और टार्टरिक एसिडका एक सम्मिश्रण।

Alterative (awl-ter-a-tiv). Re-establishing healthy function to the system. स्वास्थ्यकी ओर परिवर्त्तक ; स्वास्थ्यदायक।

Alternating (awl-ter-na-ting). Occurring in regular succession. पर्याय-क्रमिक ; पर्यायक्रमसे होनेवाला।

Alum, Alumen (al-um, al-u-men). Sulphate of potassium and aluminium. फिटकिरी।

Alumina (al-ú-min-ah). Aluminum oxid found in clay and other minerals. एल्युमिनम आक्सिड ; मिट्टी तथा अन्य खनिज पदार्थोंमें मिलनेवाला धातु-विशेष।

Aluminated (al-ú-min-a-ted). Containning alum. फिटकिरी-मिश्रित।

Aluminium. A whitish metal with a low specific gravity. निम्न आपेक्षिक गुरुत्ववाली एक सफेद धातु।

Aluminosis (al-ú-min-ó-sis). The phthisis of aluminium workers. ऐल्युमिनियमका काम करनेवालोंका यक्ष्मा-रोग।

Alvearium (al-ve-á-re-um). The external opening of the ear. कर्ण-बहिर्द्वार ; कानका बाहरी छेद।

Alveolar (al-vé-o-lar). Pertaining to an alveolus. दन्त-गुहा सम्बन्धीय। **A. Border,** the portion of the jaws bearing teeth. जबड़ेका वह हिस्सा जिसमें दाँत रहते हैं। **A. Passage,** one of the bronchioles of the lung. फुसफुस वायु-कोषोंमें से एक।

Alveolitis (al-ve-o-li'-tis). Inflammation of an alveolus. दन्त उलूखलका प्रदाह।

Alveolus (al-vé-o-lus). 1. The bony socket of a tooth. १। दन्त-गुहा। 2. A cell २। कोष। 3. An air-vesicle. ३। वायुकोष।

Alveus (al-ve-us). A tube or canal. एक नली या प्रणाली।

Alvine (al-vin or al vin). Pertaining to the belly or intestines. अंत्र-सम्बन्धी।

Alvus (al-vus). The belly or its contents. उदर।

Alymphia (ah-lim-fe-ah). Deficiency of the lymph. लसिकाकी कमी।

Amaas (ah-mahs). Milk-pox. दूधिया-माता।

Amalgam (am-al-gam). Any alloy of mercury with another metal पारद-सम्मिश्रण।

Amalgamate (am-al-gam-at). To unite a metal in an alloy with mercury. पारद-रंजित-करण।

Amara (am-ar-ah). Bitters. तिक्त-पदार्थ।

Amasesis (am-as-é-sis). Inability to masticate. चर्वण-शक्ति राहित्य ; चबानेकी शक्तिका न रहना।

Amastia (ah-maś-te-ah). Absence of the mammæ. स्तन-राहित्य ; स्तनका न रहना।

Amaurosis (am-aw-ró-sis). Partial or total blindness. आंशिक या सम्पूर्ण अन्धत्व ; अन्धापन ; नीलिका ; तिमिर-दृष्टि रोग।

Amaxophobia (am-ak-so-fo'-be-ah). A morbid fear of vehicle. गाड़ीकी सवारीका रोगात्मक भय।

Ambidextrous (am-bid-ek-strus). Able to use both hands skilfully. दोनों हाथोंसे समान चतुरतासे काम करने योग्य।

Ambiopia (am-be-o'-pe-ah). Vision with both eyes. उभय आँखोंसे देखना।

Amblosis (am-blo'-sis). Abortion ; miscarriage. गर्भ-स्राव ; गर्भपात।

Amblyaphia (am-ble-á-fe-ah). Diminished sense of touch. स्पर्श-ज्ञानकी कमी।

Amblygeustia (am-ble-gūs-te-ah). Diminished sense of taste. स्वाद-ज्ञानकी कमी।

Amblyopia (am-ble-o'-pe-ah). Dimness of vision. दृष्टिका धुँधलापन ; धुन्ध दृष्टि।

Ambulance (am-bu-lans). A vehicle-for-conveying sick. रोगीको एक स्थानसे दूसरेमें ले जानेवाली गाड़ी ; रोगी-वाहक यान।

Ambustial (am-buś-chal). Produced by burn. जलनेके कारण उत्पन्न।

Ambustion (am-buś-chun). A burn or scald. अग्नि-दग्ध घाव ; जले घाव।

Ameba (am-é-bah). A minute one-celled protozoan animal organism. एक जीव, जिसमें एक ही कोष रहता है ; अमीबा। **A Buccalis,** found in dental caries. दाँतोंके अस्थिक्षत रोगमें पाया जानेवाला अमीबा। **A. Coli,** found in upper part of large intestines. वृहत् अंत्रमें उत्पन्न होनेवाला अमीबा ; आंत्रिक अमीबा। **A. Gingivalis,** one species of ameba found about the gums. मसूढ़ोंमें प्राप्त होनेवाला एक प्रकारका अमीबा।

Amebicide (am-é-be-si'd). Destructive to ameba. अमीबा नाशक।

Ameburia (am-é-bú-re-ah). The presence of amebas in the urine. अमीबा-मिश्रित मूत्र।

Ameloblast (am-eĺ-o blast). A cell yielding tooth-enamel. दाँतपरका चमकीला आवरण पैदा करनेवाला कोष ।

Amelus (aḿ-el-us). A monster without arms or legs बहु-पद-हीन विकटाकार जीव ।

Amenia (ah-mé-ne-ah). Ameno. rrhœa. रजोरोध ।

Amenomania (ah-me-no-má-ni-ah), Mental disorder of a pleasing character. हास्योन्माद ।

Amenorrhea, Amenorrœa (a-men-o-re-ah). Absence of the menses due to other than natural causes, such as pregnancy or advancing age. अस्वाभाविक रजोरोध ; गर्भ या वय अधिक हो जानेवाली अवस्थासे भिन्न समयमें मासिक रजःस्रावका रुक जाना।

Ament (aḿ-ment). A fool. मूर्ख बुद्धिहीन ।

Amentia (ah-meń she-ah). The condition of defective intellect. बुद्धि-वैकल्यवाली अवस्था ; बुद्धि जड़त्व ।

Ametria (ah-mé-tre-ah). Congenital absence of the uterus. जन्मकी ही गर्भाशय-हीनता ।

Ametrohemia (ah-met-ro-hem-e-ah). A poor uterine-blood supply. क्षीण रज-स्राव ।

Amianthinopsy (am-e-aǹ-thin-op-se). Voilet-blindness. बैंगनी रङ्गका दिखाई न देना ।

Amimia (ah-mim-e-ah). Loss of the power of expression by the use of signs or gestures. संकेत वा भाव-भङ्गी द्वारा भाव प्रकट करनेकी शक्तिका न रहना ।

Amitosis (ah-mi-tó-sis). Direct cell-division. सरल कोष-विभाजन ।

Ammonia (am-o'-ne-ah). A volatile alkaline gas, very soluble in water. एक प्रकारका उद्वायी क्षारीय वाष्प ; यह पानीमें द्रव हो जाता है ; नौसादर ।

Ammonium (am-o'-ne-um). A hypothetic alkaline base, existing only in combination. एक प्रकारका काल्पनिक क्षारीय उपादान जो संयोगोंमें ही प्राप्त होता है ।

Ammotherapy (am-o-ther-ap-e). Treatment of disease by the sand-baths. रेत स्नान द्वारा चिकित्सा ।

Amnesia, Amnestia (am-né-ze-ah, am-neś-te-ah). A loss of memory for words. शब्दोंको स्मरण रखनेकी शक्तिका क्षय ।

Amnion (aḿ-ne-on). The inner embryonic membrane. भ्रूणावरक अन्तर झिल्ली ।

Amniotome (aḿ-ne-o-to'm) An instrument for cutting the fetal membranes. भ्रूणकी झिल्ली काटनेका यंत्र ।

Amorphous (ah-moŕ-fus). (1) A cardiac monster without limbs or other recognizable features. निर्दिष्ट आकार-हीन विकटाकार जीव। (2) noncrystallized. जिसके दाने न बँधते हों; अमणिभ; अर्कतारहित।

Ampere (aḿ-par). The unit of electric-current strengh. विद्युत प्रवाह-शक्तिका एकांक; अम्पियर।

Amphibia (am-fiб-e-ah). A class of vertebrate animals that are able to live both on land and in water, as the frog. एक प्रकारके कशेरुका विशिष्ट जीव जो जल स्थल दोनोंमें ही जीवन धारण कर सकते हैं; मेरुदण्डके प्राणी। जैसे—मेंढक प्रभृति।

Amphiblastula (am-fe-blas-tu-lah). A morula formed by unequal segmentation, as occurs in the human ovum. असमान प्रभेदन द्वारा बना हुआ कलल; मानव डिम्बकोषमें ऐसा हुआ करता है।

Amphibolia (am-fiб-o-le-ah). The vacillating period of a disease. किसी रोगका द्विधा-पूर्ण काल, किसी रोगकी वह अवस्था जिसमें यह पता नहीं लगता कि इसकी किस ओर गति होगी; अच्छे होनेकी तरफ या खराबीकी तरफ।

Amphicelus (am-fi-sé-lus). Concave at both ends or sides. दोनों ही ओर उत्तान।

Amphichroic (am fi-kró-ik). Turning red litmus paper blue and blue litmus paper red. लाल लिटमस (अम्ल-परीक्षाके काममें आनेवाले) कागजका नीला और नीलेको लाल बना देनेवाला।

Amphicrania (am-fe-krá-ne-ah). Pain on both sides of the head. सरके दोनों पार्श्वमें दर्द; द्विपार्श्विक शिरोशूल।

Amphicyte (aḿ-fe-sit). One of the cells forming the capsule which surrounds a cerebro spinal ganglion cell. एक कोष जो मस्तिष्क मेरुमज्जा नाड़ी-मण्डलका आवरण तैयार करता है।

Amphigastrula (am-fe-gaś-tru-lah). The embryo at an advanced stage of gastrulation. आवरण-पटलकी वर्द्धित अवस्थाका भ्रूण।

Amphipyrenin. The substance of the nuclear membrane. अणुमींगीकी झिल्लीका पदार्थ।

Amphodiplopia (am-fo-dip-ló-pe-ah). Double vision with both eyes. दोनों आँखोंसे दो-दो वस्तु दिखाई देना।

Amphoric (am-foŕ-ik). Resembling the sound made by blowing across the mouth of a bottle. शीशीमें फूंक मारनेकी तरह शब्द; यह शब्द

फुसफुस या हृत्पिण्डकी परीक्षाके समय अनुभवमें आता है।

Amphoriloquy (am-fór-il-o-kwé). The production of amphoric sound in speaking. बोलनेके समय शीशेमें फूंक मारनेकी तरह आवाज निकलना।

Amphorophony (am-for-off-o-ne). Amphoric resonance. फूंक मारनेकी तरह प्रतिध्वनि; यह वक्ष-परीक्षाके समय प्राप्त होती है।

Amphoteric (am-fo-tér-ik). Having the power of altering both red and blue test-papers. लाल और नीला, दोनों ही मूत्र-परीक्षाके कागजोंका रङ्ग परिवर्त्तन करनेकी शक्ति रखनेवाला; उभयगुणो।

Amplification (am-plif-ik-á-shun). An enlargement of the visual area of a microscope. अनुवीक्षण यंत्रके चक्षु-क्षेत्रफलकी अभिवृद्धि; प्रसारण।

Amplitude (ám-ple-tud). The range or extent as of the pulse. कम्प विस्तार, स्पन्दन-विस्तार, नाड़ीमें जिस तरह होता है।

Amputation (am-pu-tá-shun). The surgical cutting of a limb or part. शरीरके किसी अङ्ग या प्रत्यङ्गका चिकित्साके लिये काटना; नश्तर लगाना। **A. Congenital**, an amputation of fetal parts. भ्रूणांशका छेदन। **A. in Contiguity.** an amputation at a joint. किसी सन्धि स्थानका नश्तर। **A. Consecutive**, an amputation during or after the period of suppuration. पीव पैदा होनेके समय या बादका नश्तर। **A Primary,** one performed after the period of shock and before the development of inflammation. प्रदाह पैदा होनेके पहले और आघात लगनेके बादका नश्तर। **A. Secondary,** an amputation performed during suppuration. पीव पैदा होनेके समय का नश्तर। **A. Spontaneous,** same as congenital. भ्रूणांशका नश्तर। **A. Subperiosteal,** an amputation in which the cut-end of the bone is covered with a flap of periosteum. एक प्रकारका नश्तर जिसमें किसी अस्थिकी काटी हुई जगह अस्थि-आवरणके एक टुकड़ेसे ढँक दी जाती है।

Amusia (ah-mú-ze-ah). Loss of the faculty of distinguishing or producing musical sound. गान-स्वरको पहचानने या उत्पन्न करनेकी शक्तिका क्षय।

Amyasthenia (am-i-as-thé-ne-ah). Muscular weakness. मांसपैशिक दुर्बलता।

Amyelencephalia (ah-mi-él-en-sef-ál-e-ah). Congenital absence of the brain and spinal cord. मेरुदण्ड तथा मस्तिष्कका जन्मसे न रहना।

Amyelinic (ah-mi-el-in-ik). Having no spinal cord. मेरुदण्ड-रहित।

Amyelus (ah-mi-el-us). A fetus with no spinal cord मेरुदण्ड-रहित भ्रूण।

Amygdala (am-ig-da-lah) 1. The almond. १। बादाम। 2. Tonsil. २। तालुमूल। 3. One of the lobules of the cerebellum situated on the lower surface of the either hemisphere. लघु-मस्तिष्कका एक खण्ड जो दोनों ओरके गोलार्द्धके निम्न-पटलपर रहता है। **A. Amara,** bitter almond. तीता बादाम।

Amygdaline (am-ig-dal-in). Relating to the tonsils. तालुमूल-सम्बन्धीय।

Amygdalitis (am-ig-dal-i'-tis). Tonsillitis. तालुमूल-प्रदाह।

Amygdalotome (am-ig-dal-o-tom). An instrument for cutting the tonsils. तालुमूलमें नश्तर लगानेका यंत्र।

Amyl (am-il). A hypothetic radicle. एक कल्पनात्मक शिरा या स्नायु-मूलवत् अवान्तर विभाग। **A. Nitrate,** a volatile fluid that produces vascular dilatation. एक उड़ जानेवाला तरल जिससे रक्तवहा-नाड़ियाँ प्रसारित हो जाती हैं।

Amylaceous (am-il-á-se-us). Like starch. श्वेतसारकी भाँति।

Amylamin (am-il-am-in). A poisonous liquid obtained from cod-liver-oil. काड नामक मछलीके यकृतसे प्राप्त तैलसे निकाला हुआ एक जहरीला तरल।

Amylene (am-il-en). A transparent liquid, obtained by distilling amylic alcohal with zinc-cloride. जिङ्क-क्लोराइड और अमिलिक अलकोहलको चुआकर प्राप्त होनेवाला एक पारदर्शक तरल।

Amylenization (am-il-en-iz-á-shun) Anesthesia produced by amylene. अमिलिनसे उत्पन्न चेतना-राहित्य।

Amylin (am-il-in). Starch in a state of solution. द्रव रूपमें श्वेतसार।

Amyloid (am-i-loid). Resembling starch. श्वेतसारकी तरह ; श्वेतसारमय।

Amylopsin (am-il-op-sin). A ferment found in pancreas which converts starch into maltose. क्लोम-ग्रन्थिमें प्राप्त एक किण्व (खमीर) जो श्वेतसारको यवक्षारोजमें परिवर्त्तित कर देता है।

Amyocardia (ah-mi-o-kar-de-ah). Muscular weakness of the heart. हृद्पिण्डकी मांस-पेशिक दुर्बलता।

Amyoesthesis (ah-mi-o-es-the-sis). Lack of muscular sense. मांस-पेशिक-अनुभूतिका अभाव।

Amyon (ah-mi'-on). An absence of muscular tissue. मांस-तन्तुका न रहना ; मांस-तन्तु-राहित्य।

Amyostasia (ah-mi-o-stá-ze-ah). Nervous muscular tremor. स्नायविक मांसपैशिक कम्पन ; स्नायु-सम्बन्धी रोगके कारण माँस-पेशियोंका काँपना ।

Amyosthenia (ah-mi-o-sthé-ne-ah). Deficiency of the power of muscular contraction. माँस-पेशियोंकी संकोचन-शक्तिकी कमी ।

Amyotrophy (ah-mi-o-tró-fe). Muscular atrophy. माँस-पेशियोंका क्षीणता ।

Amyous (am-i-us). Without muscles ; fleshless. माँस-पेशियोंसे रहित ; माँसहीन ।

Amyxia (am-iks-e-ah). Deficiency or lack of mucus. श्लेष्माकी कमी या अभाव ।

Ana (an-ah). Of each. Generaly used in writing prescriptions. प्रत्येक सूचक संक्षिप्त चिह्न ; साधारणतः व्यवस्था-पत्र लिखनेके समय ही इसका प्रयोग होता है ।

Anabasis (an-ab-as-is). The increasing period of a disease or paroxysm. रोग या उपसर्गका वृद्धि-काला ।

Anabiosis (an-ab-i-ó-sis). Return to conscious life ; resuscitation. सचेत जीवनमें लौट आना । चेतना-प्राप्ति । पुनरुज्जीवन ; पुनर्जन्म ।

Anabolism (an-ab-o-lizm). Constructive metabolism; the building up of healthy tissues. निर्माणक संवर्त्तन ; नवीन धातुओंका निर्माण ।

Anacatharsis (an-ak-ath-ar-sis). Cough with expectoration. बलगमके साथ खाँसी ।

Anachlorhydria (an-ak-lor-id-re-ah). Absence of hydrochloric acid in the gastric juice. पाकाशयिक रसमें हाइड्रोक्लोरिक एसिडका अभाव ।

Anacidity (an-as-id'-it-e). Absence of acidity. अम्लका अभाव ।

Anadenia (an-ad-é-nia). Deficiency of glandular action. ग्रन्थियोंकी क्रियामें कमी ।

Anadipsia (an-a-dip-se-ah). Intense thirst. तीव्र पिपासा ; तेज प्यास ।

Anæmatosis (an-e-mat-ó-sis). Anæmia. रक्त-क्षीणता ।

Anæmia ; Anemia (an-é-me-ah). Deficiency of blood in quantity, also deficiency of red-blood-corpuscles. रक्तक्षीणता ; रक्तका कम हो जाना ; रक्तके लाल कणोंका घट जाना ।
A. Idiopathic, anemia caused by disease of the blood or the blood-making organs. रक्तके रोग अथवा रक्त-निर्माण करनेवाले यन्त्रोंके रोगोंके कारण रक्तक्षीणता । **A. Pernicious,** same as idiopathic. सांघातिक रक्त-हीनता । **A. Secondary,** anemia due to some other cause, as cancer etc अर्बुद प्रभृति कारणोंसे रक्तक्षीणता ।

Anaerobic (an-a-er-ó-bik). Living without air. वायु-हीन अवस्थामें जीवन धारण करनेवाले ।

Anaeroplasty (an-é-er-o-plas-ti). A method of dressing wounds by the application of water so that the air is excluded. किसी जखममें पानी लगाकर पट्टी बांधने का ऐसा तरीका, जिससे हवा निकाल दी जाती है ; वायु-रहित बन्धन ।

Anæsthesia, Anesthesia (an-es-the-ze-ah, an-es-the-se-ah). Loss of feeling or perception, especially loss of sensibility. स्पर्श-ज्ञान लोप ; संवेद-राहित्य ; अनुभूति-राहित्य ।

Anakusis (an-ak-ú-sis). Nervous deafness. स्नायविक वधिरता ।

Anal (á-nal). Pertaining to the anus. गुह्य-संक्रान्त ; मलद्वार-सम्बन्धी ।

Analepsis (an-al-ep-sis). Recovery of strength after sickness. रोगके बाद शक्तिकी प्राप्ति ।

Analeptic (an-al-ep-tic). A restorative medicine. बलवर्द्धक ओषधि ।

Analgesia (an-al-jé-ze-ah). Insensibility to pain ; also absence of pain. दर्दको अनुभव करनेकी शक्तिका न रहना ; दर्दका अभाव ।

Analgia (an al-je-ah). Painlessness. वेदना-राहित्य ; दर्दका न रहना ।

Analog or Analogue (án-al-og). A part or organ having the same function as another, but of a different structure. वृत्ति-साम्य पर रूप-साम्य नहीं ; किसी अंश या यन्त्रकी क्रिया समान होना, पर बनावट दूसरी होना ; अनुधर्म्म ।

Analogy (an-al-ó-ge). Resemblance in structure due to similarity of function. वृत्ति-साम्यके कारण बनावटमें समानता ; अनुधर्म्मता ।

Analogous (an-al-o-gus). Bearing relation to. सम-वृत्ति ; सदृश ; अनुरूप ।

Analysis (an-al-is-is). Separation into component parts or elements विश्लेषण ; मिश्र-पदार्थसे रूढ़ पदार्थों को अलग-अलग कर देना ; परिमाण विश्लेषण ।

Analyzer (án-al-i-zer). भ्रुवण-विश्लेषक ।

Anamnesis (an-am-né-sis). The past history of any disease. किसी रोगका भूत इतिहास ।

Anamniotic (an-am-ne-ot-ic). Having no amnion. जरायुकी भ्रूणस्थ झिल्लीका अभाव ।

Anaphalantiasis (an-a-fa-lan-ti'-a-sis). Alopecia. केशहीनता ; खल्वाटपन ।

Anaphia (an-á-fe-ah). Lack or loss of the sense of touch. स्पर्श-ज्ञानका क्षय या अभाव ।

Anaphoresis (an-of-or-é-sis). In sufficient perspiration, बहुत थोड़ा पसीना निकलना ।

Anaphrodisia (an-af-ro-diz'-e-ah). Loss of sexual power ; impotence प्रजनन-शक्तिका क्षय ; ध्वजभङ्ग ।

Anaphrodisic (an-af-ro-diz'-e-ak). A drug or medicine that allays sexual desires. काम-नाशक द्रव्य या ओषधि ।

Anaphylaxis (an-ah-fil-ak-sis). Over-susceptibility. अत्यधिक प्रवणता ।

Anaplasty (an-ap-laś-te). Restorative surgery. आरोग्यके लिये नश्तर लगाना ।

Anaplerosis (an-ap-le-ró-sis). The replacement of lost or defective parts. क्षय हुए अथवा रोगी अंशको दूसरेसे भर देना ।

Anapnograph (an-ap-no-graf). An instrument which registers the speed and pressure of the respired air-current. प्रश्वासमें निकले हुए वायु-प्रवाहकी गति और चापको अङ्कित कर लेनेवाला यंत्र ।

Anarcotin (an-ar-ko-tin). An alkaloid of opium. अफीमका उपक्षार ।

Anasarca (an-as-ar-kah). General dropsy. सर्वाङ्गीन शोथ ।

Anastaltic (an-as-tal-tik). Astringent ; styptic. सङ्कोचक ; रक्त-रोधक ।

Anastasis (an-aś-tas-is). Convalescence. रोग या दुर्बलतासे क्रमशः आरोग्य प्राप्त करना ; आरोग्य ।

Anastomosis (an-as-to-mó-sis). The communication of branches of vessels with one another. एक रक्तवहा-नाड़ीका अन्य नाड़ीमें प्रवेश ; सम्मिलन ।

Anastomotica Magna. A branch of femoral artery. उर्वस्थि धमनीकी एक शाखा ।

Anatomist (an-at-o-mist). शरीर-तत्वका ज्ञाता ; व्यवच्छेदक ।

Anatomy (an-at-o-me) शरीर-तत्व-विज्ञान ; शरीरका । **A. Applied,** anatomy applied to diagnosis and treatment. निदान तथा चिकित्सामें प्रयुक्त शरीर-तत्व । **A. Gross,** anatomy as studied by naked eye. आँखों देखा शरीर-तत्व । **A. Morbid,** the study of diseased structure. रोग-पूर्ण अवयवोंका अध्ययन । **A. Topographic,** anatomy of a part in its relation to other parts. एक अंशका दूसरे अंशसे सम्बन्ध-ज्ञापक शरीर-तत्व ।

Anatriptic (an-at-rip-tic). A medicine applied by rubbing. मालिशकी दवा ।

Anazoturia (an-az-o-tú-re-ah). Absence or deficiency of urea in the urine. मूत्रमें मूत्रक्षारकी कमी या एकदम न रहना ।

Anchlorhydria. See Hypochlorhydria. हाइपोक्लोरिड्रिया देखिये ।

Anchylops (ang-kil-ops). An abscess of the inner angles of the eye. आँखके भीतरी कोणोंका फोड़ा ।

Ancipital (an-sip-it-al). Having two heads or two edges, द्विशिर ; दो सर या सिराओंवाले ।

Ancistroid (an-sis-tró-id). Hook-shaped. हूकके आकारका ।

Ancon (ang-kon). The elbow. कोहनी ।

Anconal (ang-ko-nal), Toward the elbow. कोहनीकी ओर ।

Anconagra (ang-ko-ná-grah). Cout of the elbow. कोहनीका गठिया वात ।

Anconitis (ang-ko-ni-tis). Inflammation of the elbow-joint. कोहनी-सन्धिका प्रदाह ।

Andranatomy (an-dran-at-o-me). Human dissection. मनुष्य-छेदन ; मनुष्यको काटकर नस-नाड़ियाँ देखना ।

Androgalactozemia (an-dro-gal-ak-to zé-me-ah). The secretion of milk from the male breast. पुरुष-स्तनसे दूधका निकलना ।

Androgynous (an-droj'-in-us). Tending to the production of male rather than female offspring. स्त्रीकी अपेक्षा पुरुष सन्तानोत्पत्तिका इच्छुक ।

Andrology (an-drol-o-je). The science of a man. पुरुष-विज्ञान ।

Andromania (an-dro-má-ne-ah). Nymphomania. कामोन्माद ।

Androphobia (an-dro-fo'-be-ah). A morbid fear of men. मनुष्योंका रोगात्मक भय ।

Anemic (an-em-ik). Pertaining to anæmia रक्त-क्षीणता-सम्बन्धी ; क्षीण-रक्त ।

Anemometer. An instrument to measure force of wind. पवन-वेग-मापक यंत्र ।

Anemopathy (an-em-op-ath-e). Treatment by inhalation. किसी पदार्थको साँसके द्वारा सुंघाकर चिकित्सा ; श्वास-चिकित्सा ।

Anemotrophy. A deficiency of blood-nourishment. रक्तके द्वारा परि-पोषणमें कमी ।

Anencephalia (an-en-sef-á-le-ah). Brain-lessness. मस्तिष्क-हीनता ।

Anenterous (an-en-ter-us). Having no intestinal canol. अंत्रनाली-हीन ।

Anerjic (an-re jik). Inactive. जड़ ।

Anerythropsia (an-er-ith-rop-se-ah). Impaired perception of red tints. लाल रङ्गका न दिखाई देना ।

Anesis (an-es-is). A remission of disease. रोगका ह्रास ; विरामावस्था ।

Anesthesia (an-es-thé-ze-ah). A state of insensibility. अचेतन्यावस्था ।

Anesthetic (an.es-thit-ik). A drug that produces anesthesia. अचेतन्य उत्पन्न करनेवाली औषधि ; अचेतन्य-कारक ।

Anetic (an-et-ik). Relieving pain. वेदना-निवारक ; दर्द दूर करनेवाला।

Anetodirmia (an-e-to-deŕ-me-ah). Atrophy of the skin. चर्मका क्षय।

Aneuria (ah-nú-re-ah). Failure or lack of nervous energy. स्नायविक-शक्तिका क्षय या अभाव।

Aneurysm (ań-u-riz'm). A dilatation of an artery. धमनीका अर्बुद ; धमन्यबुद ; नाड़ी-स्फीति। **A. Abdominal,** an aneurysm of the abdominal aorta. औदरिक महाधमनीका अबुद। **A. Anstomosis,** a dilatation of several arteries which forms a pulsating tumour under the skin. कई धमनियोंका प्रसारण, जिनसे त्वचाके नीचे एक स्पन्दनशील अर्बुद तैयार हो जाता है। **A. Arteriovenous,** the simultaneous rupture of an artery and a vein, in which the blood flows directly into a neighbouring vein. धमनी और शिराका एक ही समय इस तरह फटना कि रक्त सीधा पासकी एक दूसरी शिरामें गिरने लगता है। **A. Dissecting,** aneurysm in which the blood is forced between the coats of an artery. एक प्रकारका नाड़ी-प्रसारण जिसमें धमनी-गात्र आवरणके भीतर झोंकसे रक्त प्रवेश करता है। **A. False,** aneurysm due to the rupture of all the coats of an artery and the retention of the blood by the surrounding tissues. एक धमनी-प्रसारण, जिसमें किसी धमनीके सभी आवरण फट जाते हैं और रक्त आस-पासके तन्तुओंमें जाकर रुकता है। **A. Mycotic,** aneurysm due to growth of bacteria in the vessel-wall. रक्त-वाहिनियोंके प्राचीरमें कीटाणु पैदा हो जानेके कारण धमनी-प्रसारण।

Angels wing. A deformity of the scapula with projection of the spine. मेरुदण्डके ऊपर उभर आनेके कारण स्कन्धास्थिका रूप बदल जाना।

Angiectopia (an-je-ek tó-pe-ah). Abnormal position of a vessel. किसी रक्तवाहिनीकी अस्वाभाविक स्थिति।

Angiitis (an-je-i-tis). Inflammation of a blood or lymph-vessel. रक्त या लसिका-वाहिनीका प्रदाह।

Angina (ań-jin-ah). A sense of suffocation. गल-रोध ; श्वास-रोधका भाव। **A. Acuta,** a simple sore-throat. एक साधारण गलक्षत। **A. Cordis,** angina pectoris. हृत्शूल। **A. Laryngea,** laryngitis. गलकोष-प्रदाह। **A. Ludovici, A. Ludwigii,** acute inflammation a round the sub-maxillary gland. हन्वधोवर्त्तिनी ग्रन्थिके चारों ओरका प्रदाह। **A. pectoris,** pain and oppression about the heart. हृत्पिण्डके स्थानपर दर्द और दबाव। **A. Tonsillans,** the quinsy. गल-क्षत।

Anginose, Anginous (ań-jin-oz) Affected with angina. गल-रोधका रोगी ।

Angioataxia (ań-je-o-at-akś-e-ah). An irregularity in the blood-vessel-tension. रक्तवाहिनोके तनावमें अनियमितता ।

Angioblast (ań-je-o-blast). An embryonic cell whence the blood-vessels are derived. एक भ्रूण-कोष जहांसे रक्त-वाहिनियां निकलती हैं ।

Angiocardiokinetic (ań-je-o-kar-de-o-kin-et-ik). A drug which stimulates the vessels of the heart हृत्पिण्डकी रक्तवानियोंमें ताकत देनेवाली दवा ।

Angiocarditis (ań-je-o-kar-di'-tis). An inflammation of the heart as well as blood-vessels. हृत्पिण्ड तथा वृहत् रक्तवाहिनियोंका प्रदाह ।

Angiocholecystitis (ań-je-o-ko-le. sis-it-tis). Inflammation of the gall-bladder and bile ducts. पित्ताशय तथा पित्तनलोका प्रदाह ।

Angiocholitis (an-je o-ko-li-tis). Inflammation of the bile-ducts. पित्त-नलीका प्रदाह ।

Angiodystrophia (an-je-o-dis-tró fe-ah). Defective nutrition of the vessels. रक्तवाहिनियोंका दोषपूर्ण परिपोषण ।

Angioglioma (an-je-o-gli-ó-mah). A vascular tumor usually seated in the spinal cord. नाड़ी अर्बुद जो विशेषकर मेरुदण्डमें ही होता है ।

Angioid (ań-je-oid). Resembling a blood-vessel. रक्तवाहिनीके आकारका ।

Angiolcucitis (an-je-o-lu-si-tis). Inflammation of the lymphatics. लसिका-वाहिनियोंका प्रदाह ।

Angiology (an-je-ol-o-je). The science of blood vessels and lymphatics. रक्त तथा लसिका-वाहिनी विज्ञान ; नाड़ी-विद्या ।

Angiolymphoma (an-je-o-lim-fó-mah). A tumor of lymphatic vessels लसिका-वाहिनियोंका एक अर्बुद ।

Angioma (an-je-ó-mah). A tumor consisting chiefly of dilated and tortured blood-vessels. प्रसारित तथा खण्डित रक्तवाहिनी-पूर्ण अर्बुद ; खूनकी नलीमें रसौली ।

Angiomalacia (an-je-o-mal-á-se-ah). A softening of vessel-walls. नाड़ी-प्राचीरकी कोमलता ।

Angiomyoma (an je-o-mi-ó-mah). A tumor consisting of vascular and muscular tissues. नाड़ी तथा पेशिक तन्तु पूर्ण अर्बुद ।

Angionoma (an-je-o-nó-mah). Ulceration of a vessel. नाड़ी-क्षत ।

Angiorrhexis (an-je-o-rek-sis). Rupture of a blood vessel. रक्त-वाहिनीका फटना ।

Angiosis (an-je-ó-sis). Any disease of the blood vessels. रक्त-वाहिनियोंका कोई रोग ।

Angiotelectasis (an-je-o-tel-ek-tas-is). Dilatation of the capillary vessels and the minute arteries and veins. केशिका नाड़ियाँ तथा अन्य सूक्ष्म धमनियों और शिराओंका प्रसारण ।

Angle (ang-gl). 1. A bend or corner. एक मोड़ या कब्जी अथवा कोना । 2. The degree of divergence of two lines which meet. दो रेखायें जहाँ सम्मिलित होती हैं, वह स्थान ; कोण ।

Anglesey leg. A kind of artificial leg. एक प्रकारका कृत्रिम पैर ।

Angular (ang-gu-lar). Pertaining to an angle. कोण-सम्बन्धी ; कोणाकार ।

Anhaphia (an-há-fe-ah). Loss of the sense of touch. स्पर्श-अनुभूतिका क्षय हो जाना ।

Anhedonia (an-hed-ó-ne-ah). Loss of feeling of pleasure. आनन्दकी अनुभूतिका क्षय हो जाना ।

Anhelation (an-hel-á-shun). Dyspnoea, shortness of breath. श्वास-कष्ट ; श्वास-लघुता ; हँफनी ।

Anhematosis (an-hem-at-ó-sis). Defect in the formation of blood. रक्त-निर्माणमें दोष ।

Anhidrosis (an-hid-ró-sis). A deficiency of sweat. पसीनेकी अस्वाभाविक कमी ।

Anhydremia (an-hid-ré-me-ah). Lack of serum in the blood. रक्तमें जलीय अंशका अभाव ।

Anhydrid (an-hi-drid). A chemical compound which represents acid deprived of water. निरुदक : जलहीन ; जलहीन रासायनिक सम्मिश्रण ।

Anideus (an-id-e-us). A shapeless monstrosity. एक आकारहीन भ्रूण ।

Anidous (an-id'-us). Shapeless ; having no form. आकारहीन ।

Animal (an-im-al). An organized body endowed with life-sensation and voluntary motion and depending on organic matter of nutrition ; having life. जीव जान्तव ; आमिष । A. **Heat,** the natural heat of the body. प्राणी-शरीरका स्वाभाविक ताप ; जान्तव-ताप ।

Animalization (an-im-al-iz-á-shun). The process of assimilation. समीकरणकी प्रणाली ।

Animin (an-im-in) A compound distilled from bone-oil. अस्थि-तैलसे चुआया हुआ एक सम्मिश्रण ।

Anisocoria (an-is-o-kó-re-ah). An inequality of the pupils. चक्षुताराकी असमानता ।

Anisopia (an-is-ó-pe-ah). Inequality of the visual power of the two eyes. दोनों आँखोंकी दर्शन-शक्तिकी असमानता।

Anisosthenic (an-i-sos-theń-ik). Not of equal strength—said of muscle-pairs. मांस-पेशियोंके जोड़ोंका समान शक्ति-सम्पन्न न रहना।

Ankle (anǵ-kl). The joint between the foot and the leg. गुल्फ, घट्टी।

Ankylloblepharon (ang-kil-o-bleƒ-ar-on). The adhesion of the edges of the eyelids. पलकोंके किनारे सटना।

Ankyloproctia (ang-kil-o-proḱ-te-ah). Stricture of the rectum. मल-नालीका रुकना ; मलांत्रकी संवृत्ति।

Ankylosis (ang-kil-ó-sis). Stiff joint. सन्धिका कड़ापन ; किसी सन्धिकी दो हड्डियोंका मिलकर कड़ा पड़ जाना।

Ankylotia (ang-kil-ó-she-ah). कर्ण-कुही नलीकी प्राचीरका सम्मिलन ; कानकी नलीका जुड़ जाना।

Annectant an-eḱ-tant). Joining. संयोजक।

Annular (ań-u-lar). Circular ; like a ring. चक्राकार छल्लेकी तरह ; वलयाकार। **A. Ligament,** the ligament around the wrist and ankle. कलाई तथा गुल्फके चारों ओरका पेशी-बन्धन।

Annulus (ań-u-lus). A ring-shaped organ or area. वलयाकार यंत्र या स्थान।

Anochlesia (an-ok-lé-se-ah). 1. Tranquility स्थिरता। 2. Catalepsy. निस्पन्द-वायु रोग।

Anochromasia (an-o-kro-má-se-ah). Absence of the usual staining re-action from a tissue or cell. किसी तन्तु या कोषसे स्वाभाविक रङ्ग प्रकट करनेवाली प्रतिक्रियाका न होना।

Anode (ań-od). The positive pole of a galvanic battery or other electric source. धन-ध्रुव ; धन-द्वार।

Anodmia (an-od'-me-ah). Lack of the sense of smell. गन्ध-अनुभूतिका अभाव ; किसी गन्धका अनुभवमें न आना।

Anodontia (an-o-doń-she-ah). Absence of teeth. दन्ताभाव ; दाँतका न रहना।

Anodyne (an'-o-din). A pain-relieving medicine एक वेदना-निवारक औषध।

Anoia (a-noi-ah). Idiocy. जड़ता।

Anomalous (an-oḿ-al-us). Irregular ; not according to rule ; contrary to the natural order—applied to diseases or symptoms. अनियमित ; स्वाभाविक श्रृङ्खलाके विरुद्ध—खासकर रोग और उपसर्गोंके सम्बन्धमें इसका प्रयोग होता है, विश्रृङ्खल लक्षणापन्न।

Anomia (an-o'-me-ah). Loss of the power of naming or recognizing names. किसी चीजका नाम बताने या नाम पहचाननेकी शक्तिका क्षय।

Anonychia (an-o-nik-e-ah). Congenital absence of nail or nails. एक नाखून या कितने ही नाखूनोंका जन्मावधि न रहना ; नख-राहित्य ।

Anonymous (an-oń-im-us). Innominate. अनामा ; नामहीन ।

Anopheles (an-off-el-ez). A genus of mosquitoes. एक प्रकारका मच्छड़ ; मलेरिया-कारक मच्छड़ ।

Anophthalmia (an-off-thal-me-ah). Congenital absence of the eyes. जन्मसे ही चक्षु-राहित्य; जन्मका नेत्रहीनत्व ।

Anorchism (an-oŕ-kizm). An absence of tasticles. अण्डकोष-राहित्य ; अण्डकोषहीनता ।

Anorexia (an-or-eks-e-ah). Loss of the appetite. क्षुधा-हीनता ; भूख न लगना ।

Anosmia (an-oz′-me-ah). A loss of the sense of smell. गन्धकी अनुभूतिका न होना ।

Anostosis (an-as-to′-sis). A defective development of bone. अस्थिका दोषावह उभार ।

Anourous (an-oó-rus). Without tail. पुच्छहीन ; बिना पूँछवाला ।

Anoxemia (an-oks-e-me-ah). Deficiency in the oxygen content of the blood. रक्तमें अम्लजानका अभाव ।

Ansa (an′-sah). Any loop-like structure. किसी फन्देकी तरहकी बनावट ।

Antacid (ant-aś-id). A substance that counteracts or neutralizes acidity. अम्लत्व-नाशक पदार्थ ।

Antagonist (an-tag-on ist). A medicine or a muscle opposing the action of another. कोई औषध या पेशी जो दूसरेकी क्रियामें बाधक होती है ; क्रिया-व्याघातक ।

Antalgic (ant-al-jik). A pain relieving remedy. एक वेदना-नाशक ओषधि ।

Antebrachial (ante-brá-ke-al). Pertaining to thr fore-arm. अग्र-बाहु सम्बन्धीय ।

Antemortem (an-te-moŕ-tem). Before death. मृत्युके पूर्व ।

Antepartum (ante-paŕ-tum). Before child-birth. सन्तान प्रसवके पहले ।

Antephialtic (ant-ef-e-al-tik). Preventing night-mare, निद्रा-भय-रोधक ; रातमें सोये-सोये डर जानेकी बीमारी रोकनेवाला ।

Anterior (ań-te-ri-or). Situated in front of or in the forward part of. सम्मुख या अग्रभागमें स्थित ।

Anterograde (an′-ter-o-grād). Extending backward. पीछेकी ओर फैला ।

Anteroinferior. Situated in front and below. अग्र-निम्न-वर्त्ती ; सामने और नीचेकी ओर स्थित ; पुराधः ।

Antero-internal. Situated in front and on the inner-side. सम्मुख पर भीतरकी ओर स्थित ।

Antero-lateral. Situated in front and to the side. सम्मुख पर पार्श्वमें हटकर स्थित ; अग्र-पार्श्व स्तर स्थित।

Antero median (an ter-o-mé-di-an) Situated in front and to the middle. सम्मुख-मध्यवर्त्ती ; सामने और मध्यभागमें स्थित।

Antero posterior (an-ter-o-pos-té-re-or). Extending from before backward. अग्र-पश्चाद्वर्त्ती।

Antero-superior. In front and above. पुरोर्ध्व।

Anterversion (an-te-veŕ-zhun). Displacement in which the organ is tipped forward. स्थानच्युति, जिसमें कोई यंत्र सामनेकी ओर घूम जाता है।

Anthemorrhagic (ant-hem-or-aj'-ik). Preventing hemorrhage. रक्त-स्राव रोधक ; खून रोकनेवाला।

Anther (an'-ther). The male sexual organ in plants. उद्भिदोंमें पुरुष जनन-अङ्ग।

Anthomania (an-tho-má-ne-ah). A morbid desire for flowers. पुष्पकी रोगात्मक वासना।

Anthony's fire, St. A popular name for erysipelas. विसर्प।

Anthracia (an-thrá-se-ah). A diseased condition characterized by the formation of carbuncles. विष-व्रण होनेवाली एक रोगात्मक अवस्था।

Anthracnosis (an-thrak-no'-sis). A disease of vines. Black rot. अंगूरकी लताका एक रोग, इसमें काले क्षय-सूचक गड्हे पड़ते हैं।

Anthracoid (an-thra-koid). Resembling carbuncle. विष-व्रणकी तरह।

Anthracometer (an'-thrak-oḿ-et-er). An instrument for measuring the carbon-dioxide of the air. वायुका कार्बन-द्वियोषित मापनेका यन्त्र।

Anthracosis (an-thrak-o'-sis). 1. Malignant ulcer. मारात्मक घाव। 2. Lung-disease produced by coal-duct. कोयलेकी धूलसे उत्पन्न फेफड़ेकी बीमारी।

Anthrasol (an'-thra-sol). A preparation of tar, अलकतरेसे बना एक पदार्थ।

Anthrax (an -thraks). 1. Carbuncle. विषव्रण। 2. The disease produced by the Bacillus anthracis. बैसिलस ऐन्थ्रासिससे उत्पन्न रोग।

Anthropogeny (an-thro-proj-en-e). The evolution and development of man मनुष्यका क्रम-विकास और अभिवृद्धि।

Anthropoid (an'-thro-poid). Having the form of a man. मनुष्याकृति-सम्पन्न।

Anthropometry (an-thro-poḿ-et-re). The science dealing with the size, weight, measurment and proportions of the human body. मानव-मिति ।

Anthropophagy. The eating of human flesh. मनुष्य-मांस-भक्षण ।

Anthropophobia (an-thro-po-fo-be-ah). Morbid fear of human society. मानव-समाजका रोगात्मक भय ।

Anthroposomatology (an-thro-po-so-mat-ol-o-je). Science of human tructure. मानव-देह-निर्माणका विज्ञान ।

Anthypnotic (ant-hip-not-ik). Preventing sleep. निद्रारोधक ; नींद रोकनेवाले ।

Antiades (an-ti'-ad-ez). The tonsils. तालुमूल ।

Antiaditis (an-ti-ad-i-tis). Tonsilitis. तालुमूल-प्रदाह ।

Antibechic (an-te-bek-ik). Relieving cough. खांसी रोकनेवाला ।

Antibilious (an-te-bil-yus). Medicines curative of bilious complaints. पित्त-दोष-निवारक औषध ।

Antibiotic (an-te-bi-ot-ik). That which is tend to destroy life. जीवननाशकी प्रवृत्तिपूर्ण ; आत्मघातका इच्छुक ।

Antiblennorrhagic (an-te-blen-or-aj-ik). Preventing or relieving gonorrhoea. प्रमेह या सूजाक-नाशक ।

Antibrachium (an-te-brá-ke-um). The fore-arm. अग्रबाहु ।

Anticardium (an-te-kar-de-um). The pit of stomach ; epigastrium. उदरोर्ध्व-प्रदेश ।

Anti-cholerin (an-te-kol-er-in). A substance from cultures of the Cholera-bacillus ; used to prevent cholera. हैजा जीवाणुसे उत्पादित एक पदार्थ, जो हैजा रोकनेके लिये प्रयोग किया जाता है ।

Anticipating (an-tis-e pa-ting). Occurring before the regular time पर्याय-निवारक ; नियमित समयके पूर्व होनेवाला ।

Anticlinal (an-te-kli-nal). Sloping in opposite directions. विपरीत दिशाकी ओर झुका । **A. Vertebra,** the tenth thoracic vertebra in man. मनुष्यकी दसवीं वक्ष-कशेरुका ।

Anticus (an-ti-kus). Anterior ; in front of. सम्मुखस्थ ।

Antidinic (an-te-din'-ik). Curing or preventing vertigo. शिरोघूर्णनरोधक ; सरमें चक्कर आनेकी बीमारी रोकने या आरोग्य करनेवाला ।

Antidiphtherin (an-te-dif-ther-in). A substance derived from diphtheria bacillus and used in diphtheria. डिपथोरिया-कीटाणुसे निष्कासित एक पदार्थ ; इसका डिपथोरियाकी चिकित्सामें व्यवहार होता है ।

Antidote (an-te-dot), A remedy for counteracting a poison. प्रतिविष ; किसी विषकी क्रिया, अपनी क्रिया द्वारा रोक देनेवाला ; विषघ्न ; दोषघ्न ।

Antifebrile (an-te-feb-ril). Antipyretic. ज्वर-नाशक ।

Antigalactic (an-te-gal-ak-tik). Diminishing the secrection of milk. दुग्ध-स्राव रोधक ; स्तनका दूध घटानेवाला ।

Antilemic (an te-lé-mic). Effective against plague. प्लेग रोकनेमें लाभदायक ।

Antilobeum (an-te-lo-be-um). The tragus part of the ear. कानका वह भाग जो लौके सामने होता है ।

Antimonium, Antimony (an-ti-m-ó-ni-um, an'-te-m-o-ne). A metallic element, found associated with sulphur. सञ्ज-सुरमा ; रसांजन ।

Antinion (an-tin'-e-on). The frontal pole of cranium. करोटीका सम्मुखस्थ उभार ।

Antipathy (an-tip-a-the). Aversion dislike. अनिच्छा ; विपरीत मतसे चिकित्सा ।

Antiperiodic (an-te-pe-re-od'-ik). Opposed to malaria. सविराम-ज्वरहारक ; पर्याय-निवारक ।

Antiperistalsis (an'-te-per-is-tal-sis). Abnormal movement of bowels toward stomach आँतोंकी विपरीत क्रिया ; आँतोंकी पाकाशयकी ओर अस्वाभाविक गति ।

Antiphlogistic (an-te-flo-jist-ik). Counteracting inflammation. प्रदाह-निवारक ; प्रदाह रोकनेवाला ।

Antipilus (an-te-pi'-lus). A hair-remover. लोम-नाशक ।

Antiplastic (an-te-plas-tik). 1. That which prevents granulation. १ । दाना बँधना रोकनेवाला । 2. An agent that thins the blood. २ । रक्तको पतला करनेवाला ।

Antipsoric (an-te-só-rik). Curative of itch. खुजली-नाशक ।

Antipyic (an-te-pi'-ik). Preventing suppuration. पीव होना रोकनेवाला ।

Antipyretic (an-te-pi'-ret-ik). Reducing temperature. तापहारक, ज्वरघ्न ।

Antipyrotic (an-te-pi-rot-ik). An agent that cures burns. जले घाव आरोग्य करनेवाला ।

Antiseptic (an-te-sep-tik). Preventing the germs of putrefaction or suppuration. सड़ना रोकनेवाला ; पचन-निवारक ।

Anti-sialic (an-te-si-al-ik). Checking the flow of saliva. लाला-रोधक ।

Antispasmodic (an-te-spaz-mod'-ik). An agent that relieves spasm. टङ्कार-निवारक ; अकड़न दूर करनेवाला ।

Antispastic (an-te-spas-tik). An antispasmodic. एक टंकार-निवारक ; एक अकड़न दूर करनेवाली ओषधि ।

Antisudoral (an-te-sú-dor-al) That which diminishes perspiration. पसीना रोकनेवाला ।

Antithermin (an-te therʹ-min). That which has antipyretic property. ज्वर-नाशक ; बुखार रोकनेवाला ।

Antitoxin (an-te-toksʹ-in). A substance developed in the body which counteracts poisons which are generated there. शरीरोत्पन्न विष-नाशक ; शरीरके भीतर एक ऐसा पदार्थ उत्पन्न होता है, जो वहाँ पैदा हुए विषको नष्ट कर देता है ।

Antitragicus (an-te-traj′-ik-us). A muscle of the ear. कानकी एक मांसपेशी ।

Antivenerial (an-te-ven-é-re-al). Antisyphilitic. उपदंश-नाशक ।

Antizymotic (an-te-zi-motʹ-ik). That which prevents fermentation. अन्तरुत्सेचघ्न ; खमीर बनना रोकनेवाला ।

Antlia (antʹ-le-ah). A syringe or pump. एक पिचकारी ।

Antrum (an′-trum). A bony cavity. एक अस्थिमय गह्वर । **A. Highmore,** a cavity in the body of the superior maxilla. ऊर्ध्वहनु-कोटर ।

Anuresis (an-u-ré-sis). Defective secretion of urine ; absence or deficiency of urine. दोषावह मूत्र-स्राव ; पेशाबकी मात्राकी कमी या बिल्कुल ही पेशाब न होना ; मूत्ररोध ।

Anuria (an-ú-re-ah). Same as anuresis. मूत्र-रोध या दोषावह मूत्र-स्राव ।

Anus (á-nus). Anum ; the lower extremity of the rectum ; the fundament. मलद्वार ; गुदा ।

Anvil (an′-vil). The incus. शूर्मिकास्थि निहाईके आकारकी कानकी हड्डी ।

Aorta (a-orʹ-tah). The main arterial trunk arising from the left ventricle of the heart. वृहत्-धमनी । **A. Abdominal,** that part of the descending aorta which lies within the abdominal cavity. औदरिक वृहत् धमनी ; अधोगामिनी वृहत् धमनीका वह भाग जो उदर-गह्वरमें रहता है । **A. Arch of,** the curved portion of aorta extending from the heart below to the third dorsal vertebra. वृहत्-धमनीका महराब ; यह हृत्पिण्डसे नीचे तीसरी कटि-कशेरुका तक फैला रहता है । **A. Ascending,** the first part of the arch of the aorta. वृहत् धमनीके महराबका प्रथम अंश । **A. Descending,** the aorta below the arch. वृहत् धमनीका महराबके नीचेवाला भाग । **A. Thoracic,** that part of the aorta which lies within the thoracic cavity. वक्ष-गह्वरके भीतरका वृहत् धमनीका अंश ।

Aortic (a-ortʹ-ik). Relating to aorta. वृहत् धमनी-सम्बन्धी । **A. Murmur,** a murmur indicating disease of the aortic valves or of the wall of the aorta. वृहत्-धमनी-कपाट या वृहद्धमनी-प्राचीरके रोगोंको

बतानेवाला एक शब्द। **A. Opening,** the posterior opening of the diaphragm. वक्षोदर मध्यस्थ पेशीका पश्चाद्वर्ती मुख। **A. plexus,** the plexus of sympathetic nerves surrounding the abdominal aorta. औदरिक महाधमनीके चारों ओरके सहानुभूतिक स्नायुओंका मण्डल, वृहद्धमनी नाड़ी-मण्डल या वृहद्धमनो नाड़ी-जाल। **A. Valves,** three semilunar valves, guarding the opening bstween the aorta and the left ventricle. वृहद्धमनी-कपाट ; वृहद्धमनीके अर्द्ध-चन्द्राकार तीन कपाट जो बायें क्षेपक-कोष्ठ तथा वहद्धमनीके मध्यमें रहते हैं।

Aortitis (a-or-ti'-tis). Inflammation of the aorta. वृहद्धमनीका प्रदाह।

Aortomalacia (a-or-to-ma-lá-she-ah). Abnormal softness of the aorta. वृहद्धमनीकी अस्वाभाविक कोमलता।

Aortoptosia, Aortoptosis (a-or-top-tó-se-ah, a-or-top-tó-sis). Downward displacement of the abdominal aorta. औदरिक महाधमनीका नीचेकी ओर हट जाना।

Aortostenosis (a or-to-sten-ó-sis). Narrowing or stricture of the aorta. वृहद्धमनीका संकोचन या संकरा पड़ जाना।

Apandria (ap-an-dre-ah). Morbid aversion to the male-sex. पुरुष-जातिके प्रति रोगात्मक अनिच्छा।

Apanthropia (ap-an-thró-pe-ah). 1. Morbid fear of human companionship. मनुष्य-संगियोंका रोगात्मक भय। 2. Morbid love of solitude. २। एकान्त-वासकी रोगात्मक इच्छा।

Apathetic (áp-ath-et-ik). Indifferent. उदास ; अनिच्छुक।

Apathic (áp-ath-ik). Feeling-less. भाव-हीन ; अनुभुतिहीन।

Apellous (ah-pel-us). 1. Skinless ; not covered with skin, चर्म-हीन। 2. Having no prepuce. २। लिंगाग्र चर्म-रहित।

Apepsia (ah-pep-se-ah). Dyspepsia ; imperfect digestion. मन्दाग्नि ; अपूर्ण पाचन ; अजीर्ण।

Aperient (ah-pé-re-ent). Gentle laxative. मृदु विरेचक।

Aperistalsis (ah-per-is-tal-sis). Lack of or cessation of peristalsis. आंतोंका क्रिया-राहित्य।

Apertura (ap-er-tu-rah). An opening. मुख ; द्वार।

Aperture (áp-er-tur). An opening or orifice. मुख ; द्वार।

Apex (á-peks). Summit ; point. शिखर।

Aphagia (ah-fá-je-ah). Loss of the power of swallowing. निगलनेकी शक्तिका क्षय ; निगल न सकना।

Aphakia, Aphacia (ah-fá-ke-ah, ah-fá-se-ah). Absence of the crystaline lens of the eys. आँखके मणिम चित्रपत्रका अभाव ।

Aphasia (af-fá-ze-ah). A loss or defect of the power of speech, writings or expression, due to injury or disease of the brain-centres, मस्तिष्क-केन्द्रके रोग, आघात आदि कारणसे, बोलने, लिखने या संकेतोंसे भाव प्रकट करनेकी शक्तिका न रहना ; वाक्-रोध ।

Aphephobia (af-e-fó-be-ah). Morbid fear of being touched. रोगात्मक स्पर्श-द्वेष ; कोई छु न ले इसका रोगात्मक भय ।

Aphonia (ah-fó-ne-ah). Loss of voice. स्वर-लोप; स्वर-नाश ; स्वर-भङ्ग ।

Aphoria (ah-fó-re-ah). Barrenness ; inability to conceive offspring. बन्ध्यत्व ।

Aphrasia (af-frá-ze-ah). Absence of speech. वाक्-नाश ।

Aphrodisiac (af-ro-diz'-e-ak). Stimulating the sexual passion. कामोद्दीपक ।

Aphthæ (af́-the). Thrush ; a disease recognized by small white ulcers on the tongue, gums, lips etc मुख-व्रण, छाले, मुँहके छाले ; उपक्षत ; उत्सङ्ग ; मसूढ़ेके घाव ।

Aphthous (af́-thus). Having the appearance of aphthæ. मुख-क्षत-रूपी ; मुँहके छालोंके आकारका ।

Apical (á-pik-al). Pertaining to the apex. अग्रीय ; शिखर-सम्बन्धी ।

Apicectomy (ap-pis-ek-to-me). The excision of the apex or root-end of a tooth. दन्त-शिखर या दन्त-मूल-शिखरका छेदन ।

Aplasia (ah-plá-ze-ah) 1. Incomplete development. अपूर्ण अभिवृद्धि । 2. Congenital atrophy. जन्मसे ही क्षीणता ।

Aplastic (ah-plaś-tik). Having no definite structure. किसी विशेष बनावटका न रहना ।

Apnia, Apnœa (ap-né-ah). The temporary cessation of breathing. क्षणिक श्वास रोध ।

Apneumia (ap-nú-me-ah). Congenital absence of the lungs. जन्मसे ही फेफड़ोंका न रहना ।

Apochromatic (ap-o-kro-maí-ik) Colourless. वर्णहीन, बिना किसी रंगका ।

Aponeurosis (ap-on-u-ró-sis). A fibrous expansion of a tendon. किसी कण्डराका तन्तुमय प्रसारण ; कण्डरा-कला ।

Apophraxis (ap-o-fraḱs-is). Amenorrhea. रजोलोप ।

Apophysis (ap-off is-is). A process or protuberance of bone. अस्थि-विवर्द्धन ।

Apoplectic (ap-o-plek-tik). Pertaining to or affected with apoplexy. संन्यास-रोग सम्बन्धी या संन्यास-रोगसे अभिभूत।

Apoplexy (aṕ-o-pleks-e). Sudden paralysis and coma, from effusion and extravasation of blood or serum into the brain or spinal cord. संन्यास-रोग।

Aposia (ah-pó-ze-ah). An absence of thirst. तृष्णा-हीनता ; प्यासका न रहना।

Apostasis (ap-oś-tas-is). An abscess. फोड़ा।

Apostema (ap-o-sté-mah). An abscess. एक फोड़ा ; व्रण।

Aposthia (ap-oś-the-ah). Absence of fore-skin. लिङ्गाग्र चर्मका न रहना।

Apothecary (ap-otĥ-e-ka-re). One who keeps a store of drugs ; druggist. दवा बेचनेवाला ; ओषधि-विक्रेता।

Apozema (ap-oz'-em-ah). A decoction. कषाय ; क्वाथ ; काढ़ा।

Apparatus (ap-ar-á-tus). An instrument ; a complete set of instruments for the performance of a common purpose. यंत्र ; उपकरण।

Appendage (ap-en-dāj). That which is attached to an organ or part of it. संयोजित वस्तु ; उपांग ; अनुसङ्ग।

Appendicitis (ap-en-dis-i'-tis). Inflammation of appendix vermiformis. उपान्त्र-प्रदाह।

Appendicocis. Non-inflammatory state of the appendix with dull pain and local soreness. उपान्त्रकी वह प्रदाह-रहित अवस्था, जब धीमा-धीमा दर्द तथा स्थानिक अकड़न रहती है।

Appendicula. A small appendage. एक क्षुद्र उपांग।

Appendix (ap-eń-diks). An appendage. A part attached to an organ. उपांग ; अङ्ग-परिशिष्ट। **A. Auricular,** a process of the auricles of the heart. हृत्कोष्ठका प्रवर्द्धन। **A. Ensiform,** (**A.** Xiphoid) the xiphoid cartilage. अग्रखण्ड उपास्थि। **A. Vermiformis,** the worm-shaped process of the cæcum. अन्धांत्रका कीटाकार प्रवर्द्धन।

Appetite (aṕ-et-ti't). A desire for food. भूख ; क्षुधा।

Apraxia (ah-prak-se-ah). Mind-blindness ; loss of understanding for the use of things. मनोशक्ति लोप ; पदार्थोंका वास्तविक व्यवहार न समझ सकना।

Aproctia (ah-prok te-ah). Absence of the anus. गुदाका न रहना।

Apyous (ah-pi'-us). Devoid of pus. पीव-रहित।

Apyretic (ah-pi-ret-ik). Having no fever. ज्वर-रहित ।

Apyrexia (ah-pi-reks-e-ah). The afebrile state. विज्वर अवस्था ।

Aqua (á-kwah), Water. पानी ।

Aquæductus cerebri. The infundibulum. मध्य-मस्तिष्क-सुरङ्गा ।

Aqueduct (ak-we-dukt). A canal. एक प्रणाली ।

Arachnitis (ar-ak-ni'-tis). Inflammation of the archnoid membrane. मस्तिष्क-मध्यावरण-पेशीका प्रदाह ।

Arbor vitæ. Tree like figure in the section of cerebellum. लघु-मस्तिष्कके भीतरका वृक्षाकार अंश ।

Arborization (ar-bo-ri-zé-shon). A branching distribution of veinlets or of nerve-cells. स्नायु-कोष-प्रवर्द्धनोंका शाखा-विस्तार ।

Arcade (aŕ-kád). Arch. महराब ।

Arch. A term applied to various curves of the body. महराब ; वलय ।

Archeocyte (aŕ-ke-o-si't). A wandering cell. एक भ्रमणकारी कोष ।

Archepyon (ar-ke-pi'-on). Very thick pus. बहुत गाढ़ा पीव ।

Architis (ar-ki'-tis). Infiammation of the rectum. मलांत्र-प्रदाह ।

Archoptosis (ar-ko-tó-sis). Prolapsus rectum. मलांत्र-निर्गमन ; काँच निकलना ।

Archorrhagia (ark-or-aj'-e-ah). Rectal hemorrhage. मलांत्रसे रक्त-स्राव ।

Archostenosis (ar-ko-sten-ó-sis). Stricture of the rectum. मलद्वारका संकोचन ।

Archosyrin (ár-co-sar-rin). Fistula in ano. भगन्दर ।

Arciform (aŕ-sif-orm). Formed like an arch. महराबदार

Arcus (aŕ-kus). A bow, arch or ring. एक धनुष ; महराब या अँगूठो ।

Ardor (aŕ-dor). Violent heat ; burning. तेज गरमी ; जलन ।

Area (á-re-ah). The internal capacity of any boundary or limit. सोमावद्ध स्थान ; किसो सोमाको भीतरो समाई ।

Arefaction (ar-e-fak-shun). The act of drying. सुखानेकी क्रिया ।

Arenation (ar-en-á-shun). Treatment of disease by hot sand-baths बालूका स्नान ; गरम बालूसे स्नान करानेकी चिकित्सा-प्रणाली ।

Areola (ar-é-o-lah). The darkish ring around the nipple. स्तनमण्डल ।

Areolar (ar-é-o-lar). Pertaining to the areola. स्तन-मण्डल-सम्बन्धीय । **A. Tissue** cellular tissue. जालवत झिल्ली ।

Areometer (ar-e-oḿ-et-er). A hydrometer. तरल-मापक-यंत्र ।

Argentamid (ar-jen-tam-id). An antiseptic liquid preparation of silver. चांदीसे बना एक सड़न रोकनेवाला तरल।

Argentum (ar-jen'-tum). Silver, a metallic element. चांदी।

Argonin (ar-go-nin). A soluble silver salt. एक गल जानेवाला चांदीका नमक।

Argyl Robertsons Pupil. Loss of the pupil reflex to light. रोशनीमें चक्षुताराके प्रतिफलनकी क्रिया न होना।

Argyria (ar-ji'-re-ah). The cutaneous discolouration from the continued use of silver-salts. चांदीका नमक लगातार व्यवहारके कारण चर्मका बदरङ्ग पड़ जाना।

Arhinia (ah-ri'-ne-ah). Congenital absence of the nose. जन्मसे हो नाकका न रहना; जन्मावधि नासिका-राहित्य।

Arhythmia (ah-rith-me ah). The irregularity of the hearts action. अनियमित हृद्-क्रिया; हृत्पिण्डकी अनियमित क्रिया।

Aristolochin (ar-is-to-ló-kin). A bitter principle obtainable from aristolochia serpentaria. ऐरिस्टोलोकिया सर्पेण्टेरिया नामक वृक्षका तीता सत।

Arm (arm). The upper extremity from the shoulder to the hand. बाहु।

Armilla (ar-mil-ah). The annular ligament of the wrist. कलाईकी बन्धन-पेशी।

Aroma (ah-ró-ma). Fragrant. सुगन्ध।

Aromatic (ar-mat-ik). Having a spicy odor. सुगन्धि।

Aromin (ar-ó-min). A fragrant alkaloid from urine. मूत्रसे प्राप्त एक सुगन्धित उपक्षार।

Arrack (ar-ak). An alcoholic drink from fermented rice. चावलसे तैयार की हुई शराब।

Arrest (ar-est). Detain, stop. रोकना; बन्द करना।

Arrosion (ar-o'-zhun). Wasting away of a vessel wall under pressure. दबावके कारण नाड़ी-प्राचीरका पतला पड़ जाना या क्षय हो जाना।

Arsenate (ar-sen-at). A salt of arsenic-acid. संखियाके तेजाबका नमक।

Arseniasis (ar-sen-i'-as-is). Poisoning by arsenic. संखिया-विषका प्रयोग।

Arsenic, Arsenicum (ar-sen-ik, ar-sen'-ik-um). A chemic element of grayish white-colour. संखिया-विष; शङ्ख विष।

Artefact (ar-te-fact). An artificial product. कृत्रिम पदार्थ।

Arteria (ar-té-re-ah). 1. Artery. धमनी। 2. Bronchial tubes. श्वासोपनाली।

Arterial (ar-té-re-al). Pertaining to an artery. धमनी-सम्बन्धीय ।

Arterealization (ar-te-re-al-iz-á-shun). The change of venous into arterial blood. शिरा रक्तका धामनिक रक्तमें परिवर्त्तन अर्थात् रक्तका अम्लो-करण ।

Arteriography (ar-te-re-óg-ra-fe). A description of the arteries. धामनिक वर्णन ; धमनियोंका विवरण ।

Arteriole (ar-té-re-ól). A small artery. धमनिका ।

Arteriolosclerosis (ar-té-re-o-lo-skle-ró-sis). Sclerosis or hardening of the walls of an artery of the kidney. मूत्रपिण्डके धमनी-प्राचीरका कड़ापन या स्थूलता ।

Arterio-malacia (ar-té-re-o-mal-á-she-ah). Abnormal softness of the arterial coats. धमनी आवरणकी अस्वाभाविक कोमलता ।

Arterio-necrosis (ar-te-re-o-ne-kró-sis). Necrosis of an artery. धमनियोंका क्षय ।

Arteriosclerosis (ar-té-re-o-skle-ró-sis). Hardening of the wall of an artery. धमनी प्राचीरका कड़ापन ।

Arterioversion (ar-te-re-o-vei-zhun) Surgical eversion of the coats of a bleeding artery for the purpose of arresting hemorrhage. रक्त-स्राव रोकनेके लिये रक्तस्रावी धमनीका भीतरी आवरण बाहरकी ओर उलट देना ।

Arteritis (ar-te-rí-tis). Inflammation of an artery. किसी धमनीका प्रदाह ।

Artery (ar'-ter-e). A vessel carrying blood from the heart. धमनी ।

Arthragra (aŕ-thrá-grah). Gout. गठिया ।

Arthral (aŕ-thral). Pertaining to a joint. सन्धि-सम्बन्धीय ।

Arthralgia (ar-thraĺ-je-ah). Pain in the joints. सन्धि-स्थानका दर्द ।

Arthritis (ar-thri'-tis). Inflammation of a joint. सन्धि-प्रदाह ।

Arthrocace (ar-throk-as-e). Caries of joints. सन्धिका-अस्थि-क्षय रोग ।

Arthroempyesis (ar-thro-em-pi-é-sis). Suppuration in a joints. सन्धिका पककर पीव होना ।

Arthrolithiasis (ar-thro-lith-i'-as-is). Gout. गठिया वात ।

Arthrology (ar-throĺ-o-je). The anatomy of the joint. सन्धि-स्थानका शरीर-तत्व ।

Arthromeningitis (ar-thro-men-in-ji'-tis). Synovitis. मास्तुक-प्रदाह ; जानु-प्रदाह ।

Arthroncus (aŕ-throńg-cus). A swelling of a joint. सन्धिका शोथ ; सन्धिकी सूजन ।

Arthropathy (ar-thróp-ath-e). Any disease of a joint. कोई सन्धि-रोग ।

Arthrophyma (ar-thro-fi′-mah). The swelling of a joint. सन्धिकी सूजन।

Arthrophyte (ar-thro-fit). An abnormal growth in a joint cavity. सन्धि-गह्वरमें अस्वाभाविक प्रवर्द्धन।

Arthropoda. Animals having jointed bodies and appendages. पर्व-पदी।

Arthrosis (ar-thró-sis). Articulation or connection by joints. सन्धि।

Arthrosteitis (ar-thros-te-i′-tes). Inflammation of the bony parts of a joint. किसी सन्धिके अस्थिमय अंशका प्रदाह।

Articular (ar-tik-u-lar). Pertaining to a joint. सन्धि-सम्बन्धी। **A. Rheumatism**, rheumatism of a joint. सन्धि-वात।

Articulate (ar-tik-u-lāt). 1. To unite by a joint or joints, as a skeleton. कङ्कालकी तरह एक सन्धि या सन्धियोंका सम्मिलन। 2. Having joint. सन्धिशील ; सन्धिवाला।

Articulation (ar-tik-u-lá-shun). A joint or an arthrosls. अस्थि-सन्धि।

Artificial (ar-te-fish-al). Not natural. अस्वाभाविक ; कृत्रिम ; नकली ;

Arytenoid (ar-ti-e′-noid). Shaped like a cup or jug. प्याला या घड़ेके आकारका। **A. Cartilages,** certain cartilages of the larynx. स्वरयन्त्रकी कुछ उपास्थियाँ। **A. Muscle,** a muscle of the larynx. स्वरयन्त्रकी माँस-पेशी।

Asafetida, Asafœtida (as-af-et-id-ah). A fetid gum-resin with garlic like odour. हींग।

Asaphia (as-af-i′-ah). Indistinctness of utterance. बोलीकी अस्पष्टता।

Ascaricide (as-kai-is-id). A drug that destroys ascarides. कृमि-नाशक।

Ascaridæ (as-kar-e-de). A family of worms to which belongs the round-worm and the thread-worm. एक प्रकारकी कृमिकी जाति, जिसमें गोल कृमि और फीता किमि आ जाती है।

Ascaris (as-kar-is). A genus of parasitic round worms. एक प्रकारकी गोल कृमि। **A. Lumbricoides.** साधारण गोल कृमि।

Ascending (as-en-ding). Proceeding towards the superior parts of the body. ऊर्ध्वगामी।

Ascites (as-si′-téz). Abdominal dropsy. उदर शोथ ; जलोदर।

Asemasia (ah-se-má-ze-ah). Inability to express ideas by words or signs. शब्द या संकेतों द्वारा भाव प्रकट करनेकी क्षमताका न रहना।

Asemia (ah-sé-me-ah). Inability to understand either speech or signs. शब्द या संकेत ग्रहण न कर सकनेवाला।

Aseptic (ah-sep-tik). Absence of septic material. जीवज-विष-शून्य ; जैव-विष-शून्य ।

Aseptule (ah-sep-tūl). A capsule that preserves its contents from decomposition. बिगड़नेसे रक्षा करनेवाली कूपी ।

Asequence (ah se-kwens). Lack of normal sequence between the auricular and ventricular contraction of the heart. ग्राहक और क्षेपक-कोष्ठोंके संकोचनमें स्वाभाविक पर्याय-क्रमका न होना ।

Asexual (ah-seks-u-al). Having no sex. लिङ्ग-हीन ; हीजड़ा ; अनुद्रावक ।

Asitia (ah-sish-e-ah). A loss of appetite. क्षुधा-हीनता ; भूखका न लगना ।

Aspermous (ah-sper-mus). Without seed. बीज-हीन ।

Asphyxia (as fiks-e-ah). Suffocation ; the condition caused by non-oxygenation of the blood. श्वास-रोध ; रक्तको अम्ल-जान न मिलनेके कारण यह अवस्था हो जाती है ।

Aspidosamin (as-pid-o-sam-in). An emetic alkaloid. एक वमनकारक उपक्षार ।

Aspiration (as-pir-a-shun). The act of breathing or drawing in. श्वास-क्रिया ।

Aspirator (as-pir-a-tor). An apparatus used for extracting fluids from cavities. गह्वरोंसे रस खींच निकालनेवाला यन्त्र; रस-चोषक यन्त्र ; शूप ; कुला ।

Aspirin (as-pir-in). Acetosalicylic acid. ऐसेटोसैलिसाइलिक अम्ल ; एक वात-रोधक ओषधि ।

Assimilable (as-im-il-a-bl). Susceptible of being assimilated. समीकरण योग्य ।

Assimilation (as-im-il-á-shun). The transformation of food into living tissue. समीकरण, खाद्यकी जीवित तन्तुमें परिणति ।

Assurin (as-u-rin). A substance found in brain-tissue. मस्तिष्क-तन्तुमें प्राप्त एक पदार्थ ।

Astasia (as-tá-ze-ah). Inability to stand on account of in-co-ordination of muscles. मांस-पेशियोंकी समता-रक्षा न होनेके कारण खड़े होनेकी शक्तिका न रहना । **A, Abasia,** astasia together with inability to walk. खड़े रहने और चलनेकी शक्तिका न रहना ।

Asteatosis (as-ti-a-tó sis). Dryness of skin. चर्मका सूखापन ; चर्म-शुष्कता ।

Asterion (as-ter-i-on). The point in the skull, on either side where the temporal, parietal and occipital bones meet. करोटीका वह स्थान जहाँ शंखास्थि, पश्चात् कपालास्थि और पार्श्व कपालास्थि सम्मिलित होती है ।

Asternal (as-ter-nal). Not connected with sternum ; absence of sternum. वक्षोस्थिसे असंयुक्त ; वक्षोस्थि-राहित्य ।

Asteroid (aś-ter-oid). Star shaped. ताराके आकारका ।

Asthenia (as-thé-ne-ah). Extreme weakness. दुर्बलता ; रोग आदिके कारण शक्ति-हीनता ।

Asthenic (as-thén-ik). Debilated ; weak. दुर्बलीभूत ; कमजोर ।

Asthenopia (as-then-ó-pe-ah). Weak or painful vision. दुर्बल या क्षीण अथवा वेदनादायक दृष्टि ।

Asthma (az′-mah). A disease marked by intermittent dyspnea, with wheezing cough and a sense of constriction, due to spasmodic contraction of the bronchi. एक रोग, जिसमें श्वास-कष्ट, खाँसी, श्वास-पथमें संकोचन प्रभृति रहता है ; दमा । **A. Cardiac,** dyspnea due to heart disease. हृद्-रोगके कारण श्वास-कष्ट ।

Asthmatic (az-mat́-ik). Affected with asthma. दमाका रोगी ।

Astigmatism (as-tiǵ-mat-izm). A defect in the eye, in which the rays of light in all meridians are not brought to one point or focus. दृष्टि-दोष, जिसमें आलोक-किरण एक केन्द्रपर एकत्रित नहीं होती या कनीनिका प्रभृतिके आकारमें परिवर्तनकी वजहसे उससे कितने ही भावोंसे आलोक प्रतिफलित होकर, विविध प्रकारका दृष्टि-विकार पैदा करता है, विषम-दृष्टि ; वक्रदृष्टि-मार्ग ।

Astomatous (as-tom-at-us). Having no mouth. मुख-हीन ।

Astomia (as-tó-me-ah). Absence of the mouth-opening. मुख-द्वार-राहित्य ।

Astragalus (as-trăg-al-us). A bone of the foot which articulates the tibia and the fibula above, with the calaneum below ; the ankle-bone. गुल्फास्थि ।

Astraphobia (as-trah fó-be-ah). Morbid fear of lightning. बिजलीका भयङ्कर भय ।

Astringent (as-triń-jent). Causing contraction and arresting discharges. सङ्कोचक तथा स्राव-रोधक औषध ।

Astrocyte (aś-tro-sit). A star-shaped bone-corpusle. एक ताराके आकारका अस्थि-कण ।

Asynergia (ah-sin-eŕ-je-ah). Lack of simultaneous or harmony of action. क्रियाकी समताका अभाव ।

Asynodia (ah-si-nó-dia). Impotence for sexual intercourse. ध्वजभङ्ग ; सङ्गम-शक्ति-हीनता ।

Asynovia (ah-sin-o′-ve ah). A deficiency of synovial fluid. सन्धि-रसके स्रावकी कमी ।

Atactic (at-ak-tik). Irregular. अनियमित ।

Atavus (at-av-us). An ancestor. वंशज ।

Ataxaphasia. An inability to arrange words into sentences. वाक्य-रचनामें शब्द प्रयोगकी योग्यता न रहना ।

Ataxia (ah-tak-se-ah). Irregularity of muscular action. मांस-पैशिक क्रियाकी असमता । **A. Hysterical,** that ataxia which affects the leg-muscles in hysteria. गुल्म-वायु रोगमें पैरकी पेशीपर आक्रमण करनेवाली मांस-पैशिक क्रिया-असमता । **A. Motor,** inability to walk. गति शक्ति-राहित्य । **A. Thermal,** irregular fluctuation of body temperature due to in-co-ordination. असमताके कारण शारीरिक तापकी अनियमित ह्रास-वृद्धि ।

Atelectasis (at-el-ek-tas is). Imperfect expansion of the lungs at birth. प्रसव कालमें फुफफुसका हीन-विस्तार या अच्छी तरह न फैलना ।

Atelia (ah-te-le-ah). Imperfect development of the brain. मस्तिष्क की असम्यक उन्नति ।

Atelocardia (at-el-o-kar-de-ah). हृत्पिण्डकी असम्यक उन्नति ।

Atelocheilia (at-el-o-ki'-le-ah). Defective development of the lip. ओष्ठोंका दोषावह उभार ।

Athelia (ah-thé-le-ah). Absence of nipples. स्तन-वृन्तकी हीनता ।

Athermanous (ah-ther-man-us). Absorbing heat-rays and not permitting them to pass. ताप रश्मि-शोषक तथा अवरोधक ; गरमीकी लहरको पचा जाने और बाहर न निकलने देनेवाला ।

Athermic (ah-ther-mik). Heatless, no rise of temperature. ताप-हीन ।

Atheroma (ath-er-ó-mah). 1. An encysted tumor containing a soft substance. मेदमय अर्बुद । 2. Fatty degeneration of the arterial walls. धमनी-प्राचीरमें मेद उत्पत्ति ।

Athetosis (ath-et-ó-sis). A disease marked by continuous movements of the fingers and toes. एक रोग जिसमें अंगुलियाँ और अंगूठे हिला करते हैं ।

Athlete's heart. Aortic incompetence from strain. जोड़ पड़नेके कारण महाधमनीकी क्रियाका पूरी तरह न होना ।

Athletic foot. Ringworm of the foot. पैरका दाद ।

Athrepsia (ah threp-se-ah). Defective nutrition in children बच्चोंका दोषावह परिपोषण ।

Atlas (at-las). First vertebra of the neck. गर्दनकी पहली कशेरुका ।

Atlo-axoid (at-lo-ak-soid). Pertaining to the atlas and the axis. ग्रैवेयी प्रथम कशेरुका तथा अक्ष-सम्बन्धीय ।

Atmidiatrica. The treatment of disease by vapour. वाष्प-चिकित्सा ।

Atmometer (at-mom-et-er). An instrument to measure the exhalations. वाष्पोद्गम परिमापक यंत्र ।

Atmosphere (at-mos-fér). The air encircling the earth. वायु-मण्डल । 2. The pressure of the air upon the earth, 15 pounds to the square inch. प्रति वर्ग इञ्च पीछे १५ पाउण्डके हिसाबसे पृथ्वीपर वायुका चाप ।

Atocia (at-ó-se-ah). Sterility of the female. स्त्रियोंको बन्ध्यात्व ।

Atom (at-om). The ultimate unit of an element परामाणु ।

Atony (at-o-ne). A want of tone ; debility. पेशियोंकी दुर्बलता ; पेशोकी कियाका न होना ।

Atopomenorrhea (at-op o-men or-é-ah). Vicarious menstruation. अनुकल्प रजः ।

Atrabiliary (at-rah-bil-e-a-re). Affected with melancholy. विषादोन्मत्तताका रोगी ।

Atremia (ah-tré-me-ah). 1. Absence of tremor. कम्पन-हीनता । 2. Hysteric inability to walk. गुल्मवायु रोगके कारण गति-शक्ति-राहित्य ।

Atresia (ah-tré-ze-ah). Absence or closure of normal openings. शरीर वहिर्द्वारका स्वाभाविक अभाव या रोध ; द्वार-रोग या द्वाराभाव ।

Atrichia (ah-trik-e-ah). Baldness. खल्वाट ।

Atrium (ah-tre-um). An auricle the heart. ग्राहक-कोष्ठ ।

Atrophia (at-ró-fe-ah). Wasting of a part from lack of nutrition. क्षीणता ।

Atrophoderma (at-ro-fo-der-mah). Atrophy of the skin or a part of it. चर्म या चर्मके किसी अंशकी क्षीणता ।

Atrophy (at-ro-fe). A wasting or dimunition in size or any part. आकार या किसी अंशकी क्षीणता ; क्षीणता-रोग ।

Atropin (at-ró-pin). Active principle of belladonna. बेलाडोनाका सक्रिय अवयव ।

Attendant (at-en-dant). One who attends a patient. रोगी परिचायक ; सुश्रूषाकारी ।

Attenuant (at-en-u-ant). A medicine that increases the fluidity of the blood or other secretion. रक्त या अन्य स्रावकी तरलता बढ़ानेवाली दवा ।

Attenuation (at-ten-u-á-shun). A thinning ; dilution of a medicine in Homœopathic science. पतला करना ; होमियो-विज्ञानके अनुसार किसी औषधिका कम ।

Attic (at ik). The portion of the tympanum above the atrium. ग्राहक-कोष्ठके ऊपरवाले एक पटहका अंश ।

Attollens (at-ol-enz). Raising up. उत्थापक ।

Attrahens (at-rah-henz). A muscle that elevates. उत्थापिका पेशी ।

Atypic (ah-tip-ik). Irregular. अनियमित ।

Audiometer (aw-de-om et er). An instrument for measuring the acuteness of hearing. श्रवण-शक्तिकी प्रखरता परिमापक यंत्र ।

Audition (aw-dish-un). The act of hearing. श्रवण क्रिया ; सुनना ; आकर्णन ।

Auditory (aw'-dit-o-re). Pertaining to the sense of hearing. श्रवण-ज्ञान-सम्बन्धी ; श्रावण ; श्रौत । **A. Center,** the cerebral centre for hearing. श्रावण-क्षेत्र । **A. Field,** the area where the sound may be heard. वह स्थान जहाँ शब्द सुननेमें आता है । **A. Meatus,** the opening in the ear. कर्णबहिर्द्वार । **A. Nerve,** a portion of the eighth pair of cranial nerves. श्रावणी नाड़ी ।

Augnathus (awg-ná-thus). A monster with double lower jaw. द्वित्व-निम्न-हनुवाला भ्रूण ।

Aula (aw'-lah). The anterior part of the third ventricle of the cerebrum. मस्तिष्कके तृतीय निलयका सम्मुख भाग ।

Aura (aw'-rah). A sensation as of rising air current, preceding an epileptic fit. सुरसुरी ; निचले अङ्गसे ऊपर चढ़नेवाली सुरसुरी ।

Aural (aw'-ral). Pertaining to the ear. कर्ण-सम्बन्धी ।

Auric (aw'-rik). Relating to gold. स्वर्ण-सम्बन्धी ; स्वर्ण-मिश्रित ओषधि ।

Auricle (aú-rik-l). 1. The external ear. वाह्य-कर्ण । 2. One of the upper cavities of the heart. हृत्पिण्डके ऊपरी गह्वरोंमेंसे एक गह्वर ; अलिन्द ।

Auricula (aw-rik-u-lah). The auricle of the ear. कर्ण-शंकुली ।

Auricular (aw-rik-u-lar). Pertaining to an auricle or to the ear. हृत्कोषीय ; हृत्कोष-सम्बन्धी या कर्ण सम्बन्धीय । **Auricular Artery.** शष्कुलीया धमनी ।

Auriform (aw'-rif-orm). Shaped like an ear. कानके आकारका ।

Auris (aw'-ris). The external ear. वाह्य-कर्ण ।

Auriscalp (aw-ris-kalp). An instrument for scraping foreign matter from the ear. कनखोदनी ; कान साफ करनेवाला यंत्र ।

Aurist (aw rist), A specialist in deseases of the ear. कर्ण-चिकित्सक ।

Aurum (aw'-rum). Gold. स्वर्ण ।

Auscultation (aws-kul-tá-shum). The act of listening to the sound given by particular parts, chiefly for ascertaining the condition of the lungs, heart, pleura etc and for the ditection of pregnancy. फेफड़े, हृत्पिण्ड, हृदावरण तथा अन्य कई स्थानोंमें होनेवाले शब्दोंको सुननेकी क्रिया। इस क्रिया द्वारा गर्भ निर्णय भी हो जाता है; आकर्णन।

Auscultatory (aws-kul-ta to-re). Pertaining to auscultation. आकर्णन सम्बन्धीय।

Autacoids (aw'-ta-koids). Internal secretions. आन्तरिक स्राव।

Auto-audible (aw-to-aw'-dible). That can be heard by one's-self; said of heart-sound. स्वतः-श्रुत; स्वयं अपनेको ही सुन पड़नेवाला हृत्-शब्द।

Autogenous (aw-toj'-en-us). Self-generated. स्वतः प्रसूत; आपसे उत्पन्न हुआ।

Autolavage (aw-to-lah-vahzh). Washing out one's own stomach. स्वतः अपने उदरको धूलाई कर डालना।

Automatism (aw-tom-at-izm). The performance of acts without intention. स्वतः प्रवृत्त क्रिया; इच्छा न रहनेपर भी आप-ही-आप हो जानेवाला काम।

Automysophobia (aw-to-mis-o-fó-be-ah). Insane dread of personal uncleanlinees. अपनी गंदगीका भयङ्कर भय।

Autophagy (aw-teff-a-je). The eating of self flesh. अपना ही मांस चबाना; यह पागलपनकी एक अवस्था है।

Autophobia (aw-to-fó-be-ah). Insane dread of solitude. एकान्तका भयङ्कर भय।

Autopsy (aw'-top-se). post-mortem examination. शव चीरकर परीक्षा; मृत-देह-परीक्षा।

Autotoxemia (aw'-to-tok-sé-me-ah) Poisoning by material generated in one's own secrétions. अपने ही स्रावोंमें उत्पन्न विषसे स्वयं दूषित हो जाना।

Autotoxin. Any poisonous substance produced with the body and having a toxic effect on that body. कोई विषैला पदार्थ, जो शरीरमें ही उत्पन्न होकर शरीरको दूषित बना देता है।

Autovaccination (aw-to-vak-sin-á-shum). The vaccination of a patient with his own virus. किसी रोगीका उसके भीतर उत्पन्न विषसे ही टीका देना।

Auxesis (awks-é-sis). Increase in size or bulk. आकार और आयतनमें वृद्धि।

Avascular (ah-vaś-ku-lar). Bloodless. रक्तहीन।

Avenine (av-e'-nin). A stimulant and tonic preparation from oats. ओट (जई) से प्रस्तुत एक प्रकारकी बलवर्द्धक ओषधि।

Avitaminosis (ah-vi-tah-min-ó-sis). A disease due to a deficiency of vitamins in the diet. खाद्यमें खाद्योज की कमीके कारण उत्पन्न कोई रोग।

Axanthopsia (ah-xan-thop-se-ah). Yellow-blindness. पीतान्धता ; पीले रङ्गका न दिखाई देना ।

Axilla (aks-il-ah). The arm pit. कक्ष, बगल ।

Axillary (aks-il-a-re). Relating to the axilla कक्ष-सम्बन्धीय । **A. Artery,** the artery of the axilla. कक्षीया धमनी । **A. Glands,** the lymphatic glands of the axilla. कक्षीया-ग्रन्थि ; बगलकी लसिकावाहिनी ग्रन्थि ।

Axis (aks-is). A line about which any revolving body turns. अक्ष ।

Axis-cylinder—the central core of a nerve-fibre. सूत्राक्ष ; स्नायु-मज्जा ।

Axon, Axone (aks-on, aks-on). The body axis. अक्षगात्र ।

Axungia (aks-un-je-ah). Lard ; the internal fat of the body. चर्बी ; शारीरस्थ बसा ।

Azotobacter (az-o-to-bak-ter). A genus of bacteria that produces nitrogen. नेत्रजन उत्पन्नकारक एक प्रकारके रोग-बीजाणु ।

Azoic (az-ó-ik). Destitute of living organisms. जीवनलेश-हीन ; निर्जीवक ।

Azoospermia (az-oo-sper-me-ah). An absence of spermatozoids in the semen. शुक्रमें शुक्र-कीटका न रहना ।

Azote (az'-ót). Nitrogen. यवक्षारजान, नेत्रजन ।

Azotemia (az-o-té-me-ah). The presence of urea in the blood. रक्तमें मूत्रक्षारकी वर्त्तमानता ।

Azoturia (az-o-tú-re-ah). An increase of urea in the urine. पेशाबमें नेत्रजनकी अधिकता ।

Azygos (az'-ig-us). Unpaired. अयुग्म ; अयुगल ; बेजोड़ ।

Azymous (az'-im-us). Unfermented. जिसमें उफान न आया हो ; नत्सेचन-रहित ।

Azzle-tooth (azl-tooth). A molar tooth. चर्वणक दन्त ।

B.

Bacca (bak-ah). A berry or berry-like fruit. बेर ; पियारो ।

Bacciform (bak-sif-orm). Shaped like a berry. बेरके आकारका ।

Bacillemia (bas-il-é-me-ah). The presence of bacilli in the blood. रक्तमें शलाकाणुकी उपस्थिति ।

Bacillicide (bas-il-is-id). An agent that destroys bacilli. जीवाणु-नाशक ।

Bacilliparous (bas-il-ip-ar-us). Producing bacilli. शलाकाकार जीवाणु उत्पन्नकारक ।

Bacillum (bas-il-um). A stick. एक शलाका ।

Bacillus (bas-il-us). A rod-shaped organism. एक शलाकाकार जीव ; रोग-जनक उद्भिज्जाणु-विशेष ; जीवाणु ; बीजाणु । A genus of Bacilli (schizomycetes), grouped with the Bacteriacæ, some of them being of the highest pathogenic importance. एक प्रकारके शलाकाकार जीवाणु, इनमें कितने ही रोग-निदानके लिये बहुत ही आवश्यक होते हैं ।

Bacteria (bak-té-re-ah). Microbes ; schizomycetes. कीटाणु ; अणुदण्डक ।

Bacterial (bak-té-re-al). Relating to bacteria. कीटाणु-सम्बन्धी ।

Bactericidal (bak-te-ris-i-dal). Causing the death of bacteria. कीटाणु-नाशक ।

Bacteriemia (bak-te-re-é-me-ah). The presence of living bacteria in the blood. रक्तमें जीवित कीटाणुकी उपस्थिति ।

Bacteriogenous (bak-té-re-oj'-en-us). Producing bacteria. कीटाणु उत्पन्न-कारक ।

Bacteriologist (bak-té-ri-o-loj-ist). Micro-botanist ; one versed in bacteriology. कीटाणु-शास्त्र-पारङ्गत ; कीटाणु-तत्वविद् ।

Bacteriosis. A morbid state caused by a vegetable microparasite. उद्भिद कीटाणु द्वारा उत्पन्न एक रोगजनक अवस्था ।

Bacteriuria (bak-te-eú-re-ah). The presence of bacteria in urine. मूत्रमें कीटाणुकी उपस्थिति ।

Baculiform (bak-u-lif-orm). Rod-shaped. शलाकाकार ।

Bag of waters. Fetal membranes containing the liquor amnii. जल-कोष ।

Bain-marie (ban-mah-re). A water-bath used by chemist. औषध-विक्रेताओं द्वारा व्यवहृत एक जल-स्नान।

Balanic (bal-an-ik). Relating to the glans penis or glans clitoridis. लिङ्गाग्र चर्म-सम्बन्धी।

Balanitis (bal-an-i-tis). Inflammation of the glans penis. मन्यौष ; लिंगाग्र-चर्मका प्रदाह।

Balanoplasty (bal-an-o-plas-te). Plastic surgery of the glans penis. लिङ्गाग्र-चर्मका काटना।

Balanorrhea (bal-an-or-é-ah). Purulent balanitis. लिंगाग्र-चर्मका पीवके साथ प्रदाह ; पीवपूर्ण मन्यौष रोग।

Balbuties (bal-bú-she-ez). Stammering. तोतलाहट।

Baldness (bawld-ness). Alopecia ; absence of hair. खल्वाट ; इन्द्रलुप्त।

Ballismus (bal-is-mus). Tremor ; jerking ; shaking. कम्पन।

Ballottement (bal-ot-mong). A method of diagnosis of pregnancy, with the tip of the forefinger in the vagina, a sharp tap is made against the lower segment of the uterus. प्रसव-द्वारमें अंगुली प्रवेश करा, जरायुके निम्न-गात्रमें आघात कर गर्भकी परीक्षाका तरीका।

Balm (bahm). A soothing application or ointment. वेदना-नाशक प्रलेप ; एक मरहम।

Balneum (bal-ne-um). A bath ; a water or sand-bath. जल या बालुका स्नान ; एक स्नान।

Bandage (ban-dāj). A strip of muslin or other material for dinding wounds, fractures and dislocations. घाव, फटे घाव या किसी अंशके अपने स्थानसे हट जानेपर बाँधनेकी मलमल या किसी दूसरी चीजकी पट्टी ; बन्धनी ; पट्टी।

Bandy-leg. Bow leg. झुका पैर ; वक्र पद।

Bantis Disease. A disease marked by enlargement of spleen with progressive anæmia. एक रोग जिसमें प्लीहा बढ़ी रहनेके साथ-ही-साथ रक्त-क्षीणता बढ़ती ही जाती है।

Banting cure. Bantingism. शरीरकी स्थूलता तथा मेद-वृद्धि प्रभृति घटानेके लिये चीनी और मैदा मिली चीजोंका खाना त्यागना ; इसी ढंगकी आहार-प्रणाली।

Baptorrhea (bap-tor-é-ah). Gonorrhea. प्रमेह, सूजाक।

Baptothecorrhea (bap-to-the-kor-é-ah). Gonorrhea in women. स्त्रियोंका सूजाक।

Barilla (bar-il-ah). Impure sodium carbonate. अस्वच्छ सोडियम कार्बोनेट।

Bark (bark). The outer cortical cover of the woody parts of a plant, tree or shrub. छाल, छिलका, बकुला।

Baromacrometer (baŕ-o-mak-róm-et-er). An instrument for weighing and measuring new-born infants. शिशुकी माप और वजन लेनेवाला यंत्र।

Barometer. An instrument for ascertaining the weight of air. वायुमान यंत्र।

Baroscope. An instrument for indicating the variations of atmospheric pressure. वायुचाप-दर्शक यंत्र।

Barosthenics (bar-os-theń-iks). Exercises to promote conductivity in the spinal nerves. मेरु-नाड़ी-गुच्छमें कार्य-शीलता (चालकता) बढ़ानेवाले व्यायाम।

Barrel chest. A globular form of thorax. पीपाकार वक्ष।

Barren (baŕ-en). Incapable of producing offspring ; sterile बाँझ ; बन्ध्य।

Baruria (bar-ú-re-ah). High specific gravity of urine. मूत्रका वर्द्धित आपेक्षिक गुरुत्व।

Baryecoia (bar-e-ek-oi'-ah). Deafness. बहरापन ; बधिरता।

Baryphonia (bar-e-fó-ne ah). Difficulty of speech. वाचा-कष्ट ; एक रोग जिसमें बोलनेमें कष्ट होता है।

Basad (bá-sad). In a direction toward the base. तलीकी ओर ; पेंदेकी तरफ।

Basculation (baś-cu-la shun). 1. The replacement of a restroverted uterus by swinging it into its place. स्थान-च्युत जरायुको फिरसे अपने स्थानपर घुमाकर स्थापन।

Base (bās). I. The lower part or bottom. निम्नांश या तली ; पेंदा ; आधार ; अधोभाग। 2. The chief ingredients of a compound. किसी सम्मिश्रणके प्रधान उपादान। 3. An element with which an acid may unite to form a salt. एक मूल उपादान जिससे किसी अम्लका सम्मिलन होनेपर लवण बनता है। **B. Acidifiable,** one which, by union with water, forms an acid. एक मूल तत्व; जिसके जलमें मिलनेपर अम्ल बन जाता है।

Basedow's Disease. Exophthalmic goitre. गलगण्ड।

Basement (baś-ment). Base. आधार। **B. Membrane,** delicate membrane beneath epithelium. उपत्वकके नीचेवाली एक सूक्ष्म झिल्ली।

Basfond (bah-fong). Fundus ; the base of the bladder. मूत्राशयका आधार या निम्नांश।

Basiarachnitis (bas-e-ar-ak-ni'-tis). Inflammation at the base of the skull. करोटी-मूलका प्रदाह।

Basic (bá-sik). Relating to a base of any kind. भास्मिक ; आधार-सम्बन्धी।

Basicranial. Relating to the base of the skull. करोटी अधोभाग-सम्बन्धी ।

Basihyal, Basihyoid. Relating to the base of or body of the hyoid bone. जिह्वामूलास्थि अधोभाग सम्बन्धी ।

Basilar (baś-il-ar). Pertaining to the base of the skull. करोटी अधोभाग सम्बन्धी । **B. Artery**, the artery at the base of the brain. मस्तिष्काधो धमनी । **B. Membrane.** The membrane of the brain. मस्तिष्ककी-झिल्ली ; कर्णकम्बु-झिल्ली । **B. Process,** the anterior portion of the occipital bone. पश्चात् कपालास्थिका सम्मुख प्रवर्द्धन । **B. Vein,** Vena basalis. मास्तिष्ककी शिरा ।

Basilemma (bas-i-lem-ah). Basement membrane. करोटी-अधोभागस्थित झिल्ली ।

Basilic-vein. Vena mediana basilica. अन्तःप्रकोष्ठिका शिरा ।

Besilysis (bas-il-is-is). The crushing of the skull of the fetus, when delivery of a living child is impossible. जीवित-सन्तान-प्रसव असम्भव होनेपर सन्तानकी खोपड़ी चूर कर निकाल लेना ।

Basin (bá-sin). 1. A circular desk, wider than its depth. छिछली रकाबी । 2. The pelvis. वस्तिगह्वर । 3. The third ventricle of the brain. तृतीय मस्तिष्क-कोश ।

Basi occipital (bas-e-ok sip-it-al). The bone forming the central axis of the skull. करोटीका केन्द्राक्ष बनानेवाली अस्थि ।

Basion (bá-se-on). The middle of anterior margin of great foramen. महाछिद्रकी सम्मुख सीमाका मध्यभाग ।

Basiotic (bas-e-ot-ik). Relating to the base of the ear. कर्ण शंकुल सम्बन्धी ।

Basis (bá-sis). Base. आधार ।

Basophobia (bas-o-fó-be-ah) Inability to walk or stand erect. गति शक्तिका न रहना या सीधे खड़े न हो सकना ।

Bathycardia. A condition in which the heart occupies a lower position than normal. शरीरकी एक अवस्था, जिसमें हृत्पिण्ड स्वाभाविक स्थानसे कुछ नीचे उतर आता है ; हृद् अधःनयन ।

Bathylimnetic (bath-il-im-net-ik). Living in deep-water. जल-जीवी ; गहरे पानीमें रहनेवाला जीव ।

Batophobia (bat-o-fó-be-ah). Morbid fear of great height अधिक ऊँचाईका रोगात्मक भय ।

Batracin (bat-ra-sin). A very poisonous secretion from the skin of the toad. मेढ़कके चर्मका एक बहुत जहरीला स्राव ।

Battery. An apparatus for the generation of galvanic electricity by chemical action. बैटरी ; रासायनिक विद्युत उत्पादक-यंत्र ।

Bazins Disease. Psoriasis of the mouth. मुखगह्वरका विचर्चिका रोग । 2. Scrofulus ulcer of the leg. पैरका कण्ठमाला विषके कारण उत्पन्न घाव ।

Bdellometer (del-loḿ-et-er). An artificial leech. नकली जोंक ।

Beards disease. Neurasthenia ; nervous exhaustion. स्नायु-दौर्बल्य ; स्नायविक अवसन्नता ।

Bearing down, As the expulsive effort of a parturient woman in the second stage of labor. प्रसवकी दूसरी अवस्थामें गर्भवतीके गर्भाशयमें निकालनेकी चेष्टा ; नीचेकी ओर खिचाव ।

Beat (bét). To strike ; to throb or pulsate. आघात देना, थपथपाना या स्पन्दन करना । (2) A stroke or pulsation, as of the heart or pulse. नाड़ी या हृत्पिण्डका स्पन्दन । **A. beat,** pulsation, at the apex of the heart. हृत्शिखरका स्पन्दन ।

Beatly-Bright's friction sound. The friction sound produced by the inflammation of pleura. फुस्फुसावरणके प्रदाहके कारण उत्पन्न एक प्रकारका शब्द ।

Bechic (bek-ik). A remedy for cough. खाँसीकी एक दवा ।

Bed (bed). A couch. एक पलंग ; बिछावन । **B. bug,** the insect ; *Cimex lectularis,* that infects the bed. खटमल । **Bed-sore,** decubitus ; an ulceration, as sore from constant pressure on the bed. शय्याक्षत ; बहुत दिनोंके रोगीको बिछावनकी रगड़से हो जानेवाला घाव, यह विशेषकर पीठकी रीढ़में कमरके स्थानपर ही होता है ।

Bed-wetting. Nocturnal enuresis. बिछावनमें पेशाब कर देना ।

Beesting. The first milk given by cow after calving. बच्चेको पिला लेनेपर गायका पहली बारका दूध ; सफेद दूध ।

Beeswax (bez-waks). Wax. मोम ।

Belching (bel-ching). An eructation of wind from the stomach. पेटसे डकारके साथ वायु निकलना ।

Belladonna (bel-ah doń-ah). A poisonous plant used as an anodyne and antispasmodic. एक विषैला पौधा जो अकड़न तथा रक्तका चाप दूर करनेके लिये व्यवहृत होता है ।

Bellini's duct. An excretory duct of the kidney. मसानेका स्राव निकालनेवाली एक नली ।

Bell-sound. Bell-metal resonance. वक्षके भीतरकी घंटा-ध्वनिकी भाँति आवाज ।

Belly (bel-e). The abdomen ; the womb. उदर ; गर्भाशय । **B. of the muscle,** fleshy part of a muscle. किसी पेशीका मांसपूर्ण अंश । **Bellyache.** उदर-शूल । **Belly-full.** पूर्णोदर । **Belly-god.** पेटू ।

Belonephobia (bel-oń-o-pho-bi-ah). A morbid dread of pins and needles. सुई तथा आल्पीनका रोगात्मक भय ।

Belonoid (beĺ-o-noyd). Needle-shaped. सूच्याकार ; सुईके आकारका ; नोकदार ।

Benign (be-niń). Not malignant ; mild. अमारात्मक ; कोमल प्रकृतिका ; सरल ।

Benzoin. A resinous substance, dry and brittle, obtained from a large tree of Java or Sumatra. धना ; राल ।

Benzoate (beń-zo-ât). A salt of benzoic acid. बेञ्जोइक एसिडका लवण ।

Benzosalin (ben-zo-sá-lin). A tasteless white-powder used in rheumatism, sciatica, neuralgia etc. वात, गृध्रसी वात तथा स्नायु-शूलमें व्यवहृत होनेवाला एक स्वादहीन स्वच्छ चूर्ण; बेञ्जोसेलिन ।

Beri-beri (beŕ-e-beŕ-e). A disease, characterized by weakness, anemia, dropsy, dyspnea and paraplegia ; a disease due to lack of vitamins in diet. एक प्रकारका रोग, इसमें शोथ, दुर्बलता, रक्त-क्षीणता, श्वास-कष्ट इत्यादि उपसर्ग सम्मिलित रहते हैं । खाद्योज के अभावसे उत्पन्न एक रोग-विशेष ; बेरी-बेरी ; शोथ ।

Bernard's Canal. The accessory duct of the pancreas. क्लोम-ग्रन्थिका सहायक पथ ।

Bi (bi). A prefix signifying "twice" or "two" द्वित्व-सूचक उपसर्ग ।

Biaxial (bi-akś-e-al). Having two axes. द्वि-काक्षिक ।

Bibulous (bib́-u-lus). Having the property of absorbing water. जल-शोषक ; पानी सोख जानेवाला ।

Bicapitate (bi-kaṕ-it-at). Having two heads. द्विशिर ; दो सरवाला ।

Bicaudate (bi-kaw′-dat). Having two tails. दो पूँछवाला ।

Bicellular (bi-seĺ-u-lar). Composed of two cells. द्विकोषक ; दो कोषवाला ।

Biceps (bi-seps). Two headed ; applied to muscles. द्विशिर पेशी ।

Biconcave (bi-koń-kav). Hollow on both surfaces. युगल नतोदर ।

Biconvex (bi-koń-veks). Rounded on both surfaces. युगल उन्नतोदर ; द्विकुब्ज ।

Bicuspid (bi-kuś-pid). Having two points, fangs or cusps. द्वि-कपाटी ; द्विपिण्डी ।

Bidigital (bi-dij′-it-al). With two fingers. दो अंगुलियोंवाला ।

Biennial (bi-eń-e-al). Occurring one in two years. दो वर्षमें पैदा होनेवाला, द्वि-वर्ष-जीवो ; द्विवर्षी ।

Bifid (bi'-fid). Divided into two. द्वि-भाजित ; द्वि-खण्डित ।

Bifocal (bi-fó-kal). Having to focus, as a lens. द्वि-नाभिक ।

Bifurcation (bi-fer-ká-shun). A forking ; a division into two branches. द्वि-शाखा ; द्विभाजन ।

Bigelow's Ligament. Ligament of the hip-joint. उरु-सन्धिकी बन्धनी ।

Bilabe (bi'-lab). An instrument for taking out small calculi from the bladder through the urethra. मूत्रनलीकी राहसे मूत्राशयसे मूत्र-पथरी निकालनेवाला यंत्र ; मूत्राश्मरी निःसारक यंत्र ।

Bilateral (bi-lat-er-al). Two sided ; having equal sides. द्वि-पार्श्विक ; सम-पार्श्विक ।

Bile (bi'l). The yellowish brown or green fluid secreted by the liver. पित्त ।

Bile-cyst. Gall-bladder. मूत्राशय ।

Biliary (bil-e-a-re). Relating to bile. पित्त-सम्बन्धी ; पैत्तिक । **B. Colic,** colic from the passage of gall-stone. पित्ताश्मरी-पथका शूल । **B. Ducts,** the ducts joining with the liver. पित्त-प्रणाली ; वह प्रणाली जो यकृतसे जाकर मिल जाती है ।

Biliation (bil-e-á-shun). Bile-secretion. पित्त-स्राव ।

Bilihumin (bil-e-hú-min). An insoluble ingredient of gall stones. पित्ताश्मरीका एक अद्रवणीय उपादान ; पित्त-पथरीका वह हिस्सा जो गलता नहीं है ।

Bilious (bil-yus). characterized by bile, by excess of bile. पित्तयुक्त, अति मात्रामें पित्तयुक्त ; पित्ताधिक्य । **B. Fever** fever with vomiting of bile. पित्त-ज्वर ; वह ज्वर जिसमें पित्त वमन होता है ।

Biliousness (bil-yus-nes). The condition characterized by constipation, headache and indigestion, attributed to excessive secretion of bile. पित्ताधिक्य रोग ; इसमें कब्ज, सर-दर्द, मन्दाग्नि प्रभृति उपसर्ग सम्मिलित रहा करते हैं ।

Biliprasin (bil-e-prá-sin). A green pigment from gall-stones पित्ताश्मरीसे प्राप्त हरा रङ्ग ।

Bilirubin (bil-e-roó-bin). The orange red bile pigment. रक्ताभ पित्त-वर्ण ।

Biliverdin (bil-e-vei-din). The green pigment of bile. हरित पित्त-वर्ण ।

Bilobed, Bilobate (bi-lobd, bi-lo-bat). Having two lobes. दो खण्ड-वाला ; द्वि-खण्डित ।

Bilobular (bi-lob-u-lar). Having to lobules. दो अनुखण्डवाला ।

Bilocular (bi-lok-u-lar). Bicellular ; having to cells. दो कोषोंवाला ; द्वि-कौषिक ।

Bimanual (bi-mań-u-al). Two-handed. दो हाथोंवाला।

Binary (bi'-na-re). A chemical compound containing two elements. द्वि-अङ्किक, एक रासायनिक यौगिक जिसमें दो मूल तत्व सम्मिलित रहते हैं।

Binaural (bin-aw'-ral). Pertaining to or having two ears. दो कानोंवाला या दो कान सम्बन्धी।

Binocular (bin-ok-u-lar). Pertaining to both eyes. दोनों आँखोंसे सम्बन्ध रखनेवाला ; द्वि-चाक्षुष ; द्वि-नेत्रिक ; द्वि-नेत्रीय दर्शन।

Binuclear, Binucleate. Having two nuclei. दो अणुकोषोंवाला।

Biochemistry (bi-o-kem-is-tre). The chemistry of living tissues. जीवित-तन्तुका रसायन शास्त्र ; शारीरिक रसायन-शास्त्र।

Biodynamics (bi-o di-nam-iks). The science dealing with the force or energy of living matter. जीव-विज्ञान ; जैव-शक्ति-विज्ञान।

Biogenesis (bi-o-jen-es-is). The origin of living things from living matters. जैव-पदार्थों से जीवित पदार्थों की उत्पत्ति ; जीवोत्पत्ति।

Biokinetics (bi-o-kin-et-iks). The science of the movements within developing organisms. जीव-गति-विज्ञान।

Biology (bi-ol-o-je). The science of life and living things. प्राणि-विद्या ; जीव-विज्ञान।

Biolysis (bi-ol-is-is). The death. मृत्यु।

Biometer (bi-om-et er). An instrument for measuring life sound. जैव-शब्द परिमापक यंत्र।

Biophore (bi-o-fore). Any one of the smallest living organisms, which exhibit vital forces. जीवनी-शक्ति प्रदर्शित करनेवाला छोटेसे छोटा जीव।

Bioplasm (bi'-o plazm). Any living matter. प्राणी ; जीव।

Bioplast (bi-o-plast). A cell of bioplasm. किसी प्राणीका एक कोष ; जीवन-पदार्थ।

Bioscopy (bi-os-ko-pe). The examination of body to see the presence or absence of life. शरीर-परीक्षा ; जिसमें देखा जाता है, कि उसमें जीवन है या नहीं ; प्राण-परीक्षा।

Biotic (bi-ot-ik). Vital. जीवन-सम्बन्धी।

Biparous (bip-ar-us). Bearing offspring at a time. दो बच्चेवाला ; युग्म-सन्तान-उत्पन्न-कारिणी।

Biped (bi-ped). Having two feet. दो पैरवाला।

Bipolar (bi-pó-lar). Having two poles. दो ध्रुववाला ; दो सिरेवाला ; द्वि-ध्रुवीय।

Birth (berth). Parturition ; the delivery of a child. प्रसव ; सन्तान-प्रसव । **B. Control,** regulation of number and time of birth of offspring by prevention of conception. सन्तान-सीमाबन्धन ; सन्तति-निरोध । **B. Cross,** preternatural labour with fetus lying transversely. अनुप्रस्थ प्रसव । **B. Head,** a birth in which the head presents first. शिरोदय प्रसव । **B. Palsy,** paralysis of the new born, due to injury at birth. जन्म-कालमें आघातके कारण सन्तानका पक्षाघात । **Premature B.** expulsion of fetus after the sixth month, but before full term. अकाल प्रसव ; वह प्रसव जो पूरा समय हुए बिना ही छठे महीनेके बाद हो जाये । **B. Still,** birth of a fetus exhibiting heart-beat, but not pulmonary respiration. ऐसी सन्तानका प्रसव जिसमें हृद्-क्रिया तो होती है, पर फेफड़ोंकी श्वास-क्रिया नहीं होती ।

Bisexual (bi-seks-u-al). Being of both sexes. द्वि-लिङ्गी ।

Bismuth (biz'-muth). A white metal ; its salts are much used in medicine, especially in inflammatory diseases of the stomach and intestines. बिस्मथ, चपल ; एक श्वेत-धातु ; इसका लवण उदर और आँतोंके प्रादाहिक रोगोंमें बहुत व्यवहृत होता है ; बिस्मितक ।

Bistoury (bis-to-re). A small knife used in surgery. नश्तर देनेकी एक छोटी छुरी ।

Bitters (bit-erz). Bitter vegetable drugs, usually employed as tonics. तिक्त द्रव्य, जिनका बलकारक ओषधिके रूपमें प्रयोग होता है ।

Bitumen (bit-ú-men). Mineral pitch ; asphalt. अश्म ; शिलाजीत ।

Biuret (bi-u-ret). A substance obtained from urea. मूत्रक्षारसे प्राप्त एक पदार्थ ; बियुरेट ।

Bivalve. Having two valves. द्वि-कपाटवाला ; द्वि-कपाटी ।

Biventer (bi-ven-ter). Muscle with two bellies. द्वि-औदरिक पेशी ।

Black-water Fever. A malignant fever with hematuria. काला-पानी बोखार—एक मारात्मक ज्वर, जिसमें खूनका पेशाब आता है ।

Bladder (blad'-er). The membranous sac, situated in the anterior part of the pelvic cavity, which serves as a reservoir of urine. मूत्राशय ; श्रोणि-गह्वरके पीछेकी कई एक झिल्लीमय थैली, इसीमें मूत्र इकट्ठा रहता है ; मसाना ।

Blain (blan). A blister ; a pustule छाला ; फुन्सी ।

Bland (bland). Non-irritating. अनुत्तेजक ; कोमल ; नरम ।

Blastema (blaś-te-mah). Protoplasm. जैवनिक ; जोबोज ; जीवनमूल ।

Blastocardia (blaś-to-kar-de-ah). The germinal spot of the ovum. डिम्बाणुका जैव स्थान ।

Blastocyst (blaś-to-sist). The germinal vesicle कीटाणु ।

Blastoderm (blaś-to-derm). Germinal membrane of the ovum. डिम्बकोषकी भ्रूणांकुर झिल्ली ।

Blastula (blaś-tu-lah). The embryo having two layers. द्वि-स्तरशील भ्रूण ; एक भ्रूण जिसपर दो आवरण चढ़ चुके हों ।

Bleeder (blé-der). One who lets blood; sufferers from hemophilia. रक्त स्रावकारी; अस्वाभाविक रक्त-प्रवणताका रोगी ।

Blennelytria (blen-el-it-re-ah). Leucorrhœa. श्वेत-प्रदर ।

Blennoptysis (blen-op-tis-is). Expectoration of the mubus. श्लेष्माका वमन ।

Blennorrhagia (blen-o-rá-je-ah). (1) Gonorrhœa. सूजाक ; प्रमेह । (2) Any discharge of mucus. श्लेष्माका किसो तरहका भी स्राव ।

Blennosis (blen-ó-sis). A disease of mucus-membrane. श्लैष्मिक झिल्लीका कोई रोग ।

Blennuria (blen-ú-re-ah). The urine in which mucus is found mixed. श्लेष्मा-मिश्रित मूत्र ।

Blepharal (blef-ar-al). Pertaining to the eyelids. पलक सम्बन्धीय ।

Blepharitis (blef-ar-i'-tis). Inflammation of the eyes or the eyelids. नेत्रच्छद प्रदाह ; चक्षुपुट-प्रदाह ; पलकोंका प्रदाह अथवा चक्षु-प्रदाह ।

Blepharochalasis (blef-ar-o-kal-á-sis). Relaxation of the skin of eyelids. पलकोंके चर्मका शिथिल पड़ जाना ; पलकोंका ढीलापन ।

Blepharon (blef-ar-ońg). Eyelid. चक्षुपुट ; पलक ।

Blepharoncus (blef-ar-ońg-kus). A tumour of eye-lid. पलकका अर्बुद ।

Blind (blind). Without sight, दृष्टि-हीन ; अन्धा । **B. Spot,** :a spot on the ratina, where the optic-nerve enters. चक्षु-चित्रपत्रका वह स्थान, जहाँ चाक्षुषी नाड़ी प्रवेश करती है ।

Blindness (blind'-nes . An absence of vision. दृष्टि-शक्ति-राहित्य ; अन्धत्व ; अन्धापन ।

Blister (bliś-ter). A collection of serum, bloody or watery fluid beneath the epidermis. छाला ; शरीरका कोई स्थान जिसके भीतर रस-रक्त एकत्र होकर उन्नत हो जाता है ।

Blistering (bliś-er-ing). Producing blister. छाला उत्पन्न करनेवाला ; छाला उत्पन्न करनेवाली दवा ।

Block. A stoppage. रोक । **B. Heart,** dissociation of auricular rythm, due to interference with the contraction process. हृद्-रोग ।

Blood (blud). The red fluid circulating in the arteries. capillaries and veins. रक्त ; खून । **B. Cast.** A microscopic thread of blood in the urine. मूत्रमें खूब महीन रक्त-सूत्रका निकलना । **B. Cell,** a blood-corpuscle. रक्त-कोष । **B. Corpuscles,** the cellular elements of the blood. रक्त-कण । **B. Plasma,** the fluid portion of the blood. रक्त-रस ; रक्तका तरल भाग ; रक्तवारि । **B. pressure,** the force exerted by the blood upon blood-vessels. रक्त-वेग ; रक्त-भार ; रक्त-चाप । **B. Vascular system.** रक्तवाहक संस्थान । **B. Vessel** an artery or vein. रक्तवाहिन । **B. Strokes,** apoplexy. संन्यास ।

Bloodless. Without blood. रक्त-हीन ।

Body (bod'-e). (1) The trunk or animal frame, with its organs. (१) जीव-शरीर और उसके यंत्र ; धड़ । (2) A cadaver. (२) शव ; मृत-देह । (3) The main portion of an organ. (३) किसी अंगका प्रधान अंश ।

Boil (boil). A furuncle फोड़ा ; घाव ; बड़ा फोड़ा ।

Bone. The hard tissue forming the frame-work of body. अस्थि ; हड्डी ।

Bone-ache (boń-ak). Severe or dull pain in the bones, usually of syphilitic origin. अस्थियोंमें तीव्र या धीमा दर्द ; यह अकसर उपदंशके कारण उत्पन्न होता है ; अस्थि-वेदना ।

Bone-ash (boń-ash). The calcic phosphate and other dry material remaining after the burning of bone. अस्थिके जल जानेपर कैलसिक फास्फेट अथवा शुष्क भौतिक पदार्थ जो अवशिष्ट रह जाते हैं ; अस्थि-भस्म ।

Bone-cartilage. The chief organic substance in the bone. अस्थिका प्रधान जैव पदार्थ ; अस्थि-आवरण ।

Bone-corpuscles (bon-kor-pus-l). Any connective tissue cell lodged within the laminæ of bone. अस्थि-कण ; अस्थि-सूक्ष्म-स्तरका कोई संयोजक तन्तु-कोष ।

Bonelet (bon-let). An ossicle or small bone. क्षुद्र अस्थि ; आस्थिक ।

Bo-hoo (boó-hoo). A form of gastritis with great depression. एक प्रकारका पाकाशय-प्रदाह, जिसमें रोगीको बहुत सुस्ती मालूम होती है ।

Borate (bó-rāt). A salt of boric acid. बोरिक एसिडका नमक ।

Boracic acid. See acid. टङ्कणाम्ल ।

Borax (bó-raks). Sodium diborate ; a transparent crystalline substance of sweetish taste. सुहागा ; टंकण ।

Borborygmus (bor-bor-ig-mus). The noise made by flatus in the stomach. पेटमें वायुके कारण होनेवाले नाना प्रकारके शब्द।

Boricin (bó-ris-in). A mixture of boracic acid and borax. टंकण तथा टंकणाम्लका एक सम्मिश्रण।

Boss (bos). A broad, flat protuberance. एक चौड़ा चिपटा गूमड़।

Bot (bot). The thread worm. सूत्र-क्रिमि।

Botany (bot-a-ne). The science of plants. उद्भिद-विद्या।

Bothriocephalus (both-re-o-sef-a-lus). A genus of tape-worms. पट्ट-क्रिमि।

Botryoid (bot-ri-oid). Like a bunch of grapes. अंगूरके झब्बेकी भाँति।

Botryomycosis (bot-re-o-rni-kó-sis) A disease of horses in which botryoid nodules are formed in the lungs. It may be communicated to a man. घोड़ोंके फेफड़ेकी बीमारी, जिसमें अंगूरके गुच्छेकी तरह गाँठें बन जाती हैं; यह मनुष्य जातिको भी हो सकती है।

Bottle-nose. Acne rosacia. मुहासे।

Bougie (boo-zhé). A slender instrument for dilatingthe urethra rectum, vagina etc. नम्य-शलाका।

Bouhou (boó-hoo). A malarial disease like Dengue. डेंगू ज्वरकी तरहका एक मैलेरियासे उत्पन्न रोग।

Bouquet (boo-ká). A special flavour of wine. मद्यकी एक विशेष गन्ध।

Bovine (bó-vin). Pertaining to or derived from ox or cow. गोजातीय, गो-सदृश। **B. Hunger,** bulimia. झूठी भूख। **B. Lymph.** vaccine virus from caws. गो-बीजकी लसिका, जिससे टीका दिया जाता है।

Bowel (bow'-el). The intestine. अंत्र; अंतड़ी।

Bow-leg (bo-leg). A bending outward of thelower limb. धनु-जंघा, धनुषकी तरह टेढ़ी जंघा।

Brachia (brak-é-ah). The arms or any arm-like process. बाहु या बाहु-सम्बन्धी।

Brachial (brá-ke-al). Belonging to the arm. बाहु-स्थित या बाहु-सम्बन्धी। **B. Artery,** a continuation of axillary artery. प्रगंडीया धमनी। **B. Glands,** the lymphatic glands of the arm. बाहुकी लसिका-ग्रन्थियाँ, प्रगंडीया लसिका-ग्रन्थि। **B. Plexus,** a plexus of nerves in the neck. गर्दनका नाड़ी-जाल। **B. Veins,** the veins of the arm that accompany the brachial artery. प्रगंडीया शिरा।

Brachialgia (bra-ke-al-je-ah). Pain in arm. बाहुका दर्द।

Brachiocrural (bra-ke-o-krú-ral) Pertaining to both arms and legs. बाहु तथा पद-सम्बन्धी ।

Brachiocyllosis. An inward curvature of the arm. बाहुका भीतरको ओर टेढ़ी पड़ जाना ।

Brachiplex (brá-ke-pleks). The brachial plexus. भुजा नाड़ी-जाल ।

Brachium (brá-ke-um). The arm above the elbow. प्रगंड, बाहु, भुजा । **B. Conjunctivum cerebelli,** the superior peduncle of the cerebellum. लघु-मस्तिष्क चतुष्पिण्ड-योजक । **B. Pontis,** the middle peduncle of the cerebellum. सेतु-बाहु ।

Brachycardia (brak-e-kaŕ-de-ah). अनियमित तीव्र नाड़ी ।

Brachygnathous (brak-é-ná-thus). With short jaws. लघुहनुवाला ।

Bradycardia Abnormal infrequency of the pulse. अस्वाभाविक धीमी नाड़ी ।

Bradylalia (brad-e-lá-le-ah). Slow utterance. due to a central lesion. धीमा वाक्योच्चारण ।

Bradytocia (brad-e-tó-se ah). Slow parturition. धीमा प्रसव ।

Brain (brain). The mass of nerve-tissue within the cranium. including cerebrum, cerebellum, pons and oblangata. मस्तिष्क । **B. Fag,** exhaustion due to overworks with the brain. अत्यधिक कार्य करनेके कारण मस्तिष्ककी क्लान्ति । **B. Pan,** the cranium. करोटी, मस्तिष्कावरणास्थि । **B. Sand,** the gritty matter in the brain. मस्तिष्कका दानेदार पदार्थ ।

Branch. A division of the main stem, as of a blood-vessel. रक्त-वाहिनीका प्रधान विभाग ।

Brand Method. A system of baths employed in the treatment of typhoid fever. आंत्रिक ज्वर-चिकित्साका एक प्रकारका स्नान ।

Brash. Acidity in the mouth. मुँहमें अम्लत्व ।

Braxy (braks-e). The anthrax of sheep. जमड़ा, बलखिया ; भेड़ोंका विष-व्रण ।

Breast (brest). (1) The upper anterior part of the body. (१) शरीरका ऊपरी सम्मुख भाग, छाती, वक्षस्थल । (2) The mamma (२) स्तन ।

Breath (breth). The air exhaled from the lungs. श्वासमें निकाली हुई हवा, निःश्वास ।

Breech (brech). The buttocks. चूतड़ ।

Brickdust Deposit. A red deposit of water in the vrine. मूत्रमें ईंटके चूरकी तरह तली या तलछट ।

Bridge (brij). A narrow band of tissues. सेतु ; तन्तुओंकी एक पतली पट्टी ।

B. of nose, the upper portion of the external nose formed by the nasal bones. नासा-सेतु ।

Bridle (bridle). A fold or band to restrain any organ. बंधनी ; अवरोधक ।

Brim (brim). An edge or margin. एक सिरा या किनारा ।

Brine-bath (briń-bath). A salt water bath. एक नमकीन पानीका स्नान ।

Bristle-cells (bris-l-selz). Certain cells of the inner ear. अन्तर-कर्णके कुछ कोष ।

Broach (bróch). An instrument used by dentists for enlarging cavities in the teeth. दन्तगह्वरकी वृद्धि करनेवाला एक यंत्र; इसे दन्त चिकित्सक ही व्यवहार करते हैं ।

Broad. चौड़ा, प्रसारित । **B. Ligament.** चौड़ी बन्धनी ।

Brodie's Abscess. Chronic abscess of bone. अस्थिका पुराना फोड़ा ।

Bromate (bró-māt). A salt of bromic acid. ब्रोमिक एसिडका लवण ।

Bromatology (bro-mah-tol-o-je). The science of food and dietetics खाद्य-विज्ञान ।

Bromidrosis (bro-mid-ró-sis). Foul swelling perspiration. दुर्गन्धित पसीना ।

Bromine (bró-min). A reddish brown liquid element giving off suffocating vapors. पूतीन ।

Bromomania. A mania from the excessive use of bromids. अत्यधिक पूतीन व्यवहार करनेके कारण उन्माद रोग ।

Bronchia (brong-ke-ah). Bronchial tubes smaller than the bronchi and larger than the bronchioles. वायु-प्रणालीसे बड़ी तथा वायुनलीसे छोटी वायु-नली ।

Bronchial (brong-ke-al). Pertaining to the bronchi. वायुनलीभुज सम्बन्धी । **B. Tubes,** a bronchus. वायुनली ; श्वासोपनली ।

Bronchiectasis (brong-ke-ek-tas-is) Dilatation of the bronchi. वायु-नलीका प्रसारण ।

Bronchiole (brong-ke-ol). A minute bronchial tube. वायु-प्रणालिका ।

Bronchiolectasis (brong-ke-o-lek-tas-is) Dilatation of the bronchioles. वायु-प्रणालियोंका प्रसारण ।

Bronchitic (brong-ki'-tik). Pertaining to or affected with bronchitis. वायुनली-भुज-प्रदाह-सम्बन्धी या वायुनली-भुज-प्रदाह द्वारा आक्रान्त ।

Brónchitis (brong-ki'-tis). Inflammation of the branchial tubes. वायुनली-भुज-प्रदाह । **B. Acute,** a bronchitic attack of less severe course. नया और धीमा वायुनली-भुज-प्रदाह । **B. Capillary,** inflammation of capillaries. केशिकाओंका प्रदाह ।

B. Catarrhal, acute bronchitis with profuse mucopurulent discharges. अत्यधिक श्लेष्मा-स्राव-युक्त वायुनली-भुज-प्रदाह । **B. Chronic**, a long continued form, due to repeated attacks of acute bronchitis पुराना वायुनली-भुज-प्रदाह जो नवीन आक्रमण अनेक बार होनेके कारण हो जाता है । **B. Plastic**, bronchitis with violent cough, dyspnoea, and in which casts of the bronchial tubes are expectorated. तेज खांसी और श्वास-कष्टके साथ वायुनली-भुज-प्रदाह, इसमें श्वासोपनलीके खंड निकलते हैं । **B. Phthinoid**, tuberculous bronchitis with purulent expectoration. यक्ष्मा-ग्रस्त वायुनली-भुज-प्रदाह जिसमें बदबूदार बलगम आता है । **B. Putrid** a chronic form with fetidsputum बदबूदारथूक निकलने वाला वायुनली-भुज-प्रदाह । **B. Secondary**, that which occurs either as an expression of any acute disease or as an expression of some constitutional disorder. गौण वायुनली-भुज-प्रदाह । यह किसी तेज नयी बीमारी या धातुगत विकारके कारण पैदा होता है ।

Broncho-blennorrhœa (broń-ko-bleń-o-re-ah). Chronic bronchitis with copious, thin, mucopurulent sputum. पुराना वायुनली-भुज-प्रदाह जिसमें बहुत अधिक पतला और पीवकी तरह बलगम निकलता है ।

Bronchocele (brońg-ko-sol) Goitre. घेघा ; गलगण्ड ।

Bronchopathy (brońg-kop-a-the). Any disease of the bronchi. वायुनलियोंकी कोई बीमारी ।

Bronchophony (brong-koff-o-ne). Bronchial vocal resonant sound. वायुनली-भुजकी स्वर-ध्वनि ।

Bronchopneumonia (brońg-ko-nu-mó-ne-ah). Inflammation of bronchial-memorane, involving the parenchyma of the lungs. श्वासनली-वायुनली-प्रदाह ; श्वासनली और वायु-नली दोनोंका ही सम्मिलित प्रदाह, जिसमें फेफड़ोंकी कोमल जालवत झिल्लियां आक्रान्त हो जाती हैं ।

Broncho-pulmonary. Pertaining to the bronchi and lungs. वायुनली तथा फुस्फुस सम्बन्धीय ।

Bronchorrhagia (brońg-kor-a-je-ah). Hemorrhage from the bronchi. वायुनलीसे रक्तस्राव ।

Bronchorrea (brońg-kor-e-ah). Excessive secretion from the bronchial mucous membrane. वायु-पथकी श्लैष्मिक झिल्लियोंसे बहुत बलगम निकलना ।

Broncoscope (brońg-ko-skop). An instrument for inspecting the interior of the bronchi for the detection and removal of foreign bodies. वायुनली वीक्षण-यंत्र ; इसका

प्रयोग वायुनलीमें कोई वाह्य पदार्थ छिपा है या नहीं, यह जाँचनेके लिये किया जाता है ।

Bronchus (brong-kus). One of the main branches of the trachea. वायुनली शाखा ; वायु-प्रणाली ; टेंटुआकी एक प्रधान शाखा ।

Brood-cells. In cell-division, the mother cells. कोष-विभाजनमें मातृकोष ।

Brow. The fore-head. भौं ; ललाट । **B. Ache.** Supra-orbital neuralgia. स्नायुशूल, जिसमें भौंपर जाकर दर्द रुकता है । **B. Presentation**, in labor, the presentation of the fore-head first. कपाल-जन्म ; कपालोदय प्रसव ।

Brucine (brú-sin). A vegetable alkaloid analogous to strychnine in effects. कोचलाका उपक्षार ।

Bruise (brooz). A superficial injury produced by an obtuse weapon. कुचले घाव ; कुचल जाना ; मोथरे शस्त्रका घाव ।

Bruit (brú-e). An abnormal murmur sound heard in auscultation. आकर्णनके समय सुन पड़नेवाला एक अस्वाभाविक मरमर शब्द । **B. Aneurysmal,** the murmur heard over an aneurysm. किसी अर्बुदपर होनेवाला अस्वाभाविक शब्द । **B. de diable,** a sound resembling the humming, heard in the veins and arteries of the neck, denoting want of blood. रक्तकी कमीकी वजहसे गलेकी बृहद्-शिराओंमें सुन पड़नेवाली गुन्न-गुन्न या हिस-हिसकी तरह आवाज । **B. de drapeau,** a rustling murmur heard in croup and laryngitis. स्वर-यंत्र प्रदाह तथा क्रूप रोगमें एक तरहका सीटीकी तरह शब्द । **B. de froissemint,** friction sound. घर्षण शब्द, वैसा शब्द जो फेफड़ा और हृत्पिण्डके आपसमें रगड़के कारण उत्पन्न होता है । **B. de galop,** a galloping sound heard in mitral stenosis. द्वि-कपाटके अवरोध कालमें सुन पड़नेवाली तड़पकी तरह आवाज । **B. de moulin,** the water-wheel sound. जल-चक्कीकी आवाज । B. de **rappel,** rasping sound, sound like double beat on drum. ढोलपर दोहरी थापकी तरह आवाज । **B, de scie,** sawing sound resembles the heart. आरा चलनेकी तरह शब्द । **B. de soufflet,** the bellows sound heard in the enlargment of the heart. हृत्पिण्डकी विवृद्धिके समय सुन पड़नेवाली भाथीकी तरह आवाज ।

Brunner's Glands. Duodenal glands. क्षुद्रान्त्रकी अंगूरकी तरह ग्रन्थियाँ ; क्षुद्रान्त्र ग्रन्थियाँ ।

Bryson's Sign. Diminished inspiratory enlargement of the thorax in exophthalmic goitre. उस गलगण्डमें जिसमें आँखका गोला बाहर निकल आता है, उसमें श्वासके समय वक्षगह्वरकी फैलनेकी शक्तिका घट जाना ।

Bubo (bú-bo). An enlargement, inflammation and swelling of the lymphatic gland, especially one in the groin or axilla. बाघी ; बगल या वंक्षण प्रदेशकी गाँठका फूलना और प्रदाह। **B. Indolent,** an endurated enlargement of an inguinal gland, that has no tendency to break down. कड़ी बाघी, जिसके फटनेकी सम्भावना नहीं रहती । **B. Pestilential,** the gland associated with the plague. प्लेगमें होनेवाली गाँठ। **B. Syphilitic.** the inflammation of the gland due to syphilis. उपदंश-जनित ग्रन्थि-स्फीति ; बाघी ।

Bubonalgia (bu-bon-al-je-ah). Pain in the groin. वंक्षणमें दर्द ।

Bubonic (bu-bon-ik). Pertaining to bubo. बाघी सम्बन्धीय । **B. Plague** the most common form of the plague, characterized by the occurrance of buboes in the groin or axilla. गिल्टीके साथ प्लेग ; ताऊन ; गाँठोंवाली महामारीकी बीमारी, जिसमें वंक्षण या बगलमें गाँठ निकल आती है ।

Bubonocele (bu-bon-o-sel). Inguinal hernia, especially one in which the knuckle of intestine has not yet emerged the external abdominal ring. असम्पूर्ण अंत्र-वृद्धि ; अंत्र-वृद्धि जिसमें आँत वंक्षणमें अबतक न उतरी हो ।

Bucardia (bu-kar-de-ah). Extreme hypertrophy of the heart. हृत्पिण्डका अत्यधिक प्रसारण ।

Bucca (buk-ah). The hollow part of the cheek ; mouth. गालका खोखला अंश ; मुख-गह्वर ।

Buccinator (buk-sin-a-tor). A thin flat muscle of the cheek. कपोलिका पेशी ।

Bucnemia (buk-né-me-ah). Inflammation and œdema of the leg. पैरका प्रदाह और शोथ ।

Budding. Gemmation. कोष-विभाजन ।

Bufidin (bú-fid-in). An alkaloid from toad poison. मेढ़कके विषका उपक्षार ।

Bugantia (bu-gan-she-ah). A chilblain. शीत-स्फोट ; बिवाई ; जाड़ेके दिनोंमें होनेवाले फोड़े ।

Bulb (bulb). 1. A raunded mass, organ or part. गोल, गोल पदार्थ, गोल यंत्र या यंत्रका कोई अंश। 2. The medulla oblongata. सुषुम्ना-शीर्षक ; मध्य-मस्तिष्क। 3. An expansion of a canal or vessel. किसी प्रणाली या नलीका प्रसारण । **B. of the Aorta** the dilatation of the aorta near its beginning. महाधमनी-मूलका प्रसारण ।

Bulbocavernosus (bul-bo-kav-ern-ó-sus). Musculus bulbocavernosus. मूत्रनलीके नीचेवाली दोनों मूत्र निकालनेवाली पेशियाँ; शिश्न-मूलिका पेशी ।

Bulbous (buĺ-bus). गोलाकार,गांठदार।

Bulimia (bu-lím-e-ah). Morbid hunger. राक्षसी भूख ; विकृत क्षुधा।

Bulla (bulla), A blister. डिम्बिका ; बड़े छाले।

Bullate (buĺ-at). Inflated ; blistered ; vaulted. छाला पड़ा ; सूजा ; कुञ्चित।

Bundle (buń-dl). A structure composed of a group of fibers muscular or nervous. तन्तुओं द्वारा निर्मित कोई अंश, वह स्नायु-सम्बन्धी हो या पेशी-सम्बन्धी ; तन्तु-गुच्छ।

Bulesis (bú-le-sis). The will. इच्छाशक्ति।

Bunion (buń- un). Inflammation of the bursa mucosa, at the ball of the toe. घट्टा ; जूते वगैरहकी रगड़से घट्टा या ढेला पड़ना।

Burn (burn). 1. To consume with fire. आगसे जलना, अग्निदग्ध। 2, To cause a lesion of the skin by heat or acid. चर्मका गर्मी या एसिडसे जलना।

Burr. An instrument for polishing the teeth. दाँतमें चमक लानेवाला यंत्र। दन्त-परिष्कारक यंत्र।

Bursa (buŕ-sah). A small sac interposed between movable parts. गतिशील अंशोंके बीचमें रहनेवाली एक थैली ; कोष, थैली।

Bursalis (bur-sá-les). The obturator internus muscle. श्रोणी गवाक्षिणी अन्तरस्था पेशी।

Butter (buť-ter). The fatty portion of the milk. मक्खन, नवनीत।

Buttocks (but'-oks). The nates, rump or gluteal region. चूतड़, नितम्ब।

Butyrate (bú-tir-at). A salt of butyric acid. नवनीताम्लका नमक।

Byssinosis (bis-in-ó-sis). A disease of the lungs due to inhalation of the cotton dust. रूईकी धूल श्वासके साथ फेफड़ेमें जानेके कारण उत्पन्न एक प्रकारका रोग।

Byssus (bis-us). Lint or cotton. मलमल या रूई।

C.

Caballine Aloes (kab-al-én). An inferior quality of alœ. घटिया मुसब्बर ।

Cacaerometer (kak-a-er-om-e-ter). An apparatus for examining the purity of the air. वायुकी विशुद्धता जाँचनेवाला यंत्र ।

Cacanthrax (kak-an-thraks), Contagious anthrax. लरछुत विस्फोटक रोग ।

Cacemia (kak-é-me-ah). A depraved condition of the blood. दूषित रक्त ; रक्तकी बिगड़ी हुई अवस्था ।

Cacesthesia (kak-es-the-ze-ah). Any disorder of sensibility. अनुभूति सम्बन्धी गड़बड़ी ।

Cachectic (ka-kek-tik). Pertaining to cachexia. धातुविकार विशिष्ट ।

Cachexia, Cachexy. (kak-eks-e-ah-kak-eks-e). A general lack of nutrition and wasting occurring in the course of a chronic disease. शरीर-विकार ; धातु-विकार ।

Cachinnation (kak-in-á-shun). Excessive laughter. अत्यधिक हँसी ।

Cacocholia (kak-o-kó-le-ah). An abnormal state of bile. पित्त-विकार, पित्तकी अस्वाभाविक अवस्था ।

Cachochylia (kak-o-ki-le-ah). An abnormal state of gastric juice. पाकाशयिक रसकी अस्वाभाविक अवस्था । पाकाशयिक-रस-विकार । (2) Indigestion. मन्दाग्नि ; अजीर्ण ।

Cacocolpia (kak-o-kol-pe ah). Gangrene of the vulva. योनिका सड़न रोग ।

Cacodorous (kak-ó dor-us). Having a bad smell. दुर्गन्धित ।

Cacoethes (kak o-é-thez). (1) Malignancy. सांघातिक अवस्था । (2) A bad habit. कोई बुरी लत ।

Cacogastric (kak-o gas-trik). Dyspeptic. अजीर्ण रोगी, बदहजमीका रोगी ।

Cacopathy (ka-kop-a-the). Disease. रोग ।

Cacophony (kak-ko-pho-ni). A disagreeable state of the voice. स्वर-विकार ; आवाजकी बिगड़ी हुई अवस्था, विकृत-स्वर ।

Cacorrachitis (kak-or-rak-i-tis). Disease of the spine. मेरुदण्डका रोग ।

Cacosmia (kak-oz'-me-ah). A bad odor. दुर्गन्ध ।

Cacosomium (kak-o-som-e-um). A hospital for incurables. असाध्य रोगियोंका अस्पताल ।

Cacospermia (kak-o-sper-me-ah). A bad condition of the semen. विकृत शुक ; वीर्यकी बिगड़ी हुई अवस्था।

Cacosphyxia (kak-o-sfiks-e-ah). An abnormal state of the pulse. विकृत नाड़ी ; नाड़ीकी अस्वाभाविक अवस्था।

Cacosplanchnia (kak-o-splank-ne-ah). Emaciation of indigestion. अजीर्णके कारण क्षीणता।

Cacothanasia (kak-o-than-á-ze-ah). Painful death. कष्ट-पूर्ण मृत्यु।

Cacothymia (kak-o-thi'-me-ah). A disordered state of mind. मानसिक विश्रृङ्खलता।

Cacotrichia (kak-o-trik-e-ah). A hair-disease. एक केश रोग।

Cactina (kak-ti-nah). A cardiac stimulant. एक हृद्-बलदायक ओषधि।

Cacumen (kak-u-men). (1) The top or apex of an organ. किसी यंत्रका शिखर। (2) The top of a plant. उद्भिद-शिखर। (3) A part of the superior vermiform process of the cerebellum. लघु मस्तिष्कका वहिः कीटाकार प्रवर्द्धन।

Cadaver (kad-av'-er). Corpse. मृत-देह ; शव।

Cadaverization. (ka-dav-er-i-ze-shon). A cold, pale and insensible condition of a part, resembling the condition of a dead body शव-तुल्य अवस्था ; किसी रोगी-अंशका शवकी भाँति शीतल, पीला और अचेतनकी तरह हो जाना।

Cadaverous (ka-dav'-e-us). Resembling a dead body. शव-तुल्य ; मुर्देकी तरह।

Caduca (kad-dú-kah). The deciduous membrane of the uterus. जरायुकी पतनशील झिल्ली।

Caducity (kad-dú-sit-e). Feebleness ; weak old age. कमजोरी ; दुर्बल ; वृद्धावस्था।

Caducous (kad-dú kus). Falling off ; deciduous. पतनशील। **C.Membrane,** the membrana decidua of the uterus. गर्भाशयकी पतन-शील झिल्ली।

Caffea (kaf-e-ah). Coffea. काफी ; कहवा।

Caffearin (kaf-é-ar-in). The alkaloid of coffee. काफीका उपक्षार।

Caffeinism, Caffeism (kaf-e-in-izm, kaf-e-izm). Chronic disease induced by the excessive use of coffee. अत्यधिक काफी पीनेके कारण उत्पन्न हुई एक पुरानी बीमारी।

Cagot Ear. An absence of the lower lobe of the ear. कानके निम्न खण्डका अभाव।

Calcaneum (kal-ká-ne-um). The heel bone or os calcis. गुल्फास्थि।

Calcarea (kal-ká-re-ah). Lime. चूना।

Calcareous (kal-ká-re·us). Containing lime ; having the nature of lime. चूना-मिला ; चूनेकी प्रकृतिका ; चूनेकी तरह ।

Calcicosis (kal-sik-ó·sis). Phthisis from inhalation of lime dust. श्वास-पथसे चूनेकी धूल जानेके कारण यक्ष्मा ।

Calciferol. A pure white crystalline substance. एक शुद्धस्वच्छ मणिभ पदार्थ ; यह खाद्योज माना जाता है ।

Calcific (kal-sif-ik). Forming lime. चूना उत्पन्न करनेवाला ।

Calcification (kal-sif-ik-a-shun). The deposition of calcium salts in the tissues. तन्तुओंमें चूना पैदा हो जाना ; चूर्णत्व प्राप्ति ।

Calcigerous (kal-sij'-er-us). Containing lime. चूना-मिश्रित ।

Calciprivic (kal-sip-ri'-vik). Relating to a deficiency or absence of calcium. चूर्णके धातव मूल पदार्थका अभाव सम्बन्धी ।

Calcis (kal-sis). The heel-bone. पार्ष्णि अस्थि ।

Calcium (kal-se-um). A yellow metal ; the basic element of lime. चूनेका धातव मूल ; कैलसियम ।

Calcoid (kal-koid). A tumor of the tooth-pulp दन्त-गुहाका अबुद ।

Calculi (kal-cu-li). पथरी ; अश्मरी ।

Calculous (kal-ku-lus). A stone-like concretion formed in any part of the body. पथरी ; अश्मरी ।
C. Arthritic, a deposit in or near a joint in gout. गठियामें किसी सन्धिके पास या सन्धिमें उत्पन्न होनेवाला पथरीका चूर्ण । **C. Biliary**, a gall-stone. पित्त-पथरी । **C. Renal**, a stone found in the kidney. मूत्र-पथरी ; मूत्राश्मरी ।

Caldarium (kal-dá-re-um). A hot bath. गरम-स्नान ।

Calefacient (kal-e-fá-she-ent). Exciting warmth ; causing a sense of warmth. उत्तापदायक ; गरमी लानेवाला ।

Calendula Officinalis. Marigold. गेंदाका फूल ।

Calenture (kal-eń-tier). (1) Sunstroke. लू लगना ; सर्दी-गर्मी । (2) A delirium of the tropics from excessive heat. गरम देशोंके अत्यधिक तापके कारण प्रलापावस्था ।

Calf of the leg. The fleshy mass, at the back of the leg, below the knee. पिण्डली ।

Caliber (kal-ib-er). The diameter of a canal or tube. किसी नली या प्रणालीका व्यास ।

Caligo (kal-i-go). Dimness of vision. दृष्टिका धुंधलापन ; अस्पष्ट दृष्टि । **C, Lentis.** Cataract. मोतियाबिन्द ।

Caliper (kal-ip-er). An instrument for measuring diameters. व्यास-मापक यंत्र ।

Calix (ká-liks). A cup-shaped organ or cavity. प्यालाके आकारका कोई यंत्र या गह्वर।

Callomania (kal-o-ma-nia).Mania in which the patient believes herself endowed with beauty. सौन्दर्योन्माद ; एक प्रकारका उन्माद ; जिसमें स्त्रीरोगिनी अपनेको अतीव सुन्दरी समझती है।

Callosal (kal-ó-sal). Pertaining to the corpus callosum. महा-संयोजक सम्बन्धीय।

Callosity (kal-oś-it e). A hardened spot of the skin. त्वचाका कड़ा हो गया हुआ अंश।

Callosum (kal-o-sum). See corpus callosum. महा संयोजक देखिये।

Callous (kal-us). Hard, indurated. कड़ा, सख्त, अकड़ा, कठिन।

Callus (kal-us). (1) A callosity. (१) कड़ापन। (2) A new bony deposit about a fracture, accomplishing the work of repairing. अस्थि संयोजक एक पदार्थ ; जिस स्थानकी हड्डी टूट जाती है, वहाँ पैदा हो जानेवाला एक हड्डीकी तरह पदार्थ, यह जोड़ लगनेमें सहारा देता है।

Calmant (kahm ant). Sedative. वेदना-निवारक ; दर्दको शान्त करनेवाला।

Calmative (kah-mat-iv). Sedative; allaying excitement. उत्तेजना-नाशक ; शान्ति-प्रद।

Calolactose (ka-lo-lak-tos). An intestinal disinfectant. एक अन्त्र-शोधक ; एक आँतोंका शोधन करनेवाला औषध।

Calomel (kal-o-mel). Mild chloride of mercury. रस-कपूर।

Calor (kal-or). Heat ताप, उत्ताप, गरमी।

Calorescence (kal-or-eś-ens). The conversion of non-luminous into luminous heat-rays. ताप-दीप्ति।

Caloric (kal-or-ik). Pertaining to heat. ताप-सम्बन्धीय ; ताप-जनक।

Calorifacient, Calorific (kal-or-if-á-se-ent, kal-or-if-ik). Producing heat. ताप-जनक।

Calorimeter (kal-or-imet-er). An instrument for measuring the heat in any system. ताप-मापक यंत्र।

Calvaria, Calvarium (kal-vá-re-ah, kal-vá-re-um). The skull or skull-cap. करोटी-आवरण या करोटी।

Calvities (kal-vish-e-ez). Baldness. खल्वाटपन।

Calx (kalks). (1) Lime or chalk. चूना या खड़िया। (2) The heel. ऍड़ी ; गुल्फ।

Calyx (ká-liks). See calix. कैलिक्स देखिये। **C. of Ovum,** the wall of the Grafian follicle, from which the ovum has escaped. उस डिम्ब-कोषका प्राचीर, जिससे डिम्ब निकल गया हो ; कुण्ड।

Cambium (kam-be-um), A juice thought to originate in the blood, and to repair the loss of tissues. एक प्रकारका तरल, जिसके सम्बन्धमें यह धारणा थी, कि यह रक्तमें उत्पन्न होता है और तन्तुओंके क्षयकी पूर्त्ति करता है।

Camera (kam-er-ab). 1. A chamber or vaulted structure. (१) प्रकोष्ठ। 2. The fifth ventricle of the brain. (२) मस्तिष्कका पञ्चम प्रकोष्ठ। C. **Cordis**, the enveloping membrane of the heart; the pericardium. हृद्-वेस्ट ; हृदावरण। C. **Oculi**, the chamber of the eye. चक्षु-प्रकोष्ठ।

Camp Fever, Typhus fever. मोह-ज्वरकी भाँति सान्निपातिक ज्वर।

Camphol. Oil of camphor. कपूरका तेल।

Camphor. A solid volatile oil from the tree Cinnamomum camphora; it is antispasmodic and rubefacient. कपू॰र ; कपूर।

Camphoraceous (kam-for á-se-us). Having the taste, smell or other qualities of camphor. कपूरके समान ही स्वाद, गन्ध तथा गुण रखनेवाला पदार्थ।

Camphoral (kam-fo-ral). A proprietory remedy for the diseases of the mucous membrane. श्लैष्मिक झिल्लीके रोगोंकी एक विशेष ओषधि।

Campsis (kamp-sis). An abnormal curving of a limb. किसी प्रत्यङ्गका अस्वाभाविक रूपसे टेढ़ा पड़ जाना।

Canal (kan-al). Any tube, narrow passage or channel. नली ; प्रणाली। C. **Alimentary**, the digestive tube from the mouth to the anus. अन्न-वहानली। C. **Auditory External**, the space between the tympanic membrane and the external meatus. वाह्य-श्रवण पथ ; श्रवण-पथ। C. **Auditory Internal**, a passage in the petrous bone for the auditory and facial nerves and auditory blood-vessels. अश्म-कूट अस्थिकी एक नली, इसके भीतरसे मौखिकी और श्रावणी नाड़ियाँ तथा कानकी रक्तवाहिनियाँ गयी हैं। C. **Auricular**, the external auditory canal. वाह्य श्रावणी नली। C. **Carotid**, a passage in the petrous bone which transmits the internal carotid artery. अश्मकूट अस्थिका एक छिद्र जिसके द्वारा अन्तर कापालिका धमनी जाती है। C. **Cervical**, the canal of the cervix uterus. जरायु-ग्रीवाकी नली। C. **Cochlear**, the spiral cavity of the cochlea. कोकलाका चक्करदार गह्वर। C. **Inguinal**, the passage from the internal to the external abdominal ring, transmitting the spermatic cord and round ligaments. अन्तर औदरिक अंगुरीयकसे लेकर वाह्य अंगुरीयक तकका वह पथ जो शुक-रज्जु तथा स्त्रियोंके चक्राकार बन्धनको पथ-प्रदान करता है। C. **Lacri-**

mal, the bony canal in which the nasal duct is lodged. वह अस्थिमय पथ जिसमें नासा-पथ जाता है ; अश्रु-स्रावी पथ। C. **Maxillary**, the dental canal. दन्तस्थाली-पथ। C. **Spinal**, the canal formed by the vertebra transmitting the spinal cord. सुषुम्ना-पथ ; सम्पूर्ण कशेरुका-गह्वर।

Canalicular (kan-al-iḱ-u-lar). Pertaining to a canaliculus. अश्रु-प्रणाली सम्बन्धीय।

Canaliculus (kan-al-iḱ-u-lus). A small canal क्षुद्र-प्रणाली।

Canalis (kań-a-lis). A canal. एक प्रणाली।

Canalization (kan-al-iz-á-shun). The formation of a canal, channel, natural or morbid. रोगके कारण या स्वाभाविक रूपसे कोई नली या प्रणालीका बन जाना।

Cancellated (kań-sel-a-ted). Having a lattice-like structure. फोपरा ; खोखला।

Cancelli (kań-sel-li). The division of the interior of bone ; spongy structure of bones. अस्थि-जाल-विवर्द्धन।

Cancer (kań-ser). A malignant tumour ; carcinoma. कर्कट रोग ; अदित्ति ; विद्रधि।

Canceration (kan-ser-á-shun) Development into a cancer. कर्कटके रूपमें परिणति।

Cancerin (kań-ser-in). A white crystalline ptomain from the urine in carcinoma. कर्कट रोगके रोगियोंके मूत्रमें प्राप्त एक स्वच्छ मणिभ सड़नेवाला पदार्थ पैदा हो जाना।

Cancerism (kań-ser-izm). The cancerous diathesis कर्कट उत्पन्न होनेका लक्षण, कर्कट-प्रवणता।

Cancriform (kanǵ-krif-orm). Like a cancer. कर्कटाकार ; कर्कटकी तरह।

Cancroid (kanǵ-kroid), Having the appearance of a cancer. कर्कटाकार ; कर्कटकी तरहवाला।

Cancrum (kanǵ-crum). A rapid progressive ulcer. बहुत तेजीसे बढ़नेवाला जखम। C. **Oris**, fetid ulcer in the mouth. मुंहका बदबूदार जखम।

Canine (kán-nin). Pertaining tc or like that which belongs to a dog. कुत्तेकी तरह ; कुत्तेको जैसा होता है, वैसा। (2) A pointed tooth situated between an incisor and a bicuspid tooth ; a cuspid. श्व-दन्त ; द्वि-शिर तथा छेदक दन्तके बीचका एक नोकदार दांत। C. **Appetite**, a morbidly voracious appetite. अतृप्त क्षुधा। **Canine madness**, hydrophobia. जलातङ्क।

Canities (kań-ish-e-éz). Grayness or whiteness of the hair. पलित रोग ; केशोंका सफेद या भूरा हो जाना।

Canker (kanǵ-ker). Gangrenous ulceration, chiefly of the mouth and lips. मुंह तथा ओंठोंका कर्कटका घाव ; गला हुआ मुँहका घाव।

Cannabis Indica. Hemp. गांजा।

Cannabitetanin. An alkaloid from hemp, a convulsant. गांजाका एक अकड़न पैदा करनेवाला उपक्षार।

Cannula (kań-u-lah). A surgical tube, in roduced into the cavity or tumor, by means of stylet, to draw off the fluid. जखमसे पीव रस आदि निकालनेकी एक शल्यनली।

Canthal (kań-thal). Pertaining to the canthus. चक्षु-कोण सम्बन्धीय।

Cantharidal (kan-thaŕ-id-al). Containing or pertaining to the cantharides. छालिका मक्षिका सम्बन्धीय।

Cantharides (kan-thar̄-id-ez). Plural of cantharis spanish flies. स्पेन देशकी एक प्रकारकी मक्खियां।

Cantharidin (kan-thaŕ-id-in). The active principle of cantharis. स्पेन देशीय कैन्थरिस मक्षिकाका सक्रिय अवयव।

Cantharis (kań thar-is). Spanish fly. स्पेन देशीय मक्षिका।

Canthectomy (kan-thek to-me). Surgical removal of the canthus. चक्षुकोणमें नश्तर देकर निकाल लेना।

Canthitis (kan-thi'-tis). Inflammation of the canthus. चक्षुकोणका प्रदाह।

Canthus (kań-thus). The angle formed by the junction of the eyelids. चक्षुकोण।

Capacity (ka-paś it e). I. Ability (१) योग्यता। (2) Cubic extent (२) समायो। C. **Vital**, the volume of air that can forcibly expire after a full inspiration. पूरी सांस लेनेपर जोरसे त्यागी हुई हवाका प्रवाह।

Capiat, Instrument for removing polypi from the uterus जरायुसे अर्बुद निकालनेका यंत्र।

Capillarectasia (kaṕ-el-ar-ek-tá-se-ah). Dilatation of cepillaries. कैशिका नलियोंका प्रसारण।

Capillariomotor (kap-il-á-re-o-mó-tor). Relating to the functional activity of the capillaries. कैशिकाकी स्वाभाविक क्रिया सम्बन्धी।

Capillary (kaṕ-li-a-re). Pertaining to or resembling a hair. केशके आकारकी या केश-सम्बन्धीय। (2) Any one of the minute vessels, which connect the arterioles and venules, forming a net work in nearly all parts of the body. क्षुद्र-धमनियां तथा शिराओंको संयुक्त करनेवाली छोटी नलियां, ये सम्पूर्ण-शरीरमें जालकी तरह फैली हुई हैं ; कैशिका नली।

Capillary Bronchitis, an inflammation of the fine bronchial ramification in the lungs. केशिकानली-प्रदाह। C. **Lymphs**, the most minute bronchlets of the lymph-vessels. लसिका वाहिनियोंकी क्षुद्र शाखाएँ।

Capilliculture (kap-il-e-kul-tur). Treatment for the improvement of the hair or for the cure of baldness. खल्वाट रोगको आरोग्य करनेकी चिकित्सा अथवा केश-चिकित्सा।

Capistration (kap-is-tra-shun). Phimosis. चमड़ी रोग।

Capitatum (kap-it-āt-um). The large bone of the carpus. मणिबन्धास्थिकी बड़ी हड्डी; कलाईकी बड़ी हड्डी।

Capitelum (kap-it-el-um). The rounded eminence on the lower end of humerous. क्षुद्र मस्तकाकार अंश; प्रगण्डास्थिके निम्नांशका गोल उभार।

Capitulum (kap-it-u-lum). A small head, or small bony, articular eminence. एक क्षुद्र मस्तक या छोटा अस्थिमय उभार; वृत्ताकार उभार।

Caprizant (kap-ri-zant). Of irregular motion. असम गति शील।

Caprone (kap-ron). A volatile oil, derivable from butter. मक्खनसे निकाला हुआ एक उड़ायी तेल।

Capsicum (kap-sik-um). A genus of solanaceous plants of various species. मिर्च।

Capsitis (kap-si-tis). Inflammation of the capsule of the crystalline lens. चक्षु-चित्रपटके कोषका प्रदाह।

Capsula (kap-su-lah). The internal capsule. अन्तरस्थ कोष।

Capsule (kap-sul). Membranous sac. कोष; झिल्लीमय कोष; झिल्लीकी एक थैली; कोष-बन्धनी।

Capsulitis (kap-su-li'-tis). Inflammation of the capsule of the lens of the eye. आँखके चित्रपत्रकी कोष-बन्धनीका प्रदाह।

Capsulociliary (kap-su-lo-sil-e-a-ri). Relating to the capsule of the lens and the ciliary body. चक्षु-चित्र-पत्र कोषबन्धनी उपतारका सम्बन्धीय।

Capsulotome. An instrument for performing capsulotomy. कोषबन्धनीमें नश्तर देनेका यंत्र।

Captation (kap.tá-shun). The first stage of hypnotism. सम्मोहनका प्रथम स्तर।

Caput (kap ut). A head or head-like structure. शिर या शिरकी भाँतिकी कोई बनावट। C. **Coli**, the head of the colon; cecum. बृहदन्त्र-शिर। C. **Epididymis**, उपाण्ड शिर। C.

Obstipum, wry-neck. ग्रीवा-स्तम्भ ; गर्दन अकड़ना ।

Caramel (kaŕ-am-el). Burnt sugar. दग्ध-शर्करा ।

Carbamate (kaŕ-bam-at). A salt of carbamic acid. कार्बैमिक एसिडका लवण ।

Carbamid (kar-bam-id). Urea. मूत्रक्षार ।

Carbasus (kaŕ-bas-us). Lint. पट्टी ।

Carbo (kaŕ-bo). Charcoal. कोयला ।
C. Animalis, animal charcoal. जान्तव अङ्गार । **C. Ligni.** wood-charcoal. काष्ठ-अङ्गार ।

Carbohemia (kar-bo-hé-me-ah). Imperfect oxidation of the blood. रक्तका असम्पूर्ण अम्ल-जान योग ; खूनमें अम्लजानका भरपूर न मिलना ।

Carbolism (kaŕ-bol-izm). Carbolic acid poisoning. कार्बोलिक एसिडका विष फैलना ।

Carboluria (kar-bol-ú-re-ah). The presence of carbolic acid in the urine. मूत्रमें कार्बोलिक एसिडकी वर्त्तमानता ।

Carbon (kaŕ-bon). A non-metallic element present in all organic compounds. अङ्गार ।

Carbonate (kaŕ-bon-at). Any salt of carbonic acid. अङ्गाराम्लका कोई लवण ।

Carbonemia (kar-bon-é-me-ah). The presence of carbon dioxide in the blood. रक्तमें अङ्गारक (कार्बन द्वि ओषिद) की वर्त्तमानता ।

Carbuncle (kaŕ-bunk-kl). An inflammation of the subcutaneous tissue. अधत्वाच तन्तुका प्रदाह ; दग्ध व्रण ; दाहिका ; पृष्ठ व्रण ।

Carcinelcosis (kar-sin-el-kó-sis). Malignant or cancerous ulceration. मारात्मक या कर्कटके आकारका घाव ।

Carcinogenesis (kar-sin-o-geń-es-is). The production of cancer. कर्कटकी उत्पत्ति ।

Carcinelcosis (kar-sin-el-kó-sis). A cancerous ulcer. एक कर्कट जातिका घाव ।

Carcinoid (kaŕ-sin-oid). Resembling cancer. कर्कटके आकारका ।

Carcinoma (kaŕ-sin-ó-mah). A malignant tumor composed of epithelioid cells. कर्कट रोग ; एक प्रकारका मारात्मक अर्बुद जो कौषिक-तन्तुओं-पर होता है ।

Carcinosis (kar-sin-ó-sis). A cancerous diathesis; tendency to development of cancer. कर्कटीया धातु ; कर्कट-प्रवणता ।

Carcoma (kar-kó-mah). Dark reddish brown, granular matter occurring in the feces in tropical countries, गरम देशवासियोंके मलमें प्राप्त होनेवाला एक लाली लिये भूरा दानेदार पदार्थ।

Cardamom (kaŕ-dam-om). The fruit of Elettaria cardamomum. इलायची।

Cardia (kaŕ-de-ah). 1. The heart. हृत्पिण्ड। 2. An orifice of stomach. आमाशय द्वार।

Cardiac (kaŕ-de-ak). Pertaining to the heart. हृद्पिण्ड-सम्बन्धीय।

Cardiagra (kar-de-á-grah). Gout of the heart. हृद्पिण्डका वात।

Cardialgia (kar-de-aĺ-je-ah). Pain of the heart, heart-burn. हृद्-शूल; छातीमें जलन।

Cardiamorphia (kaŕ-de-am-or-fe-ah). Deformity or malformation of the heart. हृत्पिण्डकी बनावटमें गड़बड़ी।

Cardianastrophe (kar-de-an-aś-tro-fe). Congenital dislocation of the heart to the right side. जन्मसे ही हृत्पिण्डकी दाहिनी ओर स्थान-च्युति।

Cardiant (kaŕ-de-ant). A drug or agent stimulating the heart. हृद्-बलकारक औषधि।

Cardiatrophia (kar-de-at-ró-fe-ah). Atrophy of the heart. हृत्पिण्डकी क्षीणता।

Cardiectasis (kar-de-ek-as-is). Dilation of the heart. हृत्प्रसारण; हृत्पिण्डका फैल जाना।

Cardiectomized (kar-de-ek-to-mized). Having the heart removed. स्थानान्तरित हृत्पिण्डवाला।

Cardinal (kaŕ-din al). Chief or principal. प्रधान, सविशेष।

Cardio-accelerator (kar-de-o-ak-seĺ-er-a-tor). Increasing the lable or rate of the heart-beat. हृत्पिण्डकी गति बढ़ानेवाला; हृत्स्पन्दन-वर्द्धक।

Cardiocele (kaŕ-de-o-sél). Protrusion of the heart through a wound or through a fissure of the diaphram. किसी घाव या वक्षोदर-मध्यस्थ पेशीकी दरारके कारण हृत्पिण्डका बाहर निकल आना।

Cardiocentasis (kaŕ-de-o sen-té-sis). Aspiration of the heart. हृत्पिण्डका रस-स्राव बाहर निकाल लेनेके लिये छेदन।

Cardioclasis (kaŕ-de ok-las-is). Rupture of the heart. हृत्पिण्डमें दरार पड़ जाना।

Cardiogmus (kaŕ-de-oǵ-mus). 1. Cardialgia. १। हृद्दाह। 2. Any aneurysm of the heart. २। हृत्पिण्डका अर्बुद। 3. Angina pectoris. ३। हृत्शूल।

Cardiograph. An instrument for recording the motion of the heart हृत्पिण्डकी गति अङ्कित करनेवाला यंत्र।

Cardio-inhibitory. Restraining the movements of the heart. हृत्पिण्डकी गति रोकनेवाला।

Cardiology (kar-de-ol-o-je). The science of the heart. हृद्-विज्ञान।

Cardiopalmus (kar-de-o pal-mus). Palpitation of the heart. कलेजेका धड़कना ; हृत्स्पन्दन।

Cardiopathy (kar-de-op-ath-e). A heart disease. हृद्-रोग।

Cardioplegia (kar-de-o-plé-je-ah). Paralysis of the heart. हृत्पिण्डका पक्षाघात।

Cardioptosis (kar-de-op-tó-sis). Downward displacement of the heart. हृत्पिण्डकी नीचेकी ओर स्थान-च्युति।

Cardiorrhexis (kar-de-or-reks-is). Rupture of the heart. हृत्पिण्डका फट जाना ; हृत्पिण्डमें दरार पड़ जाना।

Cardiosclerosis (kar-de-o-skle-ró-sis). The induration of the heart. हृत्पिण्डका कड़ा पड़ जाना ; हृद्काठिन्य।

Cardiotomy (kar-de-ot-o-me). Dissection of the heart. हृत्पिण्डमें नश्तर देना।

Carditis (kar-di-tis). Inflammation of the heart हृत्प्रदाह ; हृत्पिण्डका प्रदाह।

Cardivalvutites (kar-de-val-vu-ti-tes). Inflammation of the heart-valves. हृत्कपाटका प्रदाह।

Caries (ká-rez). Ulcerous inflammation of the bone. अस्थि-क्षत ; अस्थिको क्षय करनेवाला घाव। **C. of the teeth,** decay of the teeth resulting in the formation of cavities. कृमि-दन्त ; दाँतमें कोड़े लगना, जिससे उसका क्षय हो जाता है और गड्ढे पड़ जाते हैं। **C. Fungosa,** caries of the bone accompanied by extensive granulation from the medullary membrane. कोमल झिल्लीसे उत्पन्न बहुत अधिक दाने पड़नेके साथ अस्थि-क्षत।

Carina (kar-i'-nah). Any ridge-like structure. कोई उभारदार बनावट ; ढालुआँ प्रवर्द्धन।

Carinate (kar-in-ate). Keel-shaped चपटी पेंदीके आकारका।

Carious (ká-ri-us). Relating to caries. क्षय-प्राप्त ; अस्थि-क्षत सम्बन्धीय।

Carminative (kar-min-at-iv). A medicine which relieves flatus. आध्मान-निवारक औषध।

Carneous (kar-ne-us). Fleshy. मांसल ; मोटा-ताजा।

Carnification (kar-nif-ik-á-shun). A change of any tissue to a fleshy consistence. तन्तुओंका मांसमें परिवर्त्तन ; मांसाकार प्राप्ति।

Carnin (kaŕ-nin). An extractive of muscle. किसी पेशीका सार ।

Carnivorous (kar-niv -o-rus). Flesh-eating. मांसाशी ; मांस-भक्षी ।

Carnogen (kaŕ no-gen). A compound of fibrin and red bone-marrow. लाल अस्थि-मज्जा और मांस-तन्तुका सम्मिश्रण ।

Carnose (kaŕ-nos). Pertaining to flesh. मांस सम्बन्धीय ।

Caro (ká-ro). Flesh. मांस ।

Carotic (kar-ot-ik). Producing sleep. निद्राकारक ; नींद लानेवाला ।

Carotid (kar-ot-id). The principal artery of the neck. ग्रीवादेशीय प्रधान धमनी ।

Carotin (kaŕ-o-tin). A yellow matter in carrots, sweet potatoes, eggs etc. अण्डा, आलू तथा गाजरमें प्राप्त एक पीला पदार्थ ।

Carpagra (kar-pá-grah). Pain in the wrist. कलाईमें दर्द ।

Carpal (kaŕ-pal). Belonging to the carpus. मणिबन्ध सम्बन्धीय ; कलाईके सम्बन्धका ।

Carpale (kar-pá-le). A bone of the carpar मणिबन्धास्थि ।

Carpel (kaŕ-pel). A one-celled pistil. कलाणु ।

Carphology (kar-fol o je). Delirious picking at the bed-clothes. बेहोशीमें बिछावनका नोचना ।

Carpopedal (kar-po-pé-dal). Affecting the carpus and foot. पैर तथा मणिबन्धपर प्रभाव डालनेवाला ; अस्थि-विकृति रोगकी एक अवस्था ।

Carpoptosis (kar-po-tó-sis) Wrist-drop. कलाईकी पेशियोंकी जड़ता या उनका रुक जाना ।

Carpus (kaŕ-pus). The wrist or wrist-joint. मणिबन्ध या मणिबन्धकी सन्धि ।

Carreau (kaŕ-o). Enlargement and hardening of the abdomen caused by the disease of the peritoneum and abdominal walls. अन्त्रावरक झिल्ली तथा उदर प्राचीरके रोगोंके कारण उदरका बढ़ना और कड़ा पड़ जाना ।

Cartilage (kaŕ-til-āj). Gristle ; a white elastic, glistening substance growing in bones. तरुणास्थि ; उपास्थि । C. **Articular,** a thin layer of hyaline cartilage on joint surfaces of bones. सन्धि-उपास्थि । **C. Corpuscles**, connective tissue-cell in matrix of cartilage. उपास्थि-गह्वरके संयोजक तन्तुकोष । **C. Costal,** those which connect true ribs with sternum, उपपर्शुका । **C. Ensiform,** the third and lowest piece of sternum. वक्षोस्थिका तृतीय और सर्व-निम्न खण्ड । **C. Palpebral,** the connective tissue forming the frame-work of the eyelids. पलकोंको

निर्माण करनेवाले संयोजक तन्तु ; चक्ष-पुटीय उपास्थि ।

Cartilaginous (kar-til-aj'-in-us). Of the nature of the cartilage. उपास्थिकी प्रकृतिका ।

Cartilago (kar-til-a-go). Same as cartilage. उपास्थि ।

Caruncle (kar-uń-kl). A small fleshy excrescence. छोटी-छोटी मांसकी बतौड़ी ।

Caruncula (kar-uń-ku-lah). Caruncle. बतौड़ो ; मांसपिंड । **C. Lacrimales**, caruncle upon the conjunctiva. चक्षु श्वेतमण्डलपर शंखाकार पिण्ड ।

Carunculæ (kar-uń-kule). The nymphæ, झिल्ली । **C. Myrtiformes**, the remains of the hymen after rupture. विच्छिन्न सतीच्छदका बचा हुआ अंश ।

Carus (ká-rus). Complete insensibility. सम्पूर्ण अचैतन्य ।

Caryophyllus (kar-e-o-fil-us). Cloves. लवंग ; लौंग ।

Casein (ká-se-in). The tyrein. किलाटज ।

Caseous (ká-ze-us). Having the nature of cheeze. पनीरको प्रकृतिवाला ।

Casoni Test. A test for hydatid disease. क्रिमि-रोगकी एक प्रकारकी परीक्षा ।

Castration (kas-trá-shun). The removing of the testicles or ovaries ; orchotomy. अण्डकोषका या स्त्री-डिम्बाधारका नश्तर ; एक या दोनों अण्ड या डिम्बाधार निकाल देना ।

Casualty (kaz-u-al-ti). An accident ; an accidental wound ; death or disablement from an accident. आकस्मिक चोट ; आकस्मिक घाव ; मृत्यु या अंग-भंगके कारण अयोग्यता ।

Catabasis (kat-ab-a-sis). The decline of a disease. रोगोकी ह्रासावस्था ।

Catacausis (kat-ak-aw-sis). Spontaneous combustion. स्वाभाविक रूपसे जलन ; स्वाभाविक दहन ।

Cataclasis (kat-ak-las-is). (1) The fructure of a bone. अस्थि-भंग । (2) A spasmodic distortion of the eyes. आंखोंकी अकड़नके कारण विरूपता ; अकड़नके कारण आँखोंका टेढ़ा पड़ जाना ।

Catacleisis (kat-ak-li'-sis). A morbid closing of the eyelids. रोगके कारण पलकोंका बन्द हो जाना ।

Cataclysm (kat-ak-lizm). An effusion. रस-क्षरण ; रस-स्राव ।

Catadidymus (kat-a-did'-e-mus). A twin monster in which the lower extremities are fused into one.

ऐसे यमज विकलांग, जिनके निम्नांग आपसमें जुड़े रहते हैं ।

Catagma (kat-ag-mah). A fracture. अस्थिभंग ।

Catagmatic (kat-ag-mat-ic). Promoting the repair of fractures. अस्थि-भंगका जोड़ लगनेमें सहायता पहुंचानेवाला ; अस्थि-संयोजक ।

Catalepsy (kat-al-ep-se). A total suspension of sensibility and voluntary motion. निस्पन्द वायु रोग ; मृगी रोग ।

Catalysis (kat-al-is-is). A chemic reaction promoted by the presence of a third unaffected substance. स्वयं अपरिवर्त्तित रहकर, दूसरे पदार्थों पर रासायनिक क्रिया संघटित करनेवाले पदार्थकी क्रिया ; प्रवर्तन योगवाही क्रिया ।

Catalytic (kat-al-it-ik). 1. Causing or pertaining to an alterative effect. परिवर्त्तक-प्रभावकारी ; प्रवर्त्तक ; योगवाही क्रिया सम्बन्धीय ।

Catalyzer (kat-al-i-zer). A substance which modifies the velocity of a chemic or physical process. किसी रासायनिक या शारीरिक प्रक्रियाको तीव्रताका सुधार करनेवाला पदार्थ ।

Catamenia (kat-am-é-ne-ah). The monthly discharge from the uterus ; the menses. मासिक ऋतु-स्राव ; आर्त्तव स्राव ।

Catapasm (kat-a-pazm). A powder to be applied upon a sore. घावपर लगानेका विचूर्ण ।

Cataphasia (kat-af-á-ze-ah). A speech disorder. in which the speaker constantly repeats the same word or phrase. एक वाक्य-विश्रृङ्खलता, जिसमें बोलनेवाला एक ही शब्द या वाक्यको बारम्बार दोहराता है ; तोतलाना ।

Cataphora (kat-af-o-rah). The course of many writers ; a variety of lethargy, attended with short intervals of imperfect walking, sensation and speech. एक प्रकारकी लेखकोंकी बेहोशी ; एक प्रकारका अचेतन्य, जिसमें गति, अनुभूति या वाक्य अपूर्ण रह जाता है ।

Cataplasis (kat-ap-las-is). The stage or process of decline. ह्रास होनेकी एक अवस्था या प्रणाली ।

Cataplasm (kat-ap-lazm). A poultice. पुल्टिस ; लेप ।

Catapiesis (kat-a-pai-sis). Compression or depression. अवसाद ; सुस्ती ।

Cataract (kat-ar-akt). Obstructed sight produced by opacity of the crystalline lens or its capsule. मोतियाबिन्द ; विदग्ध दृष्टि ।

Catarrh (kat-af-ah), Inflammation of the mucous membrane. श्लैष्मिक

झिल्लीका प्रदाह ; सर्दी । **C. Epidemic,** influenza. इन्फ्लुएंजा । **C. Gastric,** gastritis. पाकाशय प्रदाह । **C. Nasal,** coryza. नाककी सर्दी । **C. Pulmonary,** bronchitis. वायुनली प्रदाह । **C. Vesical,** Cystitis. मूत्राशय प्रदाह ।

Catarrhal (kat-aŕ-al). Belonging to catarrh. सर्दी-जनित ।

Catastaltic (kat-as-tal-tik). Astringent. संकोचक ओषधि ; धावक ।

Catastasis (kat-aś-ta-sis). The extension and replacement of dislocated limb. स्थान-च्युत अङ्गका यथा-स्थान स्थापन ।

Catatonia (kat-at-ó-ne-ah). A kind of insanity. एक प्रकारका उन्माद ।

Catenating (kať-en-a-ting). Connecting ; linking. सांकलकी लड़ीकी तरह जोड़नेवाला ; संयोजक ।

Catgut (kať-gut). A ligature-substance made from the intestines of sheep. भेंड़की आंतसे बनी एक बन्धनी ।

Catharsis (kath-aŕ-sis). Purging. रेचक ; दस्तावर ।

Catharic (kath-ar′-tik). A purgative medicine. एक दस्तावर दवा ; विरेचक ; भेदक ।

Catheter (kaťh e-ter). A surgical instrument like a tube, for introduction through the bladder. मूत्र-शलाका ; मूत्रनिःसारक सछिद्र शलाका ; पेशाब निकालनेवाली छेददार सलाई ।

Catheterization (kaťh-et-er-iz-a-shun). The use of a catheter. मूत्राशलाकाका प्रयोग या व्यवहार ।

Cathodal (kath ó dal). Pertaining to the negative pole of a current. वियोगरश्मि ।

Cathode (kaťh-od). The negative electrode or pole of a galvanic circuit. विद्युत-प्रवाहका ऋण-ध्रुव ।

Catlin. A two edged surgical knife. एक दु-मुंही छुरी ; दोनों तरफ धारवाली छुरी ।

Catoptrics (kat-oṕ-triks). The laws of the reflection of light. आलोक परावर्त्तन नियम ; परावर्त्ताधीन ।

Cauda (kaw′-dah). A tail. पूंछ । C. **Cerebelli,** the vermiform process of cerebellum. लघुमस्तिष्कका कीटाकार प्रवर्द्धन । **C. Equina,** the fibrous termination of the spinal cord. मेरुदण्डका नीचेवाला अंश ; मेरु-पुच्छ ।

Caudate (kaw′-dat). Having a tail. पुच्छी ; पूंछदार । **C. Lobe,** the tail-like process of the liver. यकृतका पूंछकी तरह प्रवर्द्धन ।

Caul (kawl). A membrane enveloping the fetus which sometimes covers the head of the child at its birth. गर्भस्थ भ्रूणकी जालकी तरहकी एक झिल्ली जो कभी-कभी सद्योजात शिशुके माथेको ढँके रहती है।

Cauliflower Excrescenes. A form of epithelioma of the cervix uteri. जरायुग्रीवाका फूलगोबीकी तरह उपमांस।

Caosal (kaw′-zal). Pertaining to a cause or expressing a cause. कारण-सम्बन्धीय या कारण-वाचक।

Causalgia (kaw-zal-j′-e-ah) A neuralgia characterised by intense burning pain. एक प्रकारका स्नायु-शूल, जिसमें भयङ्कर जलनका दर्द होता है।

Caustic (kawś-tik). I. Burning or corrosive. प्रदाह-जनक; दाहक; क्षयकर।

Cauterant (kaw′-ter-ant). A caustic. एक दाहक पदार्थ।

Cautery (kaw′-ter-e). A substance or instrument for burning a part. जीव-देहके तन्तुओंको जलानेवाला एक यन्त्र या पदार्थ; दाहकर्म।

Cava (kav′-ah). A vena-cava. महाशिरा।

Caval (ká-val). I. Hollow. (१) खोखला। 2. Pertaining to the vena-cava. महाशिरा सम्बन्धीय।

Cavalry bone. Rider's bone; a bony formation sometimes found in the tendon of the abductor magnus of riders. घुड़सवारोंकी निष्कासिनी जंघा पेशीमें होनेवाला एक अस्थिमय उभार।

Cavernitis (ka-ver-nai′-tis). Inflammation of the cavernous tisseu of the penis. लिङ्गेन्द्रिय-गह्वरके तन्तुओंका प्रदाह।

Cavernoma (kav-er-nó-mah). A cavernous angioma. एक गह्वरस्थ अर्बुद।

Cavernous (kav′-er-nus). Having hollow place. खोखला; गह्वरवाला अंश; गुह्य; गह्वर। **Cavernous rales** घर-घर शब्द।

Cavitary (kav′-it-a-re). Hollow. खोखला।

Cavity (kav′-it-e). A hollow in the body for the reception of some parts. गह्वर।

Cavum (ká-vum). A cavity. गह्वर।

Cavus (ká-vus). A cavity. गह्वर।

Cecal (sé-kal). Belonging to the cecum. अन्धान्त्र-पुच्छ सम्बन्धीय।

Cecitis (se-si-tis). Inflammation of the cecum. अन्धान्त्र-पुच्छ-प्रदाह; अन्त्र-सन्धिका प्रदाह।

Cecocele (sé-ko-sel). A hernia contatining the cecum. अंधान्त्र-पुच्छ-पूर्ण अंत्र-वृद्धि।

Cecum, cæcum (sé-kum). The dilated intestinal pouchintowhich open the ileum, the colon and the appendix vermiformis. अन्धान्त्र-पुच्छ; आँतोंका वह प्रसारित पुच्छ-भाग

जिसमें श्रोण्यस्थि, वृहदन्त्र तथा कीटाकार उपांग द्वार खुलता है ।

Celia (sé-le-ah). The belly. पेट ; पाकाशय ।

Celiac (sé-le-ak), Belonging to the belly. पाकाशय सम्बन्धीय ।

Celiadelphus (se-le-ad-elf́-us). Double monster united at the belly. एक विकटाकार यमज जीव, जिनके पेट जुड़े होते हैं ।

Celialgia (se-le-aĺ-je-ah). Pain in the abdomen. उदर-शूल ।

Celiectasia (se-li-ek-tá-ze-ah). Excessive size of the abdominal cavity. उदर-गह्वरका बहुत वृहत् आकार ; वृहदाकार उदर-गह्वर ।

Celiohysterectomy (sé-le-o-his-ter-eḱ-to-me). Excision of the uterus by an abdominal incision. उदरको चीरकर गर्भाशयमें नश्तर लगाना ।

Celitis (se-li'-tis). Inflammation of abdominal organs. उदर-यंत्रोंका प्रदाह ।

Cell (sel). A small protoplasmic mass, usually nucleated. कोष ।

Cellular (seĺ-u-lar). Composed of cells. सौत्रिक; कौषिक । **C. Tissu**. Areolar tissue. सौत्रिक-तन्तु ।

Cellule (seĺ-úl). A small cavity. एक क्षुद्र-गह्वर ।

Cellulitis(sel-u-li'-tis). Inflammation of cellular tissue. कौषिक तन्तुका प्रदाह ।

Cellulose (seĺ-u-los). The chief ingredient of the cellular substance of plants. काष्ठोज ।

Celology (se-loĺ-oj-e). The science or study of hernia. अंत्र-वृद्धिका विज्ञान या अध्ययन ।

Celom (sé-lom). Embryonic body-cavity. भ्रूणस्थ शरीर-गह्वर ।

Celoma (sel-ó-mah). A round ulcer of the cornea. कनीनिकाका एक गोल छिछला जखम ।

Cement (se-ment́). I. The layer of bony tissue covering the root of the teeth. दन्त-मूलके आवरक अस्थिमय तन्तुका संघात । 2. Any substance that serves to mend something that is broken. संयोजक ।

Cementoblast (se-meń-to-blast). One of the cells from which cementum of the tooth develops. दन्त-संघात निर्माणकारक कोष ।

Cenosis (sen-ó-sis). A morbid discharge. रोगात्मक स्राव ।

Cenotype (seń-o-tip). The original type from which all forms have arisen. मूल रूप, जिससे सभी रूप उत्पन्न हुए हैं ।

Center (sen'-ter), The middle of the body. केन्द्र । 2. Any group of nerve-cells having a common function. स्नायु-कोषोंका समूह जिनकी समान क्रिया होती है ।

Centisimal (sen′-tis-im-al). Relating to division into hundredths. शततमक।

Centesis (sen-té-sis). Puncture; perforation. रन्ध्र; छोटा छेद।

Centigrade (sen′-te-grad). Having on hundred degrees or grades. शतांश-विशिष्ट; शतांश-चिह्नित; शतांश।

Centigram (sen′-tig-ram). One hundredth part of a gram. एक ग्रामके सौ भागका एक भाग वजन।

Centimeter (sen′-tim e-ter). One hundredth part of a meter. एक मीटरका सौवां अंश।

Centrad (sen′-trad). Toward the centre. केन्द्राभिमुखो।

Central (sen′-tral). Pertaining to the centre. केन्द्र-सम्बन्धीय।

Central Nervous system. मध्यस्थ नाड़ी-मण्डल। **Central sulcus.** मध्यस्थ सीता।

Centrifugal (sen-trif-u-gal). Flying from the centre. केन्द्र-त्यागी।

Centripetal (sen-trip-et-al). Tending to the centre. केन्द्रगामी।

Centrum (sen′-trum). Middle part, center. मध्य भाग; केन्द्र। 2. The body of the vertebra. कशेरुका गात्र।

Cephalad (sef-al-ad). Toward the head. मस्तकाभिमुखो।

Cephalagra (sef-al-á-grah). Gouty pain in the head. मस्तकमें गठियाका दर्द।

Cephalalgia (sef-al-al-je-ah). Pain in the head. सर-दर्द; शिरो-शूल।

Cephalemia (sef-al-é-me-ah). Congestion of the brain मस्तिष्कमें रक्त-सञ्चय।

Cephalhematoma (sef-al-hem-at-ó-mah). A tumour filled with blood, beneath the pericranium. शिरो-रक्तार्बुद; सरका खून-भरा गूमड़।

Cephalic (sef-al-ik). Pertaining to the head. मस्तक सम्बन्धीय। **C. Vein,** a vein of the upper arm. ऊर्द्ध-बाहुकी एक शिरा। **C. Version,** a turning of the fetus so that the head will present. भ्रूणको इस तरह घुमा देना कि शिरोदय-प्रसव ही हो।

Cephalitis (sef-al-i-tis). Inflammation of the brain. मस्तिष्क-प्रदाह।

Cephalogaster (sef-al-o gás-ter). The anterior portion of the enteric canal of the embryo, भ्रूण अन्त्र-प्रणालीका सम्मुख विभाग।

Cephalography (sef-al-óg-ra-fe). A description of the head. शिरो-विवरण।

Cephaloid (sef al-oid). Resembling the head. मस्तक-सदृश; मस्तकाकार।

Cephalology (sef-al-ol-o-je). The science of the measurement of cranium. करोटीकी मापका विज्ञापन।

Cephalomenia (sef-al-o-mé-ne-ah). Aberration of the catamenia to the head. रजः-स्रावका विपथगामी होकर मस्तिष्कमें चला जाना।

Cephalomyitis (sef-al-o-mi'-tis). Inflammation of the head-muscles मस्तक स्नायुओंका प्रदाह।

Cephalopagus (sef-al-op-ag-us) A twin monster joined at the head. माथा जुड़ा रहनेवाला यमज विकटाकारजीव।

Cephalopathy (sef-al-op-athe). Any disease affecting the head or brain. कोई मस्तिष्क या शिरोरोग।

Cephalotomy (sef-al-ot-o-me). The operation of cutting into the head of the fetus. भ्रूणके मस्तकको काटनेकी क्रिया।

Cephalotripsy (sef-al-o-trip-se). Crushing the head of the foetus to facilitate delivery. प्रसवमें सुविधाके लिये भ्रूणका मस्तक-छेदन।

Cera (sé-rah). Wax. मोम। **C. Alba**, white wax. सफेद माम। **C. Flava**, bees-wax. मधुमक्खीका मोम।

Cerate (sé-rat). A composition of wax and olive oil. मोम और जैतूनके तेलका सम्मिश्रण ; मरहम।

Ceratitis (ser-at-i'-tis). Inflamation of the cornea. कनीनिका-प्रदाह।

Ceratum (se-rá-tum). A cerate. मरहम। मोम मिला एक कड़ा मरहम (लेप)।

Cerchnus (serk-nus). Noisy respiration. प्रश्वासमें जोरकी आवाज ; घरघराहट भरी साँस।

Cerebellar (ser-e-bel-ar). Pertaining to the cerebellum. लघुमस्तिष्क सम्बन्धीय।

Cerebellum (ser-e-bel-um). The posterior brain mass lying behind the pons and medulla and beneath the posterior portion of the cerebrum. लघुमस्तिष्क।

Cerebral (sér-e-bral), Relating to the brain. मस्तिष्क-सम्बन्धीय।

Cerebration (ser-e-brá-shun). Brain-action ; mental activity. मस्तिष्ककी क्रिया ; मानसिक क्रिया।

Cerebrifugal (ser-e-brif-u-gal), Conveying cerebral impulse outward. मस्तिष्कका स्पन्दन बाहरकी ओर ले जानेवाला।

Cerebrinin (ser-eb-rin-in). A fluid-extract of the brain of the calf. गायके बच्चेके मस्तिष्कका एक तरल रस।

Cerebritis (ser-e-bri'-tis). Inflammation of the brain, मस्तिष्कका प्रदाह।

Cerebromalacia (ser-e-bro-mal-á-se-ah). Softening of the brain. मस्तिष्ककी कोमलता।

Cerebropathy (ser-e-brop-ath e). Any disorder of the brain. मस्तिष्क-रोग।

Cerebropontile. Relating to the cerebrum and pons. लघु-मस्तिष्क तथा मस्तिष्क सेतु सम्बन्धीय।

Cerebrosclerosis (ser-e-bro-skle-ró-sis). Hardening of the brain substance. मस्तिष्कके पदार्थों का कड़ा पड़ जाना।

Cerebrose (sei-e-bróz). A sugar obtainable from brain tissue मस्तिष्कके तन्तुसे प्राप्त शकरा।

Cerebrosis (ser-e-bró-sis). Any brain disease ; encephalosis. मस्तिष्क रोग।

Cerebro-spinal. Relating to the brain and spine. मस्तिष्क मेरुमज्जा सम्बन्धीय। **C. Fever**, cerebro-spinal meningitis with fever. मस्तिष्क मेरुमज्जा प्रदाहके साथ ज्वर। **C. Meningitis**, inflammation of the brain and cord. मस्तिष्क मेरुमज्जाका प्रदाह।

Cerebrum (seŕ-e-brum). The principal portion of the brain, including practically all parts within the skull except, the medulla, pons and cerebellum. वृहत मस्तिष्क; मस्तिष्कका वह प्रधान अंश जो लघु-मस्तिष्क, सेतु तथा मज्जाको छोड़कर करोटीके भीतर का समस्त अंश आच्छादित किये रहता है।

Cerosis. A morbid wax like state of a membrane. किसी झिल्लीकी मोमकी तरह रोगात्मक अवस्था।

Cerumen (ser-ú-men). Ear-wax. कानका मैल।

Ceruminous (se-rú-min-us). That which yields wax. मोम उत्पन्न करनेवाला। **C. Glands**, glands secreting cerumen. कर्णमूल-स्रावी ग्रन्थि।

Cervical (seŕ-vik-al). Relating to a neck or cervix. ग्रैवेयी, ग्रीवा-सम्बन्धीय।

Cervicitis (ser-vis-i-tis). Inflammation of the cervix uteri. जरायु-ग्रीवाका प्रदाह।

Cervix (seŕ-viks). The neck or any neck-like part. ग्रीवा या ग्रीवाकी भाँतिका कोई अंश।

Cesarean section. Extraction of the fetus by abdominal incision. उदरमें नश्तर देकर भ्रूणको निकाल लेना।

Cessatin Mensium. Discotinuance of the menses. रजोनिवृत्ति।

Chalazonephrites. Granular inflammation of the kidney. वृक्कका दानेदार प्रदाह।

Chalicosis (kal-ik-ó-sis). Lungs disease caused by the inhalation of stone-dust. पत्थरकी धूल श्वासके साथ जानेके कारण उत्पन्न फेफड़ेकी बीमारी।

Chalk (chawk). Carbonate of lime, खड़ियामिट्टी।

Chalybeate (ka-lib-e-at). Containing iron. लौह-युक्त।

Chamber (chám-ber). A compartment or enclosed space. प्रकोष्ठ। **C. Anterior,** the space between cornea and iris. उपतारा तथा कनीनिकाके बीचका स्थान। **C. Aqueous,** the space between the cornea and the lens of the eye. कनीनिका तथा चक्षु-चित्र-पत्रके मध्यका स्थान।

Chancre (shang-ker). The primary lesion of syphilis. उपदंश-क्षत ; कठिन क्षत ; उपदंशका जखम।

Chancroid (shang-kroid). I The soft veneral sore. कोमल क्षत ; उपदंशका जखम ; लिङ्गका कोमल घाव।

Chancrous (shang-krus). Of the nature of chancre. उपदंश-क्षतके आकारका।

Change of Life. The menopause. रजोरोधावस्था।

Chap. A slight fissure of the skin. चर्मका छोटा-सा फटा घाव।

Charbon (shar-bon). Anthrax or malignant pastule. विष-व्रण या मारात्मक फुन्सी।

Chartula (kar-tu-lah). A paper containing medicines. ओषधि-युक्त कागज।

Cheek (chek). The side of the face. गाल।

Cheilitis (ki-li-tis). Inflammation of the lip. ओष्ठ-प्रदाह।

Cheiragra (ki-rag-rah). Gout of the hand. हाथका गठिया वात।

Chemic, Chemical (kem-ik, kem-ik-al). Relating to chemistry. रसायनिक।

Chemist (kem-ist). One versed in chemistry. रसायन-शास्त्री ; औषध-विक्रेता।

Chemistry (kem-is-tre). The science which treats of the elements and atomic relations of matter and of the various compounds of the elements. रसायन-विद्या ; रसायन-विज्ञान।

Chemosis (ke-mo-sis). Inflammatory swelling of the conjunctiva. अर्जुन रोग ; एक प्रकारका आँखोंका प्रदाह, इसमें श्वेतपटलके चारों ओर छल्लेकी तरहके उठे हुए पर्दे पैदा हो जाते हैं।

Chicken-pox (chik-en-poks). मोतिया-चेचक ; पनसाहा।

Chitblain (chil-blan). Inflammation and swelling of the toes, feet or finger, due to the influence of cold. शीत-स्फोटक ; बिवाई फटना ; जाड़ेके दिनोंके फटे घाव।

Child-bed (child'-bed). The condition during and immediately following the giving birth to a child ; labor. प्रसव ; प्रसूतावस्था।

Chin (chin). The mentum. चिबुक ; ठुड्डी। **C. Cough,** whooping cough. कुकुर खाँसी ; हूपिङ्ग खाँसी।

China (chi′-na). Cinchona. चायना ; सिनकोना नामक औषध ।

Chirarthritis (ki-rarth-ri′-tis). Inflammation of the joints of the hands and fingers. हाथ तथा अंगुलियोंकी सन्धियोंका प्रदाह ।

Chiropractic. A method of restoring health by the treatment of the spinal column. मेरुदण्डकी चिकित्सा द्वारा स्वास्थ्य-प्राप्तिकी प्रणाली ।

Chirurgia (ki-rur-jia). Surgery. अस्त्र चिकित्सा ।

Chliasma (kli-az′-mah). Poultice. पोल्टीस ; प्रलेप ।

Chloasma (klo-oz′-mah). A cutaneous affection exhibiting spots and patches of a yellowish brown colour. एक प्रकारका चर्मरोग जिसमें पोलापन लिये भूरे रङ्गके दाग या चकत्ते निकलते हैं ; ब्रूसिका रोग ।

Chloremia (klo-ré-me-ah). Chlorosis. हरित्पाण्डु रोग ।

Chloroform (kló-ro-form). A heavy colourless liquid used as an anesthetic. मूर्च्छक ; एक बेहोश करनेवाली दवाका नाम ; क्लोरोफार्म ।

Chloroma (klo-ró-mah). A greenish-coloured tumour. एक हरिताभ अर्बुद ।

Chlorosis (klo-ró-sis). A form of anemia, occurring chiefly in young girls, so called from the greenish pallor of the skin. हरित्पाण्डु रोग ; एक प्रकारकी रक्त-हीनता जिसमें स्त्रियोंके शरीरका रङ्ग हरी आभा लिये हो जाता है ।

Chlorotic (klo-rot-ik). Exhibiting chlorosis. हरित्पाण्डु रोग प्रकाशक ।

Chonaæ (kó-na-e). The posterior nares. नासा-पश्चात् द्वार ।

Cholagog, Cholagogue (kol-ag-og). Causing increased evacuation of bile. पित्त-निःसारक, एक दवा जो पित्त निकलना बढ़ा देती है ।

Cholecystalgia (kó-le-sis-tal-je-ah). Biliary colic. पित्त-शूल ।

Cholangitis (ko-lan-ji′-tes). Inflammation of the bile duct. पित्त-प्रणालीका प्रदाह ।

Cholecyst, Cholecystis. The gall bladder. पित्ताशय ; पित्तकोष ।

Cholecystectasia (kó-le-sis-tek-tá-ze-ah). Distention or dilatation of the gall-bladder. पित्तकोषका प्रसारण या विस्तार ।

Cholecystic (ko-le-sis-tik). Pertaining to the gall bladder. पित्तकोष-सम्बन्धीय ।

Cholecystolithotripsy (ko-le-sis-to-lith-o-trip-se). The crushing of gall-stone in the cholesyst. पित्ताशयमें ही पित्तपथरीको चूर देना ।

Choledochous (kol-ed-o-kus). Receiving bile. पित्त-ग्राहक ।

Choleic (kol-é-ik). Relating to the bile. पित्त-सम्बन्धीय ।

Cholelithiasis (kol-e-lith-i'-as-is). The formation of calculi in the biliary duct. पित्त-प्रणालीमें पथरी पैदा होना ।

Cholemesia. The vomiting of bile. पित्त-वमन ।

Cholemia (ko-lé-me-ah). The presence of bile pigment in the blood. रक्तमें पित्त-वर्णकी अधिकता ।

Choleprasin (ko-le-prá-sin). One of the pigments of bile. पित्तका एक रंग ।

Cholera (kol-er-ah). An acute disease, characterized by copious watery stools, vomiting, cramps, prostration and suppression of urine. हैजा, कालरा । **C. Infantile,** the summer complaint of children. शिशु-विसूचिका ।

Cholerine. Resembling cholera ; a mild form of cholera. त्रिसूचिका ।

Choleromania, (kol-er-o-má-ne-ah). A morbid fear of cholera. हैजाका रोगात्मक भय ।

Cholesterin. A monotomic alcohal, found in bloods, nerve tissues and biles. पित्त, रक्त तथा स्नायु-तन्तुमें प्राप्त एक प्रकारका एक परमाणुक तरल ।

Choletherapy (kol-e-ther-a-pe). The use of bile as a rémedy. औषधि-रूपमें पित्तका व्यवहार ।

Cholic (kol-ik). Relating to the bile. पित्त सम्बन्धी ।

Cholicele (kol-is-el). A gall-bladder tumor. एक पित्तकोषका अर्बुद ।

Cholorrhea (kol or-é-ah). An excessive discharge of bile. अत्यधिक पित्त-स्राव ।

Cholosis (kol-ó-sis). A disease of the liver. यकृतका एक रोग ।

Choluria (kol-ú re-ah). The bresence of bile in the urine. मूत्रमें पित्तका अंश मौजूद रहना ।

Chondral (kon-dral). Relating to the cartilage. उपास्थि सम्बन्धीय ।

Chondralgia (kon-dral-je ah). Pain in a cartilage. उपास्थि-शूल । किसी उपास्थिमें दर्द ।

Chondritis. Inflammation of the cartilage. उपास्थि-प्रदाह ।

Chondroblast (kon-dro-blast). An embryonic cell of the tissue which becomes cartilage. तन्तुका भ्रूण कोष जो परिवर्त्तित होकर उपास्थि बन जाता है ।

Chondroclast (kon-dro-clast). A giant cell concerned in the absorption of cartilage. एक वृहत् कोष जिसका कार्य उपास्थिका आशोषण है ।

Chondrodystrophia (kon-dro-dis-tró-fe-ah). Fetal rickets. भ्रूणका अस्थि-विकृति रोग ।

Chondroid (koń-droid). Resembling cartilage. उपास्थिवत् ; उपास्थिकी तरहका।

Chondroma (koń-dró-mah). A cartilaginous growth. अस्थियोंमें उपास्थिवत् प्रवर्द्धन ; उपास्थिमय अर्बुद।

Chondromalacia (kon-dro-mal-á-se-ah). A softening or preternatural softness of cartilage उपास्थि-कोमलता ; उपास्थिका अस्वाभाविक रूपसे कोमल पड़ जाना।

Chondroporosis (kon-dro-por-ó-sis). The thinning of the cartilage by the formation of spaces. in it. उपास्थिमें स्थान-स्थानपर अन्तर पड़कर उसका पतला पड़ जाना।

Chondrosis (kon-dró-sis). The formation of cartilage. उपास्थि-निर्माण।

Chorda (koŕ-dah). A cord, any string or a tendon. तन्तुगुच्छ ; रज्जु। **C. Dorsalis**, the dorsol cord. पृष्ठ-दण्ड। **C. Saliva**, saliva produced by stimulation of the tympanic nerve. कानके स्नायुका उत्तेजनाके कारण लारका स्राव होना। **C. Tympanic**, the tympanic nerve. मध्यकर्णी नाड़ी। **C. Vocalis**, vocal cords, four ligaments uniting the thyroid and arytenoid cartilages. स्वर-रज्जु।

Chordœ tendineæ. The tendinous strings stretching from the papillary muscles to the auriculo-ventricular valves. कण्डरामय सूक्ष्म रज्जु।

Chordee (koŕ-de). Painful erection of the penis in gonorrhœa. कष्टकर लिङ्गोच्छ्वास ; सूजाकमें लिङ्गमें कष्टदायक कड़ापन आना।

Chorditis (kor-di'-tis). Inflammation of the vocal cord. स्वर-रज्जुका प्रदाह।

Chorea (ko-ré-ah). St. Vitus's dance ; a convulsive disease characterized by irregular and involuntary movements of limbs. ताण्डव रोग ; नर्त्तन रोग ; इसमें आपसे आप और अनियमित रूपसे अंग फड़का करते हैं।

Chorion (kó-re-on). The external membrane of the fetus. भ्रूणका वाह्यावरण।

Choroid. The membrance of the eye, immediately internal to the sclerotic. चक्षु कृष्णपटल।

Choroideremia (ko-roid-er-e-me-ah). Absence of the choroid. कृष्ण-पटल-हीनता।

Choroiditis (ko-roid-i'-tes). Inflammation of the choroid. चक्षु कृष्ण-पटलका प्रदाह।

Choromania. A hysteric disease, causing dancing mania. नर्त्तनोन्माद ; एक प्रकारका उन्माद इसमें रोगी नाचता है।

Chromatelopsia (kro-mat-el-op-se-ah). Imperfect vision for colours. रंगोंका स्पष्ट दिखाई न देना।

Chromatic (kro-mat-ik). Relating to colour ; hairing colour. रङ्ग-सम्बन्धी या रंगीन।

Chromatism (kró-ma-tizm). Abnormal pigmentation. रङ्गका अस्वाभाविक होना।

Chromatopsia (kro-mat-op-se-ah) Abnormal sensation of colour. रंगोंको अस्वाभाविक अनुभूति।

Chromaturea (kro-mat-u-re-ah). Abnormal staining of the urine. पेशाबमें अस्वाभाविक रंग आ जाना।

Chromidrosis (kro-mid-ró-sis). The secretion of coloured sweat. रंगीन पसीना निकलना।

Chromium (kró-me-um). A metallic element, extracted from lead or iron. एक धातु-तत्व जो सीसा या लोहामें निकलता है।

Chromocyte (kró-mo-sit). A coloured cell. एक प्रकारका रंगीन कोष।

Chronic (kroń-ik). Long continued ; lasting a long time. पुराना ; बहुत दिनोंका स्थायी।

Chronograph (cró-no-graf). An instrument for recording small interval of times. क्षुद्र समयान्तर निरूपक यंत्र।

Chronopathy (cro-nop-a-the). A chronic disease. एक पुराना बीमारी।

Chrotoplast (cró-to-plast). A cell taking part in the formation of the integuments. त्वचा निर्णायक कोष ; एक कोष जो त्वचाके बनानेमें लगा रहता है।

Chthonophagia (thon-o-fā-je-ah), A strong desire to eat earthy matter. मिट्टी खड़िया प्रभृति खानेकी अत्यधिक वासना।

Churning sound. A sound, such as is made by a churn, heard within the chest, when there is a liquid effusion into the pleura. फुसफुसावरणमें कलल रहनेपर एक प्रकारकी मथनेकी तरहकी आवाज सुन पड़ती है, वही आवाज ; मन्थन-शब्द।

Chylangioma. A tumor of lymph-vessels containing chyle. लसिकावाहिनियोंका पयोरस पूर्ण अर्बुद।

Chyle (kil). The milk-like fluid found in the lacteals during digestion and formed by the action of the pancreatic juice and the bile on the chyme. एक प्रकारका दूधकी तरहका तरल रस ; पित्त और पाचक रसकी क्रियाके कारण ठीक-ठीक न पचा, खाया हुआ पदार्थ, दूधकी तरह सफेद पदार्थमें परिणत हो जाता है ; अन्नरस, पक्वरस, पयोरस।

Chylemia (ki-lé-me-ah). The presence of chyle in the blood. रक्तमें पयोरसकी उपस्थिति।

Chyliferous (ki-lif-er-us). Bearing chyle. पक्वरसवाही ।

Chylopoietic (ki-lo·poi-et-ik). Chyle-producing. पयोरस उत्पन्नकारक ।

Chylous (ki'-lus). Of the nature of chyle. पक्वरसकी प्रकृतिका ; अन्न-रसाधिक्य पूर्ण ।

Chylurea (ki-lú-re-ah). The presence of chyle in the urine. दुग्ध-मूत्र ; दूधकी तरह सफेद पेशाब होनेकी बीमारी ।

Chyme (kim). The pulpy mass of partially digested food in the small intestines after its passage from the stomach ; the food that has gone gastric but not intestinal digestion. आमाशयकी क्रिया-द्वारा माँडकी तरह हो गया हुआ अधपचा भुक्त पदार्थ ; वह खाद्य जिसपर पाकाशयकी क्रिया हुई है, पर अंत्राशयकी क्रिया नहीं हुई है ; आमरस ।

Cicatrix (sik-á-triks). The mark of a wound. क्षत्-चिह्न ; घाव या जखमका दाग ।

Cicatrization (sik-at-riz-á-shun). The process of healing. आरोग्य-प्रणाली ।

Cicatrize (sik-tŕ-riz). To heal. आरोग्य करना ।

Cilia (sil e-ah). The eyelashes. (१) बरोनी । 2. Hair like processes of certain cells. (२) कितने ही कोषोंका केशकी तरह प्रवर्द्धन ।

Ciliary (sil-e-a-re). Pertaining to cilia. चक्षु-पट सम्बन्धीय ; पलक सम्बन्धीय । **C. Arteries,** the branches of the ophthalmic artery which supply the parts of eye-ball except the retina. माण्डलिक नाड़ी । **C. Neuralgia.** the pain of the eyes. आँखका स्नायुशूल । **Ciliary body,** the ciliary muscles and processes. उपताराणुमण्डल ।

Cilium (sil-e-um). One of the eye-lashes. चक्षु-पक्ष्म ; बरोनी ; पपनी ।

Cillosis (sil-ó-sis). A spasmodic trembling of the upper-eyelid. ऊपरी पलकका आक्षेपिक कम्पन ।

Cinchona (sin-kó-nah). A genus of trees, the bark of which yields quinine. एक प्रकारका वृक्ष ; इसकी छालसे क्विनिन उत्पन्न होता है ।

Cinclisis (sin-klis-is). Rapid movement or any rapid twitching of any part of the body. तीव्र गति या फड़कनकी गति ।

Cinerea (sin-é-re-ah). The gray matter of the nervous system. स्नायु-मण्डलका भस्मरूपी पदार्थ ; स्नायुके भीतरका खाकी रङ्गका पदार्थ ।

Cineritious (sin-er-ish-us). Ashy. खाकी ; भस्मरूपी ।

Cinetica (sin-et-ik-ah). Neurosis with muscular spasm. मांसपेशिक अकड़नके साथ स्नायु-रोग।

Cinnabar (sin-ab-ar). Red mercuric sulphid. हिङ्गुल ; सिन्दूर।

Cionectomy (si-on-ek-to-me). Excision of the uvula. शुंडिकामें नश्तर ; उपजिह्वाका नश्तर।

Circinate (ser-sin-at). Circular ring shaped. चक्राकार ; अंगूठीकी शक्लका ; मध्याग्र।

Circle (ser kl). A ring. एक चक्कर ; वृत्त ; परिधि।

Circulation(ser-ku-lá-shun). Movement in a circle or through a circular coarse. चक्करके आकारमें गति ; चक्रके रूपमें गति। **C. Blood**, the circulation of the blood from the heart through the arteries, capillaries and veins, back again to the heart. हृत्पिण्डसे निकलकर धमनी, केशिका तथा शिराओंकी राहसे हृत्पिण्डमें रक्तका लौट आना ; रक्त-चलन ; खूनका दौरान।

Circulatory system. The system of the animal body, consisting of the heart, arteries and veins etc. through which the blood circulates. रक्त-वाहक संस्थान।

Circulus (ser-ku-lus). A circle. गोलाकार।

Circumcision (ser-kum-sizh-un). The operation of the fore-skin or prepuce. लिङ्गाग्र-चर्मका काट निकालना ; लिङ्गाग्र त्वकच्छेदन।

Circumclusion (ser-kum-klú-zhun). Arterial compression by means of a wire and a pin. तार और आल्पीनके द्वारा धमनीको दबा रखना।

Circumduction (ser-kum-duk-shun). Movement of a part in a circular direction. चक्राकार गति ; चक्कर खाना।

Circumflex (ser-kum-flex'). Describing an arch of a circle, noting several anatomical structures—arteries, veins, nerves and muscles. घूर्णित मण्डलाकारमें वक्र—शरीर. धमनी, शिरा तथा स्नायु और मांसपेशियोंके सम्बन्धमें कहा जाता है ; महराबदार।

Circumscribed (ser-kum-skribed). To be enclosed within a boundary or limit. सीमा-वेष्टित ; घिरा हुआ।

Circumvallate (sér-kum-val-at). Surrounded by a wall. प्राचीर-वेष्टित। **C. Papillæ**, large papillæ on the dorsum of the tongues. जीभकी पीठ पर बड़े-बड़े दाने।

Circumvascular (ser-kum-vas-ku-lar). Surrounding any vessels, especially a blood vessel. किसी रक्तवाहिनीको घेरे रहनेवाला।

Cirrhonosus (sir-oń-o-sus). A disease of the fetus marked by a yellow staining of the peritoneum and pleura, अन्त्रावरक झिल्ली तथा फुस्फुसावरक झिल्लीपर पीला रंग पैदा कर देनेवाली एक भ्रूणकी बीमारी।

Cirrhosis (si-ró-sis). Hardening due to an increase in the connective tissues of an organ. किसी यंत्रके संयोजक तन्तुओंकी वृद्धिके कारण कड़ापन ; दृढ़-संहृति ; घनत्व ; प्रवेणिका। **C. Atrophic,** cirrhosis associated with atrophy. क्षीणता सम्मिलित प्रवेणिका। **C. Biliary,** cirrhosis due to chronic retention of bile. पुरानी पित्त-रोधकी बीमारीके कारण कड़ापन आ जाना।

Cirsocele (sír-so-sel). A varicocele ; a dilatation of the urine or the spermatic cord, marked by a swelling and slight pain. शिरार्बुद ; शुक्र-रज्जुकी शिराओंका प्रसारण.इसमें सूजन और थोमा दर्द रहता है।

Cirsomphalos (sur-soḿ-fa-los) The presence of varicose veins around the umbilicus. नाभिके चारों ओरकी शिरा-स्फीतिकी उपस्थिति।

Cissa (siś-ah). A craving for unusual articles of food, generally seen in the pregnancy. गर्भावस्थामें अस्वाभाविक खाद्यकी ओर अत्यधिक रुचि।

Cistern (sist-ern). A dilatation ; a reservoir. एक प्रसारण ; एक हौज।

Clamp (klamp). A surgical device of effecting compression. कीलक ; दबाव डालनेवाला एक यंत्र।

Clap (klap). Gonorrhoea. सुजाक ; प्रमेह। **C. Threads,** slimy and stringy matter in gonorrhoeal urine. सुजाकके रोगियोंके पेशाबमें प्राप्त एक लसदार और सूतकी तरह पदार्थ।

Clarification (klaŕ-if-ik-á-shun). The clearing of a liquid of impurities. किसी अस्वच्छ तरलके शोधनकी प्रक्रिया।

Clasmatocyte (klas-maṫ-o-sit). A large connective tissue cell which shows a tendency to break into pieces. एक वृहत संयोजक कोष-तन्तु जिसकी खण्ड-खण्ड होनेकी ओर प्रवत्ति रहती है ; वृहत भंग-प्रवण कोष।

Classification (klas-if-ik-á-shun). Systematic arrangement. श्रेणी विभाग।

Claudication (klaw-dik-á-shun). Lameness. खंजता ; लङ्गड़ापन।

Claustrophobia (klaws-tro-fó-be-ah). Morbid dread of an inclosed space. किसी बन्द स्थानका भयङ्कर भय।

Clavicle (klav'-ik-l). The collar-bone. अक्षक ; हँसली ; कण्ठास्थि।

Clavicular (kla-vik-u-lar). Pertaining to the clavicle. कण्ठास्थि-सम्बन्धीय।

Clavus (klá-vus). A tumor ; a corn of the toes. एक अर्बुद ; गट्टा ।

Cleansings (klenz'-ings). The lochia. प्रसवान्तिक स्राव ।

Cleft (kleft). A crevice. एक फटा घाव ; दरार ।

Cleido. A prefix, relating to clavide. कण्ठास्थिसे सम्बन्ध-द्योतक एक उपसर्ग ।

Climacteric (kli-mak-ter-ik). A critical period in life वयः सन्धिकाल; **C. Grand**, the sixty-third year. तिरसठवाँ वर्ष ।

Climatology (kli-mat-ol o-je) The science of climate. जलवायु-विज्ञान ।

Climax. The crisis of a disease or its utmost violence. रोग वद्धिको चरम सीमा ।

Clinic (klin-ik). Instruction at bed-side. रोगीके शय्या-पार्श्वमें ही हुई रोग-सम्बन्धी शिक्षा ।

Clinical (klin-ik-al). Pertaining to a clinic or to thebed-side. रोगीके शय्या-पार्श्वमें दिये उपदेश-सम्बन्धीय ।

Clinodactylous. Having an abnormal flexure of fingers or toes. अंगुलीमें या अंगूठेमें अस्वाभाविक झुकाव ।

Clinoid (kli-noid). Resembling a bed. शय्याके आकारका । **C. Processes** certain processes of the sphenoid bone. कीलकास्थिके कितने ही प्रवर्द्धन ।

Clition (klit-e-on). The mid-point of the anterior border of the clivus. कण्ठास्थि सम्मुख सोमाका मध्य-स्थल ।

Clitoris (klit-or-is). An organ of the female homologous with the penis in the male. भगांकुर ।

Clitorism (klit-or-izm). Hypertrophy of the clitoris. भगांकुरकी वृद्धि ।

Clitoritis (klit-or-i'-tes). Inflammation of the clitoris. भगांकुर-प्रदाह ।

Clivus (kli'-vus). A slope. ढालवाँ स्थान ।

Cloaca (klo-á-kah). (1) An opening in a diseased bone, किसी रुग्न-अस्थिका मुख । (2) A cavity containing pus. पीव भरा गह्वर । (3) Common outlet to rectum and bladder. मलान्त्र और मूत्राशय-वहिर्द्वार ।

Clonic (klon-ik). Pertaining to or of the nature of clonus. क्षणिक । किसी अंगका जल्दी-जल्दी सिकुड़ना और ढोला पड़ना ।

Clonic Spasm. Not permanently rigid, lent with alternation of relaxation. क्षणिक संकोचन ; एक बार सिकुड़ना फिर ढोला पड़ना ।

Clonus (kló-nus). Spasm in which rigidity and relaxation succeed each other. क्षणिक संकोचन ; एक प्रकारकी अकड़न, इसमें शरीरमें कड़ापन और ढोलापन पर्यायक्रमसे आता है ।

Clownism. The histeric display of contortions and poses. आक्षेप, अकड़न ।

Club-foot. See Talipes. पैरोंका टेढ़ा हो जाना ।

Club-shaped. Shaped like a heavy stiff piece of wood. गदाकार; लकड़ीके कुंदेकी तरह कड़ा पड़ा हुआ और भारी ।

Clunium (klu'-ne-um). The buttock. चूतड़ ।

Clyster (klis-ter). An injection into the rectum; an enema. मलद्वारमें पिचकारी ।

Cnemial (né-me-al). Pertaining to the tibia or shin. जंघास्थि या जंघा-सम्मुखास्थि सम्बन्धी ।

Cnemis (né-mis). The tibia or shin bone. जंघास्थि या जंघाका सामनेवाला अस्थिमय अंश ।

Cnemoscoliosis (ne-mo-sko-le-ó-sis). Lateral curving of the leg. पैरका पीछेकी ओर टेढ़ा पड़ जाना ।

Cnidosis (ni-dó-sis). Urticaria. आमवात ; शीत-पित्त ; जुल-पित्ती ।

Coagulation (ko-ag-u lá-shun), A clotting. जमना ; गाढ़ा होना ; थक्का बांधना ।

Coagulative (ko ág-u-la-tiv). Promoting a process of coagulation. जमनेकी प्रक्रिया बढ़ानेवाला ।

Coagulum (ko-ag-u-lum). A clot or mass of thickened blood. गाढ़े हुए रक्तका थक्का ।

Coalescence (ko-al-es-ens). The union of two or more parts. दो या अधिक अंशोंका सम्मिलित होना या जुड़ जाना ; संयोग-सम्मिलन ।

Coaptation (ko-ap-tá-shun). The fitting together or adjustment of displaced parts, as of the ends of the fractured bone. स्थान-च्युत अंशका ठीक-ठीकाने मिलाना ; जिस तरह टूटी हड्डी प्रभृतिका जोड़ लगा देना ।

Coarctation. The compression of the walls of a vessel. किसी रक्त-वाहिनी-प्राचीरका संपीड़न या दबाव पड़ना ।

Coarse (kors). Not fine, gross. रुखड़ा खुरखुरा ।

Coat (kot). The membrane covering a part. आवरण ; किसी अंशकी आवरक झिल्ली ।

Cocaine (ko-ká-in). An alkaloid from coca. कोकाका उपक्षार ।

Cocainomania (ko-kan-o-má-ne-ah). Mania from excessive use of cocaine. अत्यधिक कोकेन सेवनके कारण चित्त विभ्रम ।

Coccidium (kok-sid'-e-um). A kind of Protozoa. एक प्रकारका कीटाणु ।

Coccus (kok-us). A cell. एक कोष । Pleural cocci.

Coccyalgia (kok-se-al-je-ah). Pain in the coccyx. गुदास्थिमें दर्द ।

Coccydynia (kok-se-din-e-ah). Pain in the coccyx, occurring especially in women. गुदास्थि-शूल ; गुदास्थिका दर्द, यह विशेषकर स्त्रियोंको होता है ।

Coccygeal, Coccygean (kok-sij'-e-al-kok-sij'-e-an). Relating to the coccyx. गुदास्थि सम्बन्धी । **C. Gland.** a small body near the end of the coccyx. गुदास्थिके पासका एक छोटा अंश ; गुदास्थि-ग्रन्थि ।

Coccygodynia (kok-sig.o-din-e-ah). Pain in the coccyx. गुदास्थिका दर्द ।

Coccyx (kok-siks). Extremity of the vertebral column ; tailbone. गुदास्थि ; पिकचंचु अस्थि ।

Cochin Leg. Elephantiasis. फील-पाया ।

Cochlea (kok-le-ah). Cavity of the internal ear. कम्बु ; कर्ण-कम्बु ।

Cochlear (kok-le ar). Relating to the cochlea. कर्ण-कम्बु सम्बन्धीय ।

Cochleare (kok-le-ar), A spoon. चम्मच ।

Cochlitis (kok-li'-tis). Inflammation of the cochlea. कर्णकम्बुका प्रदाह ।

Codein. A white or whitish alka-loid, derived from opium. अफीमका उपक्षार, यह मारफियासे कमजोर होता है ।

Coffeurin (kaf-u'-rin). A sub-stance found in the urine after excessive use of coffee. अत्यधिक काफी व्यवहारके कारण मूत्रमें मिलनेवाला एक प्रकारका पदार्थ ।

Cohabitation (ko-hab-it-á-shun). Coition. मैथुन ।

Coil (koil). A spiral.कुटल; चक्करदार । **C. Gland,** a sweat, gland. पसीनेकी ग्रन्थि ; स्वेद-ग्रन्थि ।

Coin-sound or Test. The sound produced in pneumothorax by striking with another coin, a coin placed flat upon the chest. फुसफुसमें वायु-संचय होनेपर एक तरहकी ऐसी आवाज जो वक्ष-परीक्षाके समय आती है, मानो किसी एक सिक्केपर दूसरा रखकर ठोंका जाता है ।

Coition, Coitus (ko-ish-un, kó-it-us). Act of venery ; copulation. स्त्री-संगम मैथुन ।

Coitophobia (ko-it o-fo'-be-ah). Morbid dread of coition. मैथुनका अत्यधिक भय ।

Colature (kol-at-ur). A liquid obtained by straining. वेग देनेपर निकलनेवाला एक तरल ।

Colauxe (kol-awk-se). Dilatation of colon. बृहदन्त्रका प्रसारण ।

Cold (kold). Coryza ; catarrh of the respiratory tract. सर्दी ; श्वास-यंत्रोंकी सर्दी ।

Colectomy (ko-lek-to-me). Excision of a portion of colon. वृहदन्त्रके किसी अंशका छेदन।

Coleocele (kol-e-o-sél). Vaginal hernia. योनि-सम्बन्धी अंत्र-वृद्धि।

Coleocystitis (kó-le-o-ses-ti'-tes). Inflammation of the vagina and bladder. योनि-मूत्राशय प्रदाह।

Colic (kol-ik), Pertaining to the colon. वृहदन्त्र-सम्बन्धी। 2. Acute abdominal pain. नया उदर-शूल ; अंत्र-शूल ; शूलका दर्द। **C. Biliary,** pain due to the passage of a gall-stone along the bile-duct. पित्त-शूल ; यह पित्त प्रणालीमें पथरी हो जानेके कारण होता है। **C. Bilious,** abdominal pain accompanied by the vomiting of biles. पित्त-शूल ; इसमें पित्तके वमनके साथ उदरमें दर्द होता है। **C. Lead,** that which is due to lead poisoning. सीसेका बिष फैलनेके कारण शूलका दर्द। **C. Menstrual,** severe abdominal pain at the menstrual period. ऋतु-शूल ; मासिक आर्त्तव-स्रावके समय होनेवाला उदर-शूल। **C. Renal.** pain produced by the passage of stone along the ureter. मूत्रनलीसे पथरी निकलनेके कारण दर्द ; पथरीका शूल।

Colicoplegia (kol-ik-o-ple-je-ah). Lead-colic and lead paralysis together. सीसक-शूल और सीसक-पक्षाघात सम्मिलित।

Colicystitis. Cystitis from the colon-bacillus. वृहदन्त्र कीटके कारण मूत्राशय प्रदाह।

Colitis (ko-li-tis). Inflammation of the colon. वृहदन्त्रका प्रदाह।

Collapse (kol-aps). Failure of vitality ; sinking. हिमाङ्ग ; पतनावस्था अवसन्नता।

Collilongus. The longus colli musle. बृहदन्त्र पेशी।

Colliquative (kol-ik-wa-tive). Excessive. अत्यधिक।

Colloid (kol-oid). Glutenous or resembling glue. लसदार ; गोंदकी तरह। **C. Cyst,** a cyst with jelly-like contents. एक प्रकारका अर्बुद, जिसमें चाशनीकी तरह रस रहता है।

Colloma (kol-ó-mah). A cancer whose degenerated substance has assumed a glue-like character. एक प्रकारका कर्कट रोग जिसमें गोंदकी तरह लसदार पदार्थ पैदा हो जाता है।

Collum (kol-um). The neck. ग्रीवा ; गर्दन।

Collutorium (kol-u-tó-re-um). A mouth wash. एक मुँह धोनेका पदार्थ।

Collyrium (kol-ir-e-um). A lotion for the eyes. आँख धोनेकी दवा।

Coloboma (kol-o-bó-ma). A congenital fissure of any part of the eye. चक्षु-शोष।

Coloclyster (kó-lo-klis-ter). An enema thrown into the colon. वृहदन्त्रका धोनेकी वस्ति-क्रिया ।

Coloenteritis (ko-lo-en-ter-i'-tis). Inflammation of the small intestines and colon. क्षुद्र तथा वृहदन्त्रका प्रदाह ।

Colon (kó lon). That part of the large intestine which extends from the cecum to the rectum. वृहदन्त्र ; बड़ी आंतका वह भाग जो मलांत्रसे अन्धांत्रतक रहता है । C. **Ascending**, the portion of the colon in the right side, going cephalad from the cecum. उद्गगामी वृहदन्त्र । C. **Descending**, the part of the colon on the left side, between the transverse colon and the sigmoid flexure. अधोगामी वृहदन्त्र । C. **Transverse**, the part of the colon which goes transversely across the upper part of the abdomen from right to left. अनुप्रस्थ वृहदन्त्र ।

Colonic (ko-loń-ik). Relating to the colon. वृहदन्त्र सम्बन्धीय ।

Colonitis (ko-lon-i'-tes). Inflammation of colon ; colitis. वृहदन्त्र-प्रदाह ।

Coloproctitis (ko-lo-proḱ-ti-tis). Inflammation of the colon and rectum. वृहदन्त्र तथा मलांत्रका प्रदाह ।

Coloptosis (ko-lop-tó-sis). Prolapse of the colon. वृहदन्त्रकी स्थानच्युति, बड़ी आंतका अपनी जगहसे हट जाना ।

Color (kol-or). The tint or hue of any object. वर्ण ; रङ्ग । C. **Blindness**, diminished ability to perceive differences of colour. वर्णान्धता ; रंगोंका प्रभेद ठीक-ठीक अनुभव न होना ।

Colorectostomy (ko-lo rek-toś-to-me). The formation of a fistula between the rectum and colon. वृहदन्त्र तथा सरलान्त्रके मध्यमें दरार बना देना ।

Colostomy (ko-loś-to-me). The formation of a permanent artificial opening in the colon ; artificial anus. वृहदन्त्रमें कृत्रिम वहिद्वार बना देना ; कृत्रिम मलद्वार बनाना ।

Colostration (ko-los-trá-shun). An illness of an infant caused by colostrum. प्रसवके बाद प्रथम बारके दूधके कारण नवप्रसूत शिशुका रोग ।

Colpeurysis (kol-pú-ri-sis). Dilatation of the vagina. योनि-पथ-प्रसारण ।

Colpitis (kol-pi-tis). Inflammation of the vagina. योनि-प्रदाह ।

Colpocele (kol-po-sel). A tumor in the vagina. योन्यर्बुद, योनिका अर्बुद ।

Colpocystitis (kol-po-sis-ti'-tis). Inflammation of the vagina and of the bladder. योनि तथा मूत्राशय-प्रदाह ।

Colpohysterectomy. Removal of the uterus through the vagina. योनिपथकी राहसे जरायुका निकाल लेना ।

Colpoptosis (kol-po-tó-sis). Prolapse or falling of the vagina. योनिकी स्थान-च्युति ।

Colporrhagia (kol-por-á-je-ah). Vaginal hemorrhage. योनिसे रक्त-स्राव ।

Colporrhaphy (kol-pór-af-e). Suture of the vagina. योनि-वर्त्मके क्षतके दोनों किनारोंका सिलाई कर मिला देना ।

Colposcope (kol-po-skop). An instrument for visual examination of the vagina. योनिवर्त्मका प्रत्यक्ष-परीक्षायंत्र ।

Colpostenosis (kol-po-sten-o-sis). Narrowing of vagina. योनिपथका संकरा पड़ जाना ; योनि-संकीर्णता ।

Columella (kol-u-mal-ah). A small column. एक छोटा स्तम्भ । (2) A bone in birds which takes the place of the ossicles of the ear in man. चिड़ियोंमें होनेवाली एक हड्डी जो मनुष्यके कर्ण-शंकुलीकी तरह होती है । **C. Nasi**, the nasal septum. नाककी दीवारकी हड्डी ।

Column (kol-um). A pillar or pillar like part. एक स्तम्भ या स्तम्भाकृतिवाला अंश ।

Columnæ carneæ (kol-um-ne kar-ne-e). Muscular projections from the cardiac ventricles. मांस-स्तम्भ ; दाहिने ग्राहक कोष्ठका मांस-स्तम्भ ।

Colytic (kol-it-ik). Restraining. संयमनकारी ।

Coma (kó-mah). A profound stupor ; lethargy ; sleepiness. अचेतन निद्रा ; बेहोशी ; तन्द्रा ।

Comatose (kó-mat-os). Affected with coma, in a condition of coma. विह्वल ; अचेतन ।

Combustion (kom-bus-chun). Burning ; rapid oxidation with emission of heat. जलन ; दहन ।

Comedo (kom-e-do). A black head. शरीर परका तिल ।

Comes (kó-mez). An artery or vein which accompanies a nerve trunk. स्नायु-शरीरसे सम्मिलित होनेवाली धमनी या शिरा ।

Comma-bacillus. The spirillum of Asiatic cholera. हैजाके कीटाणु, इनका आकार अङ्गरेजीके स्वल्प-विराम चिह्न (,) की भाँति होता है ।

Comminuted (kom-in-nu-ted). Broken or crushed into pieces. टूटा या चुर-चुर किया हुआ ; अस्थिचूर्णावस्था ।

Comminution (kom-in-u-shun). The act of breaking into small fragments. चूर्ण करना ; विचूर्ण बनाना ।

Commotio (kom-o'-she-o). Concussion, motion. विकम्पन ; संघात ; गति ।

Commutator. An instrument for reversing electric currents. विद्युत-प्रवाहका दिशा-परिवर्त्तक यंत्र ।

Comose (ko'-mos). Having much hair. अति केश-सम्पन्न ।

Compact (kom pakt). Dense ; having a dense structure. घना ; घनी बनावटवाला ; जमा ।

Compatible (kom-pat-ib-l). Capable of existing together. एक साथ जीवित रहने योग्य ; वह दवा जो एक साथ मिलनेपर भी गुणमें अन्तर नहीं पैदा करती ।

Compensating (kom-pen-sa-ting). Making amends for. प्रतिकारक ; क्षति-पूरक ।

Complemental, Complementary (kom-ple-men-tal, kom-ple-men-ta re). Supplying a defect ; making complete ; accessory. अनुपूरक ; पूरक ,सहायक ।

Complex (kom-pleks).Not simple ; complicated. विषम ; अ-सरल ; जटिल ।

Complexus (kom-pleks-us). The totality of the symptoms of a disease.रोग लक्षण-समष्टि । C.Muscle, the broad muscle of the back of the neck. पश्चाङ्-ग्रीवा पेशी ।

Complication, The co-existence of two or more symptoms, which modify each other, without being in their nature inseperable. उपसर्ग ; रोगके जटिल उपसर्ग ।

Composition (kom-po-zish-un). A compound or composition of different things. मिश्रण; मिश्र-पदार्थ ; विभिन्न पदार्थोंका सम्मिश्रण ।

Compound (kom-pound'). To mix or unite two or more ingredients in one mass or body, or a mass or body resulting from such a mixture. मिश्रण करण ; मिलाना ; मिश्र, संश्लिष्ट ।

Compress (kom-press). Folded cloth, used in dressing wounds. गद्दी ; पट्टी ।

Compressible. Capable of being compressed. चाप्य ; संपीड्य ।

Conarium (ko-ná-re-um). The pineal gland of the brain. सहस्रार ।

Concave (kon-kav). Presenting a hollow incurvation. नतोदर, न्युब्ज ।

Concavity (kon-kav'-it-e). A depression. अवसाद ।

Concentrated (kon-sen-tra-ted). Brought to a common centre ; made stronger or purer. समाहृत ; दृढ़ाकृत ; स्वच्छीकृत ।

Concentration (kon-sen-trá-shun). Increase in strength by evaporation. समाहरण, वाष्पीकरण द्वारा किसी ओषधिकी शक्ति वृद्धि करना।

Concentric (kon-sen-tric). Having a common centre. समकेन्द्रिक।

Conception (kon-sep-shun). The act of conceiving in the womb. गर्भ-धारण ; गर्भ-सत्ता।

Concha (kong-kah). 1. The outer ear. वाह्य-कर्ण। 2. The turbinated bone. नासास्थि। C. **Labyrinthis**, the cochlea. कर्णशङ्कुली।

Concoction (kon-kok-shun). 1. The boiling of two substances together. दो पदार्थोंको एक साथ उबालना। 2. The digestive process. पाचन-प्रणाली।

Concomitant (kon-kom-it-ant). Accessory ; joined with another, accompanying symptoms. सहायक ; किसी अन्यसे सम्मिलित ; सहकारी लक्षण।

Concrete (kon-kret). Condensed ; made solid. घनी-कृत ; जमाया हुआ ; जमा।

Concubitus (kon-kú-bit-us). Copulation. संयोग ; रति-क्रिया ; सुरत।

Concussion (kon-kush un). Violent jar or shake. विकम्पन। **C. of the brain,** shock or agitation of the brain. मस्तिष्क-विकम्पन रोग।

Condensation (kon-den-sá-shun). The act of making denser. गाढ़ा करना ; घनी-करण।

Condensing Ostitis. Inflammation of bone, with hardening. अस्थि-प्रदाह, जिसमें कड़ापन भी सम्मिलित रहता है।

Condom (kon-dum). A cover of the penis worn during coitus to prevent impregnation or infection. खोल, एक प्रकारकी खोल जो सङ्गम-कालमें गर्भ या रोग-संस्पर्शसे रक्षाके लिये पहन ली जाती है।

Conductance (kon-duk-tans). Capacity for conducting. चालकता।

Condyle (kon-dil). A rounded eminence of the bone. हड्डीका गोल सिरा ; अस्थि-मुण्ड।

Condylectome (kon-dil-ek-to-me). Surgical removal of condyle. अस्थि-अग्र-प्रवर्द्धनका छेदन ; किसी हड्डीके गोल सिरेमें नश्तर देना।

Condyloma (kon-dil-ó-mah). A wart-like growth or tumour. गण्ड, मसा, अर्बुद ; कोट ; श्लैष्मिक बटी।

Cone (kon). A solid figure or body, with circular base and tepering to the point. सूई, सूची ; बत्ती, सलाई ; सूच्याकार शंकु। Cone of light. प्रकाश-शंकु।

Confertus (kon-fer-tus). Confluent, close together. सम्मिलित ; सहचारी।

Confinement (kon-fiń-ment). The period of parturition. प्रसवावस्था ।

Conformation (kon-for-má shun). The natural shape. स्वाभाविक आकार ।

Confrontation (kon-frun-tá-shun). The bringing of two patients together for diagnostic purpose. दो रोगियोंका रोग-निर्णयके लिये साथ लाना ।

Congelation (kon-jel-á-shun). Frost-bite or freezing. बरफ लगना, जमना ।

Congenital (kon-jeń-it-al). Existing at birth; innate. जन्मगत, आजन्म ।

Congested (kon-jeś-ted). Hyperemic. रक्त-पूरित ।

Congestion (kon-jeś-chun). Excessive accumulation of blood in any part. किसी अंशमें रक्तका बहुत अधिक जमा होना ; रक्ताधिक्य ; रक्त संचय ।

Conglutinant (kon-glú-tin-ant). Promoting union संयोजक ।

Conglutination (koń-glu-tin-á-shun). The abnormal adherence of parts to each other. अस्वाभाविक संयोजन ; किसी अंशका आपसमें अस्वाभाविक रूपसे जुड़ जाना ।

Conjugate (koń-ju-gat). Paired, coupled. जोड़ा ; बन्द ।

Conjugation (kon-ju-gá-shun). A form of cell division. एक प्रकारका कोष-विभाजन ; संगम ।

Conjunctiva (kon-jungk-tiv-ah). Mucous membrane of the eye. चक्षु-श्वेत-पटल ; योजक त्वचा ; आंखकी श्लैष्मिक-झिल्ली ।

Conjunctivitis (kon-jungk-tiv-i'-tis). Inflammation of conjunctiva. चक्षु श्वेत-पटल-प्रदाह ; चक्षु-प्रदाह ; आँखका उठना ।

Connate (koń-at). Congenital. आजन्म । 2. United. सम्मिलित ।

Connective (kon-eḱ-tiv). The fleshy part that unites the two lobes of another; connecting. दो मांस-खण्डके बीचका अंश जो आपसमें उन्हें मिलाता है ; संयोजक ।

Consanguinity (kon-san-gwiń-it-e). Blood relationship. रक्त-सम्बन्ध ।

Consistency (koń-sis-tency). The density or hardness. घनत्व या कड़ापन ।

Consolidation (kon-sol-id-á-shun). Solidification. घनत्व प्राप्ति ; कड़ापन आ जाना ; फुसफुस-प्रदाहमें ऐसा हो जाता है ।

Constant (koń-stant). Fixed, स्थिर ; अपरिवर्त्तनशील ।

Constipation (kon-sti'p-á-shun). Costiveness; confinement of bowels. कोष्ठ-काठिन्य ; कब्ज ।

Constitutional Disease. Inherited disease. धातुगत रोग ; वंशागत रोग ।

Constricted (koń-strikt-ed). Drawn together in a part. संरुद्ध ; किसी एक ही अंशमें आकर्षित ।

Contrictes. A contracting muscle. आकर्षणी पेशी ।

Constringent (kon-strin-jent). सङ्कोचक ; कब्ज करनेवाला ; मल-रोधक ।

Consultant (kon-sul-tant). A consulting physician. एक परामर्शदाता चिकित्सक ।

Consultation (kon-sult-á-shun). A deliberation of physcians with respect to the diagnosis or treatment of any particular patient. किसी विशेष रोगोकी चिकित्सा या रोग-निर्णयके सम्बन्धमें कई चिकित्सकोंका आपसमें परामर्श ।

Consumption (kon-sump-shun). Phthisis ; wasting disease ; atrophy. यक्ष्मा ; क्षय रोग ; क्षीणता ।

Contagion (kon-tá-jun). Infection of disease by contact. संक्रामक रोग ; स्पर्शाकमण ।

Contagious (kon-tá-jus). Capable of being transmitted by direct or indirect contract. संक्रामक ; छुतहर ।

Contagium (kon-tá-je-um). Any virus or morbific matter which may transmit a disease. कोई विष या रोगात्मक पदार्थ जो रोग उत्पन्न करता है ।

Contamination (kon-tam-in-á-shun). Infection by contact. स्पर्श-दोषसे रोग ; स्पर्श-संक्रमण ।

Gontiguity (kon-tig-ú-it-e). Uninterrupted connection, अविच्छिन्न अनुवृत्ति , क्रमानुवृत्ति ; क्रमागतत्व ।

Contorted (kon-tor-ted). Twisted. आकुञ्चित ; मरोड़ खाया हुआ ।

Contraceptive (koń-trah-sep-tiv). Any thing used to prevent contraception. स्पर्श निवारणके लिये व्यवहृत कोई पदार्थ ; स्पर्श-रोधक ।

Contract (kon-trakt). To draw the parts together. किसी अंशको एक साथ सम्मिलनके लिये खींचना ; मरोड़ ।

Contra-lateral (kon trah-lat-er-al) Assosiated action with a similar part or of an opposite side. विपरीत ओरकी या किसी समान अंशकी क्रियामें सम्मिलित ।

Contre-coup (kong-tr-koo). Fracture or injury, usually in a part distant from that which received that blow. तत् प्रत्यभिघात ; जिस स्थानपर चोट आयी हुई हो उससे कुछ दूरके स्थानपर फट जाना या आघात प्राप्ति होना ।

Contrusion (con-trú-shun). A condition in which teeth are crowded. एक अवस्था जिसमें दांत सब एकत्र हो जाते हैं ; दांती लगना ।

Contusing (kon-tūz-ing). Bruising. कुचलना ; कुटना ; रगड़ना ; पिसना ।

Contusion (kon-tú-zhun). A bruise. निष्पेषण ; कुचल जाना ; कुचले घाव ।

Conus (kó-nus). A cone. एक सलाई । **C. Arteriosus**, the upper and anterior angle of the right ventricle of the heart हृद्पिण्डके दाहिने ग्राहक-कोष्ठका ऊपरी और पश्चाद् कोण । **C. Medullaris.** सुषम्ना-शंकु ।

Convalescence (kon-val-és-ens). The stage of recovery following an attack of disease. रोगके बादकी आरोग्योन्मुखी अवस्था ; रोगके बादकी दुर्बलता ।

Convergence (kon-ver-jens). A coming together. एक बिन्दु या वस्तुकी ओर उन्मुखता ।

Convex (kon-veks). Curved outward on the external surface. उन्नतोदर ।

Convexoconvex (kon-veks o-convex). Convex on both faces. दोनों तरफ उठा हुआ ; युगलोन्नतोदर ।

Convolution. Rolled together or one part on another. उपवर्त्तिका ।

Convulsant (kon-vul-sant). A medicine causing spasm. अकड़न पैदा करनेवाली दवा ।

Convulsion (kon-vul-shun). A spasm or fit ; violent involuntary contraction. विक्षेप ; टङ्कार ; अकड़न ; खींचन ।

Co-ordination. The harmonious working of parts and the normal sequence of functions. अङ्गोंका सम-रूपमें कार्य करना तथा उनकी स्वाभाविक क्रिया होना ; समपदस्थता ।

Cope (kop). A plate of metal for coveing the root of a tooth. धातुनिर्मित दन्तमूल आवरण ।

Cophosis (ko-fó-sis). Loss of hearing ; deafness. वधिरता, बहरापन ।

Copiopia (ko-pe ó-pe-ah). A fatigued conditions of the eyes. चक्षु-क्लान्ति ; आँखकी क्लान्ति ।

Copper (kop-er). A reddish brown metal. ताँबा ।

Coprolatia (kop-ro-lá-te-ah). The insane use of filthy words. बात-चीतमें इच्छा न रहनेपर भी अश्लील शब्दोंकी व्यवहार ।

Coprolith (kop-or-lith). A hard ball of the feces in intestines. आँतोंमें मलका एक कड़ा गोला ।

Coprology (kop-rol-o-je). The study of feces or dung. मल-सम्बन्धी अध्ययन ।

Coprophagy (kop-roff-a-je). The eating of dung. मल-भक्षण ।

Coprostasis (kop-ros-tas-is). The accumulation of feces in the bowel. आँतोंमें बहुत मल इकट्ठा होना ।

Copulation (kop-u-lá-shun). Sexual union of male and female. स्त्री-पुरुषका संगम ; रति-क्रिया ।

Cor (kor). The heart. हृद्पिण्ड । **C. Adiposum,** fatty heart. बसापूर्ण हृद्पिण्ड । **C. Villosum,** hairy heart. लोमपूर्ण हृत्पिण्ड ।

Coracoid (kor-ak-oid). Shaped like of crow's beak. काकचंचुवत् ; कौएकी चोंचके आकारका । 2. A process of the scapula. हंसलीकी हड्डीका एक प्रवर्द्धन ।

Cord, Umbilical. The navel-string, attaching, fetus to the placenta. नाभि-नाल ।

Cordate (kor-dat). Shaped like a heart. हृत्पिण्डके आकारका ; ताम्बूलाकार ।

Cordial (kor-jal). Stimulating the heart ; invigorating. हृद्-बलकारक ; हृत्पिण्डको ताकत देनेवाली ओषधि ; बलवर्द्धक ।

Cordiform (kor-dif-orm). Heart-shaped. हृत्पिण्डाकार ।

Coreclisis (kor-ek-li-sis). An obliteration of the pupil of the eye. चक्षुतारकाका नष्ट हो जाना ।

Corectasis (kor-ek-ta-sis) Dilatation of the pupil. चक्षुतारका-प्रसारण ; आंखकी पुतलीका फैल जाना ।

Corectome (kor-ek-tom). An instrument for cutting through the iris to make an artificial pupil. कृत्रिम आंखकी पुतली बनानेके लिये चक्षु-तारकाको काटनेका एक यंत्र ।

Corectopia (kor-ek-tó-pe-ah). Displacement of the pupil. चक्षु-तारकाकी स्थान-च्युति ; आंखकी पुतलीका अपनी जगहसे हट जाना या स्थान-च्युति ।

Corediastasis (kor-ed-i-as-ta-sis). Dilatation of the pupil. आंखकी पुतलीका फैल जाना ; चक्षु-तारका-प्रसारण ।

Coremorphosis. Formation of an artificial pupil. कृत्रिम चक्षुतारकाका निर्माण ; आंखकी नकली पुतली बनाना ।

Coreometry (kor-e-om-et-re). Measurement of the pupil. चक्षु-तारका परिमापन ; आंखकी पुतलीकी माप ।

Corn (korn). A horny hardness of the skin. कहर ; किण ; गट्ठा ।

Cornea (kor-ne-ah). The transparent anterior part of the eyeball. शाङ्गत्वक ; कनीनिका ; चक्षु-पटल ।

Corneitis (kor-ne-i-tis). Inflammation of the cornea. कनीनिका-प्रदाह ।

Corneous (kor-ne-us). Horny. शृंगाकार ; नुकीला ।

Cornification (kor-nif-ik-á-shun). The process of making hard. कठिन बनानेकी प्रणाली ।

Cornu (kor-nu). A horn-shaped structure. शृंगाकार ।

Corolla (kor-ó-lla). The internal envelope of a stamen of a flower. फूलका अन्तरस्थ आवरण।

Corona (kor-ó-nah). A crown, as of the head. मस्तकका शिखर-देश। **C. Dentis,** crown of a tooth. दन्त-शिखर। **C. Glandis,** the prominent margin of the glans-penis लिङ्ग-मुण्ड। **C. Veneris,** syphilitic blotches on the fore-head. कपालपर उपदंशके कारण उत्पन्न चकत्ते।

Coronary (koŕ-o na-re). Encircling in the manner of a crown. This term is specially applicable to vessel nerves, ligaments etc. शिखर-देशकी भाँति घेरनेवाला ; इस शब्दका प्रयोग रक्तवाहिनियाँ, स्नायु तथा बन्धनियोंके सम्बन्धमें होता है। **C. Arteries,** the arteries around the heart and lips. हार्दिकी तथा औष्ठिकी धमनीयाँ। **C. Ligament.** a ligament of the knee. घुटनेकी बन्धनी। **C. Sinus,** a passage of the blood into the right auricle. दाहिने ग्राहक-कोष्ठमें रक्त आनेका एक पथ ; महाहार्दिकी शिरा।

Coroner. An officer who holds inquests of those dead from violence. आकस्मिक या अपघात-सम्भूत मृत्युका कारण अनुसंधान करनेवाला कर्मचारी।

Coronoid (koŕ-o-noid). Crown-shaped मुण्डाकार।

Corpora (koŕ-po-rah). Plural of corpus. Rounded bodies. गोलाकार अंग कार्पस शब्दका बहुबचन।

Corporeal. Material, as opposed to spiritual. दैहिक ; शारीरीक।

Corpse (korps). A cadaver ; dead body. शव ; मृत-व्यक्ति ; लाश।

Corpulency (koŕ-pu-len-se). Obesity ; having superfluity of flesh or fat, स्थूलकायत्व ; स्थुलता ; मेद-वृद्धि।

Corpus (koŕ-pus). The human body. मानव-शरीर। **C. Albicates,** rounded masses of white matter forming the bulbs of the fornix. श्वेतांग। **C. Cavernosum penis.** शिश्न-दैहिक। **C or body of penis.** शिश्नमूलग्रन्थि। **C. Callosum.** महा-संयोजक। **C. Cavernosum.** Chloridis. भगनासा दण्डिका। **C. Cavernosum Urethral.** मूत्र-दण्डिका। **C. Mammillarium.** वृत्ताकार पिण्ड।

Corpuscle (koŕ pus-le). 1. A cell. रक्तकण। 2. A minute body. अणुकोष, परमाणु। **C, Blood,** blood-cells. रक्त परमाणु।

Corpuscular (kor-puś-ku-lar). Composed of corpuscles. कोष-निर्मित।

Corroborant (kor-ob-o-rant). A tonic. बलकारक ओषधि।

Corrosive (kor-ó-siv). Substances which gradually wear away the particles of matter, whether organic or inorganic to which they are applied. क्षयकारी ; जखम बनानेवाला ; खाल उधेड़ देनेवाला ।

Corrugator (koŕ roo-ga-tor). A muscle that wrinkles. संकोचिनी-पेशी । C. **Supescilli muscle,** a small muscle situated in the forehead. It draws the eye-brow downwards so as to make it project over the eyes. भ्रू-संकोचनी पेशी ।

Cortex (koŕ-teks). 1, The bark of a tree. किसी वृक्षको छाल ; वल्कल । 2. The external gray layer of the brain. मस्तिष्कका वाह्य स्तर ; इसका रंग खाकी होता है ।

Cortical (koŕ-tik-al). Relating to the cortex. वल्कल-सम्बन्धीय ।

Coryza (kor-i-zah). Catarrhal inflammation of the nose. सर्दी ; नाककी सर्दी ; प्रतिश्याय ।

Cosmetic (kos-meť-ik). A beautifying remedy. एक सौन्दर्य-वर्द्धक औषध ; लावण्य-वर्द्धक द्रव्य ।

Costa (koś-tah). A rib. पसली ; पर्शुका । C. **Fluctuance**, a floating rib. तैरती पसली ।

Costal (koś-tal). Relating to the ribs, पर्शुका-सम्बन्धीय । C. **Cartilage** the aeterior cartilaginous extremity of a rib. उप-पर्शुका ।

Costalgia (kos-tal-je-ah). Pains in the rib. पसलियोंका दर्द ।

Costi-cartilage (kos-ti-kaŕ-til-ej). The cartilage lying between the two ribs and sternum. उपपर्शुका ।

Costiveness (koś tiv-nes). Constipation of bowels. कब्ज ; कोष्ठबद्धता ।

Costocentral (kos to-seń-tral). Relating to a rib and vertebra. पर्शुका तथा कशेरुका सम्बन्धीय ।

Costocolic (kos-to-koĺ-ik). Joining true ribs and the colon. पर्शुका तथा बृहदन्त्र सम्मिलनकारी ।

Costo-inferior (kos-to-in-fé-ri-or). Pertaining to the lower rib. निम्न-पर्शुका-सम्बन्धीय ।

Costo-superior (kos-to-su-pé-re-or). Pertaining to the upper ribs ऊर्द्ध पर्शुका-सम्बन्धीय ।

Costotome. A knife for cutting through costal cartilage. उपपर्शुकामें नश्तर देने या काटनेकी छुरी ।

Cotyledon (kot-il é-don). The seed-leaf of the emdryo of a plant. भ्रूणपत्र ; बीजदल ।

Cotyloid (koť-il-oid). Cup-shaped. कटोरेके आकारका ; C. **Cavity**, cavity and ligament of acetabulum.

Cough (kawf). A sudden, noisy expulsion of air from the lungs through the glottis. खाँसी ।

Coulomb (koo-lomb). The unit of measurement of electric quantity. कुलम्ब ।

Counter-irritant. A deriviative agent. उपदाह-नाशक ।

Counter-opening (kownter-opening). A second opening in the opposite side of an abscess, made for the purposes of drainage. द्वितोय मुख ; किसो फोड़े वगैरहसे मवाद निकालनेके लिये दूसरा मुंह बना देना ।

Counter-poision (kowń-ter-poizn). A poison given to underact another poison. किसी एक विषकी क्रिया नाश करनेवाला दूसरा विष; प्रतिविष ।

Courses (korś-es) Menses. स्त्रियोंका ऋतुकाल ।

Couveuse (koo-vuz'). An incubator. अकाल-प्रसूत सन्तानके पालन या जीवाणुके उत्पादनका यंत्र-विशेष ।

Cowper's Glands, Two small group of mucous follicles, situated before the postrate gland, behind the bulb of urethra, into which their excretory ducts open. पुरुषके मूत्र-मार्गके कन्द देशके पीछेकी ओर तथा मूत्राशय मुखशायी ग्रन्थिके सम्मुख भागमें दो छोटी-छोटी ग्रन्थियां रहती हैं, इनमें निष्कासक प्रणालियोंका मुँह खुलता है ; शिश्न-मूल ग्रन्थि ।

Cowper's Glands in the female. Two small glands on each side of the entrance of the vagina, beneath the skin at the posterior part of labia. स्त्रियोंके योनिके अगल-बगलकी दो छोटी ग्रन्थियां ।

Cowperitis (kow-per-i'-tis). Inflammation of Cowper's gland, शिश्न-मूल-ग्रन्थिका प्रदाह ।

Cowpox. The small pox of cattle-vaccinia गो-चेचक ।

Coxa (kokś-ah). The hip joint ; femur ; hip-bone. उरु-सन्धि ; वंक्षण ।

Coxagra (koks-á-grah). Gout in the hip ; sciatica. उरु-सन्धिका वात ; गृध्रसी वात ।

Coxalgia (koks-al-je-ah). Inflammation of the hip-joint ; pain in the hip-joint. उरु-सन्धि-प्रदाह ; उरु-सन्धिका दर्द ।

Coxarius morbus (koks-á-re-us-mor-bus). The disease of the hip-joint. उरु-सन्धि-रोग ।

Coxitis (koks-i'-tis). Inflammation of the hip-joint. उरु-सन्धि-प्रदाह ।

Crab-louse (krab lows). A kind of louse infecting the genital hair. जननेन्द्रियके लोममें होनेवाली जूं ।

Cracked pot sound. A percussion sound, which indicates a pulmonary cavity into which the breath may pass. आघातके समयका एक प्रकारका शब्द, जिससे मालूम होता है, कि

फेफड़ेमें गह्वर बन गया है। फूटे बर्त्तनकी तरह आवाज।

Cramp (kramp). Spasm ; sudden and violent contraction of the muscles. अकड़न ; आकस्मिक तथा तीव्र पेशी-आकुञ्चन ; टंकार।

Cram-stunt. Imperfect mental development due to over-study. अत्यधिक अध्ययनके कारणअसम्पूर्ण मानसिक विकास।

Cranial (krá-ne-al). Relating to the cranium. करोटी सम्बन्धीय।

Cranioclasm (krá-ne o-klazm). Crushing fetal skull with forceps. चिमटेसे भ्रूणकी खोपड़ी चूर कर देना।

Craniology (kra-ne-ol-o-je). The study of cranium. करोटी शास्त्र।

Craniomalacia (kra-ne-o-mal-á-se-ah). An abnormal condition of the bones of the cranium. करोटीकी हड्डोकी अस्वाभाविक अवस्था।

Cranio-meter (kra-ne-om-et-er). An instrument for measuring skulls. करोटी-परिमापक यंत्र।

Craniopagus (kra-ne-op-ag-us). A twin, whose heads are joined together. द्वि-शिर भ्रूण, एक युग्म, जिनके माथे जुड़े रहते हैं।

Cranioschisis (kra-ne-os-kis-is). Congenital fissure of the cranium. जन्मसे ही करोटीमें दरार रहना।

Craniotabes (kra-ne-o-tá bez). Thinning of the skull, due to rickets and syphilis. अस्थि-विकार रोग तथा उपदंशके कारण करोटीका पतला पड़ जाना।

Craniotomy (kra.ne-ot-o-me). A breaking up of the fetal skull. भ्रूणकी करोटीको चूर कर देनेकी क्रिया।

Cranium (kra-ne-um). The skull. करोटी ; माथेकी खोपड़ी।

Crapulent (kra-pu-lent). Due to excess in eating or drinking. अधिक खाने-पीनेके कारण रोग।

Crasis (krá-sis). The individual constitution. व्यक्तिगत प्रकृति।

Crassamentum (kras-a-men-tum). A clot, as of blood. थक्का ; खूनका थक्का।

Cream (krem). The rich, faty part of milk. मलाई।

Creatin (kré-at-in). A nitrogenous constituent of muscles. पेशीके भीतरका एक नेत्रजनपूर्ण पदार्थ।

Creatinin (kre-at-in-in). A product of muscles found in urine. मूत्रमें प्राप्त होनेवाला पेशी-सूत्र।

Cremaster (kre-mas-ter). The muscle which draws and compresses the testicles and spermatic cord. अण्डोत्थापिका पेशी।

Crena (kré-nah). A notch or cleft. छिद्र ; गड्ढा ; दरार।

Crenate (kré-nat). Scalloped or notched. दानादार या चकत्तेवाले।

Crepitant (krep-it-ant). Crackling or ratling. फटने या घर्षणका शब्द। **C. Rales**, a sound resembling that caused by rubbing the hair between the fingers. घर्षणकी आवाज, केश मलनेको तरह आवाज; यह आवाज वक्ष-परीक्षाके समय मिलती है।

Crepitation (krep-it-á-shun). The sound caused by pressing between the fingers any portion of a cellular tissue in which air is collected वायु-पूरित किसी कौषिक-तन्तुको अंगुलियोंके बीच दबानेपर उत्पन्न हुआ शब्द।

Crepitus (krep-it-us). An auscultary sound produced in pneumonia. फेफड़ेके प्रदाहकी बीमारीमें वक्षके भीतरसे आनेवाला घर्षण शब्द।

Cresent (kreś-ent). Having the shape of a new-moon. द्वितीयाके चन्द्रके आकारका।

Cresol (kré-sol). Cresylic acid a coal-tar product. अलकतरेसे बना क्रिसिलिक-एसिड।

Crest (krest). A ridge, especially one on bone, forming its principal border. चूड़ा। **C. Illium**, upper margin of the pelvis अनामास्थि चूड़ा। **C. of greater tuberosity**. महापिण्डक चूड़ा।

Creta (kré-tah). Chalk. खड़िया।

Cretinism. Imperfect development of the brain, with mental imbecility, usualy joined with bronchocele. A disease of Switzerland. गलगण्डके साथ जड़ बुद्धि; स्विजरलैण्डका एक रोग।

Cribriform (krib rif-orm). Like sieve perforated like sieve. चलनीकी भाँति, अति छिद्रयुक्त। **C. Plate**, the upper perforated plate of the ethmoid bone. चालनी-पटल।

Crick (krik). A sudden painful spasm of a muscle. especially of the back or of the neck. पेशीमें पैदा होनेवाली एक दर्द-भरी ऐंठन; यह खासकर पीठ और गर्दनमें होती है।

Cricoid (kri-koid). Ring-like. मुद्रिकावत्; अंगूठीकी भाँति। **C. Cartilage**, cartilage of the larynx. स्वर-यंत्रकी उपास्थि; मुद्रा उपास्थि।

Cricotomy (kri-kot-o-me). An incision into the cricoid cartilage. मुद्रा-उपास्थि छेदन।

Crisis (kri-sis), That point or period in the disease, which determines its favourable or unfavourable termination; turning point. रोगोल्वण; संकटकाल; रोग-सन्धि-स्थल; उल्वण काल।

Crista (kriś-ta). A crest. कंटक; उभार।

Crocated (kró-ka-ted). Containing saffron. केशर-मिश्रित।

Crocus sativus. Saffron. जाफ़रान; केशर।

Cross-birth. A transverse presentation of the foetus. आड़ा जन्म।

Crotalus (kró-tal-us). The rattle-snake and also its virus. विषधर सर्प और उसका विष।

Crotchet. A curved instrument for extracting the foetus after craniotomy भ्रूणकी खोपड़ी चूर कर देने बाद उसे बाहर निकालनेका एक टेढ़ा यंत्र।

Croton (kró-ton). A genus of trees producing cascarilla and croton oil. जमालगोटा।

Croup (kroop). A disease marked by laborious and suffocative breaking with short, dry cough and expectoration of a concrete membranous sputum. स्वरनली प्रदाह; काली खांसी।

Crown (krown). Corona. शिखर। **C. of a tooth**, the part of the tooth above gums. मसूढ़ेसे ऊपरवाला दांतका भाग, इसको दन्त-शिखर कहते हैं।

Crucial (kroó-shal). Shaped like a cross. क्रस चिह्नके आकारका; क्रूसाकार; सलीबके आकारवाला। 2. Severe. कठिन।

Crude (kroód). In the natural form; raw. कच्चा; अपक्व; अशोधित; स्वाभाविक अवस्थामें स्थित।

Cruor (kroó-or). A blood clot containing red blood corpuscles. जमा रक्त; जिसमें लाल रक्त-कण रहते हैं।

Crural (kroó-ral) Pertaining to the crura. जंघा-सम्बन्धीय। **C. Cerebri**, the peduncles of the cerebrum. मस्तिष्क-स्तम्भ।

Crures (kroo-ré-us). Muscles and nerves of the leg. जंघा-पेशी या शिरा।

Crust (krust). A dried mass of exudate on the skin. A scab. रूसी; भूसी, पपड़ी; खुरण्ड। **C. Lactea.** Siborrhea of the scalp. खुरण्ड-रोग; बच्चेके माथेका एक प्रकारका फोड़ा;

Crutch-paralysis. Paralysis from pressure on the brachial plexus. ग्रीवा-स्नायुके जालवत् अंशपर दबावके कारण पक्षाघात।

Cryalgesia (kri-al-jé-ze-ah). Pain from the application of cold. शीत प्रयोगके कारण दर्द।

Cryesthesia (kri-es-thé-ze-ah). Abnormal sensitiveness to cold. सरदीकी अस्वाभाविक असहनशीलता; शीत-कातरता।

Crymodynia (kri-mo-dín-e-ah). Rheumatic pain coming on the cold and damp weather. शीत और सोड़वाली ऋतुमें पैदा होनेवाला वातका दर्द ।

Cryogen (kri-ó-jen). A substance for producing low temperature. निम्न ताप उत्पन्न करनेवाला एक पदार्थ ।

Cryometer (kri-om-et-er). A thermometer for measuring very low temperature. अत्यन्त निम्नताप-मापक यंत्र ।

Crypt (kript). 1. A small sac or follicle. क्षुद्र गह्वर । 2. A glandular cavity. ग्रन्थि-गह्वर ।

Cryptitis (krip-ti-tis). Inflammation of the crypt. ग्रन्थि-गह्वर प्रदाह ।

Cryptocephallus, A monster with a small concealed head. एक अति क्षुद्र लुक्कायित मस्तकवाला विकटाकारजीव ।

Cryptodidymus. One foetus contained in another. भ्रूणमें छिपा अन्य भ्रूण ।

Cryptomenorrhea (krip-to menore-ah). A condition in which the monthly molimina are experienced but no external manifestations occur. एक स्त्री-रोगकी अवस्था, जिसमें ऋतु-स्राव तो होता है, पर वह बाहर नहीं आता ; अन्तरस्थ ऋतु-स्राव ।

Cryptomnesia (krip-tom-né-ze-ah). Subconscious memory. अनुद्‌बुद्ध स्मरण-शक्ति ।

Cryptorhetic (krip-to-reť-ic). Relating to an internal secretion. अन्तर्स्राव-सम्बन्धीय ।

Crystal (kriś-tal). A regular solid mineral with smooth planes of faces. समतल पृष्ठ या पटल-समूह विशिष्ट नियत-संहत या नियताकार खनिज पदार्थ ; मणिभ ; दानेदार ।

Crystallization. The formation of crystals. मणिभीकरण ।

Crystalloid (kriś-tál-oid). Having a crystalline structure. मणिभीय द्रव्य ।

Cubeb (kú-beb). Unripe fruit of Piper cubeba ; it is stimulant and diuretic. कबाब चीनी ।

Cubital (kū-bit-al). Relating to the fore-arm. अग्रबाहु-सम्बन्धीय ।

Cuboid (kú-boid). Like a cube. घनक्षेत्राकृति ; षट् चतुर्भुजाकार ; C. **Bone,** a small bone of the foot. घनास्थि ; पैरकी एक षड्स्र अस्थि-विशेष ।

Cuirass Cancer. A large cancer of the chest. वक्षका एक बृहत् कर्कट ।

Cul-de-sac (kul-de-sak). A blind pouch. एक निष्कासन-रहित पथ्य ।

Culex (kú-leks). A genus of mosquitoes. एक प्रकारका मच्छड़ ।

Culicifuge (ku-liś-if-új). An agent to drive away mosquitoes. मच्छड़को नाश करनेवाला पदार्थ ।

Culture (kul-chur). The propagation of micro-organisms on or in artificial media of various kinds. आनुवोक्षणिक कीटाणुओंका संजनन या विभिन्न कृत्रिम आधारोंपर उनका वंश-विस्तार करना।

Cumulative (kū-mu-la-tiv). Increasing by successive addition. क्रमशः बर्द्धनशील।

Cuneate (kú-ne-āt). Wedge-shaped. कीलाकार; काँटोके आकारवाला।

Cuneihysterectomy (ku-ne-i his-ter-ek-to-me). The excision of a wedge-shaped piece of the uterus. गर्भाशयके कीलकाकार अंशका छेदन।

Cuniculus (ku-nik-u-lus). The furrow of the itch-mite in the epidermis. अधस्त्वचामें उत्पन्न होनेवाले खुजलीके कीटकी नली।

Cunnus (kuń-us). The vulva. योनि; भग।

Cup (kup). 1. To bleed. रक्त निकालना; सींगी लगाना। 2. Cupping glass. रक्त-चोषणयंत्र; सींगी।

Cupola (kú-po-lah). The little door at the apex of cochlea and of the spinal canal. क्षुद्र-कुण्ड, कम्बु-शिखर तथा चक्राकार प्रणालीपरका क्षुद्र गह्वर; किसी अस्थिका विवर्द्धित अंश।

Cupping. Formation of a hollow or cup-shaped excavation. करोटीके आकारका खोखला वहिर्द्वार बन जाना। 2. Blood abstraction by means of cupping glasses. (२) सींगी द्वारा रक्त निकालना।

Cuprum (kú-prum). Copper. तांबा।

Curare (ku-raĥ-re). An extract of poisonous plants. विषैले पौधोंका सत।

Curb (kerb). Inflammation of the calcaneocuboid ligament in the horse with lameness. एक अश्व-रोग; इसमें घोड़ेकी त्रिपाश्विक और घनास्थिमें प्रदाह होकर घोड़ा लगड़ाने लगता है।

Curd (kerd). The coagulum of milk. दही।

Cure (kúr). Restoration to health. आरोग्य।

Curet, curette (ku-ret). An instrument in the form of a spoon used for scrapping. खुरचनेके काममें आनेवाला चम्मचके आकारका एक यंत्र; उल्लेखन यंत्र; घर्षनो।

Curvature. Curving. वक्रता; वक्रिमा; आनति।

Curvature of the spine. A bending of the sxis of the spine, due to any disease or to defectivemuscular action. किसी रोग या दोषावह मांस-पैशिक क्रियाके कारण मेरुदण्डकी वक्रता।

Cuscamin (kuś-kam-in). An alkaloid from cinchona. सिनकोनाका उपक्षार ।

Cusp (kusp). One of the protuberances on the grinding surface of the tooth. नुकीला उभार ; दाँतके चबानेवाले पटलका नुकीला उभार ।

Cuspid, cuspidate (kuś-pid, kuś-pid-at). Having but one cusp ; one of the four canine teeth. एक नोकवाला ; चर्वणक दन्तोंमेंसे एक ।

Cutaneous (kutá-ne-us). Relating to the skin. चर्म-सम्बन्धीय ।

Cuticle (kú-tik-l). Epidermis or outer horny layer of the skin. उपचर्म या चर्मका वाह्य बभारदार पटल ; कृत्तिक ; वहिस्त्वक ।

Cuticula (ku-tik u-lah). Epidermis ; ectoderm. उपचर्म ; अधिस्त्वक ; उपत्वक् ।

Cuticulariation (ku-tik-u-lar-iz-á-shun). Cutification or the formation of skin. चर्म-निर्माण ; चर्मोत्पत्ति ।

Cutis (kú-tis). The true skin. प्रकृत त्वक ।

Cutisector (ku-tis-ek-tor). An instrument for removing bits of skin चर्म-खण्डको हटानेवाला यंत्र ; चकड़ा काट निकालनेका यंत्र ।

Cutitis (ku-ti′-tis). Dermatitis. उपचर्म-प्रदाह ।

Cutization (ku-tiz-á-shun). The change of exposed mucous-membrane into true skin. उन्मुक्त श्लैष्मिक-झिल्लीका प्रकृत चर्ममें परिवर्त्तन ।

Cyanemia (si-an-é-me-ah). Bluishness of the blood, due to imperfect oxygenation. अपूर्ण अम्लजान प्राप्त होनेके कारण रक्तका नीला हो जाना ।

Cyanhidrosis (si-an-hid-ró-sis). Blue sweat. नीला पसीना ।

Cyanogen (si-ań-o-jen). A compound, radically composed of one atom of nitrogen and one atom of carbon. एक परमाणु नेत्रजन और एक परमाणु अङ्गारकके सम्मिलनसे उत्पन्न एक यौगिक पदार्थ ।

Cyanopathy (si-an-op-ath-e). Cyanosis. नील-रोग ।

Cyanopia, Cyanopsia (si-an-ó-pe-ah, si-an-op-se-ah). Vision in which all objects appear to be blue. नील-दृष्टि ; एक प्रकारका दृष्टि दोष, जिसमें सभी पदार्थ नीले दिखाई देते हैं ।

Cyanosis (si-an-ó-sis). Blueness of the skin. नील-रोग ।

Cyasma (si-az′-mah). Pigmentation of the skin in pregnancy. गर्भावस्थामें चर्मका वर्ण परिवर्त्तन ।

Cyathus (si-a-thus). The canal of the infundibullum cerebri. मस्तिष्क-खात ।

Cycle (si′-kl). A succession of symptoms. रोग-लक्षणकी क्रम-विकसित भावसे उत्पत्ति ।

Cyclitics (si-kli-tis). Inflammation of the ciliary body. पलकोंका प्रदाह ।

Cycloceratitis (si′-klo-ser-at-i′-tis). Inflammation of the cornea and ciliary body. पलक तथा कनीनिलाका प्रदाह ।

Gycloplegia (si-klo-plê-je-ah). Paralysis of ciliary muscle. पलकको पेशीका पक्षाघात ।

Cyema (si-e-mah). The product of conception. गर्भस्थ भ्रूण ।

Cyemology (si-e-mol-o-je). Embriology. भ्रूण-विज्ञान ।

Cyesis (si-é-sis). Pregnancy. गर्भावस्था ।

Cyetic (si-et-ik). Pertaining to pregnancy. गर्भावस्था-सम्बन्धीय ।

Cynanche (sin-ang-ke). Disease of the throat with inflammation. एक प्रदाहयुक्त गल व्याधि ।

Cynanthropia (si-nan-thró-pe-ah). insanity in which the patient believes himself or behaves like a dog. एक प्रकारका उन्माद, जिसमें रोगी अपनेको कुत्ता समझता है अथवा कुत्तेकी भाँति कार्य करता है ।

Cynic (sin-ik). Pertaining to dog. श्वान-सम्बन्धीय ।

Cynobex (si′-no-beks). The dry cough of puberty. वयःसन्धिकालकी सूखी खाँसी ।

Cyophoria (si-o-fó-re-ah). The period of pregnancy. गर्भकाल ।

Cypriphobia (sip-rif-ó-be-ah). A morbid fear of coitus. संगमका भीषण भय ।

Cyrtometer (sir-tom-et-er). An instrument for measuring the curves and curved surfaces of the body. शरीरके वक्र अंशोंकी माप लेनेका यन्त्र ।

Cyrtosis (sir-to-sis). Curvature of the spine. मेरुदण्डकी वक्रता ।

Cyst (sist). (1) A bladder. (१) थैली ; स्यूत ; कोष । (2) A membranous sack containing fluid. (२) तरल पूरित एक श्लैष्मिक थैलो; भ्रूण आदिका कोष या थैलो ।

Cystalgia (sis-tal-je-ah). Pain in the bladder. मूत्राशय-प्रदाह ।

Cystatrophia (sis-tat-ro-fe-ah). Atrophy of the bladder. मूत्राशयकी क्षीणता ।

Cystectomy, Cystectasy. Dilatation of the bladder. मूत्राशयका प्रसारण ।

Cystectomy (sist-ek-to-me). Excision of the bladder or the gall-bladder. पित्तकोषका नश्तर या मूत्राशयका नश्तर ; मूत्राशय-छेदन ।

Cystelcosis (sis-tel-kó-sis). Ulceration of the bladder. मूत्राशयका घाव ।

Cystic (siś-tik). Pertaining to the cyst; of the urinary or gall-bladder. कौषिक ; मूत्रनली या पित्त-प्रणाली-सम्बन्धीय ; पित्तकोष-सम्बन्धीय ।
C. Duct, the duct of the gall-bladder. पित्ताशय-प्रणाली ।

Cysticercus (sis-ti-seŕ-kus). The larva of tape-worms. फीता-क्रिमिके बीज ।

Cysten (siś-ten). A substance found in urine and sweat. मूत्र तथा पसीनेमें प्राप्त एक पदार्थ ।

Cvstirrhagia (sis-tir-á-je-ah). Hemorrhage from the bladder. मूत्राशयसे रक्तस्राव ।

Cystirrhea (siś-tir-e-ah). Catarrh of the bladder. मूत्राशयका श्लेष्मा-स्राव रोग ।

Cystitis (sis-ti′-tis). Inflammation of the bladder. मूत्राशय-प्रदाह ।

Cystoblast (siś-to-blast). The layer of cells that lines the amniotic cavity of the early embryo on the side of the enveloping layer. भ्रूणावरण ।

Cystocele (sisť-o-sil). Hernia of the bladder. मूत्राशयिक अंत्र वृद्धि ।

Cystocolostomy (siś-to-ko-loś-tome). The formation of a communication between the gall-bladder and the colon. बृहदन्त्र तथा पित्त-कोषतक एक प्रणालीका बनाना ।

Cystodynia (sist-o-diń-e-ah). Cystalgia ; pain in the bladder. मूत्राशय-शूल ; मूत्राशयका दर्द ।

Cystofibroma. A fibroma in which cysts have formed. झालदार तन्तुओंका वेदनापूर्ण अर्बुद ।

Cystoid (siś-toid). Cystiform, bladder-like ; a tumour resembling a cyst. मूत्राशयके आकारका ; मूत्राशयके आकारका अर्बुद ।

Cystolith (siś-to-lith). A urinary calculas. मूत्राश्मरी ।

Cystonia (siś-to-ni-ah). A cystic tumor. मूत्राशयका अर्बुद ।

Cystomorphous (sis-to-moŕ-fus). Resembling a cyst or bladder. मूत्राशयके आकारवाला ।

Cystopastic (siś-to-pas-tik). Spasm of the bladder. मूत्राशयकी अकड़न ।

Cystopexia (sis-to-pekś-e-ah). Surgical attachment of gall-bladder or of the urinary bladder to the abdominal wall. पित्त-प्रणाली या मूत्राशयको उदर-प्राचीरसे संलग्न कर देना ।

Cystoplegia (sis-to-plé-je-ah). Paralysis of the bladder. मूत्राशयिक पक्षाघात ; मूत्राशयमें पक्षाघात हो जाना ।

Cystopyelitie (sist-o-pi-el-i′-tis). Inflammation of both the bladder and the pelvis of the kidney. मूत्राशय तथा मूत्रपिण्ड-गह्वरका प्रदाह ।

Cystorrhagia. Hemorrhage from the bladder. मूत्राशयसे रक्तस्राव ।

Cystorrhea (sis-toŕ-e-ah). Catarrh of the bladder. मूत्राशयकी सर्दी ।

Cytoclasis (si-to-klá-sis). The destruction of cells. कोष-ध्वंसता ।

Cytodieresis (si-to-di-eŕ-es-is). Indirect cell-division. असरल कोष-विभाजन ।

Cytogenesis (si-to-jeń-es-is). The development of cells. कोष-जनन ।

Cytoid (si-toid). Resembling a cell. कोषाकार ; कोषकी भाँति ।

Cytology (si-toĺ-o-je). The science of the formation of cells and cell-life. कोष-निर्माण तथा कोष-जीवन-विज्ञान ।

Cytoma (si-tó-mah). A cell-tumor. कोषाबुर्द ।

Cytometry (si-tom-et-re). Blood-connting. रक्त-गणना ।

Cytophagous (si-toḿ-a-gus). Destructive to cells. कोष-नाशक ।

Cytopinia (si-to-pé-ne-ah). Poverty of the blood in cellular elements. कौषिक पदार्थोंमें रक्तकी कमी ।

Cytoplasm (si'-to-plazm). The protoplasm, the substance of a cell exclusive of the nucleus and various inclusions. पलल, अणुमींगी तथा अन्य पदार्थों से रहित कोष ।

Cytoplast (si'-to-plast). The contents of the cell-body. कोष शरीरकी सामग्री ।

Cytothesis (si-toth-es-is). The repair of injury in a cell ; the restoration of cells. कोष-रोग निवारण; कोषारोग्य ।

Cytozoon (si-to-zó-on), Mass of protoplasm in blood-corpuscles and other cells. रक्त-कण तथा अन्य कोषोंमें पलल-समूह ।

Cytula (si'-tul-ah). The impregnated ovum, अनुप्राणित डिम्बाणु ।

D.

Dacrocystitis (dak-ro-sis-ti'-tes). Inflammation of the tear-sac. अश्रु-गह्वरका प्रदाह ।

Dacryadenitis (daḱ-re-ad-en-i'-tes). Inflammation of lacrimal gland अश्रु-ग्रन्थि-प्रदाह ।

Dacryagog (dak-ri-á-gog), 1. Lacaymal duct. अश्र-प्रणाली । 2. Promoting the flow of tears. अश्रु-प्रवाह-वर्द्धक ।

Dacryadenalgia (dak-re-ad-al-je-ah). Pain in lacrimal gland. अश्रु-ग्रन्थि-शूल ; अश्रु-ग्रन्थिमें दर्द ।

Dacryoadenitis. Inflammation of the lacrimal gland. अश्रु-ग्रन्थिका प्रदाह ।

Dacryoblennorrhea (daḱ-re-blen-or-é-ah). The discharge mucous from the tear-ducts. अश्रु-प्रणालीसे श्लेष्मा-स्राव ।

Dacryocyst. The lacrimal sac. अश्रु-कोष ; अश्र -स्रावी कोष ।

Dacryolin (daḱ-re-o-lin). An albuminous substance found in tears. अश्रुमें प्राप्त एक अण्डलालीय पदार्थ ।

Dacryolith (dak-re-o-lith). The formation of tear-stone. अश्रुशिलाका निर्माण ।

Dacryoma (dak-re-ó-mah). 1. Obstruction of lacrimal duct. अश्रु-प्रणालीका अवरोध ।2. Lacrimal tumor अश्रु-पथका अर्बुद ।

Dacryopyorrhea. Purulent lacrimation. पीबकी तरह अश्रु-स्राव ।

Dacryorrhea (dak-re-or-é-ah). An excessive flow of tears. अतिरिक्त अश्रु-स्राव ।

Dacryuria (dak-re-ú-re-ah). Involuntry discharge of urine accompanied by weeping; this symptom is generally seen in hysteria. अनैच्छिक मूत्रस्रावके साथरुदन ; यह लक्षण विशेषकर मूर्च्छा-वायु रोगमें दिखाईदेता है ।

Dactyl (daḱ-til). A finger or toe. अंगुली या अंगूठा ।

Dactylogryposis (dak-ti-lo-gri-pó-sis). Contraction of the fingers. अंगुलियोंकी खींचन या संकोचन ।

Dactylogy (dak-til-ol-o-je). Conversation by means of signs made by fingers. अंगुलियोंके इशारेसे बातचीत अँगुलि-सांकेतिक वार्त्तालाप ।

Dactylots (dak·til-ots). The falling off of fingers. अंगुलियोंका क्षय, गलित-कुष्ठमें ऐसा हुआ करता है।

Dactylosymphysis (dak-ti-lo-sim-fi-sis). Adhesion, congenital or acquired, of two or more fingers. आजन्म या सोपाजित, दो या विशेष अंगुलियोंका संयोजन।

Dance St. Vitus. Chorea. नर्त्तन रोग।

Dandruff. A scurf on head. रूसी ; भूसी ; मरा मांस।

Danielssen's Disease. Anesthetic Leprosy. कुष्ठ रोग।

Dandy Fever (dande). Dengue. हड्डीतोड़ बोखार।

Dartos (dar-tos). The reddish, cellular, contractile tissue beneath the skin of the scrotum. मुष्कत्वक निम्नस्थ झिल्ली ; यह लालिमा लिये तथा संकोचनशील होती है।

Dartre (dar-ter). Herpes, भैंसिया दाद ; एक प्रकारका चर्म-रोग।

Daturism (dat-u-riz'm). Stramonium-poisoning. धतूराका विष फैलना।

Day blindness. Subnormal vision in day-light. दिवान्धता ; दिनौंधी।

Deaf (def). Lacking the sense of hearing or not having the full power of hearing. बधिर ; बहरापन।

Deaquation (de-ak-wa-shun). Removal of water from any thing. जल निष्कासन ; किसी पदार्थसे पानीको निकाल लेना।

Death (deth). Extinction of life. मृत्यु। **D. Black.** Old name for plague. महामारी, प्लेगका पुराना नाम। **D, Local,** death of a part of the body or of a tissue. किसी मांस-तन्तु या शरीरके किसी अंशका सुन्न पड़ जाना। **D. Molar,** Necrosis, gangrene. सड़न रोग ; अस्थि-क्षय-रोग। **D. Molecular,** Caries. अस्थि क्षय। **D. Somatic,** death of the entire body, as distinguished from local death. सम्पूर्ण अवयवोंकी मृत्यु।

Death, rattle. The gurgling in the throat of a moribund person, caused by an accumalation of mucus in the respiratory organs. मृत्युकालकी गलेकी घरघराहट। यह श्वास-यंत्रोंमें बलगम इकट्ठा हो जानेके कारण होती है।

Debilitant (de-bil-it-ant). 1. Weakening. कमजोर करनेवाला ; दुर्बलकारी। 2. An agent that subdues excitement. उत्तेजना-रोधक।

Debility (de-bil-it-e). Weakness. कमजोरी ; दुर्बलता।

Debouch (de-boosh). To empty into another part. किसी अन्य अंशमें खाली कर देना।

Debridement (de-bred-ment). Removing a damaged or infected tissue. विकृत या रोग-ग्रस्त तन्तुको निकालना। 2, Enlarging a wound in operation. नश्तरके समय जखमका मुँह बढ़ाकर देना।

Decagram (dek-a-gram). Ten grams or 154, 32, 349 grains. दस ग्राम या १५४ ३२, ३४९ ग्रेनका वजन।

Decalcification. Removal of lime salts or calcareus malt. चूना या चूर्णकका निकालना।

Decapitation. The removal of the head, specifically of the fetal-head during labor. सरको अलग कर देना, खासकर प्रसव-कालमें भ्रूणके मस्तकको काट निकालना।

Decay (de-ka). To decriorate; to undergo slow combusion or putrefaction, अवनति; क्षय; धीमी गतिसे हटते जाना; परिक्षय; भ्रंश; संक्षय; क्षीणावस्था; ध्वंसावस्था।

Decentration (de-sen-trá-shun). Removal from the centre. विकेन्द्रीकरण; केन्द्रसे हटा देना।

Decerebration (de-ser-e-brá-shun). The removal of the brain. मस्तिष्क निष्कासन; खोपड़ी काटनेके समय यह क्रिया की जाती है।

Decerebrized (de-ser-e-brizd). Deprived of cerebrum. मस्तिष्क रहित किया हुआ।

Decidua (de-sid'-u-ah). The altered mucous membrane of the pregnant uterus, forming an envelope for the fetus. गर्भस्थ भ्रूणकी आवरक झिल्ली; गर्भ-कला। **D. Basalis,** the part of the mucous membrane between the blastocyst and the uterine wall, at the place where the placenta will be formed. डिम्बाशय तथा जरायुके मांस-पैशिक प्राचीरके अन्तर्गतका भाग; इसी स्थानपर गर्भ-फूल बनता है। **D. Scrotina,** the area of the uterine wall to which the ovum is attached. गर्भस्थ-प्राचीर का वह अंश जहाँ भ्रूण-संयुक्त रहता है।

Deciduous (de-sid'-u-ous). Falling; shedding; a term applied to the temporary teeth of the childhood. पतनशील; पतनशील दन्त; दूधके दाँत।

Decipara (de-sip-ar-ah). Tenth-pregnancy; a woman pregnant for the tenth time. दसवीं बारकी गर्भवती; दशम गर्भावस्था।

Decoction (de kok-shun). (1) The act or process of boiling. (१) क्वाथ-प्रणाली। 2. A medicine or other substance prepared by boiling. क्वाथ, कोई औषधि जो खौलाकर बनायी जाती है।

Decoloration (de-kul-or-á-shun). The removing of colour. वर्णहीन करना; रंग उड़ा देना।

Decompensation. A failure of compensation in heart-disease. हृद्-रोगमें क्षयकी पूर्ति न होना।

Decompose (de-kom-pos). 1. To dissolve a compound into its component parts, to disintegrate. (१) वियोजन करना; विश्लेषण करना; सड़ाना। 2. To decay. (२) क्षय-करण।

Decompression (de-kom-presh-un). The removal of pressure. चाप-रहित करना। **D. Cerebral**, removal of a small segment of the skull. करोटिके किसी क्षुद्र खण्डको काटकर निकाल देना।

Decrement (de-kré-ment). Decrease; diminution. ह्रास; न्यूनता; क्षय; क्षय प्राप्ति।

Decrepitation (de-krep-it-á-shun). The crackling noise made by throwing certain bodies, as salt on the fire. आगमें जलते हुए लवणकी भाँति चट्-चट् शब्द।

Decrepitude (de-krep-it-ūd). Senile feebleness. वार्द्धक्यजनित दुर्बलता।

Decubital (de-kú-bit-al). Relating to a bed-sore. शय्या-क्षत सम्बन्धीय।

Decubitus (de-kú-bit-us). Bed-sore. शय्या-क्षत; बिछावनकी रगड़से पैदा होनेवाला पीठकी रोढ़का फोड़ा।

Decussation (de-kus-á-shun). A crossing of fellow-parts especially of two nerve-tracts. अवच्छेदक पेशी या स्नायुतन्तु जो आपसमें एक दूसरेको आड़ा-आड़ी भावसे पार कर देते हैं।

Dedentition (de-den-tish-un). The shedding of the teeth. दाँत उखाड़ देना; दन्तोत्पाटन।

Defecation (def-e-ká-shun). The discharge of excrement from the rectum. मल-निःसरण; मल निकालना; शौच।

Defective (de-fek-tiv). Imperfect; an absence of a part or organ. अपूर्ण; किसी शरीरांश या यंत्रका अभाव।

Defemination (de-fem-in-á-shun). Perversion of the instincts of a woman, so that her sexual impulses resemble those of a man. स्त्रीके भावमें इस तरहका परिवर्त्तन हो जाना कि उसकी संगमेच्छा पुं-प्रकृतिकी हो जाती है; विपरीत रतातुरा।

Defensive (de-fen-siv). Defending; preserving from injury. संरक्षक; आघातसे रक्षा करनेवाला; रक्षणोचित।

Deferens (def-er-ens). Ductus or vas deferens. गन्तव्य स्थानमें वहनकारी नली; प्रणाली; शुक्र-वहा नाड़ी।

Deferent (def-er-ent). Carrying away. वहनकारी। **D. Duct**, vas deferens. अण्डकोषकी शुक्रवहा नाड़ी।

Defervescence (de-fer-veś-ens). Decrease of a fever. ज्वरका घटना ; ज्वर-ह्रास ।

Definition. In optics, the power of lens to give a distinct image. चक्षु-चित्रपत्रकी वह शक्ति, जिससे मूर्त्ति स्पष्ट दिखाई देती है ।

Deflection. Bending from a straight course. सीधा पथ न रहकर एक ओर झुक जाना ।

Defloration (def-lo-rá shun). Depriving of virginity. कौमार्य-हरण ; कन्या धर्षण ।

Deflorescence (de-flor-eś-ens). Disappearance of the eruption in scarlet fever. आरक्त ज्वरमें उद्भेदोंका गायब हो जाना ।

Defluvium capillorum. A falling of the hair. केश पतन ; केशका झड़ना ।

Defluxion (de-fluk-shun). 1. Catarrh. सर्दीका स्राव । 2. Congestion ? flow of the blood to a part. रक्त-संचय ; किसी एक ही स्थानमें रक्तका गिरना ।

Deformation (de-form-á-shun). A change of form from the normal. आकार परिवर्त्तन ; स्वाभाविक आकारका बदल जाना ।

Degeneration (de-jen-er-á-shun). Deterioration in structure of a tissue or an organ. किसी मांस-तन्तु या यंत्रकी बनावटमें कमी ; अपकृष्टता ; अपकर्ष ।

Deglutition (deg-lu-tish-un). The act or power of swallowing. गलाधःकरण क्रिया ; निगीरण ; निगलना ।

Degree (de-gré). 1. Position in a graded series. (१) पद, श्रेणी । 2. The unit of temperature in any scale. (२) तापाङ्क ; तापांश ।

Dehiscence (de-hiś-ens). The act or process of splitting. (१) स्फोटन ; विदारण । 2. The formation of a fissure. (२) दरार पड़ना ।

Dejection (de-jek-shun). 1. Despondency. (१) निराशा । 2. A discharge of fecal matter. मल-त्याग ।

Delactation (de-lak-tá-shun). The act of weaning. स्तनका दूध पिलाना ; स्तन्य-दान ।

Deligation (del-ig-á-shun). The application of a bandage or ligature. बन्धन बाँधना ।

Deliquescence (del-ik-weś-ens). A liquefaction by absorption of water from the atmosphere. वायु-मण्डलसे जल शोषण करने बाद, उसको द्रव करना ।

Deliriant (de-liŕ-e-ant). An agent causing delirium. उन्मत्तकारक ; मस्तिष्क-विकार पैदा करनेवाला ; प्रलापोत्पन्नकारी ।

Delirium (de-li'r-e-um). A disordered state of mental faculties occurring during illness. चित्त-विभ्रम, विकार ; सान्निपात ; प्रलाप । **D Cordis.** extreme irregularity of the heart-action हृद्-क्रियाको अत्यधिक अनियमितता । **D. Tremens,** a form of acute insanity due to alcoholic poisoning. मद्यपान या मद्य-विषके कारण तीव्र उन्मत्तता ; सकम्प-प्रलाप ।

Delitescence. The sudden ending of inflammation by resolution. अचिर-प्रदाह ।

Delivery (de-liv-er-e). Parturition ; child-birth. प्रसव ; सन्तान-प्रसव ।

Delomorphus (del-o-morf-us). Of definite form and shape. निश्चित आकार-प्रकारका ; प्रदाहका एकाएक दब जाना ।

Deltoid (del-toid) 1. Delta shaped. (१) त्रिकोणाकार । 2. A muscle of the shoulder. (२) अंसच्छादनी पेशी ।

Delusion (de-lú-zhun). False belief ; error, especially as a symptom of madness. अवास्तव विषयको वास्तविक समझना; भ्रान्ति ; मोह ; माया ।

Dement (de-mení). An insane person. पागल ; बुद्धिहीन ।

Dementia (de-meń-she-ah). Insanity characterized by more or less complete abolition of the mental faculties of reason, memory etc. मनोभ्रंश ; बुद्धि-वैकल्य ; बुद्धि-ह्रास ; मानसिक शक्तिकी खर्वता ।

Demonomania (de-mon-o-má-ni-ah). Insanity in which the patient thinks himself a devil. एक प्रकारका उन्माद, जिसमें रोगी अपनेको भूत समझता है ।

Demulcent (de-mul-sent). Soothing ; bland; allaying the irritation of inflamed surfaces. स्निग्धकारक ; प्रदाहित-पटलका उपदाह दूर करनेवाला ।

Dendriform (deń-dre-form). Tree-shaped. वृक्षाकार ।

Dendron (deń dron). A branched and tree-shaped protoplasmic process from a nerve-cell. स्नायु-कोषसे भ्रूणकी वृक्षाकार अभिवृद्धिकी प्रणाली ।

Dengue (deng-gú). Break-bone fever ; dandey fever. हड्डी-तोड़ बोखार ; डेंगु ज्वर ।

Dens (denz). A tooth. दन्त ; दाँत ।

Density (deń-sit e). Compactness. घनत्व ।

Dentagra (den-tá-grah). Toothache दन्त-शूल ; दाँतका दर्द ।

Dental (deń-tal). Relating to the teeth. दन्त-सम्बन्धीय ।

Dentaphone. An instrument placed on the teeth to aid in hearing.

एक प्रकारका यंत्र, इसे दाँतपर रखनेसे सुननेमें सहायता प्राप्त होती है।

Dentata (dan-tá-tah). Vertebra dentata. गर्दनकी दाँतकी तरह नुकीली द्वितीय कशेरुका।

Dentate (deń-tat). Toothed ; notched. दन्ताल ; दन्तुर ; दंती।

Denticle (den′-tik-l). A small tooth. एक क्षुद्र दन्त।

Dentification (den-tif-ik-á-shun). 1. The formation of tooth. दन्त-निर्माण। 2. A diposit of lime-salt on the enamel of the teeth. दन्तावरकपर चूर्णक-लवणका एकत्र होना।

Dentifrice (den′-tif-ris). A powder or substance used for cleaning the teeth. दन्त-मंजन।

Dentigerous (den-tij′-er-us). Bearing or supporting the teeth. दन्त-धारक ; दन्तोत्पादि।

Dentin (den′-tin). The bony structure of the teeth. रदिन।

Dentinitis (den-tin-i′-tis). Inflamma tion of the dentinal tubules. दन्त उप-प्रणालियोंका प्रदाह।

Dentistry (den′-tis-tre). The science of dental surgery. दन्त-चिकित्सा विज्ञान।

Dentition (den-tish-un). The cutting of the teeth ; teething. दन्तोद्भेद ; दाँत निकलना।

Dentoid (den′-toid), Shaped like a tooth. दन्ताकार।

Denture (den-chūr). A set of artificial teeth. कृत्रिम दन्त-पंक्ति।

Denucleated (de-nú-kle-a-ted). Deprived of the nucleus. चैतन्य केन्द्र-रहित।

Deodorant (de-ó-dro-ant). A disinfectant. शोधक ; मलापहारक।

Deoppilation (de-op-i-lá-shun). Removal of obstructions. रुकावटको हटाना ; बाधा-नाश।

Deorsum (de-oŕ-sum). Downward ; turning downward. नीचेकी ओर ; नीचेकी ओर गति।

Deorsumduction, The turning down of a part, as of eyes. किसी अंशका निम्न-पटलकी ओर झुकाव जैसे—आँखका नीचेकी ओर झुका रहना।

Deoxidation (de-oks-id-á-shun). The removal of oxygen from a chemical compound. किसी रासायनिक सम्मिश्रणसे अम्लजानका दूरी-करण।

Dephlogisticate (de-flo-jis-tik-at). To reduce inflammation in. प्रदाहको घटा देना।

Depilate (dep-il-at). To remove the hair. लोम नाश करना।

Deplete (de-plet). To unload ; to empty. खाली करना ; बोझ हलका करना।

Depletion (de-plé-shun). Removal of a fluid, as of the blood. रक्तकी भाँति तरलोंका निष्कासन।

Deplumation (dep-lu.má-shun). Falling out of the eye-lahes. बरुनियोंका झड़ जाना।

Deposit (de-poz-it). Sediment of drugs. तलछट ; तलो ; सञ्चय।

Depravation (dep-ra-vá-shun). Deterioration. ह्रास ; क्षय।

Depraved (de-prāvd). Perverted. दूषित ; विकृत ; कलषित।

Depressant. An agent diminishing functional activity. यांत्रिक क्रियाको घटानेवाला।

Depression (de-presh-un). 1. A sinking below the surrounding level. (१) अवनति ; गड्हा पड़ना। 2. A hollow or sunken area. (२) खोखला या धँसा स्थान ; खात। 3. Dejection, a sinking of spirits. (३) मनकी अवसन्नता।

Depressor (de-pres-or). A muscle or an instrument that depresses. अवनतकारिणो पेशी ; या कोई अवनत करनेवाला यंत्र।

Deprimens (dep-rim-enz). Depressing ; a depressing muscle. अवनत कर ; अवनतकारिणो पेशी। **D. Oculi**. Musculus rectus inferior. चक्षु अवनतकारिणो पेशी।

Depuration (dep-u-rá-shun). Purification. शोधन ; निर्मली-करण।

Deradelphus (der-ad-elf-us). A twin monster with a single head or neck. एक मस्तक या नाकवाला संयुक्त यमज ; ऐसी यमज सन्तान, जिसके धड़ दो, पर सर एक रहता है।

Deradenitis (der-ad-en-i-tis). Inflammation of the lymph-gland in the neck ; cervical adenitis. गर्दनको लसिका ग्रन्थिका प्रदाह।

Derangement (de-rānj'-ment). 1. Disordering. (१) अक्रमिक। 2. Mental disturbance, insanity. (२) मानसिक वैलक्षणय ; उन्माद।

Derbyshire Neck. Goitre. गलगण्ड घेघा।

Deric (der-ik). Relating to the ectoderm. वहिस्तर या वहिश्चम सम्बन्धीय।

Derivant (der-iv-ant). A derivative drug. प्रत्युत्तेजक ओषधि।

Derivation (der-iv-á-shun). The process or act of withdrawing blood or of removing a diseased process to another part, रक्त-निष्कासन प्रणाली अथवा रोगको अन्य भागमें हटा देनेकी चिकित्सा प्रणाली।

Derivative. Having a tendency to lessen inflammation. प्रदाह-हारक ओषधि।

Derm, Derma (derm, deŕ-mah). The true skin. अन्तस्त्वक ।

Dermal (deŕ-mal). Relating to the skin. चर्म-सम्बन्धीय ।

Dermalaxia (der-mal-akś-e-ah). Morbid softness of the skin. चमड़ेकी रोगात्मक कोमलता ।

Dermalgia (der-maĺ-je-ah). Neuralgia of the skin. चर्म-शूल ।

Dermatagra (der-mat-á-grah). Pellagra. रौद्रत्वक ; एक प्रकारका चर्म-रोग ।

Dermalaxia (der-maĺ-akś-e-ah). Morbid softness of the skin. चर्मकी रोगात्मक कोमलता ।

Dermatergosis (deŕ-mat-er-gó-sis). Any occupational disease of the skin. किसी विशेष प्रकारके व्यवसायके कार्य सम्बन्धसे चर्म-रोग ।

Dermatitis (der-mat-i-tis). Inflammation of the skin. चर्मका प्रदाह ।

Dermatography (der-mat-og-ra-fe). A description of the skin. चर्म-वर्णन ।

Dermatology (der-mat-oĺ-o-je). The science of the skin. चर्म-विज्ञान ।

Dermatolysis. A condition of hypertrophy of the skin in which the skin hangs down in places in loose folds. एक प्रकारका चर्म-प्रसारण जिसमें जगह-जगहपर चमड़ा झूल पड़ता है ; झुर्री पड़ना ।

Dermatoma. A tumour of the skin. चर्मार्बुद ।

Dermatomyositis (der-ma-to-mi-o-si-tes). Inflammation of both skin and muscle. पेशी तथा चर्मका प्रदाह ।

Dermatonosus (der-mat-oń-o-sus). Any disease of the skin. कोई चर्म-रोग ।

Dermatophyte (der-mat-o-fit). Any fungus growing on the skin. चर्मपर उत्पन्न ददोरा ।

Dermatoplasty (deŕ-mat-o-plas-te). Repair of defects of the skin. चर्म-दोष-दूरी-करण ।

Dermatorrhagia. (deŕ-ma-to-rá-je-ah). Hemorrhage from or into the skin. चर्मसे रक्त-स्राव या चर्मके भीतर रक्त-स्राव ।

Dermatorrhœa. An excessive secretion of the sebaceus or sweat-glands of the skin. चर्मकी लसिका या स्वेद-स्रावी ग्रन्थिसे अत्यधिक स्राव ।

Dermatosis. A skin disease of any nature. किसी प्रकृतिका भी चर्म-रोग ।

Dermatozoon (der-ma-to-zoon). An animal darasite of the skin. चर्मका कोई परांग पुष्ट जीवाणु ।

Dermatrophia (der-mat-ró-fe-ah). Atrophy of the skin. चर्म-क्षय ।

Dermic (deŕ-mik). Relating to the skin. चर्म-सम्बन्धी ।

Dermis (deŕ-mis). The skin, especially the true skin. चर्म, विशेषकर अधस्त्वक ।

Dermitis (der-mi-tis). Inflammation of the skin. चर्म-प्रदाह ।

Dermostenosis (deŕ-mo-sten-ó-sis) Contraction of the skin चर्म-संकोचन ; चमड़ेका सिकुड़ना ।

Dermosyphilopathy (deŕ-mo-sif-il-op̍-ath-e). Any syphilitic skin disease. उपदंशजनित चर्म-रोग ।

Desalination (de-sal-in-á-shun). The removal of salt from a substance. किसी पदार्थसे लवणको निकाल देना ।

Desanimania (des-an-im-á-ne-ah). Amentia ; dementia. मानसिक-शक्तिकी खर्वता ; बुद्धि-ह्रास ।

Descending (des-eń-ding). Extending downward. अधोगामी ।

Desensitize (de-seń-sit-i'z). To deprive of sensation ; paralysis of sensory nerve. अनुभूतिहीन करना। अनुभावक स्नायुका पक्षाघात ।

Deshydremia des-hi-dré-me-ah). Deficiency of the water element in the blood. रक्तमें जलीय अंशकी कमी ।

Desiccant (deś-ik-ant). Drying. सुखानेवाला ।

Desiccate (das-iḱ-āt). To render thoroughly dry. एकदम शुष्क कर देना ।

Desmitis (des-mi′-tis).Inflammation of a ligament. किसी बन्धनीका प्रदाह ।

Desmocyte (des-mo-sit). A supporting tissue cell. एक सहायक तन्तु-कोष ।

Desmodynia (des-mo-diń-e-ah). Pain in a ligament. बन्धनीमें दर्द ।

Desmography (des moǵ-ra-fe). A description of the ligaments. बन्धनी-विवरण ।

Desmoid (deś-moid). 1. Like a bundle. (१) गठरीके आकारका ; गुच्छाकार । 2. A very hard fibroma. (२) एक अत्यन्त कठिन कोषाबुर्द ।

Desmology (des-moĺ-o-je). 1. The science of the ligaments. बन्धनी-विज्ञान । 2. The art of bandaging. (२) पट्टी बाँधनेकी कला ।

Desmoma (des-mó-mah). A fibroma. कोषाबुर्द ।

Desmopathy (des-mop̍-a-the). Any disease of the ligaments. बन्धनियोंकी कोई बीमारी ।

Desmosis (des-mo-sis). A disease of the connective tissue, संयोजक-तन्तु-रोग ।

Desquamation (des kwam-á-shun). The shedding of epithelial elements, chiefly of the skin, in scales or sheets. छाल निकलना; खाल उघड़ना।

Destructive (de-struk-tiv). Having a tendency to destroy. नाशक; क्षय-कारक।

Desudation (des-u-dá-shun). Profuse or morbid sweating. बहुत पसीना निकलना; अत्यधिक-स्वेद-स्राव।

Detannated (de-tan-na-ted). Freed from tannin. टैनिन (एक प्रकारका रासायनिक पदार्थ जो उड़ जाता है) रहित।

Detergent (de-teŕ-gent). Cleansing remedies. शोधक ओषधि।

Deterioration. Progressive destruction, as of the tissues of the body. विगलितावस्था; मांस-तन्तुका वर्द्धन-प्रवण ध्वंस।

Determination (de-ter-min-á-shun) A tendency of blood to collect in a part. किसी अंशमें रक्तकी एकत्र होनेकी प्रवणता।

Detrusion (de-trú-zhun). The act of displacing. स्थानान्तरकरणकी क्रिया।

Detrusor (de trú-sor). A muscle that expels. बहिष्कारिणी पेशी।

Detrusor urinæ. The longitudinal muscle-fiber of the bladder. मूत्राशयकी मूत्रबहिष्कारिणी पेशी।

Deuteropathy (du-ter-óp-a-the). A disease that is secondary to another disease. किसी अन्य रोगके गौण उपसर्ग या रोग।

Deuteroplasm (dú-ter-o-plazm). Deutoplasm; the nutritive part of the yolk of the ovum. डिम्बाणु-आवरण-खातका वह अंश जिससे भ्रूण पोषण प्राप्त करता है।

Dew-cure. Treatment by walking bare-footed in the dew. ओसमें नंगे पाँव भ्रमण द्वारा चिकित्सा।

Dexiocardia (deks-e-o-kar-de-ah). Transposition of the heart to the right side of the thorax. हृद्‌पिण्डका वक्षको दाहिनी तरफ हट जाना।

Dexter (deks-ter). Situated on the right side. दाहिनी ओर स्थित; दाहिना; अपसव्य।

Dextrad (deks-trad). Toward the right hand. दाहिनी तरफ।

Dextrin (deks-trin). A gum, derived from molasses, unripe beetroot and other substances. गोंद। मसाले, अपक्व पालककी जड़ तथा अन्य पदार्थों से निकाला गोंद।

Dextrose (deks-trós). A sugar of the glucose group. द्राक्षौज; द्राक्ष-शर्करा।

Dextrosinistral (deks-tor-sin-is-tral). Extending from right to left. दाहिनी तरफसे बायीं तरफ फैला।

Dezymotize (de-zé-mo-tiz). To free from germs. कीटाणु-रहित-करण।

Diabetes (di-ab-é-tez). A disease marked by habitual and excessive

discharge of urine. बहुमूत्र ; मूत्रमेह ।
D. Insipidus, characterized by great thirst and the passage of a large amount of urine with no excess of sugar. मूत्रमेह ; इसमें बहुत अधिक मात्रामें और अधिक बार पेशाब होता है; पर उसमें चीनीकी मात्रा नहीं बढ़ जाती ।
D. Mellitus, this is marked by an excessive secretion of urine, of a sweetish taste and containing a considerable quantity of saccharine matter. मधुमेह ; इसमें पेशाब अधिक मात्रामें तथा अधिक बार तो होता ही है. साथ ही पेशाबमें चीनीकी मात्रा भी बढ़ जाती है ।

Diabetic (di-ab-et-ik). 1. Pertaining to diabetes. बहुमूत्र-सम्बन्धीय । 2. Affected with diabetes. बहुमूत्र रोगसे ग्रस्त ।

Diabrotic (di-ab-rot-ik). A corrosive. क्षयकर पदार्थ ।

Diacele, Diacœle (di-as-el). The third ventricle of the brain. मस्तिष्कका तृतीय स्तर ।

Diachorema (di-ak-o-ré-mah). Excrement ; feces. स्राव। मल ।

Diachoresis (di-ak-o-ré-sis). Defecation. मल त्याग करण ।

Diacid (di-as-id). Having an acidity of two. द्वि-आम्लिक ; द्वाम्ल ।

Diaclasia (di-ak-lá-ze-ah). A fracture produced intentionally, usually for the correction of deformity. विकृत आकारको ठीक करनेके लिये इच्छापूर्वक किसी अस्थिको तोड़ देना ।

Diaderm (di-a-derm). The blastoderm with two layers. डिम्बकोषकी ऐसी भ्रूणांकुर-झिल्ली जिसमें दो स्तर होते हैं; द्वि-स्तरा झिल्ली ।

Diagnose (di-ag-noz). To determine the nature of a disease. किसी रोगको प्रकृतिका निर्णय करना ; रोग-निर्णय करना ।

Diagnosis (di-ag-nó-sis). The descrimination of diseases by their distinctive works or symptoms. लक्षण देखकर रोग-निर्णय ; रोग-निर्णय ; निर्णय-तत्व ।

Diagometer (di-ag-om.et-er). A form of electroscope for ascertaining conducting power. विद्युत्-परिचालन शक्ति-मापक ; विद्युत्-प्रवेश-मापक ।

Dialysis (di-al-is-is). The separation of the crystalloid elements of a body from the colloid by diffusion through a membranous septum or partition. किसी पदार्थके अमणिभ भागसे मणिभ भागका पृथकीकरण ; द्वि-विश्लेषण क्रिया ; पारपृथक्करण । 2. Debility ; dissolution of strength. २ । दौर्बल्य ; शक्ति-क्षय ।

Diamagnetic (di-ah-mag-net-ik). Repelled by the magnet ; or pertaining to diamagnetism, आनुप्रस्थिक चौम्बकत्व-सम्बन्धीय ; आनुप्रस्थिक चौम्बकत्व धर्मा वस्तु या पदार्थ ; व्यतस्त आकर्षक ; प्रतिचुम्बकीय ।

Diameter (di-am-et-er). A straight line passing through the center of a body or figure. किसी अंग या शरीरके केन्द्र होकर जानेवाली सरल रेखा ; व्यास ;

Diaphanous (di-af-an-us). Transmitting light; transparent. स्वच्छ ; पारदर्शक ।

Diaphoresis (di-af-or-é-sis). Perspiration ; sweating. स्वेद ; पसीना ।

Diaphragm (dia-af-ram). Midriff ; muscle membranous partition between the abdominal and thoracic cavities. वक्षोदर मध्यस्थ-पेशी ; उदर-वक्ष-व्यवधायक पेशी ।

Diaphragmitis (di-af-rag-mi'-tis). Inflammation of the diaphragm. उदर-वक्ष-व्यवधायक पेशीका प्रदाह ।

Diaphysis (di-af-is-is). Any shaft of long bone. किसी लम्बी हड्डीका स्तम्भाकृति अंश ।

Diaplasis (di-ap-las-is). Setting of a fructure. अस्थि-भंगका बैठाना ; अस्थि-संयोजन ।

Diapne (di-ap-ne). Perspiration. पसीना ।

Diapophysis (di-ap-off-is-is). The transverse process of a vertebra. कशेरुकाका अनुप्रस्थ उभार ।

Diapyetic (di-ah-pi-et-ik), Promoting suppuration. पीव पैदा करनेवाला ।

Diarrhea, Diarrhœa (di-ar-é-ah). An abnormally frequent discharge of more or less fecal fluid water from the bowel. अतिसार ।

Diarthrosis (di-ar-thro-sis). A movable articulation of bones. सचल अस्थि-सन्धि ।

Diarticular (di-ar-tik-u-lar). Pertaining to two joints. दो सन्धि-सम्बन्धीय ।

Diastasis. A forcible separation of two bones previously in contact or of the pieces of a fractured bone. दो जुड़ी अस्थियोंको अलग कर देना या भग्न अस्थिकी सन्धि-विच्युति ; विसन्धान ।

Diastema (di-as-té-mah). A space. कोई दरार ; कोई शून्य स्थान ।

Diastole (di-as-to-le). The period of dilatation of the heart. हृद्-प्रसारणका काल ; प्रसार ।

Diastolic (di-as-tol-ik). हृद्-प्रसारण-सम्बन्धीय । **D. Murmur,** a murmur occurring during the disstole. हृत्प्रसारण कालका हुसहुस शब्द । **D. Blood-pressure.** प्रसार रक्त-भार ।

Diastrephia (di-as-tré-fe-ah). Insanity towards cruelty. निर्दयता-पूर्ण कार्यका उन्माद।

Diatela, Diatele (de-at-é-lah, di-até-le). The roof of the third ventricle. तृतीय निलयका आवरण।

Diathermia. The generation of heat in the body lession by the aid of the high frequency current. उष्णवाहिका शक्ति द्वारा शारीरिक तन्तुओंमें ताप उत्पन्न करना।

Diathesis (di-atĥ-es-is). A constitutional tendency to certain diseases. धातु-दोष ; रोग-प्रवणता।

Diatom (·di-at-om). One of a natural order of microscopic vagetable organisms with sileceous coverings. आनुवीक्षणिक उद्भिज-विशेष ; द्विदल अणु।

Diatomic (di-at-oḿ-ik (. Consisting of two atoms. द्वि-परमाणुक।

Dibasic (di-bá-sik). Double basic. द्विभास्मिक।

Diblastic (di-blaś-tik). Having two causes. दो कारणोंसे पैदा हुआ रोग।

Dicephalous (de-sef-al-us). Double headed. द्विशिर।

Dichotomy (di-kot-o-me). Division. द्विभाजन ; भाजन।

Dicrotic, Dicrotus (di-kroṫ-ik, dik-ro-tus). Double beating as of the pulse. द्वि-स्पन्दनशील ; द्वि-स्पन्दित नाड़ी।

Didactyl (di-dak-til). Having only two fingers or toes. केवल दो अंगुली या अँगूठेवाला।

Didilphic (di-diĺ-fik). Relating to a double uterus. दो जरायु-संक्रान्त।

Didymalgia (did-e-maĺ-je-ah). Pain in the testicle. अण्डकोषमें दर्द।

Didymites (did e-mi'-tes). Orchitis. अण्डकोष प्रदाह।

Didymous (did'-e-mus). Twin. यमज।

Diet (di'-et). Food. खाद्य।

Dietetic (di'-et-eṫ-ik). Relating to diet. खाद्य-सम्बन्धीय।

Differentiation. A specialization of tissues, organs or functions. विषमी भवन ; स्वगत भेद ; विभेदन।

Diffraction (dif-rak'-shun). The peculiar modification which light undergoes when it passes by the edge of an opaque body by being diflected from its direct course. आलोक-रश्मियाँ सरल-पथसे विक्षिप्त होकर किसी अस्वच्छ वस्तुके किनारेसे निकलती हैं, उस समय उनमें जो विशेष परिवर्त्तन होता है, वह परिवर्त्तन ; व्यवर्त्तन।

Diffuse Inflammation. Inflammation affecting all parts of an organ. किसी यंत्रके समस्त अंशोंका प्रदाह।

Digastric (di-gaś-trik). Having two bellies. दो उदरवाला ; द्वि-उदरी ।

Digerant (dij'-er-ant). A digestant. एक पाचक ।

Digestion (de-jeś-chun). The process or act of converting food into materials fit to be absorbed and assimilated. पाचन ; पाचन-क्रिया ; परिपाक-क्रिया ।

Digestive (di-geś-tiv). Aiding digestion. पाचक । **D. Tract.** अन्न-मार्ग ।

Digit (dij'-it). A finger toe. अंगुली ; अंगूठा ।

Digitation (dij-it-á-shun). A finger like process. अंगुल्याकार प्रवर्द्धन ।

Diglossia (dig-los-is-ah). Having double tongue. द्वि-जिह्वी ।

Dignathus (di-nath-us). Having two lower jaws. दो निम्न-हनुवाला ।

Dihysteria (di-his-té-re-ah). The presence of double uterus. दो जरायुका होना ।

Dilatant (dil-at-ant). A drug causing dilatation. प्रसारक औषधि ।

Dilatation (dil-at-á-shun). An enlargement or expansion of a vessel or an organ. किसी रक्तवाहिनी या शारीर यंत्रका प्रसारण अथवा अभिवृद्धि । **D. of heart**, an increase in the size of the heart. हृत्पिण्ड-प्रसारण ।

Dilatator, Dilator. An instrument or muscle that dilates certain parts. प्रसारण यंत्र या प्रसारणी पेशी ।

Diluent (dil-u-ent), Diluting ; increasing the proportion of water in secretions or blood. जलीयांश वृद्धकर ; तरलकर पदार्थ ; जिस पदार्थसे रस-रक्त आदि जलीय अंशोंकी वृद्धि होती है।

Dilution (di-lú-shun). A weakening with water. तरली-करण ; क्षीणीकरण । (Homeo). A diluted medicine. द्रव-क्रम—मूल औषध सुरासार आदिके साथ मिश्रितकर प्रस्तुत क्रम ।

Dimetria (di-mé-tre-ah). The state of having double uterus. दो जरायु रहनेवाली अवस्था ।

Dinomania (di-no-mā-ne ah). Dancing mania. नर्तनोन्माद ; एक रोग, जिसमें नाचनेकी अति अधिक इच्छा होती है ।

Dinus (di'-nus). Vertigo. सरमें चक्कर ; शिरोघूर्णन ।

Dioxide (de-oks-id). An oxide containing two equivalents of oxygen to one of a metal. जिस अम्लजान-जारित धातुमें दो तुल्य-शक्तिवाले अम्ल और एक तुल्य-शक्तिकी धातु रहती है ।

Diphtheria (dif-thé-re-ah). An infectious disease of the throat and gland in which false membrane are formed. झिल्लीक-प्रदाह ।

Diphtheric, Diphtheritic. Pertaining to diphtheria. झिल्लीक-प्रदाह-सम्बन्धीय।

Diphtheromycosis (dif-ther.o-mi-kó-sis). Chronic diphtheria. पुराना झिल्लीक-प्रदाह।

Diphthongia. A disease of the larynx, in which double tone of voice is produced. एक स्वर-यंत्रका रोग, जिसमें दो प्रकारके स्वर निकलते हैं।

Diplocoria (dip-lo-kó-re-ah). Double pupil. दो चक्षुतारा।

Diplogenesis. The duplication of parta normally single. स्वाभाविकरूपसे एकक रहनेवाले अंशको दूना करना।

Diplopia (dip-ló-pe-ah). Double vision, द्वित्व-दृष्टि।

Dipping. Palpating the liver by sudden pressure. एकाएक जोरसे दबाकर यकृत परीक्षा।

Diprosapus (dip-ro-sá-pus). A double faced monster. दो मुखमंडलवाला जीव।

Dipsetic (dip-seť-ik) That which produces thirst. तृष्णोत्तेजक प्यास पैदा करनेवाला।

Dipsosis (dip-só-sis). Great thirst, morbid thirst. तेज प्यास ; रोगात्मक पिपासा।

Dipigus (diṕ-ig-us). A fetus with double buttocks. दो चूतड़ोंवाला भ्रूण।

Disarticulation (dis-ar-tik-u-lá-shun). Incision of a limb at a joint. सन्धि स्थलमें नश्तर।

Disassimilation. Failure or loss of assimilative power. समीकरण कियाका न होना ; ध्वंस-किया।

Disc (disk). A flat circular part or surface. गोलाकार वस्तुका ऊपरी भाग ; चक ; जीव या उद्भिदका देहस्थ चकाकार अंश।

Discharge (dis-charj′). An excretion or substance evacuated. स्राव ; निःसरण ; क्षरण ; निःसृत पदार्थ।

Discharger (dis-charj-er). An instrument for producing an electric discharge. ताड़ित-निःसारणकारी यंत्र ; निःसारण दण्ड।

Discission (dis-iśh-on). Incission or cutting through a part. काटना ; किसी अंशका छेदन ; नश्तर देना।

Discret (dis-kreť). Separate, distinct ; not joined to or incorporated with another, विभिन्न ; जुदा ; अलग ; असंयुक्त।

Discus (diś-kus). A disc. एक चक्र।

Discutient (dis-kú-shent). Scattering or dispersing a pathological accumulation. शोथ या रस-क्षरणको हटानेवाला।

Disease (dis-ez′). Morbus illness, sickness ; an interruption or perversion of function of any of the organs. रोग ; बीमारी ; अस्वस्थता। **D, Acute.** An abnormal condition of the body or any of its parts, manifested by symptoms of a more or less violent character and terminating after a brief period. नयी बीमारी ; वह रोग या रोग-लक्षण, जो उत्पन्न होकर थोड़े ही समयका भोग होकर छोड़ जाता है । **D. Chronic.** A disease of long continuance, marked usually by no very violent symptoms, but that is slow in its course. पुरानी बीमारी, इसमें तीव्र लक्षण नहीं उत्पन्न होते ; गति धीमी रहती है और बहुत दिनोंतक बनो रहती है ।

Disengagement (dis-en-gaj′-ment). The escape of the fetus from the vaginal canal. योनि-पथसे भ्रूणका अपसरण ।

Disinfect (dis-in-fekt). To free from pathogenic substances or organisms ; to make innnocuous. रोग संक्रमण-विनाशी औषधके द्वारा विशोधन करना ; संक्रमण दोष दूर करना ; विशोधन ।

Disinfectant (dis in-fek-tant). A germ destroyer. कीटाणु-नाशक ; निःसंक्रामक; रोग-संक्रमण-निवारक ओषधि।

Dislocation (dis-lo-cá-shun). A displacement of organs or articular surfaces, स्थान-च्युति ; किसी यंत्र या सन्धिका उसके नित्य स्थानसे हटना ; अस्थि-च्युति ; अस्थि-भंग ।

Dispensary. A place where drugs are dispensed. औषधालय ; डाक्टर-खाना ।

Dispense. To give out drugs ओषधि देना ।

Displacement (dis-plaś-ment). Removal from the normal position or place. स्थान-च्युत करण ; स्थानान्तरित करण । स्थान-च्युति; अपसरण ।

Disruptive (dis-rup-tiv). Causing or tending to cause disruption. विदारणशील ।

Dissection (dis-ek-shun). The cutting a part of tissues. व्यवच्छेद ; छेदन ।

Disseminated (dis-sem-in-a-ted). Scattered ; distributed over a considerable area. विस्तारित ; फैला हुआ ।

Dissemination. A scattering, as of disease germs. रोग-जीवाणुओंका फैलना ।

Dissimilation (dis-sim-il-á-shun). Catabolic change. आकार-परिवर्त्तन ; अ-समीकरण ।

Dissociation (dis-so-she-á-shun). Separation ; dis-association. वियोजन ; अलग करना ।

Dissolution (dis-o-lo6-shun).Death. मृत्यु ।

Dissolve (diz-olv′). To make solution of. द्रव बनाना ; गलाना ।

Dissolvent (diz-oĺ-vent). A solvent ; capable of dissolving substances. विद्रावक ; शरीरस्थ कड़े पदार्थोंके पिण्ड-समूहोंको गलाने योग्य औषध-विशेष ।

Distichiasis (dis-tik-e-as-is). An affection in which there are two rows of eyelashes. एक रोग, जिसमें रोगीको बरुनियोंकी दो श्रेणियाँ रहती हैं ।

Distillation (dis-til-a-shun). Vaporization ; the process of distilling and condensing vapor. संस्रावण, निःसरण; क्षरण; परिस्रवण ; सारमाण अर्क ।

Distomia (dis-tó-me-ah). The condition of having two mouths. द्वि-मुखी अवस्था ।

Ditocia, Ditokus (di-to-se-ah). Twin birth. यमज सन्तान ।

Diuresis (di-u-ré-sis). An excessive secretion of urine. अत्यधिक मूत्रस्राव ; मूत्रस्राव-वृद्धि ।

Diuretic (di-u-reť-ik). Promoting the excretion of urine. मूत्र-विरेचक ; मूत्र-वर्द्धक ।

Divagation (di-vag-á-shun). Delirium. प्रलाप ; मस्तिष्क-विकार ।

Divergent (di-veŕ-jent). A moving or spreading apart or in afterent direction. दूरापसरणशील ; विसर्पी ; केन्द्रापरांगमुख ; वहिर्मुख ।

Diverticulum (di-ver-tiḱ-u-lum). A small pouch or sac opening out from a tubular organ. किसी नलीके आकारकेशारीर-यंत्रके मुखपरका छोटा गड्हा या थैली ; नालीमुखगह्वर ।

Dizziness (diz'-e-nes). Vertigo, giddiness. सरमें चक्कर ; शिरोघूर्णन ।

Dochmiasis (dok-mi'-a-sis). Uncinariasis, hook-worm disease. गोल क्रिमि रोग ।

Docimastic (dos-im-aś-tik). Testing ; proving. परीक्षा ; जाँच ।

Dodecadactylon (dó-dek-ah-daḱ-ti-lon). Duodenum. द्वादश अंगुल यंत्र ; पक्वाशय ।

Dolor (dó-lor). Pain, a classical sign of inflamation. दर्द ; प्रदाहका एक विशेष चिह्न ।

Domatophobia (do-mah-to-fó-bi-ah). A morbid fear of being in a house. घरमें रहनेका रोगात्मक भय ; गृहातंक ।

Dome-cells. The large cells forming the outer layer of the epidermis in theembryo. भ्रूणकी अधस्त्वचाके वाह्य-पटलके वृहत् कोष-समूह, जिनसे यह अधस्त्वचा तैयार होती है ।

Dope (dop). Any drug. औषधि ।

Doraphobia (do-rah-fó-bi-ah). A morbid fear of touching the skin or fur of animal. पशु-लोम या मानव-चर्म छूनेका रोगात्मक भय ।

Dorsad (doŕ-sad). Toward or in the direction of the back. पीठकी तरफ ।

Dorsal (doŕ-sal). Relating to the back. पृष्ठ संकान्त ; पीठके सम्बन्धका । **D. Artery of penis.** शिश्न-पृष्ठ धमनी । **D. Culancus of ulnas nerve.** करभ अंतःत्वगीया नाड़ी । **D. Interossei muscle.** कर-पृष्ठ अस्थ्यांतरिका पेशी । **D. Introssei of foot muscle.** पाद-पृष्ठ अस्थ्यांतरिका पेशी । **D. Nerve.** पृष्ठ-नाड़ी । **D. Reflex.** A reflex contraction of the muscle of the back. पृष्ठ-पेशीका पारावर्त्तित संकोचन ।

Dorsum (doŕ-sum). The back ; the posterior surface or the back of any organ. पृष्ठ ; किसो शारीर-यंत्रकी पीठ या पिछला भाग ।

Dosage (dó-sāj). The determination of the proper dose of a remedy. मात्राके हिसाबसे औषध प्रयोग ; औषधकी एक मात्राका आकार ।

Dose (dos). A quantity of medicine taken at a time. मात्रा ; एक बार सेवन करनेका औषधका परिमाण ।

Dosimeter (do-sim-et-er). An apparatus for measuring minute doses. निश्चित मात्रा मापनेका साधन ।

Dossil (doś-il). A roll of lint for cleansing wounds. स्थूल-पट्टिका ; क्षत प्रभृतिका मुँह खुला रखनेके लिये जखमवाली जगहपर लगानेकी कोमल वस्त्रकी पट्टी ।

Dothicuteritis doth-e-cu-ter-i'-tis). Typhoid fever. सान्निपातिक ज्वर ; आंत्रिक ज्वर ।

Douche (doosh). A current of water directed against the surface or projected into a cavity. जल-यंत्रिका ; स्नानार्थ या चिकित्सार्थ शरीरके बाहरी भागमें या अन्तर गह्वरमें जल धाराका प्रक्षेपन, वस्ति-क्रिया ।

Dourine (doó-rin). A contagious venereal disease of horses. घोड़ोंकी एक लरछुत बीमारी ।

Drachm (dram). Dram. एक वजन, एक आउन्सका अष्टमांश ।

Dracunculus (dra-kuń-ku-las). A kind of thread worm. एक प्रकारकी सूत्र क्रिमि ।

Drainage (drāń-aj). The continuous removal of pus and other fluids from a wound or other cavity. किसी घाव या गह्वरसे मवाद अथवा तरल स्राव निकलना ।

Drapetomania. Morbid desire to get away from home. घरसे बाहर निकल भागनेकी रोगात्मक इच्छा ।

Drastic (draś-tik). A powerful purgative. एक तीव्र विरेचक ।

Dressing. The material applied to a wound for the purpose of excluding the air, stimulating, repair etc. घाव, जखम आदिके लिये मरहम ; वस्त्र-बन्धनी प्रभृति ।

Dromograph. An instrument for recording the rapidity of blood circulation. खूनके दौरानकी तेजी अंकित करनेवाला यंत्र।

Drop. A globule of liquid. बूंद; बिन्दु।

Dropsy (drop si). Hydrops; an excessive accumulation of clear watery fluid in any of the tissues or cavities of the body. शोथ रोग। **D. of Belly,** ascites. उदर-शोथ। **D. Cardiac,** dropsy due to heart disease. हृद्रोग-जनित शोथ। **D. of Chest,** hydrothorax. वक्षोदक रोग। **D. of Uterus.** Hydrometra. जरायुमें जल संचय रोग।

Drug. Any substance employed as a medicine. औषध; दवा।

Dualism, In chemistry the theory that every compound, no matter how many elements enter into it is composed of two parts, one electrically negative, the other positive. द्वैत-सिद्धान्त; इस मतके अनुसार प्रत्येक मिश्रित पदार्थ दो अंशोंके सम्मिश्रणसे उत्पन्न मान लिये जाते हैं, एक ताड़िद्धर्मानुसार अन्तर्मुखी और दूसरा बहिर्मुखी रहता है।

Duct (duct). A tubular structure giving exit to the secretion of a gland or conducting any fluid. नली; प्रणाली; नलीके आकारकी कोई बनावट, जिसकी राहसे तरल रस आदि ग्रन्थियोंसे निकलते हैं।

Ductless glands. Glandular organs without ducts. प्रणालीविहीन ग्रन्थि।

Ductule. A small duct. क्षुद्र नली।

Ductus. Any passage or duct, कोई पथ या नली। **D. Arteriosus,** a channel in the fetus from the Pulmonary artery to the aorta. धमनी संयोजक प्रणाली। **D. Cochlearis,** the lower part of the scabi media containing the organ of corti. मध्य-कुल्या। **D. Deferens,** vas deference. शुक्र-प्रणाली। **D. Venosus,** a channel which joins the umbilical vein and ascending venacava in the foetus. भ्रूणकी नाभि-शिरा और ऊर्द्धगा महाशिरा संयोजक प्रणाली।

Dull (dull). Not resonant on percussion. आघातन करनेपर जो शब्द नहीं देता वैसा स्थान; ठोस शब्द देनेवाला स्थान।

Dullness (dul-nes). A non-resonant percussion-note. जड़ता; ठोस धीमी आवाज।

Dumb (dum). Unable to speak. गूंगा; वाक्य-रहित। **D. Ague,** malarial fever without chill. शीत-रहित सविराम ज्वर।

Dum Dum Fever. Kala-azar. काला आजार।

Duodenal (du-od-en-al). Situated in or pertaining to duodenum. पक्वाशय ; द्वादशांगुल अंत्र-सम्बन्धीय । **D. Opening.** पक्वाशय द्वार । **D. Artery.** पक्वाशयिक धमनी ।

Duodeno-jejunal (du-od en-o-je-jú-nal). Pertaining to both the duodenum and jejunum. पक्वाशय उत्तर क्षुद्रान्त्र संयोजन ।

Duodenum (du-o-dé-num). The first part of the small intestine. क्षुद्र अंत्रका प्रथम अंश, पक्वाशय ; ग्रहणी (सुश्रु) ।

Duplication, Duplicature. A doubling. नकल उतारनेवाला यंत्र ।

Dura, Duramater (dú-rah, dú-rah-meter). The outermost toughest and most fibrous of the three meninges or membranes of the brain. मस्तिष्कके तीन आवरणोंमें सबसे बाहरवाला कड़ा और सर्वाधिक तन्तुमय आवरण ; मस्तिष्क वाह्यावरण, दृढ़-मातृका ।

Durematoma (du-rem-at-ó-mah). Hematoma of the duramater. मस्तिष्क वाह्यावरणका रक्तार्बुद ।

Duritis (du-ri-tis). Inflammation of the dura. मस्तिष्क-वाह्यावरण-प्रदाह ।

Dusting powder. Any fine powder to be sprinkled upon the affected surface. रोगी अंगपर छिड़कनेका खूब महीन चूर्ण ।

Dwarf (dworf). An abnormally undersized person. बौना, बामन ।

Dwarfism (dwarf-izm). Underdevelopment of body. शरीरकी अवरुद्ध अवस्था, बौनापन ।

Dynamic, Dynamical (di-nam-ik, di-nam-ik-al). Pertaining to or manifesting force. भौतिक बल या शक्ति सम्बन्धीय, गत्यात्मक, शारीरिक यंत्र आदिकी क्रिया विकासजनित ।

Dynamics (di-nam-iks). The science of motion and the laws of force. गति-विद्या ।

Dynamization (di-nam-iz-á-shun). Act of making drugs effective by dilution etc. शक्तिकरण ; शक्ति वृद्धिकरण ।

Dynamo (di'-nam-o). A machine for generating electricity. ताड़ितोत्पादक यंत्र ।

Dynamometer (di-nam-om-et-er). An instrument for measuring muscular strength. मांस-पैशिक शक्ति मापनेका यंत्र ।

Dynamoscopy. The auscultation of muscle-sound. मांस-पैशिक शब्दकी आकर्णन द्वारा परीक्षा ।

Dyne (din). A unit of force which acting on a gram for one second generates a velocity of a centimeter per second. बल परिमाण विशेष,

जो एक सेकेण्डमें १०० मीटर गति-वेग पैदा करता है ; बल परिमाण ।

Dysacousia, Dysacousis, Dysacousma. A disease in which certain sounds produces discomfort. एक रोगावस्था, जिसमें कितने ही प्रकारके शब्दोंसे कष्ट होता है ; शब्दाघात ।

Dysaphe (diś-af-e). Disordered sense of touch. विश्रृङ्खलित स्पर्शानुभूति ।

Dysarthria (dis-aŕ-thre-ah).Imperfect utterance. असम्यक उच्चारण ।

Dysarthrosis (dis-ar-thró-sis). Malformation of a joint. सन्धिका असम्यक या विकल निर्माण ।

Dysbasia (dis-bá-ze-ah). Difficulty in walking. गति-हीनता ; गति-रोध ; चलनेमें कष्ट ।

Dysbolism (dis-bo-lizm). Perversion, but not neccessarily morbid, metabolism. संवर्त्तन ; शरीर यंत्रकी जिस क्रियाके परिणामस्वरूप देहस्थ पुष्टकारक उपादान-समूह जैव पदार्थों में परिणत होते हैं अथवा शरीरस्थ प्राण-पंक विशिष्टहुआ करता है ; पाक, गठन भंजन ; शरीर-परिवर्त्तन ।

Dysbulia, Dysbula (dis-bú-le-ah). Weakness and uncertainty of will power. इच्छा-शक्तिकी दुर्बलता तथा अनिश्चित इच्छा-शक्ति ।

Dyschesia (des-ké-sha). Painful defecation, दर्द-भरा अतिसार ; दर्दके साथ दस्त आना ।

Dyschiria (dis-ke-re-ah). A disorder of sensibility in which the patient is unable to tell which side of the body has been touched एक प्रकारकी अनुभूति-विश्रृङ्खलता, जिसमें रोगी बता नहीं सकताकि उसका कौन पार्श्व छुआ गया है ।

Dyschromatopsia (diś-kro-mat-op-se-ah). Incomplete color-blindness. असम्पूर्ण वर्णान्धता ।

Dyscinesia (dis-sin-é-ze-ah). Difficult motion. कष्टकर गति ।

Dyscoria (des-koŕ-e-ah). An abnormal form of pupil. चक्षु-ताराका अस्वाभाविक आकार ; विकृत चक्षु-तारका ।

Dyscrasia (dis-krá-ze-ah). A depraved or ill-state of the body or blood. शरीर या रक्तकी बिगड़ी हुई अवस्था ।

Dysentery (diś-en-ter-e). Inflammation and ulceration of thel intestinal mucous membrane with bloody evacuations. रक्तामाशय ; खूनी पेचिश । **D. Amœbic,** a form of dysentery due to the presence of amoeba. अमीबा कीटाणु-जनित रक्तामाशय । **D. Bacillary,** an infectious disease due to bacterium dysenterica and marked by intestinal pain, tenesmus and diarrhoea with mucus and blood in stools. शालाकाणु-जनित रक्तामाशय ; इसमें दर्द,

मरोड़, आम तथा रक्त मलके साथ निकलता है ।

Dysesthesia, Dysaesthesia. Impairment of sensation ; a sort of anesthesia. अनुभूति या भावोद्रेककी जड़ता ।

Dysgenesis, Dysgenic. Sterility, bad-breeding. बन्ध्यात्व ; कुसन्तानोत्पत्ति ।

Dysgeusia (des-ǵu-ze-ah). Perversion of the sense of taste. स्वादानुभूतिमें गड़बड़ी ; स्वाद-विकार ।

Dysgrosia (dis-gró-se-ah). Disorder of intellectual function. बौद्धिक क्रियामें विकार ; बुद्धि-विकार ।

Dyshidrosis (dis-hid-ró-sis). Any disorder of the perspiratory apparatus. स्वेद-यंत्रमें गड़बड़ी ; स्वेद-विकृति ।

Dyskinetic (dis-kin-eť-ik). Derangement of the normal movement. स्वाभाविक गतिमें गड़बड़ी ; गति-विकार ।

Dyslexia (dis-leks-e-ah). An inability to read with understanding. समझकर कुछ पढ़नेकी शक्तिका न रहना ।

Dyslochia (dis-ló-ke-ah). Disordered lochial discharge. विश्रृङ्खलित परिस्रवका स्राव ; अनुकल्प परिस्रव ।

Dysmenorrhœa. Painful and difficult menstruation. कष्टरजः ।

Dysmnesia (dis-mne-se-ah). Impaired memory. बिगड़ी हुई स्मरणशक्ति ; विकृति-स्मृति ।

Dysneuria (dis-nú-re-ah). Impairment of the nervous power. विश्रृंखलित स्नायविक शक्ति ।

Dysodontiasis (dis-o-doń-ti-as-is). Difficult dentition. कष्टकर दन्तोद्गमन ।

Dysopia, Dysopsia (dis-ó-pe-ah, dis-op-se-ah). Defective vision. दोषावह दृष्टि ।

Dysosmia (dis-oz.me-ah). Defective smelling. दोषावह घ्राणशक्ति ।

Dysostosis (dis-os-tó-sis). Defective ossification. दोषावह अस्थि-निर्माण ।

Dyspareunea (dis-pah-rú-ne-ah). Painful coitus. वेदनापूर्ण संगम ।

Dyspepsia (dis-peṕ-se-a). Imperfect digestion. असम्यक पाचन; मंदाग्नि ; बदहजमी ।

Dyspeptic (dis-peṕ-tik). Affected with dyspepsia. अजीर्ण-रोगाक्रान्त ।

Dysphagia (dis-fá-je-ah). Difficulty in swallowing. निगीरणकृच्छ्र ; निगलनेमें कष्ट ।

Dysphemia (dis-fé-me-ah). Stammering. तोतलाना ।

Dysphoria (dis-fó-re-ah). Difficulty in producing sounds. वाक्कृच्छ्र ; बोलने या शब्दोच्चारणोंमें कष्ट ; तोतलाना ।

Dysphoria (dis-fó-re-ah). Restlessness. अस्थिरता ; बेचैनी ।

Dyspnea, Dyspnœa (disp-né-ah). Difficult breathing. श्वास-कृच्छ्र ; श्वासावरोध ; श्वासकष्ट ।

Dysspermasia (dis-sper-má-ze-ah) Difficult discharge of semen. वीर्य-स्रावके समय कष्ट ; कष्टकर वीर्य-पतन ।

Dystasia (dis tá-ze-ah). Difficulty in standing. खड़े होनेमें कष्ट ।

Dysthymia (dis-thé-mi-ah). Mental anomaly. मानसिक कष्ट ।

Dystocia (dis-tó-se-ah). Difficult child-birth. कष्टकर प्रसव ।

Dystrophia (diś-tro-fi-ah). Defective or faulty nutrition. दोषावह परिपोषण ।

Dystrophoneurosis (dis-tro-fo-nu-ro-sis). Nervous disorder due to malnutrition. दोषावह परिपोषण-जनित स्नायविक विशृङ्खलता ।

Dysuria (dis-ú-re-ah). Painful or difficult urination. मूत्रकृच्छ्र ।

E.

Ear (er). The organ of hearing. श्रवण यंत्र ; कान ।

Earache (eŕ-ak) Pain in the ear. कर्णशूल ; कानका दर्द ।

Ear-bone. Ossicle. कर्णास्थि ।

Ear-drops. A medicated liquid used for local application in the ear. कानकी दवा, जो बून्द-बून्द कानमें टपकायी जाती है ।

Ear-faint. Vertigo with faintness due to the disease of internal ear. अन्तःकर्णके रोगके कारण शिरोघूर्णन और मूर्च्छा ।

Ear-lobe. The lower fleshy part of the auricle. कर्ण-शंकुली ।

Ear-wax. Cerumen. कर्ण मल ; कानका मैल ।

Earth (erth). The world. संसार । 2. Soil, clay, the loose material on the surface of the earth. मिट्टी ; मृत्तिका ; रज ; धूल ।

Eberth's Bacillus. The bacillus which produces typhoid. सन्निपात उत्पन्न करनेवाला जीवाणु ।

Ebonation (e-bo-ná-shun). Removal of loose fragments of bone from a wound. किसी घावसे अस्थि-चूर्णको हटा देना ।

Ebriecation (e-bri-ká shun). Mental derangement due to excessive use of alcohol. अत्यधिक मद्य व्यवहार करनेके कारण मानसिक विश्रृङ्खलता ।

Ebrietas (e-bri-et-as). Drunkenness. शराबीपन ; मतवालापन ।

Ebullition (eb-ul-iśh-un) Boiling. उबालका ; खौलाना ।

Eburneous (e-buŕ-ne-us). Resembling ivory in colour. हाथी दाँतकी तरह ।

Ecaudate (e-kaw-dāt). Without a tail. पुच्छ-रहित ।

Ecbolic (ek-boĺ-ik). Producing abortion or causing parturition. गर्भस्राव या प्रसवकारक ।

Eccentrik (ek-ceń-trik). Away from the centre. केन्द्रभ्रष्ट ; केन्द्र त्यागी ; उत्केन्ति ।

Ecchondroma (ek-on-dró-mah). A cartilaginous tumor.एक ; उपास्थि-मय अर्बुद ।

Ecchymoma (ek-im-ó-mah). A swelling or tumor due to extravasated blood. चोट प्रभृतिके कारण रक्त जम जानेकी वजहसे सूजन या अर्बुद ।

Ectoentad (ek-to-eń-tad). From without inward. बाहरसे भीतरकी ओर ; अन्तमुर्खी ।

Ectogenous (ek-toj′-en-us). Developed outside the organism. शरीर वाह्य-पटलपर वृद्ध ।

Ectopectoral (ek-to-pek-to-ral). The outer of the two pectoral muscles ; pectoralis major. वक्ष वाह्य-स्तर ।

Ectoperitonitis (ek-to-per-it-on-i′-tes). Inflammation begining in the deeper layer of the peritoneum which is nextto the viscera or the abdominal wall. अंत्रावरककी संयुक्त झिल्लीके गभीर स्तरका प्रदाह ।

Ecto-parasite (ek-to-pań-es-it). An external parasite. जन्तुके शरीरके वहिर्भागवाले परजीवी कीट विशेष ।

Ectopia (ek-tó-pe-ah). Displacement or malposition, especially congenitial. स्थान-च्युति, खासकर भ्रूणकी स्थान-च्युति ।

Ectoplasm (ek-to-plazm). The exterior protoplasm of a cell. स्त्री-जीवके अण्डाशयस्थ वर्द्धनशील अण्ड या उद्भिम-कोषका वहिर्भाग आवरक ; जैवनिक स्तर ।

Ectozoa (ek-to-zo-ah). External parasites. वाह्य कीटाणु ; चर्मके ऊपर स्थित कीटादि ; वाह्य कीट ।

Ectrodactylia. Congenital absence of digits. आजन्म अंगुलि-राहित्य ।

Ectropic (ek-trop ik). Turned out or everted. बाहर निकला ; उल्टा ; विपरीत ।

Ectrotic (ek-troť-ik). Preventing the development of disease. रोग-वृद्धि-रोधक; बीमारीकी वृद्धिकोरोकनेवाला ।

Eczema (ek-ze-mah). An inflammatory skin disease with itching, burning and various paresthesis. अकौत ; छाजन ; एक प्रकारका चर्म-रोग, जिसमें खुजली, जलन, रस-स्राव प्रभृति कई उपसर्ग सम्मिलित रहते हैं ।

Eczematoid (ek-zeḿ-at-oid). Resembling eczema. अकौताकी तरह ।

Eczematous (ek-zeḿ-at-us). Affected with eczema. अकौताका रोगी ।

Edea (e-dé-ah). The genital organs. जननेन्द्रियाँ ।

Edeitis (e-de-i′-tes). Inflammation of the genitals. जननेन्द्रियका प्रदाह ।

Edema (e-dé-ma). An abnormal accumulation of watery fluid in the lymph spaces of the tissues ; dropsy. सूजन ; शोथ ।

Edentate (e-deń-tat). Having no teeth. दन्तरहित ।

Edeology (e-de-ol-o-je). A treatise on the genital organs. जननेन्द्रियका अध्ययन ।

Edeoptosis (e-de-o-tó-sis). Prolapse of the genital organs जननेन्द्रियकी स्थानच्युति ।

Edible (ed'-ib-l). Fit for food. खाद्य-योग्य ।

Efferent (ef-er-ent). Conveying from the centre. केन्द्र-त्यागी ; प्रांतग ।

Effervescent (ef-er-vés-ent). Boiling ; bubbling. खौलता हुआ ; उफनता हुआ ; फुटन्त ; बुद्बुदायित ।

Efflorescence (ef-lor-és-ens). 1. A rash or eruption. १। उद्भेद । 2. Redness of skin. २। शरीरके चर्मका लाल हो जाना ।

Effluvium (ef-lú-ve-um). Vapor ; odor ; exhalation. उद्गत बाष्प ; गन्ध ; निःश्वास ।

Effluxion (ef-fluk shun). Early abortion ; an abortion during the first three months. आरम्भिक गर्भ-स्राव ; गर्भारम्भके तीन मासके भीतर ही गर्भस्राव ।

Effusion. Escape of the fluids of the body from their natural position ; extravasation. स्वाभाविक स्थानसे शरीरके रसका निकलना; रस-क्षरण ।

Egesta (e-jés-tah). Erecta ; dijecta. निहृत द्रव्य ; निकला हुआ तरल स्राव ; मवाद ।

Egg (eg). Ovum. अण्डा । E. **Albumen,** the main constituent of the white of the egg. अण्डेका अण्डलाल अंश ; अण्डेका प्रधान सफेद अंश । E. **Membrane,** the membrane surrounding the ovum. अण्डावरक झिल्ली ।

Egilops (é jil-ops). An abscess at the inner canthus of the eye. चक्षु-अन्तर पटलका फोड़ा ।

Eglandulous (e-glań-du-lus). Having no glands. ग्रन्थि-रहित ; ग्रन्थिहीन ।

Egophony (e-goff-on-e). A goat like, vocal sound. बकरेकी तरहका स्वर या आवाज ।

Eiasanthema (i-san-thé-mah). An eruption of the mucous surface. श्लैष्मिक-झिल्लीपर उद्भेद ; श्लैष्मिक पटलका उद्भेद ।

Eisodic (is-od'-ik). Afferent. केन्द्र-त्यागी ।

Ejaculatory Duct (e-jak-u-la-to-re). The seminiferous duct. शुक्रवाही नली ।

Ejectah (e-jek-tah), Excretions. स्राव ।

Ejection (e-jek-shun). The process of casting out ; evacuation by stomach, vomitting, perspiration. समुत्सर्ग ; निःसरण ; वमन, विरेचन, स्वेद प्रभृति द्वारा निकालना ।

Elaboration. The change in a substance fitting it for assimilation. किसो पदार्थको समीकरण योग्य बनाना ।

Elastic (e-laś-tik). Endowed with elasticity. स्थिति-स्थापक।

Elastica (e-laś-tik-ah).India rubber. भारतीय रबर।

Elasticity (e-las-tiś-it e). The quality or condition of being elastic. स्थिति-स्थापकता ; संकोच-प्रसार-शोलता।

Elbow (el-bo). The joint below the arm and fore-arm. कोहनी ; कूर्पर ; अरन्नि।

Elcosis (el-kó-sis). Helcosis; fetid ulceration. बदबूदार जखम।

Electricity (e-lek-triś-it-e). A form of forces of nature generated by magnetism, chemisim etc. विद्युत ; ताड़ित। E. **Animal,** free electricity in the body. जैव-शरीरी विद्युत। **E. Frictional,** electricity produced by friction. घर्षण-विद्युत। **E. Magnetic,** that produced by bringing the conductor near the poles of the magnet. चुम्बकीय विद्युत। **E. Voltaic,** electricity produced by a voltaic cell or battery. काच-बिजली।

Electrode (e-lek-trod). The terminal pieces fastened to the cords of an electric battery and designed to be applied to the body. विद्युन्मार्ग ; ताड़िद्द्वार ; तड़ितोद्गम।

Electrodynamometer. An instrument for measuring the strength of an electric current. ताड़ितबल परिमापक यंत्र।

Electrogenesis (e-lek-tro -jeń-es-is). Production by electricity. विद्युत-प्रवाहसे उत्पन्न।

Electron (e-lek-tron). The unit or atom of negetive electricity. ऋण विद्युत परमाणु ; एक परमाणु विद्युन्मय करनेके लिये जितने विद्युतकी आवश्यकता होती है, उतनी विद्युत।

Electronegative (e-lek-tro-neǵ-at-iv). Relating to negative electricity. ऋणात्मक विद्युत सम्बन्धीय।

Electrothanatosis (e-lek-tro-than-o-tó-sis). Death by electricity. विद्युतसे मृत्यु।

Element (el-em-ent). 1. A fundamental part of principle. मौलिक अंश ; मूल तत्व ; मूल पदार्थ। बीज भूत ; मूलभूत ; रूढ़ पदार्थ ; मूल उपादान। 2. A substance that cannot be analysed. एक पदार्थ, जिसका विश्लेषण नहीं हो सकता।

Elephant Leg. Elephantiasis. फील-पाया ; श्लीपद।

Elephantiasis (el e-fan-ti'-as-is). A chronic disease characterized by inflammation and obstruction of lymphatics and hypertrophy of the skin and subcutaneous tissues. श्लीपद ; फीलपाया ; फीलाँव।

Elevator (el-e-va-tor). Lifting. उत्थापक । E. **Muscle**, a muscle that elevates. उत्थापिका पेशी ।

Elimination (e-li-min-á shun). Excretion. स्राव ।

Elinguid (e-ling-guid). Tongue-tied ; unable to speak. वाचाशक्ति-रहित ।

Elixation (e-liks-a-shun). A decoction. काढ़ा । 2. Digestion. पाचन ।

Elytritis (el-eť-ri-tis). Colpitis ; inflammation of the vagina. योनि-प्रदाह ।

Elytroclasia (el-e-tro-klá-si-ah). Rupture of the vagina. योनि फटना ।

Elytroptosis (el-it-ro-tó-sis). Prolapse of the vagina. योनिकी स्थान-च्युति ।

Elytrotomy (el-it-roť-o-me). Calpotomy ; an incision into the wall of the vagina. योनि-प्राचीरमें नश्तर देना ।

Emaciation (e-ma-she-á-shun). Extreme loss of flesh, अत्यधिक मांस-क्षय ; बढ़ती हुई कमजोरी या दुबलापन ।

Emaculation (e-mak-ul-a-shun). The removal of spots or other blemishes from the skin. चर्मका धब्बा दूर करना ।

Emanation (em-a-ná-shun). Exhalation ; effluvium. निःश्वास ।

Emansio Mensium. Delayed menstruation ; amenorrhoea. विलम्बित ऋतु ।

Emarlloid (em-ar-loyd). A tumor arising from the enamel of the tooth. दन्तावरकसे उत्पन्न होनेवाला अर्बुद ।

Emasculation (e-mas-ku-lá-shun). Castration. मुष्कच्छेदन ; वृष्णोत्पाटन ; पुरुषत्व लोपकरण ।

Embalming. To treat a dead body with balsams or antiseptics to preserve it from decay. सुगन्धित मसाले आदि देकर मृत देहको ताजा रखना ; क्षयसे रोकना ।

Embole. See Embolism. तन्तुमय उपादान ।

Embolemia. The presence of emboli in the blood. रक्तमें तन्तुमय उपादानोंका रहना ।

Embolism (em-bo-lizm). The obstruction of a vessel by a transported clot or vegetation. शरीरस्थ तन्तुमय उपादान द्वारा रक्तवहा नाड़ीका अवरोध ।

Embolophrasia (em-bol-o-frá-ze-ah). Embololatia ; use of senseless words and sentences. भाव-हीन या अर्थ-हीन शब्द तथा वाक्योंका प्रयोग ।

Embolus. Blood clot, occluding a blood-vessel. रक्तवाहिनी रोधक रक्त-कण ।

Embrocation (em-bro-ká-shun). A fomentation. धोने या मालिश करनेकी दवा ; सेंक ; द्रव ; उपदेह ।

Embryo (ém-bre-o). A rudiment ; the product of conseption during its intra-uterine existence, भ्रूण ; कलल ; जरायु-गर्भ ।

Embryocardia (em-bre-o-kaŕ-de-ah). A diseased condition in which the heart sounds resemble those of the fetus. एक प्रकारकी हृद्-रोगकी अवस्था, जिसमें रोगीकी हृद्गतिका शब्द भ्रूणके हृतशब्दकी तरह होता है ।

Embryogenetic, Embrygenic. Producing an embryo. भ्रूण उत्पन्न-कारक ।

Embryogeny (em-bre-oj'-en-e). The development of the embryo. भ्रूणकी वृद्धि ।

Embryology (em-bre-ol-o-je).The science of embryonic evolution. भ्रूण-क्रमविकाश विज्ञान ।

Embryoma (em bre-ó-mah). Dermoid tumor. चर्मपूर्ण अर्बुद ।

Fmbryonal, Embryonic (ém-bre-o-nal, em-bre-oń-ik). Relating to the embryo. भ्रूण-सम्बन्धी ।

Embryulcia (em-bre-ul-se-ah). Extraction of the fetus by force. बलपूर्वक भ्रूणको निकाल लेना ।

Embryulcus. A hook shaped instrument for use in extracting the dead embryo or fetus retained in the uterus. गर्भाशयमें अड़े हुए मृत भ्रूणको निकालनेका एक टेढ़े मुँहवाला हूककी तरहका यंत्र ।

Emesis (ém-es-is). The act of vomiting. वमन-क्रिया ।

Emetic (e-met-ik). Relating to or causing vomiting. वमन-कारक ।

Emetocatharsis (ém-e-to-ká-thar-sis). Both emetic and cathartic drug. वमन कारक और विरेचक दोनों ही क्रिया करनेवाली ओषधि ।

Fmictory (e-mik-tor-e). Diuretic ; a medicine promoting the flow of urine. मूत्र-स्रावकारी ।

Eminence (ém-in-ens). A protuberance or process. प्रवर्द्धन ।

Eminentia (em-in-eń-she-ah). An eminence. प्रवर्द्धन ।

Emissarium. A vein of the skull carrying the blood outward. रक्त बाहरकी ओर निकालनेवाली करोटीकी एक रक्तवाहिनी ।

Emission (e-mish-un). Discharge of semen, refering usually to a seminal discharge occurring during sleep. स्वप्नदोष वीर्यस्खलन ।

Emmenia (em-é-ne-ah). The menses. आर्त्तव-स्राव ; ऋतु ।

Emollient (e-mol-yent). Soothing ; softening. मृदु-कारक ; स्निग्ध-कारक ।

Emotional (e-mó-shun-al). मानसिक आवेग सम्बन्धीय ।

Empathema (em-path-é-mah). Ungovermable passion. अदम्य मानसिक उत्तेजना ।

Emphractic. Closing the pores of the skin. चर्म-छिद्र रोधक ; लोमकूपोंको वन्द करनेवाला ।

Emphraxis (em-fraks-is). Obstruction. रोध ; रुकावट ।

Emphyma (em-fi-mah). A tumor. अर्बुद ।

Emphysema. The presence of air in the interstices of the connective tissue or a part. वायुस्फोति ; वाष्प-विशिष्टता ।

Empiric (em-peŕ-ik). A charlatan ; one who treats symptoms only ; knowing nothing of the nature of the disease. लक्षण-चिकित्सक ; वह चिकित्सक जो रोगकी प्रकृतिके सम्बन्धमें बिना कुछ जाने, केवल लक्षणके अनुसार ही चिकित्सा करता है ।

Emplastic (em-plaś-tik). A constipating medicine. कब्ज करनेवाली दवा ; मलरोधक ओषधि ; कोष्ठवद्ध कारक ।

Emplastrum (em-plaś-trum). A plaster ; an adhesive. प्रलेप ; संयोजक ।

Emptysis (emṕ-tis-is). Hemorrhage from the lungs. फेफड़ेसे रक्तस्राव ।

Empyema (em-pi-é-mah). Accumulation of pus, in a cavity of the body, especially the chest फुस्फुसावरणमें पीव पैदा हो जाना ।

Empyesis (em-pi-é-sis). A pustular eruption, such as that of small pox. गोटियाँ; फुन्सी या छालेवाले उद्भेद ; जैसी कि चेचक रोगकीगोटियाँ निकलती हैं ।

Empyocele (em-pi'-o-sel). A suppurating hydrocele ; a collection of pus in the scrotum. पूवार्बुद ; अण्ड या मुष्कमें पीव उत्पन्न हो जाना ।

Emulgent (e-muĺ-jent). Extracting ; draining out. स्रावकारक ; दोहनकारक ; बहानेवाली दवा ।

Emulsion (e-muĺ-shun). A milky fluid obtained by suspending oil in water. दूधकी तरह तरल औषध ; यह दवा दूध और पानीमें फेंटकर बनायी जाती है ।

Emunctory (e-mungḱ-tor-e). An excretory duct. एक वहिर्निष्कासिनी प्रणाली ; शरीरकी स्वेद-नली ; शरीरकी मल-मूत्र आदि निकालनेवाली प्रणाली ।

Emundant (e-muń-dant). Detergent. शोधक ; साफ करनेवाला ।

Enamel (en-aḿ-el). The hard substance enveloping the crown of the tooth. दन्तावरक ; रुचक ; दन्तवेष्ट ।

Enanthema (en-aṅ-the-mah). An eruption on a mucous membrane. एक श्लेष्मिक-झिल्लीका उद्भेद।

Enanthesis (eṅ-an-the-sis). An eruption on the skin from an internal disease. किसी भीतरी रोगके कारण शरीरपर होनेवाले उद्भेद।

Enanthropes (en-aṅ-throph-es). A disease originating within the organism. कोई यांत्रिक रोग ; किसी शरीर-यंत्रके भीतर पैदा होनेवाली बीमारी।

Enantiopathic (en-an-te-o-path́-ik). Palliative ; the same as allopathic. विपरीत चिकित्सा, उपशमकारिणी चिकित्सा।

Enarthritis (en-ar-thri′-tis). Inflammation of an enarthrodial joint. अस्थि-सन्धि-प्रदाह।

Enarthrosis (en-ar-thró-sis). A ball and socket joint. सचल अस्थि-सन्धि ; हड्डियोंका वह जोड़ जो चारों ओरको घूम सके।

Encanthis (en-kaṅ-this). A minute tumor or excrescence in the inner angle of the eye. चक्षु-अन्तरकोणका छोटा अर्बुद ; एक चक्षु रोग, जिसमें आंखके भीतरी कोनेमें छोटे-छोटे दाने पड़ जाते हैं और उनसे मवाद बहता है।

Enceinte (ong-sant́). Pregnant. गर्भवती।

Encelitis (en-se-li-tis). Inflammation of the abdominal viscera. औदरिक गह्वरमें प्रदाह।

Encephalalgia (en-sef-al-al̕-je-ah). Cephalalgia ; severe and deep-seated headache. सर-दर्द ; तीव्र शिरःशूल।

Encephalic (en-sef-al̕-ik). Relating to the brain or to the structure within the cranium. मस्तिष्क या करोटी-निर्माण सम्बन्धीय।

Encephalitis (en-sef-al-i-tis). Inflammation of the brain. मस्तिष्क-प्रदाह।

Encephalology (en-sef-al-ol̕-o je). the seience of the brain. मस्तिष्क-सम्बन्धी विज्ञान।

Encephalomyelopathy (en-sef-al-o-mi-el-op-ath-e). Any disease or diseased condition of the brain and spinal cord. मेरुदण्ड तथा मस्तिष्क अथवा इन दोनोंकी रोगावह अवस्था।

Encephalon (en-seḟ-al-on). The brain. मस्तिष्क।

Encephalorrhagia (en-sef-al-or-á-je-ah). The hemorrhage from the brain. मस्तिष्कसे रक्तस्राव।

Encephalotome (en-seḟ-al-o-tom). An instrument for cutting the brain-tissue. मस्तिष्क-तन्तुको काटनेका यंत्र।

Enchondroma (en-kon-dró-mah). A cartilaginous tumor. एक उपास्थिमय अर्बुद।

Enchylema (en-ki-lé-mah). Hyaline substance of the cell-nucleus. कोषकी मींगीका मणिभ पदार्थ।

Encysted (en-sisť-ed). Inclosed in cyst. कोषावृत्त ; कोषाच्छादित।

Endangium (end-ań-je-um). The innermost coat of a blood-vessel. किसी रक्तवाहिनीका अन्तरतम स्तर।

Endarteritis (end-ar-ter-i'-tis). Inflammation of the intima of an artery. किसी धमनीके अन्तर-स्तरका प्रदाह।

Endemic (en-deḿ-ik). A disease which is local or which is neither epidemic nor sporadic. स्थानिक रोग, जो न फैलता है, न बहुव्यापक रूप धारण करता है। E. **Neuritis**, beri-beri. बेरी-बेरी रोग।

Endermatic, Endermic (en.der-maṫ-ik, en-deŕ-mik). Acting by absorption through the skin शरीरकी वैसी दवा जो शरीरमें मालिशकर सुखा दी जाती है।

Endoblast (eń-do-blast). The cell-nucleus. अणुमींगी।

Endocardial (en-do-kaŕ-de-al). Situated within the heart. हृद्पिंडके भीतरका ; हृद्-अन्तर्वेस्ट सम्बन्धीय।

Endocarditis (en-do-kar-di'-tis). Inflammation of the endocardium. हृद्-अन्तर्वेस्ट-झिल्लीक प्रदाह।

Endocardium. The serous lining of the cavities of the heart. हृद्-गह्वर-परिवेष्टक झिल्ली ; हृदावरक झिल्ली।

Endochondral. Situated within a cartilage. उपास्थि-अन्तरस्थ।

Endochorion (eń-do-kó-re-on). The inner chorion. गर्भस्थ भ्रूणकी अन्तरावरक झिल्ली ; बीजावरण अन्तरस्थ झिल्ली।

Endrocranium (en-do-krá-ne-um). The inner membrane of the cranium. करोटी-अन्तरस्थ-झिल्ली।

Endocrine (eń-do-krin). Internal secretion. अन्तःस्राव।

Endodontitis. Inflammation of the denitnal pulp. दन्तावरक-वेस्ट-प्रदाह।

Endogenous (en-doj'-en-us). Originating or produced within the organism or one of its parts. किसी शरीर या उसके अंशमें उत्पन्न।

Endometritis (en-do-me-tri-tis). Inflammation of the mucous membrane lining the uterus. जरायु-अन्तरस्थ श्लैष्मिक-झिल्लीका प्रदाह।

Endometrium (en-do-mé-tre-um). Lining membrane of the uterus. जरायु अभ्यन्तरस्थ झिल्ली।

Endomysium (en-do-miz'-i-um). Loose connective tissue holding together the fibers which constitute one of the primary bundles of fibres. सरल संयोजक तन्तु ये प्रधान सूत्र-गूच्छोंमेंसे एकको धारण किये रहते हैं।

Endoneurium. Delicate connective tissue around nerve-fibres. स्नायु-सूत्र-गूच्छके चारों ओरके कोमल संयोजक तन्तु।

Endoparasite (en-do-pař-as-it). An internal parasite. शरीराभ्यन्तरस्थ परांगपुष्ट कीटाणु।

Endopathic (en-do-path-ik). Pertaining to the rise of disease from internal causes. अन्तःकारणोंसे रोगोत्पत्ति सम्बन्धीग।

Endophlebitis. Inflammation of the intima or lining membrane of the vein. शिरान्तर्वेष्ट-प्रदाह ; धमनीकी भीतरी लहरदार झिल्लीका प्रदाह।

Endoplast (eń-do-plast). The internal blastema. अणुमींगी।

Endopleura. The inner coat of a ripe seed. अन्तःपंजर।

Endoskeleton (en-do-skel-et-on). The bony frame of the body. अन्तःकंकाल।

Endosmosis (en-dos-mó-sis). The passage of a fluid inwards through an organic membrane, to mix with another fluid inside. (also called endosmose). तरल-निवेश ; अन्त्रर्वाह ; अन्तर्गमन ; जीवदेहके भीतरकी झिल्लीको भेदकर रस आदिका भीतर प्रवेश कर जाना।

Endosteites (end-os-te-i-tes). Inflammation of the lining membrane of a bone. अस्थिके भीतरी आवरणका प्रदाह।

Endostoma (end-oś-to-mah). A tumor within a bone. अहृध्यबूद ; किसी अस्थिका अस्थिमय अर्बुद।

Endotrachelitis(en-do-tra-ke-li-tis). Inflammation of the mucous membrane of the cervix uteri. जरायुग्रीवाका प्रदाह।

Endyma (eń-dim-ah). The ependyma ; the mucous membrane of the cerebral ventricles and spinal cord. मस्तिष्क-कोष्ठ तथा मेरुदण्डकी श्लैष्मिक झिल्ली।

Enema (eń-em-ah). An injection of medicine of food in the rectum. गुह्यमें पिचकारी द्वारा प्रक्षिप्त तरल औषध ; वस्ति-क्रिया ; मलद्वारमें पिचकारीका प्रयोग।

Energy (eń-er-je). Vigour ; the power of doing work. शक्ति ; अंतर्बल ; कार्य-शक्ति ; कार्यकरी शक्ति।

Enervate (eń-er-vāt). To make feeble ; to deprive of courage. दुर्बल बनाना ; साहसहीन बनाना।

Engorgement (en-gorj'-ment). Accumulation of fluids in vessels and hollow organs. सूजन ; स्फीति।

Enomania (e-no-má-ne-ah). Delirium tremens. सकम्प पक्षाघात।

Enostosis (en-os-tó-sis). A bony tumor within a bone. किसी हड्डीका अस्थ्यर्बुद ।

Ensiform (en'-sif-orm). Sword-spaped. असि-यंत्रवत् ; तलवारकी तरह । **E. Cartilage,** the sword-shaped process of the sternum. अग्र-खण्ड ; वक्षोस्थिका तलवारके आकारका प्रवर्द्धन ।

Eustrophe (en'-stro-fe). Inversion of a part as of eyelids, किसी अंशका उलट जाना, जैसे—आँखकी पलक उलट जाती है ।

Entad (en'-tad). Toward the interior ; toward the centre. अंतराभिमुखी ; केन्द्राभिमुखी ।

Ental (en'-tal). Relating to the interior ; central. अन्तः सम्बन्धीय ; केन्द्रस्थ ।

Entasia (en-tá-se-ah). A constrictive spasm. संकोचक अकड़न ।

Enteral. Giving food by mouth. मुँहसे खाद्य देना ।

Enteralgia (en-ter-al-je-ah). Cramps, colic ; severe neuralgic pain in the intestine, often accompanied by spasmodi contraction of the muscular coat. मरोड़, शूल, उदर-शूल, जिसमें मांसपेशिक स्तरमें कभी-कभी अकड़नकी तरह खिंचाव होता है ।

Enteramphalos. Umbilical hernia. नाभ्यन्त्र-वृद्धि ; नाभीकी आँतोंका उतरना ।

Enteric. Intestinal. आंत्रिक । **E. Fever**, typhoid fever. आंत्रिक ज्वर ।

Enterobrosia (en-ter-o-bró-ze-ah). Intestinal perforation. आँतोंमें दरार पड़ जाना ; आँतोंका फटना ।

Enterocele (en'-ter-o-sel). Hernia of the intestine. उदरकी आँतोंकी वृद्धि ।

Enterocolitis. Inflammation of the small intestines and the colon. छोटी तथा बड़ी आँतोंका प्रदाह ।

Enterodynia (en-ter-o-din'-e-ah). Pain in the intestine. अंत्र-शूल ; आँतोंमें दर्द ।

Enterogastritis. Inflammation of the stomach and bowels. पाकाशय-अंत्राशय-प्रदाह ।

Enteron (en'-ter-on). The intestine or alimentary canal. अंत्र या अन्न पथ ।

Enteroptosis (en-ter-o tó-sis). Prolapse of the intestines. अन्त्र-च्युति ; आंतोंका अपने स्थानसे हट जाना ।

Enterosis (en-ter-ó-sis). Any disease of the intestine. अंत्र-रोग ; आँतोंकी बीमारी ।

Entero-stenosis (en-ter-o-sten-ó-sis). Narrowing or stricture of the intestine. अंत्रका संकरा पड़ जाना ; अंत्रावरोध ।

Enterozoic (en-ter-o-zó-ik). A kind of parasites inhabiting in the intestines. अंत्रमें रहनेवाले एक प्रकारके कीटाणु ।

Enthelmintha (en-thel-miń-thah). Intestinal worms. मलांत्र कृमि ।

Entheomania (en-the-o-má-ne-ah). Religious mania. धर्मोन्माद ।

Enthetic (en-theť-ik). That which comes from out. बाहरसे प्रवेश करनेवाला ; वहिरागत ।

Entoblast (eń-to blast). The nucleus. मींगी ।

Entocele (en-to-sel). Internal hernia. भीतरी अंत्र वृद्धि ।

Entocyte (eń-to-sit). The contents of a cell. कोषके भीतरी पदार्थ ।

Entoderm (eń-to-derm). The simple cell-layer lining the cavity of the primitive intestine ; the innermost layer of the blastoderm. कललका सबसे भीतरवाला स्तर ।

Entome (eń-tom). An instrument for cutting urethral strictures. मूत्रनलीका संकोचन होनेपर उसमें नश्तर देनेका यंत्र ।

Entomology (en-to-moĺ-o-je). The scientific study of insects. कीटोंका वैज्ञानिक प्रणालीसे अध्ययन ।

Entophthalmia(en-tof-thaĺ-me-ah). Inflammation of the inner part of the eye-ball. चक्षुगह्वरके भीतरी अंशका प्रदाह ।

Entoplasm. The inner protoplasm of a cell. कोष-अन्तरस्थ कलल ।

Entoptic (ent-op-tic). Relating to the inner part of the eye. चक्षु-गह्वर-सम्बन्धीय ।

Entotic (en-toť-ik). Situated in or arising whithin the inner ear. अन्तःकर्ण स्थित ; कानके भीतरी अंशका ।

Entozoal (en-to-zó-al). Caused by entozoon. शरीरको अभ्यन्तरस्थ क्रिमिसे उत्पन्न ।

Entozoon (en-to-zó-on). Any animal parasite living withing the body. शरीर अन्तर्जीवी ; जीवित शरीरके भीतर रहनेवाला कोई जीवाणु ।

Entrails (en′-trálz). The intestines. अंत्र ; आँतें ।

Entropionize (en-tró-pe-on-iz). To turn inward. विवर्यस्त . चक्षुपुट होना ; पलकका भीतरकी ओर मुड़ जाना ।

Enucleation (e-nu-kle-á-shun). The removal of tumor or other body in such a way that it comes out in a clean way. किसी अर्बुद या अन्य अंशका सम्पूर्ण भावसे निकाल लेना ।

Enuresis (en-u-ré-sis). Involuntary discharge of urine. अविरत मूत्रस्राव ; अनजानमें पेशाब होते रहना ।

Environment. The external surroundings. पारिपार्श्विक अवस्था परिस्थित ।

Eocyte (é-o-sit). A wandering cell. एक भ्रमणकारी कोष ; एक प्रकारका कोष (सेल) जो अपने स्थानसे इधर-उधर हटता रहता है ।

Eosin (é-o-sin). A rose coloured stain or dye. गुलाबी रंग।

Epartereal (ep-ar-té-re-al). Over an artery. किसी धमनीके ऊपरवाला अंश।

Epencephal, Epencephalon (ep-en-sef-al, ep-en-sef-al-on). The anterior part of the posterior cerebral vesicle of the embryo, whence are developed the pons and a part of cerebellum. गर्भस्थ-भ्रूणके पश्चात् लघुमस्तिष्क कोषका सम्मुख अंश, जहाँसे सेतु तथा मस्तिष्कके कुछ अंशोंको अभिवृद्धि होती है।

Ependyma (ep-en´-dim ah). The lining membrane of the ventricles of the brain and of the central canal of the spinal cord. मेरुदण्ड मध्यस्था नाड़ी (सुषुम्ना) तथा मस्तिष्क कोषकी श्लैष्मिक झिल्ली।

Ephebic (ef-hé-bik). Youth. यौवन; जवानी।

Ephelis (ef-el-is). A freckle. सूर्य-दग्ध; सूर्यकी लू लगकर त्वचाका बदरंग हो जाना।

Ephemera (ef-em-er-ah), A fever which lasts for one day. एक प्रकारका ज्वर जो केवल एक दिवस ही भोग होता है; एकाह ज्वर।

Ephemeral (ef-em-er-al). Enduring but one day. एकाह स्थायी; एक दिवस रहनेवाला।

Ephialtes (ef-e-al-tez). Nightmare रातका दुःस्वप्न; कलेजा दबा रखनेके सपने।

Ephidrosis (ef-id-ró-sis). Abnormal sweating. अस्वाभाविक रूपसे पसीना होना; स्वल्प-स्वेद।

Epicanthur (ep-ik an′-thur). The folds of skin which cover the inner canthus. अपांगोपरि; चर्मकी एक तही जो अन्तः चक्षु-कोषको ढकलेती है।

Epicardium (ep-e-kar-de-um). The innermost layer of the pericardium. हृदावरक झिल्लीका सबसे भीतरी स्तर।

Epicele, Epicœle (ep-e-sel). The fourth ventricle of the brain. मस्तिष्कका चतुर्थ कोष्ठ।

Epichrosis (ep-e-kró-sis) A discoloration of the skin. चर्मका रंग परिवर्त्तन; चर्मको वर्ण-विवर्णता; चमड़ेका बदरंग पड़ जाना।

Epicondyle (ep-ik-on′-dil). An emminence upon a bone and above its condyle. अस्थि तथा अस्थि-मुण्ड परका उभार या प्रवर्द्धन; अस्थि-प्रवर्द्धन।

Epicranium (ep-e-krá-ne-um). Integument of the skull. करोटी-स्थित त्वचा; करोटीके ऊपरकी त्वचा।

Epicranius (ep-e-krá-ne-us). The occipito-frontalis muscle. चक्षुपुट तथा कापालिकी शिरा।

Epicritic (ep-e-krit-ik). A condition in which the patient returns to a normal condition. रोगको वह अवस्था, जिसमें रोगी अपनी स्वाभाविक अवस्थामें आ जाता है ; आरोग्योन्मुखी अवस्था ।

Epycystitis (ep-e-sis-ti'-tis). Inflammation of tissue above bladder. मूत्राशयके ऊपरवाले तन्तुओंका प्रदाह ।

Epidemic. A prevailing disease. व्यापक रोग ; महामारी ; जो रोग एक ही समय बहुतसे मनुष्योंपर आक्रमण करता है ।

Epiderma (ep-e-der-mah). An out-growth from the epidermis. उपचर्मसे उत्पन्न गूमड़ ।

Epidermidosis (ep-e der-mid-ó-sis). Any disease of the epiderm. उपचर्म रोग ।

Epidermis (ep-e-der-mis). Scarf-skin ; cuticle ; the outer-layer of the skin. उपचर्म ; अधित्वक ; वाह्य त्वचा ; शरीरके चर्मका ऊपरी स्तर ।

Epidermoid (ep-i-der-moid). Resembling the epidermis. उपचर्मके आकारका ; उपचर्म-रूपी ।

Epididymis (ep-e-did'-im-is), An oblong body on the upper-part of each testicle. उपकोष ; अण्डकोषके ऊपरकी एक केचुएकी तरहकी चीज ; यह शुकवाही नलियोंके संकुचित और कुञ्चित होनेपर उत्पन्न होती है ; उपाण्ड ।

Epididymitis (ep-e-did-im-i-tis). Inflammation of the epididymis. उपकोष-प्रदाह ।

Epidural (ep-i-du-ral)- Situated upon or out-side the dura. मस्तिष्क वहिःझिल्लीपर स्थित अथवा मस्तिष्क-वहिः-झिल्लीके बाहरकी ओर स्थित ।

Epigaster (ep-e-gaś-ter). The hind-gut ; the embryonic struture whence the colon is formed. पश्चाद्दश्म ; भ्रूणके अंत्रके पीछेका वह स्थान जहाँसे वृहदन्त्र उत्पन्न होता है ।

Epigastralgia (ep-e-gas-tral-je-ah). Pain in the epigastrium. उदरोर्द्ध-प्रदेश ; उदरके सामनेवाला और ऊपरी भाग ; कौड़ी ।

Epigastrocele (ep e-gaś-tro-sel). Hernia in the epigastric region. उदरोर्द्ध-प्रदेशकी अंत्र-वृद्धि ।

Epiglottis (ep-e-glot-is). A thin cartilaginous plate over the larynx. उपजिह्वा ; अलिजिह्वा ; एक पतला सूत्र-उपास्थिमय पत्रकी तरहका अंश, जो श्वास-नलीके कपाट-स्वरूपमें रहता है ; स्वर-यंत्रच्छद ।

Epiguanin (ep-e-gwań-in). A purin body found in urine, in leukomia. मूत्र-विकार रोगमें मूत्रमें मिलनेवाला एक जैव यौगिक पदार्थ ।

Epilating (ep-il-ät-ing). Removing the hair. लोम-नाशक ; केश-नाशक ।

Epilatory. A depilatory. एक लोम-नाशक ओषधि ।

Epilepsy (eṕ-il-ep-se), A nervous disease characterized by fits in which the patient becomes unconscious with a succession of tonic or clonic convulsions. मृगी-रोग ; अपस्मार ।

Epileptic (ep-il-eṕ-tik). Pertaining to epilepsy. अपस्मार सम्बन्धी । **E. Mania,** insanity after an epileptic attack. मृगीका दौरा होने बाद उन्माद ।

Epileptogenic, Epileptogenous. That which produces epilepsy. अपस्मार उत्पन्न कारक ; मृगी रोग पैदा करनेवाला कोई कारण ।

Epilose (eṕ-il-os). Hairless ; bald. केशहीन ; खल्वाट ।

Epimysium. The fibrous sheath surrounding a muscle. पेशीका तन्तुमय स्तर ।

Epiotic (ep-e-ot́-ik). Situated above the ear. कर्ण उपरि स्थित ।

Epiphora (e-pif́-or-ah). An overflow of tears. अतिरिक्त अश्रु-स्राव ।

Epiphysis (e-pif́-is-is). A process of bone attached by cartilage to another bone. संलग्नास्थि ; अस्थि-संयोजन ; एक अस्थि-प्रवर्द्धन, जो उपास्थि द्वारा दूसरी अस्थिसे जुड़ जाता है ।

Epiplocele (e-piṕ-lo-sel). Hernia of the omentum. अन्त्रावरणार्बुद ; अन्त्रके ऊपरी आवरणका अर्बुद ।

Epiploon (e-piṕ-lo-on). The omentum. अन्त्रावरण ।

Epiplopexy (ep-iṕ-lo-peks-e). Suturing of the great omentum to the parietal peritoneum. अंत्रावरणका उदर-प्राचीरसे संयोजन ।

Epiploscheocele (ep-ip-loś-ke-o-sel). Hernia containing intestine and omentum. अंत्रावरणका मुष्कार्बुद ।

Episcleral (ep-e-sklé-ral). Upon the sclera of the eye. चक्षु-श्वेतपटल उपरि स्थित ; आँखके सफेद अंशके ऊपर-वाला ।

Episioitis (e-pis-e-o-i′-tis). Inflammation of the vulva. योनि-कपाटका प्रदाह ।

Episiorrhagia (e-pis-e-or-á-je-ah). Hemorrhage from the vulva. योनि-कपाटसे रक्त-स्राव ।

Episiostenosis (e-pis-e-o-sten-ó-sis). The narrowing of the vulva. योनि-पथका संकरा पड़ जाना ।

Epispastic (ep-e-spaś-tik). A blister. छाला ।

Episplenitis. Inflammation of the membrane surrounding the spleen. प्लीहाके चारों ओरकी झिल्लीका प्रदाह ।

Epistasis (ep-iś-tas-is). The checking of any discharge of blood, menses or coction. स्राव रोध ; मल, मूत्र, रक्त आदिका स्राव रोकना ।

Epistaxis (ep-is-takś-is). Hemorrhage from the nose. नाकसे रक्त-स्राव ; नकसीर ।

Episternal (ep-e-steŕ-nal). Upon the sternum. वक्षोस्थिके ऊपर स्थित ।

Episternum (ep-e-steŕ-num), The manubrium. वक्षोस्थिका ऊपरी अंश ।

Episthotonos (ep-is-thoŕ-o-nus). Emprosthotonos. सम्मुख-वक्र टंकार रोग, एक प्रकारकी अकड़नकी बीमारी, जिसमें रोगी सामनेकी ओर टेढ़ा पड़ जाता है ।

Epithelial (ep-ith-é-le-al). Pertaining to the epithelium. वहिस्त्वकीय; कौषिक ।

Epithelium (ep-ith-é-le-um). The covering of the skin and the mucous membranes. consisting wholly of cells of varying form and arrangement. अन्तस्त्वक ; उपत्वक ।

Epithem or Epithema. Any local application. मालिश ; पोल्टीस ; मरहम इत्यादि ।

Epithesis (ep-ith-e-sis). The surgical correction of deformity. आकार कुरूपताका सुधार ।

Epitrichium (ep-e-triḱ-e-um). The outer-layer of embryonic and fetal epidermis composed of large cells. वृहत कोषोंसे निर्मित भ्रूणवहिस्चर्मका वाह्य स्तर ।

Epitrochlea (ep-e-troḱ-le-ah). The inner condyle of the humerus. प्रगण्डास्थिका अन्तःप्रवर्द्धन ।

Epizoon (ep-e-zó-on). An animal parasite living on the external surface of the body. शरीरके वाह्य-पटलपर रहनेवाले जीवाणु ।

Epizootic (en-e-zo-oŕ-ik). Widespread disease among animals. जानवरोंके व्यापक रोग ।

Epoophoron (ep-o-off-or-on). The parovarium ; tumor on the gums. वैदर्भ ; मसूढ़ेका अर्बुद ।

Epulis (ep-u'-lis). A small tumor of the gums. मसूढ़ेका एक क्षुद्र अर्बुद ।

Equator of a cell. The plane which divides a cell or its boundary. कोष तथा कोष-सीमा विभाजक पटल ।

Fquilibrium (e-kwe-liб-re-um). A state of balance. सामंजस्य ; समता ।

Equination (ek-win-á-shun). Inoculation of man with the virus of horse pox, as a means for protection of small-pox. चेचक रोगके प्रतिषेधक रूपमें अश्व-चेचकके विषका अधस्त्वाच प्रयोग या टीका देना ।

Erasion (e-rá-zjun). Scraping. खरोंच निकालना ।

Erect (e-reći). Upright. सीधा ; सरल ; ऋणु ।

Erectile tissue (e-rek-til). A peculiar cellulovascular tissue capable of active turgescence. उत्थापक तन्तु; प्रहर्षिणी तन्तु ।

Erection (eŕ-ek-shun). The condition of being made rigid and elevated ; the fulness and firmness of genital from congestion. उद्गम ; उद्रेक ; लिङ्गोद्रेक ; लिङ्गोद्गम ।

Erector (e-rek-tor). A muscle which produces erection. उत्थापिनी पेशी **E. Penis,** लिंगोत्थापिका पेशी । **E. Chlitorides Muscle,** भगनासा प्रहर्षिणी पेशी ।

Eremophobia (er-e-mo-fó-be-ah). Morbid fear of being alone. एकान्त या अकेलापनका रोगात्मक भय ।

Erethin (eŕ-eth-in). The poisonous substance in tuberculin. टियुबक्युर्लिनका एक जहरीला अंश ।

Erethism (eŕ-eth-izm). Abnormal increase of nervous irritability. स्नायविक उपदाहकीअस्वाभाविक अभिवृद्धि ।

Ergograph (ur-go-graf). An instrument for recording work done in muscullar exertion. मांस-पेशिक कार्योंकी जाँच करनेवाला यंत्र ।

Ergophobia (er-go-fó-be-ah). Morbid dread of work. कार्यका रोगात्मक भय ।

Ergot. A fungs rye parasite. औषध रूपमें व्यवहृत राई वृक्षके छत्रकके बीजाणु ।

Ergotherapy (er-go-theŕ-ap-e). Treatment of disease by physical efforts. शारीरिक शक्ति प्रयोग द्वारा किसी रोगकी चिकित्सा ; व्यायाम चिकित्सा ।

Ergotism (eŕ-got-izm). The effects produced by excessive or misdirected use of ergot. छत्रक रोगाक्रान्त पदार्थ भक्षणजनित रोग ; अर्गटज रोग

Erodent (e-ró-dent). A caustic drug. क्षयकारक औषध ।

Erosion (e-ró-zhun). Superficial loss of tissues ; destruction by ulceration. तन्तु-क्षय ; क्षत ; आदिके कारण क्षय हो जाना ।

Erotic (er-oť-ik). Pertaining to love or sexual passion. काम-वासना या प्रेम-सम्बन्धीय ।

Erotomania (e-rot-o-má-ne-ah): Emotional insanity characterized by exhibition of extravagant affection for persons of the opposite sex or by exhibition of sexual desire. प्रेमोन्माद ; कामोन्माद ; अत्यधिक काम-वासना, जिसमें रोगी निर्लजकी भाँति काम वासना प्रकट करता है ।

Erratic (er-aṫ-ik). Irregular ; wandering ; changeable. चंचल ; प्रसारणशील ; परिवर्त्तनशील ।

Errhine (eŕ-in). A medicine which promotes sneezing and nasal discharge. सुंघनी ; छींक तथा नाकसे स्राव लानेवाली ओषधि ।

Erubescenes (er-u-beś-ens). Redness of the skin. चर्मका लाल हो जाना ; रक्तवर्ण चर्म ।

Eructation (e-ruk-tá-shun). Belching. उद्गार ; डकार ।

Eruption (e-rup-shun). A discoloration or breaking out of pimples on the skin. चर्मोद्भेद ; शरीरपर दाने निकलना ।

Eruptive (e-rup-tiv). Characterized by a rash or an eruption. उद्भेदी ; स्फोटकोत्पादक ; स्फोटकोत्पादी ; उद्भेद उत्पन्न करनेवाला ।

Erysipelas (er-is-ip-el-as). An acute, some what contagious disease, having inflammation of the skin and subcutaneous tissues accompanied by fever and other constitutional disturbances. विसर्प रोग ; यह लरछुत होता है, तथा चर्म-प्रदाह, तन्तुओंका प्रदाह और ज्वर-लक्षण भो इसमें सम्मिलित रहते हैं ; उदर-रोग ; सप्रदाह ज्वर-रोग-विशेष । **E. Erracticum,** wandering erysipelas सचल विश्राम प्रवण त्वक्-प्रदाह या विसर्प । **E. Gangrenosum,** gangrenous erysipelas. विगलित विस्तार-प्रवण विसर्प रोग । **E. Neonatorum**, induration of the cellular tissue in infants. शिशु कौषिक झिल्लीका काठिन्य-पूर्ण विसर्प रोग । **E. phlegmonous**, phlegmanses erysipelas. दाहक तथा विस्तार-प्रवण विसर्प ।

Erysipelatous (er-is-ip-el at-us). Pertaining to erysipelas, विसर्प-सम्बन्धीय ।

Erythema (er-ith-é-mah). A morbid redness of the skin of many varieties due to congestion of the capillaries. अयनिका ; अहिपूतन ; अरुणिमा ; जगह-जगहपर लाल चकत्ते ।

Erythrasma (er-ith-raz'-mah). A vegetable parasite skin disease. एक प्रकारके उद्भिद्द बीजानुसे उत्पन्न चर्म-रोग ।

Erythremia (er-ith-ré-me-ah). Increase of red blood-corpuscles. रक्तके लालकणोंकी.अभिवृद्धि ।

Erythrochloropia (er ith ro-klo-ró-pe-ah). In this disease the patient finds himself unable to see any colour but green and red correctly. इस रोगके रोगीको हरा और लाल रंगके सिवा और कोई रंग ठीक-ठीक नहीं दिखाई देता ।

Erythromelalgia (er-ith-ro mel-al-je-ah). A neurosis marked by a paroxysmal throbbing and burning pain in the skin, affecting chiefly one or both legs. एक प्रकारका स्नायु-शूल, इसमें दोनों पैरोंमें या

एक पैरके चमड़ेमें टपक और जलनका दर्द होता है।

Erythropia, Erythropsia (er-ith-ro pe-ah, er-ith-roṕ-sha). Red-vision ; a condition in which all objects appear to be red. रक्त-दृष्टि। एक प्रकारका दृष्टि-दोष, जिसमें सब पदार्थ लाल रंगसे रंजित ही दिखाई देते हैं।

Erythropsin (er-ith-roṕ-sin). Visual purple. बैंगनी दृष्टि।

Erythrosis (er-ith-ró-sis). A dark reddish purple coloration of the skin and mucous membranes. श्लैष्मिक झिल्ली तथा चर्मका गहरी लाल आभा लिये बैंगनी हो जाना।

Eschar (eś-kar). Dry slough. रूसी ; भूसी।

Escharotic (es-kar-oṫ-ik). A substance producing scab. रूसी उत्पादक पदार्थ।

Fsodic (e-sod-ik). Relating to the afferent nerves. केन्द्रगामी स्नायु-सम्बन्धीय।

Esœthmoiditis. Inflammation of the ethmoid sinuses. झर्झरास्थिके छिद्रोंका प्रदाह।

Esogastritis. Inflammation of the gastric mucous membrane. पाकाशयिक श्लैष्मिक झिल्लीका प्रदाह।

Esophagomalacia (e-sof-a-go-ma-lá-se-ah). Softening of the walls of the esophagus. कण्ठनाली प्राचीरकी कोमलता।

Esophagus (e-soḟ-ag-us). Canal from the pharynx to the stomach. गलनली ; कण्ठनली ; अन्ननली।

Esophoria (es-o-fo-re-ah). Tending the visual line inward. दृष्टि-रेखाका भीतरकी ओर झुकाव।

Esothyropexy (es-o-thi-ro-peks-e). Drawing out and fixation of thyroid gland in the treatment of goiter. गलगण्ड रोग-चिकित्सामें चुल्लिका ग्रन्थिका निष्कासन और पुनः संयोजन।

Esotropia (e-so-tró-pe-ah). An internal deviation of the eyes. चक्षुओंका भीतरकी ओर धंस जाना।

Essence (eś-ens). The inherent qualities of drug. सत्त ; निर्यास।

Esthesiomania. Insanity with perverted moral feeling. परिवर्त्तित नैतिक भावोंके साथ उन्माद।

Esthesioneurosis. Any sensory neurosis, such as anesthesia, hyperesthesia, paresthesia etc. ज्ञान-स्नायुओंकी विशृङ्खलता।

Esthesodic (es-the-sod'-ik). Conveying sense impulses. अनुभूति-प्रचारक।

Esthiomenus (es-the-oḿ-en-us). A malignant skin-disease. एक मारात्मक चर्म-रोग।

Estruation (es-tru-á-shun). Sexual excitement among animal at the season of copulation. पशुओंकी ऋतुके अनुसार कामोत्तेजना ।

Estrum (eś-trum). Sexual desire. काम-वासना ।

Ether (é-ther). A thin colorless valuable liquid used as anesthetic. एक वर्णहीन उद्वायी तरल, जो शोधकके रूपमें व्यवहृत होता है ; इक्षु और गन्धक द्रावक सार ; ईथर ।

Etheromania (e-ther-o-má-ne-ah). The morbid use of ether. ईथरका अत्यधिक अथवा रोगात्मक व्यवहार ।

Ethmoid (etħ-moid). Resembling a sieve, cribriform. चलनीके आकारका । **E. Bone,** झर्झरास्थि ; बहुछिद्रास्थि ।

Ethnography (eth-noǵ-ra-fe). A description of the races of mankind. मानव-जातिका वर्णन ; नृकुलवर्णन ; जाति-विद्या ।

Etiolation (e-te-o-lá-shun). Paleness. पीलापन ।

Etiology (é-te-ol-o-je). The science of the causes of disease. रोगका कारणतत्त्व ।

Euchymy (ú-ki-me). A healthy state of the fluids of the body. शरीरके तरलोंकी स्वस्थावस्था ।

Eucrasia (u-krá-ze-ah). A sound state of health. स्वस्थावस्था ।

Eunuch (u′-nuk). A castrated male. हीजड़ा ; अपुंस ।

Eupepsia (u-pep-se-ah). Normal digestion. स्वाभाविक पाचन ।

Euplastic (u-plaś-tic). Healing well अच्छी तरह आरोग्यकारक ।

Eupnea (up-né-ah). Free respiration. सरल श्वास-प्रश्वास ।

Eupyrexia (u-pi-reks-e-ah). A slight fever in the early stage of an infection. रोगारम्भके समयका धीमा बोखार ।

Euroblepharan (u-ro-blef-ar-an). Large eyelids. बड़ी पलकें ।

Eurygnathic (u-rig-nath-ik). Having a wide jaw. चौड़े जबड़ेवाला ।

Eusitea (u-sit-e-ah). Normal appetite. स्वाभाविक भूख ।

Eusplanchnia (u-splangk-ne-ah). A normal condition of the internal organs. आभ्यन्तरीन यंत्रोंकी स्वाभाविक अवस्था ।

Eustachian (u-stá ke-an). The eustachian tube. कम्बु-कर्णी नली ।

Euthanasia (u-than-á-ze-ah). Easy death. सरल मृत्यु ।

Eutocia (u-tó-se-ah).Easy delivery सरल प्रसव ।

Eutrophy (u′-tro-fe). Healthy nutrition. स्वास्थ्य-पूर्ण परिपोषण ।

Evacuant (e-vak-u-ant). Any thing increasing evacuation. स्रावकारक ।

Evacuation (e-vak-u-á-shun). Defecation. स्रावण या निःसरण क्रिया।

Evaporation (e-vap or-á-shun). A turning into vapor. वाष्पीकरण-प्रणाली।

Eventration (e-ven-trá-shun). Removal of the contents of the abdominal cavity. उदर-गह्वरके पदार्थोंका निष्कासन।

Eviration (e-vi-rá-shun). Castration ; loss or absence of masculine characteristics. पुंसत्वनाश ; होजड़ापन।

Evolution (ev-o-lu′-shun). Development ; the senses of changes by which the impregnated ovum becomes an adult individual. अभिवृद्धि ; क्रम-विकाश ; विवर्त्तवाद।

Evulsion (e-vul-shun). The forcible tearing away of a part or of a new growth. नये प्रवर्द्धन या किसी अंशको बलपूर्वक नोच फेंकना।

Exacerbation (eks-as-er-bá-shun). An increase in the severity of a disease or any of its symptoms. किसी रोगकी तेजी या उसके किसी उपसर्गकी अभिवृद्धि ; रोग-प्रकोप।

Exangia. The rupture of a blood-vessel. किसी रक्तवाहिनीका फटना।

Exanimation (eks-an-im-á-shun). Unconsciousness ; death. चेतना-राहित्य ; मृत्यु।

Exanthem, Exanthema. A skin eruption occurring as a symptom of a general disease such as scarlet fever, measles etc. किसी साधारण रोगके उपसर्ग रूपमें उत्पन्न चर्मोद्भेद, गोटियाँ ; चर्म-पुष्पिका।

Exanthematous (eks-an-them-at-us). Relating to an exanthem. चर्म-पुष्पिका संक्रान्त ; काच्छुपिका।

Exanthrope (eks-an-throp). An external cause of a disease, one not originating in the body. रोग वहिःकारण ; रोगका बाहरी कारण जो वास्तवमें शरीरके भीतर नहीं उत्पन्न हो जाता।

Excavation (eks-kav-á-shun). The formation of a cavity, hollowing out. गह्वर-निर्माण ; खात।

Excerebration(eks-ser-e-brá-shun). The removal of the brain. मस्तिष्क वहिःनिष्कासन ; मास्तिष्कका निकाल बाहर करना।

Excipient (ek-sip-e-ent) A vehicle for administering drug. अनुपान।

Excision (ek-sizh-un). The operative removal of a portion of a limb, organ or other part. अंग-प्रत्यंग या शरीर-यंत्रोंका नश्तर ; काट कर हटा देना।

Excitant (ek-si′-tant). (1) Stimulating. (१) बलकारक ; उत्तेजक।

(2) A stimulant. (२) उत्तेजक ओषधि।

Excitation (ek-si'-tá-shun). Stimulation; increasing the rapidity or intensity of the physical or mental power. उद्दीपन; उजत्तेन।

Excitomotor (eks-si'-to-mó-tor). Causing or increasing the rapidity of motion. स्पान्दचेतनिक क्षमता।

Exclave (eks-klav). A detached portion of an organ. किसी यंत्रका विच्छिन्न अंश।

Exclusion (eks-klú-shun). The act of excluding; state of being excluded; rejection. वहिष्कार; बहिष्करण; निःसारण; वजिताबस्था।

Excochleation (eks-kok-le-á-shun). Scraping out the contents of a cavity. किसी गह्वरस्थ सामग्रीको खरोंच निकालना।

Excoriation (eks-ko-re-á-shun). Abrasion of the skin etc. अवदरण; खाल उधड़ना।

Excrement (eks-kre-ment). The feces. मल।

Excrescence (eks-kreś-ens). An abnormal outgrowth on the body. गूमड़; बतौड़ी; प्रवर्द्धन।

Excreta (eks-kré-tah). Excreted material; cast out waste matter. शरीरसे निकली हुई सामग्री; शरीरके भीतरसे निकला हुआ बेकार सामान।

Excrete (eks-kret). To eject useless material. निरर्थक सामग्रीका निष्कासन।

Excretory (eks-kre-tor-e). Pertaining to excretion. निष्कामक; निःसृत स्राव सम्बन्धीय।

Excruciating. Extremely painful. घोर कष्टदायक।

Excyclotropia (eks-si-klo-tro-pe-ah). A squint. वक्रदृष्टि; डेरा देखना।

Exencephalia. A condition in which the skull remains defective करोटीकी दोषावह अवस्था।

Exenteration (eks-en-ter-á-shun). Removal of viscera in embryo. भ्रूण-गह्वरका निकालना।

Excresea. The repeated performance of bodily or mental action with a view to strengthening and perfecting these actions. व्यायाम; कसरत।

Exercise-bone. Bony growth in muscles due to over-exercise. अत्यधिक व्यायामके कारण पेशियोंमें अस्थि-प्रवर्द्धनोंका उत्पन्न हो जाना।

Exfœtation (eks-fe-tā-shun). Extra-uterine pregnancy or the development of the ovum in some organ exterior to the uterus. जरायुके बाहर अन्य स्थानमें गर्भ उत्पन्न हो जाना; अस्थानिक गर्भ।

Exfoliation (eks-fo-le-á-shun). Stripping off in layers or sheets, noting especially a form of desquamation. वहिवर्द्धन ; अस्थि-स्खलन ; शल्क-स्खलन ।

Exhalation (eks-hal-á-shun). Visible or invisible vapor given off by the body. दृश्य या अदृश्य वाष्पोद्गम ; निःश्वास ।

Exhaustion (eg-zawst-yun). Great loss of vital power. निस्तेजता ; थकावट ।

Exhibit (eg-zib-it). To administer medicine. औषधि-प्रयोग ।

Exhibitionism (eks-i-bi′-shun-ism) Insanity in which patient exposes his genitals and shows to opposite sex. कामोन्माद ; इसका रोगी या रोगिणी जननेन्द्रिय खोलकर विपरीत लिङ्गोको दिखाते हैं ।

Exhilarant (eg-zil-er-ant).Mentally stimulating. मानसिक प्रफुल्लकारक ।

Exhumation (eks-hu-má-shun). Disinterment of the body. शवोत्खातन ; शरीरमें उद्भेद निकलना ।

Exocardial (eks-o-kar-de-al). Outside of the heart. हृद्वाह्य ; हृद्पिण्डके बाहर ।

Exocolitis (eks-o-kó-li′-tes). Inflammation of outer coat of colon. वहृदन्त्रके वाह्य आवरणका प्रदाह ।

Exodic (eks-od′-ik). A term applied to efferent nerves. केन्द्रवाहक स्नायु ।

Exodentia (eks-o-deń-sha). Protrusion of teeth. दन्त-निष्कासन ।

Exodontist (eks-o-doń-tist). One who extracts teeth. दाँत उखाड़नेवाला चिकित्सक ।

Exogenetic (eks-o-jen-et-ik). Due to an external cause. वाह्य कारणोंसे उत्पन्न ।

Exol (eks-ol). A local, dental anesthetic. एक स्थानिक दन्तशोषक ।

Exomphalos (eks-om-fal-os), Umbilical hernia, नाभिस्थानीय अंत्रवृद्धि ।

Exopathic (eks-o-pa-thic). Pertaining to disease originating outside of the body. शरीरके वाह्य रोग सम्बन्धीय ।

Exophthalmia, Exophthalmos. Protrusion of the eyeballs from orbit. वहिः सूत्राक्षि गोलक ; आँखका गोला बाहर निकल पड़ना । **E. Goiter,** goiter with exophthalmos and cardiac palpitation. वहिःनिसृत चक्षुगोलक तथा हृद्स्पन्दनके साथ गलगण्ड ।

Exosmosis (eks-os-mó-sis). Osmosis from within outward, as from the interior of a blood-vessel. वहिर्निर्गमन ।

Exostosis. A bony excressence. अस्थि-वृद्धि ; अस्थ्यर्बुद ; हड्डीका बढ़ना ।

Exothyropexy (eks-o-thi-ro-peks-e). Fixation of the thyroid gland to an incision over it. नश्तर लगे स्थान पर चुल्लिका ग्रन्थिका बैठा देना।

Exotic (ex-ot-ik). Exotic disease. वाह्य-रोग।

Exotropia (eks-o-tró-pe-ah). Outward deviation of the eyes. चक्षुका बाहर निकल पड़ना; आँखका ढेला बाहर निकलनेकी बीमारी।

Expectant (eks-pek-tant). Awaiting; a mode of treatment. आपेक्षक चिकित्सा; एक प्रकारकी चिकित्सा जिससे रोगकी वृद्धिका लक्ष्य रखकर जो नये उपसर्ग उत्पन्न होते हैं, उन्हें रोका जाता है।

Expectorant (eks-pek-to-rant). Facilitating or promoting the ejection of bronchial mucus or other fluids from the lungs and trachea. कफ निःसारक औषध; बलगम निकालनेवाली दवा।

Expectoration. The expulsion of the secretions from the chest. कफ; बलगम। निष्ठीवन। **E. Rusty,** sputummixed with blood in lobar pneumonia. ईंटके चूरकी तरह बलगम; इसमें रक्त मिला रहनेके कारण इसका रंग ईंटके चूरको तरह—सुरखीकी तरह होता है। फुस्फुस-प्रदाह रोगमें ऐसा ही बलगम निकलता है।

Expiration (eks-pi-rá-shun). 1. Expulsion of air from the lungs. फेफड़ेसे वायु निकलना; निश्वास। 2. Death. मृत्यु।

Expression (eks-presh-un). A pressing out; expelling by pressure. दबाव देकर निकालना।

Expulsive (eks-pul-siv). Tending to expel. निष्कासन-प्रवण; बाहर निकालनेवाला।

Exsanguinate (eks sang'-gwin-ât). To deprive of blood; to make bloodless. रक्तहीन करना; खून निकाल देना।

Exsanguine (ek-sang'-win). Bloodless, anæmic. रक्तहीन।

Exsiccative (eks-sik-at-iv). Drying. शोषक; सुखानेवाला।

Extension (eks-ten-shun). The straightening of flexed limb or part. प्रसारण; सिकुड़े हुए किसी अंगको फैलाना।

Extensor (eks-ten-sor). A muscle which causes extension of a part. प्रसारिणी पेशी।

Exterior (eks-té-re-or). Situated on the surface or outer layer. बाहरी; बहिःपटलपर स्थित; वाह्यपटली।

External (eks-ter-nal). Outer. बाहरी; वाह्य।

Extirpation (eks-tir-pá-shun). The entire removal of an organ or part. किसी शारीर-यंत्र या अंशका बिलकुल ही निकाल देना।

Extract (ekś-trakt). The condensed active principle of a drug. सार ; निष्कासित वस्तु ; उद्भिद या जान्तव पदार्थसे वाष्प निकालने बाद प्रस्तुत गाढ़ी दवा या द्रव्य ; सत्त ।

Extraction (eks-trak-shun) A removal. उन्मूलन ; उत्पाटन ; वितकर्षण ।

Extradural (eks-trah-dú-ral). Outside the dura mater. मस्तिष्क वाह्य झिल्लीके बाहर । E. **Medulary,** outside medulla oblongata. मध्यमस्तिष्क या सुषुम्नाशीर्षकके बाहर । E. **Pial,** objects external to the pia. मस्तिष्क सुषुम्ना आवरक झिल्लीकी वाह्यांश सामग्री ।

Extraneous(eks-trá-ne-us).Foreign. बाहरी ।

Extrauterine (eks-trah-ú-ter-in). Outside the uterus. गर्भाशयके बाहर ।

Extravasation. An effusion of a fluid or its state, when effused and out of its proper vessel. उत्संग ; पर्युत्प्लावन ।

Extremital (eks-treḿ-it-al). Situated at an extremity. हस्त-पदादि शाखा अंगोंमें स्थित ।

Extrinsic (eks-trin-sik). Outward; external. वाह्य बाहरी ।

Extroversion (eks-tro-veŕ-shun) The condition of being turned wrong-side out. विपरीत वाह्यावर्त्तन । उलटी ओर बाहर निकल पड़ना ।

Exudation (eks-u-dá-shun). The act of cruding or oozing ; a liquid or semi-solid which is being discharged through the lesions to the surface or into a cavity. निःसरण ; निःसार ; रस-क्षरण ; रसन ।

Exumbilication (eks-um-bil-ik-á-shun). Protrusion of the navel. नाभीका उभार या बाहर निकल आना ।

Eye (i). The organ of vision, आंख ; नेत्र ; चक्षु । E. **Ball,** the globe of the eye. चक्षु-गोलक । E. **Brow,** the hair skin and tissue above the eye. भवें ; भ्रू ; भ्रू-लता । E. **Glass,** a lens worn in front of the eye. चश्मा । E. **Lashes,** the hair of eye-lids. बरुणी । E. **Lid,** palpebra. चक्ष-पल्लव ; पलक । E. **Strain,** the symptom resulting from ametropia or imbalance of the external ocularmuscles. आंखोंमें दबाव । E. **Teeth,** the canine teeth of the upper jaw. उर्द्ध-हनुका श्व-दन्त । E. **Wash,** collyrium. आंख धोनेको दवा ।

———

F.

Face (fās). The anterior aspect of the head ; from the fore-head to the chin inclusive. मुखमण्डल ; बदन ; चेहरा ।

Facet (faś-et). 1. A small smooth area on a bone or other firm structure. १। अस्थिके ऊपरवाला एक छोटा या किसी कड़ी बनावटका सीमाबद्ध अंश ; खात । 2. A worn spot on a tooth. २। दाँतपरका क्षय हुआ स्थान ।

Facial (fá-shal). Pertaining to the face. मुखमण्डल सम्बन्धीय ।

Facies (fá-she-ez). The countenance. चेहरा ; मुखड़ा । **F. Hippocratica,** death like countenance. मृतवत् आकार ; मुर्देकी तरह चेहरा ।

Faciolingual. Relating to the face and the tongue. मुखमण्डल तथा जिह्वा सम्बन्धीय ।

Facioplegia (fá-si-o-ple-je-ah). Prosoplegia ; facial palsy. मुखमण्डलका पक्षाघात ।

Facioscapulohumeral (faś-e-o-skaṕ-u-lo-hú-mer-al). Pertaining to the face, shoulder and arm. मुखमण्डल, स्कन्ध तथा बाहु सम्बन्धीय ।

Factitious (fak-tish-us). Artificial ; not natural. कृत्रिम ; नकली ।

Facultative (faḱ-ul-ta-tiv). Pertaining to functional or acquired power. क्रियागत या अर्जित शक्ति सम्बन्धीय ।

Faculty (faḱ-ul-te). Any normal power or function, especially a mental one ; specific power. कोई स्नायविक शक्ति या क्रिया ; विशेषकर मानसिक क्रिया ; कार्यशक्ति ; मनोवृत्ति ; शक्ति (जैसे, घ्राण-शक्ति प्रभृति) ।

Faecal (fá-kal). Relating to fæces. विष्ठा-सम्बन्धीय ।

Fæces (fé-sez). Excrements ; the alvin excretion. मल ; विष्ठा ।

Faint (fānt). Syncope ; a condition of languor. अवसन्न ; मूर्च्छित ।

Fainting (fainting). Swooning. बेहोशी ; अवसन्नता ।

Falciform (fal-sif-orm). Shaped like a sickle. हसियाके आकारका ।

Falling of the womb. Prolapse of the uterus. जरायुकी स्थान-च्युति ; गर्भाशयका अपनी जगहसे हट जाना ।

Fallopian Aqueduct or canal. A canal in the petrosa, extending from the internal auditory meatus to the stylo-mastoid foramen and transmitting the facial nerve. अश्मकूट-प्रणाली । **F. Tube,** the oviduct. डिम्ब-प्रणाली ; कालल-नल ।

False (fawls). Not true कृत्रिम । **F. Aneurysm,** aneurysm due to rupture of the coats of an artery. धमनी-आवरण छिन्न हो जानेके कारण धमन्यबुंद । **F. Membrane,** the inflammatory deposit in croup, diphtheria etc. नकली झिल्ली ; यह डिपथीरिया, क्रूप वगैरह बीमारियोंमें उत्पन्न हो जाती है । **F. Pains,** labor-like pains, not followed by labor. कृत्रिम प्रसव-वेदना ; इस वेदनासे प्रसव नहीं होता । **F. passage,** a laceration of the urethra by the forcible introduction of an instrument. मूत्र-मार्गमें बलपूर्वक शलाका आदि प्रवेश करानेके कारण श्लैष्मिक झिल्ली फटकर स्वाभाविक मूत्र-पथके अतिरिक्त एक दूसरा मूत्र-पथ भी बन जाता है । कृत्रिम मूत्रमार्ग । **F. Ribs,** the five inferior ribs. कृत्रिम पशुंकाएँ ; नकली पसली ; पाँच निम्न पसलियाँ ।

Falx (falks). A sickle-shaped organ or structure. दरौतीके आकारका यंत्र या बनावट ।

Fames (fá-mez). Hunger. भूख ; क्षुधा ।

Familial (fam-il-yal). Relating to a family. परिवार सम्बन्धीय ।

Famine fever. Relapsing fever or typhus fever. पौनःपुनिक ज्वर या मोह ज्वर ।

Fang (fang). The root of a tooth. दन्त-मूल ।

Farad (fař-ad). The unit of electric capacity. विद्युत्-एकक ।

Faradic (far-ad-ik). Pertaining to induced electric currents. उत्पादनीय विद्युत्-प्रवाह सम्बन्धीय ।

Farcinoma (far-sin-ó-mah). A glanderous tumor. ग्रन्थिके आकारका अबुंद ।

Farre's Tubercles. Cancerous masses on the surface of the liver. यकृत-पटलपर कर्कटका ढेर ।

Farina (far-é-nah). The powdered fecula of grain. शस्य-कण ; श्वेतसार ।

Farinaceous (far-in-á-she-us). Of the nature of farina. मैदेकी तरह ।

Fascia (fash-e-ah). A sheet or band of tissue which invests and connects the muscles. पेशी वेष्टकारी पतले तन्तुओंका आवरण या बन्धन ।

Fascicle (faś-ik-e). Cluster; bundle. गुच्छ ।

Fasciculus (fas-ik-u-lus). A bundle of fibres. तन्तुका छोटा गुच्छा ।

Fasciotomy (fas-e-ot-o-me). The division of fascia. हल-वेष्टनी विभाग ।

Fascitis (fas-i-tis). Inflammation of a fascia हल-वेष्टनी प्रदाह ।

Fastigium (fas-tij′-e-um). The highest point ; the scme. पराकाष्ठा ; चर्मोत्कर्ष ।

Fat (fat). The oily substance that covers the connective tissue of an animal. चर्बी ; बसा ।

Fatigability (fat-iǵ-ab-il-it-e). Easily susceptible to fatigue. क्लांति-प्रवण ।

Fatigue (fat-tig). Weariness, usualy from overexertion. थकन ; क्लान्ति ।

Fatty (fat-é). Pertaining to fat. बसा-सम्बन्धीय ; बसामय ; चर्बी-भरा ।

Fauces (faw′-sez). The passage from the mouth to the pharynx ; throat. मुख-गह्वर ।

Faucial (faw′-she-al). Relating to the fauces. मुख-गह्वर सम्बन्धीय ।

Faucitis (faw-si′-tis). Inflammation of the fauces. मुख-गह्वर-प्रदाह ।

Favus (fá-vus). A contagious parasitic disease of skin with crusts. एक प्रकारका लरछुत चर्म-रोग, इसमें जखमके ऊपर पपड़ी जमती है ; शहादिया ; सओफा । कुरी-रोग ; मधुचक्राकार अरुणिका ।

Febricula (feb-rik-u-lah). A mild fever of short duration. धीमा बोखार ; लघु-ज्वर ।

Febrifacient (feb-rif-á-se-ent). Producing fever. ज्वरोत्पादक ।

Febrifugal (feb-ri-fú-gal). Removing fever. ज्वरघ्न ; ज्वर-नाशक ।

Febrile (feb-ril) . Relating to fever. ज्वर सम्बन्धीय ।

Febris (feb-ris). A fever. ज्वर । **F. Endemica roseola**, dengue. डेंगू-ज्वर ; हड्डीतोड़ बोखार । **F. Enterica**, typhoid fever. टाइफायड-ज्वर ; आंत्रिक ज्वर । **F. Enteponcus**, delayed fever. रुका हुआ ज्वर ।

Fecal (fé-kal). Pertaining to the feces. मल सम्बन्धीय ।

Fecaluria (fek-al-ú-re-ah). The presence of fecal matter in the urine. मूत्रमें मल या मलांशकी उपस्थिति ।

Feces (fé-sez). Excrement ; dung ; the discharge of the bowels. मल ; विष्ठा ।

Fecula (fek-u-lah). Sediment. तली ; तलछट ।

Feculent (fek-u-lent). Having sediment. तलछटवाला ।

Fecundation (fe-kun-dá-shun). Impregnation. फलोत्पादन ; गर्भोत्पादन ; गर्भसंचार ; गर्भाधान ।

Fecundity (fe-kuń-dit-e). The power of producing young. फलोत्पादन ; गर्भसंचार ; गर्भाधान । फलोत्पादन समक्ष ; उद्भावन क्षमताशील ; संतानजननकी शक्ति ।

Felon (fel-on). Whitlow. अंगुलबेढ़ा ।

Female (fé-māl). Belonging to the sex that concieves and bears young. स्त्री-जाति ।

Feminitism (fem-in-it-izm). The assumption of female characters by the male मौगापन।

Femoral (fem-or-al). Belonging to the femur. उर्वस्थीय ; उरुकी अस्थिसे सम्बन्ध रखनेवाला।

Femorocele (fem-or-o-sel). Femoral hernia. उरुदेशीय अंत्रवृद्धि।

Femur (fé-mur). The thigh bone. उर्वस्थि।

Fenestra (fe-nes-trah). A window like opening. खिड़कीको तरहका मुँह ; गवाक्षाकार निष्कासन मुख। **F. Ovalis,** the oval opening in the internal ear. कर्णपटहके दोनों रंध्र।

Fenwick's disease. Primary atrophy of the stomach. आरम्भिक उदर-शोथ।

Ferment (fer-ment). Yeast किण्व। To cause or excite fomentation in. अन्तरुत्सिक्त करना ; उफान लाना।

Fermentation (fer-ment-a-shun). The act of process of fermenting ; the decomposition or conversion of an organic substance into new compounds, through the agency of a ferment, generally indicated by the development of heat, bubbles etc. किण्वन ; अन्तरुत्सेक ; सन्धान ; विक्षोभ।

Ferralia (fer-á-le-ah). Medicinal preparations of iron. लौह-मिश्रित ओषधि।

Ferrometer (fer-om-e-ter). An apparatus for determining the amount of iron present in the blood. रक्तमें लौहका अंश मापनेवाला यंत्र।

Ferrovin (fer-o-vin). An iron-preparation used in anemia. रक्त-हीनतामें व्यवहृत लौहमय ओषधि।

Ferrum (fer-um). Iron. लौह।

Fertile (fir-til). Prolific ; fruitful. उपजाऊ।

Fertilization (fer-til-iz-á-shun). Impregnation. गर्भाधान ; डिम्बनिषेक।

Fester (fes-ter). 1. To suppurate. पीव होना। 2. An ulcer. जखम ; घाव।

Festination (fes-tin-á-shun). A tendency to increase the speed in walking, as seen in paralysis agitans. चलच्छक्तिको वृद्धिका भाव ; यह सम्पक पक्षाघातमें विशेषकर दिखाई देता है।

Festoon (fes-toon). The swelling of gums around the neck of the teeth. दन्त-ग्रीवाके चारों ओरके मसूढ़े फूलना।

Fetal (fé-tal). Pertaining to the fetus. भ्रूण-सम्बन्धीय।

Fetation (fe-tá-shun). Pregnancy. गर्भावस्था ; अन्तस्सत्वावस्था।

Feticide (fé-tis-id). The destruction of the fetus in the uterus. गर्भाशयमें ही भ्रूणको नष्ट कर देना ।

Fetid (fet-id). Having a disagreeable smell. दुर्गन्धित ।

Fetor (fé-tor). Stench or offensive odor. दुर्गन्ध-भरा ; बदबूदार ।

Fetus (fé-tus). The child in the womb after the end of the third month. चतुर्थ मास या इससे अधिकका भ्रूण ।

Fever (fé-ver). Abnormally high bodily temperature, pyrexia. ज्वर । बोखार । **F. Absorption,** a rise of temperature observed during the first twelve hoursafter childbirth. प्रसवके बाद बारह घण्टोंके भीतर आनेवाला ज्वर । **F. Black-water,** a fatal contagious disease of hot countries, accompanied with fever, chills. vomiting and difficulty in breathing. काल-ज्वर ; गर्म देशोंका एक लरछूत रोग ; इसमें ज्वर, शीत, वमन तथा श्वासकष्ट प्रभति लक्षण प्रकट होते हैं । **F. Brain,** meningitis. मस्तिष्क-झिल्ली-प्रदाह संयुक्त ज्वर । **F. Break-bone.** dengue. हड्डीतोड़ बोखार । **F. Chagres,** malignant malarial fever. मारात्मक मैलेरिया ज्वर । **F. Continued,** one having uninterrupted course. अविराम ज्वर । **F. Dum-dum,** kala-azar. काला-आजार । **F. Enteric,** typhoid fever. आंत्रिक ज्वर । **F. Intermittent,** a fever with periods of apyrexia. सविराम ज्वर । **F. Malarial,** the periodic fever of malaria. मलेरिया ज्वर । **F. Puerperal,** septic poisoning occuring in child bed. सूतिका ज्वर । **F. Remittent.** one with remission but not complete apyrexia. स्वल्प-विराम ज्वर । **F. Rheumatic,** fever due to acute rheumatism. वात ज्वर । **F. Typhoid,** a contagious fever, with eruption and great depression, and ulceration in the intestine. सान्निपातिक ज्वर । वात-श्लेष्मा-ज्वर । **F. Typhus,** an epidemic, contagious fever, with eruption and great depression but not lesion. मोह-ज्वर ; एक प्रकारका संक्रामक ज्वर जिसमें शरीरपर दाने निकलते हैं, बहुत सुस्ती रहती है, पर किसी तरहका तन्तु-रस-स्राव नहीं होता ।

Febrile. Affected by or pertaining to, indicating or resembling a fever. ज्वर-भाव ; अल्प ज्वर युक्त ।

Fiber (fi-ber). A filament ; thread like structure. सूत्र ; तन्तु ; रेशा ।

Fibril (fi-bril). A small fiber. लघु-तन्तु ।

Fibrillation (fi'b-ril-á-shun). Muscular tremor. मांसपैशिक कम्पन ।

Fibrin (fi′-brin). A whitish portion from the blood and the serous fluids of the body. शरीरके रक्त तथा रक्ताम्बुसे निसृत एक श्वेत अंश ; तन्तु ।

Fibrination (fi-brin-á-shun). Increasing the blood fibrin. रक्त-तन्तु-वर्द्धक ।

Fibrinuria (fi-brin-ú-re-ah). The presence of fibrin in the urine. तन्तुमय-मूत्र ।

Fibroblast (fi-bro-blast). A cell that forms new fibrous tissue. सौत्रिक-तन्तु उत्पादक कोष ।

Fibrocyst (fi′-bro-sist). A cystic fibroma. सूत्रमय अर्बुद ।

Fibroid (fi′-broid). Having a fibrous structure. सूत्रवत् । **F. Degeneration,** सूत्रनिर्माणवत् अपकृष्टता ।

Fibroma (fi-bró-mah). A tumor of fibrous tissue. सूत्रमय अर्बुद ।

Fibromyitis (fi-bro-me-i′-tis). Inflammation of muscles. मांसपेशियोंका प्रदाह ।

Fibromyoma (fi-bro-mi-ó-mah). A tumor containing fibrous and muscular tissues. सौत्रिक तथा मांसपैशिक तन्तुमय अर्बुद ।

Fibrosis (fi-bró-sis). The development of fibrous tissue in an organ. किसी शारीर-यंत्रमें सौत्रिक-तंतुकी उत्पत्ति ।

Fibrous (fi′-brus). Relating to fibers. जटाकार ; सौत्रिक ।

Fibula (fi-bu-lah). The outer and smaller of the two bones of the leg. अनुजंघास्थि ; अग्रजंघास्थि ।

Filaceous (fi-lá-se-us). Consisting of threads. सूत्रमय ।

Filament (fil-am-ent). A thread-like-structure. सूत्राणु ; सूत्रकी तरह बनावट ।

Filaria (fi-lá-re-ah). A genus of thread-worms. एक प्रकारकी सूत्र-कृमि ; नेरुआ ; नारू ।

Filariasis (fil-ar-i′-as-is). The disease due to filariasin the blood. रक्तमें नारू जीवाणु उत्पन्न हो जानेके कारण रोग ।

Filiform (fil-if-orm). Like the thread. सूत्राकार ।

Filix (fé-liks. Ferm. रोंआ ।

Fillet (fil-et). A loop-shaped structure. एक टेढ़ी बनावट ।

Film, A thin skin. पतला चर्म ।

Filopressure (fi-lo-presh-ur) The compression of a blood-vessel by a thread. सूत्रसे कोई शिरा या धमनीको बाँधकर दबाव देना ।

Filter (fil-ter). A device for the straining of water or other liquid. छननी ; कोई उपाय या पानी छाननेकी प्रणाली ।

Filum (fi′-lum). A thread like structure or filament. सूत्राकार अंश या सूत्राणु ।

Fimbria (fim-bré-ah). A fringe. झालर ; केशगुच्छ ।

Finger (fing-er). One of the digits of the hand. अंगुली ।

First Intention. The healing of a wound by immediate union without suppuration. पीव पैदा हुए बिना ही किसी जखमका आराम हो जाना ।

Fissura (fish-ú-rah). A fissure. विदारण ; फटे घाव ; सीता ।

Fissure (fish-ur). A groove or cleft. फांक ; फटा घाव ; दरार ।

Fistula (fiś-tu-lah). A deep, sinuous ulcer, often leading to an internal organ. नासूर । **F. Anus,** one near the anus that may or may not communicate with the bowel. भगन्दर ।

Fistulous (fis-tu-lus). Of the nature of fistula. भगन्दरकी प्रकृतिवाला ; नालीदार ; नासूरवाला ।

Fit (fit). A convulsion ; sharp paroxysm or sudden attack मूर्च्छा ; दाँती लगना ; बेहोशी या गशका दौरा ।

Fixation (fiks-á-shun). Making rigid. कड़ा करना ।

Flaccid (flak-sid). Soft ; flabby. कोमल ; मुलायम ; शिथिलित ।

Flagellum (flaj′-el-um). A cilium. बरौनी ।

Flail-joint (flāl-joint). An abnormally mobile joint. विचल सन्धि ।

Flap. A mass of tissue partly detached by the knife. तन्तुओंका ढेर, जिसका कुछ अंश छुरीसे काट लिया गया हो ।

Flarimeter (flār-im-it-er). A device for measuring shortness of breath. श्वासकी लघुता मापनेका यंत्र ।

Flatness. A peculiar sound obtained by percussing a part that is abnormally solid. अस्वाभाविक कठोर अंशके आघातनके समय प्राप्त एक अद्भुत शब्द ।

Flatulence. Distention of the stomach or intestines with air or gasses. उदराध्मान ; आध्मान-वायु ; अफरा ।

Flatulency. अफरा ; फूलना ।

Flatus (flá-tus), Cas in the alimentary canal. पाद ; रीह ।

Flesh. The soft tissues of the body. मांस ।

Flex (fleks). To bend. झुकना ।

Flexible (fleks-ib-l), That which may be bent without liability to break. नमनशील ; लचीला ।

Flexion (flek-shun). The act of bending or condition of being bent. नमनीयता या नमता ; झुका हुआ ।

Flexor (fleks-or), A muscle that bends or flexes a part. `संकोचनी पेशी ।

Flexura (fleks-ú-rah). A curve in an organ. किसी शरीर यंत्रका महराब या घुमाववाला अंश ।

Flexure (fleks-ūr). A bending. झुकाव ; मोड़ ; महराब ।

Flint Disease. Chalicosis. पत्थरके कण श्वास-पथके द्वारा प्रवेश करनेके कारण फुस्फुस रोग ।

Floating (flot-ing). Free to move. गतिशील । (2) Detached from the normal place. स्थान-च्युत । **F. Kidney,** a misplaced kidney. स्थानच्युत वृक्क । **F. Ribs,** the two lower parts of ribs. नीचेवाली दोनों ओरकी पसलियां ; मुक्त-पशु काएँ ।

Floccilation (flok-sil-á shun). The picking at the bed-clothes by a delirious patient. सान्निपात-ग्रस्त रोगीका बिछावन नोचना ।

Floccilegium (flok-sil-é-je-um). Eloccilation. बिस्तर-चुनना ; बिछावन नोचना ।

Flocculence (flok-u-lens). Flakiness. कोमलता ।

Flocculent (flok-u-lent). Containg downy or flaky shreds. कोमल अथवा स्तरपूर्ण खण्डयुक्त ; बुदबुदाकार ।

Flocculus (flok-u-lus). A small lobe on the lower side of either cerebellar hemisphere. लघुमस्तिष्क गोलार्द्धके दोनों ओरके क्षुद्र उपखण्ड ।

Flooding (flud'-ing). Copious hemorrhage from the uterus. गर्भाशयसे अत्यधिक रक्तस्राव ।

Fluctuation (fluk-chu-á-shun). A wave-like motion. तरंगायित गति ।

Fluid (floó-id). A liquid. तरल । (1) Any liquid secretion of the body. शरीरका कोई भी तरल स्राव ।

Fluidounce (floó-id-own's). A liquid measure. eight fluid drams. आठ तरल ड्रामकी माप ।

Fluidram (floó-id-dram). A liquid measure equaling 56'96 grains of distilled water. एक तरल माप, इसमें ५६'९६ ग्रेन चुआया हुआ पानी अँटता है ।

Fluke (flook). Any trematode worm. एक प्रकारका कृमि-कीट । भैंसके यकृतमें उत्पन्न होनेवाली एक प्रकारकी कृमि ।

Fluor albus (floó-or-alb-us). Leukorrhea. श्वेत-प्रदर ।

Flux (fluks). Dysentery. आमाशय । (2) A liquid discharge. तरल स्राव । **F. Bloody,** dysentery, रक्तामाशय ; खूनी पेचिश ।

Fluxion. The gathering of fluid in any part. शरीरके किसी अंशमें रसका एकत्र होना । 2. Catarrh. सर्दीका स्राव ।

Flying blister. A blister to be moved from place to place.

अस्थायी छाला ; स्थान बदल-बदलकर होनेवाले या विस्फोटक ।

Focal (fó-kal). Pertaining to or occupying a focus. नाभीय ।

Focus (fó-kus). A point in which the rays of light, heat or sound meet after being reflected or refracted. रश्मि-समूहों का मिलन-बिन्दु ; किरण केन्द्र ; अधिश्रयण ; नाभि ; प्रतिबिम्ब ।

Fœtus (fé-tus). The product of conception after the fourth month of gestation. भ्रूण ; चतुर्थ मासके बादका गर्भस्थ भ्रूण ।

Fold (fold). A thin, recurved margin or doubling. तहो । Fold of nates, buttock. चूतड़ ।

Folium (fó-le-um). A leaf. एक पत्ती । 2. One of the many folds of the cerebellum. लघुमस्तिष्क स्तर ।

Follicle (fol-ik-l). A very much excretory or secretory sac or gland. ग्रन्थि या क्षुद्र कोष ; गह्वर । **F. Hair,** the depression from which a hair grows. केश-गर्भ ।

Follicular (fol-ik-u-lar). Containing follicles. क्षुद्र-गह्वर-पूर्ण ; गर्भाणु संक्रान्त ।

Folliculosis (fol-ik-u-ló-sis). A disease characterized by excessive development of lymph-follicles. एक रोग जिसमें लसिका-गर्भाणुकी अत्यधिक वृद्धि हो जाती है ।

Fomentation (fo-men-tá-shun). Treatment by warm and moist application. उष्णस्वेद ; परिसेक ; सेंक ; गर्म पानीका सेंक ।

Fons Pulsatilis, anterior fontanel. अग्र ब्रह्म रन्ध्र ।

Fontanel, Fontanelle (fon-tan-el). Membranous intervals at the angles of cranial bones inthe infant. बच्चेके मस्तकका अस्थि-शून्य स्थान ; ब्रह्मरन्ध्र ; चाँदिया ।

Fonticulus (fon-tik-u-lus). Fontanel चंदिया ।

Food. Any substance, which is eaten to supply nutritive elements खाद्य ।

Food-fever. A disorder of childhood consisting of sudden rise of temperature with more or less digestive disturbances. खाद्य-ज्वर ; अजीर्ण-ज्वर ।

Food-poisoning. Poisoning by tainted food or by some substance naturally poisonous. खाद्य-विष ।

Foot (fut). 1. Pes, the lower, pedal, extremity of the leg. पद । **F. Presentation.** पादोदय प्रसव ।

Foramen (for-á-men). An aperture or perforation through a bone or a membranous structure.

छिद्र ; किसी अस्थि या झिल्लीमय अंशका छिद्र । **F. Aortic,** an opening in the diaphram transmitting aorta. महाधमनी छिद्र । **F. Cæcum,** fluid foramen. गुप्त छिद्र । **F. Frontal,** the supra-orbital notch. ऊर्द्ध-कपाल छिद्र । **F. Magnum,** foramen occipital. महाछिद्र । **F. Roterdum,** a round aperture in great wing of sphenoid bone for the superior maxillary nerve. वृत्तरन्ध्र । **F. Spinosum,** passage in great wing of sphenoid bone for the middle meningeal artery. नाभिका धमनी छिद्र ।

Force (fórs). Power ; strength. शक्ति ; वेग ।

Forced feeding. Compulsory feeding, as of the insane. जबर्दस्ती खाद्य देना ; जैसा पागलोंके साथ करना पड़ता है ।

Forceps. 1. An instrument for seizing any thing and making compression or extraction. चिमटी । 2. Bands of fibers passing from the callosum to the hemispheres. महासंयोजकसे लेकर मस्तिष्क गोलार्द्ध तकका तन्तुमय अंश ।

Forcepate (fór-si-pāt). Shaped like forceps. चिमटीके आकारका ।

Forearm (fór-arm). The arm-between the wrist and elbow. अग्रबाहु ; प्रकोष्ठ ; कोहनीसे कलाईतकका अंश ।

Forebrain (fór-brān). The anterior division of the brain. सम्मुख मस्तिष्कांश ।

Fore-finger. The second or index finger. मध्यमांगुलि ।

For-gut. The first portion of the primitive digestive tube in the embryo. गर्भस्थ भ्रूणके पाचन-यंत्रका प्रथम अंश, इसमें गलकोष, उदर, कंठनाली, लघुयंत्र तथा यकृत और फेफड़ेका भी कुछ अंश आ जाता है ।

Fore-head (fór-ed). The brow. पेशानी ; ललाट ।

Fore-skin. Prepuce. लिङ्गाग्रचर्म ; चमड़ी ; सुपारीकी खाल ।

Formads, kidneys. The enlarged kidneys of chronic alcoholism. पुराने मद्याभ्यासके कारण अतिवर्द्धित वृक्क ; पुराने शराबियोंकी बीमारी ; इसमें गुर्दा बहुत बड़ा हो जाता है ।

Formication. A form of paresthesia, in which there is a sensation as of ants running over the skin. एक अनुभूति सम्बन्धीय रोग ; इसमें मालूम होता है, मानो शरीरपर चींटी रेंग रही है ; सुरसुरी ।

Formula (fór-mu-lah). A prescribed method. निश्चित प्रणाली ।

Formicolumn (fór-me-kol-um). The anterior piller of the cerebral fornix. मस्तिष्कके महराबका सम्मुख स्तम्भ ; वृहत् मस्तिष्क धनुषाकार पिण्ड ।

Fornix (foŕ-niks). An arched portion of the brain, a medullary body beneath the corpus callosum. मास्तष्कका एक महराबदार अंश, यह महा संयोजकके निम्न अंशमें रहता है ; धनुषाकार पिण्ड ।

Fossa (foś-ah). A depression, furrow or sinus, usually more or less longitude in shape, below the level of the surface of a part. अगभीर खात ; गुहा ।

Fosset or Fossette (fo-seť). A small depression. लघु खात । 2. A small but deep ulcer of the cornea. कनीनिकाका एक छोटा, परन्तु गहरा घाव ।

Fossula. A small fossa. एक क्षुद्र खात ।

Fothergill's Disease. Neuralgia of the trigeminus. पंचमी नाड़ीका स्नायुशूल ।

Foudroyant (foo-droi-on), Occurring with great suddenness and violence. आकस्मिक तथा अति तीव्र ।

Fourchet or Fourchette (foor-shet). The fold of mucous membrane at the posterior junction of the labia minora. बृहत्-भगोष्ठके सम्मुख स्थानकी श्लैष्मिक झिल्लीकी तहो ।

Fourth disease. A disease resembling measles and scarlet fever. आरक्त ज्वरया खसड़ाके आकारका एकरोग । **F. Nerve,** the trochlear nerve. चक्षुगोलक चालनी पेशी । **F. Ventricle,** a space between the cerebellum and pons and medulla. लघुमस्तिष्क सेतु तथा मज्जाके मध्यका स्थान ।

Fovea (fó-ve-ah). A small pit or cup. क्षुद्र खात ।

Foveola. A small pit. एक क्षुद्र गह्वर ।

Fracture (frak-chūr). The breaking of a part, especially of a bone. अस्थि-भंग । **F. Comminuted,** one in which bone is shattered. अस्थि-भंग, जिसमें हड्डी चूर हो जाती है । **F. Compound,** fracture with a communicating wound of the skin. चर्मपर आघात या घावके साथ हड्डी टूटना । **F, Double,** one bone fractured in two places. एक ही हड्डीका दो स्थानमें टूटना ; द्वित्व अस्थि-भंग ।

Fraenkel's glands. Minute glands below the edge of the vocal cords. स्वरतन्तुके बीचेकी क्षुद्र ग्रन्थियाँ ।

Fragilitas (fraj'-il-it-as).Brittleness. भंगुरता ; क्षणभंगुरता ; भग्न-प्रवणता ।

Fragmentation (frag-men-tá-shun). A division into fragments. खण्ड-खण्ड होना ।

Fragments (fraǵ-ments). Small round bodies seen in tuberculosis round bodies seen in tuberculosis sputum. यक्ष्मा रोगीके थूकमें प्राप्त गोल-गोल बलगमके टुकड़े ।

Frambesia (fram-bé-ze-ah). Yaws, a contagious disease of tropics with raspberry like tubercles on the skin. एक प्रकारका गर्म-देशका लरछुत रोग, इसमें शरीरपर काले-काले दाने निकलते हैं ; कण्टक-गुटी रोग।

Fremitus (frem-it-us). Thrill or vibration, especially one that is perceptible on palpation. कम्पन ; स्पन्दन ; खासकर वह कम्पन जो आघातनके समय प्रत्यक्ष होता है। **F. Friction,** the thrill caused by the rubbing together of two dry surfaces. दो शुष्क पटलोंके घर्षणसे उत्पन्न कम्पन। **F. Vocal,** a thrill caused by speeching and perceived by the ear of the auscultator applied to the chest. बाचा-स्पन्दन ; बोलनेके समयका कम्पन ; यह कान छातीसे लगाकर सुननेवालोंके अनुभवमें आता है।

Frenulum (fren-u-lum). A small frenum. एक क्षुद्र झिल्लीका बन्धन।

Frenum, Frænum. A fold of mucous membrane that checks or curbs the movements of an organ in part. किसी शरीर-यंत्रके अंगकी गति नियमित करने या रोध करनेवाली श्लैष्मिक-झिल्लीकी तहो ; बन्धन। **F. Linguæ,** a fold of mucous membrane under the tongue. जिह्वा-बन्धन ; लगाम।

Frenzy (fren-ze). Violent mania. तीव्रोन्माद ; तेज पागलपन।

Fret. An abrasion ; herpes. खरोंच ; भैंसिया दाद।

Fretum (fré-tum). A constriction. संकोचन ; खिचाव।

Friable (fri-ab-l). Easily broken ; pulverised. चूर्ण-धर्मक ; सुचूर्णनीय ; आसानीसे चूर हो जानेवाला।

Friction (frik-shun). The act of rubbing. घर्षण। **F. Sound,** the sound heard in auscultation caused by rubbing together of adjacent structures. घर्षण-शब्द ; दो शरीर-यंत्रोंके आपसमें रगड़ खानेके कारण उत्पन्न शब्द।

Frigidity (frig-id-it-e). Coldness ; especially sexual indifference. शीतलता ; खासकर काम-सम्बन्धी उदासीनता।

Frigolabile (fri-go-lá-bil). Easily destroyed by cold. सर्दीसे सरलतापूर्वक नष्ट हो जानेवाला।

Frigorism (frig-or-izm). A condition resulting from the action of extreme cold on the body. अत्यधिक बाहरी शीत लगनेके कारण शरीरकी शीतल अवस्था।

Frigotherapy (frig-o-ther-ap-e). Treatment of disease by cold. सर्द-प्रयोग द्वारा रोग चिकित्सा।

Frog-belly (frog-bel-e). A tympanitic state of the abdomen in rickety children. अस्थि-विकार रोगवाले बच्चोंका फूला हुआ उदर।

Frog-face (frog-fās). Flatness of the face due to nasal disease. नासा-रोगके कारण मुखमण्डलका चौड़ा पड़ जाना।

Frolement (frol-ment). A rustling sound often heard in auscultation in diseases of the pericardium. हृदावरक झिल्लीके रोगोंमें आकर्षनके समय आनेवाली एक प्रकारकी रूखी आवाज।

Frontal (fruń-tal). Relating to the fore-head. ललाट-सम्बन्धीय। **F. Bone,** the bone of the fore-head. ललाटास्थि। **F. Lobe,** a cereberal lobe corresponding in position to frontal bone. ललाट खंड। **F. Pole,** ललाट-ध्रुव। **F. Sinus,** ललाट-कोटर। **F. Sulcus,** air spaces in the frontal bone. ललाट सोता।

Frontomolar. Relating to the frontal and molar-bone. ललाट तथा कपोलास्थि सम्बन्धीय।

Frost-bite. A local condition resulting from freezing of the part. हिमोपहत; पाला-मारनेका घाव।

Fructose. Fruit sugar. फलोंकी चीनी; फल-शर्करा।

Fructosuria (fruk-to-sú-re-ah). Fruit-sugar in the urine, पेशाबमें फल-शर्करा।

Frustrate (fruś-trat). A feeble condition of the ventricle of the heart, producing an impression of intermittent pulsation. हृत्पिण्डके ग्राहक कोष्ठकी दुर्बल अवस्था; इससे नाड़ी सविराम होकर चलती है।

Fuchsin (fūḱ-sin). A staining agent. एक रङ्ग लानेवाले पदार्थ।

Fukala's operation. Extraction of the crystalline lens in myopia. धुन्ध रोगमें श्वेत-पटलको निकाल लेना।

Fulguration (ful-gu-rá-shun). 1. Lightning stroke. बजाघात। 2. Sensation of darting pain. धक्का देनेकी तरह दर्दकी अनुभूति।

Fulminant. Occurring with lightning-like rapidity. बिजलीकी तरह तेजीसे पैदा होनेवाला; स्फुज्जनीय।

Fulmination. In chemistry the explosion of certain preparation by heat or friction. उत्ताप या घर्षणके कारण किसी रासायनिक पदार्थका जोरकी आवाजके साथ फटना; विस्फोटन।

Fumigation (fu-mig-á-shun). Exposure to desinfectant vapours. धूप देना; धूनी देना।

Fuming (fu'-ming). Smoking; emitting a visible vapour. धूँआना; वाष्पके आकारमें प्रकट होना; रासायनिक धुआँ लगाना; सधूम होना।

Function (funḱ-shun).The normal or special action of a part. किसी

अंशकी कोई स्वाभाविक या विशेष क्रिया ; व्यापार ; वृत्ति ; कार्य ; घम (श्वास आदिकी क्रिया) ।

Functional (funk-shun-al). Pertaining to the function or action of an organ. ऐन्द्रियिक ; क्रियात्मिक ; क्रिया-विकार-जनित । **F. Disease,** the disturbance of the function of a part. किसी शरीर अंशके क्रिया-विकार-जनित रोग ।

Fundal (fuń-dal). Pertaining to the fundus अधोदेश सम्बन्धी ।

Fundament (fuń-dam-ent). 1. The bare. तली ; अधोदेश । 2. Anus. मलद्वार ।

Fundus (fuń-dus). The bottom or lowest part of a sac or hollow organ, that is farthest removed from the opening. अधोदेश ; तलदेश ; किसी गह्वर या खोखले यंत्रका तलदेश या निम्न भाग जो उसके मुखसे बहुत दूर हटा दिया जाता है ।

Fungiform (fun-gif-orm). The form of a mushroom. छात्रिक ; छत्रोनुमा ।

Fungoid (fuń-goid). Having the form of a mushroom. छत्रकाकार ; छत्रककी तरह ; कुकुरमुत्तेके आकारका ।

Fungosity (fun-goś-it-e). A soft excrescense. कोई क्षुद्र उद्भेद ; छोटे चकत्ते ।

Fungus (fuń-gus). Any one of the group of fungi, छत्रकको जातिका कोई पौधा ।

Funiculitis (fu-nik-u-li'-tis). Inflammation of the spermatic cord. शुक्ररज्जुका प्रदाह ।

Funiculus (fu-nik-u-lus). The umbilical cord. नाभि-नाड़ी । **F. Anterior,** the anterior column of the spinal cord. मेरुदण्डका सम्मुख-भाग । **F. Spermaticus,** the spermatic cord. शुक्र-रज्जु ।

Funis (fú-nis). The umbilical cord. नाभि नाड़ी ।

Funnel (fu-nel). A conic hollow vessel with a tube at the apex. चंगी , नल ; धूम-निर्गमन मार्ग । **F. Breast or chest,** a depression of the lower part of the sternum. वक्षोस्थिके निम्न अंशका धँसा स्थान ।

Fur (fer). A coat of morbid matter collected on the tongue in various diseases. जिह्वालेप ; जीभकी मैल ।

Furcal (fuŕ-kal). Shaped like a forth. काँटेके आकारका ।

Furfuraceus (fur-fu-rá-shus). An epidermic scale, such as dandruff. रूसी ; भूसी ; मरा मांस ।

Furor (fú-ror). Fury ; rage. क्रोध ; उन्मत्तता । **F. Uterinus,** uterine madness. जरायु विकारके कारण उत्पन्न उन्मत्तता ।

Furrow (fur-o). A groove or trenete. ललाट-रेखा ; कपालको बलि ; सीता ।

Furuncle (fú-rung-kl). A boil ; a cricumscribed abscess. फोड़ा ; विष-व्रण, घेरा बाँधनेवाला फोड़ा ।

Furunculoid (fu-rung-ku-loid). Resembling to a furuncle or boil. फोड़ा या विष-व्रणके आकारका ।

Furunculus. A boil. विस्फोटक । **F. Malignans,** carbuncle. विष व्रण ; सांघातिक दाहिका ।

Fuscin (fus in). The black-pigment of the retina. चक्षु-चित्रपत्रका श्याम-वर्ण ।

Fusible (fū-sib-l). Susceptible of being melted. द्राव्य ; द्रवनीय ।

Fusiform (fú-sif-orm). Spindle shaped. तर्क्काकार ; टकुआके आकारका ।

Fusiformes (fu-sif-oŕ-mes). A genus of bacterial organism. एक प्रकारके शलाकाणुकी जाति ।

Fusion (fú zhun). Reduction of a solid body, by exposure to the action of heat, to the liquid form. तरलीकरण ; किसी कड़े पदार्थ को गलाकर तरल बना देना ; गलाना ।

Fuso-cellular (fu-so-seĺ-u-lar). Having cells, shaped like spindle. टकुआके आकारके कोष ; नुकीले कोषवाला ।

Fustin (fuś-tin). A yellow dye. पीला रंग । पीला वर्ण ।

G.

Gadinic Acid (ga-din-ic). A fatty acid obtained from cod-llver oil. काड नामक मछलीसे प्राप्त एक बसामय अम्ल।

Gaduin (gad′-u-in). A fatty principle found in cod-liver oil. काड मछलीके तैलमें प्राप्त एक बसामय पदार्थ।

Gafeira (gaf-a-iŕ-rah). Leprosy. कुष्ट रोग।

Gag (gag). A surgical instrument to prevent the closure of jaws. एक प्रकारका यंत्र, जिसके प्रयोगसे मुँह बन्द नहीं हो सकता ; मुख-विस्फारक यंत्र।

Gage, Gauge (gāj). 1. A standard measure of dimension, distance or capacity. निर्दिष्टमान। 2. Capacity ; extent ; estimate. समायी ; धारणा-शक्ति ; विस्तार ; अनुमान।

Gait (gāt). The mode of walking. गति-भंगी ; चलन-भंगी। **G. Ataxic** a walk in which the foot is raised high and the sole strikes the ground suddenly. एक प्रकारकी चाल, इसमें पैर ऊँचे उठते हैं और एकाएक जोरसे जमीनपर गिर जाते हैं। **G. Spastic,** that in which the legs are held together and move shiftly, the toes seeming to drag and catch. एक प्रकारकी गति, जिसमें पैर आपसमें सट कर और कड़े होकर चलते हैं, अंगूठे खिंचे और अकड़े रहते हैं।

Galactagogue (gal-aḱ-tag-og). An agent that increases the secretion or promotes the flow of milk. दुग्ध-उत्पन्नकारक या निःसारक ; स्तन्य-निःसारक औषध ; स्तनमें दूध पैदा करनेवाली दवा।

Galactenia (gal-ak té-ne-ah). Milk in the blood. रक्तमिश्रित दुग्ध ; खून-मिला दूध।

Galactia (gal-aḱ-te-ah). Defective secretion of milk. दोषावह दुग्धस्राव।

Galactidrosis (gal-ak-tid-ró-sis). The sweating of a milky fluid. दुधिया पसीना होना।

Galacteschia (gal-ak-tesḱ-e-āh). Suppression of the secretion of milk. स्तन-दुग्धका रुक जाना।

Galactoblast (gal-aḱ-to-blast). A colostrum-corpusle found in the mammary gland. स्तन-ग्रन्थिमें प्राप्त पीत-कण।

Galactocele (gal-ak-to-sel). A milk tumor of the mammary gland स्तन-ग्रन्थिका दुग्धार्बुद ।

Galactoma (gal-ak-tó-mah). A cystic enlargement of the mammary gland containing milk. स्तन-ग्रन्थिका दुग्धपूर्ण अर्बुद ।

Galactometer (gal-ak-tom-et-er). A lactometer ; an instrument for measuring the specific gravity of the milk. दुग्धका आपेक्षिक गुरुत्व-मापक यंत्र ; दुधमें पानी मापनेका यंत्र ।

Galactophagous (gal-ak-tof-ag-us). Feeding upon milk. दुग्ध-पायी ।

Galactophlysis (gal-ak-tof-lis-is). A vesicular eruption containing milky fluid, दुधिया रससे पूर्ण फुन्सियाँ ।

Galactophore (gal-ak-to-for). A milk-duct. दुग्ध-स्रावी नली ।

Galactophthisis (gal-ak-tof-this-is), Phthisis due to over lactation. अत्यधिक स्तन्यदानके कारण क्षयरोग ; बहुत ज्यादा स्तनका दूध पिलानेके कारण क्षय हो जाना ।

Galactoplania (gal-ak-to-plá-ne-ah). The secretion of milk from another part. अस्वाभाविक स्थानसे दुग्ध-स्राव ।

Galactopyretus (gal-ak-to-pi-ré-tus). Milk-fever. दुग्ध-ज्वर ।

Galactorrhea (gal-ak-tor-é-ah). Excessive secretion of milk. अत्यधिक दुग्ध-स्राव ।

Galactosis (gal-ak-tó-sis). The secretion of milk. दुग्ध-स्राव ।

Galactostasis (gal-ak-tos-tas-is). Cessation of the milk secretion. दुग्ध-स्राव-रोध ।

Galactosuria (gal-ak-to-sú-re-ah). The presence of galactose in the urine मूत्रमें दुग्ध-शर्कराकी वर्त्तमानता ।

Galactotoxism (gal-ak-to-toks izm). Poisoning by milk. दुग्ध-विष चढ़ना ।

Galacturia (gal-ak-tú-re-ah). Chyluria ; the discharge of milk-like urine. दुग्ध-मुत्र ; दूधकी तरह पेशाब होना ।

Galbanum (gal-ban-um). A foetid, aromatic gum-resin possessing properties similar to those of asafoetida. एक-प्रकारका धूना, इसमें हींगके उपादान रहते हैं और इसका प्रयोगवातरोगमें होता है ।

Gall (gawl). The bile पित्त । **G. Bladder**. the pear shaped reservoir for the bile on the under surface of the liver. पित्ताशय । **G. Cyst**, the gall bladder. पित्ताशय । **G. Ducts**, the ducts conveying the bile. पित्त-प्रणाली । **G. Stone**, biliary concretions found in the gall-bladder ; calculi. पित्त-पथरी ; पित्ताश्मरी ।

Gall-colic. Biliary colic. पित्त-शूल ।

Galla (gal-ah). The nutgall. माजूफल ।

Gallal (gal-al). A salt of gallic acid दुग्धाम्लका लवण ।

Gallon (gal-on). A standard liquid measure. गैलन ।

Galloping consumption. A rapid form of lung-tuberculosis. फुस्फुसके यक्ष्मा रोगका तीव्र आकार ; बहुत तेजीसे बढ़नेवाला फेफड़ेका यक्ष्मा ।

Galvanic (gal-van-ik). Relating to galvinism. रासायनिक क्रिया द्वारा उत्पन्न ताड़ित सम्बन्धीय ।

Galvanism (gal-van-izm). Galvanic electricity. रासायनिक विद्युत ।

Galvanization (gal-van-iz-á-shun). Treatment by galvanic electricity. रासायनिक विद्युत द्वारा चिकित्सा ।

Galvanometer. An instrument for measuring galvanic electricity, विद्युत धारा-मापक यंत्र ।

Galvanopuncture. The introduction of needles to complete galvanic current. रासायनिक विद्युत प्रवेशकी पूर्त्तिके लिये सूची बेधन ।

Galvanothermy. The galvanic production of heat. रासायनिक विद्युत द्वारा ताप उत्पन्न करना ।

Ganete (gań-et). A sexual protoplasmic body, which unites with another for reproduction. यौनधर्मविशिष्ट जीवपंकात्मक वस्तु, जो दूसरी वस्तुके साथ मिल जाया करती है ; जम्पति ।

Gametoblast (gam-et-o-blast). Sporozoite. गर्म ।

Ganglia. Plural of ganglion. वातगण्ड ; गण्ड-रोग ।

Ganglitis (gang-gli-tis). Ganglionits. गण्ड-प्रदाह ।

Gangliocyte (gang-gli-o-sit). Nervecell. स्नायु-कोष ।

Ganglioma (gan-gli-ó-mah). Tumour of lymphatic gland लसिका ग्रन्थिका अर्बुद ।

Ganglion. Any mass of gray nervous substance that serves as a centre of nervous influence. गण्ड ; वात-गण्ड । 2. A form of cystic tumour occuring on a tendon. कण्डरापर होनेवाला कोषार्बुद । 3. An enlarged lymphatic gland. वर्द्धित लसिका-ग्रन्थि । **Ganglionic Nervous System** ग्रन्थि स्नायुमण्डल ।

Ganglioneure (gang gle-on-ur). A cell of a nervous ganglion. ग्रन्थिल स्नायुकोष ।

Ganglionic (gang-gle-oń-ik). Relating to the ganglion. गंड-सम्बन्धीय । **G. Cells**, nerve cells. स्नायु-कोष । **G. Chain**. गण्ड श्रृङ्खला । **G. Nerves**, sympathetic nervous system. पिङ्गल नाड़ी मण्डल ।

Ganglionitis (gang-gle-on-i-tis). Inflammation of the ganglion. पिंगल नाड़ीमण्डलका प्रदाह ।

Gangrene (gaṅg-gren). A form of necrosis combined with putrefaction. विगलन ; सड़न ; एक प्रकारका अस्थि-क्षय रोग, इसमें रोगवाला स्थान सड़ने लगता है ; घंघरैया ; उतवा । **G. Cold,** dry gangrene. सूखी सड़न, इसमें रस नहीं बहता ।

Gangrenous (gaṅg-gren-us). Mortified. सड़ा हुआ ; गलित ।

Gaps Cramial. Congenital fissures of the skull. आजन्म करोटोकी दरार ।

Garget (gahŕ-get). A swelling in the throat in cattle.. पशु-कण्ठका एक प्रकारका शोथ ।

Gargle (gaŕ-gle) A wash for the throat. गण्डौष ; औषध मिश्रित जलसे कुल्ला करना ।

Garrot (gaŕ-ot). A form of tight bandage for dressing the flow of blood. रक्त रोधक पट्टी ।

Gas. A thin fluid, like air, capable of indefinite expansion, but often convertible by compression and cold into a liquid. गैस ; वाष्प ; वायव्य ।

Gaskin (gas-kin). The thigh of the horse. अश्व-जंघा ।

Gassing. Poisoning by noxious gases. दूषित गैसका जहर फैलना ।

Gastridinitis (gas-tré-den-i-tis). Inflammation of the glands of the stomach. पक्वाशयकी ग्रन्थियोंका प्रदाह ।

Gastral (gaś-tral). Relating to the stomach. पक्वाशय-सम्बन्धीय ।

Gastralgia (gaś-tral-je-ah). Pain in the stomach. पेटका दर्द ; पाकाशयकि शूल ।

Gastralgocenosis (gas-tral-go-sen-ós-is). Pain in the stomach, occurring when the organ is empty and relived by taking food. एक प्रकारका वायुशूल ; यह पेट खाली रहनेपर होता है और कुछ खा लेनेपर बन्द हो जाता है ; शून्योदर शूल ।

Gastraneuria (gas-tran-u'-ri-ah). A loss of energy in the nerve-supply of stomach. उदरके स्नायु-परिपोषणकी शक्तिका क्षय हो जाना ।

Gastrasthenia, Weakness of the digestive function of the stomach. पाकाशयकी पाचन-क्रियामें कमजोरी ; दुर्बल पाचन-क्रिया

Gastrectasis (gas-trek-tas-is). Dilatation of the stomach. पाकाशयका प्रसारण ।

Gastrelcosis (gas-trel-kó-sis). Ulceration of stomach. पाकाशयका क्षत ।

Gastric (gaś-tric). Relating to the stomach. पाकाशय-सम्बन्धीय । **G. Juice,** the digestive fluid secreted by the glands of the stomach.

पक्काशय-रस ; पाचक-रस । **G. Fever,** fever with gastric derangement. अजीर्ण ज्वर ।

Gastricism (gaś-tris-izm). Dyspepsia. मन्दाग्नि ; अनपच रोग ।

Gastritis (gas-tri'-tis). Inflammation of the stomach. पाकाशय-प्रदाह ।

Gastrobrosis (gas-tro-bró-sis) Perforation of the stomach. पाकाशयमें छिद्र हो जाना ।

Gastrocardiac (gaś-tro-kar-di-ak). Relating to both the stomach and the heart. हृत्पिण्ड तथा पाकाशय-सम्बन्धीय ।

Gastrocele (gas-tro-sel). Hernia of a portion of the stomach. पाकाशयके एक प्रान्तकी निम्नाभिमुखी वृद्धि ।

Gastrocnemius (gas trok-né-me-us). The large muscle of the calf of the leg. पिचिण्डिका महती-पेशी ।

Gastrocolitis. Inflammation of both the stomach and colon. पाकाशय तथा वृहदन्त्र दोनोंका ही प्रदाह ।

Gastrocolostomy. The formation of a communication between the stomach and colon. पाकाशय तथा वृहदन्त्रके बीचमें नवीन पथ-निर्माण ।

Gastrocolpotomy. An abdominal incision through the vagina. योनि-पथ द्वारा उदर-छेदन ।

Gastrodidymus. A twin monster united at the abdomen, which is common to both twins. एक यमज, जिनके पेट एक ही होता है ।

Gastroduodenal (gas-tro-du-od'-e-nal). Relating to the stomach and duodenum. आमाशय-पक्वाशय सम्बन्धीय ।

Gastrodynia (gas-tro-diń-e ah). Pain in the stomach. पाकाशय-शूल ।

Gastroenteralgia. Pain in the stomach and intestine. पाकाशय तथा आँतोंका शूल ;

Gastroenterostomy (gas-tro-en-ter-oś-to-me). An intestinal incision through the abdominal wall. उदर-प्राचीर चीरकर आँतमें नश्तर देना ।

Gastroepiploic. Pertaining to both the stomach and omentum. अंत्रच्छद तथा पाकाशय सम्बन्धीय । **G. Artery,** आमाशय अन्त्रच्छदा-धमनी ।

Gastrograph (gaś-tro-graf). An instrument for recording the movement of the stomach. पाकाशयकी गति बतानेवाला (गति-निर्णायक) एक यंत्र ।

Gastrohelcosis (gas-tro-hel-kó-sis). Ulceration of the stomach. पाकाशयका जखम ।

Gastrolith (gaś-tro-lith). A gastric calculus. पाकाशयकी पथरी ।

Gastrology (gas-trol-o-je). The branch of medical science which has to do with the stomach and its diseases. पाकाशय तथा पाकाशयिक रोग-सम्बन्धी चिकित्सा-विज्ञान।

Gastrolysis (gas-trol-is-is). The loosening of adhesions between the stomach and adjacent organs. पाकाशय तथा उसके निकटस्थ यन्त्रोंका संयोजन छुड़ानेवाला।

Gastromalacia (gas-tro-mal-á-se-ah). Morbid softening of the stomach. रोगके कारण पाकाशयका कोमल पड़ जाना।

Gastromenia (gas-tro-mé-ne-ah). Gastric hemorrhage occurring as a form of vicarious menstruation. अनुकल्प रजःके कारण पाकाशयमें ही रक्त-स्राव होना।

Gastromyxorrhea (gaś-tro-miks-or-ŕe-ah). Excessive secretion of mucus in the stomach. पाकाशयमें अत्यधिक श्लेष्मा-स्राव।

Gastroparalysis. Paralysis of the muscular coat of the stomach. पाकाशयके मांसपैशिक आवरणका पक्षाघात।

Gastropexy (gaś-tro-peks-e). Attachment of the stomach to the abdominal wall. उदर-प्राचीरमें पाकाशयका संयोजन।

Gastroplegia (gaś-tro-ple-gia). Acute dilatation of the stomach ; paralysis of the stomach. पाकाशयका नवीन प्रसारण ; पाकाशयिक पक्षाघात।

Gastroptosis (gas-tro-tó-sis). Prolapse of the stomach. पाकाशयकी स्थान-च्युति।

Gastrorrhagia (gas-tror-á-je-ah). Hemorrhage from the stomach. पाकाशयसे रक्त-स्राव ; रक्त-वमन।

Gastrorrhea. Excessive secretion of gastric juice or of mucus by the stomach. पाकाशयिक रस अथवा श्लेष्माका पाकाशयसे अत्यधिक स्राव ; पाकाशयिक रस या अत्यधिक श्लेष्मा-वमन।

Gastrosalpingotomy. Incision into the fallopian tube after an abdominal section. उदर चीरकर कालल नलमें नश्तर देना।

Gastroscopy (gas-troś-ko-pe). Inspection of the stomach cavity. पाकाशय गह्वरकी परीक्षा।

Gastrosis (gas-tró-sis). Any disease of the stomach. पाकाशय रोग।

Gastrostenosis (gas-tro-sten-ó-sis). Contraction of the stomach. पाकाशय-गह्वरकी समायी कम पड़ना ; पाकाशय-गह्वरका संकोचन।

Gastrosuccorrhea (gas-tro-suk-o-ré-ah). Excessive secretion of the gastric juice. पाकाशयिक रसका अत्यधिक स्राव।

Gastrotome (gaś-tro-tom). A knife for incising the stomach. पाकाशयमें नश्तर देनेकी छुरी।

Gastrotympanites. Gaseous distention of the stomach. पाकाशयका वायु-पूर्ण होना; पाकाशयिक आध्मान वायु।

Gastroxia. An abnormal acidity of the contents of the stomach. पाकाशयके पदार्थों का अस्वाभाविक-रूपसे अम्ल हो जाना।

Gauntlet (gawnt́-let). A bandage for the hand and fingers. हाथ तथा अंगुलियोंकी पट्टी।

Gauze (gawz). A thin, light cloth used in surgical dressings. नश्तर आदिके बाद बांधनेकी एक पतले और हलके कपड़ेकी पट्टी।

Gavage (gav-ahzh́). Forced feeding. जबर्दस्ती खिलाना।

Gel (jel). Jelly. चाशनी।

Gemellus (jem-el-us). Double; in pairs. दूना; जोड़ा।

Geminate, Geminous (jem-in-āt, jem-in-us). In pairs. युग्म; जोड़ा।

Gemmation (jem-á-shun). Reproduction by budding. कूट्नलोद्गम प्रणाली; किसी जन्तुके वर्द्धित उपांगसे दूसरे जन्तुके जनन या प्रजननकी प्रणाली।

Genal (jé-nal). Pertaining to the cheek. कपोल सम्बन्धीय।

General (jeń-er-al). Universal; relating to the entire body. साधारण; सार्वाङ्गिक।

Generate (jeń-er-āt). To produce; to procreate. उत्पन्न करना; पुनरुत्पादन।

Generic (jen-eŕ-ik). Relating to the same genus. जातीय, समान जाति-विषयक; समानधर्मी।

Genesis (jeń-es-is). Generation; procreation; production; origin. उत्पादन; जनन; सृष्टि; मूल; आदि कारण।

Genetous (jeń-et-us). Congenital. आजन्म।

Geniculate (jen iḱ-u-lāt). Knee-like; bent like a knee. घुटनेकी तरह झुका।

Genital (jeń-it-al). Pertaining to the organ of generation. जननेन्द्रिय-सम्बन्धीय।

Genitalia (jen-it-á-le-ah). The organs of generation. जननेन्द्रिय; जनन-यंत्र।

Genitals (jeń-it-alz). The organs of generation; the reproductive organs. जननेन्द्रिय।

Genitourinary (jen-it-o-ú-rin-ary). Relating to both genital and urinary organs. जनन तथा मूत्र-यंत्र-सम्बन्धीय।

Genu (jé-nu). The knee. घुटना।

Genuflex (jeń-u-fleks). Bent at the knee. घुटनेके पास झुका हुआ; नत-जानु।

Genus (jé-nus). In natural history classification, the division between the family or brite and the species. श्रेणी; जाति; कुल; गण।

Genyantritis (jen-e-an-tri'-tis). Inflammation of the mucous membrane of the antrum of highmore. ऊर्ध्व हनुकोटरकी श्लैष्मिक झिल्लीका प्रदाह।

Geographic tongue (je-o-graf-ik-tong). A disease of the tongue having irregular areas of denudation. नक्शेकी तरह जीभ ; एक प्रकारका जिह्वा-रोग, जिसमें जीभके भिन्न-भिन्न स्थानोंकी खाल उधड़ जाती है और वह भूगोलके नक्शेकी तरह दिखाई देने लगती है।

Geophagism (je-off-aj-izm). The practice of eating earth or clay. मिट्टी खानेका अभ्यास।

Germ (jerm). 1. A microbe or bacterium. १। कीटाणु। 2. An ovum. २। डिम्बाणु।

Germicidal (jer-mis-i'-dal). Destroying germs. कीटाणु-नाशक।

Germinal (jer-min-al). Relating to germ. कीटाणु-सम्बन्धीय। **G. Membrane.** The blastoderm. डिम्बकोषकी भ्रूणावरक झिल्ली।

Germorphism, A condition of premature senility. अकालवार्द्धक्यकी एक अवस्था।

Gerontal (je-ron-tal). Relating to an old man. वृद्ध-विषयक।

Gerontic (jer-on-tik). Pertaining to old age. वृद्धावस्था-सम्बन्धीय।

Gestation (jes-tá-shun). Pregnancy. गर्भावस्था।

Gibbosity (gib-os-it-e). A protuberance or prominence. उभार ; प्रवर्द्धन।

Gibbous (gib-us). Hump-backed. कूबड़वाला।

Giddiness. Vertigo, a sensation of whirling. सरमें चक्कर ; शिरोघूर्णन।

Gigantism (ji-gan-tizm). Abnormal overgrowth of the whole or a part of the body. सम्पूर्ण शरीर या किसी अंशकी अस्वाभाविक वृद्धि।

Gigantoblast (ji-gan-to-blast). A very large red blood-corpuscle. एक वृहत् रक्त-कण।

Gill (jil). A measure ; one fourth of a pint. एक पाइण्टका चतुर्थांश।

Gin drinker's Lever. A cirrhotic lever. दृढ़ कठोर यकृत।

Gingiva (jin-ji'-vah). The gum. मसूढ़ा। **G. Artery.** Alveolar artery. दन्तमूलीया धमनी।

Gingivalgia (jin-ji-val-jia). Pain in the gums. मसूढ़ोंमें दर्द।

Gingivitis (jin-jiv-i'-tis). Inflammation of the gums. मसूढ़ोंका प्रदाह।

Ginglymoid (ging-glim oid). Resembling a hinge ; hinge-like. कब्जेके आकारवाला।

Ginglymus (ging-glim-us). A hinge-joint. वह सन्धि जो आगे-पीछे दोनों ही ओर चल सकती है। जैसे—कोहनी, ऐंड़ी, घुटने प्रभृति स्थानोंकी सन्धियाँ।

Glabella (gla-bel-ah). The small space between the eye-brows. दोनों भवोंके बोचका छोटा-सा स्थान।

Glabrification (glab-rif-ik-á-shun). The process of becoming smooth or without hair. लोम-होन या चिकना होनेकी प्रणाली।

Glabrous (glá-brus). Hairless. लोम-हीन।

Glacial (glá shal). Relating to ice ; like ice ; icy. बरफकी तरह ; बर्फीला।

Gladiolus (glad-i'-o-lus). The body of the sternum, being the part between the pre-sternum and the ensiform process ; Mesosternum. मध्य वक्षोस्थि।

Claire. 1. The white of an egg. अण्डेका सफेद अंश। 2. Colourless or whitish mucus, like the white of an egg. अण्डेके श्वेत अंशकी भाँति अथवा वर्णहीन या सफेद श्लेष्मा।

Glairy (glaŕ-e). Slimy ; albuminous. चिकना ; अण्डलालीय।

Gland (gland). An organ consisting of blood-vessels an absorbents and nerves for secreting or seperating some particular fluid from the blood ; a secretary organ. ग्रन्थि ; गांठ। **G. Absorbent,** lymphatic gland. लसिका ग्रन्थि। **G. Accessory,** a small mass of glandular structure, lying near another and large gland, to which it is similar in structure and in function. सहायक ग्रन्थि। वृहत् ग्रन्थियोंकी बगलमें एक छोटी-सी ग्रन्थि रहती है, जिसका आकार और क्रिया वृहत् ग्रन्थिके समान ही होती है। **G. Bronchial,** the lymph gland of the root of bronchi. श्वासनलीके मूलकी ग्रन्थि। **G. Carotid,** a ductus gland at the bifurcation of the common carotid. ग्रीवामूलीया ग्रन्थि। **G. Coccygeal,** glomus coccygeum. गुदास्थि निम्नीया ग्रन्थि। **G. Cervical,** one of the lymph glands in the neck. एक ग्रीवा ग्रन्थि ; ग्रैवेयी ग्रन्थि। **G. Fundus,** one of the true gastric glands secreting gastric juice. एक पाचक रस-स्रावी ग्रन्थि। **G. Inguinal,** one of the lymph glands of the groin. एक वंक्षण-ग्रन्थि। **G. Lymphatic,** masses of lymphatic tissue in the course of lymphatic vessels. लसिका ग्रन्थि। **G. Mesenteric,** one of the lymph glands of the mesentery. मध्यान्त्र त्वच् ग्रन्थि। **G. Parotid,** a large salivary gland in front of the ear. कर्णमूल-ग्रन्थि। **G. Pineal,** the pineal body. सहस्रार। **G. Salivary,** one secreting saliva. लाला ग्रन्थि। **G. Sublingual,** a salivary gland one each side beneath the tongue. जिह्वाधोवर्त्तिनी लाला ग्रन्थि। **G. Thymus**, See thymus थाइमस ग्रन्थि; उण्डक ग्रन्थि। **G. Thyroid**, a ductless glandular body at the upper part of the trachea. फलक ग्रन्थि; गल-ग्रन्थि। **G. Vaginal**, one of the glands of the vaginal mucous membranes. योनिकी श्लैष्मिक झिल्लीकी ग्रन्थि।

Glanders. A contagious disease of the horses. एक संक्रामक अश्व-रोग।

Glandula (glań-du-lah). A small gland. क्षुद्र-ग्रन्थि।

Glandular (glań-du-lar). Relating to gland. ग्रन्थि-विषयक।

Glandulin (glań-du-lin). An extract from gland-tissue. ग्रन्थि-तन्तुओंका सार।

Glandulosity (glan-du-loś-it-e). A collection of glands. ग्रन्थि-समूह।

Glans (glanz). A gland. ग्रन्थि। **G. Penis**. The bulbous extremity of the penis and clitoris. शिश्न-मुण्ड या भगनासा मुण्ड।

Glauber's Salt (glau-berz-salt). Sodium Sulphate. सोडियम सल्फेट।

Glaucoma (glaw-kó-mah). A disease due to increase of the fluids of the eye-ball,raising intraocular pressure. धुन्ध रोग; अस्वच्छ दृष्टि।

Glaucomatous (glaw'-kó-mat-us). Affected with glaucoma. धुन्ध रोगका रोगी।

Gleet. A slight chronic discharge of the mucus from the urethra, following gonorrhœa. सूजाककी पुरानी अवस्थाका स्राव। इसमें पीव-मिश्रित श्लेष्माका पतला स्राव होता है।

Gleety (gli-te). Relating to gleet. लालामेह विषयक।

Glenoid (glé-noid). Like a pit; shallow. गह्वरके आकारका; खात। **G, Cavity**, a cavity that receives the head of the bone. अस्थि-खात।

Globate (gló-bāt). Shaped like a globe. गोलाकार।

Globe of the eye. Eye-ball. चक्षु-गोलक।

Globule (gloб-úl). Small round particle; red corpuscles of the blood. परमाणु; लाल रक्त-कणिका।

Globulicidal (glob-u-lis-i'-dal). That which destroys the blood-corpuscles. रक्त-कण-नाशक।

Globulin (glob-u-lin). The albuminous constituent of blood-corpuscles. रक्ताणुके अण्डलालमय अंश।

Globulinuria. The presence of globulin in the urine. मूत्रमें रक्ताणुके अण्डलालमय अंशका रहना।

Globus (gló-bus). A ball or globe. एक गोला। **G. Hystericus**, A sensation in attendant of hysteria, as of a globus or ball ascending to the stomach, then up to the chest, to neck and becoming fixed in the throat. गुल्म-वायु ; वायु-गोला ; गुल्म-वर्तुल । **G. Major**, the upper and larger extremity of the epididymis. उपकोषका ऊर्द्ध और वृहत भाग । **G. Minor**, the lower end of the epididymis. उप-कोषका निम्नांश ।

Glomerate (glóme-ei-āt). Clustered. पिण्डीभूत ।

Glomerular (glo-meŕ-u-lar). Relating to glomerulus. विधान-तन्तु सम्बन्धीय ।

Glomerule, Glomerulus. A cluster of small organisms, animal tissues etc. जीव-देहके विधान-तन्तुका गुच्छ ।

Glomus. A ball of blood-vessel. रक्तवाहिनियोंका गुच्छा ।

Glossa (glos-ah). The tongue. जीभ ; जिह्वा ।

Glossal (glóś-al). Relating to the tongue. जिह्वा-विषयक ।

Glossalgia (glos-al-je-ah). Pain in the tongue. जिह्वाका दर्द ।

Glossitis (glos-i-tis). Inflammation of the tongue. जिह्वा-प्रदाह ।

Glossocele (gloś-o-sel). A swollen tongue. स्फीत जिह्वा ।

Glossolysis (glos-ol-is-is). Paralysis of the tongue. जिह्वाका पक्षाघात ।

Glossopharyngeal (glos-o-far-iń-je-əl). Pertaining to the tongue and pharynx. जिह्वा-कण्ठ-विषयक । **G, Nerve.** जिह्वा-कण्ठ नाड़ी । **G. Muscle.** जिह्वा-कण्ठिका पेशी ।

Glossophytia (glos-o-fi′-te-ah). Black tongue. काली जीभ ।

Glossoplegia (glos-o-plé-je ah). Paralysis of the tongue. जिह्वाका पक्षाघात ।

Glossospasm (gloś-o-spazm). Spasmodic contraction of the tongue. जीभकी अकड़न-भरी खींचन ।

Glossotrichia (glos-o-trik i-ah). A condition in which the papillæ of the tongue are greatly elongated ; hairy tongue. जीभकी एक अवस्था, जिसमें जीभके कांटे सब बहुत उमड़ पड़ते हैं ; केश-पूर्ण जिह्वा ।

Glottic. Pertaining to the tongue or the glottis. जिह्वा अथवा श्वासनली-द्वार विषयक ।

Glottis (glot-is). The vocal apparatus of the larynx. टेंटुआ ।

Glottitis (glo-ti′-tis). Glossitis. टेंटुआका प्रदाह ; श्वासनली-द्वारका प्रदाह ।

Glucose (glú-kos). Grape-sugar dextrose. फल-शर्करा ।

Glucosuria (gloo-ko-sú-re-ah). Glycosuria. मधुमेह ।

Gluteal (gloo-té-al). Pertaining to the buttocks. नितम्ब-विषयक । **G. Artery.** नैतम्बिकी धमनी । **G. Surface.** नितम्ब-तल ।

Gluten (glóo-ten). The nitrogenous part of flour. गोधूम प्रभृतिका यवक्षार-जल-विशिष्ट पुष्टिकारक अंश ; गोधूमज ।

Gluteus. The name of the three muscles of the hip, forming part of the buttocks. नैतम्बिका पेशी । **G. Meximus muscle,** नैतम्बिका महती पेशी । **G. Medius muscle** नैतम्बिका मध्यस्था पेशी । **G. Menimus muscle.** नैतम्बिका लघ्वो पेशी ।

Glutinous (glóo-tin-us). Viscid ; glue-like. लसदार ; गोंदकी तरह बहुत लसदार ।

Glutitis (gloo-ti'-tis). Inflammation of the glutei muscles. नैतम्बिका पेशियोंका प्रदाह ।

Glycemia (gli-sé-me-ah). Presence of sugar in the blood. रक्तमें शर्कराकी प्राप्ति ।

Glycerine (glis-er-in). The sweeter principle of oils and fats. ग्लिसरिन ; तेल या चर्बीका मीठा अंश ।

Glycerole (glis-er-ol). A medicine for outward application prepared with mixture of glycerine. बाह्य प्रयोगके लिये ग्लिसरिनके साथ मिश्रित औषधि ।

Glycogen. Animal starch, found in liver and muscles. जैव श्वेतसार ; यह यकृत तथा पेशियोंमें प्राप्त होता है ।

Glycogenesis (gli-ko-jen'-es-is). The formation of glycogen. शर्कराकी उत्पत्ति ।

Glycorrhea. A discharge of sugar from the body ; glycosuria. शरीरसे शर्कराका स्राव ।

Glycosemia, Glycosalmia. Glucemia, glucohemia ; the abnormal presence of sugar in the circulating blood. रक्तमें अस्वाभाविक शर्कराकी उत्पत्ति ।

Glycosialia. The presence of sugar in the saliva. लारमें शर्कराकी वर्त्तमानता ।

Glycosialorrhœa. An excessive secretion of saliva containing sugar. शर्करा-मिश्रित अत्यधिक लाला-स्राव ।

Glycosuria (gli-ko-sū-re-ah). The excretion of sugar in the urine. पेशाबमें अत्यधिक शर्कराका निकलना ; मधुमेह ।

Glycuresis (gli-kū-ré-sis). Excess of sugar in the urine. मूत्रमें अत्यधिक शर्करा ।

Glycuretics (gli-kū-ret-iks). That which increases sugar in the urine. पेशाबमें चीनी बढ़ानेवाला ।

Gnathalgia (nā-thal-je-ah). Pain in the jaw. जबड़ेमें दर्द ; गण्ड-शूल ।

Gnathic (ná-thik). Relating to jaw हनु-सम्बन्धीय ।

Gnathion (nā-the-on). Lowest median point of inferior maxilla. निम्न-हनुका सबसे निम्न अंश ।

Gnathitis (na.thi'-tis). Inflammation of the jaw. हनु-प्रदाह ।

Goblet cells. Cup-like cells in the intestine. आँतोंके कटोरेके आकारके कोष ।

Goiter, Goitre (goi-ter). An enlargement of the thyroid gland. गलगण्ड ; घेघा ।

Gomphiasis (gom-fi-as-is). Looseness of the teeth. दाँतका ढीलापन ।

Gomphosis (gom-fó-sis). Socket articulation. अचल सन्धि ।

Gonad (gon-ad) A reproductive gland. जनन-ग्रन्थि । **G. Female,** Ovary. डिम्बाशय । **G. Male,** Testicle. अण्ड ।

Gonadectomy (go-nad-ek-to-me). Removal of testes. अण्ड निकाल लेना ; बधिया बनाना ।

Gonagra (gon-á-grah). Gout of the knee. जानु-वात ; घुटनेका गठिया वात ।

Gonarthritis (gon-ar-thri-tis), Inflammation of the knee-joint जानु-सन्धिका प्रदाह ।

Gonarthrocace (gon'-ar-throk-as-e) White swelling of the knee-joint. जानु-सन्धिकी सफेद सूजन ।

Gonatagra. Gout in the knee. घुटनेकी गठिया ।

Gonatocele (gon-at-o-sel). Tumor of the knee. जानुका अर्बुद ।

Gonecyst, Gonecyster (gon'-e-sist, gon-e-sis-ter) Seminal vesicle. शुक्रागार ; शुक्र-कोष ।

Gonecystitis (gon-e-sis-ti'-tis), Seminal vesiculitis. शुक्र-नाड़ी प्रदाह ।

Gonepoiesis (gon-e-poy-é-sis). The secretion of semen. शुक्र-स्राव ।

Gonepoietic (gon-e-poi-et-ik). Relating to the secretion of semen. शुक्र-स्राव-विषयक ।

Goniometer (gon-e-om-et-er). Instrument for measuring angles. कोण-मापक यंत्र ।

Gonion (gó-ne-on) The point of the angle of the lower jaw. निम्न-हनु-कोषका क्षेत्र ।

Gonococcemia (gon-o-kok-sé-me-ah). The presence of gonococci in the blood. रक्तमें प्रमेह-कीटकी वर्त्तमानता ।

Gonococcus (gon-o-kok-us). The specific germ of gonorrhœa. प्रमेहके विशेष प्रकारके कीटाणु ।

Gonohemia (gon-o-hé-me-ah). Gonorrheal infection. मूजाकका पैदा होना।

Gonorrhea (gon-or-é-ah). A specific inflammation of the mucous membrane of the genital tract. acquired usually through impure sexual intercourse and due to the presence of gonococcus. मूत्रनालीकी श्लेष्मिक-झिल्लीका एक विशेष प्रकारका प्रदाह। यह विशेषकर दूषित सङ्गमके कारण होता है ; प्रमेह ; सूजाक।

Gonorrheal (gon-or-é-al). Pertaining to gonorrhoea. प्रमेह-विषयक।

Gonoscheosele (gon-oś-ke-o-sel). Swelling of testicle with semen. शुक-पूर्ण अण्डकी सूजन।

Gonotoxin (gon-o-toḱs-in). The poison produced by the gonococcus. प्रमेह बीजाणु द्वारा उत्पन्न विष।

Gonyalgia (gon-e-al-je-ah). Pain in the knees. घुटनेमें दर्द।

Gonyocele (gon'-e-o-sel). White swelling of the knee. घुटनेकी सफेद सूजन।

Gonyoncus (gon-e-onǵ-kus). A tumour of the knee. जानुका अर्बुद।

Goose-flesh, Goose-skin. A deculiar roughness of the skin produced by cold or fear ; prominence of the skin about the hairfollicles. रोमांच होना ; रोएँ खड़े होना।

Gouge. A strong instrument to cut-bone or hard tissue. कठोर तन्तु या हड्डी काटनेका एक यंत्र।

Gout (gowt). A disease associated with joint-inflammation swelling and uric acid in the blood, etc. एक प्रकारका रोग-विशेष, इसमें सन्धियोंमें प्रदाह होनेके साथ-ही-साथ रक्तमें मूत्राम्लकी मात्रा बढ़ जाती है ; गठिया वात ; सन्धि-वात।

Gouty (gow'-te). Of the nature of gout. सन्धि-वातकी प्रकृतिका।

Graafian Follicle. Small cells or vesicles, found near the surface of the ovary, which contains an ovule. डिम्बकोषके ऊपरी भागके गोलाकार कोष, उसीमें एक-एक डिम्बाणु रहता है।

Gracile (graś-il). Slender. कोमल ; लचीला।

Graduate (grad-u-ät). A vessel, usually of glass, suitably marked, used for measuring liquids. निशान लगा कांचका पात्र, इसमें किसी तरलकी मापके निशान लगे रहते हैं।

Graduated. Divided into degrees. अंशोंमें बँटा हुआ ; श्रेणी विभाजित।

Graft. Anything inserted into something else, so as to become an integral part of the latter. शरीरके एक अंशके विधान-तन्तुको दूसरेमें इस तरह डाल देना कि वह उसीका अंश बन जाये।

Gram, Gramme. An unit of weight in the metric or centesimal system; the equivalent of 15·432 grains. ग्राम। इसका वजन १५·४३२ ग्रेन रहता है।

Grand-mal. The typical epileptic attack, with convulsions followed or not followed by coma. एक प्रकारका मृगीका दौरा, इसमें शरीरमें अकड़न रहती है; पर बेहोशी रह भी सकती है और नहीं भी रह सकती है।

Granular. Composed of or resembling granules or granulations. दानामय; दानेदार।

Granulation. Formation of small elevation on a healing surface. मांसांकुर बनना; उत्पादन।

Granule (gran′-ul). A small particle; a little grain. छोटा दाना; कणा; कणिका।

Granuloma. A tumor consisting of granulation tissues. मांसांकुर तन्तुपूर्ण अर्बुद।

Granum (gran′-um). A grain. एक ग्रेन।

Graphology (graf-ol-o-ji). The study of hand-writing for the purpose of diagnosing nerve-disease. स्नायु-रोगकी पहचानके लिये हस्त-लिपिका अध्ययन।

Graphospasm (graf-o-spazm). Writer's cramp. लिखनेवालोंकी अंगुलियोंकी अकड़न।

Grattage (grah-tahzh). Scraping; cureting. खुरचना।

Gravedo (grav-é-do). Coryza; catarrh of the upper air-passages. नाकका सर्दी-स्राव; ऊर्ध्व वायु-नलियोंकी सर्दी।

Gravel. The formation in the kidney and passage through the ureter of numerous very small concretions, usually of uric acid, calcium, oxalate or phosphates. मूत्रपिंड तथा मूत्रमें बहुत छोटे पत्थरकी तरह पैदा हो जाना। यह अकसर यूरिक एसिड, कैलसियम, आक्जेलेट और फास्फेटसे बनता है। मूत्र-रेणु; पेशाबकी बालू; पथरी; अश्मरी।

Gravid (grav′-id). Pregnant. गर्भवती।

Gravimetric (grav-im-et-rik). Relating to or determined by weight. भार-सम्बन्धी। **G. Analysis.** भार विश्लेषण। **G. Separation.** भार पृथक्करण।

Gravity (grav-it-e). Property of possesing weight. भार; गुरुत्व। **Specific gravity.** आपेक्षिक गुरुत्व।

Gray (grá). A colour between white and black; ash-colour. खाकी रङ्ग। **G. Matter.** The cortical substance of the brain. मस्तिष्क वाह्यांशका धूसर भाग। **G. Softening.** An inflammatory softening of the brain with a gray discoloration. मस्तिष्ककी प्रदाहयुक्त कोमलता, साथ ही उसका रङ्ग भूरा पड़ जाना।

Green-blindness. An inability to distinguish the green colour हरितान्धता ; हरा रंग न दिखाई देना।

Green-sickness. Chlorosis. हरित्-पाण्डु रोग।

Green-sick Fracture. An incomplete fracture in which the bone on the side of the concavity is still continuous. एक प्रकारका अस्थि-भंग, जिसमें एक भाग टूट जाता है और दूसरा पार्श्व वक्र होकर लगा रह जाता है ; वक्र अस्थि-भंग ; असम्पूर्ण अस्थि-भंग।

Green vitriol. Sulphate of Iron कसीस ; हीराकस।

Gregarina (greg-ar-é-nah). A genus of parasitic protozoa. एक प्रकारका परांगपूर्ण जीवाणु।

Grinders (grin'-derz). Molar teeth. पेषक दन्त ; चर्वणक दन्त।

Grippal (grip-al). Relating to Influenza. इन्फ्लुएञ्जा-सम्बन्धीय।

Grip, Grippe. Influenza. इन्फ्लु-एञ्जा ; बहुव्यापक सर्दी।

Gripe (gri-p). A sharp pain in the bowels, colic, tormina. आँतोंका तेज दर्द ; उदर-शूल ; पेटमें मरोड़का दर्द।

Griping. Feeling of gripping pain in the bowels. आँतोंमें मरोड़ या ऐंठनकी तरह दर्द।

Gristle (griś-l). Cartilage. उपास्थि।

Groan (gron). A low moaning sound. धीमी कराहनेकी आवाज।

Groin (groin). The depressed part of the body between the belly and the thigh, वंक्षण-देश ; पुट्ठा।

Groove (groov). A furrow, channel. परिखा।

Gross (gros). Coarse. रुखड़ा ; खरखरा।

Growing pains. Neuralgic pain in the limbs during youth. जवानीमें प्रत्यंगोंमें होनेवाला स्नायविक दर्द।

Growth. Increase, development. वृद्धि ; उन्नति।

Grub (grub). Worm. कीट ; कीड़ा।

Gruby's Disease. A form of alopecia. एक प्रकारका खल्वाट रोग।

Gruel (grú-el). A light liquid food made by boiling meal in water. जईका मांड़ ; मांड़ ; यवाण ; तण्डुलाम्बु।

Grumous (gru'-mus). A thick viscid fluid ; a clot of blood. लसदार पदार्थ ; जमा रक्त ; रक्तका थक्का।

Grumpy, Surly; ill-tempered. कोपन-स्वभावी बदमिजाज ; चिड़चिड़ा।

Gryposis (grip-ó-sis). An inward curving of nails. नाखूनका भीतरकी ओर मुड़ जाना ; अन्तर्मुखी नख ।

Guillotine (gil-o-ten). An instrument for excision of the tonsils and laryngeal tumors. तालुमूल तथा स्वरयंत्रके अर्बुदमें नश्तर देनेका एक यंत्र ।

Gullet (gul-et). The passage from the mouth to the stomach for the food. अन्ननली ।

Gum. A mucilagenous substance. गोंद । **G. Boil.** An abscess of the jaw. मसूढ़ेका फोड़ा ।

Gumma. A syphilitic tumor. अस्थि-वेष्टार्बुद ; निर्यास ।

Gums (gumz). Gingiva ; the hard fleshy substance, covering the jaws and inverting the teeth. मसूढ़ा ।

Gumit-gul. A well-known drastic purge. गम्बोज ।

Gurgling. The sound of air passing through fluid in a cavity. घरघराहटकी आवाज ।

Gustatory (gus-tat-o-re). Relating to gustation or test. स्वाद-सम्बन्धी ; रसकर । **G. Cell.** रसज्ञ-कोष । **G. Pore.** स्वाद-रन्ध्र ।

Gut. The intestine. अंत्र ।

Gutta (gut-ah). A drop. बिन्दु ; बूंद ।

Guttatim (gut-á-tim). Drop by drop. बूंद-बूंद ।

Guttur (gut-oor). The throat. कण्ठ ; टेंटुआ ।

Guttural (gut-u-ral). Relating to throat. गलेका भीतरी भाग विषयक ।

Gutturotetany. Pharyngeal spasms. गलकोषकी अकड़न ।

Gymnastics (jim-naś-tiks). Muscular exercise. मांस-पैशिक व्यायाम ।

Gymnocyte (jim-no-sit). A naked cell ; a cell without membrane. झिल्ली-रहित कोष ।

Gymnophobia (jim-no-fó-bi-ah). Morbid dread of the sight of a nacked person or of an uncovered part of the body. नग्न-भय कोई नंगा व्यक्ति या अनच्छादित शरीरांशका रोगात्मक भय ।

Gynandrism (jin-an'-drizm). Hermaphroditism. उभयलिङ्गत्व ; द्विलिंगत्व ।

Gynatresia (jin-at-ré-ze-ah). Occlusion of the vagina by a more or less thick membrane. योनि-रुद्धता ; किसी मोटी झिल्लीके कारण योनि-रोध ।

Gynecology (jin-e-kól-o je). The science of the diseases of women. स्त्री-रोग-विज्ञान ।

Gynecomastia (jin-e-ko-maś te-ah). An excessive development of the male breast. पुं-स्तनका अत्यधिक बढ़ना ।

Gynephobia (gin-e-fó-be-ah). A morbid dread of women. स्त्रीका भीषण भय ; एक रोग जिसमें स्त्रीको देखते ही भय होता है ।

Gynocordia Odorata. Chalmugra. चावल-मुगरा ।

Gynoplastic. Reparative or plastic operation of the female genital organs स्त्री-अंगका इस ढंगका नश्तर कि नष्ट अंग फिरसे उभड़ आये ।

Gyration (ji-rá-shun). Revolution ; circular motion. चक्राकार गति ।

Gyre (jir). Gyrus ; convolution. कुण्डली ।

Gyromele (ji-ro-mel). An instrument used for cleansing the stomach. पाकाशय-परिष्कारक यंत्र ।

Gyvate (ji'vat). Ring shaped. चक्राकार ; अंगूठीके आकारका ।

Gyrosa. Vertigo, शिरोघूर्णन ।

Gyrus. Convolution. चक्रांग ।

H.

Habena (ha-bé-nah). (1) Frenum. किसी यंत्रको अपने स्थानमें रखनेका झिल्लीमय कड़ीकी तरह पदार्थ । (2) Bendage. बन्धनी ।

Habenula (hab-eń-u-lah). A rim-like structure. लगाम जैसी चीज ।

Habit (hab-it). Disposition ; a constant practice established by frequent repetition. अभ्यास ।

Habromania (hab-ro-má-ne-ah). A monomania ; insanity with marked cheerfullness. आनन्दोन्माद ।

Hacking (hak-ing). The chopping movement in massage. हकलाना ।

Hacking cough. A short dry frequent cough. खुसखुसी खाँसी ।

Hæmatozoon (hem-á-to-zoon). A microscopical animal parasite living in the blood. एक आनुवीक्षिणक जीवाणु जो रक्तमें रहता है ।

Hæmorrhagia (hem-o-rá-je-ah). Hemorrhage. रक्त-स्राव ।

Hafnium. An element. एक तत्त्व ।

Hahnemannian. Relating to Hahnemann or to the doctrine he taught. हैनिमैन विषयक अथवा उनके सिद्धान्त-विषयक।

Hair (hair). The hirsute appendage of the skin. केश। **H. Cell,** an epithelial cell with hair-like process. लोम-कोष। **H. Follicle,** Foliculus pile. लोम-कूप।

Hair-less. Glabrous. केश-हीन।

Hair-matrix. The internal root of the hair-follicle. लोम-कूपकी भीतरी जड़।

Halation (ha-la-shun). Blurring of the visual image by a strong light coming from the wrong direction. परिवेषण।

Halisteresis (hal-i-ste-ŕe-sis). A deficiency of lime salts in the bones. अस्थिमें चूनेके नमककी कमी।

Halitosis (hal-it-ó-sis). Foul breath. मिथ्या श्वास ; बदबूदार श्वास।

Halitus (hal-it-us). A vapour, an expired breath. भाफ ; निकली हुई साँस ; छोड़ा हुआ श्वास।

Hallucination (hal-lu-sin-á-shun). A subjective perception of what does not exist. भ्रम-दृष्टि ; दृष्टिके सामने मिथ्या चीजें दिखाई देना।

Hallux (hal-uks). The great toe. अंगूठा। **H. Valgus,** the outward bending of the great toe. अंगूठेका बाहरकी ओर मुड़ जाना। **H. Varus,** an inward bending of the great toe. अंगूठेका भीतरकी ओर टेढ़ा पड़ जाना।

Halo (há-lo). A brownish circle around the female nipple ; areola. स्त्री-स्तन-वृन्तके चारों ओरका भूरा घेरा ; कृष्ण-मण्डल।

Ham. The buttock and back part of the thigh. नितम्ब और उसका पश्चात् भाग।

Hamular (hám-u-lar). Shaped like a hook. अँकुसीके आकारका।

Hamulus (hám-u-lus). A process of bone like hook. अँकुसीके आकारका अस्थि-विवर्द्धन।

Hand (hand). Manus, the terminal portion of the upper extremity below the fore-arm, comprising the carpus, metacarpus and phalanges. हाथ ; हस्त ; पाणि ; अग्र-बाहुके नीचेका अंश।

Hapalonychia (háp-al-o-nek-i-ah). Absence of rigidity of the nails. नाखूनमें कड़ापनका अभाव।

Haphalgesia (haf-al-jé-zi-ah). Pain on touching the object. स्पर्श-द्वेष ; किसी चीजको छूनेपर दर्द होने लगना।

Haphephobia (haf-e-fó-be-ah). A morbid fear of touching things. किसी पदार्थके स्पर्शका रोगात्मक भय।

Haplodermatitis (hap-lo.der-mat-i'-tis). Simple inflammation of the skin सरल चर्म-प्रदाह।

Haplodont (hap-lo-dont). Having teeth with non-ridged crowns. ऐसे दांतवाला जिसके दन्त-शिखरमें धार न हो।

Haplopathy (hap-lop ath-e) An uncomplicated disease. सरल रोग।

Haplopia (hap-lo-pe-ah). Single vision. एक दृष्टि।

Haptics (hap-tiks). The science of tactile sense. स्पर्शानुभूति विज्ञान।

Hard Chancre. The true Hunterian chancre. कठिन क्षत। यह उपदंशकी एक अवस्था है।

Hare-lip (har-lip). A congenital cleft of one or both lips, but usually of the upper lip' शशकोष्ठ; ओंठ फटना।

Harmonia, Harmony (har-mo-ne-ah, har-mo-ne). The unmovable articulation of bones by surfaces that are nearly smooth. चिकने स्थानोंकी अचल अस्थि-सन्धियाँ।

Harmozone (har-mo-zon). An internal secretion which influences growth and nutrition. अन्तर स्राव; एक प्रकारका अन्तर स्राव, इससे वृद्धि और पोषण होता है।

Haunch (hawnch). The part of the body including the hips and the buttocks. उरु तथा नितम्ब-समन्वित शरीरांश; नितम्ब देश।

Haustra (haws-tra). Sacculated elevations of large intestines. वृहदन्त्रका खात-पूरित उभार।

Haut mal (ho-mahl). A severe attack of epilepsy. मृगीका कड़ा दौरा।

Hawking (hawk-ing). An effort to clear the throat of phlegm. खखारना; गलेसे श्लेष्मा निकालनेकी चेष्टा।

Head (hed). The upper part of the body containing the brain. शिर; मस्तक; सर। **H. Ache.** Pain in the head. शिरोशूल; सर-दर्द। **H. Drop.** A disease in which the head droops. शिरोतन रोग; एक रोग जिसमें रोगी सर सीधा नहीं रख सकता; शिर ढुलक पड़ता है। **H. Lock.** The locking together of the chins in twin labour. यमज प्रसव होनेपर दोनोंका चिबुक जुड़ा रहना।

Head-grit (hed'-grit). Sheep cholera. भेड़ोंका हैजा।

Heal, healing (hel, healing). To cure; the restroration of wounded parts. आरोग्य; आघात-प्राप्त अंगका स्वाभाविक अवस्थामें आ जाना।

Health (helth). A normal condition of the body and mind. स्वास्थ्य; शरीर तथा मनकी स्वाभाविक अवस्था।

Healthy ulcer. An ulcer showing tendency to heal. आरोग्योन्मुख क्षत।

Hearing (heŕ-ing). Special sense by which sounds are appreciated. श्रवण ; शब्दानुभूति ।

Heart (hart). An organ keeping up the circulation of blood ; the hollow muscular body, centre of the circulatory system. हृत्पिण्ड ; रक्ताशय ; हृदय । **H. Ache.** Pain in the heart. हृद्-शूल । **H. Abdominal.** A heart displaced into the abdominal cavity. उदर-गह्वरमें स्थान-च्युत हृत्पिण्ड । **H. Athletic.** Hypertrophy of the heart, sometimes seen in athletes. खेलाड़ियोंका हृत्पिण्ड । **H. Block.** The condition in which the muscular interconnection between the auricle and the ventricle is interrupted. हृद्-रोध । हृत्पिण्डकी एक वह अवस्था, जिसमें ग्राहक और क्षेपक कोष्ठोंका मांस-पेशिक अन्तर-सम्बन्ध विच्छिन्न हो जाता है । **H. B. Complete.** When the ventricular contractions are independent of the auricle. पूर्ण-हृद्-रोध । यह वह अवस्था है, जिसमें ग्राहक कोष्ठका संकोचन, क्षेपक-कोष्ठके संकोचनसे स्वतन्त्र होता है । **H. Drop.** Atony of the heart, हृत्पिण्डकी पेशीकी दुर्बलता । **H. Fatty.** A heart affected with fatty degeneration. बसामय हृत्पिण्ड । **H, Burn.** A burning sensation in the æsophagus. प्रदाह ; अन्ननलीमें जलन । **H. Failure.** Sudden and fatal cessation of the hearts action. हृद्-क्रियाका आकस्मिक मारात्मक अवरोध ।

Heat (hêt). The sensation of warmth. गरमी ; ताप ; उष्णता । 2, The sexual excitement of animals. २ । जीवोंका लैङ्गिक उत्तेजन । **H. Unit.** Calorie. कलारी ।

Hebephrenia (he-be-fre-ńe-ah). A form of mental disorder appearing at the time of puberty. वयः-सन्धि-कालमें होनेवाली मानसिक विशृं-खलताकी बीमारी ।

Hebosteotomy (he-bos-te-ot-o-me). Pubiotomy. प्रसवकी सुविधाके लिये श्रोणि-देशको काटकर पथ बना देना ।

Hectic (hek-tik). Habitual. अभ्यास-गत । 2. Pertaining to phthisis. यक्ष्मा-सम्बन्धी । **H. Fever.** The irregular fever of phthisis and of chronic suppurative processes. यक्ष्मा-ज्वर ; यक्ष्मा तथा पीव होनेवाली अवस्थाके साथ पुराना ज्वर ।

Hedonic (he-doń-ik). Relating to pleasure. आनन्द-सम्बन्धीय ।

Hedonism (hé-do-nizm). Excessive devotion to pleassure. आनन्दातिरेक ।

Hedratesia (hed-rat-é-se-ah). Imperforation of the anus. मलद्वारका फटना ।

Hedrocele (hed′-ro-sêl). Hernia or prolapse of the intestine through the anus. मलद्वार-पथकी अंत्र-वृद्धि या आँतोंकी स्थान-च्युति ।

Heel (hêl). The hindermost part of the foot. एँड़ी ; पार्ष्णि ।

Helcoid (heĺ-koid). Resembling an ulcer. क्षताकार ; जखमके आकारका ।

Helcology (hel-koĺ-o-je). The science of ulcers. क्षत-विज्ञान ।

Helcoplasty (heĺ-ko-plas-te). Engrafting of sound skin on ulcers. क्षतपर स्वस्थ चमड़ा लगाना ।

Helcosis (hel-kó-sis). The formation of an ulcer. क्षत-निर्माण ।

Helicine (heĺ-is-in). Of a spiral form. पेंचकी तरह ; पेंचके आकारवाला ।

Helicis. Muscle of the helix of the ear. वाह्य-कर्ण ; सीमा पेशी ।

Helicotrema. The opening between the two scalas of the cochlea. कर्ण-कम्बुकी दो प्रणालियोंके बीचका छिद्र ।

Heliophobia (he-le-o-fó-be-ah). Morbid dread of sun-light. सूर्यके आलोकका रोगात्मक भय ।

Heliosis (he-le-ó-sis). Sun-stroke. लू लगना ; सूर्य-किरण लग जाना ।

Heliotherapy. The treatment of disease by sun-bath. सूर्य-स्नान द्वारा रोग-चिकित्सा ।

Helium (hé-le um). A gaseous element that exists in the sun. the air and in various minerals. एक प्रकारका वाष्पीय पदार्थ । यह सूर्य, वायु तथा कितने ही खनिज पदार्थोंमें रहता है । हीलियम ।

Helix (hé-liks). The margin of the external ear. वाह्य-कर्णका सीमा-स्थान । 2. A coil of wire, in an electromagnet. नलक सर्पिल ।

Helminth (heĺ-minth). An intestinal worm. अन्त्र-कीट ।

Helminthiasis (hel-min-thi′-as-is). A morbid condition due to infestation with worm. आँतोंमें क्रिमि हो जानेके कारण रोगी अवस्था ।

Helminthoid (hel-miń-thoid). Worm-like. कीटाकार ; क्रिमिके आकारका ।

Helminthous (hel-miń-thus). Infested with worms. क्रिमिका रोगी ।

Helodes (hel-ó-dez). Marsh fever. दलदलका बोखार ।

Heloma (hel-o-mah). A corn in the hand or foot. हाथ या पैरोंमें गट्टा ।

Helosis (he-lo-sis). Eversion of the eye-lids. पलकोंकी विपर्यस्तता ।

Hemachrosis (hem-ak-ró-sis). Excessive redness of the blood. रक्तका अत्यधिक लाल हो जाना ; रक्तकी अस्वाभाविक लालिमा ।

Hemacytometer (hem-a-si-tom.et-er). An instrument used in counting the blood corpuscles. रक्त-कण गणनाकारी यंत्र।

Hemacytozoon (hem-a-si-to-zoon). Any animal micro-parasite in habiting in the blood. रक्तके जैव आनुवीक्षिणक कीटाणु।

Hemad (hé-mad). Towards the ventral side उदर पार्श्वकी ओर।

Hemaden (hem-ad-en). A ductless gland. प्रणाली-विहीन ग्रन्थि।

Hemadostenosis (hem-ad-o-ste-nó-sis). The narrowing of a blood-vessel. रक्तवाहिनीकी संकीर्णता।

Hemadromograph (hem-a-drom-o-graf). An instrument for recording the speed of the blood. रक्तकी गतिकी तीव्रता अंकित करनेवाला यंत्र।

Hemadynamometry (hem-ad-i-nam-om-et-re). Measurement of the blood-pressure. रक्तचापका परिमापन।

Hemafecia (hem-ah-fé-se-ah). Blood in the feces. रक्त मिला मल।

Hemagglutinative (hem-ag-lu'-ten-a-tiv). Causing agglutination of blood-corpuscles. रक्त-कणोंका संयोजनकारी।

Hemagogue (hem-ag-og). An agent that increases menstrual discharge. मासिक रजःस्राव वृद्धिकारक।

Hemal (hé-mal). Relating to blood. रक्त-विषयक।

Hemameba (hem-am-é-bah). White blood-corpuscle. सफेद रक्त-कण।

Hemanalysis (hem-an-al-is-is). Analysis of the blood. रक्त विश्लेषण।

Hemangioma (hem-an-je-ó-mah). A tumor made up of new formed blood-vessels. नव निर्मित रक्तवाहिनियों द्वारा निर्मित अर्बुद।

Hemaphein (hem-af-é-in). A brown coloring matter of the blood and urine. रक्त तथा मूत्रमें भूरा वर्ण लानेवाला पदार्थ।

Hemaphobia (hem-af-ó-be-ah). Morbid dread of the sight of blood. रक्त-भय ; रक्तका रोगात्मक भय।

Hemapoiesis (hem-ah-poi-é-sis). The formation of the blood. रक्त-निर्माण।

Hemarthros (hem-ar-thros). Hemarthrosis. सन्धियोंमें रक्त-स्राव।

Hemasthenosis (hem-as-then-ó-sis) Defective circulation of blood. रक्तका दोषावह दौरान।

Hematapostasis (hem-at-ap-os-tas-is). The metastasis of blood. रक्तकी स्थान-विकल्पता।

Hematapostema (hem-at-ap-os-té-mah). An abscess containing blood. रक्त-पूर्ण फोड़ा।

Hematemesis (hem-at-eḿ-es-is). The vomiting of the blood. रक्त-वमन रोग।

Hematencephalon (heḿ-at-en-sef-al-on). The effusion of blood into the brain. मस्तिष्कमें रक्त-स्राव।

Hemathermous (hem-ath-eŕ-mus). Having warm blood. उष्ण रक्तवाला जीव।

Hematic (hem aṫ-ik). Relating to the blood. रक्त-विषयक।

Hematid (heḿ-at-id). A red blood-corpuscle. एक लाल रक्त-कण।

Hematidrosis (heḿ-at id-ró sis). The sweating of blood or a fluid mixed with blood. रक्त-घर्म या रक्त-मिश्रित स्राव।

Hematischesis (heḿ-at-is kes-is). Arrest of blood. रक्त-स्राव-रोध।

Hematischetic (heḿ-at-is-ket-ik). Checking bleeding. रक्त-स्राव-रोधक।

Hematobium, Hœmatobium (hem at-ó-be-um). 1. A blood-corpuscle. रक्त-कण। 2. Any organism that lives in the blood. रक्तमें रहनेवाले जीवाणु।

Hematoblast. An emmative red blood corpuscle. एक अपरिपक्व लाल रक्त-कण।

Hematocele (heḿ-at-o-sel). A blood tumor. एक रक्तार्बुद।

Hematocephalus (hem-at-ó-sef-al-us). An effusion of blood into the brain. मस्तिष्कमें रक्त-स्राव।

Hematochezia (hem-at-o-ké-ze-ah). A discharge of blood with stool. मलके साथ रक्त-स्राव ; रक्त-पूर्ण मल।

Hematocolpos (hem-at-o-koĺ-pos). Hemorrhage into the vagina. योनिमें रक्त-स्राव।

Hematocryal (hem at-o-kri'-al). Cold-blooded. शीतल रक्तवाला।

Hematocyst (heḿ-at-o-sist). A blood-cyst. एक रक्तमय कोषार्बुद।

Hematocyte (heḿ-at-o-sit). A blood-corpuscle. रक्त-कण।

Hematogenesis (heḿ-at-o-jeń-es-is). The production of blood ; the development of blood. रक्तोत्पादन ; रक्तोन्नति। रक्त-वृद्धि।

Hematogenous (hem-at-oj-en-us). Derived from blood. रक्तसे निष्कासित।

Hematoid (heḿ-at-oid). Like blood. रक्ताकार।

Hematology (hem-at-oĺ-o-je). The science of blood. शोणित-विज्ञान।

Hematolymphangeoma. A tumour of blood and lymph-vessels. रक्त तथा लसिकावाहिनियोंका अर्बुद।

Hematolysis (hem-at-oĺ-is is). Destruction of the blood or of the blood-corpuscles. रक्त या रक्त-कणोंका ध्वंस होना।

Hematoma (hem-at-ó-mah). A tumour containing effused blood. रक्त-पूर्ण अर्बुद ; रक्तार्बुद।

Hematometra (hem-at-o-mé-trah). An accumulation of blood in the uterus. गर्भाशयमें रक्त-सञ्चय।

Hematomyelia, Hœmatomyelia (hem-a-to-mi-é-le-ah). An effusion of blood into the spinal cord. मेरुदण्डमें रक्त-स्राव।

Hematopathology. The science dealing with morbid states of the blood-corpuscles. रक्त-रोग-विज्ञान।

Hematophagus (hem-át-of-a-gus). A blood-eater ; referring especially to blood sucking insects. रक्तभोजी कीटाणु।

Hematophobia (hem-at-o-fó-be-ah). Morbid dread of the sight of the blood. रक्त देखनेका रोगात्मक भय ; रक्त-भय।

Hematoplania, Hæmatoplania. The vicarious menstruation. अनुकल्प रजः।

Hematoplastic (hem-at-o-plas-tik). Blood forming. रक्त-निर्मायक।

Hematoposia (hem-at-o-pó-ze-ah). The drinking of blood. रक्तपान।

Hematopsia (hem-at-op-se-ah). Hemalopia ; the drinking of blood as therapeutic. measure. चिकित्सार्थक रक्त-पान।

Hematorrachis, Hemorachis (hem-at-or-a-kis, hem-or-a-kis). Hemorrhage into the vertebral canal. कशेरुका प्रणालीमें रक्त-स्राव।

Hematorrhea (hem-at-or-é-ah). A copious hemorrhage, बहुत अधिक रक्त-स्राव।

Hematosis (hem-at-ó-sis). The formation of blood. रक्त-निर्माण।

Hematospectroscope (hem-at-o-spek-tro-skop). An instrument for examining the blood. रक्त-परीक्षक यंत्र।

Hematospermia (hem-at-o-sper-me-ah). The discharge of bloody semen. रक्त-मिश्रित वीर्य निकलना ; रक्त-वीर्य।

Hematosteon (hem-at-os-te-on). Hemorrhage into the medullary cavity of a bone. अस्थिमज्जा-गह्वरमें रक्त-स्राव।

Hematotherapy (hem-at-o-ther-ap-e). Treatment by means of blood. रक्तके जरियेसे चिकित्सा।

Hematothermal (hem-at-o-ther-mal). Warm blooded. उष्ण रक्तवाला।

Hematotoxic (hem-at-o-toks-ik). Pertaining to blood poisoning. रक्त-विषाक्तता-विषयक।

Hematuria (hem-at-ú-re-ah). Blood in the urine. रक्त-मूत्र ।

Hemaxis (hem-akś-is) Blood-letting. रक्त-निष्कासन ।

Hemeralopia (hem-er-al-ó-pe-ah). Day-blindness. दिवान्धता ; दिनौंधी । 2. Night blindness. रात्र्यन्धता ; रतौंधी ।

Hemiablepsia (hem-e-ab-lep-se-ah). Blindness of one half of the field of vision in one or both eyes. एक या दोनों आंखोंकी अर्द्ध-दृष्टि ।

Hemiachromatopsia (hem-e-ah-kro-mat-op-se-ah). Absent colour-perception in one-half of the field of the vision. दूषित दृष्टि ; इसमें जहाँ-तक दृष्टि जाती है, वहाँतक रंग आधा नहीं दिखाई देता ।

Hemianalgesia (hem-e-an-al-jé-ze-ah). Analgesia of one side of the body. अर्द्ध-शरीरी वेदना ; शरीरके अर्द्ध अंगमें वेदनाका अनुभूति न होना ।

Hemianopia, Hemianopsia (hem-e-an-ó-pe-ah. hem-e-an-op-se-ah). Blindness of one-half of the visual field. अर्द्ध-दृष्टि ।

Hemiarthrosis (hem-e-ar-thró-sis). A spurius synchondrosis. मिथ्या अस्थि और उपास्थिका संयोग-स्थान ।

Hemiatrophy. Impaired nutrition of one side of the body. शरीरके एकांशका अनियमित पोषण ।

Hemic (hem-ik). Hemal. रक्त-सम्बन्धी ; रक्त-विषयक । **H. Murmur**. A murmur due to anemia. रक्त-स्वल्पताके कारण मरमर शब्द ।

Hemicephalia. An absence of a lateral half of the skull. करोटीके अर्द्ध-पश्चात् भागका न रहना ।

Hemicrania (hem-e-krá-ne-ah). Neuralgia of half of the head. अर्द्धकपारीका दर्द । 2. Imperfect development of half of the skull. अर्द्ध-करोटी ; आधी खोपड़ीकी अपूर्ण वृद्धि ।

Hemidiaphoresis (hem-e-de-af-o-re-sis). A sweating of one side of the body. अर्द्ध-शरीरी स्वेद ; आधे शरीरमें पसीना होना ।

Hemidrosis (hem-id-ró-sis). The production of bloody sweat. खून-मिला पसीना होना ; रक्त-मिश्रित स्वेद ।

Hemidysesthesia (hem-e-dis-es thé-ze-ah). A dull sensation in lateral half portion of the body. आधे शरीरमें धीमी सनसनी होना ।

Hemiencephalus (hem-e-en-sef-al-us). A fetus having no sense-organs of the brain. मस्तिष्कमें अनुभूति यंत्र-रहित जीव ।

Hemiepilepsy. Epilepsy affecting one half of the body. अर्द्ध शरीरका मृगी रोग ।

Hemigeusia (hem-e-gú-se-ah). Absence of sense of taste on one half body of the tongue. आधी जीभमें स्वादानुभूति न होना ; अर्द्ध स्वादानुभूतित्व ।

Hemihidrosis (hem-e-hid-ró-sis). Sweating on one side of the body. शरीरके एक पार्श्वमें पसीना होना ।

Hemiopia (hem-e-ó-pe-ah). Blindness of one half of the visual field अर्द्ध-दृष्ट ।

Hemiparaplegia. Paralysis of the lower limb on one side. अर्द्धाङ्ग निम्नांग पक्षाघात ; जिसमें शरीरके आधे अंशके निम्नांगपर रोगका आक्रमण होता है ।

Hemiplegia (hem-e-plé-je-ah). Paralysis of one side of the body. अर्द्धाङ्ग पक्षाघात ।

Hemisection (hem-e-sek-shun). Division of one-half of a part. अर्द्धांश-विभाजन ।

Hemisphere (hem-is-fer). Half a sphere. अर्द्ध-गोलार्द्ध ; वृहत् मस्तिष्कार्द्ध ।

Hemisystole (hem-sis-to-le). Systole of only one ventricle of the heart, resulting in only one pulse-beat, for every two beats of the heart. अर्द्ध शब्द ; अर्द्ध-ग्राहक कोषका आकुञ्चन । इसका परिणाम यह होता है कि नाड़ी स्पन्दन दो स्पन्दनोंके लिये एक होता है ।

Hemiteric (hem-e-ter-ik). Deformed. कुरूपित ; कदाकार ।

Hemoclasia, Hemoclasis. The breaking up of the red blood-corpuscles. लाल रक्त-कणोंका विभाजन ।

Hemocyte (hem-o-sit). A blood-corpuscle. रक्त-कण ; रक्त-अनुबटिका ।

Hemocytolysis (hem-o-si--tol-is-is). The destruction of the blood-corpuscles. रक्त कणोंका ध्वंस ।

Hemodystrophy (hem-o-dis-tro-fe). Any blood disease due to faulty blood nutrition. दोषावह रक्त-पोषणके कारण उत्पन्न कोई रोग ।

Hemofuscin (hem-o-fus-in). A brown coloring matter of the blood. रक्तका वर्ण प्रसाधक भूरा रङ्ग ।

Hemogenic (hem-o-jen-ik). Producing blood. रक्तोत्पादक ।

Hemoglobin (hem-o-gló-bin). The coloring matter of the red blood-corpuscles. रक्तके लाल कणोंको रंजित करनेवाला पदार्थ ; रक्त-रंजक ।

Hemoglobinuria. The presence of hemoglobin in the urine. पेशाबमें रक्तरंजकका निकलना ।

Hemoglobinocholia (hem-o gló-bin-o-kó-le-ah). The presence of hemoglobin in the bile. पित्तमें रक्तरंजककी वर्त्तमानता ।

Hemoid (hem-oid). Resembling blood. शोणिताकार ; रक्ताकार ।

Hemokonia (hem-o-kó-ne-ah). Colorless granules normally existing in the blood. रक्तके वर्णहीन दाने, जो स्वाभाविक रूपसे रक्तमें रहते हैं ; वर्णहीन रक्त-कण ।

Hemol (hem-ol). An iron powder obtained in blood. रक्तमें प्राप्त लौह चूर्ण ।

Hemolymph (hem-o-limpf). Bloody lymph. रक्तपूर्ण लसिका ।

Hemolysis (hem-ol-i-sis). The breaking-up of the red blood-corpuscles. शोणितका रक्त-कण-विभाजन ।

Hemophagocyte (hem-o-fag-o-sit). White blood corpuscle. रक्तका सफेद कण ।

Hemophilia (hem-o-fil-e-ah). Abnormal tendency to hemorrhage. अस्वाभाविक रक्तस्राव-प्रवणता ।

Hemophthalmia, Hemophthalmin. A hemorrhage into the interior of the eye अक्षु-अन्तर भागमें रक्तस्राव ।

Hemoptysis (hem-op-tis-is). The spitting of blood. रक्त-थूक ; मुँहसे खून आना ।

Hemorrhage (hem-or-aj). A copious escape of blood from vessels ; bleeding. रक्त-स्राव ; रक्तवाहिनियोंसे बहुत अधिक खून निकलना । **H. Accidental**, hemorrhage during pregnancy, due to premature detachment of the placenta. फूलके पहले ही टूट जानेके कारण गर्भावस्थामें रक्तस्राव । **H. Concealed**, hemorrhage occurring between the ovum and uterine walls without coming out of the genital walls. गुप्त रक्त स्राव ; डिम्बाशय तथा गर्भाशय प्राचीरमें रक्त-स्राव ; यह रक्त योनि-पथसे बाहर नहीं आता ; बल्कि भीतर ही रह जाता है । **H. Post-partum**, hemorrhage occurring after labor or child-birth. सन्तान प्रसवके बादका रक्त-स्राव । **H. Primary**, hemorrhage following immediately after injury. आघात प्राप्त होते ही रक्त-स्राव । **H. Secondary**, hemorrhage occurring after some time of the injury. आघात प्राप्तिके कुछ समय बाद रक्त-स्राव । **H. Vicarious**, a discharge of blood from any part in consequence of the suppression of a discharge from another part. अनुकल्प रजःस्राव ; किसी एक स्थानका रक्त-स्राव रुककर दूसरे पथसे रक्तस्राव होना ।

Hemorrhagic (hem-or-aj'-ik). Relating to hemorrhage. रक्त-स्रावसम्बन्धीय ।

Hemorrhagiparous (hem-o-raj-ip-ar-us). Causing hemorrhage. रक्त-स्रावी ; रक्त-स्रावकारी ।

Hemorrhea, Hemorrhœa. (hem-or-é-ah). A copious discharge of blood. अत्यधिक रक्त-स्राव ।

Hemorrhoid (hem-or.oid). A pile. खूनी बवासीर ; रक्तार्श ।

Hemosalpinx (hem-o-sal-pinks). Dilatation of an oviduct with blood. रक्तके कारण कालल-नलका प्रसारण ।

Hemosialemesis. Blood mixed with saliva. रक्तमिश्रित लाला-स्राव ।

Hemospasia (hem-o-spá-ze-ah). The drawing of blood. especially by cupping. कूपी या सींगी लगाकर रक्त निकालना ।

Hemospermia (hem-o-sper-me-ah). A bloody condition of the semen. रक्त-मिश्रित वीर्य ; वीर्यको रक्त-मिश्रित अवस्था ।

Hemostasia, Hemostasis (hem-o-stá-ze-ah. hem-oś-tas-is). The checking of the flow of blood through any part or vessel. शरीरके किसी अंश या नाड़ीमें रक्त-प्रवाह रोक रखना ।

Hemostatic (hem-o-stat-ik). Arresting hemorrhage. रक्त-स्राव रोधक ।

Hemotachometer (hem-o-tak-om et-er). An instrument for measuring the velocity of the blood current. रक्त-प्रवाहकी गतिकी तीव्रता-मापक यंत्र ।

Hemothorax (hem-o-thó-raks). Effusion of blood in the chest. वक्षमें रक्त-स्राव ।

Hepar (hé-par). The liver or liver like structure. यकृत या यकृतके आकारका कोई शरीरांश ।

Hepatalgia (hep-at al-je-ah). Pain in the liver. यकृत-शूल ; यकृतमें दर्द ।

Hepatectomize (hep-at-ek-to-miz). To excise a part of the liver. यकृतांशका छेदन ।

Hepatic (he-pat-ik). Relating to the liver. याकृती ; यकृत-सम्बन्धीय । **H. Nerve.** याकृती नाड़ी । **H. Artery.** याकृती धमनी । **H. Duct,** the duct receiving the bile from the liver. पित्त-स्रोत ।

Hepatica (hep-at-ik-ah). An agent affecting liver. यकृतपर प्रभाव डालनेवाला ।

Hepaticolithotripsy (hep-at-ic-o-leth-o-trip-se). The crushing of the biliary calculus in the hepatic duct. पित्त-स्रोतमें हो पित्त-पथरीको कुचल देना ।

Hepaticotomy. Incision into the hepatic duct. पित्त-प्रणालीमें नश्तर ।

Hepatitis (hep-at-i-tis). Inflammation of the liver. यकृत-प्रदाह ।

Hepatocirrhosis(hep-at-o sir-ó-sis). Cirrhosis of the liver. यकृतकाठिन्य ।

Hepaticystic. Relating to the liver and gall-bladder. पित्ताशय तथा यकृत सम्बन्धीय ।

Hepatodynia (hep-at o-din-e-ah). Pain in the liver. यकृतका दर्द ।

Hepatogenic, Hepatogenous(hep-at-o-jen-ik, hep-at-oj'-en-us). Produced by the liver. यकृत-सम्भूत ।

Hepatography (hep-at-og-ra-fe). A description of the liver. यकृत वर्णन ।

Hepatomalacia (hep-at-o-mal-á-se-ah). Softening of the liver. यकृतकी कोमलता ।

Hepatopathy (hep-at-op-athe). A liver disease. यकृत-रोग ।

Hepatophage (hep-at-o-fāj). A giant cell that destroys liver-cells एक वृहत् कोष जो यकृतकेकोषोंको नष्ट कर देता है ।

Hepatopostema (hep-at-o-pos-té-mah). Abscess of the liver. यकृताबुर्द ; यकृतका गूमड़ ।

Hepatorrhea. A morbid flow from the liver ; a morbid flow of bile. यकृतसे रोगात्मक स्राव ; रोगात्मक पित्त-स्राव । 2. Bilious diarrhœa. एक प्रकारका अतिसार, जिसमें मलके साथ बहुत अधिक पित्त निकलता है ।

Hepatorrhexis (hep-at-or-eks-is). Rupture of the liver. यकृतका फटना ।

Herb (hurb). Any plant, having a soft stem. पौधा ; बूटी ।

Herbivorous (her-biv'-or-us). Animals which feed on herbs. तृण-जीवी ।

Hereditary (her-ed-it-a-re). Acquired by inheritance ; that which have been transmitted from parent to offspring वंशगत ; वंश-परम्परागत ।

Hermaphrodite (her-maf-ro-dit). A person, whose genital organs have the characters of both male and female in greater or less degree. उभयलिंगी ; स्त्री और पुरुष—दोनों ही जननेन्द्रियवाला ।

Hermetic (her-met-ik). Air-tight. वायुसे रक्षित ।

Hernia (her-ne-ah). The protrusion of an organ or part of an organ through the wall of the cavity normally containing it. अंत्र-वृद्धि; किसी यंत्र या उसके अंशका उसके गह्वरके प्राचीरके बाहर निकल पड़ना ।

Herniopuncture (her-ne-o-punk-chūr). The incision of a hernia. बढ़ी हुई आँतमें नश्तर ।

Herpes (her-pez). A skin disease, with patches of distinc vesicles. विसर्पिका ; भैंसिया दाद ।

Herpetic (her-pet-ik). Relating to herpes. विसर्पिका विषयक ।

Herpetology (her-pet-ol-o-ie). The science of skin-disease. चर्म-रोग-विज्ञान।

Hetcradenia. A condition in which the gland is abnormally located. एक अवस्था जिसमें ग्रन्थि अस्वाभाविक स्थानमें रहती है ; स्थान-च्युत ग्रन्थि।

Heterocellular. Formed of cells of different kinds. विभिन्न कोषों द्वारा निर्मित।

Heterocentric, Having different centres, noting rays which do not meet at common focus. विभिन्न केन्द्रीय।

Heterochiral (het-er-o-ki'-ral). Relating to other hand. द्वितीय हस्त-सम्बन्धीय।

Heterochromia. A difference in coloration in two structures or two parts of the same structure which are normally alike. समानाकार दो पदार्थों या दो अंशोंमें वर्ण-विभिन्नता।

Heterochronic (het-er-o-kroń-ik). Irregular in occurence. अनियमित उपस्थिति।

Heterogeneous (het-er-o-jé-ne-us). Differing in kind and nature. आकार तथा प्रकृतिमें विभिन्न ; विषम-भोग ; विषम-जात।

Heterologous. Differing from the normal in form. विषमाकार।

Heteromorphism. Deviation from the normal shape. स्वाभाविक आकारसे च्युति।

Heteromorphous (het er-o-moŕ-fus). Of abnormal form. अस्वाभाविक आकारवाला ; निम्नाकृति।

Heteronomous (het-er-oń-o-mus). Abnormal. अस्वाभाविक।

Heteronymous (het-er-oń-im-us). Crossed. पार किया हुआ।

Heteropathy (het-er-op-ath-e). Allopathy. विषम-चिकित्सा ; ऐलोपैथी।

Heterophasia (het-er-o-fa-sia). The habitualsubstitution of terms in mental disease. मानसिक रोगमें बारम्बार किसी एक ही बातको कहना।

Heterophemia, **Heterophemy**. The habitual substitution of meaningless or inappropriate words for those intended. उचित इच्छित शब्दोंके व्यवहारके बदले आप-ही-आप निरर्थक या अयौक्तिक शब्द निकलनेका अभ्यास।

Heterophonia (het-er-o-fó-ne-ah). 1. The change of voice at buberty वयःसन्धि-कालमें आवाजका बदल जाना। 2. Any abnormality in the voice sound. स्वरमें अस्वाभाविकता ; स्वर-परिवर्त्तन।

Heteroplasia (het-er-o-plá-ze-ah). Abnormality of thetissue. अस्वाभा-

विक मांस-तन्तु ; तन्तुओंका अस्वाभाविक हो जाना।

Heterotopia (het-er-o-tó-pe-ah). An abnormal position of any part. किसी अंशका अस्वाभाविक स्थितिमें रहना।

Hexadactylous (heks-ad-ak-til-us). Having six fingers or toes. छः अंगुलीवाला।

Hiatus (hi-á-tus). A space or opening. छिद्र ; दरार।

Hibernation (hi-ber-ná-shun). A sleeping throughout the winter. शीतकाल भरकी नींद।

Hiccup, Hiccough (hik-kup). A diaphragmatic spasm causing a sudden inhalation which is interrupted by a spasmodic closure of the glottis. हिचकी।

Hidradeinitis (hi-drad-en-i'-tis). Inflammation of the sweat-glands. स्वेद-ग्रन्थियोंका प्रदाह।

Hidrocystoma (hi'-dro-sis-tó-mah). A cystic tumor developed from a sweat gland. स्वेद-ग्रन्थिसे उत्पन्न एक कौशिक अबुंद।

Hidropedesis (hid-ro-ped-é-sis). Excessive sweating. बहुत अधिक पसीना होना।

Hidropoiesis (hi-dro-poy-é-sis). The formation of sweat. स्वेद-निर्माण।

Hidrosadenitis. Inflammation of the sweat glands. स्वेद-ग्रन्थियोंका प्रदाह।

Hidroschesis (hid-roś-ke-sis). Suppression of sweating. पसीना रुकना ; स्वेद-रोध।

Hidrose (hid'-ros). Full of sweat. पसीनेसे भरा।

Hidrosis (hid-ró-sis). Excessive sweating. अत्यधिक पसीना।

Highmore's Antrum. The antrum maxillare. गह्वर विशेष ; ऊर्ध्व हनु कोटर।

Hilum, Hilus (hi'-lum, hil-us). A small fissure or depression. क्षुद्र विदरण या गह्वर।

Hind (hi'nd). Relating to the rear extremity. पश्चाद्भाग। **H. Brain,** the epencephalon. पश्चाद् मस्तिष्क। **H. Gut,** the embryonic intestine from which the colon develops. भ्रूण अंत्र, जहाँसे वृहदंत्रकी उत्पत्ति होती है।

Hip. The upper part of the thigh. उरु कूल्हा। **Hip-bath,** term for a half bath or one which receives the lower half of the body or the hips only. कटि-स्नान। **Hip-joint,** the joint of the upper part of the thigh. वंक्षण-सन्धि ; उरु-सन्धि।

Hippocampus. Two pipe-fish or sea-horse shaped convolutions of the brain. So called from their shape. नलाकार मछलीकी तरह मस्तिष्ककी दो कुण्डलियाँ।

Hippuria (hip-ú-re-a). An excess of hippuric acid in the urine. पेशाबमें गो-अम्ल मूत्राम्लकी अधिकता।

Hippuric. An acid found plentifully in the urine of the cow and horse. गो-अश्वका मूत्राम्ल।

Hircus. 1. The tragus. कई गह्वर-बगलका क्षुद्र त्रिभुजाकार प्रवर्द्धन। 2. Hair of the axilla. बगलके केश।

Hirsute (hef-sut). Hairy. लोमपूर्ण।

Hirsuties (her-sú-te-ez). Abnormal growth of the hair. अस्वाभाविक केश-वृद्धि।

Hirudo (hi-roó-do). The leech. जोंक।

Histochemistry (his-to-kem-is-tre). Chemistry of organic tissues. मांस-तन्तु-रसायन शास्त्र।

Histocytosis. The occurrence of histocytis in the blood. रक्तमें तन्तु-कोषोंका उत्पन्न हो जाना।

Histodialysis (his-to-di-al-is-is). Disintigration of the tissues. मांस-तन्तुओं के मूल अंशका पृथक्करण।

Histocyte (hiś-to-sit). A tissue-cell. तन्तु-कोष।

Histogenesis (his-to-jeń-es-is). The origin of a tissue ; the formation and development of the tissues of the body. तन्तु-मूल ; शरीर-तन्तुका निर्माण और वृद्धि।

Histogenetic (hiś-to-jen-et-ik). Producing tissues. तन्तु उत्पादक।

Histoid (hiśt-oid). Resembling organic tissue. जैव तन्तुके आकारका।

Histology. Microscopic study of tissue structure. शरीरके विधान-तन्तुओंका अनुवीक्षण दृष्ट निर्म्माण-तत्व ; विधान-तन्तु-विद्या ; कलासंस्थान।

Histolysis (hiśt-ol-is-is). The dissolution of the organic tissue. जैव-तन्तुका ध्वंस।

Histoma. A tissue tumor. एक तन्तु-अर्बुद।

Histotomy (his-tot-o-me). The dissection of organic tissues. जैव-तन्तुका छेदन।

Hives (hivs). Urticaria. जुलपित्ती ; आम-वात।

Hodgkin's Disease. A disease marked by chronic inflammatory enlargement of the lymph glands associated with anemia. प्रादाहिक लसिका-ग्रन्थियोंकी अभिवृद्धिके साथ रक्त-स्वल्पता।

Hollow back. Lordosis. कुबड़ा ; मेरुदण्डकी अन्तर वक्रता।

Holoblastic (hol-o-blaś-tik). Denoting the involvement of the entire ovum in segmentation. समस्त भ्रूण-कोष विभाजन-सम्बन्धीय।

Holocrine (hol-o-krin). A gland whose functionis purelysecretary. स्रावी-ग्रन्थि ; एक प्रकारकी ग्रन्थि, जिसकी क्रिया केवल स्राव करना रहती है ।

Holoschisis (hol-oś-kis-is). Indirect cell-division. असरल कोष विभाजन ।

Homeomorphous (ho-me-o-mor-fus). Of similar shape, but not necessarily of the same composition. समानाकार, पर सम-प्रकृतिका नहीं ।

Homœopathy. A system of therapeutics founded by Samuel Hahnemann, which assumes that such agents cure disease, as in health produce similar symptoms. A low of Similia. Similibus, Curantur. सम-चिकित्सा-प्रणाली । होमियोपैथी ; समः समे शमयति सिद्धान्तकी चिकित्सा ; सदृश-चिकित्सा ।

Homeotypical (hó-me-o-tip-i-kal). Resembling the usual type. साधारण ढङ्गका ।

Homocentric (ho-mo-seń-trik). Having the same centre. सम-केन्द्री ।

Homogeneous (ho-mo-jé-ne-us). Having the same nature. सम-प्रकृति ; सम-जातिक ; सम- धर्मक ।

Homogenesis,Homogeny (ho-mo-jeń-e-sis, ho-moj'-en-i). Reproduction in which the offspring is similar to the parents. समजनि ; साजान्यहेतु सादृश्य ।

Homoiosis (ho-moy·ó-sis). The process of assimilating food. खाद्य समीकरण-प्रणाली ।

Homoiothermal (ho-moy-o-ther-mal). 1. Warm-blooded. १ । उष्ण रक्ती । 2. Maintaining an uniform temperature. समःताप रक्षी ।

Homologous (ho-mol-o-gus). Having the same form or function. समानाकार या सम-क्रियाशील ।

Homology (ho-mol-o-je). A homologous state. सम-मूलक अवस्था ।

Homonomous (ho-moń·o-mus). Governed by the same law. सम-नियमाधीन ।

Homonymous (ho-moń-im-us). Of the same name or position. सम नाम या उपाधिविशिष्ट । **H. Diplopia,** a diplopia in which the image seen by the right eye is on the right side but that seen by the left remains on the left. एक प्रकारकी द्वित्व दृष्टि ; जिसमें दाहिनी आँखसे दिखाई देनेवाली मूर्ति दाहिनी ओर तथा बाईं आँखसे दिखाई देनेवाली बायीं ओर रहती है ।

Homoplastic (hom-o-plaś-tic). Similar in form and nature. समानाकृति सम्पन्न ; समरूपी ; समान आकृति और प्रकृतिवाला ।

Homosexuality (ho-mo-seks-u-ali-ti). The attraction of persons of the same sex. समलिंगोकी ओर आकर्षण।

Homothermal (ho-mo-ther-mal). Having always the same temperature, noting the warm blooded animal. समतापशील ; विशेषकर उष्ण-रक्तवाले जीवके सम्बन्धमें व्यवहृत होता है।

Homotype (hó-mo-tip). A corresponding part. अनुरूप अंग।

Hook-worm. A worm of the genus Ankylostoma or Uncinaria. अंकुसी क्रिमि।

Hooping Gough. See whooping cough. कुकुर खाँसी ; कूजित कास।

Hordeolum (hor-dé-o-lum). A stye ; an inflammation of a sebaceus land of the eye-lid. अंजनी ; गुहौरी ; कुम्भिका।

Hordeum (hoŕ-de-um). Barley. यवका आंटा।

Horismascope (ho-riś-mas-kop). An instrument used in testing the presence of albumin in the urine. मूत्रमें अण्डलाल है या नहीं, इसकी परीक्षा करनेवाला एक यंत्र।

Hormonal (hoŕ-mon-al). Extract of spleen. प्लीहाका सत।

Horripilation (hor-ip-il-á-shun). A bristling of the hair. रोएँ खड़े हो जाना ; रोमांच होना।

Horrors (hoŕ-oiz). Delirium tremens. सकम्प प्रलाप।

Hospitalism (hoś-pi-tal-izm). A neurasthenic condition affecting nurses and others living constantly in a hospital. अस्पतालमें सदा रहनेवालोंका एक स्नायविक दौर्बल्यका रोग।

Hour-glass Contraction. A central contraction of a hollow organ, such as stomach or the uterus. उदर या जरायुकी भाँतिके शून्योदर यंत्रोंका डामरिक संकोचन।

Humectant (hu-mek-tant). Moistening. तर करनेवाला।

Humeral (hú mer-al). Relating to the humerus. प्रगण्डास्थि सम्बन्धीय या बाहु या स्कन्ध सम्बन्धीय।

Humerus (hú-mer-us). The large bone of the upper arm. उर्द्ध बाहुकी वृहत् अस्थि ; प्रगण्डास्थि।

Humid (hū-mid). Moist. आर्द्र।

Humidity (hu-mid'-it-e). Moisture ; state of being moist. आर्द्रता।

Humor (hú-mor). The uncombined fluids of the body, blood and lymph. शरीर रस ; असंयुक्त रस, जैसे रक्त, लसिका प्रभृति।

Humoral (hú-mor-al). Relating to the natural fluids of the body. शरोरके स्वाभाविक रस-स्राव सम्बन्धी।

Hunch back. Kyphosis. कूबड़।

Hungarian Disease. Typhus fever. मोह-ज्वर ।

Hunger Cure (huń-ger-kúr). Treatment by restricted diet. उपवास चिकित्सा ।

Hunterian Chancre. Hard chancre. कठिन क्षत उपदंश ।

Hyaline (hi'-al-in). Crystalline ; glassy. काँचकी तरह स्वच्छ ; कषिक । 2. **Hyaline Cartilage.** विकाशावस्थामें कोषस्थ अर्द्ध स्वच्छ पदार्थ ।

Hyalitis (hi-al-i'-tis). Inflammation of the hyaloid membrane. झिल्ली-आवरणका प्रदाह ।

Hyaloid (hi'-al-oid). Transparent. स्वच्छ ; पारदर्शक ।

Hybrid (hi'-brid). An animal or plant produced of two different species. संकरजाति ; संकर मिश्रण ; विजातीय ।

Hydarthus. White swelling ; dropsy of an articulation from an accumulation of synovite. सफेद सूजन ; ग्रन्थि-स्फोति ; ग्रन्थि-शोथ ।

Hydatid (hi-daṫ-id). A small vesicular tumor containing a watery fluid. शोथ आदि रोगमें शरीरमें वर्णहीन तरल पदार्थपूर्ण छोटी थैली उत्पन्न होती है ; स्थूल-कोष ; कृमि-विशेष ।

Hydatogenesis (hi-dat-o-jeń-es-is). The formation of water within the tissues or cavities of the body. शरीर मांस-तन्तु तथा गह्वरोंमें जलोत्पत्ति ।

Hydatoid (hi'-dat-oid). 1. Hydetediform. कीड़ेके आकारका । 2. Watery. जलीय ।

Hydatoncus. A watery tumor. एक जल-पूर्ण अर्बुद ।

Hydradenitis (hi-drad-en-i'-tis). Inflammation of the lymphatic gland. लसिका-ग्रन्थियोंका प्रदाह ।

Hydrasemia or **Hydræma.** A condition of blood in which the serum is usually transparent and contains only a small quantity of colouring matter. जलवत रक्त ; फीका रक्त ; रक्तकी वह अवस्था, जिसमें वर्णसाधक तत्वकी कमी पड़ जाती है ।

Hydragogue (hi-dra-gog). Purgative ; causing watery discharge. एक दस्तावर दवा, जिससे पेटका पानी निकल जाता है ।

Hydramnion, Hydramnios. The presence of an excessive amount of amniotic fluid ; dropsy of the amnion. भ्रूण-अन्तरस्थ झिल्लीमें अत्यधिक गर्भोदक सञ्चय ।

Hydrargism (hi-draŕ-jism). The constitutional effects of mercury. पारदका धातुगत प्रभाव ।

Hydrargyralia (hi-drar-jir-á-le-ah). Drugs containing mercury. पारद-मिश्रित ओषधि ।

Hydrargyria (hi′-drar-jiŕ-eh). Mercurial poisoning. पारद-विषका प्रभाव ।

Hydrargyriasis. Mercurial disease. पारदज रोग ।

Hydrarthrosis, Hydrarthrus (hi-drar-thró-sis,hi-drár-thrus). White swelling ; a serous effusion in a joint. सफेद सूजन ; सन्धिमें रस-संचय ।

Hydrate (hi′-drāt). A compound formed by the union of water with an element or another compound. जलके साथ कोई मौलिक या यौगिक पदार्थके संयोगसे उत्पन्न निम्न-पदार्थ ।

Hydraulics (hi-draw′-liks). The science which treats of water in its kenetic relations. चलजल-विज्ञान ; द्रवगति-विज्ञान ; जंगमजल-विद्या ; चल-जल-विद्या ।

Hydremia (hi-dré-me-ah). A condition in which there is an excess of the fluid portion of the blood. रक्तकी वह अवस्था, जिसमें जलीय अंश अधिक हो जाता है ।

Hydrencephalus (hi-dren-seŕ-al-us). जलपूर्ण मस्तिष्कका दर्द । Internal hydrocephalus. मस्तक-शोथ ।

Hydroadenitis (hi-dro-ad-en i′-tis). Inflammation of the sweat glands. स्वेद-ग्रन्थियोंका प्रदाह ।

Hydroadipsia (hi-dro-ad-ip-se-ah). Want of thirst. तृष्णा-हीनता ; प्यासका न लगना ।

Hydrocarbon. A compound of hydrogen and carbon. उद्‌जात वाष्प और अङ्गारका सम्मिश्रण ।

Hydrocele (hi′-dro-sel). Dropsy of the scrotum or testicle. अंड-वृद्धि ; कुरण्ड रोग ; कोष-वृद्धि जलकोष-वद्धि ; अण्डकोष-वद्धि ।

Hydrocenosis (hi′-dro-sen-o-sis). Removal of dropsical fluid. शोथ-रसका निष्कासन ।

Hydrocephalus (hi-dro-seŕ-al-us). A fluid effusion within the cranium. मस्तिष्कमें जल-संचय ; शिरोगत जल ; मस्तक-शोथ ।

Hydrochlorate (hi-dro-klo-rāte). लौहद्रव-लवण ।

Hydrochloric (hy-dro-kló-rik). Compounded of hydrogen and chlorin. उदजात और हरित् वाष्प-मिश्रित ।

Hydrocholecystis (hi-dro-kol-e-sis-tis). Dropsy of the gall-bladder. पित्ताशयका शोथ ।

Hydrocolpocele (hi-dro-koĺ-po-sel). A serous tumor of the vagina. योनिका रक्ताम्बु-पूर्ण अर्बुद ।

Hydrocystoma (hi-dro-sis-tó-mah). A disease in which small, hard cysts form on the face. एक रोग, जिसमें चेहरेपर छोटी-छोटी बतौड़ियाँ हो जाती हैं ।

Hydroderma (hi-dro-deŕ-mah). Dropsy of the skin. चर्म-शोथ।

Hydrogen (hi′-dro-jen). An odorless, colourless, tasteless element, gaseous at ordinary temperatures and pressure. It is lightest known substance. उद्जान वाष्प ; जलजान वाष्प ; उद-जनक ; आवजनन।

Hydrohymenitis. Inflammation of the serous membrane. रक्ताम्बु-स्रावी झिल्लीका प्रदाह।

Hydrolysis (hi′-drol-is-is). A decomposition of water. जल-विश्लेषण।

Hydromel (hi′-dro-mel). Honey and water. मधु-मिश्रित जल।

Hydromeningitis. Meningitis with profuse serous effusion. अत्यधिक रक्ताम्बु स्रावके साथ मस्तिष्क-प्रदाह।

Hydrometer. Instrument for measuring the specific gravity of liquids. तरल-पदार्थों का आपेक्षिक गुरुत्व मापनेका यंत्र ; द्रवघनत्व मापक-यंत्र।

Hydrometra (hi-dro-mé-trah). An accumulation of the mucous or other watery fluid in the cavity of the uterus. गर्भाशयमें तरल, श्लेष्मा अथवा अन्य जलीय-द्रव एकत्र होना ; तरल-पूर्ण गर्भाशय ; जरायु-शोथ।

Hydromyclus. Congenital cavity of the spinal cord containing water. मेरुदण्डका जल-पूर्ण आजन्म गह्वर।

Hydroncus (hi-drong-kus). A watery swelling. जल-पूर्ण सूजन।

Hydronephrosis. Dilatation of the pelvis and calyces of one or both kidneys in consequence of obstruction to the flow of urine. मूत्रपिण्डका शोथ ; वृक्कोदक।

Hydropathy (hi-drop-a-the). The use of water in the treatment of the disease. जल-चिकित्सा।

Hydropericardium. Dropsy of the pericardium. हृद्वेष्टका शोथ।

Hydrophilous (hi-drof-il-us). Absorbing water. जल-शोषक।

Hydrophobia (hi-dro-fó-be-ah). Fear of water. जलका भय ; जलातंक रोग ; अलक रोग।

Hydrophthalmia. A morbid increase of fluids of the eye. चक्षु-जलकी रोगात्मक वृद्धि ; बहुत अधिक आँसू निकलना।

Hydropneumonia (hi-dro-nu-mó-ne-ah). Edema of the lungs. फुस्फुसका शोथ।

Hydrops (hi′-drops). Dropsy शोथ।

Hydropyretus (hi-dro-pi-ré-tus). Sweating fever. ज्वर, जिसमें बहुत अधिक पसीना होता है।

Hydrorrachis (hi-droŕ-ak-is). Dropsy of the spine. मेरुदण्डमें जल-सञ्चय।

Hydrorrhea (hi-dror-é-ah). A copious watery discharge. अत्यधिक जलीय-स्राव ; जल-स्राव ।

Hydrosalpinx (hi-dro-sal-pingks). Water in Fallopian Tube. काललनलमें जल-सञ्चय ।

Hydrosarcocele. A term for the disease sarcocele, when there is water diffused in the cellular substance. जलाबुद ; जलकोष ।

Hydrostomia (hi-dro-stó-me-ah). Salivation ; an excessive secretion of fluids in the mouth. अतिरिक्त लाला-स्राव ; बहुत अधिक लार बहना ।

Hydrothorax (hi-dro-thó-raks). A non-inflammatory effusion of serous fluid in the pleural cavity. वक्षोदक रोग ; वक्षरुदक ।

Hydrotis (hi-dró-tis). Dropsy of the ear. कर्ण-शोथ ।

Hydrotomy (hi-drot-o-me). The dissection of tissue by the forcible injection of water into the vessel. नसोंमें जबर्दस्ती पानी प्रवेश कराकर तन्तुओंको फाड़ देना ।

Hydrotoxity (hi-dro-toks-it-e). Poisoning due to excessive drinking water. अत्यधिक जल पीनेके कारण जलविषका फैल जाना ।

Hydruria (hi-drú-re-ah). An excessive flow of watery urine. बहुत अधिक पानीकी तरह पेशाब होना ; उदकमेह ।

Hygroma (hi-gró-mah). A serous cyst. एक रक्ताम्बु-स्रावी कोष ।

Hygrometry. The estimation of the moisture of the hair. वायु-आर्द्रता परिमापन ।

Hygrostomia (hi-gro-stó-me-ah). Chronic salivation. पुरानी लार चूनेकी बीमारी ।

Hymen. A fold of mucous membrane at the mouth of vagina. सतीच्छद ; योनिच्छद ; कुमारीछद । **H. Intact,** अक्षत योनि ।

Hymenitis. Inflammation of the hymen. सतीच्छद-प्रदाह ।

Hymenography (hi-men-óg-ra-fe). A description of membranes. झिल्लियोंका वर्णन ।

Hymenology (him-men-ol-o-je). The science of the nature and disease of membranous tissues. झिल्लीमय तन्तुओंकी प्रकृति और उनके रोगोंका विज्ञान ।

Hyoglossal. Pertaining to the tongue and the hyoid bone. जिह्वा-मूलास्थि और जिह्वा-सम्बन्धी ।

Hyoid Bone. Bone between the root of the tongue and the larynx. जिह्वामूलास्थि ; यह घोड़ेकी नालकी तरह टेढ़ी रहती है ।

Hypa-albuminosis. A lack of albumen in the blood. रक्तमें अण्डलालकी कमी ।

Hypalgesia (hip-al-jé-ze-ah). Hypalgia, diminished sensitiveness to pain. वेदनाकी कम अनुभूति होना।

Hypemia (hip-é-me-ah). Anemia. रक्त-स्वल्पता।

Hyper-acidity (hi-per-as-id'-it-e). An excessive degree of acidity. अत्यधिक अम्ल।

Hyperacousis, Hyperacusis, Hyperakusis (hi-per-ak-oó-sis). An abnormally acute sense of hearing. अस्वाभाविक श्रवण-तीव्रता।

Hyper-adenosis (hi-per-ad-en-ó-sis). Enlargement of glands. ग्रन्थि-वृद्धि; गांठोंका बढ़ना।

Hyperæmia (hi-per-é-me-ah). See hyperemia. अतिरक्तता; रक्ताधिक्य।

Hyperalgesia (hi-per-al-jé-ze-ah). Excessive sensitiveness to pain. अत्यधिक वेदनाकातर।

Hyperaphia (hi-per-á-fe-ah). Excessive sensitiveness to touch. अतिरिक्त स्पर्श-बोध।

Hyper-catharsis (hi-per-kath-ár-sis). Excessive purgation. बहुत ज्यादा दस्त आना।

Hyper-cholia (hi-per-kó-le-ah). Excessive secretion of bile. अत्यधिक पित्त-स्राव।

Hyperchromatopsia (hi-per-kro-met-óp-se-ah). A condition in which all objects appear coloured एक अवस्था, जिसमें सभी पदार्थ रंगीन मालूम होते हैं।

Hypercryalgesia (hi'-per-kri-el-gé-ze-ah). Excessive sensitiveness to cold. अत्यधिक शीतकातरता।

Hypercythemia (hi-per-si-thê-me-ah). Excess in the number of red blood-corpuscle. रक्तके लाल कणकी संख्या-वृद्धि।

Hyper-diastole (hi-per-di-aś-to-le). Active dilatation of the heart. हृत्पिण्डका तीव्र प्रसारण।

Hyper-diuresis (hi-per-di-u-ré-sis). An excessive secretion of urine. अत्यधिक मूत्र-स्राव।

Hyperemia, Hyperæmia (hi-per-e-me-ah). Excess of blood in any part of the body. अतिरक्तता; रक्ताधिक्य।

Hyperergia (hi-per-eŕ-je-ah). A condition of increased functional power. वर्द्धित क्रिया-शक्तिकी अवस्था।

Hyperesophoria. Upward and inward turning of the eyes. आंखको ऊपर नीचे घुमाना।

Hypergenesis (hi-per-jeń-es-is). Excessive development of hypertrophy. अत्यधिक वृद्धि।

Hypergonadism. Excessive secretion of testes or ovaries. अत्यधिक अण्ड या डिम्बाणुसे स्राव निकलना।

Hyperhidrosis (hi-per-hid-ró-sis). Excessive sweatine. अत्यधिक पसीना ।

Hyperenosis. That state of the blood in which there is an increased portion of fibrin. रक्तमें रेशेदार तन्तुकी अधिकता ।

Hyperkinesia. An exaggerated muscular contraction. मांस-पेशिक संकोचनकी वृद्धि ।

Hypermature (hi-per-ma-chūr). Postmature. अति पक्व ।

Hypermegalia (hi-per-meg-á-le-ah) Excessive enlargement. अति वद्धि।

Hypermnesis (hi-perm-né-sis). An abnormal power of memory. अति अस्वाभाविक स्मरण-शक्ति ।

Hypermyotrophy. Excessive development of the muscular tissues. मांस-तन्तुओंकी अति वृद्धि।

Hyperonychia (hi-per-o-nik-e-ah). An overgrowth of nail. अतिरिक्त नख-वृद्धि।

Hyperope (hi′-per-op). Far-sighted. दूर-दृष्टि सम्पन्न ।

Hyper-ostosis. Hypertrophy of bone ; exostosis. अस्थि-तन्तु वृद्धि।

Hyperpnea (hi-per-pné-ah). Excessive respiration. अत्यधिक श्वास ।

Hyperpraxia (hi-per-praks-e-ah). Abnormal restlessness of mania. उन्मादकी अस्वाभाविक बेचैनी ।

Hyperpyrexia (hi-per-pi-reks-e-ah). Excessively high fever. अत्यधिक ज्वर ।

Hypersthenia (hi-per-sthé-ne-ah). Excessive strength. अस्वाभाविक या अति बल-वृद्धि।

Hypertonia (hi-per-tó-ne-ah). Over-tension. अत्यधिक तनाव ।

Hypertrichiasis (hi-per-tri-ki′-as-is). An abnormal growth of hair. अस्वाभाविक रूपसे केश बढ़ना ।

Hypertrophy. The morbid enlargement or overgrowth of an organ or part. रोगात्मक वृद्धि अथवा किसी यंत्र या अंशकी अति वृद्धि । **H. Compensatory,** hypertrophy resulting from an increased functional activity due to some physical defect. किसी शारीरिक दोषके कारण क्रियाकी तेजी बढ़कर रोगात्मक वृद्धि। **H. Concentric,** of the heart, increased thickness of the walls, without enlargement but with diminished capacity. हृद्-वृद्धि, जिसमें हृद्-प्राचीर मोटी पड़ जाती है ; पर वह बढ़ती नहीं ; बल्कि हृद्-गह्वरकी समायी घट जाती है ।

Hypesthesia. Impairment of sensation. अनुभूतिका नष्ट हो जाना ।

Hyphedonia (hip-hed-ó-ne-ah). A diminution of the feeling of pleasure. प्रसन्नताकी अनुभूतिका रोगात्मक ह्रास।

Hyphemia (hi-fé-me-ah). Hemorrhage into the globe of the eye. चक्षु-गोलकमें रक्त-स्राव ; आँखके भीतर रक्त-स्राव होना।

Hypinosis (hip-in-ó-sis). A deficiency of fibrin in the blood. रक्तकी न्यून तन्तुता।

Hypnagogic (hip-nah-gó-jik). Inducing sleep. निद्राकारक।

Hypnic) hiṕ-nik). Inducing or pertaining to sleep. निद्राकारक या निद्रा-विषयक।

Hypnolepsy (hiṕ-no-lep-se). Morbid sleepiness. अति निद्रा।

Hypnotism. The state of artificial somnambulism. वशीकरण विद्या।

Hypoacidity(hi-po-as-id'-it-e).Diminished acidity. घटा हुआ अम्लत्व।

Hypoazoturia (hi-po-az-ot-ú-re-ah). Decrease of urea in the urine. पेशाबमें मूत्राम्लका घटना।

Hypobulia (hi-po-bú-le-ah). Abnormal feebleness of the will. इच्छा-शक्तिकी अस्वाभाविक कमजोरी।

Hypochondria. Morbid anxiety about the health, with extreme depression. व्याधि-शंका। **H.Region,** the region of the abdomen at each side of the epigastrium. आमाशयिक प्रदेश।

Hypochondriac. Relating to the hypochondria. कुक्षिदेश-सम्बन्धीय।

Hypochondriasis (hi-po-kon-dri'-as-is). Extreme depression, with morbid anxiety regarding the health. व्याधि-शंका ; चित्तोद्वेग।

Hypocratic. Sunken and corpse-like. मृतदेहकी तरह शीर्ण।

Hypocytosis (hi-po-si-tó-sis), A condition in which the normal number of red blood-corpuscles is diminished. शरीरकी एक अवस्था, जिसमें रक्त-कणकी स्वाभाविक संख्या घट जाती है।

Hypodermic. Subcutaneous ; applied under the skin. अधस्त्वाच।

Hypodynia (hi-po-diń-e-ah). Slight pain. धीमा दर्द।

Hypogastric (hi-po-gaś-trik). Relating to the hypogastrium. कुक्षिदेश-विषयक। **H. Vein.** अन्तःश्रोणिका शिरा। **H. Artery.** अन्तःश्रोणिका धमनी।

Hypogastrium. The lower median anterior region of the abdomen. तलपेट ; श्रोणिदेश ; कुक्षिदेश।

Hypoglossal (hi-po-gloś-al). Under the tongue. जिह्वाधोवर्ती। **H. Nerve.** जिह्वाधोवर्त्तिनी नाड़ी।

Hypoglottis (hi-po-gloť-is). The under side of the tongue. जिह्वा-निम्न-देश।

Hypohemia (hi-po-hé-me-ah). An extravasation of blood in the eye. चक्षु-तन्तुओंमें रक्त-स्राव ।

Hypolipemia. Deficiency of fat in the blood. रक्तमें चर्बीकी कमी ।

Hypometropia (hi-po-me-tró-pe-ah). Myopia. धुन्द दृष्टि ।

Hyponeuria (hi-po-nú-re-ah). Diminished nerve-power. घटी हुई स्नायु-शक्ति ।

Hypoplasia (hi-po-plá-ze-ah). Defective or incomplete formation. दोषावह या अपूर्ण निर्माण ।

Hypopyon. Effusion of pus in the anterior chamber of the eye. चक्षु-गोलकके सम्मुख अंशमें पीव-संचय ।

Hyposarca (hi-op-saŕ-kah). Anssarca. सार्वाङ्गिक शोथ ।

Hyposmia (hi-poz′-me-ah). A Diminution in the sense of smell. गन्ध-शक्तिका घटना ।

Hypostasis (hi-poś-tas-is). 1. Feces. मल । 2. Sediment. तलो ; तलछट ।

Hyposthenia (hi-po-sthé-ne-ah). Debility. दुर्बलता ।

Hyposthenic. Debilitating. दुर्बल-कारी ।

Hypothermal (hi-po-theŕ-mal). Moderately warm or tepid. सुसुम ; थोड़ा गर्म ।

Hypotrophy (hi-poť ro-fe). Malnutrition, defective nutrition. दोषावह परिपोषण ; पोषणकी कमी ।

Hystera (hiś-ter-ah). The uterus. जरायु ; गर्भाशय ।

Hysteralgia (his-ter-aĺ-je-ah) Pain in the uterus. जरायु-शूल ।

Hysteratresia (his-ter-at-ré-ze-ah). Imperforation of the os-uteri. जरायु-मुखका छिद्र-रहित रहना ।

Hysteria (his-ti-re-ah). A disease, mainly of young women, dharacterized by lack of control over acts and emotions, by morbid self consciousness and by stimulation of various disorders. गुल्म-वायु ; मूर्च्छा वायु । **H. Minor,** a mild form of disease. गुल्म-वायुका हलका दौरा ।

Hysterial (his-té-re-al). Of the nature of hysteria. गुल्म-वायुकी प्रकृतिका ।

Hysteric (his-teŕ-ik) Relating to hysteria. मूर्च्छा-वायु-सम्बन्धीय ।

Hysteritis (his-ter-i′-tis). Inflammation of the womb. जरायु-प्रदाह ।

Hysterocele (his-ter-o-sel). Uterine hernia. जरायुज अन्त्र-वृद्धि ।

Hysterocleisis (his-ter-o-kli-sis). Closure of the os-uteri. जरायु-मुखका रोध ।

Hysterocyesis (his-ter-o-si-é-sis). Uterine pregnancy. जरायुज गर्भसत्ता ।

Hysterodynia (his-ter-o-diń-e-ah). Pain in the womb. जरायुमें दर्द ।

Hysterofrenic (hiś-ter-o-freń-ik). Preventing or delaying an attack of hysteria. गुल्म-वायुका आक्रमण-रोधक ।

Hysterogenic, Hysterogenus. Causing hysteric symptoms. गुल्म-वायुके लक्षण उत्पन्नकारक ।

Hysteroid (hiś-ter-oid). Resembling hysteria. मूर्च्छावायुकी भाँति ।

Hysterolith (hiś-ter-o-lith). A calculus of the womb. गर्भाशयकी पथरी ।

Hysteromalacia (his-ter-o-mal-á-se-ah). Softening of the womb. गर्भाशयकी कोमलता ।

Hysterometer. An instrument for measuring the womb. गर्भाशय परिमापक यंत्र ।

Hysteromyomectomy (his-ter-o-mi-o-mek-to-me). Excision of a uterine myoma. शरीरसे तन्तुमय अर्बुदको काटकर निकाल देना ।

Hysteroneurosis (hiś-ter-o-nu-ró-sis). A reflex nervous disorder due to uterine irritation. जरायुज उपदाहके कारण परावर्त्तित स्नायविक गड़बड़ी ।

Hysteroparalysis. Paralysis of the uterine walls. जरायु-प्राचीरका पक्षाघात ।

Hysteropathy (his-ter-op-ath-e). Womb-disease. गर्भाशयका रोग ।

Hysteropsychosis (his-ter-o-si-kó-sis). Mental disorder with the disease of the uterus. गर्भाशयके रोगके साथ मानसिक विशृङ्खलता ।

Hysterorrhexis (his-ter-or-ekś-is). Rupture of the womb. गर्भाशयका फटना ।

Hysterotomy. Incision of the womb. जरायु छेदन ।

Hysterotrismus (his-ter-o-triz′-mus). Spasm occurring in the womb. गर्भाशयकी अकड़न ।

Hystriciasis, Hystricism (his-tris-i′-as-is, hiś-tris-izm). Morbid erection of the hairs; a disease of the hairs in which they stand erect. रोगात्मक केश-हर्षण ; एक केश रोग, जिसमें केश अस्वाभाविक रूपसे खड़े रहते हैं ।

I.

I. Chemical symbol of iodine. आयोडिनका सूचक रासायनिक चिह्न ।

Iamatology (i-am-at-o-je). The science of remedies. ओषधि-विज्ञान ।

Iateria (i-at-é-re-ah). Therapeutics. चिकित्सा ।

Iatraliptics (i-at-ral-ip-tiks). Treatment by ointments and friction. मालिश या मरहमके द्वारा चिकित्सा ।

Iatric (i-at-ric). Relating to medicine. औषध सम्बन्धीय ।

Iatrology (i-at-rol-o-je). The science of medicine. ओषधि-विज्ञान ।

Iatrotechnics (i-at-ro-tek-niks). The art of healing ; medical and surgical art. आरोग्य-कला ; ओषधि और शल्य-प्रयोग-कला ।

Ichnogram (ik-no-gram). Imprint of the soles of the feet taken standing. खड़ी अवस्थामें तलवेकी छाप ।

Ichor (i'-kor). A thin watery discharge from an ulcer or unhealthy wound. अस्वस्थ घाव या जखमसे पानी-जैसें तरलका स्राव ।

Ichorous (i'-kor-us). Of the nature of a serum or ichor. रक्ताम्बु या तरल पानीके स्रावकी तरह ; रस-स्राव ।

Ichorremia, Ichorrhemia (i-kor-é-me-ah). Pymea. पीव-स्राव ।

Ichthyoid (ik-the-oid). Resembling a fish. मत्स्याकार ; मछलीकी तरह ।

Ichthyosis (ik-the-ó-sis). A skin disease with scaly formation resembling the skin like that of a fish. एक प्रकारका चर्म रोग ; मोन्त्वक्किका ।

Ichthyotoxism (ik-the-o-toks-sizm) Poisoning by fish. मछलीका विष फेलना ।

Icter-hepatitis (ik-ter-hep-at-i'-tis). Hepatitis with jaundice. कामलाके साथ यकृत-प्रदाह ।

Icteric (ik-ter-ik). Relating to or marked by jaundice. कामला-विषयक या कामलाकार ।

Icterode (ik-ter-od). A complexion resembling jaundice. पाण्डु-वर्ण मुखमण्डल ।

Icterus (ik-ter-us). Jaundice. पांडु-रोग । **I. Gravis,** acute yellow atrophy of the liver. यकृतकी नवीन पीत शीर्णता । **I. Neonatorum,** jaundice of the new-born child. नव प्रसूतोंका पाण्डु रोग ।

Ictometer (ik-tom-et-er). An instrument for measuring the hearts impulse over the chest-wall. वक्ष-प्राचीरपरका हृद्-स्पन्दन परिमापक यंत्र ।

Ictus (ik-tus). A stroke, flow or sudden attack. आघात, चोट या आकस्मिक आक्रमण। **I. Solis,** sunstroke. सूर्याघात ; लू लगनेकी बीमारी।

Idea (i-di'-ah). A mental image or picture. विचार ; मनोविचार ; मनज प्रतिकृति ।

Ideation (i-de-á-shun). The process of forming ideas. विचार-प्रणाली ; कल्पना-शक्ति ।

Ideational Insanity (i-de-a-shun-al). A form of insanity characterized by perversion of ideation. एक प्रकारका उन्माद, जिसमें कल्पना-शक्ति हमेशा बदलती रहती है ।

Ideoglandular (i-de-o-glań-du-lar). Relating to secretion or glandular activity aroused by a mental image. मानसिक विचारोंके कारण स्राव या ग्रन्थि-क्रियाका बढ़ जाना। जैसे—किसीको खट्टी चीज खाते देखकर मुंहमें पानी भर आना ।

Ideology. The doctrine or science of thought, the philosophy of mind. मनस्तत्व ; मनोविज्ञान ।

Ideomotion (i-deo-mó-shun). Muscular movement executed under the influence of a dominant idea. किसी विचारकी प्रधानताके कारण मांस-पेशिक-गतिशीलता ।

Ideophrenia (id-e-o-fré-ne-ah). Insanity with marked perversion of ideas. विचार-धाराका परिवर्त्तन प्रकट करनेवाला उन्माद रोग ।

Idiocy (id'-e-o-se). A condition of extreme mental deficiency. असीम मानसिक जड़ता ; जड़-बुद्धिता ।

Idioglossia (id e-o-glos-e-ah). Disorder of speech marked by the utterance of meaningless vocal sounds. निरर्थक शब्दोच्चारण रोग ; एक प्रकारका वाक्-रोग, जिसमें निरर्थक आवाजें निकल जाती हैं ।

Idiometritis (id'-e-o-me-tri-tis). Inflammation of the parenchyma of the uterus. गर्भाशयके सान्तर-विधानका प्रदाह ; गर्भाशय-कण्डका प्रदाह ।

Idioneural (id'-e-o-nú-ral). Pertaining to single nerve or the nervous system exclusively. केवल एक ही स्नायु-विषयक अथवा सम्पूर्ण स्नायु-मण्डल-विषयक ।

Idioneurosis. (id-e-o-nu-ró-sis). Any disease of neurotic origin. कोई स्नायु-मण्डल सम्भूत रोग ।

Idiopathic (id-e-o-path-ik). A primary disease ; one arising without apparent extrinsic clause. स्वयम्भूत रोग ; वह रोग जो किसी बाहरी कारणसे उत्पन्न न हुआ हो ।

Idiosome (id-i-o-som). The invisible element of living matters. जैव-पदार्थोंका अदृश्य तत्व ।

Idiospasm (id′-e-o-spazm) A spasm confined to one part. किसी एक अंशकी अकड़न।

Idiosyncrasy (id-e o-siń-kra-se). The physical constitution peculiar to an individual. धातु-वैषम्य ; देह-प्रकृति (किसी औषध या पदार्थसे सर्व-साधारणको जैसा फल होता है ; धातु-वैषम्यकी वजहसे व्यक्ति-भेदसे उसके विपरीत फल दिखाई देता है)।

Idiot (id-e-ot). A person with weak or defective intellect. दुर्बल या दोषावह-बुद्धि ; जड़-मति।

Idiotism (id′-e-ot-izm). The state of idiocy. जड़बुद्धिता।

Idrosis (id-ró-sis). Hyperhidrosis. अति स्वेद ; अधिक पसीना होनेकी बीमारी।

Igni-operation (iǵne-op-ur-á-shun) An operation perforemed by means of knives at a red heat. छुरीको तपाकर लाल कर दिया हुआ नश्तर।

Ignipeditis (ig-ne-pé-di′-tiz). Burning pain in the soles of the feet. तलवेमें भीषण जलन।

Ignis (iǵ-nis). fire. आग ; अग्नि।

Ignition (iǵ-nesh-un). The act of burning. जलना ; दहन-क्रिया।

Ileac (il′-e-ak). Of the nature of ileus ; relating to the ileum. अधरः क्षुद्रांत्र विषयका।

Ileac passion (ile-ak). A disease with pain in the abdomen, fecal vomiting and spasm of the abdominal muscles. एक रोग, जिसमें उदरमें तेज दर्दके साथ मलका वमन होता है और औदरिक पेशीमें भयानक मरोड़ होता है।

Ileectomy (il-e-ek-to-me). Excision of the ileum. अधर-क्षुद्रांत्रमें नश्तर।

Ileitis (il-e-i-tis). Inflammation of the ileum. अधर; क्षुद्रांत्र-प्रदाह।

Ileo-cecal (il-e-o-se-kal). Relating to the ileum and ceacum. क्षुद्रांत्र तथा अन्धान्त्र सम्बन्धीय।

Ileo-colic (il-e-o-kol′-ik). Relating to the ileum and colon. क्षुद्रांत्र तथा वृहदांत्र-सम्बन्धीय।

Ileocolitis (il-e-o-ko-li-tis). Inflammation of the ileum and colon. क्षुद्रांत्र तथा वृहदांत्रका प्रदाह।

Ileum (il-e-um). The lower half of the small intestine. क्षुद्र अंत्रका अर्द्ध निम्न भाग ; अधः क्षुद्रांत्र।

Ileus (il-e-us). Enteralgia. अंत्र-शूल।

Iliac (il-e-ak). Relating to the ilium. कोख-सम्बन्धीय ; श्रोणि-प्रदेश-विषयक ; जघन-विषयक। **I. Bone.** जघनास्थि। **I. Crest.** जघन चूड़ा। **I. Colon.** जघनीया वृहदंत्र। **I. Muscle.** जघनीया-पेशी।

Iliofemoral (il-e-o-fem-or-al). Relating to the ilium and femur. जघन-ऊर्वस्थि-सम्बन्धीय।

Iliohypogastric Nerve (il-e-o-hi-po-gaś-trik). जघनकुक्षीया नाड़ी।

Ilioinguinal. Relating to the ilium and the groin. जघन-वंक्षण-विषयक। **I. Nerve.** जघन वंक्षणोया नाड़ो।

Ilium (iĺ-e-um). The upper part of the innominate bone. अनामिकास्थिका ऊर्द्ध भाग ; कट्यस्थि ; श्रोण्यस्थि।

Illusion (il-u-zhun). A false perception of an object. भ्रमकान्त ; चित्त-विभ्रम ; माया।

Ima (ı′-ma). Lowest ; last ; deepest. सर्व-निम्न ; अन्तिम ; सर्व-गहरा।

Image (iḿ-āı). The representation or picture of an object to the eye or mind. मूर्त्ति।

Imbecile (im-bes-il). Feeble-minded. दुर्बल-चित्त।

Imbecility (im-be-siĺ-it-e). Mental defect or weakness. मानसिक दोष या दुर्बलता ; क्षीण-बुद्धित्व।

Imbibition (iḿ-bib-iśh-un). The absorption of a liquid. तरलका आशोषण।

Imbricated (im-briḱ-a-ted). Overlapping like seales. चोंयटेकी तरह पदार्थसे लिपटा।

Immediate (iḿ-e-de-āt). Direct. सोधा। **I. Auscultation,** auscultation performed with the ear against the surface. रोगवाले स्थानपर कान लगाकर आकर्णन।

Immersion (im-eŕ-shun). The placing of the body under liquid. डुबाना ; किसो तरलमें शरीरका डुबाना।

Immiscible (im-mis-ib-l). Incapable of mixing. न मिलने योग्य ; अमिश्रणीय ; अमिलनोय।

Immobility (im-o-biĺ-it-e). The state of being fixed. स्थावर-भाव ; अचल-भाव ; निश्चलत्व ; अचलत्व।

Immobilization, The act of making immovable. अचलकरण।

Immune (im-mūn). Free from the possibility of infection. रोग अव्याहिति प्राप्त, रोग फैलनेकी सम्भावनासे मुक्त।

Immunity (im-ú-nit-e). A state, natural or acquired in which the body remains free from the risk of infection. शरीरकी एक वह अवस्था, जिसमें कोई खास प्रकारका रोग होनेकी सम्भावना नहीं रहती। यह अवस्था स्वाभाविक भी रह सकती है और अर्जित भी। रोग-प्रवण-मुक्तावस्था।

Immunotoxin (im-u-no-tokś-in). An anti-toxin. प्रतिविष।

Impaction (im-paḱ-shun). The condition of being firmly lodged or wedged. दृढ़-रूपसे सम्बद्ध ; अभिहत।

Impalpable (im-pal-pa-bl). That cannot be felt. अननुभवनीय ; स्पर्शाशक्य ; इन्द्रियाग्राह्य ; अतिशय सूक्ष्म ; दुरागम्य।

Impaludism (im-pal-u-dizm). Chronic malarial poisoning. पुराना मलेरिया विष ।

Impar (im-par). Odd ; unequel. बेजोड़ ; असमान ।

Impatience (im-pa-shuns). Restlessness ; fretfulness. चांचल्य ; अस्थिरता ; अधैर्य ; विक्षोभ ।

Imperative (im-peŕ-at-iv). Dominant ; not subject to control by will. प्रबल ; प्रभावशाली ; इच्छा-शक्तिके शासन-वहिर्भूत ।

Imperception (im-per-sep-shun). Defective power of perception. दोषावह अनुभव-शक्ति ; अनुभव-शक्तिका दोष-पूर्ण रहना ।

Imperforate (im-peŕ-for-at). Not open, abnormally closed. अमुक्त ; अस्वाभाविक रूपसे बन्द ।

Imperforation. The condition of being occluded or closed रुद्धावस्था ; बन्द रहनेवाली अवस्था ।

Impermeable (im-peŕ-me-ab-le). Not permitting a passage for liquid. पथ-रहित ; तरलके जाने योग्य पथसे हीन ।

Impervious (im-peŕ-ve-us). Impenetrable ; not permitting a passage. अभेद्य ; दुष्प्रवेश्य ; अगम्य ।

Impetigo (im-pet-i'-go). An inflammatory skin disease characterized by isolated pustules. एक प्रादाहिक चर्म-रोग, जिसमें इधर-उधर फुन्सियाँ निकलती हैं ; चर्म्मदल ; पीले रंगकी फुन्सियोंपर पपड़ीकी तरह जमती है, फुन्सियाँ बहुत खुजलाती हैं ।

Implacental (im-pla-seń-tal). Having no placenta. नाभिनालहीन ।

Implantation (im-plan-tá-shun). The act of setting in. अन्तर्निविष्टकारण ; रोपण ; प्रोपन । **I. Hypodermic**, the introduction of a solid medicine under the skin. चर्मके भीतर ठोस दवाका प्रवेश कराना ।

Imponderable (im-poń-der-a-bl). Having no weight. भार-हीन ।

Impotence (iḿ-po-tens). Weakness ; lack of power in the male to copulate. संगम-शक्ति-राहित्य ; दुर्बलता ।

Impotency (iḿ-po-ten-se). Lack of productive power. ध्वजभंग ; संगम-शक्ति-राहित्य ; नपुंसकता ।

Impregnation (im-preg-ná-shun). The act of fecundation or of rendering pregnant. गर्भाधान ; गर्भोत्पादन ; गर्भ-संचार ।

Impression (im-presh-un). A hollow or depression. गड्ढा ; धँसा या खोखला स्थान ।

Impulse of the heart (iḿ-puls). The systolic beat of the heart felt at the apex in the fifth intercostal space. हृत्पिण्डका आघातन जो पशुँका

मध्यस्थ स्थानमें हृत्शिखरके पास अनुभूत होता है।

Impurity (im-pú-rit-e). Want of purity. अस्वच्छता।

Inacidity (in-as-id-it-e). Absence of acidity. अम्लाभाव।

Inactivate (in-ak-tiv-āt) To destroy the activity. सजीवताका नाश करना ; क्रिया-हीन करना।

Inactivation (in-ak-tiv-á-shun). The destruction of the activity of a body fluid or a serum by the action of heat or other means. ताप या अन्य प्रक्रिया द्वारा शरीर तरल या रक्ताम्बुकी क्रिया-शक्तिको नष्ट कर देना।

Inadequacy (in-ad'-e-kwa-se). Insufficiency. अपूर्णता।

Inalimental (in-al-im-eń-tal). Not nutritious ; not affording nourishment अपोषक ; ऐसा खाद्य जिसमें पोषण-शक्ति न हो।

Inanimate (in ań-im-āt). Without life ; dead. जीवन-रहित ; मृत।

Inanition (in-an-ish-un). Exhaustion from lack of food or defect in assimilation. खाद्यकी कमी या दोषावह समीकरणके कारण क्लान्ति आ जाना।

Inankyloglossia (in-ang-kel-o-glos-e-ah). An immovable condition of the tongue. जीभकी एक वह अवस्था, जिसमें वह इधर-उधर चलायी नहीं जा सकती ; अचल-जिह्वा।

Inappetence, Inappetency (in-ap-e-ten-se). Loss of appetite. क्षुधाराहित्य ; भूख न लगना ; क्षुधामान्द्य।

Inarticulate (in-ar-tik u-lāt). Not articulated ; speechless. वाक्यहीन ; वाचा-रहित ; अस्फुट ; अव्यक्त ; अस्पष्टोच्चरित ; मूक।

Inarticulo mortis. At the point of death. आसन्न मृत्यु अवस्था।

Inassimilable (in-as-im-il-ab-le). Incapable of assimilation. असमीकरणीय ; वह खाद्य जो पोषणके कामके योग्य नहीं होता ; जो समीकरण नहीं होता।

Incandescent (in-kan-deś-ent). White-hot ; luminous from heat. ताप-प्रदीप्त ; उष्णोज्वलित ; तापोज्वल ; अत्युत्तापशुभ्र।

Incarcerated (in-kar-ser-a-ted). Imprisoned ; held-fast. अवरोधित ; संहृत।

Incarnation (in-kar-ná-shun). Act of embodying in flesh or human form. देह-धारण ; शरीर ग्रहण। 2. Granulation. दाना पड़ना ; अंगूर भरना ; मांसांकुर।

Incident nerve (iń-sid-ent). An afferent nerve. केन्द्रगामिनी नाड़ी।

Incineration (in-sin-er-á-shun). The reduction of any substance to ashes by combustion. भस्मीकरण ; भस्मसात्करण ।

Incipient (in-sip-e-ent). Beginning. आरम्भिक ।

Incised (in-sized'). Cut. Applied to a wound made with a sharp-edged instrument. कटे घाव ; छिन्न चर्म ; तीक्ष्णधार अस्त्रसे कटे घाव ।

Incision (in-sizh-un). A cut ; a division of the soft parts made with a knife. नश्तर ; उच्छेदन ; चीरा देना ।

Incisor teeth (in-si-sor). The cutting teeth or front teeth. कर्त्तन-दन्त ।

Incisuro (in-sis-úr). A notch. एक क्षुद्र गह्वर ।

Inclusion (in-klú-zhun). The act of inclosing or condition of being enclosed. अवरोधकरण या अवरुद्ध अवस्था ।

Incoercible (in-ko-eŕ-sib-l). Uncontrollable. अवशनीय ।

Incombustible (in-kom-bús-tib-l). Incapable of burning. अदाह्य ; अदहनीय ; जो जलने योग्य न हो ।

Incompatible. Not capable of being mixed. अमिश्रणीय ; जो मिल जाने योग्य न हो ।

Incompetence. Insufficiency ; inadequacy ; inability to perform natural action. अपर्याप्तता ; अपूर्णता ; स्वाभाविक क्रियाके अयोग्य ।

Incompressible. Incapable of being compressed ; compact. असंकोचनीय ; असंहरणीय ; आकुञ्चनाशक्य ।

Incontinence (in-koń-tin-ens . Inability to prevent the discharge of any of the excretion, especially of urine or feces. किसी स्रावको धारण करनेकी शक्तिका न रहना ; खासकर मल-मूत्रका वेग न रोक सकना ; मल-मूत्र धारण अक्षमता ।

Inco-ordination (iń-co-or-din-á-shun). An inability to produce co-ordinate muscular movements. मांस पेशिक गतिके कार्य-सामंजस्यका अभाव ; असमन्वय ; मांस पेशिक कार्य-संगति शून्यता ।

Incrassate (in-kraś-at). Thickened. गाढ़ा किया हुआ ; स्थूलता प्राप्त ।

Increment (iń-kre-ment). Increase or growth. उन्नति ; वृद्धि ।

Incretions. That which activates or regulates organic function. यांत्रिक क्रियाको कार्यशील अथवा नियमित रखनेवाला ।

Incrustation (in-krus-tá-shun). The formation of crust. पपड़ी जमना ।

Incubation (in-ku-bá-shun). The period between the implanting of an infectious disease and its manifestation. शरीरमें कोई दोष या रोग-

प्रवेश और उसके स्पष्ट लक्षण-प्रकाश—इन दोनोंके बीचका काल ; रोगको पूर्वावस्था या पश्चातावस्था ।

Incubus (iń-ku-bus). Night-mare. स्वप्नावस्थामें श्वास और वाक्-रोध ।

Incudal (ińg-ku-dal). Pertaining to the incus. शूमिकास्थि सम्बन्धीय ।

Incudiform (in-kú-dif-orm). Shaped like an anvil, नेहाईके आकारका ; शूमिकाकार ।

Incurvate (in-keŕ-vāt). Curved in ward. भीतरकी ओर टेढ़ा ।

Incus (ińg-kus). The middle bone of the middle ear. शूमिकास्थि ; कानकी एक अस्थि ।

Indagation (in-da-gá-shun). A careful investigation, enquiry or examination. खोज ; जांच ।

Indentation (in-den-tá-shun). Pit ; depression. खात ; गड्हा ।

Index (iń-deks). The first finger. तर्जनी ; प्रादेशिनी ।

Indican (iń-dik-an). A glucoside from plants yielding indigo. नीलके वृक्षका लसदार सत ।

Indicanurea (in-dik-an-ú-re-ah). The presence of indican in the urine. मूत्रमें नीलांशका प्राप्त होना ।

Indication (in-dik-á-shun). 1. Sign. चिह्न । 2. A sign which shows the cause or issue of an attack of disease. रोग-प्रकाश ।

Indicator (iń-dik-a-tor). A substance that indicates chemical reaction by a change of colour. रासायनिक परीक्षामें व्यवहृत एक पदार्थ, जिसके मिलानेपर रंगका परिवर्त्तन होता है ; प्रकाशद ।

Indifferent (in-dif-er-ent). Having no prepondering affinity neutral. उदासीन ।

Indigenous (in-dij-en-us). Native to a particular place or country ; not exotic. देश-जात ; स्वदेशी ।

Indigestible (in-di-jeś-tib-l). Not digestible. अपाच्य ; न पचने योग्य ।

Indigestion (in-de-jeś-chun). Dyspepsia. मन्दाग्नि ; अजीर्ण ।

Indiguria (in-dig-ú-re-ah). The presence of indigo in the urine. मूत्रमें नीलकी वर्त्तमानता ।

Indirect (in-de-reḱt). Not direct. असरल ; अप्रत्यक्ष ; गौण ।

Indisposition (in-dis-po-ziśh-un). Any slight ailment. कोई धीमा या हलका रोग ; लघु-रोग ।

Indolent (iń-do-lent). 1. Sluggish ; slow of action or growth. निस्तेज ; आलसी ; कार्य तथा वृद्धिमें धीमा । 2. Without pain or too little pain. अपीड़ादायक अथवा लघु पीड़ात्मक ।

Induced (in-dūśt). Produced. प्ररोचित ।

Induction (in-duk shun). 1. The process of inducing or causing to occur. प्ररोचन-प्रणाली । 2. The generation of electric influence exerted by neighbouring bodies. संक्रामक तड़ित ; विद्युत्‌का संचय ; विद्युत्-उपादान ।

Indurated (in-du-rāt-ed). Hardened. दृढ़ीकृत ; कड़ा ।

Induration (in-du-rá-shun). The hardening of a tissue or part. किसी तन्तु या अंशका कड़ा पड़ जाना ; काठिन्य ; दृढ़ता ।

Indusium (in-du-zé-um). A membranous covering. झिल्लीमय आवरण । 2. The thin layer of gray matter above the corpus callosum. महा-संयोजकके ऊपरका भूरे पदार्थका एक पतला स्तर ।

Inebriation (in-e-bre-á-shun).The condition of being drunk. मादक द्रव्यके नशेवाली दशा ।

Inebritey (in-e-bré-et-e). Habitual drunkenness. नशा पीनेके अभ्यास ।

Inemia, Inœmia (iń-e-me-ah). The presence of fibrin in the blood. रक्तमें रेशेदार तन्तुओंका रहना ।

Inert (in-ert). Having no action. क्रिया रहित ।

Inertia (in-er-she-ah). Inactivity, inability to move. कार्यशीलता-राहित्य ; गति-राहित्य ।

In extremis (in-eks-tré-mis). At the point of death. मृत्यु-मुख-पतित ।

Infant (iń-fant). A babe or young child. शिशु ।

Infanticide (in-fań-tis-id). The murder of an infant. शिशु-हत्या ।

Infantile (iń-fan-til)- Relating to infancy. शिशु-सम्बन्धीय ; **I. Uterus**, an undeveloped womb. अपूर्ण गर्भाशय ।

Infect (in-fekt). To communicate disease germs. रोग-संक्रमण ; रोग-कीटाणुका प्रवेश करना ।

Infection (in-fek-shun).Acquiring a disease without contact. बिना संस्रवके हो रोग संक्रमण ।

Infections (in-fek-shuns). Contageous. संक्रामक ; संक्रमणशील ।

Infecundity (in-fe-kuń-dit-e). Sterility. बन्ध्यत्व ; बाँझपन ।

Inferior (in-fe-re-or). Lower. निम्न ।

Infibulation (in-fib-u-lá-shun), The fastening of the prepuce or labia majora with clasps or stitches to prevent copulation. संगम-रोधके लिये लिंगाग्रचर्म और वृहद्भगोष्ठोंको बाँध देना या सिलाई कर देना ।

Infiltration (in-fil-trá-shun). A fluid effusion into an organ or a tissue. शरीरके किसी यंत्र या तन्तुमें तरल द्रव्यका प्रवेश । **I. Calcareous**, deposits of lime or other calcium salts within a tissue of the body. शरीरके किसी तन्तुमें चूना या दूसरे चूनेके नमकोंका सञ्चय। **I. Purulent**, the presence of pus-cells in a tissue. तन्तुमें पीव-कोषका होना। **Urinous**, the effusion of urine into a tissue. तन्तुमें मूत्रका स्राव होना।

Infinite (in-fi-ni't). Immeasurable. अमाप्य।

Infinitesimal. An indefinitity ; small quantity of matter. क्षुद्रानुक्षुद्र पदार्थ।

Infirm (in-ferḿ). Weak or feeble. कमजोर ; दुर्बल।

Infirmary (in-fer-ma-re). An hospital or institution where sick or infirm persons are maintained or treated. अस्पताल ; दातव्य चिकित्सालय ; ऐसी संस्था, जहाँ रोगी या दुर्बलोंको रखकर उनका पोषण और चिकित्सा की जाती है।

Inflamed (in-flām-d). Caused to become morbidly hot or irritated by reason of undue or excessive action in the blood vessels and tissues. प्रादाहित।

Inflammation (in-flām-á-shun). A morbid condition characterized by pain, redness and swelling and disordered function. एक रोगात्मक अवस्था, जिसमें किसी स्थानमें दर्द, लाली, सूजन, गर्मी तथा क्रिया-विशृङ्खलता वर्त्तमान रहती है ; प्रदाह। **I. Adhesive**, inflammation which promotes the healing of wounds. किसी घावके आरोग्यमें सहायक प्रदाह। **I. Catarrhal**, one which affects principally a mucous surface and causes the shedding of its epithelium. श्लैष्मिक-झिल्लीका प्रदाह। **I. Interstitial**, that which affects chiefly the connective tissue of an organ. किसी यत्रके संयोजक-तन्तुका प्रदाह। **I. Suppurative**, inflammation attended by formation of pus. पीव-संयुक्त-प्रदाह।

Inflammatory (in-flaḿ-at-o-re). Relating to or characterized by inflammation. प्रदाहकारी ; प्रदाहोत्पादक ; प्रदाह-सूचक।

Inflation (in-flá-shun). Distention with air or fluid. वायु या तरल रसके कारण प्रसारण।

Inflection (in-flek-shun). Act of bending inward. अन्तर झुकावका कार्य ; भीतरको ओर झुकना।

Influenza (in-flu-eń-zah). A contagious epidemic catarrhal fever with great prostration, neuralgic and muscular pain, etc. एक प्रकारका लरछुत तथा बहुव्यापक श्लेष्मा-ज्वर, जिसमें बहुत सुस्ती, स्नायविक और मांसपेशिक वेदना इत्यादि लक्षण रहते हैं ; बहुव्यापक श्लेष्मा-ज्वर।

Influenzal (in-flu-eń zal). Relating to influenza. श्लेष्मा-ज्वर-सम्बन्धीय ।

Influx (in-flux). An inflow. भीतरी स्राव ।

Infra-axillary (in-frah-aks-il-a-re). Situated below the axilla. बगलके गढ़हेके नीचे ।

Infracostal (in-frah-koś-tal). Below the ribs. पसलीके नीचे ; पर्शुका-निम्नस्थ ।

Infraction (in-fraḱ-shun). Incomplete fracture of a bone. कोई अपूर्ण अस्थि-भंग अर्थात् हड्डीका अपनी जगहसे हटे बिना ही टूट जाना ।

Infraduction (in-frah-dūḱ-shun). The turning downward of a part, especially of the eye. किसी अंश, विशेषकर आँखका नीचेकी ओर झुकना ।

Infraglottic (in-frah-glot́-ik) Situated beneath the glottis. जिह्वाधोवर्त्ती ।

Inframammary (in-frah-mam-a-re). Situated below the mammas. स्तन-ग्रन्थि-निम्नस्थ । स्तनके नीचे रहनेवाला ।

Infraspinatus (in-frah-spi-ná-tus). A muscle arising from the scapula below the spine and inserted into the humerus. अंश-फलकास्थिके पासकी मेरुदण्डके नीचे रहनेवाली एक पेशी । यह मेरुदण्डसे आरम्भ होकर प्रगण्डास्थिमें प्रवेश कर जाती है ।

Infratrochlear (in-frah-troḱ-le-ar). Situated beneath the trochlea. टेंटुआके नीचेका ।

Infriction (in-friḱ-shun). The rubbing of medicaments upon the skin. चर्मपर मरहम लगाना ; मालिश करना ।

Infundibulum (in-fun-dib-u-lum). In anatomy a name given to parts which resemble a funnel. कूपी या धतूरेके फूलके आकारका शरीरांश ।

Infundibulin (in-fun-deb-u-lin). An extract of the posterior lobe of the pituitary body. श्लेष्मा-स्रावी अंशके सम्मुख-खण्डका सार ।

Infused (in-fūzed). Steeped ; extracted. सार निकाला हुआ ।

Infusion (in-fú-shun). The steeping in water of some substance to extract its virtues ; a liquid extract thus obtained. भावन ; अर्क ; शीतक दाह ; रस ; काढ़ा । 2. Tincture ; an admixture. आसव ; मिश्रण ।

Infusodecoction (in-fú-zo-de-kok-shun). A mixture of the infusion and the decoction of a substance. किसी पदार्थके रस और क्राथका सम्मिश्रण ।

Infusor (in-fú zor). An instrument for the slow injection of a liquid into a vein. किसी शिरामें धीरे-धीरे तरल चढ़ानेका यंत्र ।

Infusum (in-fú-sum). An aqueous preparation made by steeping a vegetable substance in water without boiling. एक तरल जो किसी

उद्भिज्जको पानीमें फुलाकर तैयार किया जाता है, पर उसे औटाया नहीं जाता।

Ingesta (in-jeś-tah). Food and drink taken into the stomach. आहृत द्रव्य ; खाया-पिया पदार्थ।

Ingestion (in-jeś-chun). The introduction of food, medicine, etc., into the body. शरीरमें खाद्य, औषधि इत्यादिका प्रवेश कराना ; खाना ; औषधि-ग्रहण।

Ingravescent (in-grav-eś-ent). Gradually growing more severe. धीरे-धीरे तीव्र होते जाना।

Ingredient (in-gri-de-ent). Any part of a compound. मिश्र द्रव्यका कोई उपादान।

Inguen (iń-gwen). The groin. पुट्ठा ; वंक्षण।

Inguinal (in-gwiń-al). Relating to the groin. वंक्षणीय ; वंक्षण-सम्बन्धीय।

Inguinocrural (in-gwin-o-krú-ral). Relating to the groin and the thigh. वंक्षण तथा जंघा-सम्बन्धीय।

Inguinodynia (in-gwin-o-dim-e-ah). Pain in the groin. वंक्षण-वेदना।

Inhalation (in-hal-a-shun). The drawing of air or the vapor into the lunge. फेफड़ेमें वायु या वाष्पका आकर्षण करना ; आघ्राण ; धूम्रपान।

Inhaler (in-há-ler). An apparatus for inhalation of medicinal vapors. औषधिज वाष्प आदि ग्रहण करनेका यंत्र।

Inherent (in-he-rent). Innate ; intrinsic ; natural. सहजात ; सहवर्ती ; सहज ; स्वाभाविक ; स्वाभावसिद्ध।

Inheritans (in-heŕ-it-ans). The act of inheriting or the thing inherited. दायभाव ; विरसा।

Inherited (in-heŕ-it-ed). Derived from an ancestor. वंशागत ; वंश-परम्परागत।

Inhibition (in-hib-ish-un). The arrest of function in an organ. किसी यंत्रका क्रिया-रोध ; यांत्रिक क्रिया-रोध।

Inhibitory (in-hib-it-or-e). Having the power to restrain. रोधक ; संयमशील।

Inion (iń-e-on). The external protuberance of the occiput. मस्तक-पश्चाद् भागका बाह्य प्रवर्द्धन।

Initial (in-ish-al). Beginning. आरम्भ।

Initis (in-i'-tis). Inflammation of fibrous tissue. सौत्रिक तन्तुओंका प्रदाह।

Injected (in-jek-ted). Congested, having the blood-vessels visibly distended with blood. रक्त-संचित ; रक्तपूर्ण रक्त-वाहिनियोंसे भरा।

Injection (in-jek-shun). The act of throwing a liquid into a part. वस्ति-प्रयोग ; पिचकारीसे कोई औषधिका

शरीरमें प्रवेश करना। **I. Hypodermic**, an injection made into the subcutaneous tissue. अधस्त्वचा या निम्न स्तर-तन्तुओंमें किसी ओषधिका पिचकारी द्वारा प्रयोग। **I. Intracardiac,** an injection into the cavity of the heart. हृद्-गह्वरमें ओषधि प्रयोग। **I. Intra-muscular,** an injection made into a muscle. मांस-पेशीके भीतर पिचकारी द्वारा ओषधि-प्रयोग। **I. Intra-venous,** an injection made into the vein. शिरामें पिचकारीसे ओषधि-प्रयोग।

Injury (iń-ju-re). Harm or hurt ; a wound or main. उपघात ; आघात ; चोट ; घाव।

Inlet of the pelvis (iń-let). The upper orifice of the true pelvis. श्रोणिदेशका ऊर्ध्व द्वार।

Innervation (in-er-vá-shun). The function of the nervous system. स्नायु-संस्थानकी क्रिया। 2. A discharge of nervous force. २। स्नायविक शक्ति-प्रदान ; स्नायविक क्रिया।

Innominate (in-om-in-at). Nameless. अनामा ; नामहीन। **I. Artery.** अनामा धमनी। **I. Bone,** अनामास्थि। The hip-bone. उर्वस्थि।

Innominatum (in-om-in-á-tum). The hip-bone. उर्वस्थि।

Innutrition (in-nu-trish-un). A want of nutrition. पोषणाभाव।

Inoblast (iń-o-blast). Any formative connective tissue cell. निर्णायक संयोजक-तन्तु कोष।

Inoculable (in-ok-u-la-bl). Capable of being inoculation. संक्रमण-योग्य ; टीका देने योग्य ; रोग-संक्रमण योग्य।

Inoculation. 1. The introduction of specific virus into the system. शरीरमें किसी विशेष रोग-विषका प्रवेश कराना ; नृमसूर्यधान।

Inoma (in-ó-mah). A fibrous tumour. एक तन्तुमय अर्बुद।

Inopexia. Coagulation of blood in the vessels during life. जीवित अवस्थामें रक्तवाहिनियोंमें रक्त जमने लगना।

Inorganic (in-or-gań-ik). Not organic ; not relating to living organism. अजैव ; विरंग ; अचेतन ; निर्जीव। **I. Acid,** an acid without carbon, अंगारक-विहीन अम्ल। **I. Chemistry**. the chemistry of inorganic compounds. जड़-रसायन।

Inosculate (in-oś-ku-lāt). Anastomose ; directly joining. संस्पर्श या सम्प्रवेश द्वारा युक्त होना ; दोनों मुखोंको मिलाकर जोड़ लगा देना ; संलग्न होना ; परस्पर ग्रसित होना।

Inosculation (in-os-ku-lá-shun). The union of two vessels. दो नाड़ियोंका सम्मिश्रण।

Inosemia (in-o-sé-me-ah). An excess of fibrin in the blood. रक्तमें रेशेदार तन्तुओंकी अधिकता।

Inosit, Inosite. A glucose found in muscles or different organs of the body. पेशी शर्करा।

Inosituria. The presence of inosite in the urine. मूत्रमें पेशी शर्कराकी उपस्थिति।

Inosteatoma (in-os-te-at-ó-mah). A fatty tumour containing fibrous elements. तन्तुमय तत्वोंसे भरा वसार्बुद।

Inotropic (in-o-trop-ik). Influencing the contractility of muscular tissues. मांसपैशिक तन्तुओंकी संकोचनशीलतापर प्रभावकारी।

Insalivation. A mixture of blood with saliva during mastification. चबानेके समय लार और खाद्यका मिश्रण।

Insalubrious (in-sal-ú-bre-us). Unhealthy. अस्वस्थ।

Insane (in-sań). Not of sound mind ; diseased in mind. उन्मत्त ; विकृत मना ; विक्षिप्त बुद्धि ; भ्रष्ट-बुद्धि।

Insanitary (in-sań-it-a-re). Not sanitary ; unhealthy. अस्वास्थ्यकर ; अस्वास्थ्यजनक।

Insanity (in-sań-it-e). Madness ; mental derangement ; unsoundness of mind. उन्मत्तता ; विक्षिप्तता ; विकृत-मस्तिष्कता ; चित्त-विभ्रम।

Insanoid (in-sá-noid). Resembling insanity. उन्मत्तकी तरह।

Inscription (in-skrip-shun). That part of a prescription which contains the names and amounts of the ingredients. व्यवस्था-पत्रका वह अंश, जिसमें ओषधियोंका नाम और वजन लिखा रहता है।

Insecticide (in-sek-tis-id). Destructive to insects. कीट-नाशक।

Insemination (in-sem-in-á-shun). The introduction of semen ; the fertilization of the ovum. वीर्य-प्रवेश ; भ्रूणोत्पादन।

Insenescence (in-sen-es-ens). The process of growing old. अवस्था-वृद्धिकी प्रणाली।

Insensible (in-sen-sib-l). Devoid of consciousness or of sensibility अनुभव-शक्ति या चेतना शून्य ; अचेतन ; सुप्तेन्द्रिय ; स्पर्शज्ञानाभिज्ञ।

Insertion (in-ser-shun). The attachment of a muscle to the bone which it moves. सन्निवेशन ; किसी पेशीका ऐसी अस्थिमें सन्निवेश, जिसे वह गतिशील बना देती है ; पेशी दैहिक यंत्र प्रभृतिकी संयोग-प्रणाली।

Insidious (in-sid-e-us). Hidden ; stealthy. लुप्त ; सुप्त।

Insolation (in-so-lá-shun). Sunstroke. लू लगना ; सर्दी-गर्मी।

Insoluble (in-sol-u-ble). Not susceptible of being dissolve. अद्रवणीय : न गलने योग्य ।

Insomnia (in-som-ne-ah). Inability to sleep. अनिद्रा रोग ।

Inspection (in-spek-shun). Examination by the eye. आँखों देखकर परीक्षा ।

Inspersion (in-sper-zhun). The act of powdering. किसी चूर्णको छिड़कना ।

Inspiration (in-spi-rá-shun). The act of breathing in ; inhalation. श्वास-ग्रहण ; अन्तःश्वास ।

Inspiratory. Relating to an inspiration. अन्तः श्वास-सम्बन्धीय ।

Inspire. To breath in. भीतरी सांस लेना ।

Inspissated (in′-spis-a-ted). Thickened by evaporation or absorption of fluid. तरलका आशोषण या वाष्पीकरण द्वारा घनीभूत करना ।

Instillation (in-stil-á-shun). The dropping of a liquid on or in a part. किसी अंगके ऊपर या भीतर चुआना ; बून्द-बून्द चुआना ।

Instillator. Dropper. बून्द टपकानेका यंत्र ।

Instinct (in-stingkt). A natural impulse that though unassociated with reason, prompts a useful act. स्वाभाविक-प्रवृत्ति; बोधि, स्वाभाविक ज्ञान ; अंग-स्वभाव ।

Instinctive (in-stingk-tiv). Prompted by natural impulse. प्रकृतिनिष्ठ ; स्वभाव-सिद्ध; प्रकृति-सिद्ध ; स्वभाव-प्रेरित ।

Insufficiency (in-suf-fish-en-se). Incapacity of normal action. स्वाभाविक क्रियाकी अयोग्यता ; न्यूनता ; अप्राचुर्य ।

Insuffiation (in-suf-fiá-shun). The blowing of powder into a cavity. किसी गह्वरमें चूर्ण फूंककर भर देना ।

Insula. The island of Reil. द्वीप ।

Insulinum, Insulin. A preparation made from the pancreas of the pig or ox, used in the treatment of diabetes. बहुमूत्र रोगकी चिकित्सामें व्यवहृत सूअर या बैलकी क्लोमग्रन्थिसे प्रस्तुत एक पदार्थ ; इन्सुलिन ।

Insultus (in-sul-tus). An attack. रोगाक्रमण ।

Insusceptibility (in-suś sep-tib-il-it-e). Immunity. संवेदना-शून्यता ; अविचलनीयता ; अविकायता ।

Intigument (in-teg-u-ment). A covering, especially the skin. चर्मादिरण ।

Intellection (in-tel-ek-shun). Mental activity. मानसिक क्रियाशीलता ।

Intemperance. The immoderate indulgence in food or drink or both. अत्यधिक खाना-पीना । 2. Immoderate indulgence in the use of alcoholic drinks. सुरामित्ता ; अमिताचार ।

Intensity (in-ten′-sit-e). A high tension, activity or energy. आतिशय्य ; प्राखर्य ; उग्रता ; तीव्रता ; प्रचंडता ; प्राबल्य ; तीक्ष्णता ।

Intensive (in ten′-sive). Increasing in intensity. प्राबल्य-वृद्धि ।

Intention (in-ten′-shun). A process of healing. एक आरोग्य-प्रणाली ।

Interarticular (in-ter-ar-tik-u-lar). Situated between joints. सन्धि-मध्यस्थ ।

Inter-auricular (in-ter-aw-rik-u-lar). Situated between the auricles. हृद्कोष्ठ-मध्यस्थ ।

Intercadence (in-ter-ká-dens). A pulse-beat occurring between the regular beats. एक नाड़ी-स्पन्दन, जो दो नियमित स्पन्दनोंके मध्यमें होता है ।

Intercalary (in-teŕ kal-a-re). Interposed ; placed or inserted between. दोके बीचमें सन्निवेशित ।

Intercellular (inter-sel-u-lar). Situated between cells. दो कोषोंके बीच-वाला ; अन्तर्कौषिक ।

Intercentral (in-ter-sen′-tral). Situated between nerve-centres. स्नायु-केन्द्र मध्यस्थ ।

Interchondral (in-ter-kon′-dral). That which lies between cartilages. उपास्थि मध्यस्थ ।

Intercostal (in-ter-coś-tal). Between the ribs. पर्शुका मध्यस्थ ; पंजरास्थिके बीचमें स्थित । **I. Artery.** पर्शुकान्तरिका धमनी ।

Inter-arterial sulcus. ग्राहक कोष्ठांतरिका पट्टिका ।

Inter-auditory meditus. कर्णान्तर द्वार ।

Intercourse (in′-ter-kors), Coition. सङ्गम ।

Intercurrent (in-ter-kuŕ-ent).Occurring between. समयान्तरमें होनेवाला ।

Interlobar (in-ter-lóbar). Between lobes. उपखण्डाभ्यन्तरिक ।

Interlobular (in-ter-lob-u-lar). Between lobules. उपखण्डाभ्यन्तरित ।

Intermaxillary (in-ter-makś-il-are). Situated between the maxillary bones. हन्वस्थि मध्यस्थित ।

Intermediary. Performed in median stage. मध्य अवस्थामें किया हुआ । **I. Amputation**, amputation during the inflammatory fever. प्रादाहिक ज्वरके समय दिया हुआ नश्तर ।

Interment (in-teŕ-ment). The burial of the body. शव-संस्कार ।

Intermission (in-ter-mish-un). Temporary cessation or period between two recurrences or paroxysms. विराम काल ; किसी घटना या रोग शान्तिका काल ।

Intermittent (in-ter-mit-ent). That which occurs at intervals. सविराम, छोड़-छोड़कर होनेवाला । **I. Fever,** a fever with periods of apyrexia. सविराम ज्वर ।

Intermitting. Ceasing for time. विरामशील ; क्षण-विलुप्त ।

Intermuscular (in-ter-muś-ku-lar). Situated between muscles. मांसपेशी मध्य स्थित ।

Internal (in-teŕ-nal). Situated within or in the inside. आभ्यन्तरिक स्थित । **I. Capsule,** the fibrous tract between the crura and cerebral cortex. अन्तरीय नाड़ी-कोष । **I. Carotid artery.** अन्तः शिरोग्रीया धमनी । **I. Costal artery.** पर्शुकांतरिका धमनी । **I. Cunneiform.** अन्तःत्रिपार्श्विका । **I. Ear,** the labyrinth. अन्तस्थ कर्ण । **I. Auditory meatus.** कर्णान्तर द्वार । **I. Tubercular plane.** अर्बुदान्तरिक रेखा ।

Internuncial (in-ter-nun′-shal). Serving as a medium of communication between nerve-centres. स्नायु-केन्द्र सम्बन्ध योजक ।

Internus (in-teŕ-nus). Internal. आभ्यन्तरिक ; भीतरी । 2. An eye muscle. एक चाक्षुषी पेशी ।

Inter-orbital (in-ter-oŕ-bit-al). Situated between the orbits. चक्षु-गह्वर मध्यस्थ ।

Interosseous (in-ter-oś-e-us). Situated between bones. अस्थि मध्य स्थित ; दो अस्थियोंके बीचमें रहनेवाला ।

Interrupted (in-ter-uṕ-ted). Broken टूटा हुआ ; खण्डित ।

Interscapular (in-ter-skaṕ-u-lar). Between the shoulder blades. स्कन्धास्थि मध्यस्थित ।

Interstices (in-ter-stis-ez). Spaces ; pores. अन्तराल ; अन्तर स्थान ; लोमकूप । शारीरिक यंत्रका मध्यवर्ती शून्य स्थान ।

Interstitial (in-ter-stish-al) सांतर ; दो यंत्रोंके बीचका स्थान ।

Inter-systole (in-ter-siś-to-le). The interval which exists between the end of the auricular and the beginning, of the ventricular systole. ग्राहक-कोषके खुलनेके अन्तमें तथा क्षेपक-कोषके आरम्भमें जो थोड़ा-सा समयान्तर रहता है, वही समयान्तर ; अन्तरहृद्-शब्द ।

Intertrigo (in-ter-tri′-go). Excoriation about the anus, groins and other parts of the body ; erythema from friction. रगड़के कारण खाल उधड़ना ; मलद्वार, वंक्षण प्रभृति स्थानोंकी खाल उधड़ना ।

Interval (in′-ter-val). A space, either of time or distance. समयान्तर ; दूरी ; अन्तर ।

Intestinal (in-teś-tin-al). Relating to intestine. क्षुद्र अंत्र-सम्बन्धीय। **I. Obstruction,** अंत्रावरोध। The hinderance to the passage of feces.

Intestine (in-teś-tin). The membranous tube that extends from the stomach to the anus. अंत्र, आंत।

Intima (iń-tim-ah). The innermost coat of the vessel. किसी रक्तवाहिनीका अन्तर आवरण।

Intimitis (in-tim-i-tis). Inflammation of an intima नाड़ी अन्तरावरणका प्रदाह।

Intolerance. Inability to endure. असह्यता ; असहनीयता।

Intra-abdominal (in-trah-ab-dom-in-al). Within the abdomen. उदरान्तरीय ; उदरके भीतरका।

Intracellular (in-trah-sel-u-lar). Situated within a cell. कोषस्थित।

Intra-cranial (in-trah-crá-ne-al). Situated whithin the cranium. करोटी-अन्तरस्थित।

Intrad (in-trad). Within ; inwardly. अभ्यन्तरस्थ ; भीतरी।

Intralobular (in-tra-bob-ú-lar). Situated within a lobe. खण्डमध्य-स्थित।

Intramuscular (in-trah-mus-cu-lar). Within a muscle. पेशीके भीतर।

Intra-uterine (in-trah-ú-ter-in). Situated within the uterus. जरायु-अन्तरस्थ ; जरायुके भीतरवाला।

Intra-venous (in-trah-vé-nus). Within a vein. शिराके भीतर।

Intrinsic (in-triń-zik). Situated entirely within or relating exclusively to a part. अन्तर्भव ; आभ्यन्तरिक या किसी अंश-वहिर्भुत सम्बन्धीय।

Introflexion (in-tró-flek-shun). A bending inward. भीतरी झुकाव ; भीतरकी तरफ झुका हुआ।

Introitus (in-tró-it-us). The entrance to any cavity. किसी गह्वरका प्रवेश द्वार ; गह्वर-पथ।

Intromission (in-tró-mis-un). The insertion of one body or part into another. शरीर या उसका कोई अंश दूसरे अंशमें प्रवेश करना।

Intubation (in-tū-ba-shun). The insertion of a tube into the larynx. स्वरयंत्रमें किसी नलीका प्रवेश।

Intumescence (in-tu-meś-ens). The swelling. सूजन।

Intumescent (in-tu-meś-ent). Swollen. फूला हुआ ; स्फीत।

Intumescentia (in-tu-mes-eń-she-ah). A swelling. सूजन ; स्फीति।

Intussusception (in-tus-sus-ep-shun). Invagination ; the folding of one segment of the intestine within another segment. अंत्र-

प्रवेश ; अंत्रावरोध ; एक आंतका शिरा दूसरेमें घुस जाना ।

Inunction. The administration of a drug in ointment form ; applied with rubbing. मरहमके रूपमें किसी ओषधिकी मालिश करना ।

Invalid (iń-val-id). Sick ; weak ; a sickly person. बीमार ; दुर्बल ; रोगी ।

Invalidism (iń-val-id-izm). Chronic sickness. पुरानो स्वास्थ्यहीनता ।

Invasion (in-vá-shun). The beginning of a disease. किसी बीमारीका आरम्भ ; रोगारम्भकाल ।

Invermination (in-veŕ-mi-ná-zhun) Helminthesis ; morbid states, caused by worms in the intestinal canel. अंत्र-प्रणालीमें क्रिमि हो जानेके कारण रोग ; क्रिमि रोग ।

Inversion (in-veŕ-shun), The act of inverting or turning over or back-word. विपर्यय ; विलोप क्रिया ; ऊपर या भीतरकी ओर उलट जाना ।

Inveterate (in-veť-er-āt). Chronic ; long seated ; finely established ; said of a disease or confirmed habits. कोई पुरानी. बहुत दिनोंकी स्थायी, दृढ़ीभूत बीमारी या आदत ।

Inviscation (in-vis-ká-shun). Smearing with saliva ; insalivation. चबानेके समय लार मिलाना ।

In-vivo. In the living body. जीवित अवस्थामें ।

Involucrum (in-vo-lú-krum). An enveloping membrane ; the covering of any part. आवरण ; आवरक झिल्ली ।

Involuntary (in-voĺ-un-ta-re). Independent of the will. इच्छा न रहनेपर भी ; अनैच्छिक । 2. Contrary to the will. इच्छाके विपरीत । **I Muscle,** muscles which act independently of the will. अनैच्छिक पेशियाँ ।

Involution (in-vo-lú-shun). The return of an enlarged organ to normal size. किसी यंत्रका वर्द्धित अवस्थासे स्वाभाविक अवस्थामें आ जाना । 2. The turning inward of the edges of a part. किसी अंशका किनारा भीतरकी ओर मुड़ जाना । **I. of the uterus,** the process of reduction of the uterus to its normal non-pregnant size, following child-birth. प्रसवके बाद गर्भाशयका अपनी अगर्भ स्वाभाविक अवस्थामें आ जाना ।

Iodate (i′-o dāt). A salt of iodic acid. आयोडिक एसिडका लवण ।

Iodine (i′-o-din). A poisonous element. used as medicine. ओषधिमें व्यवहृत जहरीला तरल ; अरुणक ; नीलीन ; भ्राइम ।

Iodoform (i-ó-do-form). A yellow antiseptic powder used largely in the medicine. आयोडोफार्म ।

Iridal (i′-rid-al). Relating to the iris. चक्षु-उपतारा-विषयक ।

Iridectomy (ir-id-ek-to-me). Removal of a part of iris by cutting. उपताराका कोई अंश काटकर निकाल देना ।

Iridimia (i-rid-é-me-ah). Hæmorrhage from the iris. चक्षु-उपतारासे रक्त-स्राव ।

Irideremia (ir-id-er-é-me-ah). Absence of the iris. उपतारा-रहित ।

Iridic (i-rid-ik). Relating to the iris. उपतारा विषयक ।

Iridodonesis (ir-id-o-don-é-sis). Trembling of the iris. उपताराका कम्पन ।

Iridoplegia (ir-id-o-plé-je-ah). Paralysis of the iris. उपताराका पक्षाघात ।

Iris (i-ris). The coloured membrane of the anterior part of the eye. चक्षु-सम्मुख भागकी रंगीन झिल्ली ; उपतारा ; कृष्णमण्डल ।

Irisopia (i-ris-op-e-ah). Visual defect in which objects appear surrounded by rings of coloured light. दृष्टि-दोष, जिसमें दिखाई देनेवाले पदार्थके चारों ओर रंगीन घेरा या चक्कर दिखाई देता हैं ।

Iritis (i-ri′-tis). Inflammation of the iris. उपतारा-प्रदाह ।

Irradiating (ir-rá-de-a-ting). Radiating from the centre. शरीर-मध्य-भागसे विकीर्णकारी ।

Irreducible (ir-ré-du-ci-ble). Incapable of bringing to normal condition. स्वाभाविक अवस्थामें लानेके अयोग्य ।

Irregular. Not in confirmity with the size of nature ; not systematic अनियमित ; अक्रमिक ; अनियमानुगत ; विधि-विरुद्ध ।

Irrespirable (ir-res-pir-a-ble). Not fit for breathing safely. अश्वसनीय ।

Irrigate (ir-rig-āt). To wash out. धो डालना ।

Irrigation (ir-rig-á-shun). Washing by a stream of water or other lotion. पानीकी धार या किसी औषधि-पूर्ण द्रवसे धोना ।

Irritation (ir-it-á-shun). A state of over-excitation and undue sensitiveness ; excitement ; stimulation. उत्तेजना ; प्रदाह ; कोषोद्दीपन ; उपदाह ।

Irrumation (ir-u-má-shun). Introduction of penis into the mouth of another person. अन्य व्यक्तिके मुखमें लिंगेन्द्रिय डालना ।

Ischemia, Ischæmia (is-ké-me-ah). Local and temporary deficiency of blood, chiefly due to the contraction of blood vessels. रक्त-वाहिनोके संकोचनके कारण स्थानिक और स्वल्पकालीन रक्त-स्वल्पता।

Ischesis (is-ké-sis). Suppression of a discharge. स्राव-रोध।

Ischialgia (is-ke-al-je-ah). Neuralgia of the hip. उरु स्नायु-शूल ; गृध्रसी वात।

Ischidrosis (is-kid-ró-sis). The suppresion of the secretion of sweat. पसीनाका स्राव रुकना ; स्वेद-स्राव-रोध।

Ischiobulbar (is-ke-o-bul-bar), Relating to the ischium and the bulb of urethra. मूत्रनाली-पिण्ड तथा वंक्षणास्थि-सम्बन्धी।

Ischomenia (is-ko-mé-ne-ah). Suppression of menses. ऋतु-रोध।

Ischioneuralgia (is-ke-o-nu-ral-je-ah). Sciatica. गृध्रसी वात।

Ischium (is-ke-um). Os ischic, the inferior part of the hip-bone. उर्वस्थिका निम्न-भाग ; वंक्षण देश।

Ischochymia (is-ko-ki'-me-ah). Dilatation of the stomach. पक्वाशयका प्रसारण।

Ischomenia (is-ko-rmé-ne-ah). Suppression of the menses. ऋतु-स्रावका रोध ; ऋतु-रोध।

Ischuria (is-ku-ré-ah). Retention or suppression of urine. मूत्र-रोध।

Isocellular (i-so-sel-u-lar). Composed of cells of equal size. समानाकार कोष-निर्मित।

Isochromatic (i-so-kro-mat-ik). Two objects of the same colour. दो समवर्णी पदार्थ।

Isochronal (i-sok-ro-nal). Occuring at regular intervals. नियमित समयका अन्तर देकर होनेवाला।

Isochronous (i-sok-ro-nus). Uniform in time. ठीक समयपर होनेवाला ; समकालीन ; समगतिरेखीय।

Isocoria (i-so-kó-re-ah). Equality in the size of two pupils. आंखकी दो पुतलियोंकी समानाकारता।

Isohypercytosis (i'-so-hi-pur-si-to-sis). A blood state in which the number of leucocytes is increased. रक्तकी एक अवस्था, जिसमें रक्तके श्वेत-कणोंकी संख्या बढ़ जाती है।

Isohypocytosis(i-so-hi'-po-si-tó-sis). Acondition of the blood in which the leucocytes are decreased in number. रक्तकी वह अवस्था, जिसमें रक्तके श्वेत-कण घट जाते हैं।

Isolate (i'-so-lāt). To separate from one another. पृथक्करण ; एकको दूसरेसे अलग रखना।

Isomeric (i-so-mer-ik). Composed of same element, in the same proportion by weight, but differently grouped. समावयविक।

Isomorphism (i-so-morf-izm). A similarity in crystalline form. सम-स्फटिक-रूपता ; समाकृतित्व ।

Isopathy (i-sóp-ath-e). The treatment of disease by means of a product of the same disease and also the treatment of a diseased organ by an extract of the same organ from a healthy animal. सम-रोग बीजसे किसी रोगकी चिकित्सा अथवा किसी रोगी यंत्रकी स्वस्थ जीवके उसी यंत्रके सारसे चिकित्सा करना ।

Isophagy (i-sof a-ji). Self digestion ; dissolution of cells by products of their own secretion. स्वतः पाचन ; किसी कोषका उसी कोषके रस-स्रावसे गल जाना ।

Isopia (i-sop-i-ah). Equality in all respects of the two eyes and of vision. दो चक्षु तथा दृष्टिकी सब प्रकारसे समानता ।

Isothermal (i-so-thér-mal). Of equal temperature. सम ताप-पूर्ण ; समतापी ; समोष्ण । **I. Line.** समौष्मिक रेखा । **I. Curve.** समौष्मिक वक्र ।

Isotonia, Isotonicity. Equality of tension of blood. रक्तके प्रसारणकी समानता ।

Isotonic (i-so-toń-ik). Having equal tension. समप्रसारण ।

Issue (ish-ú). 1. Progeny. वंश ; अपत्य । 2. An artificial ulcer to promote secretion and discharge of pus. पीव आदि स्राव निकालनेके लिये नकली जखम ; कृत्रिम व्रण ; कृत्रिम स्फोटक । गुल्म ।

Isthmitis (is-mi′-tes). Inflammation of the fauces. गलकोषका प्रदाह ।

Isthmus (iś-mus). The neck of an organ. किसी शरीर-यंत्रकी ग्रीवा । **I. Cerebri,** the mid-brain. मध्य-मस्तिष्क ।

Itch (ich). Scabies. खुजली ।

Itching (ich-ing). Pruritus. खुजलाहट ।

Iter (i′-ter). A passage leading from one part to another. एक अंशसे दूसरे अंशका पथ ; प्रणाली ।

Itch-mite. A minute animalcule, said to be found in or near the pustules of the itch. खुजलीके कीड़े ।

Ivory. The hard dentine of the tissues of elephants and certain other animals. हस्तिदन्त ; हाथी दाँत ।

J.

Jacksonian Epilepsy. Cortical epilepsy. मृगी, एक प्रकारकी मृगी।

Jackob's membrane. The thin external membrane of the retina. चक्षु-चित्रपत्रकी बाहरी झिल्ली।

Jacktitation (jak-ti-tā-shun). Restlessness. बेचैनी ; अस्थिरता।

Jail fever. Typhus fever. मोह ज्वर।

Jargonaphasia (jaŕ-go-naf-á-ze-ah). A defect of speech in which several words are run into one. वाक-विश्रृङ्खलता, जिसमें कई शब्द एक साथ हो निकल पड़ते हैं।

Jaundice (jawń-dis). A yellowness of the skin, eyes and secretion, due to the presence of bile pigments in the blood. पांडु रोग ; कामला रोग।

Jaw. Either of the two maxillary bones serving the purpose of seizing and masticating food. हनु ; जबड़े। **J. Bone,** the frame work of the jaw. हन्वस्थि।

Jecoral (jek-o-ral), 1. Relating to the liver. यकृत-सम्बन्धीय। 2. A preparation of cod-liver-oil. काड मछलीके तेलका एक पदार्थ।

Jecur (jé-ker). Liver. यकृत।

Jejunitas (je-jú-nit-as). Fasting. उपवास।

Jejunitis (j ej-u-ni'-tis). Inflammation of the jejunum. ऊर्ध्व क्षुद्रांत्र-प्रदाह।

Jejunum (jej-ú-num). Intestinum jejunum, the portion of small intestine, about eight feet in length between the duodenum and the ileum. द्वादशांगुल अंत्र और श्रोण्यस्थिके बीचका लगभग ८ फीटका क्षुद्रांत्रका स्थान ; ऊर्ध्व क्षुद्रांत्र ; शून्यांत्र।

Jelly (jel-e). A soft substance which is jelatinous. चाशनी ; मांड़।

Jerk. A sudden pull. झटका ; आकस्मिक स्पन्दन।

Jerk-finger. A disease in which the flexion or extension of a finger is accomplished by jerk. स्पन्दनशील अंगुलि।

Joint. Articulation ; the place of union. सन्धि।

Joint Capsule. Capsular ligament of a joint. सन्धि-आवरक नाड़ी-कोष।

Joint-evil. Anesthetic Leprosy. एक प्रकारका कुष्ठ।

Joint-mous. Loose cartilage or other body in a joint. संधिकी ढीली उपास्थि या सन्धिका अन्य शरीरांश।

Joint-muscle. A muscle which causes motion at a joint. सन्धि-चालिनी पेशी।

Jugal (jú-gal). Connecting. संयोजन। **J. Bone,** the cheek bone. गंडास्थि ; गालकी हड्डी।

Jugular (jú-gu-lar). Belonging to the throat or neck. ग्रीवा और कण्ठ-सम्बन्धीय। **J. Veins.** मातृका शिरा ; ग्रीवा-देशीय शिरा।

Jugulum. Neck or throat. ग्रीवा या कण्ठ।

Jugum. A ridge connecting two points. दो बिन्दुओंका मिलानेवाला उभार।

Juice (jús). The tissue fluid of a plant or animal. रस। 2. A digestive secretion. पाचक रस। **J. Gastric.** पाकाशयिक रस। **J. Pancreatic.** क्लोम रस।

Jumps. Nervous twitching. स्वाविक कम्पन। 2. Delirium tremens सकम्प प्रलाप।

Jungle fever. A malignant remittent fever occurring in the jungles of India. जंगली ज्वर।

Junket (juńg-ket). Curds and whey prepared by coagulating milk with rennet. दही।

Jurrisprudence Medical. The science which treats of the practical interrelation of law and medicine, the application of medical science to the determination of legal question. वैद्यक व्यवहार ; भैषज्य विचार।

Justo Major. Noting a pelvis, the diameter of which are greater than the normal. वस्ति-गह्वर, जिसका व्यास स्वाभाविककी अपेक्षा बर्द्धित अवस्थामें हो।

Juvantia (ju-vań-she-ah). Remedies. औषधियाँ।

Juxta-articular. That which is near a joint. सन्धि निकटस्थ।

K.

Kaif (ki'f). Dreamy tranquility from the use of drugs. ओषधि व्यवहारके कारण स्वप्नपूर्ण औंघाई ।

Kakidrosis (kak-id-ró-sis). Foul-smelling perspiration. दुर्गन्धित पसीना ।

Kakosmia (kak-oz'-me-ah). A disagreeable odor. बदबू ; दुर्गन्ध ।

Kala-azar (ka-lah-ah-zaŕ). An epidemic fever of Assam. काला-आजार ।

Kalagua (kah-lah-gwah). A South American drug used in tuberculosis. दक्षिण अमेरिकाकी एक बूटी, यह राज-यक्ष्मामें व्यवहृत होती है ।

Kali (ká-le). Potass. पोटास ।

Kaligenous (ka-lig-en-us (That which produces potass. पोटास उत्पन्नकारक ।

Kalium (ká-le-um). Potassium. पोटासियम ।

Kaolin (ká-o-lin). A fine clay, employed in skin-diseases and for coating pills. एक प्रकारकी सफेद खूब बारीक मिट्टी, यह चर्म-रोग तथा गोलियोंके आवरणके रूपमें व्यवहृत होती है ।

Karyonchrome. A nerve cell. the nucleus of which is stainable. एक स्नायु कोष ।

Karyoklasis (kar-e-ok-las-is) The breaking down of the cell-nucleus. अणु-मींगी भंग ।

Karyolobic (kaŕ-e-o-ló-bik). Having a lobe-shaped nucleus- खण्डाकार ; अणुमींगीवाला ।

Karyon (kaŕ-e-on) The cell-nucleus. अणुमींगी ।

Kassa (kaś-ah). A japanese term for leprosy. कुष्ठ रोग ।

Katabolism (kat-ab-o-lizm). See catabolic, catabolism. प्रतिलोम परिणाम । प्रतिवलनक्षय ; ध्वंस-क्रिया ।

Katatonia. A form of insanity. एक प्रकारका उन्माद ।

Katharol (kath-ar-ol). An antiseptic. एक शोधक पदार्थ ।

Kelis (ké-lis). Keloid. कोमगुनी ; किटिम ।

Keloid. A new-grawth of tumour of the skin which is fibrous and usually occurring at the site of the scar. कोर्म अर्बुद ; किटिम ।

Kendall's Fever. Yellow fever. पीत ज्वर ।

Kenophobia (ken-o-fó-be-ah). Cenophobia. A fear of large empty spaces. वृहत् उन्मुक्त स्थानका रोगात्मक भय।

Keratalgia (ker-at-al-je-ah). Pain in the cornea. कनीनिका शूल।

Keratitis (ker-at-i-tes). Inflammation of the cornea. कनीनिका-प्रदाह।

Keratocele (kér-at-o-sél). Hernia of the innermost layer of the cornea. शार्ङ्गत्वकाबुर्द।

Keratocentesis (ker-at-o-sen-té-sis). Puncturation of the cornea. कनीनिकामें छिद्र हो जाना।

Keratoconus (kér-at-o-kó-nus). A conical protrusion of the centre of cornea. कनीनिकाके मध्य शरीरमें वक्राकार प्रवर्द्धन होना।

Keratoderma (ker-á-to-der-mah). Any horny superficial growth of the cornea. कनीनिकामें कोई नोकदार प्रवर्द्धन पैदा हो जाना।

Keratolysis (ker-at-ol-is-is). The peelling off of the skin. खाल उघड़ना।

Keratoma (ker-at-ó-mah). A horny tumour. नुकीला अबुर्द।

Keratomalacia (kér-at-o-mal-á-se-ah). Softening of the cornea. कनीनिकाकी कोमलता।

Keratome (kér-at-óm). A knife used for incising the cornea. कनीनिका-छेदक छुरी।

Keratonosus (ker-at-oń-o-sus). Any disease of the cornea. कोई कनीनिका रोग।

Keratosis (ker-at-ó-sis). A skin-disease with thickened epidermic. एक चर्म-रोग, जिसमें अधस्त्वचा मोटी पड़ जाती है।

Keraunoneurosis. A neurosis excited by a stroke of lightning or resulting from fright caused by a thunder storm. विद्युत आघातके कारण स्नायु-रोग या बज्राघातके भयके कारण स्नायु-रोग।

Keraunophobia (ker-aw-no-fó-be-ah). A morbid fear of lightning. विद्युतका रोगात्मक भय।

Kerion (ké-re-on). A pustular, disease of the scalp ; tinea kirion. समुचाकिक दाद ; भैंसिया दाद ; चकत्तेके आकारका दाद।

Kidney (kid-ne). The urine secreting organ. मूत्र-स्रावी यंत्र ; मूत्रपिण्ड ; वृक्कक। **K. Fatty,** a kidney affected with fatty degeneration. मेदपूर्ण मूत्रपिण्ड। **K. Floating,** one whioh is loosened or displaced. असंयुक्त मूत्रपिण्ड या स्थानच्युत मूत्रपिण्ड। **K. Gouty or Granular,** one affected with chronic interstitial inflammation. पुराने सान्तर प्रदाहके कारण दूषित मूत्रपिण्ड।

Kiestein or Kyestin (ki-es-te-in, ki-eś-tin). The cheesy smelling film which forms the surface of the urine of a pregnant women. गर्भिणीके पेशाबपर एक झिल्ली तैरती रहती है, जिससे पनीर जैसी गन्ध निकलती है ; क्सिोन ।

Kilogram (kil-o-gram). One thousand grams. एक हजार ग्राम या २·६४ पाउण्ड ।

Kinematics (kin-em-at-iks). The science of motion, including the movements of the body. गति-विज्ञान ; शरीर गति-विज्ञान ।

Kinesalgia (kin-es-al-je-ah). Pain on muscular exertion. मांसपेशिक परिश्रम करनेपर दर्द ।

Kinesiesthesiometer (kin-es-e-es-the-ze-om-et-er). An instrument for testing the muscular sense. मांस-पेशिक चैतन्य-परोक्षक यंत्र ।

Kinesodic (kin-es-od-ik). Relating to motor nerve-paths. गति-स्नायु-पथ-विषयक ।

Kinesioneurosis. A nervous disorder of motion. गति-सम्बन्धी स्नायविक विश्रृङ्खलता ।

Kinesodic (kin-es-od'-ik). Relating to motor impulses. गति स्नायु-आवेग-विषयक ।

Kinetic (ki-net-ik). Pertaining to or producing, motion. गति-विषयक या गति उत्पादक ।

Kinetocyte (kin-et-o-sit). A wandering cell. एक भ्रमणात्मकारी कोष ; गतिकारक ।

Kings Evil. Scrofulla. कण्ठमाला ।

Kinometer (kin-om-et-er). An instrument to measure the amount of uterine displacement. जरायु-स्थान-च्युति-परिमापक यंत्र ।

Kleptomania (klep-to-má-ne-ah). Sadness, with an irresistable propensity to theft. चौर्योन्माद ; एक प्रकारका उन्माद, जिसमें रोगी अपनी चोरी करनेकी इच्छाको रोक नहीं सकता ।

Klisis (kli'-sis). Sympathy. सहानुभूति ।

Knee (ne). The articulation between the femur and the tibia, covered anteriorly by the patella. जानु ; जंघा । **K. Crp,** the patella. फलकास्थि । **K. Pan,** the flattened round bone on the front part of the knee. जानु-फलक ; घुटना ।

Kneippism (kni'-pizm). Cure by walking bare-foot in the morning-dew and cold bathing, etc. एक प्रकारकी चिकित्सा-प्रणाली, जिसमें सवेरेके वक्त ओसमें नंगे पांव चलना या टहलनेसे आरोग्य होता है ।

Knuckles (nuk-ls). The joints of the phalanges. अंगुलि-पर्व या सन्धि ; अंगुलि-सन्धि । 2. Loops of intestine. आंतोंके छिद्र ।

Kolyseptic (kol-is-ep-tik). Coly-septic, that which prevents septic process. सड़न रोकनेवाली ओषधि ; पचन-निवारक ।

Kresol (kré-sol). Creosol, an aromatic substance found in the urine. मूत्रमें प्राप्त एक सुगन्धित पदार्थ ।

Krypton (krip-ton). Gaseous element in the air. वायुका वाष्पपूर्ण तत्व ।

Kymograph. An instrument for recording various movements in the form of waves. तरंगाकार गति-निर्णायक यंत्र ।

Kymoscope. An instrument for recording the blood-current. रक्त-प्रवाह अंकन करनेका यंत्र ।

Kyphosis. Hump-back. कुबड़ा ।

Kysthitis (kis-thi'-tes). Vaginitis. अपत्यावर्त्त-प्रदाह ; योनि-प्रदाह ।

L.

Labia (lá-be-ah). The lips. ओष्ठ । **L. Leporina,** the hare-lip, a division of the lip, resembling that of the upper lip of the hare. शशकोष्ठ ; ओष्ठ-विदारण । **L. Majora,** the two large folds, constituting the external orifice of the pudendum. also called labia pudendi. बृहद् भगोष्ठद्वय । **L. Minora,** the two smaller folds, situated within the labia majora and frequently termed nymphœ. क्षुद्र भगोष्ठद्वय ।

Labial (lá-be-al). Relating to the lips. ओष्ठ-विषयक ।

Labialism (lá-be-al-izm). A form of stammering in which there is confusion in the use of labial consonants. एक वाचा-विशृङ्खलता या एक प्रकारका तोतलाना, जिसमें ओष्ठज व्यंजन-वर्ण उच्चारण करनेमें विशृङ्खलता उत्पन्न हो जाती है ।

Labile (lab-il). Not fixed ; unsteady. असंयोजित ; इधर-उधर हटनेवाला ।

Labioglossopharyngeal. Relating to the lips, tongue and pharynx. जिह्वोष्ठ तथा गलकोष विषयक ।

Labium (lá-be-um). A lip. एक ओष्ठ ।

Labor (lá-bor). Parturition. प्रसव । **L. Artificial,** that which is induced by mechanic or other extraneous means. कृत्रिम प्रसव ; प्ररोचित प्रसव ; **L. Dry**, in which the liquor amnii escapes too soon. प्रसव, जिसमें गर्भ-जल बहुत जल्द निकल जाता है । **L. False**, in which no progress towards delivery is made. कृत्रिम प्रसव । वह प्रसव, जिसमें पीड़ा तो होती है ; पर प्रसव नहीं होता । **L. Induced,** that brought by artificial means. प्ररोचित प्रसव ; कृत्रिम उपायसे प्रसव । **L. Premature**, that taking place before a normal period of gestation. अकाल प्रसव । **L. Spontaneous**, that which requires no artificial aid. स्वतः प्रसव ।

Labyrinth (lab́-ir-inth). The cavities of the internal ear. गहन ; अन्तःस्थ कर्ण-गह्वर ।

Labyrinthine (lab-ir-iń-thin). Pertaining to labyrinth. गहन-सम्बन्धीय ।

Labyrinthus (lab-ir-iń-thus). Labyrinth. गहन ।

Lac (lak). Milk. दूध । 2. Any milk-like medicinal preparation. कोई दुग्धवत् ओषधि ।

Lacerated (laś-er-a-ted). Torn. फटा ; छिड़ा ।

Laceration (las-er-á-shun). The act of teasing. फाड़नेकी किया । 2. A wound made by tearing. फाड़नेसे बना घाव ; छेदन, भेदन, विपाटन, विदारण ; छेदन-जनित क्षत चिह्न ।

Lacertofulvin (la-ser-to-ful-vin). A yellow colouring matter from the skin of certain reptiles. एक पीला वर्ण-साधक पदार्थ, जो कितने ही सर्प-चर्मों में प्राप्त होता है ।

Lachesis (lak-es-is). A homœopathic preparation of the venous of Lachesis Mutis, a south American serpent. दक्षिण अमेरिकाके लैकेसिस म्यूटिस नामक सर्प-विषसे प्रस्तुत होमियोपैथिक औषधि ।

Lachrymal (lak-rim-al). Pertaining to tears. अश्रु-सम्बन्धीय ।

Laciniate (las-iń-e-at). Jagged or fringed. झालरयुक्त होना ; धारदार होना ।

Lacrimal (lak-rim-al). Pertaining to tears. अश्रु-सम्बन्धीय । **L. Bone,** a small bone at the inner side of the orbit. चक्षु-गह्वरके भीतरी भागकी एक क्षुद्र अस्थि ; अश्रूवस्थि । **L. Caruncle,** a small red eminence at the inner angle of the eye. चक्षु-अन्तरकोणका क्षुद्र रक्त-प्रवर्द्धन । **L. Ducts,** the ducts of the lacrimal gland. अश्रु-प्रणाली ।

Lacrimation (lak-rim-á-shun). An excessive secretion of tears. अत्यधिक अश्रु-स्राव ।

Lacrimotomy (lak-rim-oť-o-me). Incision of the lacrimal sac or duct. अश्रु-खात या अश्रु-प्रणालीका नश्तर ।

Lactaciduria. The presence of lactic acid in the urine. पेशाबमें दुग्धाम्लकी उपस्थिति ।

Lactagog or Lactagogue (laḱ-ta-gog). An agent inducing milk secretion. दुग्ध-स्रावकारी ; स्तन-दुग्ध-उत्पादक ओषधि ।

Lactalbumin (lakt-al-bú-min). A proteid found in milk. दुग्धमें प्राप्त एक पोषक तत्व ।

Lactant (laḱ-tant), Suckling. दुग्ध-पान ; स्तन्यपान ।

Lactate (laḱ-tāt). A salt of lactic acid. दुग्धाम्ल लवण ।

Lactation (lak-tá-shun). The time of suckling. स्तन्य-पान कराना ।

Lacteal (laḱ-te-al). Pertaining to milk. दुग्ध-सम्बन्धीय । 2. One of the lymphatics of the small intestine that take up chyle. रस-नली ; क्षुद्रांत्रकी एक लसिकावाहिनी, जो दुग्ध-रसको शोषण कर लेती है ।

Lacteous (laḱ-te-us). Milky. दुग्धवत् ।

Lactescence (lak-teś-ens). A milky condition. दुग्धकारित्व ।

Lactic (laḱ-tik). Pertaining to milk. दुग्ध-सम्बन्धीय । **L. Fermentation,** the souring of milk. दुग्धका खट्टा बनाना ।

Lactiferous (lak-tif-er-us). Conveying milk ; secreting milk. दुग्ध-वाहिनी ; दुग्ध-स्रावी । **L. Duct,** the milk-conveying ducts of the mammary gland. स्तनकी दुग्ध-स्रावी नली ।

Lactifuge (laḱ-tif-ūj). An agent checking the secretion of milk. दुग्ध-स्राव-रोधक ।

Lactigenous (lak-tij'-en-us). Milk-producing. दुग्धोत्पादक ; दूध उत्पन्न करनेवाला ।

Lactigerous (lak-tij'-er-us). Producing milk. दुग्धोत्पादक ।

Lactin. Sugar of milk. दुग्ध-शर्करा ।

Lactis (laḱ-tis). Relating to milk. दुग्ध-सम्बन्धीय ।

Lactivorous (lak-tiv'-or-us). Feeding or subsisting upon milk. दूध खिलाकर रखा जानेवाला ; दुग्धपायी ।

Lactocele (laḱ-to-sel). A collection of milk-like fluid also termed Galactocele. दुग्धार्बुद ।

Lactocrit (laḱ-to-krit). An instrument for estimating the amount of fat in milk. दूधमें बसाकी माप करनेवाला यंत्र ।

Lactolin (laḱ-to-lin). Condensed milk. जमाया हुआ दूध ।

Lactometer. An instrument for measuring the purity of the milk. दुग्धाम्बु-निर्णायक यंत्र ; दूधमें कितना पानी है, यह जाँचनेका यंत्र ।

Lactose (lak-tos). Sugar of milk. दुग्ध शर्करा ; दूधको चीनो ।

Lactosuria (lak-to-sú-re-ah). Sugar of milk in the urine. पेशाबमें दुग्ध-शर्करा ।

Lacuna (la-ku'-nah). A small cavity or hollow space. क्षुद्र गह्वर या पीला स्थान ।

Lacunula (laku'-nu-lah). A small lacuna. एक अति क्षुद्र गह्वर ।

Lacus (lá-kus). A small cavity. एक छोटा गह्वर । **L. Lachrymalis,** the triangular space between the eyelids at the inner canthus. अश्रुवाही ह्रद ।

Lagnesis (lag-né sis). Satyriasis. पुरुषका कामोन्माद ।

Lagophthalmus (lag-off-thal-mus). An inability to close the eyes. आँखें बन्द करनेकी शक्तिका न रहना ।

La-grippe (lah-grip). Influenza. बहुव्यापक सर्दी होना ; श्लेष्मा ज्वर ।

Laky blood (lá-ke). Dark transparent blood from distruction of the red corpuscles. रक्तके लाल-कण ध्वंस हो जानेके कारण गहरा पारदर्शक रक्त ।

Lallation (lal-á-shun). A bubbling infantile form of speech. तोतलाना ।

Lalognosis (la-log-nó-sis). The understanding of speech. वाक्य-बोध ।

Laloneurosis (lá-lo-nu-ró-sis). Any nervous speech-disorder. स्नायविक वाचा-विश्रङ्खलता ।

Lalopathy (la-lop-ath-e). Any disorder affecting the speech. वाचा आकान्तकारी विश्रङ्खलता ; कोई रोग जिसमें बोली आकान्त हो जाती है ।

Lalophobia (la lo-fó-be-ah). Extreme dislike of speeching. बोलनेकी असीम अनिच्छा ।

Laloplegia (la-lo-plé-je-ah). Paralysis of the organs of speech. वाचा-यंत्रका पक्षाघात ।

Lamella (lam-el-ah). A thin plate or scale or film especially of the bone tissues. अस्थि प्रभृतिका सूक्ष्म स्तर या फलक ।

Lameness (lam-ness). Limping ; weakness of a limb. खंजता ; किसी अंगकी दुर्बलता ।

Lamina (lam-in-ah). A thin layer or scale ; a layer or coat lying over another. कलक ; सूक्ष्म स्तर ; चोंयटा ।

Laminated (lam-in-at-ed). Arranged in layers. स्तर-प्रति-स्तर ।

Lance (lans). To open with lancet. नश्तर देना ।

Lancet (lan-set). A two-edged surgical knife. एक दधारो नश्तर देनेकी छुरी ।

Lancinate (lań-sin-at). To tear. फाड़ना।

Lancinating (lań-sin-a-ting). Piercing; darting, as a pain. छुरी बेधनेकी तरह, छेदनेकी तरह दर्द।

Langour (lang-gor). Lassitude. आलस्य।

Lannelongue's Tibia. The deformed tibia of inherited syphilis. बंशगत अर्जित उपदंशके कारण कदाकार जंघास्थि।

Lanolin (lań-o-lin). Purified wool fat. मरहम तैयार करनेके लिये मेषके पशमसे निकाला हुआ सत।

Lanugo (lan-u′-go). The fine hair on the body of the fetus. भ्रूण-शरीरके पतले रोएँ।

Lapactic (lap-aḱ-tik). Pertaining to or effecting a removal; purgative. विरेचक; भेदक।

Laparocholecystotomy (lap-ar-o-kol-e sis-tot-o-me). Incision of the gall-bladder through an abdominal section. पित्ताशयमें उदर चीरकर नश्तर।

Laparocolostomy (lap-ar-o-ko-loś-to-me). Abdominal colostomy. उदरमें नश्तर।

Laparocolotomy (lap-ar-o-ko-lot-o-me). Inguinal colotomy. वंक्षण-व्यवच्छेद।

Laparocystectomy (lap-ar-o-sist-teḱ-to-me). Removal of a cyst, especially one produced by extra-uterine pregnancy, by an abdominal incision. कोषार्बुद, खासकर जरायुके बाहर गर्भ रह जानेपर जो कोषार्बुद हो जाता है, उसे तलपेटको चीरकर काट देना।

Laparoscopy. An instrumental examination of the abdomen तलपेटकी यंत्र द्वारा परीक्षा।

Laparotomy (lap-ar-oť-o-me). An abdominal incision. उदर-छेदन।

Lapis (lá-pis). A stone. पत्थर।

Lard (lard). A deps. चर्बी; बसा।

Lardaceous (lar-dá-se-us). Fatty or waxy. बसावत; मोमकी तरह।

Laryngeal (lar-iń-je-al).Pertaining to the larynx. स्वर-यंत्र-सम्बन्धीय।

Laryngectomy (lar-in-jeḱ-to-me). Extirpation of the larynx. स्वर-यंत्रका छेदन।

Laryngismus (lar-in-jiz′-mus). A spasmodic affection of the larynx. स्वर-यंत्रका एक आक्षेपिक रोग। **L. Stridulus**, a disease of children marked by sudden laryngeal spasm. बालकोंकी कण्ठनलीका आक्षेप।

Laryngitis (lar-in-ji′-tis). Inflammation of the larynx. स्वर-यन्त्रका प्रदाह।

Laryngocele. A saccular dilatation of the larynx. स्वरयंत्रका प्रसारण।

Laryngocentesis (lar-in-go-sen-té-sis). Puncture of the larynx. स्वरयंत्रमें छिद्र हो जाना।

Laryngograph. An instrument for recording laryngeal movements. स्वरयंत्रकी गति अंकित करनेवाला यंत्र।

Laryngography (lar-in-goǵ-ra-fe). A description of the larynx. स्वर-यंत्रका वर्णन।

Laryngology (lar-in-gol-o-je). Science of the larynx. कण्ठनली-विज्ञान।

Laryngoparalysis (lar-in-go-par-al-is-is). A paralysis of the vocal bands from certain nervous affection. कितने ही स्नायविक रोगोंके कारण स्वरयंत्र-बन्धनका पक्षाघात।

Laryngopathy (lar-in-gop-ath-e). Any affection of the larynx. स्वर-यंत्रका कोई रोग।

Laryngopharynx. The portion of the pharynx above the larynx. स्वरयंत्रके ऊपरवाला गलकोषका अंश।

Laryngophony. The vocal sound as heard in auscultation of the larynx. स्वरयंत्रके आकर्णनके समय आने-वाली स्वरयंत्रकी आवाज।

Laryngoplegia (laŕ-in-go-plé-je-ah). Paralysis of the larynx. स्वरयंत्रका पक्षाघात।

Laryngorrhagia (lar-ing-o-rá-je-ah). Hemorrhage from the larynx. स्वर-यंत्रसे रक्त स्राव।

Laryngorrhea (laŕ-in-gor-é-ah). Excessive secretion of mucus, whenever the voice is used. कुछ बोलते ही बहुत ज्यादा बलगम निकलने लगना।

Laryngoscope (lar-iń-go-skop). An apparatus for use in ocular examination of the larynx. कण्ठ-वीक्षण यंत्र।

Laryngostasis (lar-ing-oś-tas-is). Croup. घुंड़ी खाँसी ; काली खाँसी।

Laryngostenosis (lar-in-go-steń-o-sis). Narrowing of the larynx. स्वर-यंत्रका संकरा पड़ जाना।

Laryngotracheitis (lar-in-go-tra-ke-i'-tis). Inflammation of the larynx and trachea. स्वर-यंत्र और टेंटुआका प्रदाह।

Larynx (laŕ-inks). The upper part of a wind-pipe ; organ of voice. वायुनलीका ऊपरी भाग ; स्वरयंत्र।

Lassitude (las-it-ūd). Weakness ; exhaustion. दुर्बलता ; क्लांति। आलस्य।

Latent (lā-tent). Concealed ; not manifest. गुप्त ; छिपा ; प्रच्छन्न।

Laterad (lat-er-ad). Towards a side. एक पार्श्व स्थित।

Lateral (lat-er-al). Pertaining to a side. एक पार्श्व-सम्बन्धीय ; पार्श्वाभि-मुखीय ; पार्श्वस्थ।

Lateritious (lat-er-ish-us). Brick-like ; of the colour of brick. ईंटकी तरह ; ईंटके रङ्गका ।

Lateroduction (lat-er-o-duk-shun). Movement of an eye to either side. किसो आँखकी दोनों ओरकी गति ।

Lateroflection, Lateroflexion (lat-er-o-flek-shun). A flexion to one side. एक पार्श्विक झुकाव ।

Lateropulsion (lat-er-o-pul-shun). An involuntary tendency to go to one side. एक पार्श्विक-गतिकी अनैच्छिक प्रवणता ।

Latissimus Dori. A broad muscle of the neck. गलेकी एक चौड़ी पेशी ।

Lateroversion (lat-er-o-ver-zhun). A turning to one side. एक पार्श्वकी ओर पलटना ।

Laudable (law'-dab-l). Commendable ; healthy. स्वस्थ ।

Laudanin (lod-an-in). An alkaloid of opium. अफीमका उपक्षार ।

Laudanum (law-dan-um). The tincture of opium. अफीमका अरिष्ट ।

Lavage (lah-vahzh). The washing out of an organ, as the stomach or bowel. पाकाशय, अंत्र आदि यंत्रोंको धोना ।

Lavement (lāv-ment). Enema. वस्ति-क्रिया ।

Law. A constant mode of action of forces or phenomena. नियम ; कानून ; विधि ; नैसर्गिक नियम ।

Lax (laks). Loose ; slack. ढीला ; शिथिल ।

Laxative (laks-at-iv). A mild purgative. हलका जुलाब ।

Laxator (laks-á-tor). A muscle loosening or relaxing. शिथिल-कारिणी पेशी ।

Layer (lā-er). A mass of nearly uniform thickness spread over an area. स्तर ; परत ; पुट । **L. Bacillar,** the outermost but one of the retinal layers. चक्षु चित्र-पत्रका वाह्य स्तर । **L. Horny,** the outer layer of the skin. चर्मका वाह्य स्तर ।

Lazaretto (laz-ar-et-o). Quarantine station for contagious diseases. जिनके द्वारा संक्रामक रोग फैल सकते हैं, ऐसे रोगियोंको पृथक रखनेका मकान या अस्पताल ।

Lead (led). Plumbum. सीसा । **L. Black,** graphite. ग्रेफाइट । **L. Colic,** colic from lead-poisoning. सीसाके विषके कारण उदर-शूल । **L. Encephalopathy,** cerebral disease from lead-poisoning. सीसक-विषके कारण मस्तिष्क रोग । **L. palsy,** a paralysis of the muscle of the arm due to lead. सीसाके कारण बाहुका एक प्रकारका पक्षाघात ।

Lead-pipe Contraction, A cataleptic state in which the limbs maintain any position given them.

एक प्रकारकी निःस्पन्दन-वायु रोगकी दशा, जिसमें अंग जिस अवस्थामें रख दिये जाते हैं, वैसे ही पड़े रहते हैं।

Leaping Ague. A variety of dancing mania. नर्त्तनोन्मादका एक प्रकार।

Lectual (lek-tu-al). Pertaining to a bed. बिछावन-सम्बन्धीय।

Lectulus (lek-tu-lus). A bed or couch. बिछावन या पलंग।

Leech. A catyloid worm, largely used to the local abstraction of blood. जोंक।

Leeches (lech-ez). A disease of mules and cattles. खच्चर तथा पशुओंका एक रोग।

Lees (lez). Sediment of wine, etc. शराबका तलछट ; गाद ; किट्ट।

Left. Sinistral ; opposite of right. बाम ; बायाँ।

Leg. The lower extremity, especially from the knee down. पाद ; पैर।

Leiphemia (li-fé-me-ah). Poverty of the blood. रक्ताल्पता।

Leipodermia. Deficiency of the skin. चर्मकी कमी।

Leipomeria. The congenital absence of a limb or part. किसी प्रत्यंग या शरीरांशका जन्मसे ही न रहना।

Leippothymia (li-po-thi'-me-ah). Syncope. मूर्च्छा।

Lemma. An ensheathing membrane. एक आवरक झिल्ली।

Lemniscus (lem-niś-kus). Fillet. एक प्रकारको पट्टी।

Lemoparalysis (le-mo-par-al-is-is). Paralysis of the gullet. अन्नवहानलीका पक्षाघात।

Lemostenosis. Constriction of the pharynx and esophagus. कण्ठनली तथा गलकोषका संकोचन।

Lenitive (len-it-iv). Slightly laxative ; demulcent. मृदु विरेचक ; स्निग्धकारक ; उपदाह-प्रशामक।

Lens (lenz). A transparent convex or concave disc. एक पारदर्शक नतोदर या उन्नतोदर पटल। 2. The crystalline lens of the eye. चक्षु-कला ; स्वच्छ पटल ; ताल। **L. Crystalline,** the lens of the eye. चक्षु-चित्रपत्र।

Lenticular (len-tik-u-lar). Pertaining to a lens. चक्षु-चित्रपत्र-सम्बन्धीय।

Lentigo (len-ti'-go). A freckle ; a small local pigmentation of the skin. न्यच्छ ; चर्म-रोग-विशेष।

Leontiasis (le-on-ti'-as-is). A bilateral hypotrophy of the bones of the face and skull. मुख-शल्किका ; मुख-कुष्ठ।

Leper (lep-er). One affected with leprosy. कुष्ठ-रोगी।

Lepidic (lep-id′-ik). The lining membrane tissues of the embryo. भ्रूणकी लहरदार झिल्ली।

Lepidosis (lep-id-ó-sis). Any scaly eruption. कोई शल्कपूर्ण उद्भेद।

Lepra (lep-rah). Leprosy. कुष्ठ रोग। 2. Psoriasis. विचर्चिका।

Lepriasis. Specific name for leprosy. महाव्याधि ; कुष्ठ रोग।

Leprid (lep-rid). A leprous skin disease. कुष्ठकी भाँतिका एक चर्म-रोग।

Leproma (lep-ró-mah). A leprous tumour or swelling. एक कुष्ठोत्पन्न अर्बुद या सूजन।

Leprosery (lep-ros-er-e). A hospital or colony of lepers. कुष्ठ-रोग चिकित्सालय ; कुष्ठ-रोगी निवास।

Leprosy (lep-ro-se). A chronic, transmissible disease, due to a specific microbe, the Myobacterium lepræ. कुष्ठ-व्याधि ; गलित् कुष्ठ। महा रोग।

Leprotic (lep-rot-ik). Pertaining to leprosy. कुष्ठ-विषयक।

Leprous (lep-rus). Pertaining to or affected with leprosy. कुष्ठ-सम्बन्धीय या कुष्ठ-रोगी।

Leptodermic (lep-to-der-mik). Thin skinned. पतले चर्मवाला।

Leptomeningitis (lep-to-men-in-ji′-tis). Inflammation of the pia and arachnoid membrane of the brain or spinal cord. मस्तिष्क तथा सुषुम्नाकी मध्यमात्रिका और जालदार झिल्लीका प्रदाह।

Leptopellic (lep-to-pel-ik). Having an abnormally narrow pelvis. अस्वाभाविक रूपसे संकरे वस्ति-गह्वरवाला।

Leptophonia (lep-to-fó-ne-ah). Weakness of voice. शब्द-दौर्बल्य ; आवाजकी कमजोरी।

Leptoprosope (lep-top-ro-sop). A person with a narrow face and elongated cranium. संकरा चेहरा तथा लम्बी खोपड़ीवाला व्यक्ति।

Leptorrhine (lep-tor-in). Having a thin nose. पतली नाकवाला।

Lesion (lé-zhun). A wound or injury. कोई घाव या चोट। 2. A more or less circumscribed pathological change in tissues. मांस-तन्तुओंमें कुछ-न-कुछ चकत्तेकी तरह नैदानिक परिवर्त्तन।

Lethal (lé-thal). Deadly, fatal. मारात्मक ; प्राणघातक।

Lethargy (leth-ar-je). A condition of drowsiness. निद्रालुताकी एक अवस्था ; तामसी निद्रा ; अस्वाभाविक तन्द्रालुता।

Lethe (lé-thẹ). Loss of memory. स्मरण शक्तिका क्षय।

Leucemia (lu-sé-me-ah). See Leukemia. ल्यूकिमिया शब्द देखिये।

Leucine (lú-sin). A crystalline substance found in varinus parts of the body. शरीरके कितने ही भागोंमें प्राप्त एक मणिभ पदार्थ ; पेशीका शुभ्रवर्ण पदार्थ ।

Leucocyte (lú-ko-sit). A white blood-corpuscle. श्वेत रक्त-कण ।

Leucocythemia (lu-ko-si-thé-me-ah). Leukemia. रक्तमें श्वेत-कणकी अधिकता ।

Leucocytoblast (lu-ko-si'-to-blast). The mother-cell of leucocyte. श्वेतकण मातृ-कोष ।

Leucocytogenesis (lú-ko-si-to-jen-es-is). The formation of leucocytes. श्वेत-कणका निर्माण ।

Leucocytolysis (lu-ko-si-tol-i's-is). Destruction of leucocytes. श्वेत-कणका नाश ।

Leucocytoma. A tumor composed mainly of round cells resembling leucocytes. रक्तके श्वेत-कणके आकारके गोल कोषोंसे बना अर्बुद ।

Leucocytosis (lu-ko-si-tó-sis). The presence of leucocytes in the blood. रक्तमें श्वेत-कणकी उपस्थिति ।

Leucoderma (lu-ko-der-mah). Abnormal whiteness or albinism in patch ; a lack of normal pigmentation of the skin, especially that which is partial. धवल कुष्ठ ; श्वेत कुष्ठ ।

Leucoma. A dense, opaque, white opacity of the cornea. आँखको फूली ।

Leuconecrosis. White gangrene. सफेद सड़न रोग ।

Leucopenia (lu-ko-pé-ne-ah). Decrease of leukocytes. रक्तके श्वेत-कणका घट जाना ; शोथावस्था ।

Leucophlegmasia (lu-ko-fleg-má-ze-ah). A tendency to dropsy. शोथ-प्रवणता ।

Leucoplacia (lu-ko-plá-ki-ah). Irregular white patches on the macous membrane of the tongue. जीभपर असम सफेद धब्बे ।

Leucorrhagia. Leucorrhea. श्वेत-प्रदर ।

Leucorrhea, Leucorrhœa (lu-kor-é-ah). A discharge from the vagina of a white, more or less viscid fluid, containing mucus and pus cell. श्वेत-प्रदर ; प्रदर-स्राव ।

Leucosarcoma (lu-ko-sar-kó-mah). A colourless sarcoma. एक वर्ण-विहीन मांसार्बुद ।

Leucosis (lu-kó-sis). Any disease of the skin. चर्म-रोग । 2. Abnormal pallor of the skin. चर्मका अस्वाभाविक पीलापन ।

Leusin (lú-sin). A crystalline body found in the brain-tissue. मस्तिष्क तन्तुओंमें प्राप्त एक मणिभ पदार्थ ।

Levator (le-vá-tor). A muscle that elevates a part. उत्तोलक पेशी ; ऊपर उठानेवाली पेशी ।

Levigation (lev-ig-á-shun). The trituration of a substance. किसी पदार्थका विचूर्ण ।

Levulose (lev'-u-lós). The natural sugar of fruits. फलकी स्वाभाविक चीनी ।

Levulosuria. The excretion of levulose in the urine, मूत्रमें फल-शर्करा निकलना ।

Libidinous, Libido (lib-id-in-us, lib-id-o). Characterized by strong sexual desire. अत्यधिक कामवासना ।

Libra (li-brah). A pound. एक पाउण्ड ; १२ आउन्स ।

Lichen (li-ken). A papular inflammation of the skin, शैवालिका । घमौरी । **L. Agrius**. Eczema papulosum. रौद्र शैवालिका । **L. Pilaris**, a form attacking the hair follicles. कक्षी शैवालिका । **L. Tropicus**, summer rash. घमौरी ; उष्ण-शैवालिका ।

Lichenoid (li-ken-oid). Resembling lichen. घमौरीके आकारका ।

Lien (li-en). The spleen. प्लीहा ; पिलही ।

Lienal (li'-en-al). Pertaining to the spleen. प्लीहा-सम्बन्धीय ।

Lienitis (li-en-i'-tis). Inflammation of the spleen. प्लीहा-प्रदाह ।

Lienomalacia (li-en-o-mal-á-se-ah). Softening of the spleen. प्लीहाकी कोमलता ।

Lienteric (li-en-ter-ik). Pertaining to lientery. अतिसारमें खाद्य-पदार्थ निकलना ।

Lientery, Diarrhœa with undigested food. अनपचका भोजन दस्तमें आनेवाला अतिसार ।

Life (lif). 1. Vitality ; the power by which an organism exists and exercises its functions. जीवनी-शक्ति । 2. The period between birth and death. जन्म और मृत्युके भीतरका काल ।

Ligament. A band or sheet of fibrous tissues connecting two or more bones, cartilages or other structures or serving as support for fasciæ or muscles. बन्धनी ।

Ligamentous. Pertaining to a ligament. बन्धनी-सम्बन्धीय ।

Ligation (li-ga-shun). The act of tying. बन्धन ।

Ligature (lig-at-chūr). A thread wire, fillet or the like, tied tightly around a blood-vessel, the pedicle of a tumor or other structure in order to constrict it. सुदृढ़ सूत्र-बन्धनी ।

Light (lit). Ethereal waves to which the retina is sensitive and which thus render visible the object whence they proceed. आलोक ; रोशनी ।

Lignum (liǵ-num). Wood. काठ ।

Ligula (liǵ-u-la). A tongue-shaped organ. एक जिह्वाकार यंत्र । 2. A strip of white matter on the margin of the fourth ventricle. कोष-फलक ; चतुर्थ ग्राहक-कोष्ठके किनारेपरकी एक सफेद तही ।

Limb (lim). A leg or an arm. बाहु या पैर ।

Limbic (lim-bik) Marginal. किनारेपरका ।

Limbus (lim-bus). A margin. किनारा ।

Limic (lim-ik). Relating to hunger क्षुधा-सम्बन्धीय ।

Liminal (lim-in-al). Least ; lowest सबसे कम ; सर्व-निम्न ।

Limitans (lim-it-ans). Limiting ; bounding, सर-दर्द ।

Limitrophes (lim-it-ró-fez). Ganglions of the sympathetic nerve. सहानुभूतिक स्नायुके वातगण्ड ।

Limon (li'-mon). Lemon. नेंबू ।

Limophthesis (lem-off-thé-sis). Emaciation from lack of sufficient nourishment. खाद्याभाव-जनित क्षीणता ।

Limosis (li-mó-sis). Hunger, especially, abnormal or inordinate hunger. अस्वाभाविक या विकृत क्षुधा ; रोगजनित क्षुधा ।

Limotherapy (lim-o-the-ra-phy). Hunger-cure. उपवास चिकित्सा ।

Line (lin). An unit of length. रेखा ; लकीर ।

Linea (lin-e-ah). A line. **L. Albo,** the white line in the middle of abdomen. तलपेटके मध्यकी सफेद रेखा ।

Lineament. The outline of the face. चेहरेका प्रान्त भाग ।

Lingua (ling-gwah). The tongue. जिह्वा ; जीभ ।

Lingual (ling-gwal). Pertaining to the tongue ; glossal. जिह्वा-सम्बन्धीय । **L. Bone,** the hyoid bone. जिह्वामूलास्थि ।

Lingula (liǵ-u-lah). A small lobule of the cerebellum. लघुमस्तिष्कका एक क्षुद्र खण्ड ।

Liniment (lin-im-ent). Embrocation ; a liquid ointment for external use. मर्द्दन ; मालिश ; उपदेह ।

Linition (lin'-ish-un). The process of applying a liniment. मरहम लगानेकी प्रणाली ।

Lint. Scraped linen used for dressing wound. पट्टी बांधनेका मलमलका कपड़ा ।

Lip. 1. One of the two borders of the mouth. ओष्ठ ; ओठ। 2. Edge of a wound. घावका किनारा।

Lipacidemia (lip-as-id-é-me-ah). Presence of fatty acids in blood. रक्तमें बसामय अम्लकी उपस्थिति।

Lipaciduria (lip-as-id-u-re-ah). Presence of fatty acids in urine. पेशाबमें बसामय अम्ल प्राप्त होना।

Liparocele (lip-ar-o-sel). A fatty tumour. एक बसाबुंद।

Liparomphalus (lip-ar-om-fal-us). A fatty tumour at the umbilicus. नाभि परका बसाबुंद।

Lipemia, Lipæmia (lip-é-me-ah). The presence of oil or fat droplets in the blood. रक्तमें बसा या तैल बिन्दुकी वर्त्तमानता।

Lipide (lip-id). Like fat. चर्बीको तरह।

Lipochrome (lip-o-krom). A group of fatty pigments found in animal tissues. जैव मांस-तन्तुओंमें प्राप्त बसाकण-समूह।

Lipoma (lip-ó-mah). A fatty tumour. मेदाबुद।

Liposphyrea. Absence or cessation of the pulse. नाड़ी विच्छेद ; नाड़ी न मिलना।

Lipothymia (lip-o-thi-mi′-ah). Faintness, मूर्च्छना।

Lippitude, Lippitudo. A pure form of exudation from the eyelids. पलकोंसे लसदार स्राव।

Lipsotrychia (lip-so-trik-e-ah). Falling out of the hair. केश झड़ जाना।

Lipuria (lip-ú-re-ah). The presence of fat in the urine. मूत्रमें बसाकी उपस्थिति ; बसामय मूत्र।

Liquefaction (lik-we-fak-shun). A conversion into liquid. द्रवण ; तरलावस्थामें परिणति।

Liquid (lik-wid). A substance that flows. तरल ; बह जानेवाला पदार्थ।

Liquor (lik-ur). Solution ; an aqueous solution, a solution not obtained by distillation. द्रव-पदार्थ ; उपलीय अंश ; सुरा। **L. Amnii,** fluid by which the fetus is surrounded in the womb. भ्रूण कोषोदक। **L. Sanguinis,** an almost colourless liquid of the blood. रक्तका तरलांश। **L. Seminis,** the liquid portion of semen. वीर्यका तरलांश।

Lithagog or Lithagogue (lith-ag-og). An agent that expels calculi. पथरी निकालनेवाला ; शिलानाशक औषध।

Lithate (lith-āt). A salt a lithic acid. मूत्राम्ल लवण।

Lithecboly. Expulsion of a stone by contraction of the bladder. मूत्राशयके संकोचनसे पत्थरका निकल जाना।

Lithectasy (lith-ek-tas-e). The extraction of calculi through the mechanically dilated urethra. मूत्र-नलीको फैलाकर पथरी निकाल लेना।

Lithemia (lith-e-me-ah). An excess of uric acid in the blood. रक्तमें मूत्राम्लकी अधिकता।

Lithiasis (lith-i'-as-is). The formation of calculi in the body. शरीरमें अश्मरीका निर्माण।

Lithic (lith-ik). Relating to stone or uric acid. मूत्राम्ल या पथरी सम्बन्धीय। **L. Acid.** मूत्राम्ल।

Lithology (lith-ol-o-je). The science of the nature of calculi. अश्मरी विद्या।

Litholysis (lith ol-is-is). The dissolution of calculi in the bladder. मूत्राशयमें ही पथरीको गला देना।

Lithometra (lith-ó-me-trah). Ossification of the uterus. जरायुकी अश्मरी।

Lithomyl (lith-o-mil). An instrument for crushing a stone in the bladder. मूत्राशयमें ही पथरी कुचल देनेवाला यंत्र।

Lithonephria (lith-o-nef-re-ah). Any diseased condition due to the presence of calculi in the kidney. गुर्देमें पथरी रहनेके कारण कोई उपसर्ग पैदा हो जाना।

Lithopedion, Lithopædion (lith-o-pé-de-on). A dead fetus that has become stony. पत्थरकी तरह हो गया मृत भ्रूण।

Lithosis (lith-o-sis). A diseased condition of the lung due to the inhalation of fine particles of stone. श्वासके साथ पत्थरके क्षुद्र कण जानेके कारण कोई फुस्फुस रोग।

Lithotomy (lith-ot-o-me). The removal of a stone by cutting into the bladder ; crystotomy. मूत्राशयमें नश्तर देकर पथरी निकालना।

Lithotresis (lith-o-tré-sis). The boring of holes in a calculus. मूत्र-पथरीमें छेद कर देना।

Lithotrite (lith-o-trit). An instrument for crushing a stone in the bladder. मूत्राशयमें पथरी चूर देनेवाला यंत्र।

Lithuria (lith-ú-re-ah). Excess of uric acid in the urine. मूत्रमें मूत्राम्लकी अधिकता।

Litmus. A blue pigment from lichens, turned red by acids. अम्ल परीक्षार्थ नील वर्ण। **L. Paper,** paper impregnated with litmus, used as a test for alkalis and acids. मूत्राम्ल तथा मूत्र-क्षार परीक्षामें व्यवहृत होनेवाला एक प्रकारका कागज ; लिटमस कागज।

Litter (li-ter). A stretcher for carrying the sick or wounded. आहत तथा रोगीको उठाकर ले जानेवाला डोलन।

Live (liv). Living ; animate. जीवित ; प्राणधारी ।

Livedo (liv-é-do). The liver. यकृत । 2. A small bluish spot in a tissue. किसी तन्तुका क्षुद्र नीलाभ स्थान ।

Liver. The glandular viscus that secretes bile. यकृत ; पित्त-स्रावी ग्रन्थि ।

Livid (liv′-id). Discoloured from the effects of congestion or contusion ; black and blue. काली लकड़ीकी तरह ; नीला रंग ; कृष्णवर्ण ; रक्त-संचय या रक्तावरोधके कारण रंगका बिगड़ जाना ।

Lobe (lob). A part of an organ or viscus demarked by fissures or divisions. उपखण्ड ।

Lobular (lob-u-lar). Of or pertaining to a lobule. उपखण्ड-सम्बन्धीय ; उपखण्डक ।

Lobule (lob-ūl). A little lobe. क्षुद्र उपखण्ड ।

Lobus. A lobe. उपखण्ड ।

Local (ló-kal). Pertaining to one spot or part ; not general. स्थानिक ; एकांगी ; सार्वाङ्गिक नहीं ।

Localization (lo-kal-iz-á-shun). The determining of the seat of a disease. रोग-स्थान-निर्देश ; स्थान-निश्चयन ; स्थानारोपण ।

Lochia (ló-ke-ah). A vaginal discharge after child-birth. प्रसवान्तिक स्राव ; प्रसवके बादका स्राव ; परिस्रव ।

Lochiocalpos (lo-ke-o-kal-pos). Distention of the vagina by retained lochia. रुद्ध प्रसवान्तिक स्रावके कारण योनि-पथका प्रसारण ।

Lochiorrhea (lo-ke-or-é-ah). An abnormally free lochial discharge. अस्वाभाविक रूपसे बहुत अधिक प्रसवान्तिक स्राव ।

Lochioschesis (lo-ke-os-ke-sis). Retention of the lochia. प्रसवांतिक स्राव-रोध ; परिस्रव-रोध ।

Lochometritis (lo-ko-me-tri′-tis). Puerperal metritis. सूतिकावस्थाका जरायु-प्रदाह ।

Lock-jaw. Tetanus or trismus. दाँती लगना ।

Lockwoods ligament. The suspensory ligament of the eye-ball. चक्षुगोलककी सहायक बन्धनी ।

Locomotion (lo-ko-mó-shun). Animal movement. जैव गति ; गति-शक्ति ; संचरण-शक्ति ।

Locomotor (lo-ko-mó-tor). Pertaining to locomotion, **L. Ataxia,** See Ataxia. (एटेक्सिया देखिये ।) गति-शक्ति-राहित्य ।

Locular (lok-u-lar) Divided into small cavities. क्षुद्र गह्वरमें विभाजित ।

Loculus (lok-u-lus). A small space or cavity. एक क्षुद्र स्थान या गह्वर ।

Locus (ló-kus). A place. स्थान ; जगह ।

Logomania (log-o-má-ne-ah). Talkative insanity. बकवादीपन सम्मिलित उन्माद । 2. **L. Aphasia.** वाचा-शक्ति-राहित्य ।

Logoneurosis (log-o-nu-ró-sis). Any neurosis with disorder of the speech. वाचा-शक्तिकी गड़बड़ीके साथ कोई स्नायु-सम्बन्धी रोग ।

Logoplegia (log-o-plé-je-ah. Any paralysis of the speech organ. वाक्-यंत्रका पक्षाघात ।

Logorrhea (log-or-é-ah). Abnormal repidity of speech. वाक्शक्तिकी अस्वाभाविक तीव्रता ।

Loimic (loi'-mik). Relating to the plague. महामारी विषयक ।

Loimology (loi-mol-oj-e), The science of epidemic contagious diseases. बहुव्यापक संक्रामक रोग-विज्ञान ।

Loins (loinz). The lower part of the back. पीठका निम्न भाग ; कमर ।

Longevity (lon-jev'-it-e). Long life. दीर्घ-जीवन ।

Long-sightedness (long-sit-ed-ness) दूर-दृष्टि ।

Lordoma (lor-dó-mah). See Lordosis. लारडोसिस देखिये ।

Lordosis (lor-dó-sis). Curvature of the spinal column with a forward convexity. मेरुदण्डकी अग्रवर्त्ती वक्रता ।

Lotion. A liquid preparation used for washing. धावन ।

Lotium. Urine. पेशाब ; मूत्र ।

Loxophthalmus (loks-ot-thal-mus). Strabismus. डेरा देखना ; वक्र-दृष्टि ।

Lucid (lú-sid). Clear ; not obscure. स्वच्छ ; उज्वल ।

Lucidity (lu-sid'-it-e). Clearness of the mind. मनकी स्वच्छता ।

Lucifugal (lu-sif-u-gal). Avoiding bright light. चमकीली रोशनीसे बचना ।

Lucotherapy (lu-ko-ther-ap-e). The treatment of disease by rays of light. आलोक-किरण चिकित्सा ।

Luetic (le-oot-ik). Affected with syphilis. उपदंश-ग्रस्त ।

Lumbago (lum-ba-go). Pain in the lumbar region. कटि-वात ; कमरका दर्द ।

Lumbar (lum-bar). Pertaining to the loins. काव्य ; कटि-सम्बन्धीय ।

Lumbodynia (lum-bo-deń-e-ah). Lumbago. कटि-वात ।

Lumbricales (lum-brik-á-lez). Small muscles of the hand and foot. हाथ और पैरकी क्षुद्र पेशियाँ ।

Lumbricus (lum-brık-us). A genus of intestinal worms. केचुआकी एक जाति ।

Lunar. Shaped like half-moon. अर्द्ध चन्द्राकार ।

Lunare Os. One of the bones of the wrist so named from its shape. अर्द्ध चन्द्राकृति अस्थि ।

Lunatic (lú-nat-ik). One affected with insanity. उन्माद-ग्रस्त ।

Lung (lung). One of a pair of viscera occupying the cavity of the thorax, the organs of respiration in which airation of the blood takes place. फुस्फुस ; फेफड़ा । **L. Fever,** pneumonia. फुस्फुस-प्रदाह । **L. Stone,** the calcification of lung-tissue. फुस्फुस-तन्तुओंका कड़ा पड़ जाना ।

Lunula (lú-nu-lah). The whitish semilunar area near the root of the nails. नाखूनकी जड़के पास सफेद अर्द्ध चन्द्राकार स्थान ।

Lupiform. Resembling lupus. वृक्क रोगके आकारवाला ।

Lupus (lú-pus). Tuberculosis of the skin, occurring in the form of reddish brown tubercles. वृक्क रोग, नकड़ा, चेहरातक और कभी मुँहतक दानोंका पैदा होना और कभी मांसका गलने लगना, इसका लक्षण है ।

Lutein (lú-te-in). The yellow pigment of corpora lutea. मस्तिष्क-गात्रका पीत वर्ण ।

Luxation (luḱs-á-shun). Dislocation ; displacement of the articular extremity of a bone from its proper place. सन्धि-च्युति ; सन्धि-विहीन ।

Luxutriant. Exuberant ; growing in excess. अति मात्रामें उत्पन्न ; अतिशय उर्व्वर ; अति वर्द्धनशील ; सतेज ।

Luxus (luḱs-us). Excess of any sort. कोई भी अमिताचार ; किसी तरहकी भी ज्यादती ।

Lycanthropy (li-kań-thro-pe). The insane delution that the subject is a wolf, a mental atavisim of the severe wolf-superstition. एक प्रकारका उन्माद, जिसमें रोगी अपनेको भेड़िया समझने लगता है ।

Lying-in (li-ing-in). Being in child-birth. प्रसूतावस्था ।

Lymph (limf). A colorless alkaline fluid in the lymphatics. प्राणि-देहका स्वच्छ तरल पदार्थ ; लसिका ; असृक्कर रस । **L. Animal**, vaccine lymph from an animal. पशु-जातिसे गृहीत लसिका । **L. Scrotum,** enlargement of the scrotum due to distention of the lymphatics. लसिकाओंके प्रसारणके कारण मुष्ककी अभिवद्धि ।

Lymphadenitis (limf-ad-en-i'-tis). Inflammation of the lymph-gland. लसिका ग्रन्थिका प्रदाह ।

Lymphadenoma (limf-ad-en-ó-mah). Malignant hypertrophy of the lymphatic glands with anemia. रक्त-हीनताके साथ लसिका-ग्रन्थियोंका मारात्मक शोथ ।

Lymphadenosis (limf-ad-en-ó-sis). Overgrowth of lymphatic glands. लसिका-ग्रन्थियोंकी अति वृद्धि।

Lymphagog or **Lymphagogue** (limf-ag-og). Any substance capable of increasing the flow of lymph. लसिका प्रवाह-वर्द्धक।

Lymphangiectasis (limf-an-je-ek-tas-is). A dilatation of the lymph-vessels. लसिकावाहिनियोंका प्रसारण।

Lymphangioma (limf-an-je-ó-mah). A tumour of lymphatic vessels. लसिकावाहिनियोंका अर्बुद।

Lymphangitis (limf-an-ji'-tis). Inflammation of the lymphatics. लसिकावाहिनियोंका प्रदाह।

Lymphatic (limf-at-ik). Relating to lymph or to the lymphatics. लसिका या लसिकावाहिनी-सम्बन्धीय। **L. Leukemia,** leukemia of lymphatic origin. लसिकावाहिनीसे उत्पन्न रक्तमें श्वेत कणिका।

Lymphatics (lim-fat-iks). The lymph-tubes of the body. शरीरकी लसिका-वाहिनियाँ।

Lymphemia (limf-é-me-ah). The presence of lymphocytes in large number in the blood. रक्तमें लसिका कोषोंकी वर्द्धित संख्यामें उपस्थिति।

Lymphenteritis (limf-en-ter-i'-tis). Inflammation of the peritoneal covering of the intestine. आँतोंकी अंत्रावरक-झिल्लीका प्रदाह।

Lymphocyte (limf-o-sit). A lymph-cell. लसिका-कोष।

Lymphogenous (limf-oj-en-us). Producing lymph. लसिका उत्पन्न-कारक।

Lymphoglandula. Lymphatic gland. लसिका-ग्रन्थि।

Lymphoid (limf-oid). Resembling lymph. लसिकाकी तरह।

Lymphoma (lim-fo-mah). A tumour composed of lymphadenoid tissue. लसिका तन्तुओंसे बना अर्बुद।

Lymphosis (limf-ó-sis) Lymph-production. लसिकोत्पादन।

Lypothymia. Severe mental depression from grief. शोकके कारण अत्यधिक मानसिक अवसाद।

Lysis (li-sis). Gradual decline of a disease, especially a fever. रोग, खासकर ज्वरका क्रमशः ह्रास ; ह्रासकाल।

Lyssa canina (lis.ah). Hydrophobia. अलर्क रोग ; जलातंक।

Lyssophobia (lis-o-fo-bi-ah). A morbid fear of acquiring rabies. कुत्ते, सियार आदिकी तरह पागल हो जानेका अस्वाभाविक भय। 2. A neurosis resembling hydrophobia in its symptom. जलातंक रोग तथा एक रोग जिसमें जलातंकके लक्षण रहते हैं।

Lyssodictus. One labouring under hydrophobia. जलातंक रोगका रोगी।

Lyterian (li-té-re-an). Indicating favourable ending of a disease. रोग आरोग्य-सूचक।

M.

Mace (mās). The fleshy aril of the nutmeg. जाबित्री ; जायफलकी रेशेदार छाल ।

Macerate (mas-ur-et). To soften by steeping or soothing. पानीमें डूबाकर तर करना ; मुलायम करना ।

Macies (má se-ez). Emaciation. कृशता ; ह्रास ; क्षीणता ।

Macrocephalia, Macrocephaly. Hypertrophy of the brain ; the condition of having a large brain. मस्तिष्कका प्रसारण ; वृहत् मस्तिष्क रहनेवाली दशा ।

Macrobiosis (mak-ro-bi-ó-sis). Longevity ; long life. दीर्घ जीवन ।

Macrobiotic (mak-ro-bi-oť-ik). Long-lived. दीर्घ-जीवो ।

Macrocephalous (mak-ro-sef-al-us). Having a large head. विशाल मस्तकता ; दीर्घ-मुण्डी ।

Macrocheilia (mak-ro-ki′-le-ah). Excessive development of the lips. ओठोंका बहुत अधिक बढ़ जाना ।

Macrochiria (mak-ro-ki′-re-ah). Large size of the hands. वृहदाकार हस्त ; हाथका बड़ा आकार ।

Macrococcus. One of a group of bacterial cocci of large size ; megacoccous. वृहदाकार कीटाणु-समूह ।

Macrocolia (mak-ro-kó-le-ah). Having large limbs. वृहद्प्रत्यंगधारी ।

Macrocyte. A giant blood-corpuscle in pernicious anæmia. मारात्मक रक्त-स्वल्पतामें रक्तमें प्राप्त वृहत् रक्त-कण ।

Macrodont (maḱ-ro-dont). Having large teeth. वृहदाकार दाँतवाला ।

Macromastia. Abnormal size of the breast. अस्वाभाविक वृहत् आकारका वक्ष ।

Macromelia. Abnormal size of one or more of the extremities. हाथ-पैर दोनोंका या किसी एकका वृहत् आकार ।

Macropathology. The part of pathology which deals with the gross anatomical changes of disease. निदान तत्वका वह अंश, जो रोगमें वृहत् शारीर-परिवर्त्तनोंपर विचार करता है ।

Macroplasia (mak-ro-plá-ze-ah). Overgrowth, hypertrophy. अति वृद्धि ; प्रसारण ।

Macroscopic. (mak-ro-skoṕ-ik). Visible to the naked eye. दूरबीन

अनुवोक्षण यंत्र प्रभृतिकी सहायता बिना भी दिखाई देने योग्य ; नग्न-चक्षुसे दिखाई देनेवाला ।

Macrosomatia, Macrosomia. Oversize of the body. वृहदाकार घड़ ।

Macrostoma, Macrostomia (mak-ro-sto-mah, mak-ro-stó-me-ah). Abnormally large size of the mouth. मुखकी अस्वाभाविकवर्द्धितावस्था ।

Macula (mak-u-lah). A spot or small patch. चर्म-कलंक ; धब्बा ; दाग ; **M. Lutea.** पीत-बिन्दु ।

Maculate (mak-u-lat). Spotted. चिह्न-विशिष्ट ।

Madarosis (mad-ar-ó-sis). A loss of the eye-lashes or eye-brows. पक्ष्माभाव ; भवें या बरुनियोंका न रहना ।

Mad-stone. A stone believed to absorb poison from wounds. जखमवाली जगहसे विषैले द्रव्य शोषण करनेवाला एक पत्थर-विशेष ।

Madura foot. Pustules on the foot. पैरोंको फुन्सियाँ ।

Magistery (maj'-is-ter-e). A medicine having valuable properties. बहुमूल्य उपादान-पूर्ण औषधि ।

Magnet. Load-stone. चुम्बक ।

Maidism, Maidismus(mah-id-izm). Pellagra. रौद्र-त्वचा ।

Maim (mam). To bruise, to mutilate, to cripple. छिन्न-विच्छिन्न करना ।

Mal. Sickness. रोग ; बीमारी ।

Mala (má-lah). The cheek ; the cheek-bone. चिबुक ; चिबुकास्थि ।

Malacia (mal-á-se-ah). Depraved of appetite. दूषित क्षुधा ; विकृत क्षुधा ।

Malacoma (mal-ak-ó-mah). Softening of an organ or part of body. किसी शरीरांश या यंत्रका कोमल पड़ जाना ।

Malacosis (mal-ak-ó-sis). An abnormal softening of the body. शरीरकी अस्वाभाविक कोमलता ।

Malacosteon (mal-ak-os-te-on). Softening of bones. अस्थि कोमलता ।

Malacotomy (mal-ak-ot-o-me). Laparotomy. उदरच्छेदन ।

Malady (mal-ad-e). Any disease. कोई रोग ।

Malaise (mal-āz). A feeling of uneasiness or discomfort. अस्थिरता ; बेचैनी ।

Malar (má-lar). Pertaining to the cheek. गण्ड-सम्बन्धीय ; हनुस्थ । **M. Bones,** the two cheek-bones. कपोलास्थि द्वय ।

Malaria (mal-á-re-ah). A febrile disease, known to be caused by a blood parasite, the plasmodium malariae. मैलेरिया ; मलारिष्ट ; मैलेरिया ज्वर ।

Malarial (mal-a-re-al). Due to malaria. मैलेरिया-जनित ।

Malariated (mal-á-re-a-ted). Affected with malaria. मैलेरिया-ग्रस्त ।

Malassimilation (maĺ-as-im-il-á-shun). Imperfect assimilation. अपूर्ण समीकरण।

Maldigestion (maĺ-di-ges-shun). Impaired digestion. विकृत पाचन।

Malemission (mal-e-misĥ-un). The failure of semen to be discharged from the meatus in coition. संगम-कालमें वीर्यस्राव न होना।

Malformation (mal-for-má-shun). A deviation from natural development or structure. मन्दाकृति; अंग-विकृति।

Maliasmus (mal-e-az′-mus). Glander. एक ओष्ठकी बीमारी, जिसमें रोगीकी चिबुकास्थि फूल जाती है।

Malignancy (mal-iǵ-nan-se). The stage of being malignant. उत्कटता; सांघातिकता।

Malignant (mal-iǵ-nant). Violent and tending to go from bad to worse. सांघातिक, बुरेसे बुरा बनकर होनेवाला; संकटमय।

Malignometer (mal-ig-nom-et-er). An apparatus for detecting the existence of malignancy by observing the colour reaction of the urine. पेशाबकी वर्ण-प्रतिक्रिया देखकर रोग-सांघातिकताको जांच करनेवाला यंत्र।

Malingering (mal-iń-jer-ing). The feigning of illness. भय-रोग; रोगका बहाना।

Malinterdigitation (mal-in-ter-dig-it-ā-shun). Abnormal interdigitation of the teeth. दांतका अस्वाभाविक गहरा होना।

Malleation (mal-e-á-shun). Sharp muscular twitching of hands. हाथकी पेशियोंकी तीव्र ऐंठन।

Malleolar (mal-é-o-lar). Pertaining to the malleolus. गुल्फ-संकान्त। **M. Artery**. प्रपाद-धमनी।

Malleolus (mal-é-o-lus). A hammer-headed process of bone. पद-ग्रन्थिके उभय पार्श्वस्थ गुल्फ-प्रवर्द्धन; एँड़ीके दोनों ओरके गुल्फके उभार।

Malleus (maĺ-e-us). The mallet-shaped ossicle of the middle ear. मुद्गरवत् अस्थियां; मध्यकर्णकी मुद्गरकी भांतिकी अस्थि।

Malnutrition (mal-nu-trisĥ-un). Poor assimilation and nutrion. अपूर्ण समीकरण और पोषण।

Malocclusion (mal-ok-lú-zhun). Abnormal position of the teeth. दांतोंकी अस्वाभाविक स्थिति।

Malposition (maĺ-po-zisĥ-un). Abnormal or anomalous position. अवस्थान-वैपरीत्य; कुसंस्थान; कुटिल गति; कु-संरक्षण।

Malpractice (mal-praḱ-tis). Improper practice. अनुचित अभ्यास; दुराचार।

Malpresentation (maĺ prez-en-tá-shun). A faulty, abnormal, fetal presentation. दोषावह और अस्वाभाविक जनन ।

Malta Fever (maw-tah-fever) See fever. ज्वर देखिये ।

Maltose (maĺ-tose). A sugar formed from starch by the action of malt. अंकुरित यवको क्रिया द्वारा श्वेतसारसे प्रस्तुत शर्करा विशेष ; यवोज ।

Malum (maĺ-um). A disease. रोग ।

Mamelon (maḿ-el-on) A nipple ; boss. चुचुक ।

Mamma (maḿ-ah). The breast. स्तन ।

Mammary (maḿ-ar-e). Relating to the mammas स्तन-सम्बन्धी । **M. Gland**, the milk-secreting gland. स्तन-ग्रन्थि ; दुग्ध-स्रावी ग्रन्थि ।

Mammate (maḿ-āt). Having mamma. स्तन-धारी ।

Mammiferous (mam-if-er-us). Having mammas. स्तनधारी ।

Mammilla (mam-iĺ-ah). A nipple. चुचुक ।

Mammillary (maḿ-il-a-re). Like a nipple. चुचुकाकार ; स्तनीय ; स्तन-संक्रान्त ।

Mammillation (mam-il-á-shun). Having nipple-like projections on the surface. पटलपर चुचुकाकार प्रवर्द्धन ।

Mammitis (mam-i'-tes), Inflammation of the breasts. स्तनोंका प्रदाह ।

Mammose (maḿ-os). Having full breasts. पूर्ण-स्तनी ।

Mandible (mań-dib-l). The lower jaw-bone निम्न-हन्वस्थि, निम्न-हनु ।

Manducation (man-du-ká-shun). Mastication चर्बण ; चबाना ।

Mania (má-ne-ah). Delirium or madness प्रलाप या उन्माद ; पागलपन । **M. Dancing**, an epidemic of choreic movements. नर्त्तनोन्माद । **M, Epileptic**, mania with acts of violence in an epileptic attack. मृगीके दौरेमें हिंसात्मक कार्योंका उन्माद । **M. Puerperal**, theinsanity which sometimes follows child-birth. सूतिकोन्माद । **M. Religious** mania of which religious emotion has been the exciting cause. धर्मोन्माद । **M. Transitory**, severe frenzied mania, the attacks of which is of short. तत्रोन्माद ; पर जिसका दौरा बहुत थोड़ी देरतक रहता है ।

Maniac (má-ne-ak). An insane person. पागल व्यक्ति ।

Maniacal (má-ni-ak-al). Having the nature of madness. पागलपनकी प्रकृति ।

Manicure (mań-ik-úr). A chiropodist. हाथ और नख चिकित्सक ।

Manipulation (man-ip-u-lá-shun). Manual treatment ; handling. औषध प्रस्तुतप्रकरण।

Manual (man-u-al). Relating to or performed by the hands. हस्तनिर्मित ; हस्त-सम्बन्धीय।

Manubrium (man-ú-bre-um). the upper bone or portion of the sternum. वक्षोस्थिकी ऊपरी हड्डी या अंश।

Manus (má-nus). The hand. हाथ।

Manustupration (man-u-stu prá-shun). Masturbation. हस्तमैथुन।

Marantic (mar-an-tik). Relating to marasmus. सुखण्डी रोग-सम्बन्धीय।

Marasmatic (mar as-mat-ik). Affected with marasmus. सुखण्डी रोगग्रस्त।

Marasmopyra (mar-as-mop-ir-ah). Hectic fever. क्षय ज्वर।

Marasmus (mar-az'-mus). Emaciation ; a wasting disease. मांसक्षय रोग ; शीर्णता ; सुखण्डी।

Mare (mar-e). Mountain sickness ; sea-sickness. पहाड़ी रोग ; समुद्रीरोग।

Marginal (mar-jin-al). Pertaining to, or at, the border of. किनारेपरका।

Margo (mar go). A border. सीमा ; किनारा।

Maritonucleus. The nucleus of the ovum after its union with the nucleus of sperm-cell ; the segmentation nucleus शुक्र-कोषकी अणुमींगीके संयोगके बाद डिम्बाणुकी अणुमींगी।

Marrow (mar-o). The fatty substance in the cavities of long cylindrical bones and in cavities. मज्जा ; लम्बी हड्डियों तथा गह्वरोंमें रहनेवाला बसामय पदार्थ।

Marsh fever (mars-fever). malarial fever. मैलेरिया ज्वर।

Martial (mar shal). Containing iron. लौह-सम्मिलित ; लौह-घटित।

Masconucleus (mas-co-nú-cle-us). The male pronucleus formed from the spermatic element after it has entered the ovum. शुक्र डिम्बाणुमें प्रवेश करनेके बाद, शुकसे उत्पन्न होनेवाली नरमींगी।

Maschale. The axilla. कक्ष ; बगल।

Maschalious (mas-ka-le-us). Relating to the axilla or arm-pit. कक्ष-सम्बन्धीय।

Maschaloncus (mas-ka-long-kus). Tumour in axilla. कक्षमें अर्बुद।

Masculine (mas-ku-lin . Of the male sex. नर-लिंगी।

Mask (mask). A bandage covering the face. मुखमण्डलाच्छादक बंधन।

Masochism (mas-o-kizm). A form of sexual perversion in which the pervert takes pleasure in being subjected to cruel acts by his companion. एक प्रकारकी कामवासनाका

परिवर्त्तन, जिसमें परिवर्त्तित व्यक्ति अपने रति-संगीसे निर्दय व्यवहार करता है।

Mass. A collection of matter; a lump. जिस औषध-पिण्डसे गोलियाँ बनती हैं; पिण्ड।

Massage (mas-ahzh́). Manipulation; the systemic therapeutical use of rubbing, kneading, straining, pressure to the muscles and accessible parts. मालिश; मर्दन।

Masseter. A muscle of the lower jaw, which assists in chewing. चर्वण पेशी।

Masseur (maś-ur). A man who performs massage. मालिश करनेवाला।

Masseuse (mes-u-(r)-z). A woman who practices massage. मर्दनादि द्वारा चिकित्साकारिणी स्त्री।

Massive (maś-iv). Heavy. भारी। **M. Pneumonia**, pneumonia with absolute filling of the air-cells and bronchi with exudate. फुस्फुस-प्रदाह, जिसमें वायु-पथ और श्वासोपनलियाँ बलगमसे एकदम भर जाती हैं।

Mastalgia (mast-aĺ-je-ah). Pain in the mammary glands or breast. स्तन-ग्रन्थिमें दर्द।

Mastauxe (mast-awḱ-se). Swollen or enlarged female breast. स्फीत या वर्द्धित स्तन-ग्रन्थि।

Masthelcosis (mas-thel-kó-sis). Ulceration of the mamma or female breast. स्तन ग्रन्थिका जखम।

Mastication (maś-tik-a-shun). The act or process of chewing. चर्वण; चबाना।

Mastitis (mas-ti-tis) Inflammation of the breast. स्तन-प्रदाह।

Mastodynia (mas-to-diń-e-ah). Pain in the breast. स्तनमें दर्द।

Mastoid (maś-toid). Shaped like a nipple. चुचुकाकार। **M. Bone,** a portion of the temporal bone. चुचुकाकार अस्थि। **M. Process,** the protuding part of the temporal bone. गोस्तन-प्रवर्द्धन।

Mastoiditis (mas-toid-i'-tis). Inflammation of the mastoid cells. चुचुकाकार कोषका प्रदाह।

Mastology (mas-toĺ-o-je). A science of the breast. स्तन-विज्ञान।

Mastomenia (mas-to-mé-ne-ah). Vicarious menstrual flow to the breast. स्तनसे रजःस्राव।

Mastoncus (mas-tonǵ-kus). A tumor of the mamma or of the nipple. स्तनवृन्त या स्तनका अर्बुद।

Masturbation (mas-tur-bá-shun). Production of the venereal orgasm by friction with the hand. हस्त-क्रिया; हस्तमैथुन।

Materia medica. Branch of medical science treating of drugs. भेषज-विज्ञानको एक शाखा, जिसमें औषधकी क्रियाएँ वर्णित रहती हैं।

Maternal (ma-teŕ-nal). Pertaining to a mother. मात्रिक ; माता-सम्बन्धीय ; ममेरा ।

Matrass (mat́-ras). A urinal. मूत्र-सम्बन्धीय ।

Matrix (má-triks). A mould. साँचा । 2. The womb. जरायु ; गर्भाशय ।

Matroma. A midwife, धात्री ।

Matter (mat́-er). That which is visible or tangible ; substance. दृश्य वस्तु ; पदार्थ । 2. Pus. पीव ।

Mattoid (mat́-oid). A person showing a tendency to insanity. उन्माद-प्रवण व्यक्ति ।

Maturation. The process succeeding to inflammation by which pus is formed in an abscess. पक्वता ; पकना ।

Maturant (mat́-iu-rant). A medicine that hastens maturation. शीघ्र पकानेवाली ओषधि ।

Mature (ma-tūr). Fully developed. पूर्ण विकसित ।

Matutinal. Relating to the morning ; happening early in the morning. प्रातःकाल-विषयक ; प्रातःकालमें होनेवाला ।

Maxilla (maks-il̀-ah). One of the upper or lower jaw bones. कोई एक ऊर्ध्व या अधो हन्वस्थि ।

Maxillary (makś-il-a-re). Pertaining to the jaws. हनु-सम्बन्धीय । **M. Bones,** the bones of the jaws. हन्वस्थियाँ ।

Maximal (makś-im-al). Greatest. सबसे वृहत् ।

Maximum (makś-im-um). The greatest amount or quantity. वृहत्तम । वृहत्तम मात्रा ।

Mazodynia (ma-zo-din-é-ah). Mastalgia. स्तन-वेदना ।

Mazoitis (ma-zo-i′-tis). Mastitis. स्तन-प्रदाह ।

Mazolysis (ma-zo-liś-is). Detachment and expulsion of the placenta. फूलका टूटना और निकलना ।

Mazopathy (ma-zoṕ-a-the). Diseased state of the placenta. नाभी-फूल (कमल) की रोगी अवस्था ।

Meable (me-ab-l). Capable of being passed through ; permeable. भेद्य ; अनुप्रवेश्य ; दुर्गम्य ।

Meagre (mi′-gre). Lean ; thin ; poor ; having little flesh. पतला ; दुबला ; थोड़े माँसवाला ।

Measles (mé.zlz). Rubeola morbilli. छोटी माता ; खसड़ा ।

Meatus (me-á-tus). A passage ; opening. पथ ; प्रणाली ; सुरंग ; कुहर ; छिद्र । **M. Auditorius,** the external auditory canal. वाह्य कर्ण-प्रणाली । **M. Urinarius,** the external orifice of urethra. मूत्रबहिर्द्वार ।

Mecometer. An instrument to measure the length of an infant. शिशुकी लम्बाई मापनेवाला यंत्र।

Meconism. Meconismus. Poisoning by opium. अफीमका जहर फैलना।

Meconium (mek-ó-ne-um). First fecal discharges of the new-born. नव प्रसूतका प्रथम मल।

Media (mé-de-ah). Middle coat of vein, artery or lymph-vessel. शिरा, धमनी तथा लसिका-वाहिनीका मध्य स्तर।

Medial, Median (mé-de-al, mé-de-an). Middle. मध्य ; माध्यमिक। **M. Artery.** अन्तःधमनी। **M. Line.** कल्पित मध्य रेखा। **M. Border.** मध्य धारा। **M. Incision.** मध्य कर्त्तनक।

Mediastinum (me-de-as-ti′-num). The septum of thoracic cavity. मध्य रेखामें दोनों वक्षावरकका मध्य स्थान।

Medicable (med-ik-ab-l). Capable of medicinal relief. दवासे आराम मिलने योग्य ; औषध-साध्य।

Medical (med′-ik-al). Pertaining to medicine. औषध-सम्बन्धीय।

Medicament (med-ik-am-ent). A medicine. एक औषध।

Medicated (med′-ik-a-ted). Impregnated with medicine. औषध-मिश्रित।

Medication (med′-ik-a-shun). The application of medicine. औषध-व्यवहार और प्रयोग।

Medicine (med′-is-in). The science and art of healing. आरोग्य-कला ; आरोग्य-विज्ञान। 2. A remedial agent. आरोग्यकारी पदार्थ।

Medicinerea (me-de-sin-é-re-ah) The inner gray cerebral matter. मस्तिष्कका भीतरी धूसर भाग।

Medicus (med′-ik-us). A physician. एक चिकित्सक।

Medidural (me-di-dú-ral). Relating to the middle part of the dura meter. दृढ़ मात्रिका झिल्लीके मध्य भाग विषयक।

Mediocolic (me-di-o-col-ic). Pertaining to the middle part of the colon. वृहत् अंत्र-मध्य भाग-विषयक।

Mediodorsal (me-di-o-dor-sal). Upon or near the median line of the dorsal region. कटि-देशकी मध्य रेखाके ऊपर या निकट।

Mediolateral (me-di-o-lat-e-ral). On the middle and the side. मध्य और पार्श्व भागमें।

Medio-pontine (me-de-o-pon-tin). In the middle of the pons. मस्तिष्क-सेतुके मध्य भागमें।

Mediotarsal (me-de-o-tar-sal). In the middle of the tarsus. अक्षि-पुटास्थिके मध्य भागमें।

Medium. The space of substance through which a moving body passes. मध्यवर्त्ती वस्तु ; मध्यावस्था ;

मध्यवृत्तिका ; जिस पदार्थके भीतरसे कोई शक्ति क्रिया करती है ; मध्यस्थ ; मध्यग । In medicine, applied to the condition which surrounds a patient or a living body, air, water, light. प्रतिवेश, पारिपार्श्विक अवस्था ; आबोहवा ।

Medius (mé-de-us). The middle. मध्य । The middle fingers. मध्यमा अंगुलि ।

Medulla (med-ul-ah). The marrow in various cavities. विभिन्न गह्वरोंकी मज्जा । M. **Oblongata,** the enlarged portion of the spinal cord in the cranium. सुषुम्ना शीर्षक ; मातृका मूलाधार ; मध्य मस्तिष्क । **M. Ossium**, bone-marrow. अस्थि मज्जा । **M. Spinalis,** the spinal cord. सुषुम्ना नाड़ी ।

Medullary (med-ul-a-re). Belonging to marrow. मज्जा-सम्बन्धीय । 2. Of marrow like substance. मज्जाकी तरह पदार्थ-विषयक । 3. Relating to the medulla-oblongata. मध्य-मस्तिष्क विषयक । **M. Arteries,** any artery supplying the medullary substance of the brain or cord. मज्जा-धमनी ; कोई भी धमनी जो मस्तिष्क और सुषुम्नाको मज्जामय पदार्थ प्रदान करती है । **M. Canal**, the canal situated in the back of the embryo. भ्रूण पृष्ठकी प्रणाली ; अस्थि-मज्जा नाली । **M. Membrane,** the periosteal membrane which lines the cavities of hollow bones. मज्जा-झिल्ली ।

Medullin (med-ul-in). Extract of spinal cord of ox, used in ataxia. गति-शक्ति-राहित्यमें व्यवहृत बैलकी सुषुम्नाका सार भाग ।

Medullitis (med-ul-i-tis). Myelitis. सुषुम्ना-प्रदाह ।

Mega. Large. वृहत् ; बड़ा ।

Megadont (még-ah-dont). A large tooth. एक बड़ा दांत ।

Megaloblast (még-al-o-blast). A large sized blood-corpuscle. एक वृहदाकार रक्त-कण ।

Megalodactylous. Over development of fingers and toes. अंगुली तथा अगूठोंकी अति वृद्धि ।

Megalogastria. Abnormal size of stomach. पाकाशयका अस्वाभाविक आकार ।

Megalokaryocyte (meg-al-kaŕ-e-o-sit). A cell having a large nucleus. वृहत् अणुमींगी सम्पन्न कोष ।

Megalopsia (meg-al-op-se-ah). An eye-disease in which object appear enlarged. एक चक्षु रोग, जिसमें सभी पदार्थं बहुत बड़े दिखाई देते हैं ।

Megascopic (meg-as-kop-ik). Macroscopic. दूरवीक्षण, अनुवीक्षण यंत्र प्रभृतिकी सहायता बिना ही दिखाई देनेवाला ।

Megrim (mé-grim). Pain affecting one side of the head; hemicrania. शिरार्द्ध रोग ; अधकपालीका दर्द ।

Meibomian glands. The small sebaceous follicules first described by Meibomius, situated between the conjunctive membrane of the eye and the cartilage of the eye-lid. एक ग्रन्थि, जो चक्षु श्वेत-पटलकी झिल्ली तथा पलकको उपास्थिको मिलाती है ; नेत्रच्छद ग्रन्थि ।

Mel. Honey. मधु ; शहद ।

Mela. A probe. एषणिका ।

Melancholia (mel-an-kó-lia). Depression of spirit ; gloominess. निरुत्साह ; विषन्नता ; विषादोन्मत्तता । **M. Agitata,** melancholia accompanied by great restlessness. अत्यधिक अस्थिरताके साथ विषन्नता ।

Melanephidrosis (mel-an-ef-id-ró sis). Black perspiration. काला पसीना ; कृष्ण स्वेद ।

Melanic (me-lań-ic). Relating to melanoma. कृष्णार्बुद सम्बन्धीय ।

Melanidrosis (mel-an-id-ró-sis). Black perspiration. काला पसीना ।

Melanism (mel-a-nizm). A condition in which there is much pigmentation. एक अवस्था जिसमें बहुत ज्यादा रंजक प्राप्त होता है ।

Melanochlorosis (mel-a-nó-clo ro sis). Chlorosis in which the skin is dark coloured. कृष्ण वर्णका चर्म हो जानेवाला हरित पांडु रोग ।

Melanoma (mel-an-ó-mah). Tumour with dark pigment ; melanosis. कृष्णार्बुद ; कृष्ण कर्कट ।

Melanorrhœa (mel-an-or-é-ah). A black or dark coloured discharge. कृष्ण-स्राव ; काले रंगका स्राव होना ।

Melanosis (mel-an-ó-sis). An abnormal deposit of black matter in the various parts of the body. शरीरके विभिन्न अंशोंमें कृष्ण पदार्थोंका अस्वाभाविक संचय ।

Melanuria. The presence of dark colour in the urine. पेशाबमें काले रंगकी उपस्थिति ।

Melas. Black leprosy, endemic mostly in Africa. कृष्ण-कुष्ठ, यह विशेषकर अफ्रिकामें होता है ।

Melasma (mel-az-mah). Any discolouration of the skin. चर्म-विवर्णता ।

Melena (mel-é-nah). 1. Tar-like evacuation. अलकतरेकी तरह वमन । 2. Black vomit. कृष्ण वमन ।

Melicera, Meliceria, Melicerres. A tumor, the contents of which are of the consistence and appearance of honey. एक अर्बुद, जिससे मधुकी तरह स्राव होता है । 2. Any skin-disease marked by viscid exudation शहदकी तरह लसदार स्राव होनेवाला चर्म-रोग ।

Melitagra (mel-it-á-grah). Impetigo. चर्म-दल ; पीले रंगकी फुन्सियाँ ।

Melitis (mel-i'-tis). Inflammation of the cheek. कपोल-प्रदाह ; गण्ड-प्रदाह ।

Melituria (mel-it-ú-re-ah). Diabetes mellitus. मधुमेह ।

Mellite (mel-it). Any preparation containing honey. मधु-मिश्रित औषध ।

Melomania (mel-o-má-ne-ah). Insane love of music. गीतका उन्माद-मय प्रेम ।

Meloncus (mel-ong-kus). A tumour on the cheek. कपोलपर होनेवाला अर्बुद ।

Melosis (mel-o-sis). The act of probing. शलाका-प्रवेश द्वारा परीक्षाकी क्रिया ; जाँच करना ।

Membrana (mem-brá-nah). A membrane. **M. Adventitia,** the external coat of blood-vessels. रक्तवाहिनीका वाह्यावरण । **M. Tympani** the thin semitransparent membrane which covers the cavity of the drum of the ear. कर्ण-पटह ।

Membrane (mem brān). A thin, enveloping or lining substance. झिल्ली ; कला ; **M. Bone,** a bone developed from the membrane. झिल्लीसे उत्पन्न अस्थि । **M. Cell,** the cell-wall. कोष प्राचीर । **M. False,** a morbid pellicle or skin-like layer, resembling an organized and lining membrane, but made up of coagulated fibrin कृत्रिम झिल्ली ; नकली झिल्ली ।

Membrum virile (mem-br-um-vir-il-e). The penis. लिंग ।

Memory (mem o-re). The mental faculty by which sensation, impressions and ideas are recalled. स्मरण-शक्ति ; याददाश्त ।

Menarche (men-ar-ke). The beginning of the menstrual function. रजःस्राव आरम्भ ; रजोदर्शन ।

Menhidrosis, Menidrosis (men-hid-ro-sis, men-id-ro-sis). The discharge of bloody sweat in place of the menstrual flow. रजःस्रावके बदले पसीनेसे रक्त निकलना ।

Meninges (men-in-jez). The three membranes that develop the brain and spinal cord, including the dura-pia and arachnoid. मस्तिष्क-वेष्ट ; मात्रिका ; मस्तिष्कावरण ।

Meningitis (men-in-ji-tes). Inflammation of the meninges. मस्तिष्क-आवरण-प्रदाह ; मस्तिष्क झिल्ली-प्रदाह । **M. Cerebral,** that which affects the membranes of the brain. मस्तिष्क झिल्ली-प्रदाह । **M. Spinal,** that which affects the membranes of the spinal cord. मेरुदण्डकी झिल्ली आक्रान्त करनेवाला मस्तिष्कावरण-प्रदाह ।

Meningocele (meń-ing-go-sel). A protrusion of meninges. मस्तिष्कावरणका बाहर निकल आना ।

Meningomyelitis (men-in-go-mi'-el-i'-tis). Inflammation of the spinal cord and membranes. सुषुम्ना तथा उसकी झिल्लीका प्रदाह ।

Meninguria. The presence of membranous shreds in the urine. मूत्रमें झिल्लीके टुकड़े ।

Menocelis (men-o-sé-lis), Chloasmas from menstrual suppression. रजोरोधके कारण चर्म-विवर्णता ।

Menochisia. Feeble menstruation. अल्प रजःस्राव ।

Menolipsis (men-o-lip-sis). Retention or absence of the menses. रजोरोध ; ऋतु बन्ध ।

Menopause (meń-o-pawz). End of reproductive life; end of menstrual flow. रजोनिवृत्ति ।

Menophania (men-o-fá-ne-ah). The first flow of menses. प्रथम ऋतुदर्शन ।

Menorrhagia (men-or-á-je-ah). An excessive menstrual flow. अतिरजः ।

Menorrhea (men-or-é-ah). 1. The menstrual flow. रजःस्राव । 2. Excessive menstruation. अत्यधिक रजास्राव ।

Menosepsis (men-o-sep-sis). Putridity of the menses; septic poisoning from retained menses. आर्त्तवका सड़ना ; अनुरुद्ध आर्त्तवके कारण विष फैल जाना ।

Menostasia, Menostasis (men-os-tas-is).Suppression of the menses. आर्त्तव-रोध ।

Menoxenia (men-ok-sé-ne-ah). Abnormal menstruation. अस्वाभाविक रजःस्राव ।

Menses (meń-sez). The monthly flow of blood from the womb. गर्भाशयसे मासिक रक्त-स्राव ; आर्त्तव-स्राव ।

Menstrual (meń-stru-al). Pertaining to the menstruation. आर्त्तव-स्राव-सम्बन्धीय । **M. Colic,** uterine colic due to menstruation. रजःशूल ; मासिक रजास्रावके समय जरायुमें शूलका दर्द ।

Menstruation (men-stru-á-shun). The periodical discharge of a bloody fluid from the uterus, menorrhea. रजोनिःसरण ; ऋतु-स्राव ; आर्त्तव-स्राव । **M. Vicarious,** bleeding from any surface, other than the mucous membrane of the uterine cavity, occurring periodically at the time when the normal menstruation should take place, this latter being suppressed. जरायु-गह्वरकी श्लैष्मिक झिल्लीसे ऋतुकालमें रजः-

स्राव न होकर, अन्य स्थानसे उसी समय होना ; अनुकल्प रजः।

Mensual (meń-su-al). Monthly. मासिक।

Mentagra (meń-ta-grah). Sycosis. प्रमेह-विष।

Mental (meń-tal). Relating to the mind. मन-सम्बन्धीय। 2. Relating to the chin. चिबुक-सम्बन्धीय।

Mentality (men-tal-it-e). The mental power or activity. मानसिक शक्ति या क्रिया।

Mentum (meń-tum). The chin. चिबुक ; ठुड्डी।

Mephitic (me-fit-ik) Foul or noxious vapour. भूमिसे निकली हुई दुर्गन्ध ; बदबूदार भाफ ; बदबू।

Meralgia (me-ral-je-ah). Pain in the thigh. जंघामें दर्द।

Mercurial (mer-kú-re-al). Pertaining to mercury. पारद विषयक ; पारदीय। **M. Rash,** an eczema caused by mercury. पारदसे उत्पन्न अकौता। **M. palsy,** a paralysis from mercury. पारदके कारण पक्षाघात।

Mercurialism (mer-kú-re-al-izm). Chronic poisoning from misuse of mercury. पारदके अपव्यवहारके कारण पुराना जहर फैलाना।

Mercurialized (mer-kú-re-al-ized). Treated with mercury. पारद द्वारा चिकित्सित।

Mercuriol. Any oily preparation of mercury suitable for the hypodermic treatment of syphilis. उपदंशकी चिकित्सामें अधस्त्वाच प्रयोगके लिये पारद-मिश्रित तैलाक्त औषध।

Mercury (meŕ-ku-re). Hydrargyrum; a white, heavy, liquid metal. पारद ; पारा।

Meridrosis (mer-id-ro-sis). Local perspiration. स्थानिक स्वेद।

Meriuthophobia (me-ri-ú-tho-fó-bi-ah). A morbid fear of being bound. बांधे जानेका रोगात्मक भय।

Meroblast (meŕ-o-blast). An egg containing a food-yolk besides the germinal protoplasm. जिस रजोडिम्ब अंशका साक्षात् सम्बन्ध शावकके देह-गठनसे रहता है।

Merocele (mero-sel). Femoral hernia. औरस्थीय अंत्रवृद्धि।

Merocrine (meŕ-ok-rin). Glands or cells which alternately produce and discharge new secretion. ग्रन्थियाँ और कोष, जो पर्यायक्रमसे रस उत्पन्न करती और रस-स्राव करती हैं।

Merodiastolic (meŕ-o-di-as-tol-ik). Relating to a part of the diastole of the heart. हृद्प्रसारणकालके शब्दके एक अंश सम्बन्धीय।

Merorrachischisis (me-ro-rak-iś-kis-is). Fission of a part of the spinal cord. मेरुदण्डके किसी अंशका दो भागोंमें लूट जाना।

Merotomy (me-rot-o-me). Division into segments. खण्ड विभाजन।

Mesal (mé-sal). Pertaining to the median line or plane. मध्य रेखा या मध्य पटल सम्बन्धीय।

Mesaortitis (meś-a-or-ti-tis). Inflammation of the middle coat of the aorta. महाधमनी मध्य स्तरका प्रदाह।

Mesarteritis (meś-ar-ter-i'-tes). Inflammation of the middle coat of an artery. किसी धमनीके मध्य आवरणका प्रदाह।

Mesenteric (mes-en-teŕ-ik). Pertaining to the mesentery. मध्यान्त्र त्वच्। **M. Glands.** मध्यान्त्र त्वच्-ग्रन्थि; उदर-गह्वरकी एक विशेष झिल्ली।

Mesenteritis (mes-en-ter-i'-tes). Inflammation of the mesentery. मध्यान्त्र-त्वच प्रदाह।

Mesenteron. The middle portion of alimentary tract in embryo. भ्रूणके अन्नपथका मध्य अंश।

Mesentery. The fold of peritoneum which attaches the intestine to the posterior abdominal wall. मध्यान्त्र; अन्त्रधारक कला।

Mesh. A net work of vessels or nerve. स्नायु या रक्तवाहिनियोंके जालमय कार्य।

Mesiad (mé-se-ad). Toward the middle. मध्यकी ओर।

Mesial Line. मध्य रेखा।

Mesion (meś-e-on). The plane that divides the body into right and left symmetric halves. शरीरको दक्ष-वाम भागमें विभाग करनेवाला पटल।

Mesmerism (mez'-mer-izm). Animal magnetism, hypnotism. मैस्मर-तत्व; योगनिद्रायन प्रभाव।

Mesoblast (meś-o-blast). The middle of the three layers of the primitive embryo. आगम गर्भके अभ्यन्तरस्थ मध्य जीवांकुर स्तर; मध्य स्तर।

Mesobronchitis. Inflammation of the middle coat of the bronchi. श्वासोपनलीके मध्य आवरणका प्रदाह।

Mesocardium (mes-o-kaŕ-de-um). A membrane connecting the embryonic heart with the body-wall in front and the intestine behind. सम्मुख शरीर-प्राचीरसे और पश्चात् अंत्रसे भ्रूण हृत्पिण्डको संयोजन करनेवाली झिल्ली।

Mesoccum. A process of peritoneum attached to the cæcum. अंत्रावरक झिल्लीका प्रवर्द्धन, जो अन्धान्त्रमें सम्मिलित रहता है।

Mesocephalon (mes-o-sef-al-on). The pons varolii. शुभ्र स्नायतंत्र गुच्छ।

Mesocolic (mes-o-kol-ik). Pertaining to the mesocolon. स्थूल मध्यांत्र-वर्त्ती त्वचा सम्बन्धी।

Mesoderm (meś-o-derm). Mesoblast. गर्भका भीतरी मध्य जीवांकुर स्तर ; मध्य स्तर।

Mesodont (meś-o-dont). Having teeth of medium size. मध्याकारके दाँतवाला।

Mesogaster (mes-o-gaś-ter). The midgut. वह झिल्ली जिसके द्वारा पाकस्थली उदर-पृष्ठ-प्राचीरसे संलग्न रहती है ; मध्यान्त्र झिल्ली।

Mesogastric (mes-o-gaś-trik). Relating to the umbilical region. नाभि-प्रदेश सम्बन्धीय।

Mesogastrium (met-o-gaś-tre-um). The mesentery of the embryonic stomach, whence the great omentine is developed. नाभिप्रदेश।

Mesolobus (mes-o-ló-bus). The corpus callosum, महा संयोजक।

Mesometrium (mes-o-mé-tre-um). The broad ligaments. चौड़ी बन्धनी।

Mesonasal (mes-o-ná-zal). Situated in the middle of the nose. नासा मध्यस्थित।

Mesomphatum. The middle of the navel. नाभिकुण्ड मध्यस्थान।

Mesoneuritis. Inflammation of the lympha ics of a nerve. स्नायुकी लसिकाका प्रदाह।

Mesophleurus. The intercostal muscle, situated between the ribs. पंजरास्थिके बीचकी पशु कामध्यस्थ पेशी।

Mesophryon (mes-off-re-on), The glabella. कूर्च ; दोनों भवोंका मध्यस्थान।

Mesorchium (mes-oŕ-ke-um). A fold of peritoneum, in the fetus, holding the testes in place against the abdominal wall. भ्रूणकी अंत्रावरक झिल्लीकी तही, जिसके सहारे उदर-प्राचीरसे भ्रूण अण्ड लगे रहते हैं।

Mesoretina (mes-o-reť-in-ah). The middle layer of the retina. चक्षुचित्रपत्रका मध्य स्तर।

Mesosternum (mes-o-steŕ-num). The body of the sternum. मध्य खण्ड।

Metabasis (met-ab-as-is). Change. परिवर्त्तन।

Metabolic (met-aḃ-oĺ-ik). Relating to metabolism. रूपान्तर ग्रहण-सम्बन्धीय ; परिणती ; संवर्तनीय।

Metabolism (met-aḃ-lizm). Tissue-change ; a change in the intimate condition of cells, constructive or destructive. देह यंत्रकी जिस क्रियाके परिणामस्वरूप शरीरके पुष्टिजनक उपादान-समूह जैव पदार्थमें परिणत होते हैं अथवा शरीरस्थ प्राणपंक विश्लिष्ट हुआ करता है ; परिणाम ; सेवन, शरीर-परिवर्तन।

Metacarpus. The bones of that part of the hand situated between the wrist and fingers. करमास्थि।

Metachysis (met-ak-is-is), The transfusion of blood. रक्तका एक शिरासे दूसरेमें जाना ।

Metacondyle (met-ak-koń-dil). The last phalanx of a finger. अंगुलीको अन्तिम पोर ।

Metacyesis (met-ah-si-é-sis). Extra-uterine gestation. जरायु वहिस्थ गर्भ ।

Metagaster. The permanent embryonic intestinal canal. चिरस्थायी भ्रूण-पोषण अंत्र प्रणाली ।

Metagastrula (met-ah-gaś-tru lah). A gastrula, with a cleavage differing from that of the standard type प्रारम्भिक भ्रूण, जिसमें मुँहदार छाले नियमित आकारसे भिन्न हो ।

Meta-icteric (meť-ah-ik-teŕ-ik). Occurring after jaundice. कामला रोगके पश्चात् होनेवाला ।

Metamorphosis(met-ah-moŕ-fo-sis) Change of shape or structure. रूपान्तर ; देहान्तराश्रय ; आकार परिवर्त्तन ।

Metanephron. The embryonic kidney. भ्रूणका गुर्दा ।

Metaplasia (met-ah-plá-ze-ah). Conversion of one tissue into another. एक मांसतन्तुका दूसरेमें परिवर्तन हो जाना ; तन्तु-परिवर्तन ।

Metaplasm (meť-ah-plazm). That part of protoplasm that contain formative maleva. प्राणपंकके गठन-साधक पदार्थवाला अंश ।

Metapophysis. A small process of the lumber vertebras. कटि-कशेरुकाका एक क्षुद्र प्रवर्द्धन ।

Metastasis (met-aś-tas-is). Change in place of a disease ; bodily function. शरीरके एक स्थानसे अन्य स्थानमें रोगका संचार होना; स्थान-विकल्प ।

Metasternum (met-ah-stér-num). The lowest bone of the sternum. वक्षोस्थिकी सर्व निम्न अस्थि ।

Metasyphilis (met-as-iḟ-il-is). Congenital syphilis, with general degeneration and without local lesions. आजन्म उपदंश, जिसमें सार्वांगिक अपचय तो रहता है, पर कोई स्थानिक रोग नहीं रहता ।

Metatarsalgia,(met-ah-tar-sal-je-ah). Pain in the metatarsus. प्रपादास्थिमें दर्द ।

Metatarsus (met-ah-taŕ-sus). The part of the foot between the tarsus and the toes. प्रपादास्थि ; गुल्फ और पैरकी अंगुलीके बीचका स्थान ।

Metatela (met-at-é-lah). चतुर्थ ग्राहक कोष्ठका पुच्छमय अंश ।

Metathesis (met ath́-es-is). Transposition. स्थान-परिवर्त्तन ; विपर्यय ; दो अणुओंके मध्यमें परमाणुका विपर्यय ।

Metatrophia (met-at-ró-fe-ah). Atrophy from malnutrition. दोषावह परिपोषणके कारण क्षीणता ।

Metencephalon (met-en-sef-al-on). The after-brain; that part of the embryonic brain, whence the pons and the cerebellum are developed. पश्चात् मस्तिष्क ; भ्रूण-मस्तिष्कका वह भाग, जहांसे सेतु और लघु-मस्तिष्ककी उत्पत्ति होती है ।

Meteorism (mé-te-or-izm). Tympanitis; gas in the abdomen or intestine. आध्मान ; उदर या अंत्रमें वायु होना ।

Meteorology (me-te or-ol-o-je). The science of the atmosphere and its phenomena. वायु-विद्या ; अन्तरिक्ष विद्या ; पदार्थ-विद्याको जिस शाखासे देशके जल, वायु प्रभृतिका विषय आलोचित होता है ; वायुचक्र शास्त्र ।

Metergasis (met-er-gá-sis). Change of function. क्रिया-परिवर्त्तन ।

Methemoglobin (mét-hem-o-gló-bin). Modification of hemoglobin. रक्त-कण रंजक पदार्थका विकास ।

Metoarion (met-o-á-re-on). The corpus luteum. डिम्ब निकल जानेपर डिम्बाशयका क्षत-चिन्ह ; डिम्बपीठ ।

Metra (mé-trah). The uterus. जरायु ; गर्भाशय ।

Metralgia (met-ral-je-ah). Metrodynia; pain in the uterus. जरायु-शूल ।

Metranemia (met-ran-é-me-ah). Uterine anemia. जरायु पेशीकी रक्त-हीनता ।

Metratonia (met-rat-ó-ne-ah). Uterine atony. जरायुकी पेशीकी दुर्बलता ; जरायु-दौर्बल्य ।

Metratrophia (met-rat-ró-fe-ah). Uterine atrophy. जरायुकी क्षीणता ।

Metrectasia (met-rek-tá-se-ah). Dilatation of the non-pregnant uterus. अगर्भ जरायुका प्रसारण ।

Metrectomy (me-trek-to-me). The surgical removal of the uterus. जरायुको नश्तर देकर निकाल लेना ।

Metrectopia, Metrectopy (met-rek-tó-pe-ah; met-rek-to-pe). Uterine displacement. जरायुकी स्थानच्युति ।

Metrelcosis (met-rel-kó-sis). Ulceration of the uterus. जरायु-क्षत ।

Metritis (met-ri-tis). Inflammation of the uterus. जरायु-प्रदाह ।

Metrocace (mat-rok-as-e). Uterine gangrene. जरायुका सड़ना ।

Metrocele (mét-ro-sel). Hernia of the uterus. जरायुका नीचेकी ओर सरक आना ; योनिका अर्बुद ।

Metrocystosis (met-ro-sis-tó-sis). The formation of cyst in the uterus. जरायुमें कोषार्बुद ।

Metrocyte (mét-ro-sit). A mother cell. मातृ-कोष ।

Metrodynia (met-ro-dín-e-ah). Pain in the uterus. जरायु-शूल ।

Metro-endometritis (met-ro en-do me-tri-tis). Combined inflammation of the uterus and its mucous membrane. जरायु तथा जरायुस्थ झिल्लीका सम्मिलित प्रदाह ।

Metromania (mes-ro-má-ne-ah). Nymphomania. स्त्रियोंका कामोन्माद ।

Metroneuria (met-ro-nú-re-ah). A nervous affection of the uterus. जरायुका स्नायु रोग ।

Metropathy (met-rop-ath-e). Any uterine disorder. जरायु-रोग ।

Metroperitonitis. Inflammation of the uterus and peritoneum. जरायु-परिवेष्टौष, जरायु तथा उसको आवरक झिल्लीका प्रदाह ।

Metrophlebitis. Inflammation of the veins of the uterus. जरायुकी शिराका प्रदाह ।

Metroptosis (met-rop-tó-sis). Prolapse of the uterus. जरायुकी स्थान-च्युति ।

Metrorrhagia (met-ro-rá-je-ah). An abnormal uterine hemorrhage. जरायुसे अस्वाभाविक रक्त-स्राव ।

Metrorrhea (met-ror-é-ah). Any abnormal uterine discharge. जरायुसे अस्वाभाविक स्राव ।

Metrorrhexis (met-ror-eks-is). Rupture of the uterus. जरायुका फटना ।

Metroscope (met-ro-skop). An instrument for examining the uterus. जरायु-परीक्षक यंत्र ।

Metrostaxis (met-ro-staks-is). A slight but persistent dripping of blood from the uterus. जरायुसे लगातार थोड़ा-थोड़ा रक्त चूते रहना ।

Metrostenosis. Contraction of the cavity of the uterine. जरायु गह्वरका संकोचन ।

Metryperemia (met-ri-per-é-me-ah). Congestion of the uterus. जरायुमें रक्त-संचय ।

Miasm, Miasma (mi-azm, mi-az′-mah). A noxious effluvium or exhalation. दूषित स्थानमें उत्पन्न संक्रामक रोग-जनक वाष्प या बीजाणु ; पूति-वाष्प ; कल्मष ।

Micrencephalia (mi-kren-sef-a-le-ah). Abnormal smallness of the brain. मस्तिष्कको अस्वाभाविक लघुता । 2. The cerebellum. लघु मस्तिष्क ।

Microbe (mi′-krob). A micro-organism. जीवाणु ; रोगजनक जीवाणु ; अणुजीवी ।

Microbicidal (mi-kro-bis-i′-dal). Destructive to microbes. जीवाणु-नाशक ।

Microbiotic (mi-kro-bi-ot-ik). Having a short life. लघु-जीवी । ?. **Microbic.** जीवाणु-विषयक ।

Micro-brachia (mi-kro-brá-ke-ah) Abnormal smallness of the arm. अस्वाभाविक लघुबाहु ।

Microcephalic, Mecrocephalous. Having a small head. लघु मस्तक-वाला।

Microcephalus (mi-kro-sef-al-us). One with abnormally small head. अस्वाभाविक लघु-शिरी ; अस्वाभाविक रूपसे छोटे सरवाला।

Micrococcus (mi-kro-kok-us). A genus of schizomycetes. एक प्रकारके जीवाणु।

Microcrith (mi'-kro-krith). The weight of hydrogen atom. उद्जान परमाणु भार।

Microcyst (mi-kro-sist). A small cyst. एक क्षुद्र कोषाबुर्द।

Microcyte (mi-kro-sit). A small red blood corpuscle, showing evidence of degeneration. एक क्षुद्र लाल रक्त-कण, जो रक्तस्वल्पता रोग होनेपर रक्तमें प्राप्त होता है।

Microcythemia. Abnormal smallness of the blood-corpuscles. रक्त-कणकी अस्वाभाविक क्षुद्रता।

Microdactylia. Smallness or shortness of the fingers or toes. अंगुली या अंगूठोंका छोटापन।

Microglossia. Abnormal smallness of the tongue. जिह्वाकी अस्वभाविक लघुता।

Micrognathia (mi-krog-ná-the-ah). Smallness of the jaws. हनु-क्षुद्रता ; जबड़ोंका छोटापन।

Microkinesis. Involuntary muscular movement in infants. शिशुओंकी अनैच्छिक मांस-पैशिक गति ; आप-ही-आप अनिच्छा-पूर्वक बच्चोंकी मांस-पेशियोंका हिलना।

Micro-organism (mi-kro-or-gan-izm). A minute living body. जीवाणु ; एक अति क्षुद्र जीव।

Microphthalimia. Abnormal smallness of the eyes. आँखोंका अस्वाभाविक छोटापन।

Micropsia. The subjective perception of objects as smaller than actually they are. दृष्टि-दोष, जिसमें चीजें आकारमें जितनी रहती हैं, उससे छोटी दिखाई देती हैं।

Micropus (mi' kro-pus). Abnormal smallness of the leg. पद-क्षुद्रता ; पैरोंका अस्वाभाविक छोटापन।

Micropyle (mi-kro-pil). One of the pores in the ovum for the entrance of spermatozoon. डिम्ब-कोषका क्षुद्र द्वार, जिसकी राहसे शुक्र-कीट उसमें प्रवेश करता है।

Microscope. An instrument for examining small objects. सूक्ष्मदर्शक यंत्र ; अनुवीक्षण यंत्र।

Microscopic (mi-kro-skop-ik). Very small, minute. अति क्षुद्र ; बहुत ही छोटा, जो आँखसे नहीं दिखाई देता।

Microsomia (mi-kro-só-me-ah). Dwarfishness. बौनापन।

Microstoma (mi-kroś-to-mah). Abnormal smallness of the mouth. अति क्षुद्र मुख-गह्वर ; मुँहका अस्वाभाविक छोटापन ।

Miction (mik-shun). Micturition. पेशाब करना ; मूत्र-स्राव ।

Micturition (mik-tu-rish-un). The act of voiding urine. मूत्र-स्राव-करण ; पेशाब करनेकी क्रिया ।

Mid-brain. Mesencephalon. मध्य-मस्तिष्क ।

Midriff (mid'-rif). The diaphragm. वक्षोदरमध्यस्थ पेशी ; वक्षोदर व्यवधायक पेशी ।

Midwife (mid'-wif). A woman who attends women in confinement. धात्री ।

Midwifery (mid'-wif-re). Obstetrics. धात्री विद्या ; बालतंत्र ।

Migraine. A paroxysmal headache, usually unilateral. अधकपालीका दर्द ।

Migrating (mi-grá-ting). Passing from place to place, said of certain morbid processes or symptoms. स्थान परिवर्त्तक लक्षण या उपसर्ग ।

Miliaria (mil-e-á-re-ah). An eruption of minute vesicles due to retention of fluid at the mouth of the sweat-follicles. प्रियंगु ; घमौरी ; छोटी-छोटी फुन्सियाँ,जो पसीना निकलनेवाले छेदोंके ऊपर रस रुक जानेपर होता है ।

Miliaria Perpuria. Scarlet Rash. लाल प्रियंगु ; लाल फुन्सियाँ ।

Miliary (mil-e-ar-e). Resembling or of the size of millet seeds. प्रियंगुवत् ; राईके बीजकी तरह । **M. Asthma,** spasmodic or acute asthma in children. बच्चोंका आक्षेपिक या नया दमा । **M. Glands,** the sebaceous glands of the skin. चर्मकी बसा-स्रावी ग्रन्थि । **M. Fever,** an infectious disease, characterized by fever, sweating and the producing of sudamina. एक लरछुत रोग, जिसमें ज्वर, पसीना तथा लाल छोटे-छोटे दाने निकलते हैं ।

Milium. A small whitish or yellowish papule of the size of a pinhead or smaller. आल्पीनकी नोकके आकारकी या उससे भी छोटी सफेद या पीली फुन्सियाँ ।

Milk. The secretion of mammary glands. दूध । स्तन्य । **M. Cyst,** a cyst of the glactophorous duct. दुग्धवाही नलीका कोषाबुंद । **M. Fever,** fever that attends the establishment of milk-secretion. दुग्ध-ज्वर । **Milk Globules,** certain particles consisting of only matter, surrounded by a delicate pollicle contained in milk. दुग्धका गोलाकार तैलमय पदार्थ । **Milk-leg,** phlegmasia alba dolens. सूतिका-स्तम्भ ।

Milk Sugar of, lactose. दुग्ध-शर्करा। **Milk-teeth,** the temporary teeth. दूधके दाँत। **M. Tumour,** a breast tumour through retention of milk. दुग्धार्बुद, स्तनसे दूधकास्राव रुककर होता है।

Mille (mil). One thousand. एक सहस्र; हजार।

Milt. The spleen. प्लीहा।

Mimetic, Mimic (mi-met-ik, mim-ik). Imitation. नकल करनेवाला। **M. Labor,** false labor. कृत्रिम प्रसव।

Mind (mind). The organ or seat of consciousness, remembering, reasoning and willing. मन; चित्त; मति।

Mind-blindness. Inability to recognize what is seen. देखे हुए पदार्थको पहचाननेकी शक्तिका न रहना; मनान्धता।

Mind-cure. Mental healing; the treatment of the disease by an impression made upon the mind of the patient by that of the "healer". मानसिक चिकित्सा।

Mind-deafness. Inability to interpret the meaning of what is heard, the auditory apparatus being unimpaired. श्रवण-यन्त्रमें बिना किसी विकारके ही सुनै हुए शब्दका अर्थ समझमें न आना।

Mineral (min-er-al). Any inorganic chemic compound found in nature, especially one that is solid. खनिज पदार्थ; खासकर ठोस खनिज पदार्थ। **M. Water,** water containing mineral salts. खनिज लवण-मिश्रित जल।

Minim (min-im). About a drop; $\frac{1}{60}$ of a fluidram. करीब-करीब एक बूंद।

Minimal (min-im-al). The least required. कम-से-कम।

Minimum (min-im-um). The smallest amount. कम-से-कम पदार्थ।

Miodymus. A double-headed monster joined to the occiputs. पश्चात्-मस्तकयुक्त द्विशिर जीव।

Miosis (mi-ó-sis). Smallness of pupils. चाक्षुषो पुतलियोंका छोटापन।

Mirror speech. Defective speech. दोषावह बाक्य, जिसमें शब्द पीछेको ओर व्यवहृत होते हैं।

Misanthrope (mis-an-thro-pe). A person having aversion to society. समाजमें सम्मिलित होनेसे घृणावाला व्यक्ति।

Miscarriage (mis kar-aj). Expulsion of the product of conception during the fourth, fifth or the sixth months of pregnancy. गर्भके चौथे, पांचवें या छठें महीने गर्भ-स्राव; गर्भपात।

Misce (mis-e). Mix. मिलाओ।

Miscible (mis-i-bl). Capable of being mixed. मिश्रण योग।

Misogamy. Aversion to marriage. विवाहसे अनिच्छा।

Misogyny (mis-oj′-en-e). Hatred of women. स्त्री-जातिसे घृणा ।

Misopedia. Dislike or hatred of children. बच्चोंसे घृणा ।

Misophobia (mis-of-ó-be-ah). A morbid fear of dirt. धूलका अस्वाभाविक भय ।

Misplaced (mis-plasd). Out of proper position. उचित स्थानके बाहर ; अस्थानीय ।

Mistura (mis-tú-rah). A mixture. मिश्रण ।

Mitigated (mit-ig-a-ted). Made milder. लाघव कृत ; उपशमित ; प्रशमित ।

Mitoma (mi-tó-mah). The thread like basis of a cell-body. कोष-शरीरको सूतको तरह तलो ।

Mitral (mi′-tral). Relating to the mitral or bicuspid valve. हृत्कपाट या हृद्पिण्ड द्वि-कपाट-सम्बन्धीय ।

Mixture (miks-chūr). A combination of several substances. कितने ही पदार्थों का सम्मिश्रण ।

Mneme (neem): Memory, mind. याददाश्त ; मन ।

Moan (mon). To utter a low sound expressive of suffering. कष्ट-सूचक ध्वनि ; निम्न-ध्वनि ; आर्त्तनाद ; यंत्रणा ध्वनि ; कराहना ।

Mobile (mó-bil). Movable. चंचल ; गतिशील ।

Mobilization. Making movable ; restoring the power of motion in a joint. चालना ; किसी सन्धिमें चल-शक्ति ला देना ।

Modiolus (mo-di′-o-lus). The irregular conical axis of the cochlea of the internal ear. कानका घोंघाके आकारवाले गह्वरका मध्यदण्ड ; कोकिलास्तम्भ ।

Mogigraphia (moj e-grá-fe-ah). Writers cramp. लिखनेवालोंका हाथ कांपना ।

Mogilalia (moj-e-lá-le-ah). Stammering speech. स्खलित वाक्य ; तोतलायी बोली ।

Mogiphonia (moj-e-fó-ne-ah). Loss of the power of voice. शब्द-शक्तिका क्षय ।

Mogostocia (mog-os-to-she-ah). Difficult parturition. कष्टप्रद प्रसव ।

Moist. Not dry ; damp ; slightly wet. आर्द्र ; सार्द्र ; सिक्त ; तर ।

Molar (mó-lar). Grinding. पीसनेवाला । **M. Teeth.** the back grinding teeth. चर्वण दन्त ।

Mole (mol). Nævus pigmentosus, a brownish spot or patch on the skin. तिल ; मसा ।

Molecular (mo-lek-u-lar). Pertaining to molecules. अणु-सम्बन्धीय ।

Molicule. The smallest quantity of a substance. किसी मौलिक या यौगिक पदार्थका क्षुद्रतम अंश ; अणुक ।

Molimen (mol-i-men). A symptom. एक लक्षण।

Mollities (mol-ish-e-ez). Softness or softening, malacia. कोमलता ; नर्मी। **M. Cerebri,** softening of the brain. मस्तिष्ककी भंग-प्रवणता। **M. Ossium,** softness of the bones. अस्थि-कोमलता।

Molluscum (mol-us-kum). A disease marked by the occurrence of soft rounded tumours of the skin. कोमलाबुदत्वक् गुटिका ; चर्मपर कोमल गोल अर्बद निकलना।

Monad. An element or radical which has the combining power of one atom of hydrogen. एक परमाणु जलयानकी सम्मिलन-शक्तिसे सम्पन्न मूल पदार्थ ; एक बन्धन।

Monarticular (mon-ar-tik-u-lar). Pertaining to one joint. एक सन्धि-सम्बन्धीय।

Moniliferm (mo-nil-if-orm). Having the shape of a string of beads or necklace. मालाकार।

Monobasic. Having one atom of a base. कोई भस्म या भस्मके परमाणु-सम्बन्धीय।

Monobrachius (mon-o-brá-ke-us). A fetus without one arm. एक बाहुका भ्रूण।

Monocarpus. Having only single or solitary fruit. सकृत फलक।

Monochorea (mon-o-ko-ré-ah). Chorea of a single part. किसी एक अंशका नर्त्तन रोग।

Monochromatic (mon-o-kro-mat-ik). Having but one coloui. एक वर्णात्मक। 2. A person who can see only one colour. एक वर्ण हो दिखाई देनेवाला व्यक्ति।

Monoculus (mon-ok-u-lus). A bandage for one eye. एकाक्ष बन्धनो।

Menogenesis. Development of all beings from a single cell. एक कोषसे ही सभी सत्तावान जीव या वस्तुका उद्भव ; एक कोषोत्पत्ति ; एक कोषी।

Monolocular (mon-o-lok-u-lar). Having one cell. एक कोषी।

Monomania (mon-o-má-ne-ah). Derangement or mania of one particular subject. एकाश्रयोन्माद। किसी एक विशेष विषयका उन्माद।

Monoparesis (mon-o-par-es-is). Paralysis of a single part of body. शरीरके केवल एक अंशका पक्षाघात ; एकांगी पक्षाघात।

Monopathy (mon-op-ath-e). A disease affecting a single part. एकांशी रोग।

Monophagia (mon-o-fá-je-ah). Desire for one kind of food. एक ही खाद्यकी इच्छा। 2. The eating of only one meal a day. दिनमें केवल एक बार भोजन।

Monophobia (mon-o--fó-be-ah). Morbid dread of being left alone. एकान्तका भय ; अकेले रहनेमें डर ।

Monoplegia (mon-o-plé-je-ah). Paralysis of a single part. एक अंशका पक्षाघात ।

Monopus (mon-o-pus). A fetus having one foot or leg. एक पैरका भ्रूण ।

Monospermy (mon-o-sper-me). Fertilization in which only one spermatozoon enters the ovum. गर्भाधान, जिसमें एक ही शुक्र-कीट डिम्बाशयमें प्रवेश करता है ।

Monotremes (mó-no-tremz). The lowest order of mammals, एक-गुह्य ; सहविन्मूत्सर्गी ।

Mons veneris, A rounded prominence at the symphysis pubis of a woman. कामाद्रि ।

Morament (mor-am-ent). Feeble minded. दुर्बलमना ।

Morbid (mor-bid). Pertaining to or affected with disease. रोग-सम्बन्धीय ; रोगाक्रान्त ; अस्वाभाविक ।

Morbific (mor-bif-ik). Causing disease. रोगकारी ; रोगोत्पादक ।

Morbigenous (mor-bij'-en-us). Producing disease. रोग उत्पन्नकारी ।

Morbillous (mor-bil-us). Pertaining to measles. खसड़ा-सम्बन्धीय ।

Morbus (mor-bus). A disease. रोग; बीमारी । **M. Brightii**, bright's disease. कोरण्ड-घटित मूत्र-ग्रन्थि-प्रदाह । **M. Caducus,** epilepsy. मृगी । **M. Cœruleus**, congenital cyanosis. आजन्म नील रोग । **M. Coxarius,** hip-joint disease. उरु-सन्धि-रोग ।

Mordant (mor-dant). A substance used to fix a stain. रंग-संस्थापक द्रव्य ; रंजक पदार्थ ।

Moribund (mor-ib-und). In a dying state. मृतकालीन दशा ; मृतकल्प ।

Morning Sickness. Nausea and vomiting occurring every morning on arising and constituting one of the characteristic symptoms of pregnancy. प्रातःकालीन वमन ; गर्भावस्थामें वमन ।

Morphinism. The morphine habit. अफीमका अभ्यास ।

Mortality (mor-tal-it-e). Frequency. rate or proportion of deaths in a place, disease etc. मृत्यु-संख्या ।

Mortification (mor-tif-ik-á-shun). Gangrene or sphacelus. सड़नेवाली अवस्था ; अस्थिनाश ।

Morton's cough. Cough followed by the vomiting of food, occurring frequently in pulmonary tuberculosis. फुस्फुसके गुटिका-दोषमें होनेवाली खांसी. जिसके बाद वमन होता है ।

Mortuary (mor-tu-a-re). 1. Relating to dead. मृत-विषयक। 2. Morgue. प्रेतगृह ; शवागार।

Motarium. Lint. पट्टी।

Motility (mo-til-it-e). The power of moving. चलन-शक्ति ; गमन-शक्ति।

Motion (mó-shun). Evacuation of the bowels. पाखाना होना ; दस्त आना। 2. Movement. गति।

Motor (mó-tor). Muscles and nerves moving a part. किसी अंगको चलानेवाली पेशी और स्नायु ; गति-विधायक पेशी और स्नायु ; चालक पेशी ; चालक स्नायु।

Mouth (mowth). The cavity which contains tongue and teeth ; cavity at the entrance of the alimentary canal. मुख-गह्वर।

Movement (moov-ment). A motion ; an action. गति ; क्रिया।

Moxa. A cylinder of inflammable matter used as a cautery. सींगी लगाना ; पुरवा लगाना ; दागना।

Muciferous (mu-sif-er-us). Secreting or producing mucus. श्लेष्मा उत्पन्न या स्रावकारी।

Muciform (mú-sif-orm). Resembling mucus. श्लेष्मास्वरूप।

Mucin. A conjugated protein, the chief constituent of mucus. अण्डेके सफेद अंशकी तरह श्लेष्माका उपादान।

Mucinemia (mu-sin-é-me-ah). The presence of mucin in the blood. रक्तमें श्वेत श्लेष्मोपादानकी प्राप्ति।

Muciparous (mu-sip-ar-us). Producing mucus. श्लेष्मा उत्पन्नकारी।

Mucitis (mu-si'-tis). Inflammation of the mucous membrane. श्लैष्मिक-झिल्लीका प्रदाह।

Mucocele (mú ko-sel). Mucous tumour. श्लेष्मार्बुद। Enlarged lacrimal sac. अश्रुकोषका विवर्द्धन।

Muco-purulent. Of the nature of mingled mucous and pus. श्लेष्मा तथा पीव सम्मिलित।

Muco-pus (mú-ko-pus). Mucus with pus. श्लेष्माके साथ पीव।

Mucosa (mu-kó-sah). A mocous membrane. श्लैष्मिक झिल्ली।

Mucous (mú-kus). Relating to or resembling mucus. श्लैष्मिक ; श्लेष्माकार ; आम। **M. Cyst,** cyst that secrete mucus श्लेष्मास्रावी कोष। **M. Membrane,** the covering of the cavities communicating with the external air, as the mouth, wind-pipe, stomach, entestine etc. श्लैष्मिक-झिल्ली। **M. Polyp.** a soft tumour. एक कोमल अर्बुद ; श्लेष्मार्बुद। **M. Tissue,** the gelatinous connective tissue. लसदार संतोजक तन्तु।

Mucus (mú-kus). The viscid watery secretion of mucous gland.

श्लेष्मिक-ग्रन्थिका लसदार जलवत् स्राव ; श्लेष्मा ; आम ; बलगम ।

Muliebrity (mu-le-eb-ri-te). Woman quality. स्त्रियोचित गुण । 2. The assumption of female qualities of the male. पुरुषोंमें स्त्रियोचित गुण आना ; मौगापन ।

Multi-articulas(mul-te-ar-tik-u-las). Relating to or affecting many joints. बहु-सन्धि विषयक या बहु-सन्धि आकान्तकारी ।

Multi-cellular (mul-tis-el-u-lar). Composed of many cells. बहुकोष विमित ।

Multifetation. A pregnancy with more than two fætuses. दोसे अधिक भ्रूण रहनेवाली गर्भावस्था ।

Multifidus spine, The transversalis dorsi. पृष्ठवंशीय पेशी ।

Multilocular (mul-til ok-u-lar). Having many cells or loculie. बहु-कोषधारी ।

Multiparous (mul-tip-ar-us). Bringing forth several at a birth. कितनोंको एक ही समय जन्म देनेवाली ; बहुप्रसवी ।

Mumps. An acute disease marked by swelling of the parotid gland. कर्णमूल फूलना ; पाषाण-गरोय ।

Murmur (mer-mer). A gentle blowing ausculatory seund. फुस्फुस यंत्रका वायु यातायात शब्द । 2. A low sound heard in auscultation. आकर्णन कालमें सुन पड़नेवाला धीमा शब्द । **M. Amphoric,** a respiratory murmur having an amphoric character. श्वास-यंत्रका शब्द, जिसमें शीशीके मुँहमें फूंकनेकी-सी आवाज आती है । **M. Anemic,** one due to watery condition of the blood. रक्त जलकी तरह हो जानेपर आनेवाला शब्द ; रक्त स्वल्पता जनित फुस्फुस-शब्द । **M. Endocardial,** an abnormal sound produced in the cavity of the heart. हृद्-गह्वरमें उत्पन्न एक अस्वाभाविक शब्द । **M. Exocardial,** a cardiac murmur produced outside of the heart's cavity. हृद्-गह्वरके वाह्यभागमें उत्पन्न शब्द । **M. Diastolic,** a cardiac murmur occurring during the diastole. हृद्प्रसारण कालका मरमर शब्द । **M. Friction,** a sound due to the rubbing of two enflamed serous surfaces upon each other. घर्षण शब्द ; दो प्रदाहित स्थानोंकी रगड़का शब्द । **M. Hæmic,** a sound due to ohanges in the amount or quality of the blood and not to organic lesions. रक्तके मात्रा और गुण-परिवर्त्तनके कारण उत्पन्न शब्द ।

Muscle (mus-l). An organ which by contraction produces the movements of an animal organism. पेशी ।

Muscularis (mus-ku-lá-ris). The muscular coat of an organ. किसी यंत्रका मांस-पैशिक आवरण ।

Musculin (muś ku-lin). An extract of animal muscle. जैवी-पेशीका रस ।

Musculature (muś-ku-la-chūr). A set of muscles. मांस-पेशियोंका एक दल ।

Musculus (muś-kū-lus). A muscle. पेशी ।

Musicomania (mu-sik-o-má-ne-ah). A morbid love of music. संगीतका अस्वाभाविक प्रेम ।

Musk (musk). Moschus. कस्तूरी ।

Must (must). The unfermented juice of grapes. अंगूरका बिना उफान् आया हुआ रस ।

Mute. Dumb ; a person who has not the faculty of speech. गूंगा ।

Mutilate. To remove any part of the body which is important as to function. शारीरिक क्रियाका महत्वपूर्ण अंग हटा देना ।

Mutism (mú-tizm). Dumbness. गूंगापन ।

Myalgia (mi-al-je-ah). Myodinia, muscular pain. मांस-पैशिक वेदना ।

Myasthenia (mi-as-thé-ne-ah). Muscular debility. मांसपैशिक दुर्बलता।

Myatonia, Myatony (mi-at-ó-ne-ah, mi-at-o-ne). Abnormal extensibility of a muscle, muscular hypotonia. मांसपैशिक प्रसारणशीलता ।

Mycocyte. A mucous cell. एक श्लैष्मिक कोष ।

Mycoderma (mi-ko-deŕ-mah). Mucous membrane. श्लैष्मिक-झिल्ली ।

Mycodermatitis (mi-ko-deŕ-ma-ti-tis). Inflammation of any mucous membrane. किसी श्लैष्मिक-झिल्लीका प्रदाह ।

Mycology. Science in relation to fungi. छत्रक तत्व ।

Mycosis (mi-kó-sis). Any disease caused by the presence of fungi or bacteria. छत्रक या जीवाणु-जनित रोग ।

Mydriasis (mid-ri'-as-is). Dilatation of the pupil. चक्षुताराका प्रसारण ।

Myectopia, Myectopy (mi-ek-to-pe-ah). Dislocation of a muscle. पेशीकी स्थानच्युति ; किसी मांसपेशीका अपनी जगहसे हट जाना ।

Myel (mi-el). The spinal cord. सुषुम्ना ।

Myelalgia (mi-el-al-je-ah). Pain in the spinal cord or its membranes. मेरुदण्ड या उसकी झिल्लीमें दर्द ।

Myelapoplexy. Hemorrhage into the spinal cord. मेरुदण्डके भीतर रक्तस्राव ।

Myelasthenia (mi-el-as-thé-ne-ah). Spinal exhaustion ; spinal neurasthenia. मेरुदण्डकी क्लान्ति ; मेरुदण्डकी दुर्बलता ।

Myelatelia (mi-el-a-teĺ-e-ah). A developmental defect of the spinal cord. मेरुदण्डका दोषावह विकास ।

Myelatrophy (mi-el-át-ro-fe). Atrophy of the spinal cord. मेरुदण्डको क्षीणता ।

Myelencephalsus (mi-el-en-seḟ-al-sus). Cerebro-spinal. मस्तिष्क-मेरुमज्जीय ।

Myelin (mi-eĺ-in). The fat like substance forming a sheath around the medullated nerve-fibres. मेरुमज्जा ; मेरस-विधान ।

Myelitis (mi-el-i'-tis). Inflammation of the bone-marrow. अस्थि-मज्जाका प्रदाह ; मेरुमज्जा-प्रदाह ।

Myelocele (mi'-el-o-sel). The central canal of the spinal cord. मेरुदण्डकी मध्य-प्रणाली ।

Myelocyte (mi'-el-o-sit). A marrow cell ; one of the cell of red bone-marrow. रक्त अस्थि-मज्जाका कोष ; मज्जा-कोष ।

Myelo-encephalitis (mi-el-o-en-sef-al-i-tis). Inflammation of the spinal cord and brain, मस्तिष्क-मेरुदण्डका प्रदाह ।

Myeloma (mi-eĺ-o-mah). A tumor-like hyperplasia of the bone-marrow tissue. अस्थि-मज्जा तन्तुका अबद ।

Myelomeningitis (mi-el-o-meń-in-ji-tis). Inflammation of the spinal-cord and its membranes. मेरुदण्ड तथा उसकी झिल्लियोंका प्रदाह ।

Myelon (mi'-el-on). The spinal cord. मेरुदण्ड ।

Myelorrhagia (mi-eĺ-o--rá-je-ah). Spinal hemorrhage. ' मेरुदण्डमें रक्त-स्राव ।

Myelosis (mi-el-ó-sis). The formation of a tumour of the spinal cord. मेरुदण्डमें अबु्‍ द होना ।

Myelotoxic (mi-eĺ-o-tokś-ik). Destructive to bone-marrow. अस्थि-मज्जा-नाशक । 2. Arising from disease marrow. रुग्न मज्जासे उत्पन्न ।

Myiasis (mi-i-aś-is) Any disease caused by flies. मक्षिकासे उत्पन्न रोग ।

Myocardiac, Myocardial (mi-o-kaŕ-de-ak, mi-o-kar-de-al). Pertaining to the muscular tissues of the heart. हृत्पिण्ड मांसपेशिक तन्तु-विषयक ।

Myocarditis (mi-o-kaŕ-di-tis). Inflammation of the myocardium ; inflammation of the muscular walls of the heart. हृत्पिण्डशोष ; हृद्-वेष्टका प्रदाह ।

Myocardium (mi-o-kaŕ-de-um). The heart muscle. हृद्-पेशी ; हृत्-पिण्डकी पेशी ।

Myocelitis (mi-o-se-li-tis) Inflammation of the muscles of the abdomen. औदरिक पेशियोंका प्रदाह ।

Myocyte (mi′-o-sit). A cell of the muscular tissue. मांस-तन्तु-कोष ।

Myodemia (mi-o-dé-me-ah). Fatty degeneration of a muscle. पेशीका वसा-क्षय ।

Myodynamic (mi′-o-di-nam-ik). Relating to muscular force. मांस-पेशिक शक्ति-सम्बन्धीय ।

Myodynia (mi-o-dín-e-ah). Pains in the muscle, myalgia. पेशिक-वेदना ; पेशियोंमें दर्द ।

Myograph (mi′-o-graf). An apparatus for recording the effects of a muscular contraction. मांस-पेशिक संकोचनका प्रभाव बतानेवाला यंत्र ।

Myography (mi-óg-ra-fe). A description of the muscles. पेशी-वृतान्त।

Myokymia (mi-o-ki′-me-ah). Persistent contractions ofthe muscles. पेशियोंका अनवरत कम्पन ।

Myolemma (mi-o-lém-ah) The membranous covering of each muscular fibre. पेशी तन्तुकी झिल्ली ।

Myolin. Substance or tissue composing the muscles. पेशीका निर्माण-विधान ।

Myoma (mi′-o-mah). A tumour made up cf muscular elements. मांसपेशिक तत्वोंसे बना अर्बुद ।

Myometer (mi-óm-et-er). An apparatus for measuring muscle-contraction. मांस-पेशिक संकोचन परिमापक यंत्र ।

Myoneural (mi-o-nú-ral). Relating to both muscle and nerve. पेशी तथा स्नायु-विषयक ।

Myoneuralgia (mi-o-nu-rál-je-ah). Muscular neuralgia. मांस-पेशिक स्नायु-शूल ।

Myopathy (mi-óp-ath-e). Any disease of a muscle. मांसपेशिक रोग ।

Myope (mi′-op). A near-sighted person. अदूर-दृष्टि-सम्पन्न मनुष्य ।

Myopia (mi-ó-pe-ah). Near-sightedness or short-sight. निकट दृष्टि ; अदूर दृष्टि व्यक्ति ; गज नेत्री ; गज-दृष्टि ।

Myorrhexis (mi-or-eks-is) The rupture of a muscle. पेशी विदारण ।

Myosalgia (mi-o-sál-je-ah) Muscular pain. मांसपेशिक वेदना ।

Myosclerosis (mi′-o-skle-ro-sis). Hardening of a muscle. पेशीकी कठोरता ।

Myosis (mi′-o-sis). A permanent contraction of pupil of the eye. चक्षुताराका चिर संकोचन ।

Myositis (mi-o-si′-tis). Inflammation of a muscle. पेशी-प्रदाह ।

Myosin (mi′-o-sin). मांसज ।

Myosteamas. A bony tumour in muscle. पेशीमें अस्थ्यर्बुद ।

Myotasis (mi-ót-as-is). Stretching of muscle. पेशी प्रसारण ।

Myotomy (mi-ót-o-me) The dissection of a muscle. पेशी छेदन ; पेशीको छांटकर निकाल देना ।

Myotonus. A tonic spasm or temporary rigidity of a muscle or group of muscles. किसी पेशी या पेशी दलका क्षणिक आक्षेप या थोड़ी देरके लिये कड़ा हो जाना।

Myringa (mi-rin-gah). The tympanic membrane. कर्ण-पटहकी झिल्ली।

Myringitis (mi-rin-ji'-tis). Inflammation of the tympanio membrane. कानकी झिल्लीका प्रदाह।

Myrrh (mer). A gum-resin ; which is a stimulant tonic. गन्धबोल।

Myrtiform (meŕ-tif-orm) Shaped like a myrtle leaf. मेंहदीके पत्तेके आकारका।

Mysophobia (mi-so-fó-be-ah). A morbid fear of dirt. धूलका रोगात्मक भय।

Myxoid (miks-oid). Like mucus. आमकी तरह।

Myxoma (miks-ó-mah). A mucous tumour. एकश्लेष्मिक अर्बुद श्लेष्मार्बुद।

Myxter. The nose. नासिका।

N.

Nævus (né-vus). A congenital mark or discoloured patch of the skin due to pigmentation of the blood-vessels. जन्म-दाग ; तिल।

Nail (nál). Unguis. The horny plate covering the dorsal surface of the distal half of the terminal phalanx of each finger and toe. नाखून ; नख। **N. Bed**, the cavity for the lodgement of the nail. नख-स्तर।

Naja (nah-jah). A genous of venomous serpents, which includes cobras. नाग ; गेहुँआ साँप।

Nanism (nań-izm). Dwarfishness. छोटापन ; बौनापन।

Nanocephalus (nan-o-sef-al-us). Having a very small head. बहुत छोटे सरवाला ; अति लघु शिरो।

Nanocormia (nan-o-koŕ-me-ah). Extreme smallness of the body-compared with the head and extremities. मस्तक तथा हाथ-पैरोंकी तुलनामें धड़का बहुत छोटापन।

Nanoid (nań-oid). Dwarfish ; pigmy. बौना ; खर्वाकृति।

Nanomelous. Having very small extremities. बहुत छोटे शाखा अंगोंवाला।

Nanosoma, Nanosomia. Dwarfishness. छोटापन ; बौनापन ।

Nape (nāp). The back part of the neck ; the nucha. ग्रीवापृष्ठ ; गर्दनका पिछला भाग ।

Narcein (naŕ-se-in). An alkaloid of opium. अफीमका उपक्षार ।

Narcohypnia (nar-ko-hip-ne-ah). A general numbness experienced at the moment of waking. जागरण-कालमें अनुभव आनेवाली अवशता ।

Narcolepsy (naŕ-ko-lep-se). Paroxysmal sleep ; sudden short spells of sleep. नींदके झोंके ; आवेशिक निद्रा ; औंघाई ।

Narcosis (naŕ-ko-sis). Sleep or general anesthesia produced by some narcotic drug. नशा ; मादक-द्रव्य सेवनके कारण मत्तता ।

Narcotic (naŕ-kot-ik). A hypnotic, allaying pain. मादक औषध ; दर्द दूर करनेवाली मादक दवा ।

Naris (ná-rez). Nostril. नासा-गह्वर ; नाकका छेद ।

Nasal (ná-sal). Relating to the nose. नासा-सम्बन्धीय । **N. Aperture,** नासारन्ध्र । **N. Bone.** नासास्थि । **N. Fossa.** नासागुहा । **N. Feeding,** giving milk or other fluid food, through the nostril into the stomach. नासा-भोजन । **N. Cartilage,** the cartilage of the nose. नासिकोपास्थि । **N. Catarrh,** the fluent discharge from the nose. नाकसे पतले श्लेष्माका स्राव ।

Nascent (naś-ent). Just born ; just coming into existence. नवजात ; नवप्रसूत ।

Nasiform (naś-if-orm). Shaped like the nose. नासिकाकार ; नाकके आकारका ।

Nasi Ossa. The two bones of the nose. नासास्थि ; नाककी दोनों अस्थियाँ ।

Nasitis (na-zi'-tis). Inflammation of the nose. नासारन्ध्र-प्रदाह । **N. Muscle.** नस्य-पेशी ।

Nasoantritis (na-zo-an-tri'tis). Inflammation of the nose and of the antrum of highmore. नासा तथा ऊर्ध्व-हनु-कोटरका प्रदाह ।

Nasolabial (na-zó-la-be-al). Relating to the nose and the upper lip. नासा तथा ऊर्ध्व ओष्ठ-सम्बन्धीय ।

Nasolacrymal. Relating to the nasal and the lacrymal bone. नासाश्रु अस्थि-सम्बन्धीय ।

Nasolachrimal duct. नासाश्रु-प्रणाली ।

Nasology (na-zol-o-je). The study of noses. नासा-विज्ञान ।

Nasoseptitis. Inflammation of the nasal septum. नासा तथा नासा-प्रभेदक प्राचीरका प्रदाह ।

Nasus. The nose. नासा ।

Natal (ná-tal). 1. Native. अधिवासी । 2. Relating to the nates. नितम्ब-सम्बन्धी ।

Natality (na-tal-it-e). The birth-rate. जन्म-संख्या ।

Natant (ná-tant). Swimming. तैरना ।

Nates (ná-tez). The buttocks. नितम्ब ; चूतड़ ।

Naupathia (naw-path-e-ah). Sea-sickness. सामुद्रिक रोग ।

Nausea (naw'-se-ah). A disire to vomit ; sickness at the stomach. वमनेच्छा ; मिचली ; पाकाशयका रोग । N. **Gravidarum**, the morning sickness of pregnant women. गर्भवती स्त्रीकी मिचली ।

Navel (ná-vel). Umbilicus. नाभि-कुण्ड ; नाभि-कूप । **N. String,** the umbilical cord. नाभिरज्जु ।

Navicular (na-vik-u-lar). Boat-shaped, scaphoid ; noting a bone in the corpus and one in the tarsus. नौकाकृति अस्थि । **N. Fossa,** a small cavity within fourchette. नौ-गह्वर ।

Nearthrosis (ne-ar-thró-sis). Abnormal articulation ; a false-joint. कृत्रिम-सन्धि ; अस्वाभाविक सन्धि-योग ।

Nebula (neb-u-lah). A faint, grayish opacity of the cornea. कनीनिकाका हलका खाकीपन ; अस्वच्छता; नीहारिका ।

Neck (nek). The part of the body between the head and the trunk. ग्रीवा ; गर्दन ।

Necremia (nek-ré-me-ah). A condition marked by death of a large proportion of the red blood-corpuscles. एक दशा, जिसमें रक्तके लाल रक्त-कण अधिकांश नष्ट हो जाते हैं ।

Necrocytosis (nek-ro-si-tó-sis). Death of cells of a part. किसी अंगके कोषोंकी मृत्यु ; कोषाणुओंका क्षय ।

Necrology (nek-rol-o-je). A treatise on death. मृत्युका अध्ययन ।

Necromania (nek-ró-ma-nia). A morbid tendency to dwell with longing on dead. मृतोंके सम्बन्धमें सोचनेकी अस्वाभाविक प्रवणता ।

Necrosis (nek-ró-sis). Local death ; the death of more or less extensive groups of cells with degenerative changes in the intercellular tissues. अस्थि-क्षय ; अस्थिपूति ; अस्थि-नाश ; हड्डीका सड़ जाना ।

Necrotic (nek-rot-ik). Pertaining to necrosis. अस्थि-क्षय-सम्बन्धीय ।

Negative (neg-at-iv). Expressing denial, nothingness, the absence of the result ; sign, etc. ऋणात्मक । **N. Electricity,** resinous electricity. ऋणात्मक विद्युत । **N. Pole,** the pole of an electric battery connected with the electropositive element, the chemically active pole. ताड़ित यंत्रका ताम्रमय प्रान्त ।

Negativism. An insane tendency to do opposite of what is said. जो कहा जाता है, उसके विपरीत करनेकी उन्मादपूर्ण प्रवृत्ति ।

Nelavan. Sleeping sickness. निद्रा-रोग ।

Nematoblast (nem-at-o-blast). A spermatoblast. शुक्र-कीट ।

Nematode. 1 Resembling thread सूत्रवत् । 2. A thread worm. सूत्र-कृमि ।

Nematoid. A thread-worm. सूत्र-कृमि ।

Neoformation (ne-o-for-má-shun). A new growth. नव-प्रसव ; नवोत्पन्न ।

Neomembrane (ne-o-mem-bran). A fal emembrane. कृत्रिम-झिल्ली ।

Neonatal (ne-o-ná-tal). Relating to the new born. नव-प्रसूत-विषयक ।

Neoplasm (né-o-plazm). A new growth or tumour. नया अर्बुद वा उभार ।

Nephelopia (nef-el-o-pi-ah). Dimness of vision due to cataract or cloudiness of the cornea. कनीनिकाके धुंधलापन या मोतियाबिन्दके कारण दृष्टिका धुंधलापन।

Nephralgia (nef-ral-je-ah). Pain in the kidney. वृक्क शूल ।

Nephrapostasis (nef-rap-oś-tas-is). An abscess in the kidney. वृक्कक-फोड़ा ।

Nephrelcosis(nef-rel-kó-sis). Ulceration of the kidney, मूत्रपिण्डका जखम ।

Nephric (nef-rik). Relating to kidney ; renal. मूत्रपिण्ड-सम्बन्धीय ।

Nephritic (nef-rit-ik). Relating to nephritis. वृक्क-प्रदाह सम्बन्धीय ।

Nephritis (nef-ri-tis). Inflammation of the kidney. मूत्रपिण्ड-प्रदाह ; वृक्क-प्रदाह ।

Nephrocele (nef-ro-sel). Hernial displacement of a kidney. वृक्कक-वृद्धि।

Nephrocystitis (nef-ro-sis-ti-tis). Inflammation of both kidney and bladder. मूत्राशय और मूत्रपिण्ड दोनोंका हो प्रदाह ।

Nephrolith (nef-ro-lith). A stone in the kidney मूत्रपिण्डमें पथरी ।

Nephrolithiasis (nef-ro-lith-i'-as-is). Renal calculus or gravel. मूत्र-पथरी ।

Nephromalacia. Softening of the kidneys. मूत्रपिण्डकी कोमलता ।

Nephromegaly (nef-ro-meg-ah-le) Extreme hypertrophy of one or both kidnevs. एक या दोनों मूत्र-पिण्डोंका अत्यधिक प्रसारण ।

Nephroptosia (nef-ro-tó-si-ah). A downward displacement of the kidney. मूत्रपिण्डकी निम्नाभिमुखी स्थान-च्युति ।

Nephrorrhagia. Hæmorrhage into the renal tubules and pelvis. वृक्क-नलिकाएँ तथा वस्ति-गह्वरमें रक्त-स्राव ।

Nephrosis (neŕ-ro-sis). Any kidney disease. वृक्क-रोग ; गुर्देकी बीमारी ।

Nerve (nerv). A whitish cord, made up of nerve-fibers arranged in bundles held together by a connective tissue sheath. स्नायु ; नाड़ी वातरज्जु । **N. Cells,** large, nucleated cells with one or more elongated processes. वात-कोष ; स्नायु-कोष । **N. Fiber,** a cerebro-spinal nerve-fiber the axis cylender of which is inclosed in a sheath of myeline. नाड़ी-सूत्र । **N. Ganglion.** नाड़ी गंड ।

Nervous (neŕ-vus). Relating to nerves. स्नायु-सम्बन्धीय । 2. Abnormally excitable. अस्वाभाविक रूपसे उत्तेजित ; स्नायविक । **N. System,** the nerves of the body taken together वात-संस्थान ; नाड़ी-संस्थान ; नाड़ीमंडल । **N. Debility,** neurasthenia. स्नायविक दुर्बलता । **N. Centre,** the brain, spinal marrow and ganglions. स्नायुमूल ; स्नायु-केन्द्र । **N. Fluid,** a fluid supposed to circulate through the nerves and which has been thought to be the agent of sensation and motive power. स्नायु-कल्पित तरल पदार्थ । **N. Principle,** nervous fluid. स्नायु-रस ।

Nervousness (neŕ-vus-nes). An unsettled condition of the nerves. स्नायविकता ; स्नायुओंकी अनिश्चित दशा ।

Nervus (neŕ-vus). A nerve. एक स्नायु ।

Nestotherapy (nes-to-theŕ-ap-e). The hunger cure. उपवास चिकित्सा ।

Nestiatria (nes-ti-at-ri-ah). Nastitherapy, hunger-cure. उपवास-चिकित्सा ।

Neural (nú-ral). Relating to nerves. स्नायु-सम्बन्धीय ।

Neuralgia (nú-ral-je-ah). Pain in the nerve. स्नायु-शूल ।

Neuralgic (nu-ral-jik). Pertaining to neuralgia. स्नायु-शूल-सम्बन्धीय ।

Neurasthenia (nu-ras-thé-ne-ah). Nervous exhaustion. स्नायु-दौर्बल्य ।

Neurectopia. Displacement of a nerve from its normal position. स्वाभाविक स्थानसे किसी स्नायुका हट जाना ।

Neuriatry (nú-ri-at-re). The treatment of nervous diseases. स्नायु रोगोंका इलाज ।

Neurilemma (nu-ril-eḿ-ah). The thin membranous outer covering surrounding the myolin sheath of a nerve fiber. स्नायु-सूत्रकी आवरक-झिल्ली ; स्नायु-आवरक-झिल्ली ।

Neurin. The matter of which the nervous system is composed. स्नायु-संस्थानके निर्माण उपादान ।

Neuritis (nu-ri'-tis). Inflammation of a nerve. स्नायु-प्रदाह ।

Neuro-anatomy (nú-ro-an-at-o-me). The anatomy of the nervous system. स्नायु-संस्थानकी शारीर-विद्या ।

Neurodynia. Neuralgia. स्नायु-शूल ।

Neurography, Neurology. A treatise on the nerves. स्नायु—तत्व ।

Neuroma (nu-ró-mah). A tumour found on a nerve-trunk or mass. स्नायुका अर्बुद ; स्नायुवत् अर्बुद ;

Neuromalacia, Neuromalakia Morbid softening of the nerves. स्नायुयोंकी अस्वाभाविक कोमलता ।

Neuromatous (nu-ró-mat-us). Affected with neuroma. स्नायु-अर्बुदका रोगी ।

Neuromere (nú-ro-mer). A division of neuron. स्नायु-कोषका एक विभाग ।

Neuromuscular. Relating to both nerves and muscles. स्नायु और पेशी-विषयक ।

Neuromyelitis (nu-ro-mi'-el-i-tis). Myelitis. मज्जौष ; मज्जा-प्रदाह ।

Neuron, Neurone (nu-ron, nú-ron). The nerve-cell body and its various processes. स्नायु-कोष शरीर तथा उसके विभिन्न प्रवर्द्धन ।

Neuroparalysis. Paralysis resulting from disease of the nerve supplying the affected part. रोगाक्रान्त अंशवाले स्नायुओंके रुग्न हो जानेके कारण पक्षाघात ।

Neuropathic (nu-ro-path-ik). Relating to nerve system. स्नायु-संस्थान सम्बन्धीय ।

Neuropathology (nu-ro-path-ol-o-je). Treatise on disease of the nervous system. स्नायु-संस्थान रोगका अध्ययन ।

Neuropathy. Any disease of the nervous system. स्नायु-मण्डलकी बीमारी ; स्नायु-रोग ।

Neurophonia (nu-ro-fó-ne-ah). A nervous disease characterized by peculiar sharp cries. एक प्रकारका स्नायु-रोग, जिसमें रोगी विचित्र ढंगसे तीव्र चीत्कार करता है ।

Neuroplasm. The protoplasm of the nerve cell. स्नायु-कोष अणुमींगी ।

Neurosis (nu-ró-sis). A functional derangement due to the disorders of the nervous system ; a nervous disease. स्नायु-मण्डल-सम्भूत रोग ; स्नायु-रोग । 2. Any activity of nerve-cells, giving rise to mental activity or accompanying it as its physical counterpart. स्नायु-कोषके

जिस चंचल्यकी वजहसे मानसिक किया उत्पन्न होती है, अथवा स्नायु-कोषका जो विचलन भौतिक प्रतिरूप-स्वरूप मानसिक कियाका अनुसरण करता है ; वही स्नायु-कोषकी सक्रियता ; स्नायुज किया ।

Neurosism (nú-ro sizm). Nervousness ; neurasthenia. स्नायविकता ; स्नायु-दौर्बल्य ।

Neurospasm (nú-ro-spazm). Muscular spasm or twitching caused by disordered nerve-supply. दोषावह स्नायु-कियाके कारण मांस-पेशियोंकी ऐंठन ।

Neurosthenia (nu-ro-sthé-ne-ah). Excessive nervous power. अत्यधिक स्नायु-शक्ति ।

Neurothlipsia. Pressure on one or more nerves. एक या एकाधिक स्नायुपर चाप ।

Neurotic (nu-rot-ik). Nervous. स्नायविक ; स्नायु-विकार-ग्रस्त ।

Neurotica (nu-rot-ik-ah). Diseases of the nervous function. स्नायु-कियाके रोग ।

Neurotomy (nu-rot-o-me). The division of a nerve. स्नायु-विभाग ।

Neurotony (nú-rot o-ne). Nerve-stretching. स्नायुका फैलना ।

Neurotrasis (nu-rot-ras-is). A wound of a nerve. स्नायुका घाव ।

Neurotripsy (nú-ro-trip-se). The operative crushing of a nerve. नश्तरमें किसी स्नायुका कुचल जाना ।

Neutral (nú-tral). Exhibiting no positive properties, indifferent. अकर्मक ; अपक्षपाती ; निरपेक्ष ; उदासीन । 2. Neither acid nor basic ; neither-acid nor alkaline. न अम्ल न क्षार ; समक्षाराम्ल ।

Neutralize (nú-tral-iz). To render negative or inactive. एक वस्तुको दूसरेमें मिलाकर उसका गुण नष्ट करना, जैसे अम्लसे क्षारको नष्ट करना ; समतुल्य बनाना ; शिथिल करना ।

Nevoid (né-void). Like a nevus. तिलकी भाँति ।

Nevose (né-vos). Spotted. चित्ती-चित्ती ; दाग-दगीला ।

Nevus, Nævus (né-vus). A birth mark. तिल ; मसे ; जन्म-दाग ।

Niclating, Nictitation. Quivering of the eyelid. चक्षु-स्पन्दन ; आँख हिलना ; पलकें फड़कना ।

Nidal. Pertaining to the nidus. अक्षनाड़ी-गुच्छक-सम्बन्धीय ।

Nidus (ni'-dus). A nest ; a cluster ; a focus of infection. जाल ; गुच्छ ; रोग प्रभृतिकी उत्पत्ति और विकासस्थली ; नैसर्गिक माण्ड, डिम्ब प्रभृतिका समवाय ; अक्षनाड़ी गुच्छक ।

Night-blindness (nit-blind-nes). Myclalopia, hemeralopia. रात्र्यन्धता रतौंधी ।

Night-mare (nit-mair). A terrifying dream in which one is unable to cry for help or to escape from a seemingly impending evil. गला दबानेके स्वप्न ; दुःस्वप्न ।

Night-sweat (nit-swet). Excessive sweating during night. रात्रिमें बहुत ज्यादा पसीना ; अत्यधिक रात्रि-स्वेद ।

Night-terrors. Excessive nightmare, especially in children. अत्यधिक गला दबानेके स्वप्न, खासकर बच्चोंका।

Night-walking. Somnambulism नींदमें घूमना ; स्वप्न-संचरण ।

Nigricans (ni-gri′-kanz). Blackish. कालापन लिये ; कृष्णा ।

Nigrities (niǵ-rit-e-es). Black pigmentation. कृष्ण रंग ; काला रंग ।

Ninth nerve. The glossopharyngeal nerve. नवमी नाड़ी ।

Nipple (nip-l). Papilla mammæ. स्तन-वृन्त ।

Nisus (ni-sus). The contraction of the diaphragm and abdominal muscles for the expulsion of the feces. मल निष्कासनके लिये वक्षोदर-मध्यस्थ पेशी तथा औदरिक पेशियोंका संकोचन ।

Niter. Saltpeter ; nitrate of potash. सोरा ।

Nitrate (ni-trat). A salt of nitric acid. यवक्षार द्रावकका लवण ।

Nitrogen (ni′-tro-jen). A colourless gaseous element, it forms about 77 parts by weight of the atmosphere. यवक्षारजन ; नेत्रजन ।

Nitrogenous (ni-troj-en-us). Relating to or containing nitrogen. नेत्रजन-विषयक या नेत्रजन-पूर्ण ।

Nitrous (ni-trus). Relating to nitrogen in its lowest valency. बहुत कम नेत्रजन सम्मिलित सोराका तेजाब, जिसमें अम्लजान बहुत कम हो ।

Noctambulation (nok-tam-bu-lá-shun). Sleep-walking ; somnambulism. स्वप्न भ्रमण ; स्वप्न-संचरण ; नींदमें घूमना ।

Noctiphobia (nok-ti-fó-be-ah). Morbid dread of night, its darkness and silence. रात्रि ; रात्रिकालीन अन्धकार और सन्नाटेका अस्वाभाविक भय ।

Nocturia (nok-tu′-re-ah). Excessive urination at night. रात्रिमें अत्यधिक पेशाब होना ।

Nocturnal (nok-teŕ-nal). Relating to the night. रात्रिकालीन ; नैश ; रातके समयका । **N. Blindness.** Hemeralopia. रतौंधी ; दिनौंधी ।

Node (nod). A swelling or protuberance. सूजन ; ग्रन्थि ; पव ।

Nodose (no-doś), Having nodes or projections. अस्थि-गुल्म ; उभार ; उच्चगुटिका ।

Nodular (nod′-u-lar), Like a node. ग्रन्थिके आकारका ।

Nodule (nod′-úl). A small node. छोटी गांठ ।

Nodulus (nod′-u-lus). Nodule. गांठ या प्रवर्द्धन ।

Noma (nó-mah). A progressive gangrenous process of mouth, occurring in children ; ulcerative stomatitis. विगलित क्षत रोग, यह विशेषकर बच्चोंको होता है ; गोश्तखोरा ; अकला ।

Nomotopic (nom-o-top-ik). Occurring at the normal place. स्वाभाविक स्थानमें होनेवाला ।

Nonan (nó-nan). A kind of malarial fever the paroxysms of which occur every ninth day. एक प्रकारका मलेरिया ज्वर, जिसका दौरा हर नवें दिन होता है ।

Non-composmentis. Not of sound mind ; mentally incapable of managing one's affairs. दुर्बलमना ; विशृङ्खलित मना । ऐसे व्यक्तिमें अपने कार्यके प्रबन्धकी शक्ति नहीं रहती ।

Non-conductor. Any thing which does not transmit an electrical current or heat, as the case may be. अचालक ; अपरिचालक ।

Non-parous. Noting a woman, who has born no children. बन्ध्या ।

Normal (noŕ-mal). In harmony with the usual order of nature. स्वाभाविक ।

Normalize. To make normal or of the proper strength. स्वाभाविक बनाना ।

Nose (noz). Nasus ; the organ of smell. नाक ; घ्राण-यंत्र । **Nose-bleed.** epistaxis. नाकसे रक्त-स्राव । **Nose-bridge.** नसा-वंश ; नसा सेतु ।

Nosetiology (nos-e-ti-ol-o-ji). The doctrine of the causation of disease. रोगका कारण-तत्व ।

Nosocomial. Relating to a hospital. अस्पताल-सम्बन्धीय ।

Nosocomion, Nosocomium (noso-kó-mi′-on-or um). A hospital. अस्पताल ; रोगी-निवास ।

Nosode (nos-od). Any disease product used as a remedy. दवाके रूपमें व्यवहृत कोई रोगज पदार्थ ; रोगज औषध ।

Nosogenic (no-so-jeń-jk). Pathogenic ; causing disease. रोगोत्पन्नकारक ।

Nosography (no-sog-raf-e). A treatise on practice or pathology of medicine. रोग-वर्णन ।

No sology (no-sol-o-je). The classification of diseases. रोगका श्रेणी विभाजन ।

Nosomania (no-so-má-ni-ah). Hypochondriasis carried to the point of insanity. उन्मादतक पहुँची हुई व्याधि शंका ।

Nosophobia (noś-o-fó-be-ah). Pathophobia, an inordinate dread and fear of disease. रोगका अस्वाभाविक भय ।

Nostalgia (noś-tal-je-ah). Home-sickness. गृह कातरता ; गृह-रोग ।

Nostrils (noś-trilz). Nares, one of the two external openings of the nasal fossæ. नासारन्ध्र ; नाकका छिद्र ।

Nostrum. A quack medicine ; a medicine, the ingredients ofwhich are kept secret. गुप्तौषध ।

Notal (nó-tal). Relating to the back. पृष्ठ-सम्बन्धीय ।

Notalgia (no-tal-je-ah). Pain in the back ; dorsalgia. पृष्ठ-वेदना ; पीठका दर्द ।

Notch (noch). A depression or indentation, on the margin of a bone. अस्थि-खात ; खात ।

Notochord (nó-to-kord). A cartilaginous or fibrocellular rod in the young embryo, constituting the primitive spinal cord or chorda dorsalis. कशेरुका मज्जा ।

Notomyelitis (no-to-mi-el-i'-tis). Myelitis, inflammation of the spinal cord मेरुदण्डका प्रदाह ।

Noxious (nok-shus). Injurious ; harmful. हानिकर ; अस्वास्थ्यकर ; क्षतिकारक ।

Nubecula (nu-bek-u-lah). Slight cloudiness of the cornea or of the urine. कनीनिकाका हलका गदलापन या पेशाबका ।

Nubility (nu-bil-it-e). To marry. विवाह योग्य ।

Nucha (nú-kah). The back, nape or scruff of the neck. ग्रीवापृष्ठ ; पीठ ; गर्दनका पिछला भाग ।

Nuclear (nú-kle-ar). Pertaining to nucleus. अणुमींगी सम्बन्धीय ।

Nuclei (nú-kle-i). Nucleus का बहुवचन ।

Nucleolar (nu-klé-o-lar). Pertaining to the neucleolus. अणुमींगी कोष-सम्बन्धीय ।

Nucleolinus (nu-klé-o-lin-us). The nucleus of a nucleolosus. अणमींगी कोषका मध्यस्थ बिन्दु ।

Nucleolus. A little nucleus, a nucleole. नाभिक ; अणुमींगी-कोष ।

Nucleoplasm. The protoplasm, or colloid-portion, of the nucleus of a cell. कोष-मध्यस्थ रस ; कोष प्राण पंक ।

Nucleus (nú-kle-us). A mass of protoplasm, the executive center of a muscle or organ. जीवके अणुकोषका बनतर कलल ; कोषमध्यस्थ बिन्दु ; डिम्बानुष्ठि ; नाभि ; अणुमींगी ।

Nudus. Naked. नग्न ; उलङ्ग ।

Nullipara. A woman who has not born any child. बन्ध्या ; जिस स्त्रीने कोई सन्तान प्रसव नहीं की है ।

Numbness (num-ness). Anesthesia. स्पर्श-ज्ञान-शून्यता ; सुन्नपन ।

Nurse (ners). One who takes care of the sick. रोगी परिचारिका ; धात्री ।

Nursing. Feeding an infant at the breast. स्तन्य पिलाना ; बच्चेको स्तनका दूध पिलाकर पोषण ।

Nutrient (nú-tre-ent). A nutritious substance. पोषक पदार्थ ।

Nutriment. Nourishment. पोषण ; पुष्टिकर आहार ।

Nutrimental. Having the qualities of nutriment. परिपोषक ; पुष्टिकर।

Nutrition (nu-trish-un). The process of assimilation of food. समीकरण-प्रणाली ; पोषण ।

Nutritious (nú-trish-us). Nourishing ; capable of sustaining life. पुष्टिकारक ; पौष्टिक् ।

Nyctalgia (nik-tal-je-ah). Pain which occurs at night only. केवल रातके समय होनेवाला दर्द ।

Nyctalopia (nik-tal-ó-pe-ah). Night-blindness ; day blindness. रतौंधी ; दिनौंधी ।

Nyctophobia (nik-to-fó-be-ah). A morbid fear of darkness. अंधकारका रोगात्मक भय ।

Nycturia (nik-tú-re-ah). Nocturnal enuresis, bed-wetting. बिछावनमें पेशाब करना ; शय्या-मूत्र ।

Nymphas (nim-fas) or **Nymphæ** (nim-fe). The labia minora. क्षुद्र भगोष्ठ ।

Nymphectomy (nim-fek-to-me). Excision of the nymphas. क्षुद्र भगोष्ठमें नश्तर ।

Nymphomania. Excessive sexual desire in women. स्त्रियोंमें अत्यधिक कामोन्माद ।

Nymphomaniac(nim-fo-má-ne-ak). A women sufferingfromnymphomania. कामोन्माद-ग्रस्ता रमणी ।

Nymphoncus (nim-fong-kus). A tumour of the labia minora. क्षुद्र भगोष्ठका अर्बुद ।

Nymphotomy (nim-fot-o-me). An incision into the edematous nymphæ. अर्बुदपूर्ण क्षुद्र भगोष्ठमें नश्तर ।

Nystagmic (nis-tag-mik). Relating to or suffering from nystagmus. आँख मिटमिटानेकी बीमारीके सम्बन्धमें या इसका रोगी ।

Nystagmus (nis-tag-mus). Oscillatory movement of the eye-ball. चक्षुगोलकका हिलना ; आँख मिटमिटाना ।

O.

Oarialgia (o-a-ri-al-je-ah). Oothecalgia. डिम्बाणु-शूल ।

Oaric (o-ar-ik). Ovarian. डिम्बाशयिक ।

Oaritis (o-ar-i'-tis). Inflammation of the ovary. डिम्बाशय-प्रदाह ।

Oarium (o-á-re um). Ovary. डिम्बाशय ।

Oasis (o-á-sis). An isolated spot of healthy tissues. स्वस्थ मांस-तंतुओंका रुग्न स्थान ।

Obcecation (ab-sé-ka-shun). Partial blindness. आंशिक अन्धता ।

Obdormition (ab-dor-mish-un). Numbness of an eztremity due to pressure on the sensory nerve. ज्ञान-स्नायुपर दबाव पड़नेके कारण शाखा अंगोंका सुन्नपन ।

Obese (o-beś). Extremely fat or corpulent. मेदपूर्ण ; अत्यधिक स्थूलकाय ।

Obesity (o-beś-it-e) An abnormal increase of fat in the subcutaneous connective tissue. मेदरोग ; मेदाधिक्य रोग ।

Obfuscation (ob-fus-ká-shun). Cloudiness. धुंधलापन । 2. Confusion. विभ्रम ।

Object-blindness. Inability to recognize the nature of what is seen. देखे हुए पदार्थकी प्रकृतिका पहचान न सकना ।

Objective (ob-jek-tiv). Belonging to the object ; belonging to what is external to the men. वैषयिक ; विषयनिष्ठ ; बाह्यिक ।

Obligate (ob-lig-āt). Compulsory ; of necessity. आवश्यक ; निश्चित ।

Oblique (ob-lek, ob-lik). Slanting, deviating from the perpendicular or the horizontal. तिर्यक ; अनृजु ; वक्र ; डेरा ; देह किंवा हाथ-पैर आदिके दीर्घ अक्षके लम्ब-स्वरूप नहीं अथवा समान्तराल भी नहीं ।

Obliquus (ob-li-kwus). A name, given with further qualification, to several muscles. कितनो ही पेशियोंके गुणानुसार नाम । **O. Externus abdominis muscle.** उदरच्छदा बहिस्था पेशी । **O. Internus abdominis muscle.** उदरच्छदा मध्यस्था पेशी । **O. Inferior muscle.** वक्रोधो नेत्रचालिनी पेशी । **O. Vein.** तिर्यक शिरा ।

Obliteration (ob-lit-er-á-shun). Extiction. नाश ; विनाश ; लोप ; निर्मण ।

Oblongata (ob-lon-gá-tah). the medulla oblongata. मातृका मूलाधार ; सुषुम्ना शीर्षक ।

Obmutescence (ab-mu-tes-ens) Dumbness, loss of voice or the power of speech. गूंगापन ; शब्द या वाचा-शक्तिका क्षय ।

Obnubilation (ob-nu-bi.lá-shun). A becluded mental state, . एक आच्छन्न मानसिक दशा ।

Observation (ob-zer-vá.shun). The examining of a thing. निरीक्षण ; परीक्षा ; जँचाई करना ।

Obstetrics (ob-stet-riks). The science of the care of women during pregnancy, child-birth and the puerperium. सूतिका-विज्ञान ।

Obstipation (ob-stip-á-shun). Difficult constipation. कष्टकर कोष्ठ-बद्धता ।

Obstruction (ob-struk-shun). The blocking of a canal or opening. किसी प्रणाली या द्वारका रोध ; द्वारावरोध ।

Obtund (ob-tund). To blunt, to dull ; making less-active. लघुक्रिया-करण ; धीमा बनाना ; धीमा करना ।

Obturator (ob-tu-ra-tor). Any stricture that occludes an opening. गवाक्ष । **O. Foramen.** गवाक्ष । **O. Membrane.** गवाक्ष-कला । **O. Nerve.** गवाक्षिणी नाड़ी । **O. Internus muscle.** श्रोणी गवाक्षिणी अभ्यस्था पेशी । **O. Internus muscle.** श्रोणी गवाक्षिणी वहिस्था पेशी ।

Obtusion (ob-tú-zhun). Dullness of sensibility. अनुभूतिका धीमापन ; शिथिल इन्द्रिय-ज्ञान ।

Occipital (ok-sip-it-al). Relating to the occiput. करोटी पश्चाद्‌वीय ; शिरः पृष्ठ-सम्बन्धीय; पश्चाद्व कपाल-विषयक ।

Occiput (ok-sip-ût). The back part of the head. पश्चात् मस्तक ।

Occlusal. That which occludes. रोधक ।

Occlusion (ok-lú-zhun). The act of closing or the state of being closed, the blocking up of an opening. द्वाररुद्धकरण ; द्वार-रोध ; मुख-रोध ।

Occult (ok-ult). Hidden ; secret. गुप्त ; छिपा ; रहस्यपूर्ण ।

Ocher, Ochre (ó-ker). Yellow coloured clay. पीली मिट्टी ।

Ochlesis (ok-lé-sis). Crowd-poisoning. भीड़के कारण जहर फैलना ; रोगीके पास भीड़ रहनेके कारण विष फैलना ।

Ochronosus (o-kron-ó-sus). A brown discolouration of ligaments. बन्धनियोंका भूरा रङ्ग हो जाना ।

Octad (ok-tad). An element or radical that is octavalent. अष्टपरमाणु ग्रहण-शक्ति-सम्पन्न मूल पदार्थ ; अष्ट-संहति ; अष्टक ।

Octan (ok-tan). Recurring every eighth day, noting a fever, the paroxysms of which recur every eighth day. अष्टाहिक ; अष्टाहिक ज्वर ; आठवें दिन आनेवाला बोखार ।

Ocular (ok-u-lar). Relating to the eye. चक्षुगोलक-सम्बन्धीय ; आक्षिक ; चक्षुतल विषयक ।

Oculist (ok-u-list). An ophthalmologist. चक्षु चिकित्सक ।

Oculogyria (ok-u-lo-je-re-ah). The limits of motion of the eye-balls. चक्षुगोलककी गति-सीमा ।

Oculomotor (ok-u-lo-mó-tor). Relating to the movements of the eye-ball. चक्षुगोलकको गति-सम्बन्धीय ।

Oculomotorius. The third or motor oculi nerve. मस्तिष्ककी तृतीया नाड़ी ; नेत्र-चालनी नाड़ी ।

Oculus. The eye, the organ of vision. दर्शनेन्द्रिय ; आंख ; चक्षु ।

Odontagra (o-don-tá-grah). Pain in the teeth. दन्त-शूल ।

Odontalgia (o-don-tal-je-ah). Toothache. दाँतका दर्द ।

Odontatrophia. Imperfect formation of teeth. असम्यक् दन्त-निर्माण ; अपूर्ण दन्त-निर्माण ।

Odonterism. Chattering of the teeth. दांत कड़कड़ाना ।

Odontiasis (o-don-ti'-as-is). Dentition, teething. दन्तोद्भेद; दांतनिकलना ।

Odontitis (o-dón-ti-tis). Inflammation of the tooth pulp. दांतोंका प्रदाह ।

Odontinoid (o-dón-tin-oid). Resembling a teeth. दांतके आकारका ।

Odontobothritis. Inflammation of the alveoli. मसूढ़ेका प्रदाह ।

Odontodynia (o-don-to-dín-e-ah). Odontalgia, toothache. दाँतका दर्द ।

Odontogeny (o-don-toj'-en-e). The process of development of the teeth. दांत निकलनेकी प्रणाली ।

Odontoid (o-dón-toid). Resembling a tooth. दन्ताकार ; दांतके आकारका ।

Odontoma (o-don-tó-mah). A tumour of dental tissue. दन्त-मांस-तन्तुओंका अर्बुद ।

Odontonosology. A treatise on the diseases of the teeth. दन्त-रोग-विज्ञान ।

Odontopathy (o-don-top-ath-e). Any disease of the teeth. कोई दन्त-रोग ।

Odontoprisis (o-don-to-pri'-sis). Grinding of the teeth. दांत पीसना ; दांत कड़मड़ाना ।

Odor. A scent, smell. गन्ध । **O. Offensive**, fetor stench. बदबू ; दुर्गन्ध ।

Odoriferous (o-dor-if-er-us). Having a scent, perfume or odor. गन्ध-पूर्ण ।

Odynacusis (od-in-a-koó-sis). Hypersensitiveness of the organ of hearing, so that the noises cause actual pain. श्रवण-यंत्रकी अत्यधिक स्पर्श-असहिष्णुता, जिससे आवाजोंसे दर्द पैदा हो जाता है।

Odynophagia (o-din-o-fá je-ah). Dysphagia ; odynphagia. निगरण-कृच्छ्र ; निगलनेमें कष्ट।

Œdema. Edema. शोथ।

Œdematous. Pertaining to œdema. स्फीत ; जलपूर्ण।

Œsophagismus. Spasmodic contraction of the oesophagus. गलनलीकी अकड़न।

Œsophagitis. Inflammation of the œsophagus. गलनलीका प्रदाह।

Œsophagus. The muscular and membranous tube that descends in the neck from the pharynx to the stomach, it caries the food into the stomach. गलनली। अन्ननली।

Officinal (of-is-in-al). For sale by pharmacists. सिद्धान्त औषध।

Ointment (oint-ment). Unguentum usually of the consistance of butter. मरहम।

Oleaginous (o-le-aj'-in-us). Having the nature of oil; oily; greasy. तैलाक्त ; तेलकी प्रकृतिका।

Olecranoid (o-lek-ran-oid). Resembling the elbow. कोहनीके आकारका।

Oleic. Relating to oil. तैल-सम्बन्धीय।

Oleomargarine. An artificial butter made from animal fat. जैव बसा द्वारा प्रस्तुत कृत्रिम मक्खन।

Oleum. Oil. तेल।

Olfaction (ol-fak-shun). The sense of smell घ्राणेन्द्रिय। 2. The act of smelling. गन्ध-ग्रहण ; गन्ध लेनेकी क्रिया।

Olfactory (ol-fak-tor-e). Relating to the sense of smell. घ्राणेन्द्रिय-सम्बन्धीय।

Oligemia (ol-ig-é-me-ah). A diminished quantity of the blood. रक्तकी घटी हुई मात्रा।

Olighydria (ol-ig hi'-dre-ah). Deficiency of the body-fluids, रस-रक्तकी कमी।

Oligidria (ol-ig-id'-re-ah). Scanty perspiration. किंचित् स्वेद-स्राव ; थोड़ा पसीना।

Oligochylia (ol-ig-o-ki'-le-ah). A deficiency of chyle. अन्नरसकी कमी।

Oligogalactia (ol-ig-o gal-ak-she-ah). Deficient secretion of milk. दोषावह दुग्ध-स्राव।

Oligohydruria (ol-ig-o-hi-drú-re-ah). Abnormally high concentration of the urine. अस्वाभाविक गाढ़ा पेशाब।

Oligomenorrhea (ol-ig-o-men-or-é-ah). Scantiness of the menstrual discharge. मासिक रजःस्रावका थोड़ापन।

Oligopnea (ol-ig-op-ne-ah). Deficiency in breathing. श्वास-क्रियाकी दोषावहता।

Oligospermia. Deficient semen-secretion. दोषावह वीर्यस्राव।

Oligotrophy. Deficient nourishment. पोषणाभाव।

Oliguresis (ol-ig-o-ú-re-sis). Scantiness of the urine. पेशाबकी अल्पता।

Olivary (ol-iv-a-re). Shaped like an olive. जायतूनके आकारका। **O. Body,** an oval mass of gray matter situated behind the anterior pyramid of the oblongata. महासंयोजक पिण्डके पश्चात् भागका धूसर वर्णका पदार्थ।

Olive (ol-iv). The olive tree or its fruit. जायतूनका वृक्ष या फल।

Omagra (om-ag-rah). Gout of the shoulder. कन्धेका गठिया; स्कन्ध-वात।

Omalgia (o-mal-je-ah). Neuralgia of the shoulder. कन्धेका स्नयु-शूल।

Omentitis (o-men-ti'-tis), Inflammation of the omentum. अंत्रच्छदा-कला-प्रदाह।

Omentum (o-men-tum). A reduplication of the peritoneum going from the stomach to the adjacent organs. अंत्रच्छदा कला।

Omitis (o-mi'-tis). Inflammation of the shoulder. स्कन्ध-प्रदाह।

Omnivorous (om-niv'-o-rus). Living on foods of all kinds. सर्वभक्षी; सब प्रकारके खाद्य खानेवाला।

Omodynia (o-mo-din-e-ah). Rheumatism of the shoulder. स्कन्ध-वात।

Omophagia (o-mo-fá-je-ah). The eating of raw food. कच्चा खाद्य खाना।

Omoplate (ó-mo-plat). The scapula. कंठास्थि; हँसुली।

Omotocia (o-mo-tó-se-ah). Premature birth. अकाल प्रसव।

Omphalic (om-fal-ik). Pertaining to the umbilicus. नाभिनाल-सम्बन्धीय।

Omphalitis (om-fal-i'-tis) Inflammation of the umbilicus. नाभिका प्रदाह।

Omphalocele (om-fa-l-o-sel). Umbilical hernia. नाभि-वृद्धि।

Omphalos. The navel. नाभी।

Omphalorrhagia (om-fal-or-á-je-ah). Hemorrhage from the umbilicus. नाभिसे रक्त-स्राव।

Omphalotomy (om-fal-ot-o-me), The cutting of the navel-string. नाल काटना; नाभि-रज्जु काटना।

Omphalus (om-fal-us). The navel or umbilicus. नाभि या नाभिकुण्ड।

Onanism (ó-nan-izm). Masturbation, हस्तमैथुन। 2. Withdrawal of the penis before the combletion of the sexual act. रति-क्रिया पूर्ण होनेके पहले ही लिंगेन्द्रियको बाहर निकाल लेना; असम्पूर्ण रतिक्रिया।

Oncoma (ong-kó-mah). Tumour. अर्बुद।

Oncosis (ong-kó-sis). The diseased condition characterized by the development of tumours. अबुंदकी उत्पत्तिसे पहचानमें आनेवाली एक रुग्नावस्था।

Oncotomy (ong-kot-o-me). The incision of an abscess or swelling. किसी फोड़े या सूजनमें नश्तर देना।

Oneirodynia (o-ni-ro-din-e-ah). Night-mare; morbid, disturbed and traubled dreams. दुःस्वप्न।

Oniomania (o-ne-o-má-ne-ah). An insane desire to make purchases. क्रयोन्माद; चीजें खरीदनेकी उन्मादवत् वासना।

Onomatophobia (on-o-mat-o-fó-be-ah). Morbid dread of hearing a certain name. कोई नाम सुननेका अस्वाभाविक भय; नाम-भय।

Ontogenesis (on-to-jeń-es-is). The development of the individual organism or ovum. भ्रूण कोषका विकास।

Ontogeny (on-toj'-en-e). The history of individual development. व्यक्ति-विकासका इतिहास।

Onychauxis (on-ik-awks-is) Overgrowth of nail. अति नख-वृद्धि।

Onychia (o-nik-e ah). Ulceration of thenail-matrix. नख-कोषका जखम; अंगुलहाड़ा।

Onychitis (on-ik-i'-tis). Inflammation of the matrix of nail. नख-कोषका प्रदाह।

Onychoid (on-ik-oid). Resembling a finger-nail. अंगुलीके नखके आकारका।

Onycholysis (o-nik-ol-is-is). Loosening of the nail. नखका ढोलापन।

Onychonosus (o-nik-ón-o-sus). Diseases of nails. नख-रोग।

Onychoptosis (oń-ik-op-tó-sis). Falling off of the nails. नखोंका गिर जाना।

Onyxis (o-niks-is). Ingrowing nails. भीतर घुसनेवाला नख।

Onyxitis (o-niks-i'-tis). Onychitis. नख-प्रदाह।

Ooblast (ó-o-blast). A cell from which the ovum is developed. डिम्ब-उत्पादक कोष; अणुमोंगो।

Oogenesis (o-o-jeń-e-sis). The origin and development of the ovum. डिम्बकी उत्पत्ति और विकास।

Oolemma (o-o-lem-ah). The lining membrane of the ovum. डिम्बाणुकी आवरक झिल्ली।

Oophorauxe (o-of-or-ak-se). Enlargement of the ovary. डिम्बाशयकी विवृद्धि।

Oophoritis (o-o-for-i'-tis). Inflammation of an ovary. डिम्बाशयका प्रदाह।

Oophoro-epilepsy (o-of-o-ro-ep-i-lep-se). Epilepsy due to ovarian disease. डिम्बाशयके रोगके कारण मृगी।

Oophoroma (o-of-or-ó-mah). A malignant tumour of the ovary. डिम्बाशयका मारात्मक अर्बुद ।

Oophoromalacia (o-of-or-o-mal-á-se-ah). The morbid softening of an ovary. डिम्बाशयकी रोगात्मक कोमलता ।

Oophoron (o-of-o-ron). An ovary. डिम्बाशय ।

Oosperm (ó-os-perm). The recently fertilized ovum. नवोत्पन्न डिम्ब ।

Opacity (o-paś-it-e) · The condition of being opaque. अस्वच्छता ; धुंध हो जानेकी दशा ।

Opalgia (o-pal-je-ah). Facial neuralgia. मुखमण्डलका स्नायु-शूल ।

Operation (op-er-á-shun). Any act performed with instrument by the hands of a surgeon. शस्त्रोपचार ; शस्त्र-क्रिया ; शल्य-क्रिया ; नश्तर देना ।

Operative (op-er-a-tiv). Pertaining to an operation. शस्त्रोपचार-विषयक । 2. Active. effective. कार्यंकर ; फलोपदायक ; फलप्रद ।

Ophiasis (o-fi'-as-is). Baldness in one or more winding streats, across the head. एक प्रकारका खल्वाट, जिसमें केश उड़कर सरमें धारियाँ-सी पड़ जाती हैं ।

Ophidiophobia (o-fid'-e-o-fo-be-ah). A morbid dread of snakes. सर्पंका अस्वाभाविक भय ।

Ophidism (ó-fid-izm). Poisoning by snake venoms. सर्प-विष फैलना ।

Ophritis, Ophrytis (of-ri'-tis, of-re-i'tis). Dermatitis in the eye-brow region. भ्रू-प्रदेशके चर्मका प्रदाह ।

Ophryosis (of-ri-ó-sis). Spasm of the eye-brow. भौंकी अकड़न ।

Ophthalmagra (of-thal-mag-rah). Gouty inflammation of the eye. आँखका गठियाका दर्द ; चक्षु-वेदना ।

Ophthalmalgia (of-thal-mal-je-ah). Pain in the eye. चक्षु-शूल ; आंखका दर्द ।

Ophthalmia (off-thal-me-ah). Inflammation of the eye or of the conjunctiva. आँख उठना ; चक्षु-प्रदाह ; योजकत्वगोष ; अभिष्यन्द रोग । **O. Catarrhal,** a severe form of simple conjunctivitis. तीव्र चक्षु-श्वेत-पटल-प्रदाह । **O. Gonorrhœal,** a severe form. produced by the introduction of gonorrhœal matter into the eye. मेहज योजकत्वगोष । **O. Neonatorum,** purulent conjunctivitis of the new born. नवजात शिशुका योजकत्वगोष । **O. Purulent.** a form with a purulent discharge, commonly due to gonorrhœal infection. सपूय योजकत्वगोष ; पीवके साथ आँख उठना । **O. Tarsi,** the inflammation remains confined to the eyelids and especially to the sebaceous glands, between the conjunctive membrane and tarsus. पक्ष्म शात।

Ophthalmic (off-thal-mik). Pertaining to the eye. चाक्षुष ; चक्षु-सम्बन्धीय ; **O. Artery,** चाक्षुषी धमनी।

Ophthalmitis (off-thal-mi'-tis). Inflammation of the eye. चक्षु-प्रदाह।

Ophthalmoblennorrhea (off-thal-mo-blen-or-é-ah). Gonorrhœal or purulent ophthalmia. प्रमेहज या पीव-पूर्ण चक्षु-प्रदाह।

Ophthalmodonesis (off-thal-mo-dó-nes-is) A trembling motion of the eyes. चक्षुकी कम्पनशील गति।

Ophthalmodynia (off-thal-mo-dín-e-ah). Pain in the eye. चक्षु-शूल।

Ophthalmocele (off-thal-mo-sel). Protusion of the eyeball. अक्षि-गोलकका वहिःनिसरण ; आँखके गोलेका बाहरकी ओर निकल आना।

Ophthalmocopia (off-thal-mo-kó-pe-ah). Eye-strain ; fatigue of the eyes. चक्षु-अवसाद ; चक्षु-क्लान्ति।

Ophthalmomyositis (off-thal-mo-mi-o-si-tis). Inflammation of the eye-muscle. चक्षु-पेशीका प्रदाह।

Ophthalmopathy (off-thal-mop-ath-e). Any disease of the eye. चक्षु-रोग।

Ophthalmoplegia (off-thal-mo-ple-je-ah) Paralysis of the eye-muscles. चक्षु-पेशियोंका पक्षाघात।

Ophthalmorrhagia (off-thal-mor-á-je-ah) Hemorrhage from the eye. चक्षुसे रक्त-स्राव।

Ophthalmorrhea (off-thal-mor-é-ah). Oozing of blood from the eye. चक्षुसे रक्त चूना ; आँखोंसे रक्तस्राव।

Ophthalmorrhexis (off-thal mor-eks-is). Rupture of the eye-ball, चक्षुगोलकका फटना।

Ophthalmostat (off-thal-mo-stat). An instrument for holding the eye steady during operation शस्त्रोपचारके समय आँखको स्थिर रखनेवाला यंत्र।

Opiate (ó-pe-āt). A remedy containing or derived from opium. अहिफेन मिश्रित अथवा अहिफेन-सम्भूत कोई ओषधि।

Opiomania (o-pe-o-má-ne-ah). An insane craving for opium. अफीम-सेवनकी उन्मादकारी इच्छा।

Opiophagism, Opiophagy (o-pe-off-aj-izm, o-pe-off-aj-e). The habitual use or eating of opium. अफीमका अभ्यासगत व्यवहार ; अफीमचोपन।

Opisthenar (o-pis-the-nar). The dorsum of the hand. हाथकी कलाई।

Opisthencephalon (o-pis-then-sef-al-on). The cerebellum. लघु-मस्तिष्क।

Opisthoporia (o-pis-tho-po-ri-ah). Involuntary walking backward. अनैच्छिक रूपसे पीछेकी ओर चलना।

Opisthotonos (o-pis-thot-on-os). A form of tetanic spasm, in which the head and heels are bent backward and the body bowed forward. पीछेकी ओर वक्रता ; बहिरायाम आक्षेप ; धनुष्टङ्कार।

Opium (ó-pe-um). The concrete juice of poppy. अफीम ; अहिफेन।

Oppilative (op-il-a-tiv). Constipating. कब्ज करनेवाला ; मलरोधक।

Opponens (op-ó-nenz). Opposing. रोधक। **O. Pollicis muscle.** सम्मुखकारिणी पेशी। **O. Digitiquinti muscle.** सम्मुखकारिणी कनिष्ठगा पेशी।

Opsialgia (op-se-al-je-ah). Facial neuralgia. मुखमण्डलका स्नायु-शूल।

Opsomania (op-so-má-ne-ah). A craving for special kind of food. किसी खास प्रकारके खाद्यकी इच्छा।

Optic, Optical (op-tik, op-tik-al). Pertaining to the sight or to the eye. दृष्टि या चक्षु-विषयक ; चाक्षुष। **O. Chiasm, O. Commissure,** the crossing of fibers of the optic tract. दृष्टि-नाड़ी योजिका। **O. Disc,** entrance of the optic nerve into the retina. चक्षु बिम्ब। **O. Nerve.** चक्षु-स्नायु। **O. Tract.** दृष्टि-पथ। **O. Groove.** दृष्टिनाड़ी परिखा। **O. Radiation.** दृष्टि-किरण।

Optics (op-tiks). The science fo light and vision. आलोक तथा दृष्टि-विज्ञान।

Optician (op-tish-an). A maker of optical instrument or glasses. चश्मा बनानेवाला।

Opticocinerea (op-tik-o-sin-é-re-ah). The gray matter of the optic tract. दृष्टि-पथका धूसर पदार्थ।

Optimism (op-tim-izm) Amenomania. आनन्दोन्माद।

Optoblast (op-to-blast). One of the large cells of the retina. चक्षु-चित्रपत्रका एक वृहत् कोष।

Optomeninx (op-to-me-ninks). The retina. चक्षु-चित्रपत्र।

Orad (ó-rad). Toward the mouth. मुंहको ओर।

Oral (ó-ral). Relating to the mouth. मुख-गह्वर-विषयक।

Orbicular (or-bik-u-lar). The orbicular bone ; an ossicle of the ear. डिम्बाकार अस्थि ; एक कानकी हड्डी। **O. Bone.** चक्राकार अस्थि।

Orbicularis (or-bik-u-lá-ris) Orbicular muscle. डिम्बाकार ; चक्राकार। **O. Acute muscle.** नेत्रनिमीलनी पेशी। **O. Oris muscle.** मुख संकोचनी पेशी। **O. Palpebrerum.** चक्षुपुट सम्मिलक पेशी।

Orbit. The bony cavity in which the eye is placed. चक्षु-कोटर ; चक्षु-गह्वर ; आंखके चारों ओरकी अस्थियां।

Orbital (oŕ-b.t-al). Relating to the orbit. चक्षु-गह्वर-सम्बन्धीय । **O. Fossa.** चक्षु-गुहा ; अक्षिखात ।

Orbitale (oŕ-bit-al). The lowest point of the orbital edge of the orbit. चक्षु-कोटरके किनारेका निम्न खंड ।

Orchialgia (or-ke-al̗-je-ah) Pain in the testicle. अण्डकोषका दर्द ।

Orchichoria (or-ke-kó-re-ah). The jerking movement of the testicle. अण्डकोषका हिलना ।

Orchidalgia (or-kid-al̗-je-ah). Pain in the testicle. अण्डकोषका दर्द ।

Orchiditis (or-kid-i′-tis). Orchitis. अण्डकोषका प्रदाह ।

Orchidoncus (or-kid-ońg-kus). A tumor of testicle. अण्डकोषका अर्बुद ।

Orchidoptosis (or-kid′-op-to-sis). Falling of the testicle. अण्डकोषका झूल पड़ना ।

Orchiocele. Tumour of a testicle. अण्डकोषका अर्बुद ।

Orchiodynia (or-ke-o-diń-e-ah). Sharp pain in a testicle. अण्डकोषमें तीव्र वेदना ।

Orchiotomy (or-ke-oť-o-me). Castration of a testicle. अण्डकोषच्छेदन ।

Orchis (oŕ-kis). The testes. अण्ड ।

Orchitis (or-ki′-tis). Inflammation of a testicle. अण्डकोष-प्रदाह ; मुष्क-प्रदाह ; एकशिरा ; अण्डशूल ।

Orexigenic (o-rek-sij-dń-ik). Increasing the appetite. क्षुधावर्द्धक ; भूख बढ़ानेवाला ।

Organ (oŕ-gan). Any part of the body having a special function. इन्द्रिय ; अङ्ग ; यंत्र ।

Organic (or-gań-ik). Belonging to an organ. यांत्रिक ; जैव । **O. Chemistry** जैव रसायन । **O. Diseases,** diseases which cause a change in the structure of an organ or in which an organ is directly implicated. यांत्रिक रोग । **O. Matter.** जांतविक भाव ; सजीव पदार्थ ।

Organism. The aggregate of the organs and powers which govern an organized being. अङ्गी ; देही ।

Organization (or-gan-iz-á-shun). Structure; suitable structure. सांगीभवन ; देहगठन ; अंग-सम्पन्न ।

Organogeny (or-gan-oj′-en-e). The development of an organ. यांत्रिक विकास ।

Organography (or-gan-óg-ra-fe). The description of organs. यंत्र-वर्णन ।

Organology (or-gan-ol̗-o-je). The science of the organs. यन्त्र-विज्ञान ।

Organon (oŕ-gan-on). An organ. कोई यंत्र । **O. Auditus,** the organ of hearing. श्रवण-यंत्र । **O. Gustus,** the organ of taste. स्वाद-यंत्र । **O.**

Olfactus, the organ of smell. घ्राण-यंत्र। **O. Visus,** the organ of vision. दृष्टि-यंत्र।

Organonomy (or-gan-oń-o-me). The laws of the organic life and living organisms. यांत्रिक जीवन तथा जीवित देहियोंके नियम ; पद्धति ; प्रणाली ; साधन।

Organopathy (or-gan-oṕ-ath-e). The disease on an organ. कोई यांत्रिक रोग। *2.* The local action of drugs. औषधिकी स्थानिक क्रिया।

Organotherapeutic (or-gan-o-ther-ap-ú-tik). Relating to the treatment of disease by means of animal extracts. जैव-सारके द्वारा रोग चिकित्सा।

Organotomy. Anatomy. शरीर-तत्व।

Orgasm (oŕ-gazm). The crisis of venereal excitement. रतोच्छा ; कामाग्नि ; रमणेच्छा।

Orifice (oŕ-if-is) The entrance or outlet of any bodily cavity. द्वार ; वहिर्द्वार ; रन्ध्र ; मुख।

Origin. The commencement ; the commencement of a muscle. मूल उत्पत्ति ; पेशीका उत्पत्ति स्थान।

Orolingual (o-ro-lińg-gwal). Pertaining to the mouth and tongue. मुंह और जिह्वा-विषयक।

Orrhorrea, Orrhorrhœa (or-ro-ré-ah). A watery or serous discharge. जलीय या रक्ताम्बु-स्राव।

Orthobiosis (or-tho-bi-ó-sis). Proper living ; living in accordance with all the laws of health. सम्पूर्ण स्वास्थ्य विधानानुसार जीवन व्यतीत करना ; नियमबद्ध जीवन।

Orthopedic (or-tho-pé-dik). Relating to the correction of deformation. कदाकारिता सुधार-विषयक।

Orthopnea, Orthopnœa (or-thop-né-ah). Inability to breath except in an upright position. शायितावस्थामें श्वासकष्ट ; बिना सीधे हुए श्वास नहीं लिया जा सकना।

Orthotonos. A tetanic cramp in which the body is held straight. एक टंकारकी मरोड़, जिसमें शरीर सीधा अकड़ जाता है।

Os (pl-ora). A mouth. मुख। **O. Externum**, the external opening of the uterus. गर्भाशय वहिर्मुख ; जरायु वहिर्द्वार। **O. Internum**, the internal or upper orifice of the canal of the cervix uteri. जरायु अन्तर्मुख। **O. Uteri**; the mouth of the uterus. जरायु-मुख।

Os (pl-ossa). A bone. अस्थि। **O. Calcis**, the bone of the tarsus which form the heel. पार्ष्ण्यस्थि। **O. Coxæ**, the innominate bone. अनामास्थि ; श्रोणिफलकास्थि ; नितम्बास्थि। **O. Humeri**, the humerus. प्रगंडास्थि। **O. Innominatum**, the innominate bone. नितम्बास्थि ; अनामास्थि । O. Lacrimale, the lacrimal bone. अश्रुस्थि । O. Pubis, the pubis. भगास्थि । O. Uteri, the orifice of the uterus- जरायु-मुख। Os. Triquetrum. त्रिकोणास्थि ।

Oscedo (os-é-do) Yawning. जम्हाई लेना ।

Oscheal (oś-ke-al). Relating to the scrotum. मुष्क-विषयक ।

Oscheitis (os-ke-i'-tis). Inflammation of the scrotum. मुष्कका प्रदाह ।

Oscheoncus (os-ke-onǵ-kus). A swelling or tumor of the scrotum. मुष्ककी सूजन या अर्बुद ।

Oschitis (os-ki'-tis) Inflammation of the scrotum. मुष्कका प्रदाह ।

Oscitation. The act of yawning or gaping. जम्हाई लेना ।

Osculum (oś-ku-lum). The small aperture, क्षुद्र यंत्र ।

Osmazone. The flavour of cooked meat. पकाये हुए मांसकी गन्ध ।

Osmios (oś-me-os). Relating to odors. गन्ध-विषयक ।

Osmodysphoria (oz-mo-dis-fó-re-ah). Intolerance of some odors. कुछ गन्धोंकी असहनीयता ।

Osmometer (oz-mom-et-er). Instrument for testing sense of smell. गन्धेन्द्रिय-परीक्षा-यंत्र ।

Osmosis (oz-mó-sis). The diffusion of fluids through membranes. झिल्लियों द्वारा तरल स्राव ।

Osphyalgia (os-fe-aĺ-je-ah). Sciatica, pain in the loins. कटिवात ; गृध्रसी वात ।

Ossa. Bones. अस्थियाँ ; हड्डियाँ ।

Ossein (oś-e-in). The animal matter of bone. अस्थिका जैव पदार्थ ।

Osseous (oś-e-us). Of the nature or quality of bone. अस्थिकी प्रकृति अथवा अस्थि-गुण-सम्पन्न । O. Bony. अस्थिमय । O. System. अस्थि-संस्थान ।

Ossicle (oś-ik-l) Any small bone. लघु अस्थि । अस्थिक ।

Ossicula auditoria. The small bones of the ear. आभ्यन्तरिक कर्णको क्षुद्र अस्थियाँ ।

Ossiculum (os-iḱ-u-lum) A little bone. क्षुद्रास्थि ।

Ossiferous (os-iḟ-er-us). Producing bone-tissue. अस्थि-तन्तु-उत्पादक ।

Ossification (os-if-ik-á-shun). The formation of bone. अस्थि-निर्माण ; अस्थि-विकास ।

Ossifluent. The softening of bone tissue. अस्थि-तन्तुओंको कोमलता ।

Ossiform (oś-if-orm). Like-bone. अस्थिके आकारका ।

Ossify (oś-if-i) To change into bone. अस्थिमें परिवर्त्तन ।

Ostalgia (os-taĺ-je-ah). Pain in a bone. अस्थि-शूल ।

Ostectopy (os-teḱ-to-pe). Displacement of bone. हड्डी खिसकना ; अस्थि-च्युति ।

Osteectomy (os-te-eḱ-to-me) The excision of a bone. अस्थिका काटना ; अस्थि-छेदन ।

Osteitis (os-te- i'-tis). Inflammation of bone. अस्थि-प्रदाह ।

Ostembryon (ost-eḿ-bre-on). Ossification of a fetus. भ्रूणका अस्थि-विकास ।

Ostemia (ost-é-me-ah) Morbid congestion of blood in a bone. किसी अस्थिमें अस्वाभाविक रक्त-संचय ।

Ostempyesis (ost-em-pi-é-sis) Suppuration whithin a bone. अस्थिके भीतर पीब हो जाना; हड्डीका पकना।

Osteoarthritis. Chronic rheumatoid arthritis. पुराना सन्धि-प्रदाह या सन्धि-वात ।

Osteoarthropathy. Any disease of the joints and bones. अस्थि तथा सन्धि-रोग ।

Osteoblast (oś-te-o-blast) any one of the cells that are developed into a bone. कोई कोष, जो विकसित होकर अस्थि बन जाता है ; अस्थि-निर्मायक कोष ।

Osteocampsia (os-te-o-kamṕ-se-ah). Abnormal curvature of bone. अस्थिकी अस्वाभाविक वक्रता ; वक्रास्थि ।

Osteochondritis (os-te-o-kon-dri'-tis). Combined inflammation of bone and cartilage. अस्थि और उपास्थिका सम्मिलित प्रदाह ।

Osteoclasia (os-te- o-klá-se-ah). The surgical fracture or refracture of bone. अस्थिका चिकित्सार्थ तोड़ना या पुनः तोड़ना ।

Osteocope (oś-te-o-kop) Pain in the bone. अस्थि-वेदना ; हड्डीमें दर्द ।

Osteocystoma (os-te-o-sis-tó-mah). A cystic bone tumour. एक कोषमय अस्थ्यर्बुद ।

Osteodermia (os-te-o-deŕ-me-ah). A bony formation in the skin. चर्ममें अस्थिमय निर्माण ।

Osteodynia (os-te-o.diń-e-ah). Pain in the bone. अस्थि-शूल ।

Osteodystrophia (oś-te-o-dis-tró-ph-e-ah). Defective bone-formation. दोषावह अस्थि-निर्माण ।

Osteogen. The soft material from which bone is formed. एक कोमल पदार्थ, जिससे अस्थि निर्माण होता है ।

Osteogenesis (os-te-o-jeń-es-is). The development of bones. अस्थि-विकास ।

Osteoid (oś-te-oid) Resembling bone ; having the nature of bone. अस्थिके आकारका ; अस्थिकी प्रकृतिवाला ; अस्थि-सदृश ।

Osteology (os-te-ol-o-je). The doctrine of the bones or consideration of their nature, structure and adaptation. अस्थि-विद्या ; अस्थि-तत्व ।

Osteoma (os-te-ó-mah) A bony tumour ; a hard tumour of bone-like structure, developing on a bone; an osseous tumour. अस्थ्यर्बुद ।

Osteomyelitis (os-te-o-mi-el-i′-tis). Inflammation of the bone marrow. अस्थि-मज्जा-प्रदाह ।

Osteoncus (os-te-onǵ-kus). Tumour of a bone. अस्थिका अर्बुद ।

Osteonecrosis (os-te-o-ne-kró-sis). Necrosis of a bone. अस्थि-क्षय ।

Osteoneuralgia (os-te-o-nu-raĺ-je-ah). Neuralgia of a bone. अस्थिका स्नायु-शूल ।

Osteopathy (os-te-op-ath-e). Any disease of a bone. अस्थि-रोग ।

Osteophyma (os-te-o-fi′-mah). A swelling of bone. अस्थिकी सूजन ; अस्थि-स्फीति ।

Osteophyte (oś-te-o-fit). A bony outgrowth. एक अस्थिमय प्रवर्द्धन ।

Osteoplaque (oś-te-o-plak). Any osseous layer. अस्थि-पटल ।

Osteoplast (oś-te-o-plast). Osteoblast. अस्थि-निर्मायक कोष ।

Osteopsathyrosis. Fragility of the bone. अस्थि-भंगुरता ।

Osteosarcoma. A mixed osteoma and sarcoma ; a sarcomatous tumour growing from bone. सम्मिलित अस्थ्यर्बुद तथा अस्थि-स्फीति ।

Osteosclerosis (os-te o-skle-ró-sis). Induration of bone. अस्थि-काठिन्य ।

Osteosteatoma (os-te-o-ste-at-ó-mah). A fatty tumour of bone. अस्थिका बसामय अर्बुद ।

Osteotomy (os-te-ot-o-me). The cutting of bone. अस्थि-छेदन ।

Osteotrite (oś-te-o-trit). An instrument for operating on bone. अस्थिपर नश्तर लगानेवाला यंत्र ।

Ostium (oś-te-um). A mouth or orifice. मुख या द्वार ।

Ostitis (os-ti′-tis). Inflammation of bone. अस्थि-प्रदाह ।

Ostoid (oś-toid). Osteoid. अस्थि-गर्भ ; अस्थिमय ।

Otalgia (o-taĺ-je-ah). Pain in the ear ; earache. कर्ण-शूल ; कानका दर्द ।

Otaphone (o-taf-on). An instrument for aiding hearing. श्रवण-सहायक यंत्र ।

Othelcosis (o-thel-kó-sis). Ulceration of the ear. कानका जखम ।

Othemorrhœa (ot-hem-o-ré-ah). Hæmorrhage from the ear. कानसे रक्त-स्राव ।

Otiatrics (o-te-at-riks). Relating to the treatment of ear-diseases. कर्ण-रोग चिकित्सा-विषयक ।

Otic (ó-tik) Relating to the ear. कर्ण-सम्बन्धीय ।

Oticodinia (o-tik-o-diń-e-ah). Vertigo from the diseases of the ear. कर्ण-रोगके कारण सरमें चक्कर आना ।

Otitis (o-ti'-tis). Inflammation of the ear ; earache. कर्ण-प्रदाह ।

Otoblennorrhea (o-to-bleh-o-ré-ah). Mucous discharge from the ear. कानसे श्लेष्माका स्राव ।

Otocerebritis (o-to-ser-e-bri-tis). Inflammation of the brain, dependent upon disease of the middle ear. मध्य कर्णके रोगके कारण मस्तिष्कका प्रदाह ।

Otocleisis (o-to-kli'-sis). Closure of the auditory passage. कर्ण-पथका रोध ।

Otocrane (o-to-krān). The cavity of the skull holding the organ of hearing. श्रवण यंत्र-धारक गह्वर; करोटीका वह गह्वर, जिसमें श्रवण यंत्र रहता है ।

Otodynia (o-to-diń-e-ah). Pain in the ear. कर्ण-शूल ।

Otogenous (o-toj'-en-us). Originating whithin the ear. कानके भीतर उत्पन्न होनेवाला ।

Otomyasthenia (o-to-mi-as-thé-ne-an). Weakness of the ear-muscles. कर्ण-पेशियोंकी दुर्बलता ।

Otoncus (o-tonǵ-kus). An aural tumor. कर्णार्बुद ; कानका अर्बुद ।

Otopathy (o-top·ath-e). Any disease of the ear. कर्ण-रोग ।

Otopiesis (o-to-pi-é-sis). Deafness occurring to abnormal pressure with the labyrinth of the ear. कर्ण-गह्वरपर अस्वाभाविक दबावके कारण बहरापन ।

Otopyorrhea(o-to-pi-or-é-ah). Purulent discharge from the ear. कानसे पीवका स्राव ।

Otopyosis (o-to-pi-ó-sis). A discharge of pus from the ear. कानसे पीवका स्राव ; कानसे पीव बहना ।

Otoscope. An instrument for listening to the sound of air passed through the tympanic cavity in certain morbid condition of the ear. कर्ण-वीक्षण-यंत्र ; कानकी बीमारीमें कानका भीतरी भाग देखनेका यंत्र ।

Otorrhagia. Hemorrhage from the ear. कानसे रक्त-स्राव ।

Otorrhœa. A discharge of serous mucous or purulent fluid from ear. कानसे रक्ताम्बुपूर्ण श्लेष्मा या पीवका स्राव ; कान बहना ; कर्ण-स्राव ।

Otosteal (o-toś-te-al). Relating to the ossicles of the ear. कर्णास्थि-सम्बन्धीय ।

Otosteon (o-toś-te-on). One of the ossicles of the ear. कर्णास्थि ।

Oturia (o-tú-re-ah). A urinary discharge from the ear. कानसे मूत्रकी प्रकृतिका स्राव ।

Oula (oo-lah). The gums. मसूढ़ा ।

Oulitis (oo-li'-tis). Ulitis. मसूढ़ेका प्रदाह ; मसूढ़े फूलना ।

Ourology. A treatise on urine. मूत्र-तत्व ।

Ouroscopy. The examination of urine for diagnostic purposes. रोग-निदानके लिये मूत्रकी परीक्षा ।

Ous. The ear. कर्ण ।

Out-growth, Surpassed in growth. वाह्य-प्रवर्द्धन ।

Out-knee. Broken knee. भग्न-जानु-सन्धि ।

Out-patient. One who is treated at, but not detained in a hospital. वह रोगी जिसकी अस्पतालमें चिकित्सा तो होती है, पर वहाँ रखा नहीं जाता ।

Outlet of the pelvis. The inferior opening of the pelvis. श्रोणि-निम्न-वहिर्द्वार ।

Out-put. The waste products of metabolism eliminated from the body ; the opposite of intake or income. शरीरसे निकलनेवाला अनुपयोगी पदार्थ ।

Ova. Plural of ovum.

Oval. Relating to the ovum. डिम्बाणु विषयक ; डिम्बाकार । **O. Foramen,** aperture between the auricles of the fœtal heart. अण्डाकार रन्ध्र । **O. Vein.** डिम्बकी शिरा ।

Ovarialgia (o-va-ri-al-je-ah). Oothecalgia ; pain in the ovary. डिम्बाशयका शूल ।

Ovarian. Relating to the ovary. डिम्बाशय सम्बन्धीय ।

Ovariocele. The tumour of the ovary. डिम्बाशयका अर्बुद ।

Ovariocentesis (o-va-re-o-sen-té-sis). Oothecocentasis ; puncture of the ovary. डिम्बाशय बिदारण ।

Ovariocyesis (o-va-re-o-sı-é-sis). Ovarian pregnancy. डिम्बाशयिक गर्भाधान ।

Ovariodysneuria (o-va-ri-o-des-nú-ri-ah). Ovarian neuralgia. डिम्बाशयका स्नायुशूल ।

Ovariohysterectomy. Excision of the uterus and ovaries. डिम्बाशय और जरायुका नश्तर ।

Ovariolytic (o-va-ri o-lit-ik) Destructive to the ovary. डिम्बाशय-नाशक ।

Ovariostomy (o-va-re-oś-to-me). The formation of an opening in the ovarian cyst for the purpose of drainage. डिम्बाशयके कोषार्बुदमें मवाद निकल जानेके लिये छेद करना ।

Ovariotomy (o-va-re-ot-o me). The removal of one or both ovaries. एक या दोनों ही डिम्बाशयोंको निकाल देना । **O. Normal,** ballig's operation ; the temoval of an apparently healthy ovary. स्वस्थ डिम्बाशयको काटकर निकाल देना।

Ovaritis (o-va-ri-its). Oothecitis; inflammation of an ovary. डिम्बाशयका प्रदाह।

Ovary. Ovarium. Ootheca, one of the two generative glands in the female containing the ova or germ-cells. डिम्बाशय। डिम्ब-कोष; बीज-कोष।

Over-extension. Extension of a limb or any of its parts beyond normal. किसी प्रत्यंग या उसके अंशका स्वाभाविककी अपेक्षा बढ़ जाना; अति वृद्धि।

Over-flow. The continuous escape of liquid. लगातार तरलका स्राव; अति वर्द्धित स्राव।

Over-growth. Hypertrophy. अति वृद्धि; अति विस्तार।

Oviducal. Relating to an oviduct. कालल नल-सम्बन्धीय।

Oviduct (o-vid-ukt). Fallopian tubes, the small tubes on each side of the uterus. कालल नल; डिम्ब-प्रणाली।

Oviferous (o-vif-er-us). Carrying or containing ova. अण्डज; अण्ड-धारी।

Ovification (o-vif-ik-á-shun). The production of ova. डिम्बोत्पन्न।

Oviform (ó-vif-orm) Egg-shaped; oval. अण्डाकार।

Ovigerm (ó-ve-jerm), Ooblast; a cell developing into an ovum. अण्डोत्पादक कोष; एक कोष, जो विकसित होकर अण्ड बन जाता है।

Ovigerous (o-vij′-er-us). Oviferous, bearing ova. अण्डधारी।

Ovinia. A disease in sheep, resembling cowpox. चेचककी तरह भेंड़की एक बीमारी।

Oviparous (o-vip-ar-us). Bearing eggs. अण्डधारी। अण्डे देनेवाला; (पक्षी)।

Oviposition. To lay eggs. अण्डे देना।

Ovisac (ó-vis-ak). The graafian follicle. डिम्बकोषके ऊपरी भागका क्षुद्र-कोष।

Ovogenesis (o-vo-jeń-es-is). The development of the ovum. डिम्बका विकास।

Ovoid. Egg-shaped. अण्डाकार।

Ovular. Relating to an ovum. डिम्ब-विषयक।

Ovulation. The escape of an ovum from the graafian follicles. डिम्बक्षरण।

Ovule (ó-vūl). The unimpregnated ovum. डिम्बाणु; अपरिणत डिम्ब।

Ovulogenous (o-vu-loj′-en-us). Producing ovules or ova. डिम्बोत्पादक; डिम्ब उत्पन्न करनेवाला कोष।

Ovum (ó-vum). The female reproductive cell of an animal or vegetable ; an egg. डिम्बाणु ।

Oxalate (oks-al-āt). A salt of oxalic acid. अम्लवेत ; अमरोला ; चूका वगैरहके अम्लसे तैयार नमक ; आक्जेलेट ।

Oxalemia, Oxalæmia. The presence of an abnormal amount of oxalates in the blood. रक्तमें आक्जेलेटका अस्वाभाविक अंश रहना ।

Oxaluria (oks-al-ú-re-ah). The presence of an abnormal amount of oxalates in the urine. मूत्रमें आक्जेलेटका अस्वाभाविक अंशमें रहना ।

Oxidation. The act of combining or of causing an element or compound to combine with oxygen. ओजनीकरण ; घनद् प्रक्रिया ; जारण-प्रक्रिया अम्लजान योग ।

Oxide (oks-id). A compound of oxygen with another element or a radical. अम्लजान-जारित धातु ।

Oxidize (oks-id-iz). To combine or cause an element or radical to combine with oxygen. जारित होना ।

Oxiacoia, Oxyakoia (oks-e-a-koy-ah). Increased sensitiveness to noises in facial paralysis. मुख-मण्डलके पक्षाघातमें शब्दोंकी स्पर्श-असहिष्णुता ।

Oxyblepsia. Extreme acuteness of vision. दृष्टिकी असीम तीव्रता ।

Oxycinesia. Pain on movement. हिलने-डोलनेपर दर्द ।

Oxygen (oks-ij-en). One of the gaseous elements ; the supporter of life and combustion अम्लजान ; ओषजन ।

Oxygenation. Saturation with oxygen, noting especially the æration of the blood in the lungas. श्वास-प्रश्वास क्रिया द्वारा अम्लजान-वाष्पसे फुस-फुसके रक्तको सम्पुटित करना ।

Oxyhemoglobin (oks-e-hem-o-gló-bin). Normal hamoglobin in which oxygen is in combination. ओषितकणरंजक ।

Oxylalia. Abnormal rapid speaking. अस्वाभाविक तीव्र बोलना ।

Oxymel (oks-im-el). Amixture of honey and vinegar. सिर्का और मधुका सम्मिश्रण ।

Oxyntic (oks-iń-tik). Rendering acid. अम्लोत्पादक ।

Oxyopia (oks-e-ó-pe-ah). Excessive acuity of vision. दृष्टिकी असीम तीव्रता ।

Oxypathia. An acute disease. कोई नयी तीव्र बीमारी ।

Oxyphonia, High pitch of voice. तीव्र आवाज ; केंकियानेकी आवाज ।

Oxyrhine (oks-i-rin). Having a sharp. pointed nose. नुकीली नाक-वाला ।

Oxyrygmia (oks-i-riǵ-mi-ah). Acid eructation. अम्ल डकार ; खट्टी डकार ।

Oxytocia (oks-e-toś-i-ah). Rapid parturition. शीघ्र प्रसव ।

Oxytocic. That which promotes the rapidity of labor. शीघ्र प्रसवकर ।

Oxyuris (oks-i-ú-ris). A genus of nematode worms. सूत्रकिमिकी एक जाति ।

Ozcna, Ozæna. A fetid nasal ulceration and discharge. पुराना पीनस रोग ; नासारन्ध्रके सड़े ाव, जिससे बदबूदार स्राव होता है ।

Ozone (ó-zon). A condensed form of oxygen, in which three atoms of oxygen are combined to form the molecule. गन्धाम्लजान ; क्रान्तिदायक अम्लजान वाष्पका रूपान्तर विशेष ; अम्लजान-सार ; ओजोन ।

Ozostomia (o-zo-stó-me-ah). Bad breath ; a foul odor from the mouth. मुँहसे दुर्गन्ध ; दुर्गन्धित श्वास ।

P.

Pabular (paб-u-lar). Relating to food. खाद्य-सम्बन्धीय ।

Pabulin (pab-u-lin). An albuminous substance found in blood just after digestion. ठीक पाचनके बाद ही रक्तमें प्राप्त होनेवाला एक अण्डलालीय द्रव्य ।

Pabulum. Food, nutriment, aliment. खाद्य ; पोषक द्रव्य ।

Pachemia (pak-é-me-ah). Thickening of the blood. रक्तका गाढ़ापन ।

Pachometer (pak-oḿ-et-er). Pachyometer ; an instrument for measuring the thickness of the body. शरीरको मोटाई मापनेका यंत्र ।

Pachyacria (pak-e-ak-re-ah). A nodulous thickening of the extremities of the fingers or toes. अंगुलियाँ या अंगूठोंके सिरोंकी गाँठकी तरह मोटाई ।

Pachyblepharon (pak-e-blef-ar-on). A thickening of the border of the eye-lid. पलकके किनारेका मोटापन ।

Pachyscephalia, Pachycephaly (pa-ke-sef-á-li-ah, pa-ke-sef-al-e). Abnormal thickness of the skull. करोटीको अस्वाभाविक स्थूलता ।

Pachycholia (pak-e-kó-le-ah). Swelling or abnormal thickness of the lips. ओठोंकी सूजन या अस्वाभाविक स्थूलता।

Pachydactyly (pa-ke-dak-til-e). Enlargement of the fingers or toes, especially at their extremities. अंगुली या अंगूठोंके सिरोंकी अभिवृद्धि।

Pachyderma (pak-e-der-mah). Abnormal thickness of the skin. चर्मका अस्वाभाविक मोटापन; स्थूल-चर्म रोग।

Pachydermatocele (pa-ke-der-mat-o-sel). A tumour from cutaneous hypertrophy. चर्मकी अभिवृद्धिसे उत्पन्न अर्बुद; चर्मार्बुद।

Pachydermatous (pak-e-der-mat-us). Thick skinned. मोटे चर्मवाला।

Pachymeningitis (pak-e-men-in-ji'-tis). Inflammation of the dura. मस्तिष्क-वहिरावरणका प्रदाह। **P. Externa,** the inflammation affecting the external layer of the dura. मस्तिष्कावरणके वाह्य स्तरका प्रदाह। **P. Interna,** that involving the internal layer of the dura. मस्तिष्कावरणके भीतरी स्तरका प्रदाह।

Pachymeninx (pak-e-mé-ninks). The dura. मस्तिष्कावरण।

Pachypodus (pak-ip-o-dus). Having thick feet. मोटे पैरवाला।

Pachytic (pak-it-ik). Fatty. मोटा; वसामय।

Pack (pak). A moist blanket placed around the patient. रोगीके चारों ओर रखा जानेवाला गीला कम्बल।

Paidology (pi-dol-o-je). That branch of medical science treating of childhood. बाल-चिकित्सा-विषयक चिकित्सा-विज्ञानकी शाखा; बाल-चिकित्सा-विज्ञान।

Pain (pain). Suffering, either physical or mental; an impression on the sensory nerves causing distress or agony. वेदना; दर्द। **P. After,** uterine contraction continuing after the completion of labor. प्रसवके बाद होनेवाला जरायुका संकोचन; प्रसवान्तिक वेदना। **P. Bearing down,** an uterine contraction accompanied with straining and tenesmus. नीचेकी ओर खींचनका दर्द। **P. False,** colicky pains due to slight uterine contraction preceding the begining of labor. जरायुके क्षीण संकोचनके कारण, प्रसवके आरम्भमें होनेवाला शूलका दर्द; कृत्रिम प्रसव-वेदना। **P. Osteocopic,** pains in the bones especially at night. रात्रिके समय होनेवाला हड्डियोंका दर्द।

Painters' colic (pain-terz). A species of colic peculiar to painters and others exposed to lead poison. सीसक शूल।

Pain-less (pain-less). Without pain. वेदना-रहित।

Palatal (paĺ-at-al). Relating to palate. तालु-सम्बन्धीय ।

Palate (paĺ-at). The roof of the mouth and floor of the nose. तालु । **Arch of the palate,** the vaulted roof of the mouth. मुंहकी महराबदार छत । **P. Bone,** that bone, which helps to form the outer wall of the nose, the roof of the mouth and the floor of the orbit. ताल्वस्थि । **P. Hard,** the bony portion of the roof of the mouth. कठिन तालु । **P. Soft,** the posterior fleshy portion of the palate. कोमल तालु ।

Palatine (paĺ-a-tin). Relating to palate. तालु सम्बन्धीय ; तालव्य ।

Palatitis (pal-a-tí-tis). Uranisconitis ; inflammation of the palate. तालुका प्रदाह ।

Palatoglossal (paĺ-at-o-glóś-al). Pertaining to the palate and tongue. तालु और जिह्वा सम्बन्धीय ।

Palatoplegia (pal-at-o-plé-je-ah). paralysis of the palate. तालुका पक्षाघात ।

Palatosalpingeus. The tensor palate muscle. तालु उत्थापिका पेशी ।

Palatum (pal-á-tum). The palate. तालु । **P. Durum,** the hard palate. कठिन तालु । **P. Molle,** the soft palate. कोमल तालु ।

Palindromia (pal-in-dró-me-ah). The recurrence of a disease. बीमारीका बार-बार दुहराना ।

Palingenesis (pal-in-jeń-es-is). Rebirth ; regeneration. पुनर्जन्म ।

Palirrhea. The recurrence of a discharge. स्रावका फिरसे जारी होना ।

Palliative (paĺ-e-a-tiv). Mitigating ; relieving. उपशामक ; सुखप्रद ।

Pallid (paĺ-id). Pale. पीला ।

Pallor (paĺ-or). Paleness ; absence of skin-colouration. पीलापन ; चर्म-वर्णका अभाव ; वर्ण-मालिन्य ; हरित्-रोग ।

Palm (pahm). The hollow or flexor surface of the hand. करतल ; तलहत्थी ।

Palmar (paĺ-mar). Pertaining to the palm. करतल सम्बन्धीय । **P. Cutaneous nerve.** हस्ततलीकी त्वगीया नाड़ी । **P. Interosses muscle.** करतलीया अस्थ्यन्तरिका पेशी । **Palmaris breirs muscle.** हस्ततलीकी ह्रासा पेशी । **Palmaris longus muscle.** करतल विस्तारिका पेशी ।

Palmative (paĺ-mat-iv). A union of finger. जुड़ी अंगुली ; अंगुलि संयोजन ।

Palmiped (paĺ-mip-ed). Web-footed. जुड़े पैर ।

Palmus. Throbbing ; pulsation. धमक ; स्पन्दन । 2. Palm of the hand. तलहत्थी ।

Palpate. To examine by touching and pressing with the palms of the hands and fingers. तलहत्थी तथा अंगुलियोंसे स्पर्श कर या दबाकर परीक्षा ; स्पर्श-परीक्षा ।

Palation (pal-pá-shun). Examination by means of the hands. स्पर्श-परीक्षा ; आघातन ।

Palpebra (pal-peb-rah). Eye-lid पलक । **P. Inferior,** lower eye-lid. निचलो पलक । **P. Superior,** upper eye-lid. ऊपरी पलक ।

Palpebral (pal-pe-bral). Relating to the eye-lid. पलक-सम्बन्धोय ; चक्षपुटीय । **P. Nerves,** the nerves of the eye-lids. चक्षपुटीय स्नायु ।

Palpebrate (pal-pe-brāt). Having eye-lids. पलकधारो ।

Palpebration (pal-pe-brá-shun). Winking ; nictitation. आँखें मिटमिटाना ।

Palpitate (pal-pit-āt). To fluttor or beat abnormally. फड़फड़ाना ; अस्वाभाविक रूपसे आघात करना ; धड़कना ।

Palpitation (pal-pit-á-shun). Horrible pulsation of the heart ; usually with an increase in frequency. हृद्गतिकी तोव्रताके साथ जोर-जोरसे कलेजा धड़कना ।

Palsy (pawl-ze). Paralysis. पक्षाघात । **P. Birth,** palsy due to an injury received at birth. प्रसवकालमें आघातके कारण पक्षाघात । **P. Creeping,** progressive muscular atrophy. बढ़ती हुई मांसपेशिक क्षोणता । **P. Lead,** paralysis of the extensor muscle of the wrist occurring in poisoning by lead. सीसाका विष फैलनेके कारण बाहुको प्रसारिणी पेशीका पक्षाघात । **P. Shaking,** paralysis agitans. सकम्प पक्षाघात । **P. Wasting,** progressive muscular atrophy. बढ़ती हुई मांसपेशिक क्षोणता ।

Paludism (pal-u-dizm). Malarial poisoning. मैलेरिया-विष ।

Palustral (pal-ú-tral). Paludal ; having the nature of marsh-fever. दलदलो बोखारकी प्रकृतिका रोग ।

Pampinocele (pam-pin-o-sel). Varicocele. शिरार्बुद ।

Pan. A prefix signifying all, everything. समस्त सूचक उपसर्ग ।

Panacea (pan-as-é-ah). A remedy claimed to be curative of all diseases. सर्वरोग-नाशक ओषधि ।

Panaris, Panaritium (pan-a-ris, pan-ar-ish-e-um). Whitlow, paronychia. अंगुलबेढ़ा ।

Panarthritis. General inflammation of the joints of the body. सन्धियोंका सार्वाङ्गिक प्रदाह ।

Panatrophy (pan-at-ro-fe). General atrophy of the body. सार्वाङ्गिक क्षोणता ।

Pancarditis (pan-kar-di'-tis). Inflammation of all the structures of the heart. हृत्पिण्डके समस्त अवयवोंका प्रदाह।

Pancreas. Abdominal salivary gland ; the sweet-bread. क्लोम-ग्रन्थि ; औदरिक लालास्रावी ग्रन्थि।

Pancreatalgia (pan-kre-a-tal-je-ah). Pain in the pancreas. क्लोम-ग्रन्थिमें दर्द।

Pancreatemphraxis (pan-kre-at-em-frak-sis). Obstruction in the pancreatic duct, causing swelling of the gland. क्लोम-प्रणाली अवरुद्ध होनेके कारण क्लोम-ग्रन्थिमें सूजन उत्पन्न होना।

Pancreathelcosis (pan-kre-ath-el-kó-sis). Suppurative inflammation or abscess of the pancreas. क्लोम-ग्रन्थिका पोवज प्रदाह या फोड़ा।

Pancreatic (pan-kre-at-ik). Relating to the pancreas. क्लोम-विषयक। **P. Duct,** the external secretion of the pancreas. क्लोम-प्रणाली।

Pancreatitis (pan-kre-at-i'-tis). Inflammation of the pancreas. क्लोम-प्रदाह।

Pancreatolith (pan-kre-at-o-lith). A pancreatic concretion, pancreatic calculus. क्लोम-शिला ; क्लोम-ग्रन्थिमें पथरी हो जाना।

Pancreatolithotomy (pan-kre-a-to-le-tho-to-me). Operation for the removal of a calculus from the pancreas. क्लोम चीरकर पथरी निकाल देनेके लिये नश्तर।

Pancreatolysis (pan-kre-a-tol-i-sis). Destruction of the substance of the pancreas. क्लोम-द्रव्यका नाश।

Pancreatoncus (pan-kre-at-ong-kus). A tumor of the pancreas. क्लोमार्बुद।

Pancreatotomy (pan-kre-at-ot-o-me). Incision of the pancreas. क्लोममें अस्त्रोपचार।

Pancreopathy. Disease of the pancreas. क्लोम-रोग।

Pandemic (pan-dem-ik). A wide-spread epidemic. बहुव्यापक रोग।

Pandiculation. The act of stretching the limbs ; yawning. अंगड़ाई लेना ; जम्हाई लेना।

Pang. A sharp momentary pain. तीव्र क्षणिक वेदना।

Panhidrosis. General perspiration. सार्वाङ्गिक पसीना ; घर्माक्त कलेवर।

Panhydrometer (pan-hi-drom-eter). An instrument for determining the specific gravity of any liquid. किसी तरलका आपेक्षिक गुरुत्व मापनेवाला यंत्र।

Panhygrous (pan-hi'-grus). Universally moist. सब ओरसे तर।

Panicula (pan-ik-u-lah). A swelling or tumor. सूजन या अर्बुद ।

Panidrosis (pan-id-ro-sis). General perspiration. सार्वाङ्गिक पसीना ।

Panis (pań-is). Bread. रोटी ।

Panivorous (pan-iv'-or-us). Living on bread. रोटी खाकर जीवन धारण करनेवाला ।

Panneuritis (pan-nu-ri'-tis). Extreme polyneuritis. सम्पूर्ण स्नायुओंका प्रदाह । **P. Endemica.** Beri-beri. बेरी-बेरी ।

Panniculus (pan-ik-u-lus). A membrane or layer. झिल्ली या स्तर ।

Pannosity (pan-oś-it-e). Softness of the skin. चर्मकी कोमलता ।

Pannus (pań-us). A corneal vascularization and opacity. कनीनिकाका मांसमय या आरक्त हो जाना ।

Panophthalmitis. General inflammation of the eye-ball. समस्त चक्षगोलकका प्रदाह ।

Panosteitis (pan-os-te-i'-tis). Inflammation of an entire bone with periosteum and marrow. अस्थि-आवरण और मज्जाके साथ समस्त अस्थिका प्रदाह ।

Panotitis (pan-o-ti'-tis). General inflammation of the ear. समस्त कर्णका प्रदाह ।

Panophobia (pan-o-fó-be-ah). Fear of every thing. सब पदार्थों का भय ।

Panplegia. Paralysis of four extremities चारों हाथ-पैरोंका पक्षाघात ।

Pansphygmograph (pan-sfig-mo-graf). A form of polygraph for recording at one time the various forms of pulse—arterial, venous and cardiac movements of the thorax. एक साथ हो विभिन्न नाड़ी गति अंकित करनेवाला यंत्र ।

Pant. To breath rapidly. तीव्र श्वास-ग्रहण ।

Pantalgia (pan-tal-je-ah). Pain involving the whole body. समस्त शरीर व्यापक वेदना ।

Pantamophic (pan-tam-of-ik). Without form or shape. निराकार ।

Pantaphobia (pan-ta-fó-be-ah). Total abscence of fear. निर्भयता ।

Pantatrophia (pan-tat-ró-fe-ah). General atrophy. सार्वांगिक क्षीणता ।

Pantanrophous (pant-ań-ro-fus). Without nourishment. पोषण-हीन ।

Pantology (pan-tol-o-je). Universal knowledge. सम्पूर्ण-ज्ञान ।

Pap. A semiliquin food for infants. मण्ड । 2. A nipple. स्तन-वृन्त ।

Papilla (pap-il-ah). 1. The nipple of the breast. स्तन-वृन्त । 2. A small nipple like process. बिन्दीकी आकारकी फुन्सीं ।

Papillary. Relating to, resembling or provided with papillæ. फुन्सीके सदृश ; चुचुकाकार ; बिन्दाकार ।

Papillæ. The minute elevation of the surface of tongue, skin; the inner coat of the bowels etc. जिह्वा कण्टक ; चर्म कण्टक ; अंत्राभ्यन्तरिक आवरण ।

Paracele (par-ah-sel). A lateral ventricle of the brain. मस्तिष्कका पश्चात् कोष ।

paracentesis (par-ah-sen-té-sis). The tapping of a body-cavity. केन्द्रभेद ; छिद्रीभूत करण ।

Paracentral. Near a centre. शरीरके मध्यभागके पास ।

Paracephalus (par-ah-sef-al-us). A monster with very imperfectly developed cranium. अपूर्ण विकसित करोटीका कदाकार जीव ।

Paracholia (pař-ah-kol-i-ah). The presence of bile in an abnormal situation ; as in the circulating blood or in the lymphatic vessels. अस्वाभाविक अवस्थामें पित्तकी उपस्थिति, जैसे कि खूनके दौरानमें या लसिकाओंमें पित्त हो जाना ।

Paracinesis (par-as-in-é-sis). A disease characterized by morbid movements of the voluntary muscles. ऐच्छिक पेशियोंकी अस्वाभाविक गति सम्बन्धी रोग ।

Paracolpitis. Inflammation of structures around the vagina. योनिद्वारके चारों ओरके मांस-तन्तुका प्रदाह ।

paracolpium. The connective tissues around the vagina. योनिके चारों ओरके संयोजक तन्तु ।

Paracrisis (par-aḱ-ris-is). Any disease of secretion. स्राव-सम्बन्धी कोई रोग ।

Paracrusis (par-ak-rú-sis). Delirium. प्रलाप ।

Paracusis (par-ak-ú-sis). Disordered hearing. विशृङ्खलित श्रवण-शक्ति ।

Paracyesis (par-ah-si-é-sis). Extrauterine pregnancy. जरायु-बहिस्थ गर्भ ।

Paracystitis (par-ah-sis-ti-tis). Inflammation of the paracystium. मूत्राशयके संयोजक तन्तुका प्रदाह ।

Paracystium (par-ah-siś-te-um). The connective tissue adjacent to the urinary bladder. मूत्राशय निकटस्थ संयोजक तन्तु ।

Paradenitis (par-ad-en-i′-tis). Inflammation of the tissues surrounding a gland. ग्रन्थि आवेष्टनकारी तंतुका प्रदाह ।

Paradoxia (par-ad-oḱs-e-ah). A contradictory statement. विपरीत वर्णन ।

Parageusis (par-ah-gú-e-sis). Any perversion of taste. स्वादमें किसी तरहका परिवर्त्तन ; स्वाद-विकार ; जिह्वा-निम्नस्थ तन्तु-प्रदाह ।

Paraglossa (par-ah-glos-ah). Swelling of the tongue. जिह्वा-प्रदाह ।

Paraglossia (par-ah-glos-e-ah). Inflammation of the tissues under the tongue. जीभके नीचेवाले तन्तुओंका प्रदाह ।

Paragraphia (par-ah-graf-e-ah). A disorder in which the patient writes one word in place of another. एक रोग, जिसमें रोगी एक शब्दके बदलेमें दूसरा लिख देता है ।

Parahepatic (par-ah-he-pat-ik). Beside the liver. यकृत-पार्श्वस्थ; यकृतको बगलमें स्थित ।

Paralalia (par-ah-lá-le-ah). Any disturbance of the faculty of speech. किसी प्रकारकी भी वाचा-विशृङ्खलता ।

Paralgesia (par-al-jé-se-ah). Any condition marked by abnormal and painful sensation. अस्वाभाविक और वेदनापूर्ण अनुभूतिवाला कोई उपसर्ग ।

Paralixia (par-ah-lik-se-ah). Impairment of the power of reading. पठन-शक्तिमें गड़बड़ी ।

Parallagma (par-al-ag-mah). A change in the situation of bones. अस्थिकी स्थितिमें परिवर्त्तन ।

Paralysis (par-al-is-is). A loss of motion or sensation in a living part or member ; palsy. पक्षाघात । **P. Agitans,** shaking palsy. सकम्प पक्षाघात । **P. Alcoholic,** paralysis caused by habitual drunkenness. मद्यके अभ्यासके कारण पक्षाघात । **p. Ascending.** paralysis marked by loss of motor power in the legs, gradually extending upward. पैरकी गति-शक्तिके क्षयके साथ पक्षाघात, यह धीरे-धीरे ऊपरकी ओर चढ़ता है ; ऊर्द्ध्वगामी पक्षाघात । **P. Brachial,** palsy affecting one or both arms. एक या दोनों बाहुओंका पक्षाघात । **P. Facial.** a paralysis of the muscles of the face. usually of one side only. मुखमण्डलकी पेशियोंका, खासकर एक पार्श्वकी पेशियोंका पक्षाघात । **P. General.** an organic disease of the brain, marked by progressive loss of power and deterioration of the mind, endinu dearh. एक मस्तिष्क रोग, जिसमें क्रमशः शक्ति और मनका क्षय होकर, मृत्यु होती है ; सार्वांगिक पक्षाघात । **P. Spinal,** paraplegia. निम्नार्द्ध अंगका पक्षाघात ।

Paralytic (par-al-it-ik). Pertaining to paralysis. पक्षाघात-ग्रस्त ।

Paralyzant (par-al-i-zant). A drug causing paralysis. पक्षाघात उत्पन्न करनेवाला भेषज ।

Paralyzed, Affected with palsy. पक्षाघात-ग्रस्त ।

Paramenia (par-am-é-ne-ah). Disordered menstruations. विशृङ्खलित रजःस्राव ।

Parametric (par-am-et-rik). Situated near the uterus. जरायु-निकटस्थ ।

Parametrismus(par-am-et-riz'-mus) Painful spasm of the broad ligament muscles. चौड़ी बन्धनी पेशियोंकी वेदनापूर्ण ऐंठन ।

Parametritis (par-am-et-ri'-tis). Inflammation around the womb गर्भाशयके चारों ओरका प्रदाह ।

Parametrium. The connective tissue around the uterus. जरायुके चारों ओरका संयोजक तन्तु ।

Paramorphia (par-am-or-fe-ah). Abnormality of form. कदाकारिता ; अस्वाभाविक आकार ।

Paranephritis. Inflammation of the connective tissue around the kidney. मूत्रपिण्डके चारों ओरका संयोजक-तन्तुका प्रदाह ।

Paranoia (par-an-oi'-ah). Dementia. बुद्धि-ह्रास ।

Paraparesis. Partial paralysis of the lower extremities. दोनों पैरोंका आंशिक पक्षाघात ; निम्नांग अर्द्ध पक्षाघात ।

Paraphia (par-ah-fe-ah). Abnormality of the tactile sense. स्पर्शेन्द्रियकी अस्वाभाविकता ।

Paraphimosis. A disorder, in which the prepuce is retracted and constricted behind the glans penis and can not be drawn forward. अवदाहिका ; उलटी चमड़ी ।

Paraphonia (par-ah-fó-ne-ah). Abnormal condition of the voice. स्वरभंग ।

Paraphrenia (par-ah-fré-ne-ah). Delirium ; mental disease. प्रलाप ; मानसिक रोग ।

Paraphrenitis (par ah-fre-ni'-tis). Inflammation of the diaphragm. वक्षोदर-मध्यस्थ पेशीका प्रदाह ।

Paraplastic (par-ah-plas-tik). Having morbid formative powers. अस्वाभाविक प्रकृतिकी निर्माण-शक्ति सम्पन्न ।

Paraplegia (par-ah-plé-je-ah). Faralysis of the legs and lower part of the body. पैर तथा निम्नांगका पक्षाघात ।

Parapoplexy (par-ap-o-pleks-e). A slight form of apoplexy. संन्यास रोगका एक हलका रूप ; लघु-संन्यास रोग ।

Paraproctitis (par-ap-rok-ti'-tis). Inflammation of the connective tissues around the rectum. मलांत्रके चारों ओरके संयोजक तन्तुका प्रदाह ।

Parapsis (par-ap-sis). Any disorder of the tactile sense. स्पर्शेन्द्रियकी अस्वाभाविकता ।

Parasite (par-as-it). An animal or vegetable organism which lives on another and draws its nourishment from it. परांगपुष्ट ; परजीवी ।

Parasitic (par-as-it-ik). Pertaining to parasites. परजीविक ।

Parasiticide (par-as-it-is id). Destructive to parasites ; an agent which destroys parasites. परजीवीनाशक ।

Parasitism (par-as-it-izm). Infestation by parasites ; the mode of existence of parasites. परजीवित्व ।

Paraspadia, Paraspadias. A condition in which there is lateral opening in the urethra. एक रोग, जिसमें मूत्रयंत्रके पीछेकी ओर छिद्र हो जाता है ।

Paraspasm. Spastined paraplegia ; muscular spasm involving the lower extremities. निम्न वाह्यांगोंकी एंठन ; निम्नांगोंकी मांसपेशिक अकड़न ।

Parastata (par-as-ta-tah). The prostate gland. मूत्राशय-मुखच्छायी ग्रन्थि ।

Parasternal (par-as-ter-nal). Near the sternum. वक्षोस्थि निकटस्थ ।

Parasynanchy (par-a-sin-an-ke). Rheumatic inflammation of the muscles of the throat. कण्ठकी पेशियोंका वातज प्रदाह ।

Parasynovitis (par-ah-si-no-vi'-tes). Inflammation of the tissues immediately adjacent to a joint. सन्धि-निकटस्थ मांसतन्तुओंका प्रदाह ।

Paratarsium. The connective tissue of the tarsus of the foot. पाद-गुल्फस्थ संयोजक तन्तु ।

Parathyroid (par-ah-thi'-roid). Adjacent to the thyroid gland. चुल्लिका ग्रन्थि निकटस्थ ।

paratrichosis (par-ah-trik-ó-sis). Any disorder in the growth of the hair. केश-वृद्धिमें विशृङ्खलता ।

Paratrimma (par-ah-trim-ah). Intertrigo. बच्चोंके मलद्वार, पुट्ठे वगैरहकी खाल उधड़ना ।

Paratripsis (par-at-rip-sis). A rubbing. मालिश । 2. An increase in waste. वृथाके पदार्थों में अभिवृद्धि ।

Paratrophy (par-at-ro-fe). Abnormal nutrition ; hypertrophy. अस्वाभाविक परिपोषण; अभिवृद्धि; विस्तृति ।

Paraxial (par-aks-e-al). Situated near the axis of the body. शरीरको द्वितीय कशेरुकाके पास ।

Parectasis (par-ek-tas-is). Excessive stretching of a part. किसी अंशका बहुत अधिक फैलना ।

Parencephalitis. Inflammation of the cerebellum. लघुमस्तिष्कका प्रदाह ।

Parencephalon (par-en-sef-al-on). The cerebellum. लघुमस्तिष्क ।

Parenchyma (par-en-kim-ah). The distinguishing or specific tissue of the gland or organ, contained in and supported by the connective tissue from work or strain. सान्तर-विधान ; कोरण्ड ।

Parenchymatitis. Inflammation of the parenchyma. कोरण्ड-प्रदाह ।

Parenteral (par-eń-ter-al). Giving food otherwise than by the digestive tract. अन्नपथके अलावा अन्य पथसे खाद्य देना।

Parepithymia (par-ep-ith-i′-me-ah). Morbid emotion. अस्वाभाविक भावोद्रेक।

Paresis (paŕ-es-is). Slight paralysis हल्का पक्षाघात . आंशिक पक्षाघात।

Paresthesia (par-es-thé-ze-ah). Altered sensation बुद्धि-भ्रंश।

Paretic (par-et́-ik). Pertaining to or affected with paresis. आंशिक पक्षाघात विषयक या आंशिक पक्षाघातग्रस्त।

Pareunia (par-oó-ne-ah). Coitus. संगम।

Paridrosis (par-id-ró-sis). An abnormal secretion of sweat. अस्वाभाविक स्वेद-स्राव ; अस्वाभाविक रूपसे पसीना होना।

Parietal (par-i′-et-al). Relating to a wall. प्राचीर सम्बन्धीय। **P. Bones**, two bones forming the sides and upper part of the skull. पार्श्व कपालास्थि।

Parietes (par-i-et-ez). The walls ot the cavity. गह्वर-प्राचीर।

Paristhmic (par-is-mik). Relating to the tonsil. तालुमूल-विषयक।

Paristhmion (par-is-mion). A tonsil. तालुमूल ; तालुपार्श्व ग्रन्थि।

Parkinsons disease. Paralysis agitans. सकम्प पक्षाघात।

Parodontides. Parutis ; tumours of the gums. मसूढ़ा फूलना ; मसूढ़ेका अर्बुद।

Parodynia (par-o-diń-e-ah). Morbid labor. अस्वाभाविक प्रसव-वेदना।

Paroniria (par-on-i′-re-ah). Morbid dreaming. अस्वाभाविक स्वप्न।

Paronychia (par-on-ik-e-ah). Inflammation about the nail ; whitlow. नखके पास प्रदाह ; अंगुलबेढ़ा ; नख-शूल।

Parophthalmoncus. A tumour near the eye. चक्षुनिकटस्थ अबुद।

Paropsis (par-oṕ-sis). A disorder of vision. विषम दृष्टि ; विशृङ्खलित दर्शन शक्ति। दृष्टि-दोष।

Parorchidium (par-or-kid′-e-um). Misplacement of a testicle or testicles. एक या दोनों ही अण्डोंकी स्थान-भ्रष्टता।

Parosmia (par-oz′-me-ah). Any disease or pervertion of the sense of smell. गन्धेन्द्रियमें परिवर्त्तन या रोग ; घ्राणेन्द्रिय रोग।

Parostia (par-oś-te-ah). Defective ossification. दोषावह श्रवण-शक्ति।

Parostosis. A development of bone in an abnormal position. अस्वाभाविक स्थानमें किसी हड्डीका विकास।

Parotic (pár-ot́-ik). Situated or occurring near the ear. कर्ण-पार्श्व-स्थित ; कानके पासकी।

Parotid (par-ot-id). Situated near the ear. कर्णाग्रवर्त्ती । **P. Gland.** कर्णाग्रवर्त्ती लाला-ग्रन्थि ; कर्ण-मूल ।

Parotiditis (par-ot-id-i'-tis). Inflammation of the parotid gland ; parotitis ; mumps. कर्ण-मूल ग्रन्थि-प्रदाह ; पाषाण-गर्दभ ।

Parotitis (par-o-ti'-tis). Inflammation of the parotid gland. कर्णमूल-प्रदाह ।

Parous (paŕ-us). Bringing forth ; bearing ; noting a woman who has borne children. जननी ; सन्तान प्रसव हो चुकनेवाली स्त्री ।

Parovarian (par-o-vá-re-an). Near. the ovary. डिम्बाशय-निकटस्थ ।

Parovaritis (par-o-var-i'-tis) Inflammation of the parovarium. काललनल-प्रदाह ।

Parovarium. A tubular stricture of the broad-ligament ; epoophoron. काललनल ।

Paroxysm (paŕ-oks-izm). A sudden onset of a disease or of any symptoms especially if they are recurrent. आवेश ; दौरा ; किसी रोग-लक्षणका एकाएक उत्पन्न होना । 2. A spasm, convulsion. आक्षेप ; अकड़न ।

Paroxysmal (par-oks-iz'-mal). Relating to a paroxysm. आवेशिक ; जो रह-रहकर उपस्थित हो ।

Pars. A part. एक अंश ।

Parsons disease. Exophthalmic goitre. बहिरागत-चक्षु गलगण्ड ; घेघा, जिसमें आंखें बाहर निकल आती हैं ।

Parthenogenesis (par-then-o-jeń-es-is). Reproduction by a virgin. कुमारी द्वारा जनन ।

Parthenonosus(par-then-oń-o-sus). Chlorosis. हरित्पाण्डु रोग ।

Parturient (par-tú-re-ent). The condition of being in labor. प्रसूतावस्था । **P. Canal**, the passage through which the child passes from the cavity of the uterus to the exterior. अपत्य-पथ ।

Parturifacient (par-tu-re-fá-shent). Promoting labor ; an agent that induces parturition. प्रसव-सहकारी ।

Parturition (par-tu-rish-un). Childbirth, giving birth to a child. प्रसव ; जनन ।

Partus (paŕ-tus). Labor. प्रसव । **P. Agrippinus**, foot presentation. पादोदय प्रसव । **P. Defficilis**, difficult birth. कष्टकर प्रसव । **P. Serotinus**, delayed labor. विलम्बित प्रसव । **P. Siccus**, a dry labor, one in which the amniotic fluid is scanty or flows away too soon. शुष्क-प्रसव, जिसमें गर्भोदक बहुत थोड़ा रहता है या अति शीघ्र निकल जाता है ।

Parulis (par-ú-lis). A gum-boil. मसूढे फूलना ।

Paruria (par-ú-re-ah). Any disorder of micturition. दूषित मूत्र ; पेशाबकी कोई गड़बड़ी ।

Parvule (paŕ-vūl). A pellet. बहुत सूक्ष्म गोली ।

Passage (pasś-aj). The introduction of an instrument into a cavity or channel. किसी गह्वर या प्रणालीमें यंत्र-प्रवेशकी क्रिया । 2. A discharge as from the bowels or of urine. कोई स्राव, जैसे दस्त या पेशाब । 3. A channel, duct. pore or opening. प्रणाली ; खात ; गह्वर ; द्वार ।

Passion (pasĥ-un). Intense emotion. अतिशय भावोद्रेक । 2. Suffering ; pain. कष्ट दर्द ।

Passive (pasś-iv). Not active ; submissive. अप्रबल ; धीमा । P. **Congestion**, congestion due to obstruction to the return flow of blood or weak circulation. अप्रबल रक्त-संचय ; शैरिक रक्ताधिक्य ।

Paste (pāst). Any soft sticky substance. कल्क ।

pasteurism (paś-ter-izm). Vaccination. टीका देना ।

Pasteurization. The destruction by heating of microbic life in a substance. अत्यधिक उत्ताप द्वारा किसी पदार्थके कोटाणु नष्ट करना ।

Patch. An irregular spot or area. कोई अनियमित स्थान या सीमाबद्ध स्थान ; चकत्ते ।

Patella (pat-eĺ-ah). A round sesamoid bone in front of the knee. चपनी ; पाली ; फलकास्थि ; जानु-पात्रास्थि ।

Patency (pá-ten-se). The state of being open. खुले होनेकी दशा ; उन्मुक्तावस्था ।

Patent (pá-tent). Open ; exposed. खुला ; उन्मुक्त ।

Pathema (path-é-mah). Any disease or morbid condition. रोग या रोगात्मक दशा ; रोगोपसर्ग ।

Pathematology (path-em-at-oĺ-o-je). Pathology, especially mental pathology. निदान ; विशेषकर मानसिक रोग-निदान ।

Pathetic (path-eť-ik). Causing an emotion, especially of sorrow or pity. मनोद्रावक ; हृदयस्पर्शी ; कारुणिक ।

Path-finder. An instrument for finding passage in urethral strictures. मूत्रनली संकोचनमें राह खोल देनेवाला यंत्र ।

Pathic (pathˊ-ik). Relating to disease ; diseased. रोग-विषयक ; रोगी ।

Pathogen (pathˊ-o-jen). Any pathogenic agent. रोग-जनक पदार्थ ।

Pathogenesis. The origin and development of disease. निदान-शास्त्रका वह अंश, जिससे रोगकी उत्पत्ति और विकासका विषय आलोचित होता है ।

Pathogeny (path-oj'-en-e). That which relates to the origin or cause of disease. रोग-तत्व ; रोग-कारण-तत्व ।

Pathognomonic (path-og-no-mon-ik). Applied to the peculiar characteristic symptoms of a disease. नैदानिक ; निर्दिष्ट लाक्षणिक ।

Pathognomy (path-og-no-me). The science of the signs by which disease is recognized. उन चिह्नोंका विज्ञान, जिनसे रोग-निदान होता है ; रोग-चिह्न-विज्ञान ।

Pathography (path-og-ra-fe). A description of disease. रोग-विवरण ।

Pathologist (path-ol-o-jist). A specialist in pathology. निदान-शास्त्र-विशारद ।

Pathology (path-ol-o-je). The science of disease. रोग-विज्ञान ; निदान-शास्त्र ; निदान-तत्व ।

Pathomania (path-o-má-ne-ah). Moral insanity. उन्माद ।

Pathophobia (path-o-fó-be-ah). A morbid fear of disease. रोगका अस्वाभाविक भय ।

Pathophoric (path-o-fof-ik). Disease carrying. रोग-वाहक ।

Pathopoiesis (path-o-poi-é-sis). The production of disease. रोगोत्पादन ।

Patient (pá-shent). One who is suffering from or under treatment for any disease. रोगी ; बीमार ।

Patulous (pat-u-lus). Expanded ; freely open. विस्तृत ; उन्मुक्त ।

Paulocardia (paw-lo-kar-de-ah). A sensation as of stoppage of the heart. हृद्-रोधकी एक अनुभूति ।

Paunch (pawnch). The abdominal cavity and its contents. उदर-गह्वर तथा उसके भीतरकी सामग्रियाँ ।

Pavilion (pa-vil-yun). The auricle or pemia of the ear. वाह्य-कर्णका विस्तीर्ण प्रान्त ; कर्णशंकुली ।

Pavor. Fright. भय ।

Pearl (perl). A small hollow sphere of thin glass containing amyl-nitrate or other volatile medicine for inhalation ; the pearl is crushed in the handkerchief and its contents are inhaled. खूब पतले काँचकी गोली, इसमें एमिल नाइट्रेट अथवा अन्य उड़ जानेवाली दवा रखी रहती हैं ; यह गोली रूमालमें तोड़कर दवा सूँघी जाती है । 2. One of a number of small tough masses of mucus occurring in the sputum in asthma. दमाके रोगीके बलगममें प्राप्त छोटे-छोटे श्लेष्माके कड़े ढेले । **P. Disease,** tuberculosis of cattle. पशु-जातिका यक्ष्मा रोग ।

Peccant (pek-ant). Morbid ; unhealthy ; disease-producing. अस्वाभाविक ; अस्वस्थ ; रोगजनक ।

Peciloblast (pe-sil-o-blast). A red blood-corpuscle of irregular shape. असम आकारका लाल रक्त-कण ।

Pecilocyte, Pœcilocyte (pé-sil-o-sit). A red blood-corpuscle of irregular shape. टेढ़े-मेढ़े आकारका लाल रक्त-कण ।

Pecilocythemia(pe sil-o-si-thé-me-ah). The presence of pecilocytes in the blood. रक्तमें कदाकार लाल-कणोंकी उपस्थिति ।

Pecten (pek-ten). A stricture with comb-like processes or projections. कंघीके आकारके प्रवर्द्धन-पूर्ण कोई अंग । 2. The os pubis. विटपास्थि ।

Pectinate (pek-tin-āt). Resembling a comb. कंघीके आकारका ।

Pectineal (pek-tiń-e-al). Relating to the pubic bone. विटपास्थि-सम्बन्धीय : **P. Muscle,** the pectineus muscle. कंकतिका पेशी ।

Pectineus, A flat muscle of the upper part of the thigh मणिपुरास्थिसे उर्व्वस्थि पर्यन्त विस्तृत प्रायः त्रिकोणाकार पेशी-विशेष ; कंकतिका ।

Pectoral (pek-tor-al). Pertaining to the breast. वक्ष-सम्बन्धीय ।

Pectoralis (pek-tor-á-lis). A muscle of the breast. वक्षाच्छादनी पेशी । **P. Major muscle.** उरच्छादनी वृहती पेशी । **P. Minor muscle.** उरच्छादनी लघ्वी पेशी ।

Pectoriloquy (pek-toŕ-il-o-kwe). The distinct transmission of articulate speech to the ear on auscultation. वक्षोवाक्ध्वनि ।

Pectus (pek-tus). The chest. वक्ष ; सीना ; छाती ; वक्षस्थल ।

Pedal (ped'-al). Relating to the foot. पाद-विषयक ; पैरके सम्बन्धमें ।

Pedialgia (pe-de-al-je-ah). Pain in the foot. पैरमें दर्द ।

Pediatrics (pé-de-at-riks). The medical treatment of children. बाल-चिकित्सा ।

Pedication (pe-dik-á-shun). Sodomy with a boy. बाल-मैथुन ।

Pedicle (ped'-ik-l). The stalk or attachment of a tumour. अर्बुद-वृन्तिका ; चकमूल ।

Pedicterus, pædicterus (pe-dik-ter-us). Icterus neonatorum, jaundice of the new-born. नवोत्पन्न शिशुका कामला रोग ।

Pediculosis (ped-ik-u-ló-sis). The symptoms produced by lice. जूँसे उत्पन्न उपसर्ग ।

Pediculus (ped-iḱ-u-lus) A genus of lice. जूँ ; उत्कुण ; मत्कुण ।

Pediluvium (ped-il-ú-ve-um). A foot-bath. पादस्नान ; पद-प्रक्षालन ।

Pedobaromacrometer (pe-do-bar-o-mak-rom-et-er). An instrument for weighing and measuring infants. शिशुका वजन लेने और लम्बाई-चौड़ाई मापनेका यंत्र ।

Pedology (pe-dol-o-je). The science of child-hood. बाल-विज्ञान ।

Peduncle (pe-dunk-l). A supporting part. एक सहायक अंश । **Ps. of the cerebellum.** A crust or brachium of the brain ; three pairs of stout bundles of nerve-fibers connecting the cerebellum with the other chief parts of the brain. स्नायु-तन्तुओंके तीन सुदृढ़ गुच्छ, जिनसे वृहत् मस्तिष्क, मस्तिष्कके अन्य भागोंसे संलग्न रहते हैं । **Ps. of the cerebrum.** The white cords of the corpora albicantia. मस्तिष्क श्वेतांगके श्वेत-रज्जु ।

Pedunculated (pe-dung-ku-la-ted). Having a peduncle. वृन्तपूर्ण ।

Peinotherapy (pi-no-ther-ap-e). Hunger-cure. उपवास-चिकित्सा ।

Pelage (pe-lej). The hairs of the body, limbs and head collectively. सामूहिक-रूपसे धड़, प्रत्यङ्ग तथा मस्तकके केश ; रोम ।

Pelicology (pel-ik-ol-o-je). The study of pelvis. वस्ति-गह्वरका अध्ययन।

Pelidnoma (pel-id-no-mah). A patch on the skin. चर्मपरके धब्बे ।

Pellagra (pel-ag-rah). A cutaneous disease almost confined to the northern parts of Italy. रोह्नत्वक ।

Pellate (pel-at). To separate. विच्छिन्न करना ; अलग करना ।

pellet (pel-et). A small pill. एक क्षुद्र गोली ; बटिका ; अनुबटिका ।

Pellicle (pel-ik-l). A thin skin or membrane. सूक्ष्मत्वक् ; मलाई ; झिल्ली ।

Pelopathy. The treatment of disease with mud. कीच-चिकित्सा ।

Pelvic (pel-vik). Relating to the pelvis. वस्तिगह्वर-विषयक ।

Pelvimeter (pel-vim-et-er). An instrument for measuring the pelvis. वस्तिगह्वर परिमापक यंत्र ।

Pelviolithotomy (pel-ve-o-lith-ot-o-me). Removal of stone from the kidney by incision through the renal pelvis. मूत्र-गह्वरमें नश्तर देकर मूत्रपिण्डसे पत्थर निकाल देना ।

Pelviperitonitis. Inflammation of the pelvic peritoneum. वस्तिगह्वरकी अस्थि-आवरक झिल्लीका प्रदाह ।

Pelviotomy (pel-ve-ot-o-me). The cutting of the pelvic bones. वस्ति-गह्वरकी अस्थियोंका नश्तर ।

Pelvis (pel-vis). The bony basin of the trunk, formed by the innominate bones and the sacrum. वस्ति-गह्वर ।

Pelycalgia (pel-ik-al-je-ah). Pain in the pelvis. वस्ति-गह्वरका दर्द ।

Pemphigus (pem-fig-us). A disease of the skin with an eruption of bullas. विम्बिका रोग।

Pendulous (pen-du-lus). Hanging. झूलता हुआ।

Penetrating (pen-e-tra-ting). Entering beyond surface. सूक्ष्म ; तीक्ष्ण।

Penial (pé-ne-al). Penile. लिगेन्द्रिय सम्बन्धी।

Penile (pé-nil). Relating to the penis. लिंगेन्द्रिय विषयक।

Penis (pé-nis). The male organ of copulation. लिगेन्द्रिय ; शिश्न।

Penitis (pe-ni-tis). Inflammation of the penis. लिंगेन्द्रिय प्रदाह।

Penniform (pen-if-orm). Shaped like a feather. पक्ष्माकार ; परकी तरह।

Penology (pe-nol-o-je). The science of the crime. अपराध-विज्ञान।

Pentad (pen-tad). An element or radical with a valence of five. पंच-संयोग शक्ति सम्पन्न परमाणु या मूल पदार्थ ; पंचबन्धन।

Pentadactyl (pen-tah-dak-til). Having five fingers. पाँच अंगुलियों-वाला।

Peotomy (pe-ot-o-me). Surgical removal of penis. चिकित्सार्थ लिंगे-न्द्रियको काटकर हटा देना।

Peptic (pep-tik). Aiding digestion. पाचनमें सहायक ; पाचक ; जीर्णकारक ; परिपाक-शक्ति वर्द्धक।

Peptogenous (pep-toj'-en-us). Producing pepsin. पेपसिन (पाचक-रस) नामक पाचक पदार्थ उत्पन्नकारक।

Peptothyroid (pep-to-thi'-roid). Extract of peptonized thyroid gland. पचनक्षम-कारक चुल्लिका-ग्रन्थि सार।

peracidity (per-as-id-it-e). Extreme acidity. असीम अम्लत्व ; बेहद खट्टापन।

Peracute (per-ak-ut). Excessively acute or sharp. अत्यन्त तीव्र।

Peranum (per-á-num). Through the anus. मलद्वारकी राहसे।

Per-articulation (per-ar-tik-u-lá-shun). Diarthrosis. सचल अस्थि-सन्धि।

Perception (per-sep-shun). The receiving of an impression through the senses. प्रत्यक्ष अनुभूति ; इन्द्रिय-ज्ञान ; संवेदन ; प्रत्यक्षकरण ; बोध ; उपलब्धि।

Perceptivity (per-sep-tiv'-it-e). Ability to receive impression. इन्द्रियानुभूति ग्रहण योग्यता ; बोधगम्यता ; प्रत्यक्षयोग्यता ; इन्द्रियग्राह्यता।

Percolate (per-ko-lat). To strain ; to subject to percolation. छानकर साफ करना।

Percolation (per-ko-lá-shun). The extraction of the soluble parts of a drug by causing a liquid solvent to flow slowly through it. क्षरित-

करण, किसी औषधका गल जानेवाले अंश—उसे तरल बनाकर चुआ लेना ; परिस्रवन ।

Percussion (per-kuś-shun). Diagnosis by striking a part with short sharp blows, as an aid in diagnosing the condting of the parts beneath, by the sound obtained. प्रतिघातन ; अंगुल्याघात ; विघातन ; आघातन ; अंगुलीसे चोट पहुंचाकर किसी रुग्न अंगके शब्द द्वारा रोग-निदान । **P. Auscultatory,** auscultation of the sound produced by percussion. आघातन द्वारा उत्पन्न शब्दका आकर्णन । **P. Deep.** percussion in which a firm blow is struck in order to obtain a note from a deep-seated tissue. खूब गहराईपरके तन्तुओंसे आवाज प्राप्त करनेके लिये जोरका आघातन । **P. Note,** the sound elicited on percussion. आघातन द्वारा प्राप्त शब्द । **P. Wave,** the primary or chief ascending wave of the pulse-tracing. प्राथमिक या प्रधान नाड़ी लेखनकी ऊर्ध्व तरंग । ये तरंगें स्फिग्मोग्राम नामक यंत्र द्वारा प्राप्त होती हैं ।

Percussor (per-kuś-or). An instrument for performing percussion. आघातन यंत्र ।

Percutaneous (per-kú-ta-ne-us). Performed through the skin. चर्मान्तरकृत ; चर्मके भीतरसे किया हुआ ।

Perflation (per-flá-tion). The act of blowing air into a space in order to force secretion or other substances out. किसी स्थानमें, उस स्थानका स्राव या पदार्थ हटा देनेके लिये, फूंक मारना ।

Perforans (peŕ-fo-ranz). Penetrating or perforating. छेदक, भेदक ।

Perforation (per-for-á-shun). An opening or a penetrating. छिद्र ; रन्ध्र ।

Perforator (peŕ-fo-ra-tor). An instrument used for perforating the head of the fœtus in utero, in difficult parturition. कष्टप्रद प्रसवमें गर्भस्थ भ्रूणके मस्तककी खोपड़ीमें छेद करनेवाला अस्त्र-विशेष ।

Perforatorium (per-for-a-tó-reum). The pointed structure on the head of the spermatozoon. शुक्रकीटके मस्तकका नुकीला अंश ।

Perfrication (per-frik á-shum). Rubbing with an ointment. मरहमको मालिश करना ।

Periacineus (per-e-aś-in-us). Situated around an acinus. यकृत-खंडके चारों ओर स्थित ।

Periadenitis (peŕ-e-ad-en-i-tis). Inflammation of the tissues around a gland. ग्रन्थिके चारों ओरके तन्तुओंका प्रदाह ।

Periangiocholitis (per-e-an-je-o-ko-li'-tis). Inflammation of the tissues surrounding the bile-ducts. पित्त-प्रणालियोंके चारों ओरके तन्तुओंका प्रदाह ।

Periaortitis (per-e-a-or-ti'-tis). Inflammation of the tissues around the aorta. महाधमनीके चारों ओरके तन्तुओंका प्रदाह ।

Periarterial (peŕ-e-ar-ter-e-al). Around an artery. धमनीके चारों ओरवाला ; धमनी आच्छादक ।

Peri-articular (per-e-ar-tik-u-lar). Around a joint. सन्धि-चतुःपार्श्विक ; सन्धिके चारों ओरका ।

Peri-axillary (per-e-akś-il-ar-e). Around the axilla. बगलके चारों तरफ ; कक्षाच्छादक ।

Periblast (peŕ-ib-last). The protoplasm around the cell-nucleus. अणुमींगीके चारों ओरका जीवोज ।

Periblepsis (per-ib-lep-sis). The wild look of delirium. प्रलापकी वहशतभरी नजर ।

Peribresis. Ulceration of the cornea of the eyelids. पलकोंकी कनीनिकाका जखम ।

Pericardiac (per-e-kaŕ-de-ak). Pertaining to the pericardium. हृद्वेष्टीय ; हृद्वेष्ट-सम्बन्धीय ।

Pericarditis (per-e-kar-di'-tis). Inflammation of the pericardium. हृद्वेष्टका प्रदाह ।

Pericardium (per-e-kaŕ-de-um). The fibroserous membrane covering the heart and at beginning of great vessels. हृद्वेष्ट ; हृदावरक झिल्ली ।

Pericellular (per-e-seĺ-u-lar). Around a cell. कोषके चारों तरफवाला ।

Pericementum. A layer of bone around the fangs of the teeth. दाँतकी जड़की चौड़ी तरफका अस्थिमय स्तर ; दन्तमूलवेष्ट ।

Pericharia (per-i-ká-ri-ah). Delirious rejoicing. प्रलापमय आनन्द ।

Pericholangitis (per-i-ko-lan-ji-tis). Inflammation of the tissue around the bile-ducts. पित्त-प्रणालीके चारों ओरके तन्तुओंका प्रदाह ।

Perichondrium (per-i-koń-dri-um). The fibrous membrane covering cartilage. उपास्थिवेष्ट ।

Pericolonitis (per-i-kó-lo-ni-tis). Inflammation of the connective tissue or peritoneum surrounding the colon. वृहद् अंत्रके चारों ओरकी अंत्रावरक झिल्ली अथवा संयोजक तन्तुओंका प्रदाह ।

Pericolpitis (per-e-koĺ-pi-tis). Inflammation of the connective tissue around the vagina. योनिके चारों ओरके संयोजक तन्तुओंका प्रदाह ।

periconchal (per-e--koń-kal). Surrounding the cavity of the ear. कर्णगह्वरवेष्ट ।

Pericoxitis (per-e-koks-i-tis). Inflammation of the tissues around the hip-joint. उरु-सन्धिके चारों ओरके तन्तुओंका प्रदाह ।

Pericranium (per-e-krá-ne-um). The periosteum of the skull. करोटी-आवरक झिल्ली ।

Pericystitis. Inflammation of the tissue around a bladder. मूत्राशय-परिवेष्टक तन्तुका प्रदाह ।

Pericucephalitis (per-i-cu-sef-al-i-tis). Inflammation of the cerebral membranes. मस्तिष्क-झिल्ली-प्रदाह ।

Perecucephalomeningitis (per-i-cu-sef-al-o-mem-in-ji-tis). Inflammation of the cerebral cortex and meninges. लघु-मस्तिष्क-वल्क और मस्तिष्कावरक झिल्लीका प्रदाह ।

Peridesmium (per-e-deś-me-um). The connective tissue membrane surrounding a ligament. बन्धनी परिवेष्टक संयोजक तन्तुमय झिल्ली ।

Perididymit (per-e-did′-im-it). The tunica albugenia testes ; the serous coat investing the testes. अण्डावरक श्वेत-झिल्ली ।

Perididymitis (per-i-did-i-mi′-tis). Inflammation of the perididymis. अण्डावरक श्वेत-झिल्लीका प्रदाह ।

Perigastric (per-e-gaś-tric). Surrounding the stomach. पाकाशय-परिवेष्टक ।

Perigastritis (per-e-gas-tri′-tis). Inflammation of the peritoneal coat of the stomach. पाकाशयकी आवरक-झिल्लीका प्रदाह ।

Periglottis (per-e-glot-is). The mucous membrane of the tongue. जिह्वाकी श्लैष्मिक-झिल्ली ।

Peri-keratic (per-i-keŕ-at-ik). Surrounding the cornea. कनीनिका-परिवेष्टक ।

Peri-laryngitis. Inflammation of the tissue around the larynx. स्वर-यंत्रके चारों ओरके तन्तुका प्रदाह ।

Perilymphatic (per-e-limf-at-ik). Situated around a lymph vessel. लसिकावाहिनी परिवेष्टक ।

Perimetritis (per-e-met-ri′-tis). Inflammation around the womb. गर्भाशयके चारों ओरका प्रदाह ।

Perimetrium (per-im-é-tre-um). The uterine peritoneal covering. जरायुका झिल्लीमय आवरण ।

Perimysium (per-e-miś-e-um). The membranous sheath of muscles. पेशियोंका झिल्लीमय स्तर ।

Perineal (per-in-é-al). Relating to perineum. विटप-सम्बन्धीय ।

Perineorrhaphy (per-in-e-oŕ-a-fe). Suture on the perineum. विटपके ऊपरकी सीवन ।

Perinephric (per-e-nef-rik). Surrounding the kidney in whole or part. आंशिक रूपसे या सम्पूर्ण मूत्रपिण्ड परिवेष्टक।

Perinephritis (per-i-ne-fri′-tis). Inflammation of the tissues surrounding the kidney. मूत्रपिण्ड परिवेष्टक तन्तु पोंका प्रदाह।

Perineum, Perinæum. The external surface or base of the perineal body, lying between the vulva and the anus in the female and the scrotum and the anus in the male. गुह्यद्वार और जननेन्द्रियका मध्यवर्त्ती स्थान; मूलाधार; विटप।

Perineureal. Surrounding a nerve. स्नायु-परिवेष्टक।

Periocular. Surrounding the eye. चक्षु-परिवेष्टक।

Period (pé-re-od). An interval of time. समय; काल; काल-विलम्ब।

Periodic (pe-re-od′-ik). Occurring at intervals. सामयिक; पर्यायशील; निर्दिष्ट समयपर प्रकट होनेवाला।

Periodicity (pe-re-o-dis-it-e). Recurrent at regular intervals. सामयिकता; नियतकालिकत्व।

Periodontal (per-e-o-doń-tal). Around a tooth. दाँतके चारों तरफ।

Peri-oophoritis. Inflammation of the ovarian capsule. डिम्बाशय-मुखावरणका प्रदाह।

Periorbita (per-e-or-bit-ah). The lining membrane of the orbit. चक्षु-गह्वरको लहरदार झिल्ली।

Periosteal (per-e-oś-te-al). Pertaining to periosteum. अस्थि-आवरक-सम्बन्धीय।

Periosteitis (per-e-os-te-i′-tis). Inflammation of the periosteum. अस्थि-आवरक-झिल्लीका प्रदाह।

Periosteum (per-e-oś-te-um). A white fibrous membrane enveloping the bones. अस्थि-परिवेष्ट; तन्तुमय श्वेत झिल्ली; अस्थि-आवरक; अस्थिवेष्ट।

Periostitis. Inflammation of the periosteum. अस्थिवेष्टौष; अस्थिवेष्टका प्रदाह।

Periostoma (per-e-os-tó-mah). An osseous growth around bone. अस्थिके चारों ओर अस्थिमय प्रवर्द्धन उत्पन्न होना।

Periostosis (per-e-os-tó-sis). A tumour of the periosteum. अस्थि-वेष्टका अबुद।

Periotic (per-e-ó-tik). Surrounding the internal ear. अन्तःकर्ण-परिवेष्टक; भीतरी कानको घेरे रहनेवाला।

Periovular (per-i-ov′-u-lar). Surrounding the ovum. डिम्ब-परिवेष्टक।

Peripancreatitis. Inflammation around the pancreas. क्लोम-ग्रन्थिके चारों ओरका प्रदाह।

Peripheral (per-if-er-al). Relating to or towards the periphery. प्रान्तस्थ। Peripheral nervous system. प्रान्तस्थ नाड़ी-मण्डल।

Periphery (per-if-er-e). The circumference or bounding line. परिधि ; प्रान्त ।

Periphlebitis. Inflammation of the outer coat of a vein or of the tissue surrounding it. शिरा बहिः-आवरणका प्रदाह ।

Periplasm. A delicate layer around animal cells. जैव-कोषोंके चारों ओरका कोमल स्तर

Periplast (per-ip-last). The matrix of a part or organ. किसी यंत्र या शरीरांशका अभ्यंतरस्थ पदार्थ या गर्भ-कोष ।

Peripleuritis (per-e-plu-ri'-tis). Inflammation around the pleura. फुस्फुसावरणके चारों ओरका प्रदाह ।

Peripneumonia. Pleuropneumonia ; inflammation of the lungs. फुस्फुस-प्रदाह ।

Periproctitis (per-e-prok-ti'-tis). Inflammation about the rectum. सरलांत्रवर्त्ती प्रदाह ।

Periprostatitis. Inflammation around the prostate. मूत्राशय-मुखशायी-ग्रन्थिके चारों तरफका प्रदाह ।

Perirectal (per-e-rek-tal). Around the rectum. सरलांत्रके चारों ओर स्थित ।

Perirhinal (per-e-ri'-nal). Situated about the nose. नाकके पासका ; नासा-निकटस्थ ।

Perisalpingitis (per-e-sal-pin-ji-tis). Inflammation of the tissues around an oviduct. डिम्बप्रणालीके चारों ओरके तन्तुओंका प्रदाह ।

Perisalpinx (per-e-sal-pinks). The peritoneal cover of the upper border of the oviduct: डिम्बप्रणालीके ऊपरी किनारेका परिवेष्टीय आवरण ।

Periscopic (per-is-kop-ik). Affording a wide range of vision. विशाल दृष्टि क्षेत्र उत्पन्नकारक ।

Perisinusitis (per-e-si-nu-si'-tis). Inflammation of the tissues around cerebral sinus. मस्तिष्क-परिखाके चारों ओरके तन्तुओंका प्रदाह ।

Perispermatitis (per-e-sper-mat-i'-tis). Inflammation of the tissues about the spermatic cord. शुक्र-रज्जुके निकटस्थ मांसतन्तुओंका प्रदाह ।

Perisplenitis (per-is-ple-ni'-tis). Inflammation of the peritoneal coat of the spleen and the structures around it. प्लीहा परिवेष्टीय आवरणका प्रदाह ।

Perispondylic (per-e-spon-dil-ik). Around a vertebra. कशेरुकाके चारों तरफ ; कशेरुका-परिवेष्टक ।

Perissad (per-is-ad). An element of uneven quantivalence. अयुग्म ; जिस मूलपदार्थकी परमाणु ग्रहण शक्ति अयुग्म संख्या रहा करती है ।

Peristalsis (per-is-tal-sis). The vermicular motion of the bowels. अंत्रकी कीटाकार गति धमन-क्रिया ; मूलाधारकी क्रिमि सदृश क्रिया ।

Peristaphyline (per-is-taf-il-in). Situated around the uvula. शुण्डिका चतुःपार्श्वस्थित ; उपजिह्वा-परिवेष्टक ।

Peristole (per-is'-to-le). Peristalsis. वमन क्रिया ; कीटाकार गति ।

Peristoma (per-is-tó-mah). The margin of a mouth. मुखगह्वरावरक झिल्ली ।

Peristroma (per-is-tró-mah). The villous coat of the intestines. आँतका लहरदार झिल्लीमय आवरण ।

Peritendineum (per-e-ten-diń-e-um). The sheath of a tendon. कण्डरा-आवरक स्तर ।

Peritenon (per-e-té-non). The connective tissue structures associated with a tendon. कण्डरासे मिले संयोजक तन्तुके अंश ।

Perithelium (per-e-thé-le-um). The layer or cells and fibrils that surround the capillaries and smaller vessels. लघु रक्तवाहिनियाँ तथा केशिकाओंको घेरे रहनेवाले कोषों तथा रेशेदार तन्तुओंका स्तर ।

Peritomy (per-it-o-me). An operation for the relief of pannus. आँखके मरहा रोगके आरोग्यके लिये नश्तर देना ।

Peritoneal (per-it-on-e-al). Relating to the peritoneum. अन्त्रावरक कला विषयक ।

Peritoneum (per-it-o-né-um). Serous membrane lihing abdomen. अंत्रावरक झिल्ली ; अंत्रच्छद ।

Peritonism (per-i-ton-izm). A symptom marked by vomitting, pain and shock in the inflammation of the abdominal viscera. औदरिक यंत्रमें प्रदाहके कारक वमन, वेदना तथा आघात संयुक्त उपसर्ग ।

Peritonitis (per-it-on-i-tis). Inflammation of a peritoneum. अंत्रावरक झिल्ली प्रदाह ।

Peritonize (peŕ-it-o-niz). To cover wilh peritoneum. अंत्रच्छदसे ढंक देना ।

Peritonsillar (per-e-toń-sil-ar). Situated around or near a tonsil. तालुमूल निकटस्थित ।

Peritonsillitis (per-e-ton-sil-i-tis). Inflammation around a tonsil. तालुमूल-ग्रन्थिके चारों ओरका प्रदाह ।

Peritracheal (peŕ-e-tra-ke-al). Situated around a trachea. टेंटुआके चारों ओर स्थित ; कण्ठनाली चतुःपार्श्व-स्थित ।

Perityphlitis (per-e-tif-li-tis). Inflammation of the peritoneum surrounding the secum. अन्धान्त्र-आवरक झिल्लीका प्रदाह ।

Periungual (per-e-ung-wal). Around the nail. नखके चारों तरफ ।

Periureteritis (per-e-u-re-ter-i'-tis). Inflammation of the tissues around a ureter. मूत्र-पथके चारों ओरके तन्तुओंका प्रदाह।

Periuterine (per-e-ú-ter-in). Situated around the uterus. जरायु चतुःपार्श्वस्थित।

Perivaginal (per-e-vaj'-in-al). Around the vagina. योनि चतुःपार्श्वस्थित।

Perivaginitis (per-iv-aj-in-i'-tis). Paracolpitis. योनिके चारों ओरके मांस-तन्तुओंका प्रदाह।

Perivascular (per-e-vaś-ku-lar). Surrounding a vessel. रक्तवाहिनीके चारों ओरका।

Perivenitis (per e-ven-i'-tis), Inflammation around a vein. शिरा चतुःपार्श्वका प्रदाह; किसी शिराके चारों तरफकी सोजिश।

Perizoma (per-iz-ó-mah). A girdle. a truss. कमरबन्द; कटिबन्धनी।

Perleche (per-lāsh). A contagious disease of the lips in infants. बच्चोंके ओठोंपर होनेवाली एक सरछुत बीमारी।

Perlingual (per-linǵ-wal). Through the tongue. जीभकी राहसे; जिह्वा द्वारा।

Permanganate (per-mań-gan-āt). पर्मैङ्गानिक अम्लका लक्षण।

Permeable (peŕ-me-ab-ble). Not impossible; pervious, भेद्य; अनुप्रवेश्य; अन्तर्गम्य।

Pernasal (peŕ-na-sal). Performed through the nose. नासा-पथ द्वारा कृत।

Pernicious (per-niśh-us). Highly destructive; fatal. सांघातिक; मारात्मक।

Pernio (peŕ-ne-o). Chilblain. शीत-स्फोटक; शीतकालके फोड़े।

Perobrachius (pe-ro-brá-ke-us). A fetus with deformed feet and arms. कदाकार बाहु तथा पैरोंवाला भ्रूण।

Perocherus (pe-ro-ke-rus). A fetus with malformed hands. कदाकार हाथोंवाला भ्रूण।

Perone (per-ó-ne). The fibula. अग्रजंघास्थि।

Peroneal (pe-ro-ne-al). Relating to the fibula. अग्रजंघास्थि सम्बन्धीय।

Peroneum (per-o-né-um). The fibula. अग्रजंघास्थि।

Peropus (peŕ-o pus). Malformation of the legs and feet. पैर तथा प्रपादका कदाकार होना।

Per-os. By the mouth. मुखगह्वर द्वारा।

Perosis (per-ó-sis). Defective formation. दोषावह निर्माण।

Perosomus (per-o-só-mus). A monster with an imperfect body. अपूर्णाङ्गी जीव।

Perplication (per-plik-á-shun). Folding incised vessel upon itself. काटी हुई नसका उसीपर मोड़कर बैठा देना।

Perspiration (per-spir-á-shun). Excretion of liquid from the skin ; sweating. शरीरसे तरल स्राव ; स्वेद-स्राव । 2. Sweat. पसीना ।

Pertussis. A contagious convulsive cough. कुकुर खाँसी ।

Perversion (per-vér-shun). The state of being turned away from the normal course. परिवर्त्तन ।

Pervert (pér-vert). 1. A perverted person. परिवर्त्तित मनुष्य । 2. A person who indulges in unnatural sexual acts. अस्वाभाविक रति-क्रिया-लिप्त ।

Pervious (pér-ve-us). Permeable ; that may be traversed. गम्य ; द्दश्य ।

Pes (pez). A foot. पाद ।

Pessary. An instrument placed in vagina to support the uterus. जरायु-धारक यंत्र, जो जोनिमें रखा जाता है ।

Pessima. An eruptive disease with hard, pustules. कड़ी फुन्सियोंका एक चर्म-रोग ।

Pest. The pestilence ; plague. महामारी ; बहुव्यापक मारात्मक रोग ।

Pestiferous (pes-tif-er-us). Destructive. नाशक ; ध्वंसकारक ।

Pestilence (pes-til-ens). Any deadly epidemic disease. कोई मारात्मक बहुव्यापक रोग ; महामारी ।

Pestle (peś-l). An instrument for pounding ; used in a mortar. खरल ।

Petechia (pe-té-ke-ah). A small ecchymosis under the skin. चर्म-रोग ; काली लकीरोंके छोटे दाग ।

Petit mal (pet-e-maĺ). A mild form of epilepsy. हलका मृगी रोग ।

Petrifaction (pet-rif-ak-shun). Converting into stone. प्रस्तरीभूत होना ; बदलकर पत्थर हो जाना ।

Petroleum (pe-tró-le-um). Rock-oil. शिला-तैल ।

petrolin (peť-ro-lin). Paraffin. पाराफिन ।

Petrosa. The petrous portion of the temporal bone. शंखास्थिका प्रस्तरवत् अंश ।

Petroselinum (peť-ro-sel-i-num). Parsley. पेट्रोसेलिनम ।

Petrosium. Os. शिलास्थि ।

Petrous (pé-trus). Resembling stone. प्रस्तरवत् ।

Peyer's glands. The clustered glands of the intestines, or aggregate first discovered by Peyer. पेयराख्य ग्रन्थि ।

Peyerian Fever. Typhoid fever. सान्निपातिक ज्वर ।

Pfeiffer's Glandular Fever. Acute fever, with inflammation, swelling of lymph-glands, anemia and prostration. लसिका-ग्रन्थि-प्रदाह, रक्त-हीनता और अवसन्नता सम्मिलित तीव्र ज्वर, यह एक लरछुत रोग है ।

Phacitis (fá-si'-tis). Inflammation of the crystalline lens of the eye. चक्षु-चित्रपत्रका प्रदाह ।

Phacocele (fák-o-sel). The escape of eye-lens from its proper place. अपने निश्चित स्थानसे चक्षु-चित्रपत्र (ताल) का हट जाना ।

Phacocyst (fá-ko-sist). The capsule of the lens. चक्षु-चित्रपत्र (ताल) आवरक

Phacoid (fák-oid). Shaped like lens. तालके आकारका ।

Phacomalacia (fá-ko-mal-á-she-ah). Softening of a lens. चक्षु-चित्रपत्रकी कोमलता ।

Phacometachoresis (fák-o-met-ah-ko-ré-sis). Displacement of eye-lens. चक्षु-चित्रपत्रकी स्थानच्युति ।

Phacoplanesis (fá-ko-plan-é-sis). Wandering lens. भ्रमणशील चक्षु-चित्रपत्र ; इधर-उधर हट जानेवाला ताल ।

Phacoscotasmus (fá-ko-sko-taz'-mus). The clouding of the lens of the eye. तालका गदला हो जाना ।

Phacotherapy (fak-o-ther-ap-e). Heliotherapy. चक्षु-चित्रपत्र चिकित्सा-विज्ञान ।

Phagedena (faj-e-de'-nah). Gangrenous ulceration. सड़नेवाले जखम ।

phagedenoma, Phagedænoma (faj-ed'-en-o-mah). A phagedenic ulcer. सड़ने और तेजीसे फैलनेवाले जखम ।

Phagmesis (fag-me'-sis). Presence of feathers instead of hair. केशोंके बदले पर रहना ।

Phagocyte (fág-o-sit). A cell possessing the property of ingesting bacteria, foreign particles and other cells. अणुजीवनाशक कोष, अणुजीवोंको ध्वंसकर संक्रामक रोगोंके प्रभावसे देहकी रक्षा करनेवाला कोष ।

Phagocytosis (fag-o-si-tó-sis). Microbe destruction by phagocytes. अणुजीवनाशक द्वारा रोगजनक जीवाणु ध्वंस ।

Phagokaryosis (fag-o-kar-e-ó-sis). Phagocytic action on the part of the cell-nucleus. अणुसींगी कोषपर अणुजीवनाशककी क्रिया ।

Phagolysis (fag-ol-is-is). The destruction of phagocytes by bacteria शलाकाणुओं द्वारा अणुजीवनाशकोंका ध्वंस ।

Phagomania (fag-o-má-ne-ah). Insanity characterized by insatiable hunger. अतृप्त क्षुधा-पूर्ण उन्माद ।

Phagopyrosis. Pyrosis following eating. भोजनके बाद मुँहमें पानी भर आना ।

Phakitis (fa-ki'-tis). Inflammation of the eye-lens. चक्षु-चित्रपत्र (ताल) का प्रदाह ।

Phalacrosis (fal-ak-ró-sis). Baldness. खल्वाट ; इन्द्रलुप्त ।

Phalangeal (fa-lań-je-al). Relating to phalanx. अंगुल्यास्थि-सम्बन्धीय ।

Phalanges (fa-lań-jes). Plural of phalanx. अंगुल्यास्थियाँ ; अंगुलीके पोरकी हड्डियाँ ।

Phalangitis (fal-an-ji tis). Inflammation of one or more phalanges. एक या अधिक अंगुल्यास्थिका प्रदाह ।

Phalanx (fá-langks). One of the long bones of the fingers or toes. अंगुल्यास्थि ; पौर्वास्थि ।

Phallalgia (fal-al-je-ah). Pain in the penis. लिंग-वेदना ; पुं० लिंगेन्द्रियमें दर्द ।

Phallic (fal-ik). Relating to the penis. लिंग-सम्बन्धीय ।

Phallitis (fal-i'-tis). Inflammation of the penis. लिंग-प्रदाह ।

Phallocampsis (fal-o-kamṕ-sis). Chordæ ; curvature of the erect penis. दृढ़-लिंगका टेढ़ापन ।

Phallocrypsis (fal-o-kriṕ-sis). Dislocation and retraction of the penis. लिंगकी स्थानच्युति और ऊपरकी ओर खिचाव ।

Phallodynia (fal-o-diń-e-ah). Pain in the penis. लिंगमें दर्द ; लिंगवेदना ।

Phalloid (fal-oid). Resembling a penis. लिंगाकार ; लिंगकी शक्लका ।

Phalloncus (fal-ong-kus). A swelling or tumour of the penis. लिंगको भूजन या अर्बुद ।

Phallorrhagia (fal-o-rá-je-ah). Hemorrhage from the penis. लिंगसे रक्त-स्राव ।

Phallus (fal-us). Penis. लिंग ; पुं०-जननेन्द्रिय ।

Phanerogenetic, Phanerogenic (fań-er-o-jen-et-ik, fań-er-o-jen-it-ik). Having a known cause. परिचित कारण सम्भव ; ज्ञात कारण सम्भूत ।

Phanerosis (fan-er-ó-sis). The act or process of becoming visible. दृश्य होनेको प्रणाली या प्रक्रिया ।

Phantasia (fan-ta-se-ah). Fantasy, an illusion. भ्रम-दर्शन ; खामखयाली ।

Phantasm (fań-tazm). An illusion, a delusion, a figment of the imagination in delirium. मरीचिका ; छायामूर्त्ति ; भ्रम-दर्शन ; सान्निपातावस्थामें खामखयाल ।

Phantom (fań-tom). A specter ; a phantasim. अपच्छाया ; छाया-मूर्त्ति ; आभास । **P. Tumour**, a localized enlargemnt of the abdomen, simulating an ovarian or other tumor or pregnancy, which is temporary. आँष्ठल ; वातगुल्म ।

Pharmaceutic, Pharmaceutical (far-mah-sú-tik, far-mah-sú-ti-kal). Relating to pharmacy. औषध-प्रस्तुत कार्य-सम्बन्धीय ; औषध-विक्रय-सम्बन्धीय ।

Pharmaceutics. Pharmacy. औषध-प्रस्तुत विद्या ; औषध-प्रस्तुत तत्व ।

Pharmacodynamic. Relating to drug action. भेषज-क्रिया सम्बन्धीय ; औषधका फल और व्यवहार-विषयक विद्या ।

Pharmacology The branch of science which has to do with drugs in all their relation. औषध-तत्व।

Pharmacomania (far-mak-o-má-ne-ah). Insane fondness for taking or administering medicines. औषध सेवन करने या सेवन करानेकी अस्वाभाविक इच्छा।

Pharmacopea, Pharmacopœia (far-mah-ko-pé-ah). A work containing a test of accepted drugs and establishing standards for their strength, purity. together with direction for making preparations from them. औषध-प्रस्तुत-तत्व ; औषध-प्रस्तुत-विषयक ग्रन्थ ; भेषज-क्रिया काल।

Pharmacotherapy. Treatment of disease by means of drugs. भेषज-चिकित्सा।

Pharmacy (far-má-se). The act of preparing and dispensing drugs. औषध संग्रह, प्रस्तुत, रक्षा और व्यवहार-विषयक विद्या। 2. A drug store, an apothecary's shop. भेषज-विक्रेता।

Pharyngalgia (far-in-gal-je-ah). Pain in the pharynx. गलकोषमें दर्द।

Pharyngeal (far-iń-je-al). Relating to pharynx. गलकोष-विषयक।

Pharyngemphraxis (far-in-jem-fraks-is) Obstruction of the pharynx. गलकोषकी रुकावट ; गलकोष-रोध रोग।

Pharyngismus (far-in-jiz-mus) Muscular spasm of the pharynx. गलकोषकी मांसपेशिक ऐंठन।

Pharyngitis (far-in-ji'-tis). Inflammation of the mucous membrane and underlying parts of the pharynx. गलकोष-प्रदाह ; गलकोषकी श्लैष्मिक-झिल्ली तथा अन्य अंशोंका प्रदाह।

Pharyngomygdalitis. Inflammation of the pharynx and the tonsils. तालुमूल ग्रन्थि तथा गलकोषका प्रदाह।

Pharyngodynia (far-ing-go-din-e-ah). Pain in the pharynx. गलकोषमें दर्द ; मुख-गह्वरके पीछेकी ओरका आहारग्राही और वाही पेशीमय थैलीमें दर्द।

Pharyngolaryngitis (far-ing-go-lar-in-ji'-tis). Inflammation of both the pharynx and the larynx. गलकोष और स्वरयंत्रका प्रदाह।

Pharyngooral (far-ing-go-o-ral). Relating to the pharynx and the mouth. मुंह तथा गलकोष-विषयक।

Pharyngopathia, Pharyngopathy. Any disease of the pharynx. गलकोष रोग।

Pharyngoplegia (far-in-go-plé-je-ah). Paralysis of the muscles of the pharynx. गलकोषकी पेशियोंका पक्षाघात।

Pharyngoscopy (far-in-gos-ko-pe). The examination of the pharynx. गलकोष-परीक्षा।

Pharyngostenosis (far-ing-o-sten-ó-sis). Narrowing of the lumen of the pharynx. गलकोषके नलाकार गह्वरकी संकीर्णता।

Pharyngotonsillitis (far-iń-go-ton-sil-i'-tis). Inflammation of the pharynx and the tonsils. गलकोष और तालुमूलका प्रदाह।

Pharynx (fař-inks) The upper expanded portion of the digestive tube, between the œsophagus below and the mouth and nasal cavities above in front. गलकोष।

Phase (faz). One of the stages, in which a thing appears during its course of change or development. विभाग, दशा, अवस्था-क्रम ; दर्शन-प्रकार।

Phatne (fat-ne). Dental alveolus. दन्तगुहा।

Phatnorrhagia (fat-nor-rá-je-ah). Alveolar hæmorrhage. दन्त-गह्वरसे रक्त-स्राव।

Phengophobia (fan-go-fó-be-ah). A dread of day-light, comfort being felt only at night. दिवाभय ; दिनकी रोशनी सहन न होना : केवल रात्रि-कालमें आराम मिलता है।

Phenic (feń-ik). Obtained from coal-tar. अलकतरेसे प्राप्त।

Phenol (fé-nol). Carbolic acid. कार्बोलिक एसिड।

Phenomenon (fe-nom-en-on). A symptom ; an occurrence of any sort, whether ordinary or extra-ordinary in relation to a disease. रोग-लक्षण ; रोग-सम्बन्धी साधारण या असाधारण घटना ; विकृति ; विकार।

Phimosis (fi-mó-sis). Narrowness of the opening of the prepuce, preventing its being drawn back over the glans. चमड़ी रोग ; परि-वर्त्तिका।

Phlebarteriectasia(fleb-ar-té-ri-ek-tá-si-ah). General dilatation of the blood-vessels. रक्तवाहिनियोंका सार्वाङ्गिक प्रसारण।

Phlebectopia, Phlebectopy. Dis-location of a vein ; an abnormal course of vein. शिरा-च्युति ; शिराकी अस्वाभाविक गति।

Phlebemphraxis (fle-bem-fraks-is). The stoppage of a vein by a plug or coat. शिरा-रोध ; किसी वस्तु या आवरणके कारण शिरा-रोध।

Phlebismus (fle-biz'-mus). Venous congestion. शिराओंमें रक्त-संचय।

Phlebitis (fle-bi'-tis). Inflammation of a vein. शिरा-प्रदाह।

Phleboid. Resembling a vein. शिराके आकारका।

Phlebometritis (fleb-o-me-tri-tis). Inflammation of the uterine veins. जरायुकी शिराओंका प्रदाह।

Phleborrhagia (fleb-or-á-je-ah). Copious hæmorrhage from a vein. शिरासे अतिरिक्त रक्त-स्राव।

Phleborrhexis (fleb-o-reks-is). Rupture of a vein. शिराका फटना; शिरा-विदारण।

Phlebothrombosis (fleb-o-throm-bó-sis). The surgical twisting of a vein. शिराकी अकड़न।

Phlebotomy (fle-bot-o-me) The opening of a vein for blood-letting; venesection. रक्तमोक्षण; शिरा-वेध; शिरामोक्षण; फस्त देना।

Phlegm (flem). Mucus, especially of the throat and nose. श्लेष्मा; कफ; बलगम।

Phlegmasia (fleg-má-zhe-ah). Inflammation or fever. प्रदाह या ज्वर।

Phlegmasia Alba-dolens. सूतिका-सम्बन्धीय; प्रसवके बाद जंघा शिराका प्रदाह।

Phlegmon (fleg-mon). Inflammation of the connective tissue. संयोजक-तन्तुका प्रदाह।

Phlegmatic (fleg-mat-ik). Pertaining to phlegm. श्लेष्मा-प्रधान। 2. Dull; sluggish. धीमा; शिथिल।

Phlegmon (fleg-mon). Acute suppurative inflammation of the subcutaneous connective tissue. विस्फोटक; प्रदाहजनक अर्बुद; स्फोटक।

Phlegmonous (fleg-mon-us). Relating to phlegmon, noting inflammation of the subcutaneous connective tissue. विस्फोटक सम्बन्धीय; अंतस्त्वक्‌का संयोजक-तंतु-प्रदाह-सम्बन्धीय।

Phlogistic (flo-gis-tik). Inflammatory. प्रादाहिक; प्रदाहक; जलन करनेवाला; सूजन; वर्म।

Phlogosis (flo-gó-sis). 1. Inflammation. प्रदाह। 2. Erisypelas. विसर्प।

Phlyctena (flik-té-nah). A blister made by a burn. जल जानेके कारण उत्पन्न हुआ छाला।

phobia (fó-be-ah). Any persistent insane dread or fear. कोई अनवरत भय; भयोन्माद।

Phobophobia (fo-bo-fó-be-ah). A morbid dread of developing some phobia. किसी तरहका रोग हो जानेका भय।

Phocomelus (fo-kom-el-us). A fetus with hands and feet. but no arms or legs. बाहु तथा पादहीन एक भ्रूण, जिसे हाथ तथा प्रपाद रहते हैं।

Phonetic (fo-net-ik). Pertaining to the voice. शब्द-सम्बन्धीय।

Phonetics (fo-net-iks). The science of vocal sounds. स्वर-विज्ञान; ध्वनि-विज्ञान।

Phonology (fo·nol-o·je). The science which treats of vocal sounds. स्वर-विज्ञान ; ध्वनि-विज्ञान ; स्वर-पद्धति ।

Phonomania (fo-no-má-ne-ah). Insanity marked by a tendency to commit murder. उन्माद, जिसमें आत्महत्याकी प्रवृत्ति रहती है ।

Phonopathy (fo-nop-ath-e) Any disorder of the organs of speech. वाक्-यंत्रकी कोई विशृङ्खलता ।

Phonophobia (fo-no-fó-be-ah). Morbid dread of speaking aloud. जोरसे बोलनेका अस्वाभाविक भय ।

Phonophore (fó-no-for). An ossicle of the ear. कर्णशंकुली ।

Phoroblast (fó-ro-blast). Connective tissue. संयोजक तन्तु ।

Phorocyte (fo'-ro-sit). A connective tissue-cell. एक संयोजक तन्तु-कोष ।

Phorotone (fó-ro-ton). An instrument for exercising the muscles of the eye. चक्षु-पेशियोंके व्यायामका यंत्र ।

Phosgenic (fos-jen-ik). Light-producing. आलोकोत्पादक ; रोशनी उत्पन्न करनेवाला ।

Phosphate (fos-fat). Any salt of phosphoric acid. फास्फोरिक एसिडका लवण ।

Phosphenes (fos-fenz). A luminous appearance caused by pressing upon the eye-ball. चक्षु-गोलकपर दबावके कारण उत्पन्न एक उज्ज्वल दृश्य ।

Phosphorescent (fos-fo-res-ent). Exhibiting light without heat. तापके बिना ही रोशनी देनेवाला ; स्फुट-प्रकाशित ।

Phosphorhidrosis (fos-for-id-ro-sis). The secretion of luminous sweat. चमकीले पसीनेका स्राव ।

Phosphoruria (fos-fo-ru-re-ah). The presense of phosphorus in the urine. पेशाबमें फास्फोरसकी उपस्थिति ; फास्फोरस मिश्रित मूत्र ।

Phosphorus (fos-fo-rus). A non-metallic, poisonous and highly inflammable element. फास्फोरस ; फुस्फुरस ।

Photalgia (fo-tal-je-ah). Pain caused by light ; an extreme degree of photophobia. रोशनीसे उत्पन्न दर्द ; आलोकातंककी चरम-सीमा ।

Photesthesis (fo-tes-thé-sis). Sensitiveness to light. आलोक-असहिष्णुता; रोशनीका सहन न होना ।

Photic (fo'-tik). Relating to light. आलोक-विषयक ।

Photobiotic (fo'-to-bi-ot-ik). Living in the light only. आलोक-जीवी ; जो केवल रोशनीके ही सहारे जीवित रह सकता है ।

Photolyte (fo'-to-lit). A substance that is decomposed by light. रोशनीसे बिगड़ जानेवाला पदार्थ ।

Photometer. An instrument for measuring the intensity of light. आलोक-तीव्रता परिमापक यंत्र ।

Photophobia (fo-to-fo′-be-ah). A hyperesthetic lsensitiveness to light. आलोकातंक, आलोक-असहिष्णुता ।

Photuria (fo-tú-re ah). Phosphorescence of the urine. पेशाबमें फास्फोरसकी उपस्थिति ।

Phren (fren). The mind. मन । 2. The diaphragm. वक्षोदरमध्यस्थ पेशी ।

Phrenalgia (fren-al-je-ah). Melancholia. विषन्नता । 2. Neuralgia of diaphragm. वक्षोदरमध्यस्थ-पेशीका स्नायुशूल ।

Phrenasthenia (fren-as-thé-nea-h). Weakness of the mind. मनकी दुर्बलता ; मानसिक दुर्बलता । 2. Paresis of the diaphragm. वक्षोदर-मध्यस्थ-पेशीका आंशिक पक्षाघात ।

Phrenasthesia (fren-as-the-ze-ag). Idiocy. जड़ता ।

Phrenesis (fren-é-sis). Delirium ; frenzy. प्रलाप ; उन्मत्तता ।

Phrenetic (fren-et-ik). Delirious. प्रलापग्रस्त ।

Phrenic (fren-ik). Relating to the diaphragm. उदर-वक्ष-व्यवधायक पेशी-विषयक ।

Phrenica (fren-ik-ah). Diseases effecting the intellect. बुद्धि आक्रान्त-कारी रोग ।

Phrenitis (fren-i′-tis). Inflammation of the brain. मस्तिष्कशोथ ; मस्तिष्क-प्रदाह ; प्रलाप ।

Phrenohepatic (fren-o-hep-at-ik). Relating to both the diaphragm and the liver. वक्षोदरमध्यस्थ पेशी और यकृत-विषयक ।

Phrenopathy (fren-op-ath-e). Mental disease. मानसिक रोग ।

Phrenology (fre-nol-o-je). The study of mind and character from the shape of the skull. मस्तिष्क-विद्या ; कपाल लक्षण विद्या ; कपाल सामुद्रिक ।

Phrenoplegia (fren-o-plé-je-ah). Sudden loss of mental power. मानसिक शक्तिका आकस्मिक क्षय ।

Phrenoptosis (fren-o-to′-sis). A prolapse of the diaphragm. उदर-वक्ष-व्यवधायक पेशीकी स्थान-च्युति ।

Phthiriasis (thi-ri′-as-is). The irritative effects caused by lice. उत्कुण-प्रवणता ; जूंके कारण उत्पन्न औपदाहिक प्रभाव ।

Phthisic (tiz-ik). Consumptive. यक्ष्माग्रस्त । 2. Asthma. दमा ।

Phthisical (tiz′-ik-al). Pertaining to phthisis. क्षयकारी ; क्षय-कासग्रस्त ।

Phthisiophobia (tiz-e-o-fo′-be-ah). A morbid fear of phthisis. यक्ष्माका अस्वाभाविक भय ।

Phthisis (thi-sis). A wasting away of the body or a part of the body.

शरीर या शरीरांशका क्षय। 2 Pulmonary consumption क्षय-कास ; यक्ष्मा कास। **P. Florida,** galloping consumption. शीघ्र वर्द्धनशील यक्ष्मा ; **P. Hepatic,** tuberculosis of the liver. यकृतका यक्ष्मा ; **P. Tuberculous,** that due to the bacillus of tuberculosis. यक्ष्मा कीटाणुके कारण उत्पन्न यक्ष्मा ;

Phthisuria. Diabetes. बहुमूत्र ; मधुमेह।

Phygogalactic (fi'-go-gal-ak-tik). Checking the secretion of milk. दुग्ध-रोधक ;

Phylaxis (fi-laks-is). Protection against infection. रोग-संक्रामणसे रक्षा ;

Phylum (fi'-lum). A primary division of the animal or vegetable kingdom. प्राणी या उद्भिज्ज जगतका प्राथमिक विभाग ; आवान्तर योनि।

Phyma (fi-mah). A suppurative tumour. पक जानेवाला अर्बुद ; पक जानेवाला क्षुद्र स्फोटक।

Phymatosis (fi-mat-ó-sis). Any tuberculous disease. कोई क्षयकर रोग।

Physiatrics (fiz'-e-at-riks). Healing by nature. प्रकृति द्वारा आरोग्य।

Physic (fiz'-ik). Science of medicine. भेषज-विज्ञान।

Physical (fiz'-ik-al). Relating to physics or the body. शरीर या भेषज-विषयक ; भौतिक ; शारीरिक।

Physics (fiz'-iks). The science of inorganic matter and its forces. अजैव पदार्थ और उनकी शक्तियोंका विज्ञान ; पदार्थ-विज्ञान ;

Physiognomy (fiz-e-og-no me). The estimation of one's character and mental quotation by a study of the face and general bodily carriage. आकृति-विज्ञान ; चेहरा तथा आकृति देखकर किसीकी चाल-ढाल और मानसिक गुणोंका अध्ययन।

Physiology (fiz-e-o-ol-oje). The science of the function of the body. शारीर-विज्ञान ; जीवन-विज्ञान ; प्राण-तत्व।

Physiolysis (fiz-e-ol-is-is). The disintegration of dead tissue मृत-मांस तन्तुओंका अपचय।

Physiotherapy (fiz-e-o ther ap-e). Treatment by heat, light, electricity etc. ताप, आलोक, विद्युत प्रभृतिसे चिकित्सा।

Physocele (fi'-so-sel). A gaseous intestinal tumour. एक वाष्पपूर्ण आंत्रिक अर्बुद !

Physometra (fi'-so-me-trah) A gaseous uterine enlargement. एक वाष्पपूर्ण जरायु-वृद्धि ; वायुगोला।

Phytogenous (fi'-toj-en-us). Of vegetable origin. उद्भिज्ज जातीय।

Phytosis (fi'-to-sis). A parasitic disease. एक कीटाणुजनित रोग।

Phytozoon (fi'-to-zó-on). A zoophyte. एक जातीय परम प्राणी।

Pia, Pia mater (pé-sh-má-ter). A delicate fibrous membrane closely enveloping the brain and spinal cord. कोमल या मृदु मात्रिका झिल्ली ; मस्तिष्क और सुषुम्ना आवरक झिल्ली विशेष, मस्तिष्क अन्तर आवरण।

Pial (pi-al). Relating to the pia-mater. मृदु मात्रिका झिल्ली विषयक।

Pica (pi'-kah). An appetite for unnatural food. अस्वाभाविक खाद्यकी भूख।

Piarrhemia (pi-ar-é-me-ah). Lipemia ; fat in the blood. सफेद रक्त ; रक्तमें मेदका सम्मिलित रहना।

Picrate (pik-rat). A salt of picric acid. पिकरिक एसिडका लवण।

Picromel (pik-ro-mel). A peculiar colourless, soft substance, bitter in taste and existing in bile. पित्त-स्थित तिक्त स्वाद और वर्णशून्य एक कोमल पदार्थ।

Piedra (pe-á-drah). A disease of the hair. एक केश रोग।

Pigment (pig-ment). An organic colouring matter. एक जैव रंजक-पदार्थ ; रंजक।

Pigmentation (pig-men-tá-shun). Colouration of the skin or tissues by a deposition of pigment. रंजक एकत्र होनेके कारण चर्म तथा मांस-तन्तुओंका रंजित हो जाना।

Pilary (pil-ar-e). Relating to the hair. केश-सम्बन्धीय।

Pileous (pi'-le-us). Hairy. केशपूर्ण।

Piles (pilz). Hemorrhoids. अर्श-रोग ; बवासीर।

Pillar (pil-ar). A suppcring part. धारक अंश ; स्तम्भ।

Pilomotor (pi-lo-mó-tar). Moving the hairs. केशनाशक।

Pilonidal (pi-lo-ni'-dal). Growth of hoir in cyst or other internal part. किसी कोषार्बुद या भीतरी अंशमें केशोत्पत्ति।

Pilose (pi'-los). Hairy ; covered with soft hair. रोएँ भरा ; कोमल केशाच्छादित।

Pilular (pil-u-lar). Relating to pills. अनुवटिका विषयक।

Pimelitis (pim-el-i-tis). Inflammation of adipose tissue. वसामय तन्तुओंका प्रदाह।

Pimeloma (pim-el-ó-mah). A fatty tumour. वसार्बुद।

Pimelorrhea (pim-el-or-é-ah). Fatty diarrhœa. वसामय अतिसार।

Pimelosis (pim-el-ó-sis). A conversion into fat. वसामें परिवर्त्तन।

Pimeluria (pim-el-ú-re-ah). Lipuris, the passage of fat globules in the urine. मूत्रमें वसाकी गोलियाँ निकलना।

Pimple (pim-pl). A small pustule. फुन्सियाँ ; क्षुद्र स्फोटक।

pineal. Resembling the pine-apple. अनारसके आकारका। **P. Body or Gland**, a small gland about the size of a pea. लघुमस्तिष्कके सामनेकी एक ग्रन्थि-विशेष ; सहस्रार।

Pinguicula (pin-gwik-u-lah). Small, whitish, conjunctival tumour. एक छोटा और सफेद चक्षु-श्वेत-पटलका अर्बुद।

Pinia. The external ear exclusive of the meatus ; auricle concha, auricula. कानका ऊपरी अंश ; कर्णशंकुली।

Pionemia (pi-on-é-me-ah). Fatty blood. मेदपूर्ण रक्त।

Pip (pip). A disease of fowls. कुक्कुट प्रभृतिका एक रोग-विशेष।

Pipet (piṕ-et). A small graduated tube for taking up liquids. तरल पीनेको छोटी निशान लगी नली।

Piqure. Puncture. छेद होना ; फटना।

Piroplasma (pi-ro-plaś-mah). A genus of hematozoa. एक प्रकारके कीटाणु ; ये कुत्ते, छोटे बैल, भेड़ प्रभृतिके रक्तकणमें मिलते हैं।

Pisiform (pi-sif-orm). 1. Like a pea in shape and size. मटराकार। 2. The pea-like bone of the carpus. मणिबन्धा स्थकी एक मटरके आकारको हड्डी।

Pit (pit). A hollow fovia or indentation. गहरा गड्हा ; चेचकके दाग।

Pit of stomach. Epigastrium. उदरोर्द्ध-प्रदेश।

Pith (pith). The center of hair. केशका शरीरभाग। 2. The spinal cord and medulla oblongata. मेरुदण्ड और सुषुम्ना-शीर्षक।

Pithiatism (pi-thi′-á-tizm). The treatment of disease by suggestions. उपदेश द्वारा रोग चिकित्सा।

Pituita (pit-u-i′-tah). A thick, nasal secretion or glairy mucus. गाढ़ा नाकका स्राव ; चमकीला श्लेष्मा ; श्लेष्मा।

Pituitary (pit-ú-i-ta-ri). Relating to pituita or glairy mucus. बलगमी ; बलगमकी योन श्लैष्मिक ; श्लेष्मा-सम्बन्धीय ; श्लेष्मा-स्रावी।

Pituitous (pit-ú-it-us). Pertaining to phlegm. श्लेष्मा-विषयक।

Pityriasis (pit-ir-i′-as-is). A scaly skin disease. रूसी ; मरामांस।

Placebo (plas-é-bo). An inert drug given to satisfy patient. एक निर्गुण ओषधि, जो रोगीको सन्तुष्ट करनेके लिये दी जाती है।

Placenta (pla-seń-tah). The round flat organ within the uterus which establishes communication between the mother and child by means of the umbilical cord. पुरन ; फल ; जोवर ; आंवल।

Placentation. The from and mode of attachment of the placenta. फूलके संलग्न होनेकी प्रणाली और आकार।

Placentitis (pla-sen-ei-tis). Inflammation of the placenta. फूलका प्रदाह।

Pladarosis (plad-ar-ó-sis). Soft tumour whithin eyelid. पलकके भीतरका कोमल अर्बुद।

Plagiocephalus (pla-je-o-sef-al-us). Twisted condition of the head. मस्तककी ऐंठी हुई अवस्था।

Plague (plāg). A severe epidemic. महामारी। 2. Malignant polyadenitis. मारात्मक ग्रन्थि-रोग।

Plane. Any flat or smooth surface. पटल ; सतह।

Plano-cellular (pla-no-sel-lu-lar). Flat-celled. चिपटे कोषवाला।

Planodia (plan-ó-de ah). Any artificial passage. कृत्रिम-पथ।

Planta (plań-tah). The sole of the foot. तलवा।

Plantar (plań-tar). Relating to the sole of the foot. तलवा विषयक।

Plantaris (plan-tá ris). An extensor muscle of the foot तलवेकी प्रसारिणी पेशी।

Planuria (plan-ú-re-ah). The discharge of urine from abnormal passage. अस्वाभाविक पथसे मूत्र-स्राव।

Plaque (plak). A patch or small deferentiated area on the skin or a mucous surface. कोई दाग ; चर्मका या श्लैष्मिक पटलका कोई अलग उठा क्षुद्र स्थान।

Plasma. The fluid portion of the circulating blood, distinguished from the serum obtained after coagulation. बारीक रगोंमें बन्द रक्तवत् रस ; रक्ताम्बु। 2. The fluid portion of the lymph. लसिकाका तरल अंश।

Plasmatic (plas-maṫ-ik). Relating to plasma. रक्ताम्बु-विषयक।

Plasmodium. A large jelly-like mass formed by an aggregation of amœbas. आनुवीक्षिणक प्राणिवर्ग द्वारा (अमीबा) गठित चाशनीकी तरह पदार्थ। 2. A parasitic organism found in the blood of patients with recent malaria. नये मैलेरिया-ग्रस्त व्यक्तियोंके रक्तमें प्राप्त एक प्रकारका परांगपुष्ट जीवाणु।

Plasmogen (plaz'-mo-jen). Bioplasm ; essential substance of protoplasm. प्राण-पंक-सार।

Plasmolysis. The contraction of the protoplasm in living cells under the action of some reagents. किसी प्रतिक्रियाशील पदार्थ (re-agent) की क्रिया द्वारा प्राण-पंकका संकोचन।

Plasmorrhexis (plas-mo reḱs-is). The rupture of the cell. कोषका फटना ; कोषसे लगे अंशका निकल जाना।

Plasmoschisis (plaz-moś-kis-is). The splitting of a cell. कोष-स्खलन।

Plasmosome (plaz'-mo-som). A small round particle of protoplasm. प्राणपंकका एक क्षुद्र गोल अणु ।

Plaster (plaś-ter). A substance used in medical practice being made to adhere to the surface of the body. पलस्तर ; वस्त्रलिप्त मरहम । उपात्रह ; प्रलेप ।

Plastic (plaś-tik). Capable of being moulded. साँचेमें ढाल देने योग्य ; आटकारप्रद ; सुखनम्य ; नमनीय । **P. Force.** the generative force of the body. गठनकारी ; सृष्टिकारी शक्ति ।

Plate (plāt). A flat protecting process of bone. फलक ; रकाबीकी तरह पतली झिल्ली ।

Platelets (plāté-lets). Small discs in the blood, light gray in colour. रक्तमें छोटे-छोटे कण, इनका रंग हलका खाकी होता है ।

Platinum (plaț-in-um). A heavy-soft white metal. प्लाटिनम ।

Platycelous, **Platycœlous** (plat-is-é-lus). Having vertebra concave in front and convex behind. सामनेकी ओर नतोदर और पीछे उन्नतोदर कशेरुकावाला ।

Platycoria (plat-ik-ó-re-ah). A dilated condition of the pupil. चक्षुताराकी प्रसारित दशा ।

Platycrania (plat-ik-rá-ne-ah). Artificial flattening of skull. करोटीका कृत्रिम रूपसे चपटा पड़ जाना ।

Platyglossal (plat-e-gloś-al). Having a broad. flattened tongue. चौड़ी, चपटी जीभवाला ।

Platyhelminthes (plat-e-heĺ-min-thez). Flat worms. चपटी क्रिमि ।

Platyhieric (plat-e-hi-eŕ-ik). Having a wide sacrum. चौड़ी त्रिकास्थि-वाला ।

Platypellic (plat-e-peĺ-ik). Having a wide pelvis. चौड़ी श्रोणिवाला ।

Platypodia (plat-e-pó-de-ah). Abnormal flatness of the feet. पैरोंका अस्वाभाविक चपटापन ।

Platyrrhine (plaț-ir-in). Having a broad nose. चौड़ी नाकवाला ।

Platysma myoides (pla-tiz'-mah-mi-oi-diz). A superficial muscle of the neck. गलेकी एक चपटी पेशी ।

Plectrum (pleḱ-trum). The uvula. शुण्डिका ।

Pleochromia (ple-o-kró-me-ah). Increased secretion of bile-pigments. पित्तवर्णका वर्द्धित स्राव ।

Pleomastia, **Pleomazia** (ple-o-maś-te-ah, ple-o-má-ze-ah). The condition of having several nipples. अनेक चुचुक उत्पन्न हो जानेकी दशा ।

Pleonasm (ple-ó-nazm). An excess in the number of parts. शरीरांशकी संख्यामें अतिवर्द्धन ।

Pleonexia (ple-o-neḱs-e-ah). Morbid greediness. अस्वाभाविक लालचीपन ।

Pleonosteosis (ple-on-os-te-ó-sis). Abnormally increased ossification. अस्वाभाविक रूपसे बढ़ी हुई श्रवण-शक्ति।

Plessesthesia (ples-es-thé-ze-ah). Percussion with one hand against a palpating finger of the other hand. दूसरे हाथकी आघातन करती हुई अंगुलीपर एक हाथसे आघातन।

Plethora (pleth-or-ah). Overfulness of the blood-vessels ; repletion ; fulness or plumpness of the body. रक्ताधिक्य ; रक्त-प्रधान धातु।

Pleura (plú-rah). The serous membrane that invests the lungs and thorax. वक्षावरक झिल्ली ; फुस्फुसवेष्ट।

Pleural (plú-ral). Relating to the pleura. फुस्फुसवेष्ट-विषयक।

Pleuralgia (plu ral-je-ah). Pain in the pleura, or in the side. फुस्फुसावरक या उसके पार्श्व भागमें वेदना।

Pleurapophysis (plu-rap-off is-is). A rib. पसली।

Pleurisy (plú-ris e). A disease marked by inflammation of the pleura, with exudation into its cavity and upon its surface. फुस्फुसावरक झिल्ली-प्रदाह। **P. Acute,** a form marked by sharp-stabbing pain, fever and friction sounds. नवीन आक्रमण, जिसमें तेज दर्द, ज्वर और घर्षण शब्द रहता है। **P. Adhesive,** dry pleurisy. शुष्क फुस्फुसावरण प्रदाह। **P. Chronic,** a dry or purulent form which is long continued. शुष्क या पीव हो जानेवाला फुस्फुसावरण-प्रदाह, जो बहुत दिनोंतक जारी रहता है। **P. Deffuse,** pleurisy in which the inflammation involves the entire surface of the pleura. समस्त फुस्फुसावरण आक्रान्त करनेवाला प्रदाह। **P. Double,** the form in which both pleuræ are involved. दोनों ही फुस्फुसावरक आक्रान्त होनेवाला फुस्फुसावरक झिल्ली-प्रदाह। **P. Plastic,** dry pleurisy. शुष्क फुस्फुसावरण-प्रदाह। **P. Pulmonary,** inflammation of the pleura covering the lungs. फुस्फुसावरक झिल्लीका प्रदाह। **P. Purulent,** empyema, pyothorax. पीव मिश्रित बलगम आनेवाला फुस्फुसावरक झिल्ली-प्रदाह।

Pleuritis (plu-ri'-tis) Pleurisy. फुस्फुसावरक झिल्ली-प्रदाह।

Pleurocele (plú-ro-sel). Pneumocele ; hernia of the lung. फेफड़ेकी हर्निया।

Pleurocentrum. One of the lateral halves of the body of the vertebra कशेरुका-गात्रका अर्द्ध पश्चाद्भाग।

Pleurodynia (plu-ro-din-e-ah). Pain in the intercostal muscles. पार्श्व-वेदना।

Pleuropneumonia. Inflammation of the pleura and lung. फुस्फुस तथा फुस्फुसावरक झिल्लीका प्रदाह।

Pleurorrhea (plu-ror-é-ah). An effusion of fluid in the pleural. वक्षावरक झिल्लीमें तरल एकत्र होना।

Pleurothotonos Tonic muscular spasm curving the body to one side. मांसपेशिक आक्षेप, जिससे शरीर एक ओर टेढ़ा पड़ जाता है; पार्श्व-वक्र टंकार रोग।

Pleurotomy. Incision into the pleural cavity in order to give exit to effused fluid. फुस्फुसावरक-गह्वरमें एकत्रित तरल निकाल देनेके लिये नश्तर देना।

Pleximeter. An ivory plate used in percussion. मध्य फलक।

Plexus (pleks-us). A net-work of nerves or veins. स्नायु तथा रक्त-वाहिनियोंका जालमय अंश; ग्रन्थि; स्नायु या नाड़ी गुच्छ; नाड़ी-ग्रन्थि।

Plica (pli-kah). A fold. तही। 2. Morbid matting of the hair. केश-रोग।

Plica plonica. Swelling and bleeding of the hair, so that it knits together. केशोंका फूलना और रक्तस्राव, जिससे वे आपसमें चिपक जाते हैं।

Plumbago (plum-bá-go). Graphite. सीसा।

Plumbic (plum-bik). Related to lead. सीसक-सम्बन्धीय।

Plumbism (plum-bizm). Lead poisoning. सीसक-विष प्रवेश।

Plumbum (plum-bum). Led. सोसा।

Pluripara. A woman who has borne three or more children; multipara. तीन या उससे अधिक सन्तान प्रसव करनेवाली स्त्री।

Plutomania. An insane delusion that one has great wealth. एक तरहका पागलपन, जिसमें रोगी अपनेको बहुत धनी समझता है।

Pneometer (ne-om-et-er). A spirometer; an instrument for measuring the volume of respired air. श्वासके साथ निकली हुई हवाका घनत्व मापनेका यंत्र।

Pneophore (né-o-for). An instrument to aid artificial respiration कृत्रिम श्वासमें सहायता पहुँचानेवाला यंत्र।

Pneoscope (né-o-skop). Instrument to measure chest-movement. वक्षकी गति मापनेवाला यंत्र।

Pneumarthrosis (nu-mar-thró-sis). Air or gas in a joint. सन्धिमें वायु या गैस।

Pneumathemia (nu-math-é-me-ah). Air in the blood-vessels. रक्त-वाहिनियोंमें वायु।

Pneumatic (nu-mat-ik). Pertaining to respiration. श्वास-विषयक।

Pneumatocele (nu-mat-o-sel). Distention of the scrotum with gas. गैसकी वजहसे मुष्कका प्रसारण।

Pneumatosis (nu-mah-to-sis). Abnormal accumulation of gas in any part of the body. किसी शरीरांशमें अस्वाभाविक भाफ एकत्र होना।

Pneumatothorax (nu-mat-o.thó-raks). Pneumothorax; effusion of air in the cavity of the pleura. फुस्फुसवेष्ट-गह्वरमें वायु-संचय।

Pneumaturia (nu-ma-tú-re-ah). A flow of gas from the urethra. मूत्र मार्गसे वायु निकलना।

Pneumobulbar (nu-mo-bul-bar). Relating to the lungs and the vagus center in the medulla oblongata. फेफड़ा तथा सुषुम्ना-शीर्षकका कृत्रिम शरीर।

Pneumocele (nu-mo-sel). Gaseous hernia of the lung or other part. गैसकी वजहसे फेफड़ेकी या शरीरांशकी स्थानच्युति।

Pneumococcus (nu-mo-kok-us). The pathogenic microorganism of croupous pneumonia. नियुमोनियाके आनुबोक्षिक कोटाणु।

Pneumoderma (nu-mo-der-mah). Subcutaneous emphysema. अधस्त्वचामें पीव-संचय।

Pneumogastric (nu-mo-gas-trik). Relating to lungs and stomach. फुस्फुस पाकाशयिक।

Pneumogastric Nerves. The eighth pair of nerves. फुस्फुस पाकाशयिक स्नायु।

Pneumo-hæmorrhagia. Pulmonary apoplexy. फुस्फुसीय-संन्यास।

Pneumolith (nú-mo-lith). A calculus in the lungs. फुस्फुसीया अश्मरी।

Pneumonectasis (nu-mon-ek-tas-is). Emphysema of the lungs. फेफड़ेका वायुस्फीति रोग।

Pneumonemia (nu-mon-é-me-ah). Congestion of the lungs. फुस्फुसमें रक्त-संचय।

Pneumonia (nu-mó-ne-ah). Inflammation of the lungs. फुस्फुस-प्रदाह। **P. Bronchial**, bronchopneumonia. श्वासोपनलियोंके प्रदाहसे पूर्ण फुस्फुस प्रदाह। **P. Cerebral**, pneumonia, having severe head symptom. प्रचण्ड मस्तिष्कोपसर्गके साथ फुस्फुस-प्रदाह। **P. Croupous**, acute or lobar pneumonia. असली फुस्फुस प्रदाह। **P. Double**, lobar pneumonia of both lungs. दोनों ही फेफड़ोंका प्रदाह। **P. Gangrenous**, gangrene of the lung. फुस्फुसका सड़ना। **P. Lobular**, bronchopneumonia. युगपत् श्वासनली और फुस्फुसका प्रदाह।

Pneumonic (nu-mon-ik). Pertaining to the lungs. फुस्फुस-विषयक।

Pneumonica. Diseases of the membranes or motive power of the lungs. फुस्फुसीया झिल्ली या फुस्फुसीय शक्ति आक्रमक रोग।

Pneumonopathy (nu-mon-op-ath-e). Any disease of the lung. फुस्फुस रोग।

Pneumopaludism (nu-mo-pal-u-dizm). Disease of the lungs of malarial origin. मैलेरिया-जनित फुस्फुस-रोग।

Pneumopericardium (nu-mo-per-ik-ar-de-um). The presence of air or gas in pericardium हृदावरणमें वायु या गैसकी उपस्थिति।

Pneumoperitonitis (nú-mo-per-it-o-ni-tis). Peritonitis with the accumulation of air or gas in the peritoneal cavity. परिवेष्टीय गह्वरमें वायु या गैस एकत्र हो जानेके साथ अंत्रावरण-प्रदाह।

Pneumopleuritis (nú-mo-plu-ri-tis). Inflammation of the lungs and pleura. फुस्फुस तथा फुस्फुसावरण दोनोंका प्रदाह।

Pneumopyothorax (nu-mo-pi-o-thó-raks). The presence of air and pus in the pleural cavity. फुस्फुसावरक गह्वरमें वायु और पीवकी उपस्थिति।

Pneumorrhagia (nu-mor-á-je-ah). Pulmonary apoplexy; hæmoptysis. फुस्फुस रोगजनित संन्यास; रक्तोत्कास।

Pneumothorax (nu-mo-thó-raks). Gas or air in the cavity of pleura. फुस्फुसवेष्ट गह्वरमें वायु-संचय।

Pneumotyphus (nu-mo-ti'-fus). Pneumonia with typhoid fever. साम्निपातिक ज्वरकालीन फुस्फुस-प्रदाह।

Pneusis. Respiration. श्वास-प्रश्वास-क्रिया।

Pock (pok). A small pox or vaccine pustule of the skin. चेचककी गोटी।

Pock-marks. The pits left from small-pox pustule. चेचकके गड्हे; चेचकका दाग।

Podagra (pod-ág-rah). Gout of the foot. पैरकी गठिया।

Podalgia (pod-al-je-ah). Pain in the feet. पैरका दर्द।

Podalic (pod-al-ik). Relating to the feet. पद-सम्बन्धीय।

Podarthritis (pod-arth-ri-tis). Gout of the feet. पैरकी गठिया।

Podedema (pod-e-dé-mah). Swelling of the foot. पैरकी सूजन।

Pododynia (pod-o-din-e-ah). Pain in the foot. पैरमें दर्द।

Pogoniodin. Growth of beard in women स्त्रियोंकी दाढ़ी निकलना।

Poikiloblast (poi-kil-o-blast). A large red blood-cell of irregular form. असम आकारका वृहत् रक्तकण।

Point (point). 1. The sharp end of an object. अग्र; मुख। 2. A small area or spot. क्षुद्र स्थान।

Pointillage (pwant-il-ahj). Massage with the points of the fingers. अंगुलीकी नोकसे रगड़ना।

Poison (poi'-zn). A venomous or toxic agent. विष।

Poison-gland. The glands of poisonous snakes which secrete a venomous matter. विषस्थली ; जहरीले साँपोंकी विष-ग्रन्थियाँ।

Poison-nut. The strychnos nux-vomica. कोचला।

Polar (pó-lar). Relating to a pole. मेरु-सम्बन्धीय। **P. Body,** a small body which escapes from the ovum at the time of impregnation. गर्भधारणके समय डिम्बकोषसे निकलनेवाला एक क्षुद्र पिण्ड।

Poliencephalitis (pol-e-en-sef-al-i'-tis). Inflammatory diseases of the gray substance of the brain. मस्तिष्कके धूसर पदार्थका प्रादाहिक रोग।

Poliosis (pol-i-ó-sis). Grayness of the hair. केशका भूरापन।

pollakiuria (pol ak-e-ú-re-ah). Abnormal frequency of micturition. अस्वाभाविक रूपसे बहुत बार पेशाब होना ; अतिरिक्त मूत्रस्राव।

Pollex (pol-eks). The thumb or great toe. पदांगुष्ठ ; पैरका अंगूठा।

Poltution (pol-ú-shun). The discharge of semen without coition. संगमके बिना ही वीर्य-स्राव। **P. Nocturnal**, the discharge of semen during sleep. निद्रामें वीर्य-स्राव ; स्वप्न-दोष। **P. Self**, masturbation. हस्त-मैथुन।

Polyadenitis (pol-e-ad-en-i'-tis). Inflammation of several or many glands. अनेक ग्रन्थियोंका प्रदाह। **P. Malignant**, the bubonic plague. ग्रन्थिल महामारी।

Polyadenous (pol-e-ad'-en-us). Having many glands. बहु ग्रन्थिल ; बहुत-सी गाँठोंवाला।

Polyarthritis. Inflammation of several joints. अनेक सन्धियोंका प्रदाह।

Polyatomic (pol-e-at-om-ik). Consisting of many atoms. बहु परमाणु-सम्पन्न ; अनेकाणुक ; बहु परमाणुक।

Polyblast (pol-e-blast). Various cells of newly developing connective tissue. नवोत्पादित संयोजक तंतुओंके अनेकानेक कोष।

Polycholia (pol-ik-ó-le-ah). Excessive secretion of bile. अत्यधिक पित्त-स्राव।

Polycrotic (pol-ik rot-ik). Having several secondary waves to each pulse-beat. प्रत्येक नाड़ी-स्पन्दनको अनेक गौण लहरें।

Polycyesis (pol-e-si-é-sis). Multiple pregnancy. अतिरिक्त गर्भ धारण ; अतिरिक्त उद्भावन क्षमता।

Polycythemia (pol-e-si-thé-me-ah). An excess of red blood corpuscles खूनमें अतिरिक्त लाल रक्त-कण होना।

Polydipsia (pol-é-dip-se ah). . Excessive thirst. बहुत प्यास।

Polyemia (pol-e-é-me-ah). An abnormal increase of blood. रक्ताधिक्य ; अस्वाभाविक रूपसे रक्तकी अधिकता।

Polyeuria. Excessive secretion of urine. बहुमूत्र।

Polydrosis (pol-e-id-ro-sis). Excessive sweating. अतिरिक्त स्वेद।

Polymastia. Having many breasts. बहुस्तनी।

Polymenorrhea (pol-e-men-or-é-ah). Excessive menstrual flow. अति रजः।

Polyopia (pol-e-ó-pe-ah). Multiple vision. बहु-दृष्टि ; एक ही चीज कई दिखाई देना।

Polyorchis (pol-e-oŕ-kis). A person who has more than two testicles. दोसे अधिक अंडकोषवाला व्यक्ति।

Polyotia (pol-i-ó-she-ah). Having more than two ears. दोसे अधिक कानोंवाला।

Polyparesis (pol-ip-aŕ-es-is). General paralysis of the insane. पागलका सार्वाङ्गिक पक्षाघात।

Polyphagia (pol-e-fá-je-ah). Excessive eating. अति भक्षण ; बहुत भोजन करना।

Polypharmacy. The mixing of many drugs in one prescription. एक ही नुस्खेमें एक साथ बहुत-सी दवाएँ मिला देना।

Polyphobia. An abnormal dread of many things. बहुतसे पदार्थों का अस्वाभाविक भय।

Polyphrasia (pol-e-frá-ze-ah). Extreme talkativeness. अत्यधिक बकवादीपन।

Polypiform (pol-ip-if-orm). Resembling a polypus. अर्बुदाकार ; नोकदार ; गूमड़के आकार।

Polyplast (poĺ-ip-last). Composed of many cells. बहुकोष निर्मित ; बहुकोषी।

Polyplastic (pol-e-plaś-tik). Having many changes of form. बहुरूपिया ; बहु-आकार परिवर्तनशील।

Polypnea (pol-ip-né-ah). Excessively rapid respiration. अति शीघ्रगामी श्वास-प्रश्वास।

Polypoid (poĺ-ip-oid). Polypiform ; resembling a polypus. वृन्त-विशिष्ट अर्बुदके आकारका ; अर्बुदाकार।

Polipotome (pol-ip-o-tom). An instrument to cut away polypus. अर्बुद काटनेका यंत्र।

Polypous. Relating to a polypus. वृन्त-विषयक ; अर्बुद-विषयक।

Polypus. A pedunculated swelling or outgrowth from a mucous membrane. बहुपक्ष ; वृन्तविशिष्ट अबुद। श्लैष्मिक झिल्लीसे उत्पन्न होनेवाली एक नोकदार सूजन। यह नासारन्ध्र, कान, कंठ, जरायु, मलांत्र प्रभृतिमें होती है ; मसा। **P. Nasal.** नासार्बुद ; नकड़ा।

Polyrrhea, Polyrrhœa. A profuse discharge of fluid. अति-स्राव ; अति तरल स्राव ; अत्यधिक रस-स्राव।

Polysarcia (pol-e-saŕ-se-ah). Excessive corpulency. अति मेदाधिक्य।

Polysarcous. Obesity ; excessively fat. अति स्थूल ; बहुत मोटा।

Polyserositis (pol-e-se-ro-si′-tis). General inflammation of the serous membranes. रक्ताम्बु-स्रावी झिल्लियोंका सार्वाङ्गिक प्रदाह।

Polysiatia. Excessive secretion of saliva. अत्यधिक लार बहना।

Polysomia (pol-e-só-me-ah). Having more than one body. एकसे अधिक धड़वाले जोव।

Polyspermism (pol-e-sperḿ-izm). An excessive secretion of semen. बहु वीर्य-स्राव ; अत्यधिक वीर्य निःसरण।

Polyspermy (pol-is-peŕ-me). The entrance of more than one spermatozoa into an ovum. डिम्बकोषमें एकाधिक शुक्रकीटका प्रवेश।

Polystichia. Having more than one row of eye-lashes. एकसे अधिक भ्रू-रेखा सम्पन्न।

Polytrichia (pol-i-triḱ-e-ah). Excessive growth of hair. अत्यधिक केश-वृद्धि।

Polytrophia (pol-e-tró-fe-ah). Excessive nutrition. अत्यधिक परिपोषण।

Polyuria (pol-e-ú-re-ah). Profuse micturition. बहुमूत्र ; बहुत ज्यादा पेशाब होना।

Pomade (po-mad). A perfumed ointment. सुगन्धित मरहम।

Pompholyx (poḿ-fo-liks). An inflammatory eruption of deeply seated vesicles of different size, occurring on the hands and feet with itching and burning. बिम्बिका ; आबला ; फफोला ; तफता।

Pomum (pó-mum). Apple. सेव। **P. Adamy,** adams apple ; prominentia laryngia. फलक-ग्रन्थि।

Pons (ponz). A process or bridge of tissue connecting two parts. दो अंशोंको सम्मिलित करनेवाला मांसतन्तु-प्रवर्द्धन या सेतु। **P. Varolii,** a prominent white mass on the basal aspect of the brain, lying in front of cerebellum between the medulla and the cerebral peduncle. शुभ्र स्नायु-तन्तु-गुच्छ।

Ponticulus (pon-tiḱ-u-lus). A small pons. क्षुद्र-सेतु।

Pontile. Pertaining to the pons Varolii. सेतु-सम्बन्धीय।

Popliteal (pop-lit-é-al). Pertaining to the ham. जानुपश्चाद्भाग संक्रान्त।

Popliteus (pop-lit-é-us). The hinder part of knee joint. जानु-पश्चात् भाग।

Pore (por). The orifices of the absorbing and exhaling vessels. लोम-कूप।

Pornography (por-nog-ra-fe). A treatise on prostitution. वेश्या-वृत्ति-विषयक ग्रन्थ।

Poroma (por-o'-mah). Callosity. स्पर्शानभिज्ञता ; अनुभव-शक्तिहीनता।

Porosis (por-o'-sis). The formation of callus around the ends of a fractured bone. टूटी हड्डीके चारों ओर पथरीकी तरह हो जाना।

Porosity. The condition of a body containing pores as a sponge, etc. सच्छिद्रता ; समान्तरता ; शरीरमें छेद-छेद हो जाना।

Porous (po'-rus). Having pores. छिद्रपूर्ण ; झिरझिरा।

Porrigo (por-i'-go). Any scurfy disease of the sclap—ringworm, favus, eczema, etc. सरका तर गंज रोग। **P. Favosa**, honeycomb scell, favus. अरुणिका।

Porta (por-tah). The part of an organ where the vessels and nerves enter and the excretory ducts pass out. किसी यंत्रका वह अंश, जहाँ स्नायु और रक्तवाहिनियाँ प्रवेश करती हैं और जहाँसे वाह्य प्रणालियाँ निकलती हैं ; प्रवेश-द्वार, वहिर्द्वार, आगम-निगमन द्वार। **P. Hepatis**, portal fissure. यकृत द्वार। **P. Pulmoris**, the hilus of the lung where the bronchi, vessels and nerves enter and bore the organ. फुस्फुस द्वार ; फेफड़ेका वह छिद्र जहाँ श्वासोपनलियाँ, रक्तवाहिनियाँ तथा स्नायु प्रवेश करते और निकलते हैं।

Portal (por tal). Relating to portal vein. संयुक्ता-शिरा-सम्बन्धी ; यकृतकी वृहद् शिरा विषयक। **P. Vein**, vena porta. संयुक्ता शिरा ; यकृच्छिरा या यकृद्धमनी।

Portio (por-she-o). Portion. एक भाग ; एक अंश। **P. Dura**, the facial nerve. मुखमण्डलका स्नायु ; मौखिकी नाड़ी। **P. Mollis**, the auditory nerve. श्रावणी नाड़ी।

Porus (pó-rus). A pore ; callosity. छिद्र ; लोमकूप।

Position (po-zish-un). Location ; attitude ; posture. अवस्थिति ; भंगी ; संस्थान ; अधिष्ठान।

Positive (pos-it-iv). Affirmative ; real ; definite. वास्तविक ; भावात्मक ; अनापेक्षिक ; सत्य ; स्थिर।

Posology (po-sol-o-je). The science of dosage. मात्रातत्व।

Post (post). After. बाद।

Postcava (post-kav'-ah). The vena-cava inferior or ascending vena-cava. ऊर्ध्वगा महाशिरा ।

Postcibal (post-si-bal). After a meal. भोजनके बाद ।

Post connubial (post-kon-ú-be-al). Occurring after marriage. विवाहोपरान्त ।

Postconvulsive (post-kon-vul-siv). Occurring after a convulsion. आक्षेपोपरान्त ; अकड़नके बाद होनेवाला ।

Posterior (pos-té-re-or). Behind in position. पश्चात् स्थित । **P. Chamber**, the space between the iris and the lens. ताल तथा चक्षु-उपताराके मध्यका स्थान ।

Post-febrile (post-feb-ril). Occurring after a fever. ज्वरके बाद होनेवाला ।

Posthitis (pos-thi'-tis). Inflammation of the prepuce. लिंगाग्रचर्मका प्रदाह ।

Posthumous (post-u-mus). Occurring after death. मृत्युकेबाद होनेवाला ।

Posticus (post-ik-us). Posterior. पश्चात् स्थित ।

Post mortem (post-mor-tem). After death. मृतान्तिक ; मृतदेह परीक्षा ।

Post-nasal. Behind the nose. नासापश्चात् ; नाकके पीछे ।

Post-natal. Occurring after birth. जन्मग्रहणके बाद होनेवाला ।

Post-partum. After child-birth. सन्तान प्रसवके बाद ।

Post-pontile. Behind or below the pons Varolii. शुभ्रस्नायु-तन्तु-गुच्छके पीछे या नीचे ।

Postramus (post-rá-mus). The posterior portion of the central white matter of the cerebellum. लघुमस्तिष्क केन्द्रस्थ श्वेत पदार्थका पश्चात् अंश ।

Posture (pos-chur). Position of the body. भंगी ।

Potable (pó-ta-bl). Drinkable. पान-योग्य ; पीने योग्य ।

Potamophobia(pot-am-o-fo'-be-ah) A morbid fear by the sight of large sheets of water. अत्यधिक जल-भय ।

Potash (pot-ash). Potassium hydroxid, potassium carbonate. पोटास ।

Potency (po'-ten-se). Power ; efficacy. शक्ति ; क्षम ; गुण; उपयोगिता ।

Potential (po-ten-shal). Capable of action. क्रियाशील ; सक्रिय ; कर्त्तुत्वसम्पन्न ।

Potomania Delirium tremens. सकम्प प्रलाप ।

Pouch (powch). Pocket ; Pocket-shaped cavity. जेबके आकारका गह्वर ।

Poultice (pol-tis). Cataplasm. पोल्टिस ; प्रदेह ; प्रलेप ।

Pound (pownd). A standard weight 5760 grains troy. पौण्ड ।
P. Nose, hypertrophy of the nose. नासा-प्रसारण ; नासा-स्फीति ।

Powder (powder). A dry mass of minute separate particles of any substance. चूर्ण ; विचूर्ण ; चूर ; बुकनो ।

Pox (pocks). A contagious eruptive disease. एक संक्रामक उद्‌भेदजनक रोग ; गोटी ; चेचक ।

Practice (prak'-tis). The exercise of the profession of medicine. चिकित्सा-व्यवसाय ।

Practise. To exercise the profession of medicine ; to treat the sick. भेषज-व्यवस्था ; रोगी-चिकित्सा ।

Practitioner (prak-tish-un-er). A practising physician. चिकित्सक ।

Præcordial (pre-kor-de-al). Relating to precordia. हृद्‌य संक्रान्त ।

Præcordial region. The region of the heart. हृद्‌य प्रदेश ।

Precipitation (pre-sip-it-á-shun). किसी पदार्थका जो अंश चूर्ण अवस्थामें नीचे गिरता है या कोई दूसरे अंशको नीचे गिराता है ; तलछट ; अधःक्षेपण ; अधःपातन क्रिया ।

Precocity. Rapid development before the usual time. अकाल विकास ; उपयुक्त समयके पहले ही विकास प्राप्त हो जाना ।

Precordia. The area of the chest overlying the heart. हृत्पिण्डके ऊपरवाला वक्षका भाग ; हृद्‌ग्र भाग ।

Precursory. Preceding ; indicative. पूर्ववर्त्ती ।

Precursory symptoms. The symptoms which indicate the approach of disease. रोग पूर्ववर्त्ती लक्षण ।

Prediastolic (pre-di-as-tol-ik). Preceding the diastole of the heart. हृद्‌पिण्डके आकुञ्चन शब्दके पहले ।

Predigestion (pre-di-jes-shun). The partial or artificial digestion of food before its injestion. शरीरमें खाद्य प्रवेश करनेके पहले ही उसका आंशिक कृत्रिम पाचन ।

Predisposing (pre-dis-pó-zing). Conferring a tendency to disease. पूर्ववर्त्ती विप्रदृष्टि ; रोग. गौण कारण ।

Predisposition (pre-dis-po-zish-un). A condition of special susceptibility to a disease. रोग-प्रवणता ; शरीरकी वह अवस्था, जिसमें विशेषकर रोग-ग्रहण हो सकता है ।

Predormitium (pre-dor-mish-e-um). The light slumber occurring before sound sleep begins. गहरी निद्रा होनेके पहले हलकी नींद ; तन्द्रा ।

Preeruptive (pre-e-rup-tiv). Preceding eruption. उद्‌भेदके पहले ।

Pregeminum (pre-jem-in-um). An anterior optic lobe. सम्मुख चक्षु-खण्ड ।

Pregnancy (preǵ-nan-se). Cestation; the state of falation. gravidity. गर्भावस्था ।

Pregnant (preǵ-nant). With child; gravid. गर्भवती ।

Prehensible. Adapted to seize or grasp. धारणक्षम ; ग्रहणक्षम ।

Prehension (pre-heń-shun). The act of grasping. धारण ; ग्रहण ; उपलब्धि ।

Premature (pre-mat-uŕ). Occurring before the proper time. अकाल प्रसूशील ; असामयिक ; समयके पहले होनेवाला ।

Premature labour. That which takes place during the last three months of the natural time, but before its completion. अकाल प्रसव ।

Premaxillary (pre-makś-il-a-re). The intermaxillary bone. हनुमध्यस्थ अस्थि ।

Premenstrual (pre-meń-stru al). Occurring before menstruation. आर्त्तव-स्रावके पहले ।

Premonitary (pre-moń-it-a-re). Serving as a warning. पूर्ववर्त्ती ; पूर्व सूचना ज्ञापक ।

Premortal (pre-moŕ-tal). Just before death. मृत्युके ठीक पहले ।

Prenaris (pre-ná-rez). The nostrils. नथुने ; नासाछिद्र ।

Prenatal (pre-ná-tal). Occurring before birth. जन्मग्रहणके पूर्व ।

Pre-oral (pre-ó-ral). Situated in front of the mouth. मुखके सम्मुख-भागमें ; मुख-गह्वर-सम्मुख स्थित ।

Preparation (prep-ar-á-shun). A medicine made ready for use. प्रयोग योग्य प्रस्तुत ओषधि ।

Prepuce (pré-pūs). The fore-skin of the penis. मेढ्र्त्वचा ; लिंगाग्र-चर्म ; चमड़ी ।

Preputial (pre-pú-shal). Relating to the prepuce, लिंगाग्र-चर्म-विषयक ।

Presbyopia (pres-be-ó-pe-ah). Long sight and impairment of vision due to old age. दूर-दृष्टि तथा वृद्धावस्थाके कारण विकृत दृष्टि ।

Presbysphacelus (prez-bi-sfas-el-us). Senile gangrene. वार्द्धक्यके कारण सड़न रोग ।

Presbytia (prez-bish-i'-ah). Presbyopia. दूर-दृष्टि ।

Prescription. A formula writen by a physician. व्यवस्थापत्र ; नुस्खा ।

Preservative (pre-seŕ-va-tiv). Tending to keep from decay. क्षयसे रक्षा करनेवाला ; रक्षणशील ; रक्षा-साधन ।

Presphenoid (pre.sfé-noid). The anterior part of the sphenoid bodv कीलकाकार अस्थिका सम्मुख भाग ।

Pressure (preśh-ūr). Force, weight or tension. शक्ति ; भार ; तनाव । P.

Point, a point very sensitive to pressure. चाप असहिष्णु स्थान ; कोई स्थान जिसपर दबाव सहन नहीं होता ।

Presternum (pre-steŕ-num). Manubrium. ऊर्ध्व-वक्षोस्थि ; वक्षोस्थिके ऊपरका अंश ।

Presystolic (pre-sis-toĺ-ik). Preceding the systole. वक्ष आकुञ्चन शब्दके पूर्व ।

Preventive (pre-veń-tiv). Prophylactic. निवारक ; निरोधक ।

Prevermis (pre-veŕ-mis). The superior vermiform process of the cerebellum. लघु-मस्तिष्कका ऊर्ध्व कीटाकार प्रवर्द्धन ।

Prevesical (pre-veś-ik-al). Situated in front of the bladder. मूत्राशयके सम्मुखभागमें स्थित ।

Priapism (pri-aṕ-izm). Involuntary erection of penis. अनैच्छिक लिंगोद्रेक ।

Priapitis (pri-ap-i'-tis). Inflammation of the penis. लिंगका प्रदाह ।

Priapus (pri-aṕ-us). The penis. लिंग ।

Primary (pri'-ma-re). First in order ; principal. प्रधान ; मुख्य ; प्राथमिक ।

Primigravida (prim-ig-rav'-id-ah). A woman who is pregnant for the first time. प्रथम बारकी गर्भवती ।

Primipara (pri-miṕ-ah-rah). A woman bearing or giving birth to her first child. प्रथम सन्तान प्रसवकारिणी ।

Primitive (prim-iť-iv). First in point of time ; original. आदिम ; मौलिक ; प्राचीन ।

Primordial (pri-moŕ-de-al). Pertaining to the beginning. आदिम ; सर्वप्रथम ; प्रथमसे ही वर्त्तमान ।

Primordium. An organ or structure in its earliest state. आरम्भिक दशाका कोई यंत्र या बनावट ।

Princeps (priń-seps). A chief or main artery. एक प्रधान धमनी ।

Principle (priń-sip-l). A chemic component. मौलिक तथ्य ; मूलतत्व ; मूल ; बीज ।

Prism. A triangular glass body for decomposing the sun's rays. त्रिपार्श्व कांचके भीतरसे आलोक-रश्मि परिवर्त्तित हो जानेपर जो वर्णच्छत्र उत्पन्न होता है, त्रिशिरा कांचकें भीतरसे आलोक-परिवर्त्तित होनेपर जो सप्तवर्ण उत्पन्न होते हैं; त्रिपार्श्व ।

Prismatic (priz-maṫ-ik). Shaped like a prism. त्रिपार्श्वीय ।

Privates (pri-vātz). The external genitalia. वाह्य जननेन्द्रिय ।

Probang (pró-bang). A flexible rod with a ball ; luft or sponge at the end. गलनली रोधक पदार्थ दूर करनेके लिये एक यंत्र ; मलनाली परिष्कारक यंत्र ।

Probe (prob). An instrument with which the depth and extent of wounds are tried. शलाका ; एषणिका ।

Proboscis. A snout or trunk. शुण्ड ।

Procatarctic (pro-kat-ark-tik). Predisposing, said of the cause of disease. रोगके कारण सम्बन्धमें पूर्वाभास ।

Procephalic (pro-sef-al-ik). Relating to the anterior part of the head. मस्तक सम्मुखभाग सम्बन्धीय ।

Process (proś-es). A slender projecting point. प्रवर्द्धन प्रक्रिया ।

Prochondral (pro-koń-dral). Occurring previous to the formation of cartilage. उपास्थि निर्माणके पूर्वमें होनेवाला ।

Procidentia (pro-sid-eń-she-ah). A prolapse or falling down. अग्रपतन ।

Procreation (pro-kré-a-shun). Reproduction, generation. जनन ; उत्पादन ; सृष्टि ।

Proctagra (prok-ta-grah). Pain in and around the anus. मलद्वारके भीतर और चारों ओर दर्द ।

Proctalgia (prok-tal-je-ah). Neuralgia of the lower rectum. गुह्यद्वारकी स्नायविक वेदना ।

Proctatresia (prok-tat-ré-ze-ah). Imperforation of the anus. मलद्वारका छिद्ररोध या छिद्राभाव ।

Proctitis (prok-ti′-tis). Inflammation of the rectum. सरलांत्र-प्रदाह ।

Proctoclysis (prok-tok-lis-is). The slow injection of large quantities of liquid into the rectum. मलांत्रमें धीरे-धीरे बहुत मात्रामें तरल प्रवेश करा देना ।

Proctocolitis (prok-to-ko-li-tis). Inflammation of the rectum and colon. मलांत्र और वृहदंत्रका प्रदाह ।

Proctodynia (prok-to-diń-e-ah). Pain in or about the anus. मलद्वारके पास या भीतर दर्द ।

Proctorrhagia. Hæmorrhage from the anus. मलद्वारसे रक्त-स्राव ।

Proctorrhaphy (prok-toŕ-af-e). The suture of the rectal wall. गुह्यदेशकी सेवनी ।

Proctorrhea, Proctorrhœa (prok-tor-é-ah). A mucous discharge from the rectum. मलद्वारसे आमका स्राव ।

Proctosigmoiditis (prok-to-sig-moi-di′-tis). Inflammation of the rectum and sigmoid. मलांत्र तथा सिगमायड पेशीकी प्रदाह ।

Proctotoreusis (prok-to-to-rú-sis). The making of an artificial anus. कृत्रिम मलद्वार बनाना ।

Procumbent (pro-kum-bent). Lying on the face. चेहरेपर लम्बमान ।

Procurvation (pro-kur-vá-shun). A bending forward as of the body सामनेकी ओर शरीर झुक जाना।

Prodromal (pro-dró-mal). Premonitory ; indicating the approach of a disease. रोग-आक्रमण सूचक।

Prodromus. Period immediately preceding the attack of disease. रोग-पूर्वगामी।

Product (pro-dúkt). Something produced. उत्पन्न।

Proemial (pro-é-me al). Introductory. आरम्भिक ; प्राथमिक ; उपक्रमिक।

Progamous (próg-am-us). Previous to fertilization of the ovum. डिम्बाणुमें बीजप्रवेशके पूर्व।

Progenital (pro-jeń-it-al). On the external surface of the genitals. जननेन्द्रियके वाह्य पटलके ऊपर।

Progeria (pro-jé-re-ah). Premature old age. अकाल पकता।

Proglossis (pro-glos-is). The tip of the tongue. जीभकी नोक।

Proglottid, Proglottis (pro-glot-id pro-glot-is). One of the segments of the tape-worm containing the reproductive organ. फीता-क्रिमिका वह अंश, जिसमें प्रजनन अंग रहता है।

Prognathism (próg-na-thizm). Abnormal forward projection of one or both jaws. एक या दोनों हनुओंका अस्वाभाविक रूपसे आगे निकल आना।

Prognose (próg-nos). To give a prognosis, to foretell the course of a disease. किसी रोगका भावीफल पहले ही बता देना ; पहलेसे ही रोग-निर्णय कर देना।

Prognosis (prog-nó-sis). A forecast as to the probable result of an attack of disease. भावीफल निर्णय-तत्व।

Prognostic (prog-nos-tik). Relating to prognosis. रोग-निर्णय-तत्व-विषयक।

Progressive (pro-greś-iv). Going forward ; proceeding onward ; advancing. क्रमवर्द्धित ; वर्द्धनशील।

Proiotia (pro-i-ó-she-ah). Precocious sexual development. समयके पहले ही काम उत्तेजना।

Projection (pro-jek shun). A pushing out ; a prominence. प्रलम्बन ; वहिरागमन ; प्रवर्द्धन ; उभार।

Prolabium (pro-lá-be-um). The exposed red part of the lip. ओष्टका वहिरांश ; ओंठका खुला हुआ लाल अंश।

Prolapse (p o-laps). To fall or sink-down, said of an organ or other part. भ्रंश ; निर्गमन ; स्थान-च्युति। **P. Ani**, the inversion and falling down of the lower part of the rectum. गुह्य-निर्गमन ; गुह्य-भ्रंश।

P. Recti, a falling down of the extremity of the rectum, occurring in infancy. मलांत्रनिर्गमन ; कांच निकलना ; गुद-भ्रंश। **P. Uteri,** a falling down of the uterus from relaxation. जरायु भ्रंश ; कन्द-रोग ; गर्भाशयकी स्थान-च्युति। **P. Veginæ,** protusion of the upper part of the vagina into the lower. योनि-भ्रंश।

Proleptic (pro-lep-tik). Prognostic ; returning before the expected time. भावी निर्देशक ; आशानुरूप कालके पहले ही हो जाना।

Proliferation (pro-lif er-á-shun). The reproduction of similar form especially of cells and morbid cysts. संख्या-वृद्धि द्वारा वर्द्धन ; प्रोद्भेद ; समानाकार कोष या रोगात्मक कोषाबुर्दोंकी संख्या-वृद्धि।

Prolific (pro-lif-ik). Fruitfull ; productive. बहुफल-प्रसू ; बहुप्रज ; बहुसन्तानोत्पादक।

prominence (prom-in-ens). A projection. प्रवर्द्धन ; समुन्नति ; उद्गति ; स्फीति ; सूजन।

Promontory (prom-on-to-re). A projecting process. अन्तरीयाकार प्रवर्द्धन; उभार।

Pronation (pro ná-shun). The downward turning of the palm. तलहत्थीका नीचेकी ओर घूम जाना।

Pronator (pro-ná-tor). A pronating muscle. नीचे झुकानेवाली पेशी, जिस पेशीकी गतिसे तलहत्थी नीचेकी ओर पलट दी जाती है।

Prone (prone). Face downward. निम्नाभिमुखी।

Prootic (pro-ó-tik). Situated in front of ear. कर्ण-सम्मुख स्थित।

Propagation (prop-ag-á-shun). Reproduction. पुनर्जन्म ; प्रजनन।

Prophylactic (pro-fil-ak-tik). Tending to ward off disease. रोग दूर-प्रवण ; रोगको हटाये रखनेवाला, प्रतिषेधक।

Prophylaxis (pro-fil-aks-is). The preventive treatment. रोग-रोधक ; चिकित्सा।

Propons (pró-ponz). The transverse white fibers in front of the pyramid and just below the pons Varolii. सूचीपिण्ड तथा स्नायु-तन्तु-गुच्छके नीचे रहनेवाला आड़ाआड़ी श्वेत-तन्तु-गुच्छ।

Propriospinal (pro-pre-o-spi-nal). Relating wholly to the spinal cord. सम्पूर्णतया मेरुदण्ड-विषयक।

Proptosis (pro tó-sis). Prolapsus, a forward displacement. आगेकी ओर स्थानच्युति।

Propulsion (pro-pul-shun). The tendency to fall forward ,that causes the festination. आगेको ओर गिर जानेकी प्रवणता, जिससे चलनेमें खंजता उत्पन्न हो जाती है।

Prorsad (pror-sad). In a forward direction. अग्रदिशाकी ओर।

Prosector (pro-sek-tor). One who dissects anatomic subjects for demonstration. शवव्यवच्छेदक ।

Prosopalgia (pros-o-pal-je-ah). Neuralgia of the face. मुखमण्डलका स्नायुशूल ।

Prosopodiplegia (pros-o-pod-e-plé-je-ah). Paralysis of the face and one lower extremity. मुखमंडल तथा एक पैरका पक्षाघात ।

Prosoponeuralgia (pros-o-po-nu-ral-je-ah). Pain in the nerves of the face. मुखमण्डलका स्नायु-शूल ; चेहरेके स्नायुओंमें दर्द ।

Prosopoplegia (proś-op-o-plé-je-ah). Facial paralysis. मुखमण्डलका पक्षाघात ।

Prostatalgia (pros-tat-al-je-ah). Pain in the prostate glands. मूत्राशय-मुखशायी ग्रन्थिमें दर्द ।

Prostatanxe (pros-tat-ank-se). Enlargement of the prostate. मुखशायी-ग्रन्थिकी अभिवृद्धि ।

Prostate (proś-tāt). Prostate gland ; a glandular body situated around the neck of the bladder in male. शिश्न गूथ-मूत्राशय-मुखशायी-ग्रन्थि ।

Prostathilcosis (pros-tah-thel-kó-sis). Suppuration in the prostate gland. मूत्राशय-मुखशायी-ग्रन्थिमें पीव-संचय ।

Prostatic. Relating to the prostate gland. मूत्राशय-ग्रन्थि विषयक । **P. Fluid.** a fluid secreted by the prostatic gland, situated in front of the bladder. एक प्रकारका लसदार तरल पदार्थ ; मूत्राशयिक ग्रन्थि-स्राव ।

Prostatitis (pros-ta-ti'-tis). Inflammation of the prostate gland. मूत्राशय-मुखशायी-ग्रन्थिका प्रदाह ।

Prostatocystitis (proś-ta-to-sis-ti'-tis). Inflammation of the prostate and the bladder. मूत्राशय-मुखशायी-ग्रन्थि तथा मूत्राशयका प्रदाह ।

Prostatodynia. Prostatalgia. मूत्राशय-मुखशायी-ग्रन्थिका शूल ।

Prosthesis (proś-thes-is). The artificial replacement of a lost part. किसी नष्ट अंशका कृत्रिम-रूपसे लगा देना ।

Prostration (pros-trá-shun). Extreme nervous exhaustion. असीम स्नायविक क्लान्ति ; अत्यधिक अवसन्नता ; अवसाद ।

Protective. An antiseptic dressing. आवरक ; रक्षण-साधक ; रक्षणात्मक ; रक्षा-कारक ।

Proteid (pró-te-id). Protein. खाद्योज ; अन्नसार ; प्रतिक ।

Protein (Albuminoid). One of a group of substances constituting the greater part of animal and vegetable tissues ; they are formed chiefly by plants. अन्नसार ; प्रतिद ; जीवदेहके यवक्षार-जान-विशिष्ट उपादान ; खाद्योज ; खाद्य-प्राण ।

Protoblast (pró-to-blast). A naked cell, an embryonic cell ; a cell without a distinct cell-wall. नग्न-कोष ; भ्रूण-कोष ; प्राचीर-विहीन-कोष ।

Proton. The first trace of the formation of any part or organ in the embryo. भ्रूणमें किसी शरीरांश या यन्त्र निर्माणका प्रथम चिह्न ।

Protoplasm (pró-to-plazm). Living matter, the substance of which animal and vegetable tissues are formed. पलल ; प्राण-पंक ; जीव-पंक ; जीवन-मूल ; जीवबीज ; धात्वग्नि ; जैवनिक ; आदिम जैव-उपादान ।

Protoplasmic (pro-to-plaz'-mik). Consisting of protoplasm. प्राण-पंक-पूर्ण ।

Protoplast (pró-to-plast). Protoplasm. प्राणपंक । An embryonic cell or other primary formation. भ्रूण-कोष या आदि मूल कोष ।

Protopsis (pro-top sis). Protrusion of the eye. आँखका बाहर निकल आना ; बहिरागत चक्षु-रोग ।

Prototype (pró-to-tip). An original type or model. मूल आदर्श ; मूल प्रतिरूप ।

Protozoa (pro-to-zó-ah). A class of unicellular animal organism. प्रथमज प्राणी ; निम्न श्रेणीके जीव कणैजी ।

Protozoon (pro-to-zú-on). A primitive organism consisting of a single cell. एक कोषी आरम्भिक जीव ।

Protractor (pro-trak-tor). A muscle serving to extend a limb etc. जिस पेशीकी सहायतासे कोई अंग-प्रत्यंग प्रसारित किये जाते हैं, प्रसारक पेशी ।

Protrude (pro-trūd). Thrust forward ; to cause to project. प्रसारित करना ; प्रलम्बित करना ; बाहर निकालना ।

Protuberance (pro-tú-ber-ans). A projecting part. गूमड़ ; उभार ; तुङ्ग ; स्फीति ; उपरिज ; पिण्ड ; गुच्छ ।

protyle. A hypothetical primordial matter supposedly differentiated into what are recognized as distinct chemical elements. मूल-पदार्थ-समूहका आदि पदार्थ ; आदि-भूत ।

Proud flesh. Fungus, any excuberant growth of unhealthy granulation. मांसाकुर ; क्षतांकुरकी अतिरिक्त वृद्धि ; बदगोश्त ।

Prooving (proó-ving). A homoeopathic test of the effects of a drug. भेषज-परीक्षा भेषजोंकी होमियोपैथिक परीक्षाका प्रमाण-सिद्धान्त करण ।

Provocative. Any thing that tends to excite appetite or passion. प्रवर्त्तक ; उद्दीपक ; उत्तेजक ।

Proximad (prok-sim-ad). In direction toward a promixmal part or toward the center, not distad.

निकटतम अंशकी ओर या शरीर-मध्य भागकी ओर ।

Proximate (prok-sim-at). Immediate or nearest निकटतम ; परवर्त्ती ; अव्यवहित पूर्ववर्त्ती या परवर्त्ती ।

Proximate cause. That which immediately precedes and produces the effect. सन्निदृष्ट कारण ।

Prurigo. A papular skin-disease with intense itching. खुजली ; सूखी चूल ; अतिशय खुजलानेवाली फुन्सियोंके चर्म-रोग ।

Pruritus (proo ri-tus). Intense itching. तीव्र-खुजली ।

Psammotherapy (sam-o-ther-ap-e). Sand-bath treatment. उत्तप्त बालुका चिकित्सा ।

Psammous (sam-us). Sandy. बालुकामय ।

Psellism (sel-izm). Stammering तोतलाना ।

Pseud. False. कृत्रिम ।

Pseudoapoplexy (su-do-ap-o-pleks-e), A condition resembling apoplexy in symptoms only. संन्यास रोगके सदृश रहनेवाली एक दशा ।

Pseudoblepsia (su-do-blep-se-ah). False vision, depraved sight in which objects are imagined different from what they are. दृष्टि-विपर्य्यय ; दृष्टि-दोष, जिसमें पदार्थका वास्तविक रूप नहीं दिखाई देता ।

Pseudocele (sú-do-sel). The fifth ventricle. पंचम ग्राइक कोष्ठ ।

Pseudocroup (sú-do-kroop). Laryngismus stridulus. कण्ठनली-द्वारकी अकड़न ।

Pseudocyesis (su-do-si-é-sis). False conception. कृत्रिम कार्य ; कृत्रिम गर्भ ।

Pseudohydrophobia. Hysteric convulsions like hydrophobia. जलातंकको तरह गुल्मवायु-प्रकृतिकी अकड़न ।

Pseudomania (su-do-má-ne-ah). Pretended insanity ; insanity in which the patient accuses himself of crimes of which he is innocent उन्मादका बहाना ; एक वह उन्माद, जिसमें रोगी अपनेको उन अपराधोंका अपराधी समझता है, जो उसने नहीं किये हैं ।

Pseudomembrane (su-do-mem-brān). A false membrane. एक कृत्रिम झिल्ली ।

Pseudoparalysis. Hysteric loss of muscular power. मांसपेशिक शक्तिका गुल्मवायु-जनित क्षय ।

Pseudophthisis (su-do-thi'-sis). A disease resembling pulmonary tuberculosis, but not such. फुस्फुसके यक्ष्माकी तरहका एक रोग ; पर वास्तवमें वह यक्ष्मा नहीं रहता ।

Pseudoplegia (su-do-plé-je-ah). False paralysis. कृत्रिम पक्षाघात ।

Pseudotabes. A disease resembling locomotor ataxia. गति-शक्ति-राहित्यकी तरहका रोग ।

Pseudoxanthin (su-do-sań-thin). A substance from uric acid. मूत्राम्लमें प्राप्त एक पदार्थ ।

Psilosis (si-ló-sis). Depilation ; thrush. केश-नाश ; मुंहका घाव ।

Psoas (só-as). The loin. कमर ।

Psoitis (so-i′-tis). Inflammation of the psoas muscle. कटि-लम्बिनी पेशीका प्रदाह ।

Psora (só-rah). Itch ; scabies ; one of the three chronic miasms, according to Hahnemann. कच्छु-दोष ; खुजली ; हैनिमैनके मतके अनुसार तीन प्रधान दोषोंमेंसे एक प्रथम दोष ।

Psorenteritis. Inflammatory swelling of the intestine, in typhoid fever cholera. etc. टाइफायड, हैजा प्रभृतिमें आँतोंकी प्रादाहिक सूजन ।

Psoriasis (so-ri′-as-is). A skin disease, characterized by the formation of scaly red patches, on the extensor surfaces of the body. विचर्चिका ; बछरचोकका ; चम्बल रोग ; अपरस ।

Psoric. Of the nature of itch. खुजलीकी प्रकृतिका ।

Psorophthalmia (so-rof-thal-me-ah). Ulcerative blepharitis. चक्षु-विचर्चिका ।

Psorosperm (só-ro-sperm). Any sporozoon. कोई जीवाणु ।

Psorous (só-rus). Affected with itch, खुजलीका रोगी ।

Psychasthenia (si-kas-thé-ne-ah). Mental fatigue. मानसिक क्लान्ति ।

Psychiatry (si′-ki-at-re). The treatment of mind-disease. मानसिक-रोग चिकित्सा ।

Psychic (si-kik). Relating to the mind. मानस ; मन-सम्बन्धीय ।

Psychogenesis (si-ko-jeń-e-sis). The development of the mind or of the mental faculties. मन या मनः-क्रियाकी उन्नति ; मानसिक विकास ।

Psychology (si-kol-o-je). The science which deals with the mind and mental processes. मनोविज्ञान ।

Psychomotor (si-ko-mó-tor). Relating to the mental origin of muscular movement ; to the production of voluntary movement. मनः-प्रेरित ; मनःचालित ।

Psychopathology (si-ko-path-ol-o-je). The pathology of mental disease. मानसिक रोगका कारण-तत्व ।

Psychoplegia. Mental weakness. मानसिक दुर्बलता ।

Psychorrhagia (si-ko-rá-je-ah). The death agony. मृत्यु-भय ; मृत्यु-यातना ।

Psychosis (si-kó-sis). Any mental state or condition. मानसिक रोग ।

Psychotic (si-kot-ik). Relating to the mental order. मनः विशृङ्खलता-विषयक ।

Psychroalgia (si-kro-al-je-ah). A painful sensation of cold. सर्दीकी अनुभूति ; यद्यपि शरीर गर्म रहता है, पर जाड़ा लगता रहता है ।

Psychrophobia (si-kro-fó-be-ah). Extreme sensitiveness to cold. अत्यधिक शीत असहिष्णुता ।

Ptarmic (tár-mik). Causing sneezing. छिकनी ; सुंघनी ।

Pternalgia (ter-nal-je-ah). Pain in the heel. गुल्फ-शूल ; ऐंड़ीका दर्द ।

Pterygium (tér-ij-i-um). An excrescence, of a triangular shape, occurring in the inner canthus of the eye and from thence extending over the cornea. अनुपक्ष ; नाखून ; जफरा ।

Pterygoid (tér-ij-oid). Resembling a wing. पक्षाकार । **P Fossa.** पर्ण-खात ।

Ptosis (tó-sis). A drooping of the upper eyelid from paralysis. पक्षाघातके कारण ऊपरी पलकका गिर पड़ना, ऊपरी पलकका पक्षाघात ।

Ptyalism (ti'-al-izm). An excessive secretion of saliva. अत्यधिक लार बहना ।

Puberal. Relating to puberty. वयःसन्धिकाल-सम्बन्धीय ; तारुण्य ।

Puberty (pú-ber-te). The age of capability of reproduction. वयःसन्धिकाल ; वयस्थता । 2. The hairy region above the genital organ. विटप देश ।

Pubes (pú-bez). The mons vernis. कामकूट ; विटप-देश ; मृदुशोन ।

Pubescence (pu-beś-ens). The coming to the age of maturity. यौवनावस्था ; वयस्थता ।

Pubic (pú-bik). Relating to the pubes. विटप-सम्बन्धीय । **P. Bone, Os pubis.** विटपास्थि ।

Pubis (pú-bis). Pubic bone. विटपास्थि ।

Pubovesical (pu-bo-veś-ik-al). Relating to the os pubis and bladder. मूत्राशय-विटपास्थि सम्बन्धीय ।

Pudenda. Plural of pudendum. जननेन्द्रिय ; खासकर वाह्य स्त्री-अंग ।

Pudendagra (pu-deń-da-gra). Pain in the genitals. जननेन्द्रियमें दर्द । 2. Syphilis. उपदंश ।

Pudendum (pu-deń-dum). The female external genitals. स्त्री-बाह्य जननेन्द्रिय ।

Pudic (pú-dik). Pertaining to the genitals. जननेन्द्रिय सम्बन्धीय ।

Puericulture (pu-er-i-kul-chur). 1. The care and training of children. शिशु-यत्न और शिक्षा । 2. The care of pregnant ladies. गर्भवतियोंका यत्न ।

Puerile (pú-er-il). Relating to a child ; childish., बाल-सम्बन्धी ; बालपन ; लड़कपने ।

Puerpera (pu-er-per-ah). A parturient women, one who is giving or has recently given birth to a child. प्रसूता ; सद्य प्रसूता ।

Puerperal (pu-er-per-al). Relating to or following child birth. प्रसूतावस्था ; सूतिकावस्था । **P. Convulsions.** convulsion, occurring in a parturient woman. सूतिकाक्षेप । **P. Fever**, septicemia occurring after child-birth. सूतिका-ज्वर । **P. Insanity,** mania or other mental disorder occurring during the puerperal period. सूतिकोन्माद । **P. Period,** the first week or ten days following child-birth. सन्तान-प्रसवके बादका प्रथम सप्ताह या प्रथम दस दिवस ।

Puerperous (pu-ur-pe-rus). Puerperal. सूतिकावस्था सम्बन्धीय ।

Pulmo (pul-mo). Lung. फुस्फुस ; फेफड़ा ।

Pulmoaortic (pul-mo-or tik). Relating to the pulmonary artery and the aorta. फुस्फुसीया धमनी और महाधमनी सम्बन्धीय ।

Pulmonary (pul-mo-na-re). Pertaining to the lungs. फुस्फुसीया ; फुस्फुस विषयक । **P. Artery,** the artery which caries the blood from the right ventricle of the heart to the lungs. फुस्फुसीया धमनी ।

Pulmonic. 1. Pulmonary. फुस्फुसीया । 2. A sufferer from the disease of the lungs. फुस्फुस रोगका रोगी ।

Pulmonitis (pul-mo-ni'-tis). Pneumonitis ; inflammation of the lungs. फुस्फुस-प्रदाह ।

Pulp (pulp). The soft, succulent parts of the plants and fruits. मज्जा ; फलका गूदा ।

Pulpitis. Inflammation of the dental pulp ; odontitis. दन्तमज्जाका प्रदाह ।

Pulsation. The throbbing or beating, as of the pulse or the heart. स्पन्दनशीलता ; नाड़ी या हृत्पिण्डकी स्पन्दनशीलता ।

Pulse, Pulsus (puls). The expansion and contraction of an artery, which may be felt with the finger. नाड़ी ; नाड़ीकी गति ; नाड़ी-स्पन्दन । **P. Alteran**, a pulse having regular alteration of weak and strong pulse-beats. पर्यायक्रमिक नाड़ी ; वह नाड़ी जिसमें नियमित रूपसे पर्यायक्रमसे सबल और दुर्बल स्पन्दन होता है । **P. Bigeminal,** one in which beats occur in pairs, द्विघाती नाड़ी । **P. Celer,** rapid pulse. तीव्र नाड़ी । **P. Caprizant,** goat-leap pulse. उछलती हुई नाड़ी । **P. Cordy,** tense form of pulse. तनी ; सुदृढ़ नाड़ी । **P. Dicrotic,** pulse having excessive recoil wave. अत्यधिक पश्चाद्वर्त्ती ।

तरंगायित नाड़ी। **P. Full,** one in which the artery is filled with a large quantity of blood. पूर्ण नाड़ी, जिसमें धमनीमें अत्यधिक रक्त बढ़ आता है। **P. Hard**, one which is characterized by high tension. बहुत ज्यादा तनी नाड़ी ; कठोर नाड़ी। **P. Intermittent,** one in which various beats are dropped. सविराम नाड़ी। **P. Irregular,** one in which the beats occur at irregular intervals. अनियमित नाड़ी। **P. Jugular**, pulsation of the jugular vein of neck. ग्रैवेयी शिराका स्पन्दन। **P. Quick,** that which strikes the finger rapidly and leaves it quickly. तीव्र नाड़ी। **P. Thready,** one that is scarcely perceptible. सूत्रवत् नाड़ी। **P. Wing.** small rapid and tense pulse, feeling like a cord. क्षुद्र, तीव्र तथा तनी हुई नाड़ी, यह अंगुलीके नीचे डोरीकी तरह मालूम होती है ; तारकी तरह नाड़ी।

Pulsimeter (puls-im-et-er). A sphygmometer. नाड़ी-परीक्षा यंत्र ; स्फिग्मोमीटर।

Pulsus. A pulse. नाड़ी।

Pulver (pul-ver). A powder. चूर्ण ; विचूर्ण।

Pulverization (pul-ver-iz-á-shun). The act of reducing to a powder. चूर्ण करना ; विचूर्ण बनाना।

Pulverulent (pul-ver-u-lent). Powdery, dust like. विचूर्णित ; बुकनीकी तरह।

Pulvis (pul-vis). Powder. चूर्ण ; बुकनी।

Puna (poó-nah). Mountain sickness. पहाड़ी रोग।

Puncta (punk-tah). Points, बिन्दु ; मुख ; अग्र भाग। **P. Dolorosa,** painful points in the course of inflamed parts. प्रादाहिक अंशोंका वेदनापूर्ण स्थान।

Punctura (punk-tu-rah). Puncture. क्षुद्र छिद्र, बेध।

Puncture (punk-chūr). A wound made by a pointed instrument. नुकीले अस्त्रसे छेदा हुआ घाव ; छिद्रव्रण।

Pungent (puń-jent). Acrid ; sharp. झाल ; कटु ; तीव्र ; उग्र।

Pupil (pú-pil). The opening at center of the iris of the eye for the transmission of light. चक्षुतारा ; पतली ; तारा ; नवनी।

Pupillary (pú-pil-a-re). Pertaining to the pupil. चक्षुतारा-विषयक।

Pure (púr). Free from mixture ; unstained. शुद्ध ; अमिश्रित।

Purgative (pur-gat-iv). Cathartic ; an agent producing watery evacuations. विरेचक ; दस्तावर।

Puriform (pú-rif-orm). Resembling pus; having the nature of pus. पीबके आकारका ; पीबकी प्रकृतिवाला।

Purify (pú-rit-i). To cleanse. शोधन करना ; साफ करना ।

Puritic (pu-rit-ik). Relating to pus. पीव-सम्बन्धीय ।

Puromucous (pu-ro-mú-kus) Consisting both pus and mucus. पीव तथा श्लेष्मा मिश्रित ।

Purpura (per-pu-rah). An affection characterized by hemorrhages into the skin, the colour being at first red, then purple. धूम्र-रोग ; शीताद ; चर्मके भीतर रक्तस्राव होनेवाला एक चर्म रोग ।

Purulent (pū-roo-lent). Suppurative. पीव भरा ; पकनेवाला ।

Pus (puś). The fluid product of suppuration. पीव ।

Pustulant (puś-tu-lant). An agent that causes pastulation. पीव-भरी फुन्सियाँ पैदा करनेवाला ।

Pustular (pus-tu-lar). Relating to or marked by pustules. संगुरी ; पच्यमान ; फुन्सीभरा ।

Pustule (puś-tūl). A small circumscribed elevation on the skin, containing pus. फुड़िया ; पीव-भरी फुन्सियाँ । **P. Malignant,** cutaneous anthrax. बलखिया ; जमड़ा ; सांघातिक विषव्रण ।

Putrefaction (pu-tre-fak-shun). Decomposition of animal or vegetable matters ; decay. कोढ़ ; सड़ना ; गलना; पूति; पतितावस्था ; नैतिक अपकर्ष ।

Putrefactive (pu-tre-fak-tiv). Relating to or causing putrefaction. गलानेवाला ; पूतिकारक ।

Putrescence (pu-treś-ens). Decay; rottenness, putridity. क्षय ; सड़न ; पचनशीलता ।

Putrid (pū-trid). Decomposed, offensively rotten. गलित ; दुर्गन्धित ; पूतिगन्धमय ; दूषित ।

Pyarthrosis (pi-ar-thró-sis).Suppuration of joints. सन्धियोंमें पीव होना ।

Pyelitis (pi-el-i'-tis). Inflammation of the pelvis of the kidney. मूत्र-पिण्ड आवरणका प्रदाह ।

Pyelonephritis. Inflammation of the kidney and its pelvis. मूत्रपिण्ड तथा उसके गिलाफका प्रदाह ; मूत्रपिण्ड-आवरक-झिल्ली-प्रदाह ।

Pyemia, Pyœmia. The presence of pus in the blood. रक्तमें पीव हो जाना ; रक्त विषाक्त होना ।

Pyemesis (pi-em-e-sis). The vomiting of pus. पीवका वमन ।

Pyencephalus (pi-en-sef-al-us). Abscess of the brain. मस्तिष्कार्बुद ; मस्तिष्कके भीतर फोड़ा ।

Pyesis (pi-é-sis). Pyosis ; the formation of pus. पीव संचार ; पीव पैदा होना ।

Pygal (pi'-gal). Relating to the buttocks. नितम्ब-सम्बन्धीय ।

Pygalgia (pi-gaĺ-je-ah). Pain in the buttocks. नितम्ब-शूल ।

Pyic. Relating to pus, purulent. पीव-सम्बन्धीय ; पीवमय ।

Pylemphraxis. Obstruction in some portion of the portal veins. याकृती शिराके कुछ अंशोंमें रुकावट ।

Pylephlebitis (pi-le-fleb-i'-tis). Inflammation of the portal vein or any of its branches. याकृती-शिरा अथवा उसकी किसी शाखाका प्रदाह ।

Pylic (pi'-lik). Relating to the portal vein. याकृती-शिरा-विषयक ।

Pylon (pi'-lon). An artificial leg. कृत्रिम पैर ।

Pyloralgia (pi-lor-aĺ-je-ah). Pain in the pyloric region of the stomach. पक्वाशयिक प्रदेश (दक्षिणांश) में दर्द ।

Pyloric (pi-loŕ-ik). Relating to pylorus. पाकाशय दक्षिणांश विषयक ।

Pyloritis (pi-lor-i'-tis) Inflammation of the pylorus. पाकाशय दक्षिणांशका प्रदाह ।

Pylorus (pi-loŕ-us). The opening of the stomach into the duodenum. पाकाशय द्वार ; पिटधराकला ; पाकाशयका नीचेकी ओरका मुँह ; अन्तर्द्वारी ; आमाशय दक्षिणांश ।

Pyoicele (pi-o-sel). An accumulation of pus in the scrotum. मुष्कमें पीव जमा होना ।

Pyocelia, Pyocœlia. pain in abdominal cavity. उदर गह्वरके भीतर दर्द ।

Pyocephalus. A purulent effusion within the cranium. करोटीमें पीव-स्राव ।

Pyochezia (pi-o-ké-zi-ah). A discharge of pus from the bowels. आँतोंसे पीवका स्राव ; पीव-मिले दस्त ।

Pyocolpocele (pi-o koĺ-po-sel). A suppurating tumour of the vagina योनि-पथमें पीव-भरा अर्बुद ।

Pyocolpos (pi-o-koĺ-pos). Pus in the vagina. योनिमें पीव होना ।

Pyocyanogenic. Causing blue pus. नीलवर्ण पीव उत्पन्नकारक ; नीले रंगका पीव पैदा करनेवाला ।

Pyocyte (pi-o-sit). Pus-corpuscles. पीवके कण ।

Pyodermatitis (pi-o-der-ma-ti'-tis). Suppurative inflammation of the skin. चर्मका पक जानेवाला प्रदाह ।

Pyogenesis (pi-o-jeń-es-is). The formation of pus. पीव संचार ; पीव बनना ।

Pyogenic, Pyogenetic. Pus-forming, relating to pus formation. पूयोत्पादन ; पूयोत्पादन-सम्बन्धीय ; पीव बनना ।

Pyohemia, Pyohœmia (pi-o-hé-me-ah). Pyemic. रक्तमें पीव हो जाना ; रक्त-विषाक्तता ।

Pyometra (pi-o-mé-trah). An accumulation of pus in the uterus. जरायुमें पीव-संचय ।

Pyonephritis (pi-o-ne-fri'-tis). Suppurative inflammation of the kidney. मूत्रपिण्डका पक जानेवाला प्रदाह ।

Pyonephrosis (pi-o nef-ró-sis). Suppuration within the kidney. गुर्देके भीतर पीव-संचय ।

Pyoovarium (pi-o-o-vá-re-um). A suppurating ovarian abscess. पक जानेवाला डिम्बाशयका स्फोटक ।

Pyopericarditis (pi-o-per-i-kar-di-tis). Suppurative inflammation of the pericardium. हृदावरक-झिल्लीका पीव पैदा हो जानेवाला प्रदाह ।

Pyophthalmia, Pyophthalmitis. Suppurative inflammation of the eye. आँखका पक जानेवाला प्रदाह ।

Pyophysometra(pi-o-fiz-o-mé-trah). The presence of pus and gas in the uterus. जरायुमें पीव और गैसकी उपस्थिति ।

Pyopoiesis (pi-o-poy-é-sis). The formation of pus. पूयोत्पादन ; पीव बनने लगना ।

Pyoptysis (pi-op-ti-sis). Purulent expectoration ; spitting of pus. पीव-मिला बलगम ; बलगममें पीव निकलना ; पूयोत्कास ।

Pyorrhea, Pyorrhœa (pi-o-ré-ah). A purulent discharge. पूय-स्राव ; पीव बहना । **P. Alveolaris**, progressive necrosis of the dental alveoli. दन्तगुहाका बढ़ता हुआ अस्थि-क्षत । **P. Salivaris**, a discharge of pus from salivary duct. लसिका-प्रणालीसे पूय-स्राव ।

Pyosalpinx (pi-o-sal-pinks). Distention of a fallopian tube with pus. पीवके कारण काल्ल-नलका तनाव ।

Pyosis (pi-ó-sis). Suppuration. पीव होना ; पकना ।

Pyostatic (pi-o-stat-ik) Arresting suppuration ; an agent that arrests the formation of pus. पीव-निर्माण-रोधक ; पूयोत्पादन रोधक ; पीव पैदा होना रोकनेवाला ।

Pyothorax (pi-o-thó-raks). Pus in the pleural sac. फुस्फुसावरक झिल्लीमें पीव-संचय ।

Pyoureter (pi-o-u-ré-ter). Distention of a ureter with pus. पीवके कारण मूत्र-पथका प्रसारण ।

Pyramid (per-am-id). Any conic shaped eminence upon an organ. सूचीपिण्ड ।

Pyramidal. Of the shape of a pyramid. सूच्याकार ।

Pyramidalis (per-am-id-á-lis). Muscles pyramidial in shape. उदरच्छदा सूच्याकार पेशी ।

Pyrenemia, Pyrenæmia (pi-re-né-me-ah). A condition marked by the presence of nucleated blood-corpuscle. एक दशा, जिसमें मींगी-संयुक्त रक्त-कण उपस्थित रहते हैं।

Pyretic (pi-reť-ik). Pertaining to fever. ज्वर-सम्बन्धी।

Pyretogenesis (pi-ret-o-jeń-es-is). The origin and progress of fever. ज्वरकी उत्पत्ति और विकास।

Pyretogenetic (pi-ret-o-jeń-et-ik). Causing fever. ज्वरोत्पादक ; बोखार लानेवाला।

Pyretogenus (pi-re-toj'-en-us). 1. Caused by fever. ज्वरके कारण उत्पन्न। 2. Causing fever. ज्वरोत्पादक।

Pyretolysis (pi-re-tol-i-sis). Reduction of fever. ज्वर-ह्रास ; ज्वरका घटना।

Pyretology (pi-ret-ol-o-je). The science of fevers. ज्वर-विज्ञान।

Pyretotyphosis (pi-ret-o-ti-fó sis). Delirium due to fever. ज्वरके कारण प्रलाप।

Pyrexia (pi-reks e-ah) An elevation of temperature ; fever. ज्वर ; ताप वृद्धि।

Pyriform (peŕ-if-orm). Pear-shaped. सेवके आकारका।

Pyromania. Insanity tending to actuate incendiarism उन्माद, जिसमें आग लगानेकी इच्छा होती है ; गृहदाहोन्माद।

Pyrophobia (pi-ro-fó-be-ah). Morbid dread of fire. अग्निभीरु ; आगका अस्वाभाविक भय।

Pyrosis (pi-ró-sis). The raising of small quantities of acid liquid from the stomach ; heart-burn. मुँहमें पानी भर आना ; कलेजा जलना।

Pyrotic. Relating to pyrosis. कलेजेमें जलन होनेके विषयमें।

Pyuria (pi-ú-re-ah). The presence of pus in the urine. मूत्रपूयहा ; सपूय मूत्र ; पेशाबमें पीव रहना।

Q.

Quack (kwak). A charlatan ; one who pretends to a knowledge of medicine which he does not possess. अनाड़ी चिकित्सक ; चिकित्सा ज्ञान न रहनेपर भी अपनेको चिकित्सक बताकर धोखा देनेवाला ।

Quackery (kwak-er-e). Treating the sick without knowledge of medicine. भेषज-ज्ञान न रहनेपर भी चिकित्सा करना कुवैद्य ।

Quader (kwá-der). The quadrate lobe of the cerebrum. मस्तिष्क चतुष्कोण खण्ड ।

Quadrate (kwad-rāt). Square. सम-चतुष्कोण ; चतुरस्राकार । **Q. Lobe,** a small lobe of the liver एक क्षुद्र यकृत-खण्ड ।

Quadratus (kwad-rá-tuṣ). Square ; a name given to several muscles which are more or less square in shape. चतुष्कोण ; कुछ-न-कुछ चतुष्कोण रहनेवाली कई पेशियाँ । **Q. Femoris muscle.** चतुरस्रा और्वी पेशी । **Q. Labii inferioris muscle.** निम्नोष्ठगत चतुरस्रा पेशी । **Q. Labii superioris muscle.** ऊर्ध्व नेत्रच्छदोत्थापिका पेशी । **Q. Pronatus.** प्रकोष्ठ चतुरस्र पेशी । **Q. Plantæ muscle.** पाद चतुरस्रा पेशी । **L. Quadrattes.** चतुरस्र खण्ड ।

Quadriceps (kwad-ri-seps) Four-headed. चतुःशिरी ; चार शिरवाला ।

Quadrigeminal (kwad-re-jem-in-al). Four-fold. चौतही । Corpora quadrigemina. मस्तिष्कके योजकके ऊपरी भागमें रहनेवाले अवदाकार चार उन्नत अंश ; चतुष्पिण्ड ।

Quadripara (kwad-rip-ah-rah). A woman who has given birth to four children. चार बच्चोंकी माँ ।

Quadriplegia (kwad-rip-lé-je-ah). Paralysis of the four trunks. चार अंगोंका पक्षाघात ।

Quadripolar (kwad-rip-ó-lar). Having four poles. चार स्तम्भोंवाला ।

Quadrivalent (kwad-riv-al-ent). Having the valence or combining power of four atoms of hydrogen. चतुर्धाशक्तिक ।

Quadrumana. Animals having four hands. चतुर्हस्त जन्तु ; चतुष्पाणिक ; चतुष्करी ; चार हाथोंवाला ।

Quadruplet. One of four children born together. एक बार प्रसूत सन्तान चतुष्टयमेंसे एक ।

Quantum (kwań-tum). A certain definite amount. मात्रा ; परिमाण ; अंश-भाग । **Q. Sufficit,** as much as suffices. यथेष्ट परिमाण ; यथोचित मात्रामें ।

Quarantine (kwar-an-tin). The period during which a ship or person, suspected of infection, is prohibited from entrance to a place. जिस समयतक स्पर्श-संक्रामक रोगके प्रादुर्भावयुक्त स्थानसे आये किसी जहाज या मनुष्यको किसी स्थानसे किसी तरहका संसर्ग रखनेको मना ही रहता है । संसर्ग प्रतिषेध ; गमनागमन - प्रतिषेध ; संसर्ग-प्रतिषेध व्यवस्था ।

Quartan. Occurring every fourth day, reckoning inclusively, as an ague or intermittent fever. प्रति चतुर्थ दिवस आगमनकारी ; चौथे दिन होनेवाला ; चातुर्थक ; चातुर्थक ज्वर ।

Quarter-evil Symptomatic anthrax ; black-leg. पशु जातिका दाहिका रोग ।

Quechabunda. A tropical disease resembling beri-beri. बेरी-बेरीके सदृश गर्म देशका एक रोग ।

Quickening First perceptible movement of the fetus in utero स्पन्दन ; गर्भमें भ्रूणका प्रथम संचालन ।

Quick-silver (kwik-sil-ver). Mercury. पारद ।

Quincke's Disease. Acute circumscribed edema. नये चकत्तेवाला शोथ ।

Quinic (kwin-ik). Relating to quinine. क्विनिन-सम्बन्धीय ।

Quinine, Quinina (kwin-en, kwin-é-nah). क्विनिन ; क्विनिना ।

Quininism. That disturbance of the nervous system caused by continuous use or large doses, of the sulphate of quinine. अधिक क्विनिन सेवन-जनित रोग ।

Quinsy. Sore-throat ; an acute severe inflammation of the tonsils with fever. गल-शुण्डिका ; तालुमूल-प्रदाह ; सामान्य गलक्षत ।

Quintan. An intermittent fever. with paroxysm every fifth day. पाँचवें दिन आनेवाला सविराम ज्वर ; पंचवात ज्वर ; पाँच दिनवाला बुखार ।

Quiz. Informal instruction by questions and answers. प्रश्नोत्तर द्वारा शिक्षा ।

Quotidian (kwot-id-e-an). Recurring every day. दैनिक ; नित्य होनेवाला । 2. A form of intermittent fever with daily recurrent paroxysm. नित्य आनेवाला ज्वर ; ऐकाहिक ज्वर । **Double quotidian**, a fever having two daily paroxysm. द्वैकालीन ज्वर ; द्वाहिक ज्वर ; द्वितीयक ज्वर ।

R.

Rabid (rab-id). Sufferring from rabies. जलातंक रोगका रोगी ।

Rabies (rá-bi ez). Lyssa ; hydrophobia. जलातंक ।

Rachialgia (ra-ke-al-je-ah). Pain in the spine. मेरुदण्डमें दर्द ।

Rachicentesis (ra-kis-en té sis). Puncture into the spinal cord. मेरुदण्डमें सूक्ष्म छिद्र हो जाना ।

Rachidian (ra-kid'-e-an). Relating to the spino-vertebral. मेरुदण्ड-कशेरुका-विषयक ; कशेरुका-सम्बन्धीय ।

Rachigraph (rá-kig-raf). An instrument for recording the outlines of the spine and back. पीठ और मेरुदण्डकी सीमा-रेखा अंकित करनेवाला यंत्र ।

Rachilysis (ra-kil is-is). The treatment of lateral curvature of the spine by mechanical means. यंत्रोंकी सहायतासे मेरुदंडकी पश्चाद् वकताकी चिकित्सा ।

Rachiocampsis (ra-ke-o-kamp sis). Curvature of the spinal column. मेरुदंडका टेढ़ा पड़ जाना ; मेरुदण्डकी वकता ।

Rachiochysis (ra-ke-o-ki-sis). Pain in the spinal cord. सुषुम्नामें वेदना ।

Rachiomyelitis(ra-ke-o-mi-el-i'-tis). Inflammation of the spinal cord. सुषुम्नाका प्रदाह ।

Rachioplegia (ra-ke-o-plé-je-ah). Spinal paralysis. मेरुदण्डका पक्षाघात ।

Rachioscolioma (ra-ke-o-sko-le-ó-mah). Lateral curving of spine. मेरुदण्डका पीछेकी ओर टेढ़ा पड़ जाना ; मेरुदण्डकी पश्चात् वकता ।

Rachioscoliosis (ra-ke-o-sko-le-ó-sis). Lateral curvature of spine. मेरुदण्डकी पश्चात्-वकता ।

Rachis (rá-kis). The spinal column. मेरुदण्ड ।

Rachischisis (ra-kis-kis-is). Congenital fissure of the spinal column मेरुदण्डका आजन्म छिद्र ।

Rachitic (ra-kit-ik). Relating to or affected with rachitis. बालास्थि-विकार-सम्बन्धीय या बालास्थि-विकृतिका रोगी ।

Rachitis (ra-ki'-tis). Rickets ; inflammatory disease of the vertebral column. बालास्थि-विकृति ; कशेरुकाका प्रादाहिक रोग ।

Radial (rá-de-al). Relating to the radius. प्रकोष्ठास्थि-सम्बन्धीय । **R. Artery.** बहिःप्रकोष्ठका धमनी । **R. Nerve.** बहिःप्रकोष्ठका नाड़ी ।

Radiant (rá-di-ant), Radiating, giving out rays. विकीर्णकारी ; किरण देनेवाला । **R. Energy.** विकीर्ण शक्ति । **R. Heat.** विकीर्ण ताप ।

Radiate (rá-di-āt). To spread out in all directions from a centre. किसी केन्द्रसे चारों ओर विकीर्ण होना ; विकीर्ण करना ; विकरण ।

Radical (rad′-ik-al). Relating to the root or cause. मूल या कारण-सम्बन्धीय । 2. A form of treatment meant to destroy a disease. सम्यक-रूपसे आरोग्यकारी चिकित्सा ।

Radicle (rad′-ik-l), Any one of the smallest branches of a vessel or nerve. किसी रक्तवाहिनी या स्नायुकी क्षुद्रातिक्षुद्र शाखा । 2. The part of a seed which upon vegetating becomes the root. मूलाणु ; भ्रूण-मूल ।

Radicula (rad-ík-u-lah). A spinal nerve-root. मेरुदण्डीय स्नायु-मूल ।

Radiculitis (ra-dik-li-tis). Inflammation of the nerve-root. मेरुदण्डीय स्नायु-मूलका प्रदाह ।

Radiobicipital (rá-de-o-bi-sip-i-tal). Relating to the radius and the biseps muscle. बहिःप्रकोष्ठास्थि और द्विमूल-पेशी सम्बन्धीय ।

Radiolus (rá-de-o-lus). A probe or sound. शलाका या ध्वनि ।

Radiometer. A device for measuring the penetrative power of X-rays. एक्स-किरणकी अन्तः प्रवेशिका शक्ति परिमापन प्रणाली ; विकीरण-मापक ।

Radiotherapy (ra-de-o-thér-ap-e) The treatment of disease by means of X-rays, radium and other radioactive substance. एक्स-किरण, रेडियम तथा अन्य विकीर्ण-धर्मी पदार्थों द्वारा रोग-चिकित्सा ।

Radio-ulnar (ra-de-o-ul-nar). Relating to the radius and ulna. बहिः-प्रकोष्ठास्थि और प्रकोष्ठास्थि-विषयक ।

Radium A radio-active element. एक विकीर्ण-धर्मी तत्व ; रेडियम ।

Radius. The outer and shorter of the two bones of the fore-arm. अग्र प्रकोष्ठास्थि ; अग्रबाहुको बाह्य और लघु दोनों अस्थियाँ ।

Radix (rá-diks). A root. जड़ ; मूल । 2. The beginning portion of any part, as of a nerve at its origin from the brain or spinal cord. मस्तिष्क या सुषुम्नासे निकलनेवाली किसी नाड़ीके किसी अंशका आरंभिक भाग ; नाड़ी-मूल ।

Railway Kidney. An affection of the kidney due to constant jar. सदा झटका लगते रहनेके कारण मूत्रपिण्डका एक रोग ।

Rale (rah-l). Rattle or rhoncus ; an adventitious sound hard on auscultation of the chest in diseases of the lungs or bronchi. कर्कश श्वास-शब्द ; घरघराहट ; फुस्फुस तथा श्वासोपनलियोंके रोगमें वक्ष-परीक्षार्थ आकर्णनके समय सुन पड़नेवाले एक प्रकारके संयुक्त शब्द । **R. Amphoric,** a large musical and tinkling sound. खाली शीशामें फूंकनेकी तरह ध्वनि। **R. Bubbling**, a moist rale, finer than subcrepitant rale. बुलबुले फूटनेकी-सी आवाज। **R. Crepitant**, a fine bubbling or cracking sound produced by the presence of very thin secretion in smaller bronchial tube. केश-घषणकी तरह शब्द; यह क्षुद्र वायुनलियोंसे खूब पतला स्राव होनेके कारण होता है। **R. Dry**, a sound produced by a constriction in a bronchial tube or the presence of viscid secretion. श्वासोपनलियोंमें संकोचन होने या लसदार स्राव होनेके कारण उत्पन्न शब्द; शुष्क शब्द। **R. Metallic**, one of the metallic quality sound caused by a resonance in a large cavity. धातव शब्द; बड़े गह्वरोंपर आघात करनेसे प्रतिशब्दके रूपमें होनेवाला शब्द। **R. Sibilant**, whistling sound. सीटीकी तरह आवाज। **R. Sonorous**, a cooing or snoring sound, often produced by the vibration of a projecting mass of viscid secretion in large bronchus. खनखनाहटकी आवाज, यह बड़ी-बड़ी श्वासनलियोंमें लसदार बलगमके ढेलेके स्पन्दनके कारण होती है।

Ramex. Hernia varicocele or any scrotal tumour. अंत्रवृद्धि, शिरार्बुद या मुष्कका कोई अर्बुद।

Ramification. A branching. शाखा-विस्तार।

Ramollissement (rah-mo-lé-smahn) Softening of a part. किसी शरीरांशका कोमल पड़ जाना।

Ramose, Ramous (rám-os, ra-mus) Branching; having many branches. शाखायित; शाखा-विस्तारी; शाखा-बहुल।

Ramulus (rám-u-lus). A small branch. क्षुद्र-शाखा।

Ramus (rá-mus). A branch of an artery, nerve or vein. शाखा; किसी धमनी, अस्थि, स्नायु या शिराकी शाखा।

Rancid (rań-sid). Fetid or musty smell. उग्र गन्ध; दुर्गन्धित।

Ranine (rá-nin). Relating to the lower surface of the tongue. जिह्वाधोवर्ती अंश विषयक।

Ranula (rań-u-lah). A cystic tumour beneath the tongue. जिह्वा अधोवर्ती अर्बुद; जीभके नीचे होनेवाला गूमड़ तेंटुआ; उप-जिह्वा।

Rape. Carnal connection with a woman by force and against her will. किसी स्त्रीकी इच्छाके विरुद्ध सम्भोग करना; बलात्कार।

Raphe (raf-e). The line of vision of two contagious and similar structures; suture. सीवन।

Rarefaction (rar-e-fak-shun). The condition of being or becoming less dense. अधनत्त्व करण ; विरलीकरण ; लघुकरण ।

Rarefy. To become light or less dense. पतला होना ; लघु होना ।

Rash (rash). A temporary eruption on the skin. पीड़का ; दाने ; ददोरे । **R. Canker**, scarlatina. आरक्त ज्वर । **R. Nettle**, urticaria. आमवात ; जुलपित्ती । **R. Nose**, roseola. पाटनिका ; मुंहासा । **R. Summer**, lichen tropicus. घमौरी ; शैवालिका ।

Ratio (rá-shyo). Proportion. हार ; अनुपात ।

Rational (rash́-un-al). Reasonable. यौक्तिक ; युक्तिसंगत ।

Rattles. Croup. कूजित कास ; घरघर शब्द ।

Raucedo. Hoarseness ; roughness of voice. स्वरभंग ; गला फँसना ।

Re-action (re-ak̍-shun). Responsive action. प्रतिक्रिया ; प्रतिरक्ष ; पुनरुत्तेजन ; प्रतिघात ।

Re-activate (re-ak̍-ti-vat) To render active again. पुनः प्रतिक्रियाशील बनाना ।

Re-agent (re-á-jent). Any thing producing a reaction. प्रतिक्रिया-साधक पदार्थ ।

Receiver (re-sé-ver). A vessel for receiving distillation products. आधार पात्र ; ग्राहक पात्र ।

Receptaculum (re-sep-tak̍-u-lum). A receptacle. आधार पात्र ; स्थाली । **R. Chyli**, the inferior expanded portion of the thoracic duct. महालसिकावाहिनीका अध : प्रसारित अंश ; लसिका कोष ।

Recess (re-seś). A small empty space or cavity. एक क्षुद्र गह्वर ।

Recession (re-sesh́-un). Retraction. प्रत्याहार ; प्रत्याख्यान । **R. Of gums**, the shrinking of the gums away from the roots of teeth. दन्त-मूलसे मसूढ़ोंका हट जाना ।

Recessive. Having a tendency to disappear. लोप-प्रवणता ।

Recessus (re-seś-us). A recess. क्षुद्र गह्वर ।

Recidivation (re-sid-iv-á-shun). The relapsing of a disease. रोग-प्रत्यावर्त्तन ; बीमारीका दोहराना ।

Reclination (rek-lin-á-shun). The act of lying down. लेट जाना ।

Recrement (rek̍-re-ment). Re-absorbable secretion. वह स्राव, जो पुनः आशोषित हो सकता है ; तरल पदार्थका रक्तमें प्रत्यावर्त्तन ।

Recrudescence (re-kru-deś-ens). The aggravation of a disease after a temporary remission. सामयिक रूपसे घटकर रोगकी फिर वृद्धि हो जाना ।

Rectal (rek̍-tal). Relating to the rectum. मलाशय सम्बन्धीय ।

Rectalgia (rek-tal̍-ji-ah). Pain in the rectum. मलाशयमें दर्द ।

Rectification (rek-tif-ik-á shun). The refining or purification of a substance. संशोधन ; परिष्कारकरण ।

Rectitis (rek-ti-tis). Inflammation of the rectum ; proctitis. मलाशयका प्रदाह ।

Rectocele (rek-to-sel). Proctocele ; prolapse of the rectum. मलांत्रकी स्थान-च्युति ; मलांत्रका बाहर निकलना ; काँच निकलना ।

Rectococcygeal (rek-to-kok-sij-e-al). Relating to the rectum and the coccyx. सरलांत्र तथा गुदास्थि-सम्बन्धीय ।

Rectophobia (rek-to-fó-be-ah). Proctophobia ; a morbid dread of rectal disease. मलाशयके रोगका अस्वाभाविक भय ।

Rectostenosis (rek-to sten-ó-sis). Stricture of the rectum. मलांत्रका संकोचन ।

Rectourethral. Relating to the rectum and urethra. मूत्रनली तथा मलांत्र सम्बन्धीय ।

Rectouterine (rek-to-ú-ter-in). Relating to the rectum and uterus. जरायु तथा मलांत्र संक्रान्त ।

Recto-vaginal. Relating to the rectum and vagina. मलांत्र और योनि-विषयक ।

Recto-vesical. Pertaining to the rectum and bladder. मलांत्र और मूत्राशय सम्बन्धीय ।

Rectum (rek-tum). the lower part of the large intestine. वृहत् अंत्रका निम्न अंश ; सरलांत्र ; मलाशय ; मलांत्र ।

Rectus (rek-tus). Straight. सरल ; सीधा । **R. Abdominis muscle.** उदरच्छदा सरल पेशी । **R. Externus muscle.** सरल वहिर्नेत्रचालनी पेशी । **R. Femoris muscle.** सरला और्वी पेशी । **R. Inferior muscle.** सरलाधो नेत्रचालनी पेशी । **R. Internus muscle.** सरलांत्र नेत्रचालनी पेशी । **R. Superior muscle.** सरलोर्ध्व नेत्र-चालनी पेशी ।

Recumbent (re-kum-bent). Lying down leaning against another part. लेटना ; किसी दूसरे अंशके सहारे उठना ; अर्द्धशायित ; अलस भाव ।

Recuperate (re-ku-per-á-t). To recover ; to regain health and strength. आरोग्य होना ; स्वास्थ्य तथा बलकी पुनर्प्राप्ति ।

Recuperation (re-ku-per-á-shun). Recovery ; restoration to the normal state. आरोग्य ; स्वाभाविक अवस्थामें आगमन ।

Recurrence (re-kur-enz). A return ; relapse. दुहराना ; वापस आना ; पुनरुक्ति ; रोग दुहराना ।

Recurrent (re-kur-ent). Returning at intervals. पुनरावर्त्तक । **R. Fever,** relapsing fever. पौनःपुनिक ज्वर । **R. Fibroid,** a spindle-celled sarcoma. मकड़ेके आकारका कोषार्बुद ।

Recurved (re-kervd). Bent backward. पीछेका ओर झुका।

Redintegration (red-in-te-grá-shun) The restoration of lost or injured parts. क्षय या आहत अंशका पुनर्निर्माण ; पूर्वीकरण ; पुनर्नवोपादन।

Redressment (re-dreś-ment). Correction of deformity. कदाकारिताका संशोधन ; बिगड़े कुरूप अंगका सुधार।

Reduce (re-dūś). To weaken. कमजोर करना ; घटाना। 2. In chemistry ; to decompose ; to bring back to a metallic form. धातव रूपमें गलाकर ले आना।

Reduction. An operation for the restoration of a dislocated or luxated bone to its original situation. आनयन ; सन्धिच्युत अस्थिका फिर यथास्थान बैठा देना।

Reduplication (re-du-plik-á-shun). Applied to the paroxysm of ague of a double type. द्वौकालीनत्व ; सविराम ज्वरमें ज्वरके आवेशका दोहराकर होना ; द्वौकालीन ज्वर।

Reflection (re-flek-shun). 1. A bending back. परावर्त्तन ; पीछेकी ओर झुक जाना। 2. The throwing back of a ray of light or of the from of radiant energy from surface. परावर्त्तित किरण ; प्रतिविम्ब।

Reflex (ré-fleks). A reflected action or movement. परावर्त्तित क्रिया।

Reflexogenic (re-fleks-o-jen-ik) Causing a reflex. परावर्त्तनकारी।

Reflux (ré-fluks) A backward flow ; regurgitation. उद्गीरण ; परावर्त्तित प्रवाह ; पीछेकी ओर प्रवाह।

Refract. To bend back. पीछेकी ओर झुकना।

Refraction (re-frak-shun). 1. The act or process of repeating. वर्त्तन ; विवर्त्तन। 2. The deviation of light in passing obliquely from one medium to another of different density. आलोक-निवर्त्तन।

Refractive power. The various transparent media refract of the rays of light in different degrees. अवक्षेपनकारी शक्ति ; अवक्षेपक किरण-शक्ति।

Refractometer. An instrument for measuring the degree of refraction in various translucent substances especially the eye-media. वर्त्तनांक मापक ; चक्षु-वर्त्तनांक मापक।

Refracture. A re-breaking of a bone which has united after a previous fracture in a faulty position. ठीक स्थानपर न बैठी हुई हड्डीको ठीकसे बैठानेके लिये फिर तोड़ देना।

Refrigerant (re-frij'-er-ant). Cooling ; reducing slight fever. शैत्यकारक ; ठण्डा करनेवाला ; हलका ज्वर घटानेवाला।

Refusion (re-fú-sion) The temporary removal and subsequent return of blood to the circulation. कुछ देरके लिये रक्तका दौरान रोककर फिर जारी कर देना ।

Regenerate (re-jeń-er-at). To renew ; to produce. पुनरुत्पादन ; पुनर्जन्म ; पुनरुद्धार ।

Regeneration. A new growth or repair of lost tissues. पुनरुद्धार ; क्षय हुए मांसतंतुओंका फिरसे निकलना या फिरसे सुधार कर देना ।

Regimen (rej′-i-men). 1. A regulation of diet sleep, exercise etc. for a hygienic or therapeutic purpose. पथ्यापथ्य विषयक नियम । 2. Diet. खाद्य ।

Region (ré-jun). Area, territory. देश ; प्रदेश । 2. In surgery ; a circumscribed part of the body. शरीरका कोई सीमाबद्ध अंश ।

Regional (ré-jun-al). Relating to the region. किसी प्रदेश-सम्बन्धीय ।

Regression (re-gresh-un). Return of symptoms or relapse. रोग-लक्षणका पुनराविर्भाव ; रोग दुहराना ।

Regular (reǵ-u-lar). Normal or comforming to rule. सम, स्वाभाविक ; नियमित । 2. Menstruation at the proper intervals. समयानुसार ऋतु ; रजः-स्राव ; नियमित रजः-स्राव । **R. Pulse, the pulse, when the intervals between each two pulsations of the artery are equal.** सम नाड़ी ; नाड़ीके दो स्पन्दनोंके बीचका समान समायान्तर ।

Regurgitation (re-gur-jit-a-shun). The casting up of undigested food. न पचा हुआ अन्न ऊपर चढ़ आना ; बच्चोंका दूध वमन करना ; उद्गीरण ।

Re-implantation (re-im-plan-tá-shun). Replacement of a part that has been taken out. निष्कासित अंशका पुनः स्थापन ; शरीरका कोई अंश निकाल लेनेपर उसका फिरसे बैठा देना ।

Reinoculation (re-in-ok-u lá-shun). Inoculation a second time. दूसरी बार टीका देना ; पुनः नृमसूर्याधान ।

Reins (ránz). The kidney or its region. वृक्क या वृक्क प्रदेश ; मूत्रपिण्ड प्रदेश ; गुर्दा ।

Rejuvenescence (re-ju-ven-eś-ens). A renewal of youth. पुनर्यौवन प्राप्ति ; फिरसे जवान हो जाना ।

Relapse (re-lap-sé). The return of a disease soon after convalescence. पुनराक्रमण ; दोहराना ; प्रत्यावर्त्तन ; आरोग्य पथपर आनेके बाद ही फिर रोगाक्रमण होना ।

Relaxant (re-laks-ant). That which diminishes tension. तनाव दूर करनेवाला ; शिथिलकारी ।

Relaxation (rel-aks á-shun). Langour ; looseness or diminution of the tension of any part. शिथिलता ; ढीलापन ; किसी अंशका तनाव कम पड़ जाना ।

Remedial (rem-é-de-al). Having the nature of a remedy. औषधीय ; भेषजीय । 2. Curative. आरोग्यकारक ।

Remedy (rem-ed-e) An agent which cures disease or alleviates its symptoms. औषध ; भेषज ।

Remission (re-mish-un). 1. A lessening in severity. तीव्रताका ह्रास ; स्वल्प-विराम ; विच्छेद । 2. The period of abatement in fever. ज्वर विराम काल ।

Remittent (re-mit-ent). Characterized by temporary remissions or periods of abatement of the symptoms. स्वल्प-विराम । **R. Fever,** malarial fever with exacerbations and remissions, but no intermissions. स्वल्प-विराम ज्वर ।

Ren. The kidney. मूत्रपिण्ड ; वृक्क ; गुर्दा ।

Renaden (reń-ad-en). An extract from kidneys, used in nephritis. वृक्क-प्रदाहमें व्यवहृत वृक्कका सार-भाग ।

Renal (ré-nal). Relating to the kidneys. मूत्रपिण्ड-सम्बन्धीय ; वृक्क-विषयक ।

Renicapsule (ren-ik-ap-sūl). The capsule of the kidney. वृक्कक-कोष ।

Reniculars. Lotus renates ; a supra-renal body. मूत्रपिण्ड उपखंड ।

Reniform (reń-if-orm). Kidney shaped. मूत्रपिण्डाकर ; गुर्देकी शक्लवाला ।

Renin (reń-in). A substance found in the kidney. मूत्रपिण्डमें प्राप्त एक पदार्थ ; रेनिन ।

Renitis (reń-i-tis). Inflammation of the kidney. मूत्रपिण्डका प्रदाह ।

Repellent (re-pel-ent). Reducing swelling. प्रदाह लाघवकारक ; प्रदाह घटानेवाला ; जिस औषधके प्रदाहित स्थानपर लगानेपर प्रदाह घट जाता है ।

Repercussion. The driving away of a swelling. शोथ हटाना । 2. The disappearance of an eruption in consequence of the application of a repellent. शरीरके ऊपरी भागसे किसी रोगका कोई प्रलेप लगानेपर विलोप हो जाना ।

Repertory. In Homœopathic practice an index of symptoms. or of the symptoms peculiar to a special disease, with the name of the remedy or remedies having the same symptoms. होमियोपैथिक चिकित्सामें लक्षण सूची ; अर्थात् रोगके विशेष लक्षणके अनुसार औषधका उल्लेख करनेवाला ग्रन्थ ।

Repletion (re-plé-shun). The condition of being full. पूर्णताकी दशा, सम्यक्, पूर्णता ; रक्तपूर्णता ।

Repositor (re-poz'-it-or). An instrument for replacing a part. किसी अंशको पुनः स्थापन करनेवाला यंत्र ।

Reproduction (re-pro-duk-shun). Regeneration. पुनरुत्पादन । 2. Procreation ; the production of a new generation of living being. पुनसृ ष्टि ।

Resection (re-sek-shun). Excision of a portion of bone etc. अस्थि प्रभृतिका कोई अंश काट लेना ।

Reservoir. A storage place for liquids. तरल एकत्र करनेका स्थान ; हौज । 2. A cell or organ for storing assimilated substance. समीकृत पदार्थोंके जमा होनेका कोई कोष यंत्र ।

Residual (re-zid'-u-al). Remaining. बँचा हुआ ; अवशिष्ट । **R. Air,** the air which remain in the lungs after a forcible expiration and which no will-force can expel. प्रश्वासके बाद फुस्फुसमें बची हुई वायु ।

Residue (rez'-id-u). Remainder, rest. बचा हुआ ; अवशिष्ट ।

Residuum (rez-id'-u-um). The balance or remainder ; that which is left after any process of purification. अवशिष्टांश ; तलछट ; गाद ।

Resin (rez'-in). A solid inflammable substance of vegetable origin, soluble in alcohol, ether and volatile oils, but not in water. वृक्ष-निर्यास ; रजन ; राल ।

Resistance (re-zis-tans). A passive force exerted in opposition to another and active force. प्रतिरोध शक्ति । 2. The opposition by a conductor to the passage of an electric current. विद्युत प्रतिरोध ।

Resolution (rez-o-lú-shun). The subsiding of an inflammation. प्रदाहका दबना : 2, The softening and disappearance of swelling. सूजनका कोमल और अदृश्य हो जाना । 3. Analysis ; absorption. विश्लेषण ; आशोषण ।

Resonance (rez-on-ans). Reverberation of voice ; a sound heard on percussion or auscultation of chest during speech. प्रतिध्वनि ; बोलनेके समय वक्षपर आघातन या आकर्षन कालमें आयी हुई ध्वनि ।

Resonant (rez'-o-nant). Giving a vibrant sound on percussion. आघातन-कालकी कम्पनशील ध्वनि ।

Respiration. The act of breathing ; inspiration and expiration of air by lungs. फेफड़ोंसे वायुका खींचना और निकालना ; श्वास-प्रश्वास कर्म ।

Respiratory (res-pir-at-or-e). Pertaining to respiration. श्वास-प्रश्वास-सम्बन्धीय ; श्वास-क्रिया संक्रान्त । **R. Murmur,** a sound heard by auscultation in a healthy duct during inspiration and expiration, occasioned by the passage of the air into and from the cells of the lungs. फुस्फुसमें वायु यातायातका शब्द ।

Respirometer (res-pir-om-et-er). An instrument for determining the character of the respiratory movements. श्वास-प्रश्वासकी गति मापनेवाला यंत्र ।

Response (res-pons). An action or movement due to the application of a stimulus. किसी उत्तेजक औषधकी क्रिया या गति ।

Rest (rest). Repose after exertion. परिश्रमके बाद विश्राम ।

Restiform (res-tif-orm). Rope shaped. डोरीके आकारका । **R. Bodies**, the cord-like processes of the medulla oblongata. सुषुम्ना-शीर्षकका रज्जुकी तरह प्रवर्द्धन ।

Restitution (res-ti-tú-shun). An act or process of restoration. स्वस्थावस्था आगमन क्रिया या प्रणाली ।

Restorative (res-tó-ra-tiv). A remedy restoring health and strength. बल-स्वास्थ्य-प्रदायक औषध ; जीवनी-शक्ति प्रतिपादक ।

Resuscitation (re-sus-it-á-shun). The restoration to life or consciousness of one apparently dead. पुनर्जीवन संचार ; मृतवत् व्यक्तिमें पुनः ज्ञान या जीवन-संचार ।

Retained. Kept from departure or escape. रुद्ध ; आबद्ध ।

Retardation re-tard-á-shun). Delay. hinderance. विलम्ब ; रुकावट ।

Retching (rech-ing). Vomiting an unsuccessful attempt at vomiting. ओकाई ; वमनोद्रेक ।

Rete (ré-te) A net of nerve-fibres. **R. Mucosum**, the fibrous layer between the cuticle and cutis. बहिस्त्वक तथा यथार्थ चमका मध्यवर्त्ती अर्द्ध स्तर ।

Retention (re-ten-shun). The persistent keeping within the body of matter normally excreted. अवरोध ; रोध ; क्रिया लोप ; स्वाभाविक रूपसे बाहर निकलनेवाले पदार्थ शरीरमें ही रह जाना ।

Reticular (ret-ik-u-lar). Resembling a net. जालके आकारका ।

Reticulum (ret-ik-u-lum). A net work of cells or of thin nuclei. कोष या अणुमींगियोंका जालमय कार्य । 2. The second division of the stomach of a ruminant animal. मौचाक ; द्वितीय कोष्ठ ; पागुर करनेवाले जानवरोंके पेटकी थैली ।

Retiform. Reticular. जालवत् ; जालदार ।

Retina (ret-in-ah). The innemost membrane of the eye ; the coat at the back part of the eye. that conveys the sensation of the light or sight to optic nerve and thence to the brain. चक्षुपट, चक्षु-चित्रपट-चक्षुगोलकके पिछले भागकी अति सूक्ष्म झिल्ली

या पर्दा, जिसमें चक्षु-स्नायु सब आकर मिले हैं और जिसपर रोशनी पड़नेपर दिखाई देता है ; ताल ।

Retinaculum (ret in-ak-u-lum). A structure which retains an organ or tissue in its place. तन्तु-स्थापक अंश; वह निर्माण, जो यंत्र या तन्तुको अपने स्थानपर स्थित रखता है ।

Retinitis (ret-in-i'-tis). Inflammation of the retina. चक्षु-चित्रपत्र (ताल) का प्रदाह ।

Retinochoroiditis. Inflammation of both retina and choroid. चक्षु-चित्रपत्र और कृष्णपटलका प्रदाह ।

Retinoid (ret-in-oid). Resembling the retina. चक्षु-चित्रपत्र-सम्बन्धीय ।

Retort (re tort). A long-necked globular vessel used in distillation. काचकी फोंफी ; काँचकूपी ।

Retraction (re-trak-shun). The act of drawing back. पश्चादाकर्षण क्रिया ; पीछे खींचनेवाली क्रिया ।

Retractor (re-trak-tor). An instrument for drawing back the edges of a wound. किसी घावके किनारे खींचनेका यंत्र । 2. Any retractile muscle. पश्चादाकर्षणी पेशी ; ऊपरकी ओर आकर्षित अवस्था ।

Retrad (re-trad). Toward the posterior or dorsal part. पश्चात् भाग या पीठकी ओर ।

Retrahens aurem (ré-trah enz-aw-rem). Two small bundles of muscular fibres situated behind the ear. कर्ण-पक्षको पीछे खींचनेवाली पेशी ।

Retrobulbar (re-tro-bul-bar). Back of the eye-ball. चक्षुगोलकका पश्चाद्भाग ।

Retrocecal (re-tro-sé-kal). Behind the cecum. अंधांत्र-पश्चाद्भाग सम्बन्धीय ।

Retrocedent (re-tro-se'-dent) Disappearing from the surface and affecting some interior organ. स्थान-विकल्पशील रोग ; स्थानपरिवर्तनगामी ; वह रोग जो बाह्य स्थान छोड़कर किसी भीतरी यंत्रको आक्रान्त करता है ।

Retrocession (re-tro-sesh-un). A going backward. पश्चाद्गमन । 2. The transfer of a disease from the surface to the interior. गमन-पश्चाद् किसी रोगका बाह्य पटल छोड़कर अन्तरस्थ यंत्रपर आक्रमण ।

Retrocollic. Relating to the muscles at the back of neck. ग्रीवा-पश्चाद् पेशी संक्रान्त ; गर्दनके पीछेवाली पेशीके विषयमें ।

Retrocollis (re-tro-kol-lis). Spasmodic wry-neck in which the head is drawn backward. गर्दन अकड़ना ; गर्दन अकड़नेकी बीमारी, जिसमें गर्दन पीछेकी ओर खिंच जाती है ।

Retroflexion (re-tro-flek-shun). A bending backward. पश्चाद्वक्रता ।

Retrograde (ret-ro-grad). Receding or going backward. पश्चाद्गामी ।

Retrogression (ret-ro-gresh-un). Degeneration. अपचय ।

Retroinfection (ret-ro-in-fek-shun). Infection of the mother by the fetus in uterine. गर्भस्थ भ्रूणके कारण माताका रोगाक्रान्त होना ।

Retroiridian (re-tro-i-rid'-e-an). Behind the iris. चक्षु-उपताराके पश्चात् भागमें स्थित ।

Retroperitoneal (re-tro-per-it-on-é-al). Behind the peritoneum. अंत्रच्छदके पीछे ; अंत्रावरक झिल्लीके पीछेकी ओर स्थित ।

Retropharyngeal. Behind the pharynx. गलकोषके पीछे स्थित ; पश्चात् गल-कौषिक ।

Retrouterine (re-tro-ú-ter-n). Behind the uterus. जरायु-पश्चात्स्थित ।

Retroversion (re-tro-vér-zhun). A turning back. पश्चावावर्त्तन ; पश्चाद्-च्युति ।

Reunion (re-ûn-yun). The joining of several parts. अनेक अंशोंका सम्मिलित होना ।

Revellent (re-vel-ent). Revulsive ; derivative. रोगको एक अङ्गसे अन्यत्र स्थानान्तरित करनेवाली (दवा या उपचार) ; भावनाका आकस्मिक परिवर्त्तन ।

Reversion. The act of reverting. विवर्त्तन ।

Revivification (re-viv-if-ik-á-shun). Resuscitation ; renewal of life and strength. जीवन और शक्ति बढ़ानेवाला ; पुनः संजीवन ।

Revulsion (re-vul-shun). The withdrawal of blood from a diseased to a healthy part ; counter-irritation, derivation. रोगी अंशसे स्वस्थ अंशमें रक्त खींच लाना ।

Rhachialgia (rak e-al-je-ah). Backaches ; pain in the spine. पीठका दर्द ; मेरुदण्डका दर्द ।

Rhachitis. Rachitis. बालास्थि विकृति रोग ।

Rhacoma (ra-kó-mah). Excoriation. खाल उधड़ना ।

Rhacous (rá-kus). Wrinkled ; lacerated. झुर्री-भरा ; छिद्रित ; छेदभरा ।

Rhagades, Rhagadia (rag-ad-ez, rag-á-de-ah). Cracks or fissures in the skin. चर्मपर दरारें या फटे घाव ।

Rhegma (reg-mah). A fracture ; a fissure. अस्थि-भंग ; फटे घावके अपकरण ; विदारण ।

Rhegmation. Having a tear or fracture. भग्न या विदारण-विशिष्ट ।

Rheophore (ré-o-for). Electric battery cord connecting the two poles. दोनों स्तम्भोंको संयोजन करनेवाली विद्युत यंत्रकी रज्जु ।

Rheum (room). Catarrhal discharge. सर्दीका स्राव ; नाकसे श्लेष्मा-स्राव ।

Rheumarthrosis (roo-marth-ró-sis). Rheumatism of the joints. सन्धि-वात।

Rheumatalgia (roo-mata-ĺ-je-ah). Rheumatic pain. वात-वेदना।

Rheumatic (roo-mat́-ik). Relating to or suffering from the rheumatism. वात संक्रान्त या वात रोग-ग्रस्त ; वातिक। **R. Diathesis,** a constitutional lending to rheumatism. वात-धातु ; वात-प्रकृति ; वात-प्रवण धातु-प्रकृति।

Rheumatism (roó-mat-izm). An acute, probably infectious disease, characterized by fever, profuse perspiration, painful inflammations and swelling of one or more joints and often endocarditis. वात-रोग। **R. Articular.** बड़ी सन्धियोंका वात ; वृहत् सन्धि-वात। **R. Chronic,** an affection of joints, slow in progress, producing a painful thickening, interfering with motion and causing deformity. पुराना सन्धिवात ; यह धीरे-धीरे बढ़ता है ; सन्धियाँ वेदनापूर्ण और मोटी बना देता है, उन्हें हिलानेकी शक्ति नहीं रहती और कदाकार कर देता है। **R. Gonorrheal,** arthritis associated with urethritis. मूत्रनाली-प्रदाह संयुक्त सन्धि-प्रदाह ; प्रमेहज सन्धि-प्रदाह ; सूजाकको वजहसे उत्पन्न वात। **R. Muscular,** painful inflammation of the voluntary muscles. ऐच्छिक पेशियोंका वेदनापूर्ण प्रदाह ; पेशी-वात।

Rheumatoid (roó-mat-oid). Resembling rheumatism. वातके आकारका।

Rhexis (reks-is). Rupture of an organ or vessel. किसी यंत्र या रक्त-वाहिनीका फटना ; भेदन।

Rhinal (ri′-nal). Relating to the nose. नासा-संक्रान्त ; नाक-सम्बन्धीय।

Rhinalgia (ri-naĺ-je-ah). Pain in the nose. नासा-शूल ; नाकका दर्द।

Rhinencephalon (ri-nen-sef́-al-on). The olfactory brain in the man ; the rudimentary olfactory lobe. मस्तिष्कका घ्राण-केन्द्र खण्ड।

Rhinesthesis, Rhinæsthesia (ri-nes-thé-sis). The sense of smell. घ्राणेन्द्रिय।

Rhinion (riń-e-on). The point at the lower end of the suture between the nasal bones. नाकके हड्डियोंके बीचकी सीवनके निम्नांशका क्षुद्र अंश।

Rhinitis (ri-ni-tis) Inflammation of the mucous membrane of the nose. नाककी श्लैष्मिक झिल्लीका प्रदाह। **R. Acute,** coryza ; cold in the head. सर्दी ; मस्तककी सर्दी। **R. Atrophic,** coryza with thinning of the mucous membrane. श्लैष्मिक-झिल्लीकी क्षीणताके साथ सर्दी। **R. Hypertrophic,** chronic rhinitis with permanent thickening of the mucous membrane श्लेष्मिक-झिल्लीको स्थायी स्थूलताके साथ नाकको श्लेष्मिक-झिल्लोका प्रदाह। R. Nervosa, hay fever. उद्भिज्ज्वर। R. Vasomotor, hay fever. उद्भिज्ज्वर।

Rhinobyon (ri-nó-be-on). A tampon. खरोंट।

Rhinocleisis (ri-no-kli-sis). Obstruction of the nose. नासा-रोध; नाक रुकना।

Rhinodynia (ri-no-diń-e-ah). Rhinalgia ; pain in the nose. नासा-शूल; नाकमें दर्द।

Rhinolalia. Nasal speech ; rhinism. नकियाना ; नकियाकर बोलना।

Rhinolite, Rhinolith. A nasal calculus ; a stone in the nose. नासामें पथरी ; नासा-शिला।

Rhinolithiasis (ri-no-lith-i-as-is). The formation of nasal calculi. नाकमें पथरीकी उत्पत्ति।

Rhinologist (ri-nol-o-jist). A specialist in disease of the nose. नासा-रोगका विशेषज्ञ।

Rhinomiosis (ri-no-mi-ó-sis). An operation for reducing the size of the nose. नाकका आकार घटानेके लिये दिया हुआ नश्तर।

Rhinonecrosis (ri-no-ne-kró-sis). Necrosis of the bones of the nose. नासास्थिका अस्थिक्षत।

Rhinophonia (ri-ro-fó-ne-ah). A nasal tone in speaking. नकियाना ; नकियाकर बोलना ; सानुनासिक स्वर।

Rhinophyma (ri-no-fi'-mah). A tumor of the nose. नासार्बुद।

Rhinopolypus. Polypus of the nose or nostrils. नास्य बहुपाद ; नाकका गूमड़ ; नथुनोंका गूमड़ रोग।

Rhinorrhagia (ri-nor-á-je-ah). Hemorrhage from the nose. नाकसे रक्तस्राव।

Rhinorrhea (ri-nor-é-ah). A mucous discharge from the nose. नाकसे श्लेष्माका स्राव।

Rhinosalpingitis (ri-no-sal-pin-ji-tis). Inflammation of the mucous membrane of the nose and Eustachian tube. नाकको श्लेष्मिक-झिल्ली तथा कण्ठकर्णी नलोका प्रदाह।

Rhinoscleroma(ri-no-skle-ró-mah). A stony hardness of the skin and mucous membrane of the nose. चर्म तथा नाककी श्लेष्मिक-झिल्लीका पत्थरकी तरह कड़ापन।

Rhinoscopy (ri-nos-ko-pe). Examination of the nasal cavity. नासा-गह्वर रोगकी परीक्षा।

Rhinostegnosis (ri-no-steg-nó-sis). Nasal obstruction. नासा-रोध।

Rhizodontrypy (ri-zo-doń-trip-e). Puncture of the tooth-root. दन्त-मूलमें छिद्र हो जाना।

Rhizoneure (ri-zo-nûr). A cel that forms nerve-roots. स्नायु-मूल उत्पादनकारी कोष।

Rhodobacteria. Bacteria that produces red colouration. रक्त-वर्ण उत्पन्नकारक शलाकाणु।

Rhomboideus. A shoulder muscle. स्कन्ध-पेशी।

Rhonchial (roń-ke-al). Relating to the rhoncus. श्वासका घरघर शब्द-सम्बन्धीय।

Rhoncus (roń-kus). A rattling in the throat. कण्ठमें घरघराहट ; श्वासका घरघर शब्द।

Rhpariya. Sordes. दन्त-मल।

Rhypophagy (ri-pof a-gi). The eating of filth. मल-भक्षण।

Rhypophobia (ri-po-fó-be-ah). Morbid fear of dirt and filth. धूल तथा मलका अस्वाभाविक भय।

Rhythm (rithm). Measured time or motion. ताल, समगति ; सामयिकता।

Rhytidosis (rit-id-ó-sis). A sinking in and wrinkling of the cornea. कनीनिकाका भीतर धंसना और सिकुड़ना।

Rib. Costa ; one of the bones inclosing the chest. पर्शुका ; पसली।

Ricinus (riś-in-us). The castor-oil plant. रेंड़ी ; एरण्ड।

Rickets (rik-ets) Rachitis ; a wasting disease, occurring in infants and young children. बाल।स्थि-विकृति रोग ; एक प्रकारका बाल-रोग।

Rickety. Rachitic ; suffering from rickets. बालास्थि-विकृति रोग-ग्रस्त।

Rider's Bone. A bony formation in the leg-muscles from riding. घुड़सवारीके कारण पैरकी मांसपेशियोंका हड्डीकी तरह कड़ा पड़ जाना।

Ridge. A usually rough, linear elevation. उन्नतांश ; बल्लियाँ।

Ridgeling (rij'-ling). Male, having one testicle. एकाण्डीय ; एक अण्ड-वाला पुरुष।

Rigidity (rij-id'-it-e). Stiffness. काठिन्य ; दृढ़ता ; अनमनीयता।

Rigor (ri'-gor). Rigidity ; coldness ; stiffness. कड़ापन ; ठण्डक ; अकड़न। **R. Mortis**, the rigidity after death. मृत्युके उपरान्तका कड़ापन। **R. Nervorum**, tetanus. धनुष्टंकार।

Rima (ri'-mah). A fissure, furrow or opening, as of the glottis. विदारण ; चिर ; छिद्र।

Rimula (rim-u-lah). A minute fissure. एक छोटा विदारण ; छोटी दरार।

Ring (ring). A circular opening. गोल छिद्र। **Ring of Cricoid.** मुद्राचक्र।

Ring-worm, Herpes circinatus. चक्रिक विसर्पिका ; दद्रु ; दाद।

Rivinian Ducts. The ducts of the sublingual gland. जिह्वाधोवर्तिनी-ग्रन्थिका स्रात। **R. Gland**, sublingual gland. जिह्वाधोवर्तिनी ग्रन्थि।

Riziform. Resembling rice-grain. तण्डुलाकार ; चावलके आकारका ।

Roborant (rob-or-ant). Tonic ; strengthening. बलकारक औषध ; ताकतकी दवा ।

Rock-fever. Malta-fever. माल्टा द्वीपका ज्वर ।

Rodent. Applies to an animal that gnaws. चवणकर ; पागुर करनेवाला ।

Rodent ulcer. A malignant ulcer, closely allied to cancer, most generally situated on the face. कर्कटके सदृश दूषित क्षत । एक प्रकारका विषेला जखम, जो मांस-तन्तु, अस्थि तथा कोमल तन्तुओंका क्षय कर देता है ।

Roentgen rays (rent gen). X-rays. एक्स-किरण ।

Roentgenism (rent-gen-izm.). Disease from misuse of X-rays. एक्स-किरणका अपव्यवहारजनित रोग ।

Roentgentherapy. Treatment by X-rays. एक्स-किरणसे चिकित्सा ।

Rose. A term applied to erysipelas, from its colours. गुलाबी त्वचा हो जानेवाला प्रदाह या विसर्प रोग ।

Roseola (ro-zé-o-lah). Rose-rash, scarlet-rash, muscular erythema. पाटलिका ; लाल छत्ते । **R. Annulata,** rose-coloured ring's on almost every part of the body. शरीरके समस्त भागपर लाल चकत्ते । **R. Autumnatis,** appearing in the autumn in the form of circular or oval patches. शरतकालीन पाटलिका ।

Rostrum (ros-trum). Any back-shaped structure ; a projection or ridge. प्रवर्द्धन या उभार ।

Rot. To decay ; decomposition. क्षय ; अपचय । 2. A disease of sheep. भेड़ोंका एक रोग ।

Rotation (ro-tá-shun). Turning or movement of body round its axis. घूमाना ; घूर्णायमान गति । 2. A recurrence in regular order of certain events, such as the symptoms of a periodical disease. किसी घटनाका, जैसे कि समय बाँधकर होनेवाली बीमारीका, नियमित रूपसे पलट-पलटकर आना ।

Rotula. The knee-pan or patella. जानुफलक ; घुटनेकी चक्की ।

Rotular (rot-u-lar). Pertaining to patella. जानुफलक-सम्बन्धीय ।

Rouget's Bulb (roo-zhá-bulb). A bulb on the ovary surface. डिम्बाशय-पटलकी एक ग्रन्थि ।

Round Ligament. Ligamentum teres. गोल बन्धनी ।

Round worms. Ascaris. गोल कृमि ।

Roup (roop). A contagious disease of fowls. मुर्गियोंकी एक लरछुत बीमारी ।

Rubedo (ru-bé-do). A temporary redness of the skin. चर्मकी सामयिक लाली ; एक प्रकारका चर्म-रोग ।

Rubefacient (roo-be-fá-shent). Redness of skin caused by external application. चर्म-प्रदाहक ; बाहरी दवा लगानेके कारण चर्मका प्रदाह ।

Rubella. Infectious fever of childhood, resembling mild measles. हलके खसड़ेकी भाँतिका एक संक्रामक रोग ।

Rubeola (roo-bé-o-lah). Measles. खसड़ा । **R. Maligna**, the black measles. सांघातिक खसड़ा ; काला खसड़ा ; खसड़ा, जिसकी गोटियाँ काली निकलती हैं । **R. Sine catarreo**, a kind of measles in which the catarrhal symptom are exceedingly mild or absent. सर्दी-रहित खसड़ा । **R. Vulgaris**, common measles. सामान्य खसड़ा ।

Rubescent (roo-bes-ent). Growing red. लाल होनेवाला ; सुर्ख ; लाल ।

Rubigenous (ru-bij'-en-us). Rusty, of the colour of iron rust. जंग-भरा ; लोहेके जंगके रंगका ।

Rubigo (roo-bi'-go). Rust. जंग ; मुर्चा ; लोहफलक ।

Rubor (rū bor). Redness ; one of the symptoms of inflammation लाली ; मादाहिक लाली ।

Ructus (ruk-tus). Eructation ; belching. डकार ; उद्गार ।

Rudiment (ru-dim-ent) An organ or other structure in an early stage of its development. विकासकी आरम्भिक अवस्थावाला कोई यंत्र या निर्माण । 2. Any part, the development of which has been arrested. विकास-रुद्ध कोई अंश ।

Rudimentary (roo-dim-eń-ta-re). Undeveloped. अविकसित ; अनुन्नत ।

Ruga (roó-gah). A wrinkle ; a fold, ridge or crease. झुर्री ; तहो ; कुञ्चन ।

Rugine (ru-zhen). Periosteum elevator. अंस्थ्यावरक उत्तोलक ।

Rugose, Rugous (rú-gos, rú-gus). Wrinkled. झुर्रीदार ; शिकनदार ।

Rumbling. Causing a low sound in the stomach. अंत्र-कूजन ; पेट गड़गड़ाना ।

Rumen (roó-men). The first stomach of ruminant animals. रोमन्थन (पागुर) करनेवाले जानवरोंके उदरकी थैली ।

Rumination (roo-min-á-shun). Remastication of swallowed food. रोमन्थन ; पागुर करना ।

Rump. The buttock or glu'eal region. नितम्ब ; नितम्ब-प्रदेश । 2. The end of back bone. मेरुदण्डके अन्तकी अस्थि ।

Running. The discharge of pus from a diseased part. रोगी अंशसे पीब बहना ।

Rupia (roó-pe-ah). A manifestation of tertiary syphilis ; an erruptive disease of the skin, having ill-conditioned vesicles, which become scally. उपदंशकी तृतीयावस्थाका एक प्रदर्शन। एक चर्मोद्भेद रोग, जिसमें अस्वस्थ चकत्ते चर्मपर निकलते हैं, जिनपर खरोंट जमती है ; कल्किका। **R. Escharotica.** दाघ कल्किका। **R. Prominens.** उन्नत कल्किका। **R. Simpler.** सरल कल्किका।

Rupture (rup-chur). A break of any organ or soft part. किसी कोमल अंश या यंत्रका टूटना ; विदारण ; उद्भेदन। 2. Hernia. अंत्रवृद्धि ; आँत उतरना।

Rut. The condition of being in heat ; heat. ताप ; उष्णता।

Rutidosis. Contraction of the cornea. कनीनिकाका संकोचन।

S.

Sabulous (sab-u-lus). Sandy. बालूकी तरह।

Sac (sak). A cyst, a pouch, a bursa ; the capsule of a tumor or envelope of a cyst. कोष ; थैली ; अर्बुद-आवरण ; कोषार्बुदका आवरण। **S. Abdominal,** a serous sac in the embryo, which develops into the abdominal cavity, भ्रूणका रसाम्बुपूर्ण आवरण, जो विकसित होकर उदर-गह्वर बन जाता है। **S. Lachrymalis,** saccus lacrimalis. अश्रु-कोष।

Saccate (sak-ät). Encysted, relating a sac, pouched. कोषाच्छादित ; थैली-विषयक।

Saccharated (sak-ar-a-ted). Sugary ; changed with or containing sugar. शर्कराच्छादित या शर्करा मिश्रित ; चीनी-मिला।

Saccharephidrosis (sak-ar-ef-id-ró-sis). Sweet perspiration. मीठा पसीना।

Sacchariferous (sak-ar-if-er-us). Containing or yielding sugar. शर्करोत्पादक ; शर्करा मिश्रित ; चीनी मिला।

Saccharin (sak-ar-in). A intensely sweet, crystalline substance. एक अति मिष्ट मणिम पदार्थ ; सकरिन।

Saccharogalactorrhea (sak-ar-o-gal-ak-tor-é-ah). Excessive secretion of sugar in the milk. दुग्धमें अत्यधिक शर्करा निकलना।

Saccharorrhea (sak-ar-or-é-ah). Diabetes mellitus, glycosuria. मधुमेह ; शर्करा मिश्रित मूत्र।

Saccharose (sak-ar-os), Ordinary cane sugar. साधारण ईखकी चीनी।

Saccharum (sak-ar-um). Sugar. चीनी : शर्करा । **S. Lactis**, sugar of milk ; lactose. दुग्ध-शर्करा ; दूधकी चीनी ।

Saccharuria (sak-ar-ú-re-ah). The presence of sugar in the urine. मूत्रमें शर्कराकी उपस्थिति ।

Sacciform (sak-sif-orm). Shaped like a sac. थैलीके आकारका ।

Sacculated (sak-u-la-ted). Saccular. कोषोंमें विभाजित ।

Sacculus (sak-ūl-us). A small sac or pouch. क्षुद्र कोष ।

Sacrad (sá-krad). Toward the sacrum. त्रिक-देशकी ओर ।

Sacral (sá-kral). Relating to or situated in the sacrum. त्रिक-प्रदेश-सम्बन्धीय या त्रिक-प्रदेश स्थित ।

Sacralgia (sa-kral-je-ah). Pain in the sacrum. त्रिकास्थि-शूल ।

Sacriplex (sá-krip-leks). The sacral plexus. त्रिक-प्रदेशमें स्थित नाड़ी जाल ; त्रिक नाड़ी जाल ।

Sacrococcygeal (sá-kro-kok-sij'-e-al). Relating to the sacrum or coccyx. त्रिक तथा गुदास्थि सम्बन्धीय ।

Sacro-coxitis. Inflammation of the sacro-iliac joint. त्रिक-जघन-सन्धि-प्रदाह ।

Sacro-spinal. Relating to the sacrum and the spine. त्रिक-मेरुदण्ड-सम्बन्धीय ।

Sacrum (sá-krum). The triangular bone above the coccyx. त्रिकास्थि ; गुदास्थिके ऊपरवाली त्रिकोणाकार अस्थि ; पृष्ठवंशमूलीय अस्थि ।

Sadism (sá-dizm). Sexual perversion in which satisfaction is derived from the inflection of cruelty upon another. परिवर्त्तित कामेच्छा ; इसमें सहयोगीपर निर्दयता करनेसे सन्तोष होता है ।

Safety tube (safe-te). That part of the eustachian tube which is always open. कण्ठकर्णीनलीका वह अंश, जो हमेशा खुला रहता है ।

Saffron. जाफरान ; केशर ।

Sagittal (saj'-it-al). Resembling an arrow. तीराकार । **S. Suture**, the suture between the perietal bones. शीर्ष-सीवनी-सन्धि ।

Sal. Salt. लवण ।

Salacity (sal-aś-it-e). Sexual orgasm, satyriasis ; lewdness. कामोद्वेग ।

Saline (sá-lin). Salty, containing salt. खारी ; नमकीन ।

Saliva (sa-li'-vah). The secretion of salivary glands. लाला ; लार ।

Salivant (sal-iv-ant). That which stimulates the flow of saliva. लाला-स्राव दृढ़कारक ; लार बहानेवाला ।

Salivary (sal-iv-a-re). Relating to saliva. लाला-विषयक ; लाला-सम्बन्धीय । **S. Calculus**. a concretion in a salivary duct. लार-खातमें पथरी ; लाला-शिला । **S. Duct,** a duct of any salivary gland. लाला-ग्रन्थि-प्रणाली । **S. Gland,** a saliva yielding gland. लाला-ग्रन्थि ।

Salivation (sal-iv-á-shun). An abnormally abundant flow of saliva. लालाक्षरण ; अस्वाभाविक रूपसे लार बहना ।

Salpingectomy (sal-pin-jek-to-me). Excision of the Fallopian tube. डिम्ब-प्रणालीमें नश्तर ।

Salpingitis (sal-pin-ji′-tis). Inflammation of the Fallopian tube. डिम्ब-प्रणालीका प्रदाह ।

Salpingocyesis (sal ping-go si e-sis). Pregnancy in oviduct. डिम्ब-प्रणालीमें गर्भधारण ।

Salpingooophoritis, **Salpingo-ovaritis** (sal-ping-go-o-o-for-i′-tis. sal-ping-go-o-var-i′-tis). Inflammation of an ovary and tube. डिम्बाशय तथा उसकी नलीका प्रदाह ।

Salpinx (saĺ-pingks). Fallopian tube. कालल नल ; डिम्ब-प्रणाली । 2. Eustachian tube. कण्ठकर्णी नली ।

Salt (sawlt), Sodium chloride or common salt. लवण ; नमक ।

Saltation (sawl-tá-shun). Dancing ; leaping. नाचना ; उछलना ।

Saltpeter (sawlt-pé-ter). Potassium nitrate. शोरा ।

Salubrious (sal-ú-bre-us). Wholesome ; conducive to health. स्वास्थ्यप्रद ।

Salutary (saĺ-u-ta-re). Healthful, wholesome. स्वास्थ्यपूर्ण ।

Salvatella (sal-vat-eĺ-ah). A small vein on the back of the hand. करमोया क्षुद्र शिरा ; हाथके पिछले भागकी एक छोटी-सी शिरा ।

Salve (sahv). An ointment. मरहम ।

Sanative, Sanatory (sań-at-iv, sań-at-or-e). Curative, healing. आरोग्य-दायक ; स्वास्थ्यकारी ।

Sand-crack. A crack or fissure in the hoof of the horse. घोड़ेके खुरके भीतर फटा घाव ।

Sane Of sound mind. बुद्धिमान ; सुदृढ़ मना ।

Sanguicolous (san-gwik-ol-us). Living in the blood. रक्तजीवी ।

Sanguiferous (sang-gwif-er-us). Circulatory ; conveying blood. रक्तवाही ।

Sanguification (san-gwif-ik-á-shun). The process of making blood from chyle ; blood making. रक्त-निर्माण ।

Sanguifluxus. Hemorrhage रक्त-स्राव ।

Sanguine (sań-gwin). Full of blood. रक्तपूर्ण । 2. Cheerful. प्रसन्न ।

Sanguineous (san-gwiń-e-us). Bloody ; pertaining to the blood. रक्तमय ; रक्त-सम्बन्धीय ; रक्तपूर्ण । 2. Plethoric. रक्तपूर्ण ।

Sanguinolent (san-gwiń-o-lent). Tinged with blood. रक्त-रेखापूर्ण ।

Sanguinopoietic (san-gwin-o-poi-eť-ik). Forming blood. रक्त-निर्माणकारक ।

Sanguirenal (sang-wir-é-nal). Pertaining to the blood and the kidneys. रक्त तथा मूत्रपिण्ड-सम्बन्धीय ।

Sanguis (sanǵ-gwis). Blood. रक्त ।

Sanguisuga (sang-gwis-ú-gah). A leech. जोंक ।

Sanies (sá-ne-ez). A thin blood-stained purulent discharge. पतला रक्त-मिश्रित पीवका स्राव ।

Sanious (sá-ne-us). Ichorus and blood-stained. क्षयकर तथा रक्त-रेखा-पूर्ण ।

Sanitarian. A hygienist ; one versed in the science of public health. स्वास्थ्य-विद्या-विशारद ।

Sanitary (sań-it-ar-e). Promoting or pertaining to health. स्वास्थ्यकर ; स्वास्थ्य-सम्बन्धीय ।

Sanitation (san-it-á-shun). Assanation, the act of making healthy. स्वास्थ्य-रक्षा ; स्वास्थ्य-विज्ञान ।

Sanity (sań-it-e). Sound, especially soundness of mind. सुदृढ़मना ; मनकी दृढ़ता ; मन या शरीरकी स्वस्थता ।

Santal (sań-tal). True sandal wood. चन्दन काष्ठ ।

Saphena (saf́-e-nah). A name given to two large veins of the leg. पैरकी दो वृहत् शिराओंका नाम ।

Sapid (sá-pid). Savory ; having an agreeable taste. स्वादिष्ट ; सुरस ; रुचिकर ।

Sapiphore (saṕ-if-or). Any member of a series of atomic groups, which influence taste. स्वादवाही अणु समूहोंमेंसे एक ।

Sapo (sá-po). Soap. साबुन ।

Saponaceous (sap-on-á-shus). Having the nature of soap. साबुनकी प्रकृतिका ; साबुनकी तरह ।

Saponatus (sa-po-ná-tus). Mixed with soap. साबुन-मिश्रित ।

Saponification (sap-on-if-ik-á-shun) A conversion into soap. साबुनके आकारमें परिवर्त्तन ; साबुनमें परिणत ।

Saporific (sap-or-if́-ik). Producing taste or flavor. रुचिकारक ; स्वादजनक ।

Sapphism (saf́-fizm). Sexual perversion between women. रमणी-रमणीमें अस्वाभाविक रमण ।

Sapremia, Sapræmia (sap-ré-me-ah). Septicemia ; septic intoxication. पचनजनित नशा ; क्षत आदिका मांस सड़नेकी वजहसे रक्त-दोष ; रक्तमें विष फैलना ।

Saprodontia (sap-ro-doń-she-ah). Caries of the teeth. दाँतका क्षय रोग ; दन्त क्षय-रोग ; कृमि-दन्त ।

Saprogenic (sap-ro-jeń-ik). Causing or produced by putrefaction. पचनजनक या पचनजनित उत्पन्न ; सड़न पैदा करनेवाला ।

Saprogenous (sap-roj'-en-us). Causing or resulting from decay. क्षयजनक या क्षयोत्पन्न ; क्षय करनेवाला ।

Saprophilous (sap-rof-il-us) Living upon decaying and dead matter. सड़नेवाले या मृत-पदार्थ उपजीवी ।

Saprophyte (sap-ro-fit). Any vegetable organism living upon dead or decaying organic matter. सड़नेवाले या मृत-पदार्थ उपजीवी शाकाहारी ।

Sapropyra (sap-ro-pi'-rah). Malignant typhus fever. सांघातिक मोह-ज्वर ।

Saprostomous (sap-roś-to-mus). Having a foul breath. बदबूदार श्वासवाला ।

Saprozoic (sap-ro-zó-ik). Living on dead or lifeless matter. मृत तथा जीव-हीन पदार्थोंपर जीवन धारण करनेवाला ; मृतजीवी ।

Sarcina (sar-siń-ah). A genus of bacteria. एक प्रकारका शलाकाणु ।

Sarcitis (sar-si'-tis). Inflammation of muscle tissue. मांस-तन्तुओंका प्रदाह ।

Sarcoblast (saŕ-ko-blast). The primitive cell which develops into a muscle cell. आरम्भिक कोष, जो विकसित होकर मांसपेशिक कोष बन जाता है ।

Sarcocele (saŕ-ko-sel). A fleshy tumour of the testicle. अण्डकोषकी मांस-वृद्धि ; अण्डकोषकी मांस्ज-वृद्धि ; फोतोंके गोश्तका बढ़ जाना ।

Sarcode (saŕ-kod). The protoplasm of animal cells जैव-कोषोंका प्राण-पंक ।

Sarcogenic (saŕ-ko-jeń-ik). Forming flesh. मांस उत्पन्नकारक ।

Sarcoid (saŕ-koid). Resembling flesh ; fleshy. मांसाकार ; मांसल । 2, A tumor like sarcoma. मांसार्बुदकी भांतिका अर्बुद ।

Sarcolemma. A delicate membrane surrounding muscle-fibers. मांसपेशिक तंतु परिवेष्टनकारी कोमल झिल्ली ।

Sarcology (sar-koĺ-o-je). That branch of anatomy which treats of the soft tissues of the body. शरीरके कोमल मांस-तन्तुओंका शारीरिक ।

Sarcolysis sar-koĺ-is-is). Disintegration of soft tissues. कोमल मांस-तन्तुओंका विघटन ।

Sarcolyte (saŕ-ko-lit). A cell concerned in the disintegration of the soft tissues. कोमल मांस-तन्तु-विघटनकारी कोष ।

Sarcoma (sar-kó-mah). A fleshy excrescence ; a tumor of modified embryonic connective tissues. मांसार्बुद ; राज-फोड़ा ; औदिन्य ।

Sarcomatoid (sar-kó-mat-oid). Resembling a sarcoma. मांसार्बुदके आकारका ।

Sarcomatous (sar-kó-mat-us). Relating to the nature of sarcoma. मांसार्बुदको प्रकृति विषयक ।

Sarcomphalocele (sar-kom-fel-o-sel). A fleshy tumor of the umbilicus. नाभिके ऊपरका मांसार्बुद ।

Sarcophyma (sar-ko-fi'-mah). Sarcoma. मांसार्बुद ।

Sarcoplast (saŕ-ko-plast). A germinal cell of muscle tissue, मांसपेशिक तन्तुओंका वैजिक-कोष ।

Sarcopoietic (saŕ-ko-poi-et-ik). Producing flesh or muscle. मांस या मांसपेशी उत्पन्नकारक ।

Sarcosis (saŕ-ko-sis). Abnormal increase of flesh अस्वाभाविक मांसवृद्धि ।

Sarcostosis (sar kos-tó-sis). A bony tumor in muscle tissue. मांस-पैशिक तन्तुओंमें अस्वथ्यर्बुद ।

Sarcotic (sar-kot-ik). Producing flesh. मांसोत्पन्नकारक ।

Sarcous (saŕ-kus). Fleshy. मांसल । 2. Pertaining to flesh or to muscular tissues. मांस या मांसपेशिक तन्तु विषयक ।

Sartian Disease (saŕ-shan). Furrunculus orientalis. चिबुक या मुख-गह्वरका गोलाकार क्षत ।

Sartorius (sar-tó-re-us). The muscles being used in crossing the legs ; the taitors position. पैर-पर-पैर चढ़ानेवाली पेशी ।

Satellite (saŕ-el-it). A vein accompanying an artery. धमनी निकटस्थ शिरा । 2. Placed near, निकटस्थ ; पारिपार्श्विक ।

Satellitism (saŕ-el-it-izm). Mutualism ; symbiosis. पारस्परिकता ।

Satiety (sa-ti'-et-e). Fulness beyond desire. परितृप्त । वितृष्णा ; अति भोजन ।

Saturate (saŕ-u rat). To fill to excess. परिपूर्ण करना ; अधिक रहना ।

Saturated (saŕ-u-ra-led). Having all the chemic affinities satisfied. संतृप्त ।

Saturnine (saŕ-er-nin). Pertaining to or produced by lead. सीसा-सम्बन्धीय या सीसकोत्पन्न ; सीसा-घटित ।

Saturnism (saŕ-ern-izm). Chronic lead-poisoning. सीसा द्वारा विषाक्तता ; सीसा-विषका शरीरमें फैलना ।

Satyriasis (sat-ir-i'-as-is). Excessive sexual inclination in males. पुरुषोंमें अत्यधिक कामवासना ; पुं०-कामोन्माद ।

Satyromania (saŕ-ir-o-má-ne-ah). Excessive sexual desire. अत्यधिक कामवासना ।

Saunders (sawn-derz). Sandal wood. चन्दन काष्ठ।

Sauriderma (so-rid-er-mah). Ichthyosis. खुजली।

Sauroid (saw'-roid). Resembling a reptile. सर्पाकार ; साँपकी तरह।

Sausarism (saw'-sar-izm). A dry or paralyzed condition of the tongue. जीभकी शुष्क या पक्षाघात-ग्रस्त दशा।

Savory (sá-vor-e). Having a pleasant odor or taste. सुगन्धित या सुस्वादु।

Saw. A surgical instrument for the excision of bone. हड्डी काटनेका शल्य यंत्र।

Scab (skab). A crust formed over a wound or ulcer. घाव या जखमपर पड़नेवाली पपड़ी ; खरोंट।

Scabies (ská-be-ez). The itch ; a contagious skin disease due to the itch mite सूखी खुजली।

Scabiophobia (ská-be-o-fó-be-ah). Morbid fear of scabies. खुजलीका रोगात्मक भय।

Scabrities (ska-brit-e-ez). A rough state of the skin. रुक्ष चर्म ; भूसी भरा चर्म। **S. Unguium**, a thickned and distorted condition of the nails. नाखूनका मोटापन और फटी हुई दशा।

Scala (ská-lah). A ladder-like organ. सीढ़ीकी तरह यंत्र। **S. Media**, middle scala or cochlear passage ; ductus cochlearis. कानकी शम्बुकाकृति प्रणाली ; मध्य कर्णका पथ।

Scald (skawld). 1. To burn by contact with a hot liquid or steam. भाफ या उत्तप्त तरल लगकर जले घाव। 2. The lesion resulting from the above causes. उपर्युक्त कारणोंके परिणामस्वरूप क्षत। 3. Any crusted or scurfy disease of the scalp. मस्तक-त्वचाके पपड़ी या भूसीवाले रोग। **S. Head**, favus. मधुचक्राकार अरुंषिक।

Scale (skāl). A thin plate of bone. अस्थिकी एक पतली परत। 2. To desquamate. भूसी निकलना ; शल्कहीन करना। 3. To remove tartar from the teeth. दन्त-शर्करा निकालना।

Scalene (ská-len). Unequally three-sided. असम त्रिबाहु। 2. Musculus scalenus. मस्तक और ग्रीवा अवनतकारिणी पेशी।

Scaler (ská-ler). An instrument for performing the operation of scaling. शल्क उतारनेका यंत्र।

Scall (skawl). A pustular scaly eruption of the skin or scalp. चर्म तथा मस्तक त्वचामें फुन्सीवाले भूसीदार उद्भेद।

Scalp (skalp). That part of the integument of the head which is hairy ; the integument covering the cranium. मस्तक-त्वचा ; शिरस्त्वक ; मूर्द्धचर्म ; कर्प्पर-त्वक।

Scalpel (skal-pel). A pointed knife with curve edge. अस्त्र-चिकित्साकी एक नतोदर धारवाली छुरी।

Scalprum (skal-prum). A large strong scalpel. एक वृहत् सुदृढ़ छुरी। 2 A raspatory. एक रेती।

Scaly (ská-le). Scale like शल्काकार ; छिलकादार ; भूसी-भरा।

Scanning Speech. A slow, hesitating speech. धीमी, हकलाती हुई बोली।

Scaphocephalic (skaf-o-sef-al-ik). Having a boat-shaped cranium. नौकाकार करोटीवाला ; नावके आकारकी खोपड़ीवाला।

Scaphocephalus (skaf-o-sef-al-us). A keel-shaped cranium. जहाजकी तलीकी तरह खोपड़ी।

Scaphoid (skaf-oid). Boat-shaped. नौकाकृति। S. **Bone,** the boat-shaped bone of the tarsus and carpus. मणिबन्ध और गुल्फकी नौकाकृति अस्थि।

Scaphoiditis (skaf-oi-di-tis). Inflammatior of the scaphoid bone. नौकाकृति अस्थिका प्रदाह।

Scapula (skap-u-lah). The shoulder blade ; a large, flat, triangular bone of the shoulder. स्कन्धास्थि ; कन्धेकी चिपटी त्रिकोणाकार अस्थि।

Scapulalgia (skap-u-lal-je-ah). A pain in the shoulder-blade. स्कन्धफलकास्थिका दर्द।

Scapular (skap-u-lar). Relating to the shoulder-blade. स्कन्धास्थि-सम्बन्धीय।

Scapulary (skap-u-la-re). A shoulder bandage. स्कन्ध बन्धन।

Scapuloclavicular. Relating to the scapula and clavicle. स्कन्ध-फलक तथा कण्ठास्थि सम्बन्धीय।

Scapulodynia (skap-u-lo-din-e-ah). Pain in the region of shoulder. स्कन्ध-प्रदेशमें दर्द।

Scapus (ská-pus). The shaft of the hair. केशकाण्ड।

Scar (skar). Cicatrix क्षत-चिह्न ; जखमका दाग।

Scarf-skin (skarf-skin). The epidermis. उपचर्म ; उपत्वक।

Scarification (skar-if-ik-á-shun). Making small in cisions in a part. किसी अंशको जल, वायु और रक्त निकालनेके लिये काटना या छिद्र करना।

Scarlatina (skar-lat-é-nah). Scarlet fever ; an acute contagious and exanthematous fever with scarlet eruption. आरक्त ज्वर ; यह छूत रोग है। शरीरपर लाल रंगके उद्भेद निकलते हैं।

Scarlatinal (skar-lat-é-nal). Relating to scarlatina. आरक्त ज्वर-सम्बन्धीय।

Scarlatiniform. Resembling scarlatina. denoting a rash. आरक्त ज्वरके आकारका, दानोंके सम्बन्धमें।

Scarlatinoid. Resembling scarlatina. अस्त्क ज्वराकार ।

Scarlet fever (skár-let). Scarlatina. आरक्त ज्वर ; लाल बोखार ।

Scataeratia (skat-ak-rá-she-ah). Incontinence of the feces. मलरोध ।

Scatemia (ska-té-me-ah). Intestinal toxemia. आँतोंके रक्तकी विषाक्तता ।

Scatology (skat-ol-o-je). The science of feces. मल-विज्ञान ।

Scatoma (ska-tó-mah). An accumulation of inspissated feces in the colon or rectum giving the appearance of an abdominal tumor. जमे हुए मलका बृहदन्त्र या सरलांत्रमें एकाएक औदरिक अर्बुदके आकारका हो जाना ।

Scatophagy (ska-tof-a-je). The eating of excrement. मल-भक्षण ।

Scatoscopy (ska-tos-ko-pe). Inspection of the feces. मल परीक्षा ।

Scatula (skat-u-lah). A square paper-box for powders and pills. चूर्ण और गोलियाँ रखनेका चौखूटा कागजका बक्स ।

Scelalgia (ske-lal-je-ah). Pain in the leg. पैरमें दर्द ।

Scelotyrbe (skel-o-ter-be) Spasmodic paralysis of the legs. पैरोंका आक्षेपिक पक्षाघात ।

Schema (ské-mah). A diagram or chart. परिकल्पना ; नकशा ।

Schematic Eye (ske-mat-ik). A diagram of the eye. आँखका नकशा ।

Schindylesis (skin-dil-é-sis). The articulation of one bone in the cleft of another. एक अस्थिका दूसरे अस्थि-छिद्रमें संयोजन ।

Schistocelia (skis-to-sé-le-ah). Congenital fissure of the abdomen. जन्मसे ही तलपेटमें नासूर ।

Schistocephalus (skis-to-sef-al-us). A monster with a cloven head. विभाजित मस्तकका विकटाकार जीव ।

Schistocyte (skis-to-sit). A blood-corpuscle undergoing segmentation. विभ्रांश रक्ताणु ।

Schistoglossia (skis-to-gloss-e-ah). Cleft tongue. बीचमें विभाजित फटी-फटी जीभ ।

Schistoprosopia (skis-to-pro-só-pe-ah). A cleft of the face. मुख-मण्डलका छिद्र ।

Schistorrachis (skis-tor-a-kis). The condition of cloven spine. विभाजित मेरुदण्डके उपसर्ग ; द्विखण्डित मेरुदण्ड ।

Schistosomus (skis-to só-mus). A fetus with a fissured abdomen. फटे तलपेटवाला भ्रूण ।

Schistothorax (skis-to-thó-raks). Fissure of the sternum. वक्षोस्थिमें दरार या फटाव ।

Schizogenesis (skiz-o-jeń-es-is). Reproduction by fisaion. विभाजनोत्पत्ति ।

Schneiderian Membrane. The pituitary membrane of the nose. शैल्भुनत्वक ; नाककी श्लैष्मिक झिल्ली ।

Sciatica (si-at́-ik-ah). Neuralgia of the sciatic nerve, felt at the back of the thigh. ऊरुपश्चाद् भागमें अनुभवमें आनेवाला वंक्षण-स्नायुका स्नायु-शूल ; गृध्रसी ; कटि-स्नायु-वात ।

Scintillation (sin-til-á-shun). A visual sensation, as of seeing spark. आँखके सामने आगकी चिनगारियाँ ; स्फुलिङ्ग ।

Scirrhoid (skiŕ-oid). Resembling scirrhus. कठिन अर्बुदके आकारका ।

Scirrhoma (skir-ó-mah). Scirrhus. कठिन अर्बुद ; कर्कट रोग ।

Scirrhophthalmia (skir-of-thal-me-ah). Scirrhous tumor of the eye. आँखका कठिन अर्बुद ; आँखका कड़ा गूमड़ ।

Scirrhosarca (skir-o-saŕ-kah). Hardening of flesh of the new born. नव-प्रसूत शिशुके मांसका कड़ा पड़ जाना ।

Scirrhous (skiŕ-us). Relating to scirrhus. कठिन अर्बुद-विषयक ।

Soirrhus (skiŕ-us). A hard cancer, with a marked predominance of connective tissue. संयोजक तन्तुके वर्द्धित काठिन्यके साथ कठिन कर्कट रोग ; कठिन अर्बुद ।

Scission (sis-shun). A splitting. विच्छेदन ।

Sclera (skle-rah). The white, tough outer membrane of the eye-ball चक्षु श्वेत-पटल ।

Scleradenitis (skle-rad-en i′-tis). Inflammation and hardening of gland. ग्रन्थि-काठिन्य और प्रदाह ।

Scleral (sklé-ral). Relating to the sclera. चक्षु श्वेत-पटल विषयक ।

Sclerangia. A sense of hardness yielded by a vessel रक्तवाहित मवत्तित काठिन्य भाव ।

Sclerectasia (skle-rek-tá-ze-ah). Scleral staphyloma. चक्षु श्वेत-पटलके साथ चक्षुगोलकका वहिर्निःसरण ।

Sclerectomy (skle-reḱ-to-me). Excision of part of the sclera. चक्षु-श्वेत-पटलके कुछ अंग काट निकालना ।

Scleritis (skle-ri′-tis). Inflammation of the sclera. चक्षु श्वेत-पटलका प्रदाह ।

Sclerocheroiditis (sklé-ro-ko-roid-i′-tis). Inflammation of the sclerotic and the choroid doats of the eye. चक्षु श्वेत-पटल तथा कृष्ण-पटलका प्रदाह ।

Scleroconjunctival (ske-ro-kon-junk-ti′-val). Relating to the sclera and conjunctiva. श्वेत-पटल तथा योजकत्वचा सम्बन्धीय ।

Scleroconjunctivitis (skle-ro-kon-junk-tiv-i′-tis). Inflammation of the sclera and the conjunctiva. चक्षु श्वेत-पटल तथा योजक त्वचाका प्रदाह।

Sclerodactylia (skle-ro-dak-til-e-ah). Scleroderma of the fingers and toes. अंगुलियों तथा अंगूठोंका चर्म-काठिन्य रोग।

Scleroderma (skle-ro-der-mah). A chronic indurated skin-disease. एक पुराना चर्म-काठिन्य रोग।

Sclerodermatitis, Sclerodermitis (skle-ro-der-mat-i'-tis). Inflammation and hardening of the skin. चर्मका प्रदाह तथा काठिन्य।

Sclerogenous (skle-roj'-en-us). Producing hard, or sclerotic tissue. कठिन मांस-तन्तु।

Scleroid (sklé-roid). Having a hard texture. कठिन संस्थानयुत।

Scleroiritis (skle-ro-i-ri-tis). Inflammation of the sclera and iris. चक्षु-श्वेत-पटल तथा उपताराका प्रदाह।

Sclerokeratitis (skle-ro-ker-at-i'-tis) Inflammation of the sclera and cornea. चक्षु श्वेत पटल तथा कनीनिकाका प्रदाह।

Scleroma (skle-ró-mah). Abnormal hardness of any part. किसी भी अंशका अस्वाभाविक कड़ापन।

Scleromenix (skle-ro-mé-niks). The dura-mater. मस्तिष्कावरक बाह्य झिल्ली।

Scleromere (sklé-ro-mer). Any primitive vertebra. मूल कशेरुका।

Scleronychia (skle-ro-nik-e-ah). The thickening and hardness of the nails. नाखूनोंका सूखापन और कड़ा पड़ जाना।

Scleronyxis (skle-ron-iks-is). Puncture of the sclera. चक्षु-श्वेत-पटलमें छिद्र हो जाना।

Sclero-sarcoma (skle-ro-sar-kó-mah). A hard, fleshy tumour. एक कड़ा मांसार्बुद।

Sclerosed (skle-rost). Hardening; sclerotic. कड़ापन; घनीभूत।

Sclerosis (skle-ró-sis). An induration or hardening of the connective tissue of an organ. शरीर यंत्रके किसी संयोजक तन्तुका काठिन्य।

Scleroskeleton (skle-ro-skel-et-on). A bony deposit in tendons. कण्डराओंके अस्थिका जमना।

Sclerothrix (skle-ro-thriks). Abnormal dryness and hardness of hair. अस्वाभाविक केश-शुष्कता और कड़ापन।

Sclerotic (skle-rot-ik). Hard; indurated. कड़ा; काठिन्य-प्राप्त। 2. Pertaining to the sclera. चक्षु-श्वेत-पटल-विषयक।

Sclerotica (skle-rot-ik-ah). The hard, white and fibrous membrane, which forms the outermost coat of the eye. चक्षु-श्वेत-पटल।

Scleroticectomy (skle-rot-is-ek′-to-me). Excision of a portion of the sclera. चक्षु-श्वेत-पटलका एकांश छेदन।

Sclerotitis (skle-rot i′-tis). Inflammation of the sclera. चक्षु-श्वेत-पटलका प्रदाह ; शुक्रमण्डल प्रदाह।

Sclerotomy (skle-rot́-o-me). Incision of the sclera. चक्षु-श्वेत-पटलका अन्तर्छेदन।

Sclerotrichia (skle-ro-trik-e-ah). A hard and dry state of the hair. केशोंकी शुष्क और कठिन दशा।

Scolecitis (sko-le-si-tis). Appendicitis. उपांग-प्रदाह।

Scolecoid (skó-lek-oid). Resembling a worm. कीटाकार।

Scolecoiditis (sko-le-koi-di′-tis). Appendicitis. उपांग-प्रदाह।

Scolex (skó-leks). The knot-like head of a tape-worm. फीता-कृमिका गांठकी तरह शिर।

Scolioma (sko-le-ó-mah). Curvature of the spine. मेरुदण्डकी वक्रता।

Scoliometer (sko-le-oḿ-et-er). An apparatus for measuring curves. वक्रता-मापक यंत्र।

Sciiorachitic (skó-le-o-ra-ket-ik). Affected with scoliosis and rachitis. मेरुदण्डकी पश्चात् वक्रता तथा बालास्थि विकृतिसे दूषित।

Scoliosis (sko-le-ó-sis). Lateral curvature of the vertebral column. मेरुदण्डकी पश्चात् वक्रता।

Scoop (skoop). A spoon-like instrument for clearing cavities. गह्वर साफ करनेके लिये चम्मचके आकारका यंत्र।

Scopophobia (sko-po-fó-be-ah) A morbid fear of being seen. देखे जानेका अस्वाभाविक भय।

Scoracratia (sko-rak-rá-she-ah). The involuntary discharge of feces. अनैच्छिक मल-स्राव।

Scorbutic (skor-bú-tik). Affected with scurvy. शीताद रोग-ग्रस्त ; मसूढ़ा फूलनेकी बीमारीसे ग्रस्त।

Scorbutus (skor-bú-tus). Scurvy. शीताद ; मसूढे फूलना।

Scordinema (skor-diń-e-me-ah). Yawning and stretching with a feeling of lassitude. आलस्य भावके साथ जम्हाई और अंगड़ाई लेना।

Scotodynia (sko-to-diń-e-ah). Vertigo with headache and dimness of vision. सर दर्द तथा दृष्टिके धूंधलापनके साथ सरमें चक्कर।

Scotoma (sko-tó-mah). A dark. vanishing picture before the eyes. आँखोंके सामने काले लोप हो जानेवाले धब्बे।

Scotophobia (sko-to-fó-be-ah). Morbid fear of darkness. अंधकारका अस्वाभाविक भय।

Scourge (skerj). Any severe epidemic disease. कोई तीव्र बहुव्यापक रोग ।

Screatus (skre-á-tus) Paroxysmal hawking due to neurosis. स्नायु-मण्डलके रोगके कारण आवेशिक रूपसे खखारना ।

Scriveners' Palsy. Writers' cramp. लेखकोंकी अंगुलियोंका ऐंठना ।

Scrobiculate (skro-bik-u-lāt). Marked with cavities pitted. गह्वर दिखाई देना ।

Scrobiculus cordis (skro-bik-u-lus cor-dis). Pit of the stomach. पाकाशय-गह्वर ।

Scrofula (skrof-u-lah). A condition with glandular tumor and a tuberculous tendency. कण्ठमाला ; गण्डमाला ।

Scrofulelcosis (skrof-u-lel-ko'-sis). A scrofulous ulceration. कण्ठमाला-जनित एक क्षत ।

Scrofulid (skrof-u-lid). A scrofulous disease of the skin. कण्ठ-मालाजनित चर्मका रोग ।

Scrofuloderm, Scrofuloderma (skrof-u-lo-derm. skrof-u-lo-der-mah). Scrofulous skin-disease ; cutaneous scrofula. चर्मका कंठमाला ; कण्ठमालाजनित चर्म-रोग ।

Scrofulophyma (skrof-u-lo-fi-mah) Verrucous scrofuloderm ; a scrofulous skin-disease. कण्ठमालाजनित चर्म-रोग ।

Scrofulosis (skrof-u-lo'-sis). A scrofulous condition, disease or diathesis. लसिका-ग्रन्थि स्फीति ; कण्ठ-मालाके रोग या कण्ठमाला दोष ।

Scrofulous (skrof-u-lus). Affected with scrofula. कण्ठमाला-ग्रस्त ; कण्ठमाली ।

Scrotal (skro'-tal). Relating to the scrotum. मुष्क-विषयक ।

Scrotitis (skro ti'-tis). Inflammation of the scrotum. मुष्क-प्रदाह ।

Scrotocele (skro'-to-sel). Scrotal hernia. अण्डकोषकी अंत्रवृद्धि ।

Scrotum (skro'-tum). The pouch containing the testes. मुष्कत्वक् ; अण्डकोष ।

Scruff of the neck. Nucha, nape. गर्दनका पिछला भाग ।

Scrum pox. Impertigo. चर्मदल ; पोले रंगकी फुन्सियाँ ।

Scum. Epistaxis a film of insoluble material which rises to thesurface of a liquid. फेन ।

Scurf (skerf). Dandruff ; branny desquamation ; the exfoliated epidermis of the scalp. रूसी भूसी ;

Scurvy. A nutritional disease due to dietetic errors and marked by weakness, anæmia, spongy gums, sometimes with ulceration of gums and hæmorrhages into the skin and from mucous membrane. एक पोषणाभावजनित रोग ; जिसमें दुर्बलता, रक्तहीनता, मसूढ़ोंमें छिद्र, कभी जखम, चर्मके भीतर और श्लैष्मिक झिल्लीसे रक्तस्राव प्रभृति लक्षण रहते हैं ; शीताद रोग ।

Scutiform (skú-tif-orm). Having the form of shield. ढालके आकारका।

Scutulum (skú-tu-lum). A favus crust; a yellow saucer shaped crust. पीली तश्तरीकी तरह पपड़ी। 2. **Scapula.** हँसली ; स्कन्धास्थि ।

Scutum (skú-tum). The thyroid gland. चुल्लिका-ग्रन्थि। 2. The patella. फलकास्थि ; जानुपत्रास्थि। **S. Pectoris**, sternum. वक्षोस्थि ;

Scybala (sib-a-lah). Hard lumps of excrement. पिण्ड-विष्ठा ; विष्ठाका गोला ।

Scyphoid (si'-foid). Cup-shaped. प्यालेके आकारके सदृश ।

Scythian Disease (sith-e-an). Atrophy of the male generative organ. पुं० लिंगेन्द्रियकी क्षीणता ।

Scythropasmus (sith-ro-poz-mus). Exhaustion or dullness. क्षय या सुस्ती ।

Scytitis (si-ti'-tis). Dermatitis. त्वचाका प्रदाह ।

Scytoblastema (si-to-blasté-mah). The cuticular membrane of the embryo. अपरिणत त्वक् ।

Seamstresses' Cramp. A neurosis. similar to writers' cramp. स्नायु-रोग ; लेखकोंकी अंगुलीके मरोड़की तरहका एक रोग ।

Sea-sickness. Nausea, produced by the motion of the vessel. समुद्र-यात्रामें उत्पन्न होनेवाली मिचली ; सामुद्रिक मिचली ।

Seat-worm (set-worm). Pin worm oxyuris. क्षुद्रकृमि ।

Sebaceous. Relating to fat ; oily ; fatty. वसास्रावी ; मेदमय ; तैलमय। **S. Gland.** वसास्रावी ग्रन्थि ।

Sebiagogic (sebi-a-goj'-ik). Sebiferous वसा उत्पन्नकारक ।

Sebiferous. Producing fatty or sebaceous matter. वसा या चर्बी उत्पन्नकारक ।

Sebiparous (se-bip-ar-us). Producing sebaceous matter. वसामय-पदार्थ उत्पन्नकारक ।

Sebolith. A concretion in a sebaceous follicle. वसा-गह्वरमें पत्थर ।

Seborrhagia (seb-or-á-je-ah). Seborrhea, a chronic disease of the sebaceous glands. खुश्की ; भूसी ; **S. Oleosa**, that in which the secretion is oily. तैलाक्त भूसी । **S. Capitis**, seborrhœa of the scalp. माथेकी त्वचाकी रूसी । **S. Nigricans**. a variety which is characterised by a dark coloured secretion. कृष्ण-स्रावी रूसी ।

Seborrheic, Seborrhoic (seb-or-ó-ik). Affected with seborrhea. रूसी होनेकी बीमारीमें आक्रान्त ।

Sebum (sé-bum). The secretion of the sebiparous glands. वसा-स्रावी ग्रन्थियोंका स्राव ।

Secernent (se-sern-ent). Secreting ; an organ whose function is to separate matter from blood. स्रावी ; एक यंत्र जिसकी क्रिया रक्तसे अन्य पदार्थों को हटाता है ।

Secerning (se-sern-ing). Secreting, as a gland. स्रावी ; रस-स्रावी ग्रन्थि ।

Secondary (sek'-un-da-re). Second or inferior in order or time गौण ; आनुसंगिक । **Secondaries**. Secondary symptoms of syphilis उपदंशकी गौण अवस्था । **S. Fever**, the occurrence of fever after the cure of a disease. रोगका भोगकाल उत्तीर्ण होनेके बाद ज्वर ।

Secreta (se-kré-tah). The secretion, substance secreted by gland. स्राव ।

Secretogog (se-kré-to-gog). A substance which acts as a stimulant to the secretion of glands. ग्रन्थियोंको रस-स्रावमें ताकत देनेवाला पदार्थ ।

Secretum (se-kré-tum) A substance, secreted from the mucous membrane of the duodenum and then carried by the blood to the pancreas to excite its activity. It also stimulates the secretion of bile. द्वादशांगुल अंत्रकी श्लैष्मिक-झिल्लीसे स्राव होनेवाला एक पदार्थ, जो रक्तके साथ क्लोम-ग्रन्थिमें जाकर उसकी क्रिया बढ़ाता और पित्त-स्राव कराता है ।

Secretion (se-kré-shun). Functions of glsnds and follicle. निःसारण ; स्राव ; रस ; ग्रन्थियों तथा गह्वरोंकी क्रिया ।

Secretogogue (se-kré-to-gog). An agent which promotes secretion. स्राव वद्धक ।

Secretory (se-kre-to re). Relating to or performing secretion. स्राव-सम्बन्धी या स्रावकारक ।

Sectile (sek-til). Capable of being cut or devided. कर्त्तन या विभाजन योग्य ।

Section (sek-shun). The act of cutting. कर्त्तन-क्रिया । 2. A cut or division. कर्त्तन या विभाग । Dissection. मुर्दा चीरना ।

Secundagravida (se-kun-dig-rav-id-ah). A woman pregnant for second time. द्वितीय बारकी गर्भवती एक स्त्री ।

Secundine (sek-un-din). The after-birth. प्रसवांतर; भ्रूण-जन्मावशिष्ट ।

Secundipara. A woman pregnant for the second time. द्वितीय बारकी गर्भवती ।

Sedation (se-dá-shun). The act of calming ; the state of being calm, अवसादन ।

Sedative (sed′-at-iv). Calming ; quieting ; allaying activity and excitement. अवसादक ; वेदना-रोधक ; उपदाह-नाशक ।

Sedentaria Ossa :(sed-en-tá-re-ah). The ischia and coccyx. बस्ति तथा गुदास्थि ।

Sedentary (sed′-en-ta-re). Sitting habitually ; occupied in sitting. अव्यायामी ; शारीरिक परिश्रम-रहित ।

Sediment (sed′-im-ent). Insoluble material which sinks to the bottom of liquid. तलछट ; ऊर्ध-लेप ।

Segment (seǵ-ment). A section, a part of an organ or any other structure. खण्ड ।

Segmental (seǵ-men-tal). Relating to the segment ; undergoing segmentation. विभाजन सम्बन्धीय ।

Segregation (seg-re-gá-shun). Separation ; removal of certain parts from a mass. अलग करना ; किसी समूहसे किसी एक अंशको अलग कर लेना ; विच्छेद ।

Segregator (seg-re-gá-tor). An instrument for securing the urine from each kidney separately. प्रत्येक मूत्रपिण्डसे अलग-अलग मूत्र-संग्रह करनेका यंत्र ।

Selene (se-lé-ne). White spots on the nails ; lenula. नाखूनपर सफेद दाग ।

Self-abuse. Masturbation. हस्तमैथुन ।

Self-digestion. Auto digestion. स्वतः उत्पादित रसोंकी क्रिया द्वारा कोषोंकी मृत्यु ।

Self-Infection. Auto infection, infection of the organism from a local virus. स्थानिक स्वतः उत्पन्न विषके कारण किसी यंत्रका आक्रान्त होना ।

Self-pollution. Masturbation. हस्त-मैथुन ।

Sella turcica (seĺ-ah-teŕ-sik-ah). The pituitary fossa of sphenoid bone. खोपड़ीके ऊपरी अगले भागके नीचेवाला श्लैष्मिक गड्ढा ।

Semeiography (sem-Í-og′-ra-fe). A description of symptom of disease रोग लक्षण वर्णन ।

Semeiology (sem-i-oĺ-o-je). symptomatology. लक्षण तत्व ।

Semeiosis (sem-i-ó-sis). The study of the symptoms of disease. रोग-लक्षणोंका अध्ययन ।

Semeiotic (sem-i-oť-ik). Relating to symptoms रोग-लक्षण-विषयक ।

Semelincident (sem el-iń-sid-ent). Happening once only, said of an infectious disease. एक ही बार होनेवाला रोग ।

Semen (sé-men). Seminal fluid, sperm ; a thick, yellowish white, viscid fluid, containing spermatozoa. शुक ; रेतः ; वीर्य ।

Semenuria (se-men-ú-re-ah .Spermaturia. मूत्रमें शुक-संचार ; पेशाबके साथ वीर्य निकलना ।

Semicanal (sem-ik-an-al). A canal open on one side. एक पार्श्विक प्रणाली ।

Semi-cartilaginous (sem-e-kar-til aj-in-us). Partly cartilaginous. आंशिक उपास्थिमय ।

Semi-coma (sem-e-kó-mah). A mild coma from which the patient may be aroused. अर्द्ध मूर्च्छा ; हलकी मूर्च्छा, जिससे रोगी होशमें लाया जा सकता है ।

Semicrista (sem-e-kris-tah). A small or imperfect ridge or crest. एक क्षुद्र प्रवर्द्धन ।

Semi-confluent. When the pustules of small-pox are not so closely developed as to run into one another. अर्द्ध संयत ।

Semi-lunar (sem-e-lú-nar), Crescent-shaped. अर्द्ध-चन्द्राकार । **S. Bone,** the half-moon-shaped bone of the carpus. मणिबन्धकी अर्द्ध-चन्द्राकार अस्थि ।

Semi-luxation. A partial dislocation. आंशिक स्थानिक-च्युति ।

Semimembranosus (sem-e-mem-bran-o'-sus). A muscle of the thigh. एक जंघापेशी ; कण्डरा कल्पा पेशी ।

Seminal. Relating to the semen. शुक-सम्बन्धीय । **S. Cyst,** a cyst containing semen. शुककारक कोष । **S. Fluid,** semen. वीर्य ; शुक । **S. Granules,** minute globules seen in the semen. शुकमें प्राप्त सूक्ष्म दाने ।

Semination (sem-in-á-shun). Insemination ; intromission of semen into uterus. गर्भाशयमें वीर्य-प्रवेश ।

Seminiferous (sem-in-if-er-us). Carrying or producing semen. शुकवाही नलिका ।

Seminoma (sem-i-no'-mah). Tumour of the seminal vesicle. शुकाशयका अर्बुद ।

Seminuria (sem-in-ú-re-ah). The discharge of semen in the urine. मूत्रके साथ शुकका स्राव ।

Semiology (se-me-ol-o-je). Symptomatology. लक्षणावली ।

Semis. One-half. अर्द्ध ; आधा ।

Semisiderateo (sem-i-sid-e-ra-she-o). Hemiplegia. अर्द्धाङ्गाक्षेप ।

Semisomnus (sem-e-som-nus). Semi-coma. अर्द्ध मूर्च्छा ।

Semispinalis (sem-e-spi-ná-lis). Certain muscles of the back. पृष्ठदेशकी कुछ पेशियां ।

Semitendinosus (sem-e ten-din-o' sus). A certain muscle of thigh. कण्डरा कल्पा पेशी ।

Semivalent (sem-iv-al-ent). Having one-half the power which is normal. स्वाभाविकसे अर्द्ध-शक्ति-सम्पन्न ।

Senescence (se-nes-ens). The state of growing old वार्द्धक्य वृद्धिकी दशा ।

Senile (sé-nil). Relating to senility. वार्द्धक्य-सम्बन्धीय । **S. Atrophy,** shrinking of the tissues consequent upon the involution of old age. वृद्धत्वके कारण तन्तुओंका सिकुड़ना । **S. Tremor,** the trembling of the hands and shaking of the head in the aged. वृद्धावस्थाके कारण हाथ तथा मस्तकका कांपना ।

Senilis (se-ni'-lis). Relating to old age. वार्द्धक्य-सम्बन्धीय ।

Senilism. Premature senility, pro. geria. अकाल वार्द्धक्य ।

Senility (se-nil-it-e). The weakness of the old age. वार्द्धक्य-जनित दुर्बलता या जड़ता ।

Sensation (sen-sá-shun). An impression conveyed by an afferent nerve to the sensorium. संवेदन ; अनुभूति ; चेतना ।

Sense (sens). One of the perceptive faculties, feeling ; sensation. इन्द्रिय । **S. Cinesthetics,** muscular sensation. मांसपेशिक संवेदन । **S. Genesic,** the sexual instinct. काम-चेतना ।

Sense Center. Sensorium ; any center in the cerebral cortex where a stimulus to a sense organ is brought into the realm of consciousness ज्ञान-केन्द्र ।

Sensibility (sen-sib-il-it-e). Susceptibility of sensation : or faculy of receiving impression. चेतना-शक्ति ; संवेद ; अनुभूति ; ज्ञान ।

Sensible (seń-sib-l). Endowed with the sense of feeling. इन्द्रिय-विचार ; इन्द्रिय-ग्राह्य ; अनुभूति-सम्पन्न ; विज्ञ ।

Sensitive (seń-sit-iv). Capable of feeling. अनुभव-शक्ति-विशिष्ट ; अत्यन्त धारणक्षम ; सहजमें अभिभूत होनेवाला ; असहिष्णु ।

Sensitivity (seń-si-tiv-i-te). The state of being sensitive. असहिष्णु होनेवाली दशा ।

Sensitize. To render sensative. अनुभव-सम्पन्न बनाना ।

Sensorial (sen-so'-re-al). Relating to sensorium. मस्तिष्क ; ज्ञान-स्थान ; ज्ञानेन्द्रिय-सम्बन्धीय ।

Sensorimotor. Pertaining to both sensation and motion. अनुभूति तथा गति विषयक ।

Sensorium (sen-so'-re-um). A common center of sensations. मस्तिष्क ; ज्ञान-स्थान ।

Sensory (seń-so-re). Relating to sensation. अनुभावक ; अनुभव-सम्बन्धीय । **S. Area.** संवेदन क्षेत्र ।

S. Coat, सांवेदनिक पटल । S. Nerve. ज्ञानवाही नाड़ी ।

Sentient (seń-she-ent). Having sensation. स्पर्श-चेतन ; बोधक्षम ; सचेतन ; चैतन्यविशिष्ट ।

Sentiment (seń-te-ment). Feeling or emotion in relation to one idea. मत-सिद्धान्त ; भाव-मिश्रित चेतना ; समवेदना ।

Separator, Separatory (seṕ-ar-a-tor). Any thing which separates two or more substances or prevents them from mingling. पृथक्कारक ; जो दो पदार्थों को अलग कर सके ।

Separatorium. Instrument for separatingpericranium from skull. करोटीवेष्टक झिल्लीके करोटीसे अलग करनेवाला यंत्र ।

Sepedogenesis. The origin of sepsis. सड़न रोगका मूल कारण ।

Sepedon. ɪ utrescence, putridity. गलितता ; पूति ।

Sepsis. Putrefaction, septicemia. रक्तमें सड़नेवाले पदार्थ या रोगजनक कीटाणु-प्रविष्ट होनेके कारण दैहिक विकार ; रक्त-दुष्टि ; सड़न ।

Septal (seṕ-tal). Relatingto septum. भेदक-अस्थि-सम्बन्धीय ।

Septan (seṕ-tan). Recurring every seventh day. साप्ताहिक ; सातवें दिन होनेवाला ।

Septemia, Septicæmia (sep-té-me-ah, sep-tis-é-me-ah). An infection characterized by the presence of bacteria in the blood. रक्तकी विकृतावस्था ।

Septic. Pertaining to putrefaction. दूषित ; गलित-द्रव्य-सम्भूत ।

Septicemia. Relating to, suffering from or resulting from septicemia पूयज ज्वर सम्बन्धीय ; पूयज ज्वरके परिणामस्वरूप ।

Septicophlebitis (sep-ti-ko-fle-bi-tis). Septic inflammation of a vein. शिराका गलनेवाला प्रदाह ।

Septigravida. A woman who is pregnant for the seventh time. सप्तम बारकी गर्भवती ।

Septimetritis (sep-ti-me-tri-tis). Septic inflammation of the uterus. जरायुका गलित-द्रव्य-सम्भूत प्रदाह ।

Septipara (sep-tip-aŕ-ah). A woman who has borne seven children in as many pregnancies. सप्त-सन्तान प्रसव करनेवाली स्त्री ।

Septometer (sep-tom-et-er). An instrument for measuring the thickness of the nasal septum. नासा-भेदक प्राचीरकी मोटाई मापनेवाला यंत्र ।

Septonasal. Relating to the nasal septum. नासा-भेदक अस्थि-सम्बन्धीय ।

Septum (seṕ-tum). A dividing membrane or wall. भेदक झिल्ली या प्राचीर ।

Sequel, Sequela. A morbid condition following as a consequence of another disease. एक रोगके बादका रोग ; रोगका परिणामोपसर्ग ।

Sequester. Sequestrum. अस्थिके स्वस्थ अंशसे विलिष्टभूत अंश ।

Sequestration (se-kwes-trá-shun). Separation from others, as in the case of one with contageous disease. दूसरोंसे अलग रखना, जैसा कि स्पर्शक्रमक रोगमें होता है ।

Sequestrum (se-kweś-trum). A piece of necrosed bone, which has become separated from the surrounding healthy osseous tissue. स्वस्थ अस्थि-तन्तुसे पृथकीकृत क्षयित अस्थि-खण्ड । गली हुई हड्डीका एक टुकड़ा, जो आस-पासके स्वस्थ अस्थि-तन्तुसे स्वतन्त्र हो जाता है ।

Sera. Plural of serum. रक्त-रस ; रक्ताम्बु ।

Seriflux. A profuse serous dis. charge. अत्यधिक रक्ताम्बु-स्राव ।

Serocolitis (se-ro-ko-li'-tis).' Colitis externa, inflammation of the peritoneum about the colon. बृहदंत्रके निकटवर्त्ती अन्त्रच्छदका प्रदाह ।

Serodermatosis (se-ro-dur-ma-tó-sis). Any skin disease with watery discharge. जलीय स्राव होनेवाला कोई चर्म-रोग ।

Serodiagnosis. Diagnosis made by the use of serum. रक्ताम्बु-प्रयोग द्वारा रोग-निर्णय ।

Seroenteritis (se-ro-en-tes-i'-tes). Inflammation of the peritonial coat of the intestine. आँतोंके अन्त्रच्छदका प्रदाह ।

Serohepatitis (se-ro-hep-at-i'-tis). Inflammation of the peritonial coat of the liver. यकृदावरक झिल्ली-प्रदाह ।

Serolemma (se-ro-lem-ah). The outer layer of the amnion. गर्भस्थ-भ्रूण देहकी आवरक झिल्लीका वाह्य स्तर ।

Serology (se-rol-o-je). Orrhology ; the science of serum diagnosis and treatment. रक्ताम्बु द्वारा रोग निर्वाचन और चिकित्सा-सम्बन्धी विज्ञान ।

Seromembranous. Pertaining to the serous membrane. स्नैहिक-झिल्ली सम्बन्धीय ।

Seromucous (se-ro-mú-kus). Composed of serum and mucus. श्लेष्मा और रक्ताम्बु निर्मित ।

Seropus (sé-ro-pus). Purulent and serum. पीव-मिश्रित रक्ताम्बु ।

Sero-reaction (se-ro-re-ak-shun). Serum-disease. रक्ताम्बु द्वारा उत्पन्न रोग ।

Serosa (se-ró-sah). A serous membrane. स्नैहिक झिल्ली ; रक्ताम्बु-स्रावी झिल्ली ।

Seroserous (se-ro-sé-rus). Joining two serosas. दो रक्ताम्बुस्रावी झिल्लीको सम्मिलन करनेवाली झिल्ली।

Serositis (se-ro-ri'-tis). Inflammation of the serous membrane. रक्ताम्बुस्रावी झिल्लीका प्रदाह।

Serosity (se-roś-it-e). Having the quality of serous fluid. रक्ताम्बु-तरल गुण-सम्पन्न।

Serosynovitis (se-ro-si-no-vi-tis). Synovitis attended with serous effusion. रक्ताम्बु-स्रावके साथ जानु-सन्धि-प्रदाह।

Serothorax. Hydrothorax. वक्षमें जल-संचय।

Serotina (ser-o-ti'-nah). Decidua serotina. गर्भ-कलाका वह अंश, जिसमें भ्रूण संलग्न रहता है।

Serous (sé-rus) Having the nature of serum. रक्ताम्बु-स्रावी।

Serpiginous (ser-pij-in-us). Resembling serpigo. दद्रुके आकारका; दादकी तरह।

Serpigo (ser-pi-go). Ring-worm. दाद।

Serratus (ser-á-tus). A muscle of the thorax. असपशुका पेशी।

Serum (sé-rum). The fluid portion of the blood obtained after coagulation. रक्त-रस; रक्ताम्बु।

Serumal (se-rú-mal). Relating to or derived from serum. रक्ताम्बु-विषयक या रक्ताम्बु निःसृत।

Serumuria (se-rum.ú-re-ah). Albuminuria. अण्डलाल मिला मूत्र।

Sesamoid (seś-am-oid). Resembling in size or shape of a grain. क्षुद्र बीजके आकारका। **S. Bone.** small bones developed in tendens. कण्डरामें उत्पन्न क्षुद्र अस्थियाँ।

Sessile (seś-il). Having no peduncle. अवृन्तक।

Setaceous (se-tá-se-us). Bristly; hairy. सकण्टक; लोमपूर्ण।

Seventh Pair. The facial nerves. मुखमण्डलके स्नायु; सप्तम स्नायु-युग्म।

Sex. The character or quality which distinguishes between male and female. लिंग; स्त्री और पुरुषका शारीरिक भेद।

Sexdigital (seks dij'-it-al). Having six finger. छः अंगुलवाला या वाली।

Sex-intergrade (seks-iń-tur-grad). An individual having some of the characteristics of both sexs. उभय-लिंगी चरित्रसम्पन्न।

Sex-limited. Occurring in one sex only. स्त्री या पुरुष एक ही लिंगमें होनेवाला।

Sexology (seks-ol-ó-je). The science of sex. लिंग-विज्ञान।

Sextan (seḱs-tan). A fever, recurring every sixth day. छठे दिन आनेवाला पौनःपुनिक ज्वर।

Sextipara (seks-tip-‑r·ah). A woman pregnant for the sixth time. छठी बारकी गर्भवती ।

Sexual (seks-u-al). Relating to the sex. इन्द्रिय सम्बन्धीय ; लैंगिक ।

Shank. The tibia, the shin, the leg. जंघास्थि ; टांग अथवा पैर ; जानुसे गुल्फ-तक चरणका अंश । S. **Bone**, the lebia. जंघास्थि ।

Shaven. Bears appearance. The appearance of the intestinal glands in typhoid fever. सान्निपातिक ज्वरमें अंत्रःग्रन्थियोंको शक्ल ।

Sheath (sheth). A covering. आवरण ; ढकना ; पत्र । S. **Capillaries**. कुछ कैशिकाओंको घेर रखनेवाली लसिका प्रणाली । S. **Dural**, the external investment of the optic nerve. चाक्षुषी नाड़ीका वाह्य परिच्छेद ।

Sheep-pox (ship-poks). A contagious disease of sheep like small-pox. चेचककी भाँति भेड़ेको एक लरछुत रोग ।

Shepherd's fracture. Fracture of outer part of the astragalus. गुल्फास्थिके वाह्य अंशका टूटना ।

Shin (shin). The anterior part of the leg. जंघाका सम्मुखांश ।

Shingles (shing glz). Herpes zoster. वर्तुलाकार विसर्पिका ; कटि दद्रु ।

Ship-fever (ship-fe-ver . Typhus fever. एक प्रकारका सान्निपातिक ज्वर ; मोह ज्वर ।

Shiver. A slight chill or tremor. सिहरावन ; कँपकपी ; कम्पन ।

Shock. The depression of vital power on account of severe injuries or of great emotion of mind. प्रबल उपघात ; आकस्मिक अवसाद ।

Shooting. Sensation of a quick, glancing pain. चिलक मारना ; द्रुत और अल्पक्षणस्थायी वेदनानुभव ।

Short-sight. Myopia. अदूर-दृष्टि ; निकट दृष्टि ।

Shot-gun Prescription. One with many ingredients. बहुतसे उपादान मिश्रित औषध ।

Shoulder (shol-der), The scapulo-clavicular articulation and adjacent parts. अंस ; स्कन्ध । S. **Blade** the scapula. अंसफलक । S. **Joint**. स्कन्ध-सन्धि ।

Show (sho). The appearance of blood that fore-runs a labor or menstruation. प्रसवके पहले योनिसे निकला हुआ क्लेद ।

Siagonteritis, Siagonanteritis (si-ag-an-tri-tis). Inflammation in the antrim of highmore. ऊर्द्ध हनु-कोटरका प्रदाह ।

Sialaden (si-al-ad-en). A salivary gland. लाला-ग्रन्थि ।

Sialadenitis (si-al-ad-en-i'-tis). Inflammation of the salivary gland. लाला-ग्रन्थिका प्रदाह ।

Sialadenoncus (si-al-ad-en-ońg-kus). Tumor of a salivary gland. लाला-ग्रन्थिका अर्बुद ।

Sialagog, Sialagogue (si-aĺ-ag-og). A medicine which excites a preternatural flow of saliva. लाला निःसारक औषध ।

Sialagogic (si-al-o-goj'-ik). Increasing flow of saliva. लाला-स्रावकी वृद्धि कारक ।

Sialine (si'-al-in). Relating to the saliva. लाला सम्बन्धीय ।

Sialism (si-aĺ-izm). Salivation ; ptyalism. लाला स्राव ।

Sialoid (si-al-oid). Resembling saliva. लालाकार ।

Sialolith (si-al-o-lith). A salivary calculus. लाला-पथरी ।

Sialolithiasis (si-al-o-lith-i'-as-is). The forming of salivary calculi. लाला-शिला-निर्माण ।

Sialology (si-al-oĺ-o-je). The study of saliva. लालाका अध्ययन ।

Sialoncus (si-al-ońg-kus). A tumor under the tongue. जिह्वाधोवर्ती अर्बुद ।

Sialorrhea (si-al-or-é-ah). Excessive flow of saliva. अत्यधिक लाला-स्राव ।

Sialoschesis (si-al-oś-kes-is). Suppression of the salivary secretion. लाला-स्राव रोध ।

Sialostenosis (si-al-o ste-nó-sis). Narrowing of a salivary duct. लाला प्रणालीकी संकीर्णता ।

Sialosyrmix (si al-o-si'-miks). A salivary fistula. लाला-ग्रन्थिका नासूर ।

Sialozemia (si-al-o-zi-me-ah). The involuntary flow of saliva. अनैच्छिक स्राव ।

Sibilant (sib-il-ant). Making hissing sound. लाला निःसरण ।

Sibilus (sib-il-us). A whistling rale. हिस-हिस शब्द ; यह वक्ष-परीक्षाके समय सुननेमें आता है ।

Siccative (sik-at-iv). Drying ; removing moisture. शोषक ।

Siccosia (sik-ko-ze-ah). Nausea. मिचली ; अरुचि ।

Siccus (sik-us). Dry. शुष्क ।

Sicness (sik-ness). The condition of being ill ; ill health. अस्वस्थ ; रोगी । - S. **Falling,** Epilepsy. अपस्मार ।

Sideration (sid-er-á-shun). Therapeutic application of electric sparks. विद्युतकी चिनगारियोंका चिकित्सार्थं प्रयोग ।

Siderodromophobia (sid-er-o-dro-mo-fó-bi-ah). Morbid dread of traveling by railway. रेल आनेका अस्वाभाविक भय ।

Siderogenous (sid-er-oj en-us). Producing iron. लोह उत्पन्न कारक ।

Siderophilous (sid-er-off-il-us). Absorbing iron. लौह-शोषक ।

Siderosis (sid-er-ó-sis). Iron colouring of tissues. मांस-तन्तुका लौह वर्ण हो जाना । **S. Bulbi**, the deposit of an iron pigment within the eye. आंखके भीतर लौह वर्णका तलछट ।

Sigh (si), A prolonged deep inspiration. दीर्घ श्वास ।

Sight (sit). Vision. दृष्टि ।

Sigmoid (sig-moid). Shaped like the letter "S". द्विवक्र । **Sigmoid Flexure**. the fold of the colon where the rectum commences. द्विवक्र महराव ; सरलांत्रके ऊपरी भागके वृहदन्त्रका द्विवक्र महराव ।

Sigmoiditis. Inflammation of the sigmoid flexure. वृहदन्त्रके द्विवक्र महरावका प्रदाह ।

Sign (sin). Any objective evidence of a disease. उपसर्ग ; चिह्न ; लक्षण ।

Silicate (sil-ik-āt). A salt of silicic acid. चकमकके तेजाबका नमक ।

Silicon. An elementary body constituting the bodies of silica. बालुकीन ।

Silicosis (sil-ik-ó-sis), Grinder's disease ; A pathological condition of lung due to the inhalation of stone-dust. पत्थरतोड़ोंका रोग ; फेफड़ेकी एक रोगी दशा, जो पत्थरकी धूल श्वासके साथ जानेके कारण हो जाती है ।

Silver (sil-ver). Argentum ; a metal of lustrous white colour. रौप्य ; चांदी ।

Silver fork-deformity. The deformity resembling the curve of the back of a fork. कांटा (भोजन पात्र) के आकारकी पीठका टेढ़ापन । **S. Fracture**, a displacement of the wrist in fracture of the lower end of the radius. अनुप्रकोष्टास्थिका निम्न-अंश टूट जानेके कारण कलाईका अपनी जगहसे हट जाना ।

Similia Similibus Curantur. The homœopathic formula expressing the law of similar, or the doctrine that any drug which is capable of producing morbid symptoms in the healthy body will remove similar symptoms occurring as an expression of disease. होमियोपैथिक सिद्धान्त—समः समे शमयति अर्थात् जो भेषज स्वस्थ शरीरमें जो लक्षण उत्पन्न कर सकता है, वही उस लक्षणोंसे सम्पन्न रोगको आरोग्य भी कर सकता है ।

Simple. Not complicated ; plain. सामान्य ; अजटिल ; सरल ।

Simples (sim plz). Medicinal herb. भेषज ।

Simulation (sim-u-lá-shun). Imitation, of a disease or symptom which resembles another. अन्य रोगके आकारका रोग या लक्षण। 2. Feigning illness. छद्मवेषी रोग।

Sinapis (sin-á-pis) Mustard. सरसों।

Sinapism (sin-ap-izm). A mustard plaster. सरसोंकी पट्टी।

Sinapized (sin-ap-izd). Mixed with mustard. सरसों मिश्रित।

Sincipital (sin-sip-it-al). Relating to sinciput. ऊर्ध्व अर्द्ध करोटी-सम्बन्धीय।

Sinciput (sin-sip-ut). The fore and upper part of the head. मस्तक-शीर्षक अर्द्ध भाग।

Sinew (sin-u). A tendon. कण्डरा।

Singer's nodes. Chordi is tuberosa; a small nodule on the edge of the vocal cord in singers. गानेवालोंके स्वररज्जुके ओठ परकी एक क्षुद्र गुटिका।

Singultus (sing-gul-tus). Hiccup. हिचकी।

Sinister (sin-is-ter). Left. बाम। 2. Of bad prognosis. कु-भावी फल।

Sinistrad (sin-is-trad). Towards the left side. बामावर्त्ती ; बायीं ओरका।

Sinistral (sin-is-tral). Pertaining to the left. बामावर्त्त विषयक।

Sinistraural (sin-is-tró-ral). One who hears more distinctly with the left ear. बायें कानसे अधिक स्पष्ट सुननेवाला व्यक्ति।

Sinistrocardia (sin-is-tro-kar-di-ah). Displacement of the heart beyond the normal position on the left side. स्वाभाविक स्थितिसे बाम पार्श्वमें हृत्पिण्डकी स्थानच्युति।

Sinistrocerebral. Located in the left cerebral hemisphere. बाम मस्तिष्क गोलार्द्धमें स्थित।

Sinistrocular. Left-eyed; one who habitually uses the left eye. बामाक्षी ; जिसे बायीं आँखसे देखनेकी आदत पड़ गयी हो।

Sinistroflexion (sin-is-tro-flek shun). A bending toward the left. बाम पार्श्वकी ओर झुकाव ; बाम-चक्र।

Sinistromanual. Left-handed. बायें हाथसे काम करनेवाला।

Sinistropedal. Left-footed बायें पैरसे विशेष काम करनेवाला।

Sinistrorse (sin-is-trors). Turned to the left. बाम पार्श्वमें घूमा हुआ।

Sinuous (sin u-us). Wavy; winding. लहरदार ; सर्पवत् बक्र ; वकदार।

Sinus (si-nus). A channel for the blood. रक्त-प्रणाली। 2. A hollow in bone and other tissue. अस्थि या अन्य मांस-तन्तुका गर्त्त। 3. A fistula, leading to a suppurating cavity. नासूर ; छिद्र। **S. Air,** any cavity in the bone containing air वायुपूर्ण कोई अस्थिका गह्वर। **S. Cavernous,** a venous sinus extending from the sphenoid fissure to the apex of the petrous bone.

कौशिक छिद्र ; यह कीलकास्थि छिद्रसे लेकर पार्श्व-कपालास्थि छिद्रतक फैला रहता है। **S. Circular**, a venous sinus around the pituitary body. एक कौशिक प्रणाली, जो श्लेष्मा-स्रावी अंशोंके चारों ओर रहता है। **S. Coronary**, a large sinus between the left auricle and the left ventricle of the heart. बायें ग्राहक कोष्ठ तथा बाम क्षेपक कोष्ठके बीचकी प्रणाली। **S. Frontal** one of the two irregular cavities in the frontal bone containing air. कपालास्थिके वायुपूर्ण दो असम गह्वरोंमेंसे एक।

Sinusitis (si-nus-i'-tis). Inflammation of the sinus. सीनाका प्रदाह।

Sinusoid (si'-nus-oid). Resembling a sinus. सीनाके आकारका।

Siriasis (si-ri-as-is). Sun-stroke. लू लगना। सूयताप अर्काघात।

Site (sit). A location; place; position. स्थान ; स्थिति ; अवस्थान।

Sitieirgia (sit-ī-ir-ji-ah). Refused to take food. खाद्य ग्रहणसे अनिच्छा।

Sitiology (sit-e-ol-o-je). Knowledge regarding the food and nutrition. खाद्य तथा पोषण-ज्ञान।

Sitology (si-tol-o-je). Sitiology. खाद्य-विज्ञान।

Sitomania (sit-o-má-ne-ah). Excessive hunger. अत्यधिक भूख। Periodic Bulimia. सामयिक अस्वाभाविक भूख।

Sitophobia (sit-o-fó-be-ah). A morbid dread of eating. भोजनका अस्वाभाविक भय।

Sitotherapy (si-to-ther-ap-e). Treatment by food. खाद्य द्वारा चिकित्सा।

Sitotoxism (si to-toks-izm). Poisoning by diseased vegetable food. रोगपूर्ण खाद्यका विष फैलना।

Situs. A position, site. स्थिति ; दृश्य।

Sitz-bath. Hip-bath ; or one in which the bather sits in a small tub. कटि-स्नान।

Sixth nerve. The abducens ; nerve. षष्ठो नाड़ो।

Skelalgia (ske-lal-je-ah). Pain in the leg. पैरमें दर्द।

Skeletal (skel-et-al). Relating to the skeleton. कंकाल सम्बन्धीय ; अस्थि-पंजर विषयक।

Skeletization (skel-et-iz-á-shun). Extreme emaciation. असीम क्षीणता।

Skeletogenous (skel-et-oj-en-us). Producing skeleton or bony structure. कंकालीय या अस्थिमय बनावट।

Skeletogeny (skel-et-oj'-en-e). The formation of the skeleton. कंकालका निर्माण।

Skeleton (skel-et-on). The bony frame work of the body. कंकाल अस्थि-पंजर।

Skiagram (ski'-ag-ram). The finished printed X-ray picture. छापी हुई एक्स-रेकी तस्बीर।

Skin. The external covering of the body ; the organ of touch. चर्म ; त्वक् ; त्वचा ; स्पर्शेन्द्रिय। **S. Bound-disease.** जालवत् झिल्लीके पुराने प्रदाहके कारण उत्पन्न चर्मकी कठिनता।

Skleriasis (skle-ri'-as-is). Scleroderma. एक पुराना चर्म-काठिन्य रोग।

Skull (skul). The bony framework of the head. खोपड़ी ; करोटी ; कर्पट।

Sleeping Disease. Narcolepsy. निद्रा रोग।

Sleep-walking. Somnambulism. स्वप्न-भ्रमण।

Slimy. Glutinous. विच्छिल ; चिकना ; लसदार।

Sling. A suspending bandage for a limb. प्रत्यंग-सहायक बन्धन-विशेष।

Slough. A mass of dead tissue in or cast out from living matter. विगलन ; मृततन्तुओंका लौंदा, जो जीवित पदार्थसे अलग हो जाता है। तर खुरण्ड ; जखमका मुर्दार मांस।

Small-intestines. These include the duodenum, jejunum and ileum. पाक्वाशय ; क्षुद्रांत्र।

Small pox (smawl-poks). Variola ; an infectious febrile disease accompanied with eruption of the skin. बसन्त रोग ; चेचक।

Smegma (smeǵ-mah). Sebum ; secretion of the sebaceous glands, found under the prepuce and around the labia minora. स्नैहिक ग्रन्थिका लिगावरक झिल्ली तथा क्षुद्र-भगोष्ठके चारों ओरका स्राव ; शिश्न-शूल।

Smell. To scent, to perceive by means of the olfactory apparatus. घ्राण-यंत्रके द्वारा देखना ; सूंघना।

Smelling salts (smel-ing). Ammonium carbonate. ऐमोनियम कार्बोनेट।

Smiths Cramp. Muscular spasm of black-smiths arm and hand. लोहारोंके बाहु और हाथोंको मांसपेशिक आक्षेप।

Smiths' Fracture. Fracture of the radius near its lower articular surface. निम्न-सन्धि पटलके पास अनु-प्रकोष्ठास्थिकी स्थानच्युति।

Snore (snór). A noisy breathing in sleep or coma. निद्रा या बेहोशीमें शब्दपूर्ण श्वास ; नाक बोलना।

Snuffles (snuf-flz). A catarrhal discharge from the nasal mucous membrane in infants ; generally in congenital syphilis. बच्चोंकी नाकसे श्लैष्मिक-झिल्लीसे सर्दीका स्राव, खासकर आजन्म उपदंश-रोगी बच्चेमें। 2. The stuffed noseof infants. बच्चोंका नाक चिपक जाना।

Socia Parotides. A detached part of the parotid gland. कर्णमूल, ग्रन्थिका विच्छिन्न अंश।

Socket (sok-et). The hollow part of joint. सन्धिका खोखला अंश । 2. Any hollow into which another part fits. कोई खोखला स्थान, जिसमें दूसरा अंश ठीक रहता है । **S. Of the tooth.** the hollow place which receives and holds the tooth. दन्त कोष ; दन्त-गह्वर ।

Soda (só-dah). Normal sodium carbonate. स्वाभाविक सोडा कार्बोनेट ; सज्जी मिट्टी ।

Sodium (só-de-um). A soft, white alkaline metallic element. लवण । **S. Borate,** Borax. सोहागा । **S. Carbonas,** the impure carbonate of soda. सज्जी मिट्टी । **S. Muriate,** common salt. लवण ।

Sodomy (sod-o-me). Sexual connection by the anus. पुं० मैथुन ।

Soemmerring's Bone. The marginal process of the malar bone. कपोलास्थिके किनारेका प्रवर्धन ।

Soft. Not bony or cartilaginous. अस्थि या उपास्थि पूर्ण नहीं ; मृदु ; कोमल । **S. Palate,** the soft posterior part of the palate. कोमल तन्तु ।

Softening of the Brain. Progressive dementia. मस्तिष्कको कोमलता ।

Solar. Relating to the sun or sunlight. सूर्य या सूर्य-किरण-विषयक । **S. Fever,** Dengue. हड्डी-तोड़ बुखार । **S. Plexus,** plexus cœliacus. स्नायु-वर्तुल या कड़ा । **S. Therapy,** heleotherapy. सूर्य चिकित्सा ।

Solarium (so-lá-re-um). A sun-bath. सूर्य-स्नान ।

Sole (sól). The under part of the foot ; the plantar surface of the foot. तलवा ; पदतल ।

Soleus (so-lé-us). A muscle of the calf of the leg. पिचिण्डिका लम्बी पेशी ।

Solid (sol-id). A substance or tissue not fluid nor gaseous. कठिन गोल ।

Solidefication. The effect of the disease of lungs, causing them to solidity ; hepatization. फुस्फुसकी यक्ष्मावलि ।

Solitary (sol-it-a-re). Alone ; single. एकक ; एकान्त । **S. Glands,** certain lymph-glands in the intestinal mucosa. असह ग्रन्थि ; निःसंग ग्रन्थि ; आँतोंकी कुछ लसिका ग्रन्थियाँ ।

Solubility (sol-u-bil-it-e). The condition of being soluble. घुलनशीलता ; द्राव्यता ; द्रव्योयता ।

Soluble (sol-u-bl). Capable of being dissolved. द्रवनीय ।

Solution (so-lú-shun). The diffusion of a solid in a liquid. द्रावण ; द्रवकरण ; द्रव ।

Solvent (sol-vent). Capable of dissolving. द्रवकर ।

Soma (só-mah). The body. including the head and neck. without the limbs. धड़, मस्तक दथा गर्दनका अंश, प्रत्यंग नहीं ।

Somatic (so-maṫ-ik). Pertaining to the body. धड़ सम्बन्धीय । **S. Death**, death of the entire body. समस्त शरीरकी मृत्यु ।

Somatodymia (so-mat-o-dim-e-ah). Double fetus with united trunks. संयुक्त धड़का युग्म भ्रूण ।

Somatology (so-mat-oḷ-o-je). The science which deals with the body, including both anatomy and physiology. शरीर-त्रिज्ञान, जिसमें शरीर तथा शरीर-धर्म-विद्या दोनोंका ही वर्णन रहता है ।

Somatome (só-mat-om) An instrument for cutting the body of the fetus. भ्रूण-धड़ काटनेका यंत्र ।

Somatoplasm (só-mat-o-plazm). The protoplasm of the cell body. कोष-शरीरका प्राणपंक ।

Somatopleure (só-mat-o-plūr). The somatic mesoblast the upper layer of the mesoblast. गर्भके अन्तरस्थ भ्रूण-स्तरका ऊर्द्ध स्तर ।

Somatotomy (so-mat-oṫ-o-me). The anatomy of the human body. मानव शरीरका शारीरक ।

Somatotridymus (só-mat-o-trid'-im-us). A monster with three trunks. तीन धड़ोंवाला विकटाकार जीव ;

Somesthetic (so-mes-theṫ-ik). Relating to the sensations of the body. शरीरकी अनुभूति विषयक ।

Somnambulism(som-nam-bu-lizm) Habitual walking in sleep. निद्रा-भ्रमण ; स्वप्न-संचरण ।

Somnambulist (som-naṃ-bu-list). A person who walks in sleep. स्वप्न-संचारी ; नींदमें घूमनेवाला ।

Somnifacient (som-nif-á-she-ent). A medicine for producing sleep. निद्राकारक औषध ।

Somniferous(som-niḟ-er-us). Inducing or producing sleep. निद्राकारक । नींद लानेवाली ; निद्राजनक ।

Somniloquism (som-niḷ-o-kwizm). Sleep-talking. निद्रामें बोलनेवाला ; निद्रा-भावक ; स्वप्न-प्रलाप ।

Somniloquy (som-niḷ-o-kwe). The habit of talking in one's sleep. निद्रामें बोलनेका अभ्यास ; निद्रा-भाषण ; स्वप्न-प्रलाप ; निद्रालाप ।

Somnolence (som-no-lens). The condition of drowsiness. औंघाईकी दशा ।

Somnolency. Inclination to sleep ; often a symptom of disease. निद्राकर्णन ; निद्रावल्य ।

Somnolent (som-no-lent), Inclined to sleep. निद्रावेशपूर्ण ।

Somlolentia (som-no-leń-she-ah). Drowsiness. औंघाई ; निद्रावेश ।

Somnus (som-nus). Sleep. निद्रा ।

Sonitus (son-it-us). Tinnitus surium ; a tinkling in the ears. कर्णनाद ; कानमें टुन-टुन आवाज ।

Sonometer. An instrument for testing the sense of hearing. श्रवणेन्द्रिय परीक्षक यंत्र ।

Sonorous (so-nó-rus). Resonant ; ringing. खनखन शब्द ।

Soot-cancer. The scrotal cancer of chimney sweepers. चिमनी साफ करनेवालोंका मुष्कका कर्कट ।

Sophistication. The adulteration of food or medicine. खाद्य या ओषधिका मेल ; मिलावट ।

Sopor (só-por). Sleep. प्रगाढ़ निद्रा ।

Soporiferous (so-por-if-er-us). Producing sleep. निद्राकारक ।

Soporific (so-por-if-ik). Somniferous. निद्राकारक ।

Soporose (só por-os). Sleepy. निद्रालु ।

Sorbefacient (sor-be-fá-she-ent) Causing absorption. शोषक ।

Sordes (sor-dez). A dark brown or blackish crust like collection on the teeth. दन्त-शर्करा ; दन्तगत मल ; दाँत घर कीट ।

Sore (sór). A wound, ulcer. घाव ; क्षत ; जखम । 2. Painful. वेदनापूर्ण ; दर्द-भरा । S. **Throat,** any morbid affection of the throat. गल-क्षत । **Bed-sore.** decubitus. शय्या-क्षत ।

Soroche (so-ró-ke). Mountain sickness. पहाड़ी रोग ।

Sororiation (so-ro-ri-á-shun). Growth of the breasts at puberty. यौवनावस्थामें स्तन-वृद्धि ।

Souffle (soó-fl) A soft blowing sound heard on auscultation. एक मृदु भाथीकी तरह आवाज, जो आकर्णनके समय सुन पड़ती है । S. **Cardiacs,** a soft puffing heart-murmur. मृदु फूंकनेकी तरह हृत्पिण्डका मरमर शब्द । S. **Uterine,** a blowing sound, synchronous whith the cardiac systole of the mother, heard on auscultation of the pregnant uterus. गर्भपूर्ण गर्भाशयसे आनेवाला एक प्रकारका फुफकारकी तरह शब्द, यह माताके हृत्पिण्ड आकुञ्चनकी समतामें होता है ।

Soul-pain (sol-pain). Psychalgia. एक तरहका मानसिक कष्ट ।

Sound. Noise. शब्द ; आवाज । 2. Probe. शलाका ।

Sour. Having an acid taste. खट्टा ; अम्ल ।

Space. Any area or cavity of the body. कोई शरीरका सीमित स्थान या गह्वर । S. **Axillary,** the axilla. बगल । S. **Intercostal,** the interval between any two adjacent ribs. दो आस-पासकी पसलियोंके बीचका स्थान ; पशुका मध्यस्थ स्थान ।

Spanemia (span-é-me-ah). Poverty of the blood ; hydremia ; anemia. रक्तस्वल्पता ।

Spanemic. An agent which thins the blood. रक्तको तरल करनेवाला पदार्थ ।

Spanomenorrhea, Spanomenorrhœa. Scanty menstruation. स्वल्परजः ।

Spanopnea (span-op-né-ah). Slow and shallow respiration. धीमा और छिछला श्वास ।

Sparadrap. A waxed cloth. मोमी वस्त्र ।

Spargosis (spar-gó-sis). 1. Distention of the breasts with milk. दूधके कारण स्तनका फैलना । 2. Swelling or thickening of the skin. चर्मकी सूजन और मोटा पड़ जाना ।

Spasm (spazm). An involuntary convulsive muscular contraction. आक्षेप ; अकड़न ; खींचन ; ऐंठन ।

Spasmodic (spaz-mod-ik). Relating to spasm. आक्षेप-विशिष्ट ; टंकार-विशिष्ट ।

Spasmodism (spaz′-mo-dizm). A spasmodic condition dueto medullary excitation. सुषुम्ना शीर्षकमें उपदाह होनेके कारण अकड़नके उपसर्ग ।

Spasmology (spaz-moĺ-o-je). The science of convulsions. टंकार-विज्ञान ।

Spasmophilia (spaz-mo-fiĺ-e-ah). Spasmophilic diathesis ; the tendency to spasm. आकृष्ट-प्रवणता ; अकड़न-प्रवणता ।

Spasmous (spaz′-mus). Of the nature of a spasm. अकड़नकी प्रकृतिसे सम्बन्ध ।

Spasmus (spaz′-mus). A spasm. आक्षेप । अकड़न ।

Spastic (spaś-tik). Convulsive ; spasmodic. आक्षेपिक ; अष्टाम्भिक ।

Spatium. Space. स्थान ; जगह ।

Spatula (spaṫ-u-lah). A flexible flat blade, with no sharp edge, used in pharmacy for spreading plasters and ointments. मलहम, आदि मिलानेके लिये छोटो धारकी छुरी ।

Spay (spā). To remove the ovaries or testicles. डिम्बकोष या अण्ड-कोषका निकाल लेना ।

Specialist (spesh́-al-ist). One who treats the special kind of disease. किसी रोग-विशेषका चिकित्सक ; विशेषज्ञ ।

Specific (spe-siḟ-ik). A remedy possessing definite curative properties. प्रकृत अव्यर्थ औषध । 2. Special. विशेष ; खास । 3. Syphilitic. औपदंशिक । **S. Gravity,** the weight of a substance compared with that of an equal volume of another substance taken as a standard. आपेक्षिक गुरुत्व ; विशिष्ट घनत्व ।

Spectral (spek-tral). Relating to the spectrum. वर्णपटीय। S. Tem. वर्णपटीय रेखा।

Spectrometer. An instrument for determining the refractive power of any translucent substance वर्णपठ।

Spectrophotometer (spek-tro-fo-tom-et-er). An instrument for spectral measurement of the light-sense. वर्णपट दीप्ति मापक।

Spectrum. A coloured band into which light is decomposed in passing through a prism or grating glass. वर्णपट।

Speculum (spek-u-lum). An instrument for enlarging the opening of any canal or cavity in order to facilitate inspection of its interior किसी शरीर गह्वर या प्रणालीका मुँह चौड़ा कर उसके भीतरी अंशको देखकर परीक्षा करनेका यंत्र ; दर्पण-यंत्र ; प्रवीक्षण यंत्र।

Sperm (sperm). Semen. पुरुष-शुक ; वीर्य।

Spermacrasia (sper-mak-ra-ze-ah). Weakness of semen. धातुदौर्बल्य।

Spermatacrasia. Spermatorrhea. शुकमेह ; शुकक्षरण।

Spermatemphraxis (sper-mat-em-fraks-is). An impediment to the discharge of semen. वीर्य-स्रावमें रुकावट।

Spermatic. Relating to the sperm. वीर्य-सम्बन्धीय ; आण्डिक ; शुक-विषयक। **S. Artery**, a branch of the abdominal aorta. औदरिक महाधमनीकी एक शाखा। **S. Cord**, the suspensory cord of the testis. शुक-रज्जु।

Spermatin. An albuminoid matter in semen. शुकमें अण्डलालीय पदार्थ ; शुकस्थित जैव पदार्थ।

Spermatism (sper-mat-izm). The emission of semen. शुक-स्राव ; वीर्य-स्राव।

Spermatitis (sper-mat-i'-tis). Inflammation of the vas deferens. अण्डकोषकी शुकबहानाड़ी।

Spermatocele (sper-mat-o-sel). A cystic heart-shaped tumor of the testicle. शुकवाही-शिराको हृत्पिण्डके आकारका अर्बुद।

Spermatocidal (sper-ma-to-si-dal). Destructive to spermatozoa. शुक-कीट-नाशक।

Spermatocyst (sper-mat-o-sist). Spermatic cyst ; seminal vesicle. शुक-कोष।

Spermatocystitis. Inflammation of the seminal vesicles. शुक-कोषका प्रदाह।

Spermatoid (sper-mat-oid). Resembling semen. शुकाकार।

Spermatology (sper-mat-ol-o-je). The sum of what is known regarding semen. शुक्र-सम्बन्धीय समस्त जानकारियाँ।

Spermatolysis. Destruction of the spermatozoa. शुक्र-कीट-नाशक।

Spermatopathy (per-mat-op-ath-e). A disease of the sperm-cells. शुक्र-कोषका कोई रोग।

Spermatophobia (sper-mat-o-fó-be-ah). A morbid fear of spermatorrhea. शुक्रमेहका रोगात्मक भय।

Spermatopoietic (sper-mat o-poi-et-ik). Producing semen. शुक्रोत्पन्न कारक।

Spermatorrhea (sper-mat-or-é-ah). Involuntary discharge of semen. अनैच्छिक रूपसे वीर्य-स्राव।

Spermatoschesis (sper-mat-os-kes-is) Non-secretion of semen. शुक्र-स्राव न होना; शुक्र-रोध।

Spermatovum (sper-mat-ó-vum). An impregnated ovum. गर्भस्थ डिम्ब।

Spermatozemia (sper-mat-o-zé-me-ah), Spermatorrhea. स्वप्न-दोष; शुक्र-मेह; शुक्र-क्षरण।

Spermatozoid (sper-mat-o-zó-id). Spermatozoon. शुक्र-कीट।

Spermatozoon (sper-mat-o-zo'-on). The generative element of the semen which serves to impreg. nate the ovum. शुक्र-कीट।

Spermaturia (sper-mat-ú-re-ah). The presence of semen in the urine. मूत्रमें शुक्रकी उपस्थिति; पेशाबके साथ वीर्य जाना।

Sperm-cell. Spermatozoon. शुक्र-कीट।

Spermiduct. The ductus deferens and ductus ejaculatorius. वीर्य-निष्कासिनी और शुक्रवहा-नाड़ी सम्मिलित; शुक्र-स्राववाली।

Spermolith (speŕ-mo-lith). A stone in the spermatic duct. शुक्र-प्रणालीमें पथरी।

Spermoneuralgia. Neuralgia of the spermatic cord. शुक्र-रज्जुका स्नायु-शूल।

Spermophlebectasia. Dilatation of the spermatic veins. आण्डिकी शिराका प्रसारण।

Spermoplasm. The protoplasm of the spermatozoon. शुक्र-कीटका प्राणपंक।

Spew. To vomit. वमन करना।

Sphacelate (sfaś-el-at). To become gangrenous. पचनशील होना।

Sphacelation (sfas-el-á-shun). Gangrene; necrosis. सड़न; अस्थि-क्षय।

Sphaceloderma (sfas-el-o-deŕ-mah) Gangrene of the skin. चर्मका सड़न रोग।

Sphacelous (sfaś-el-us). Affected with gangrene. सड़न रोगग्रस्त। Moist gangrene. तर सड़न रोग।

Sphenoethmoid (sfe-no-eth-moid) Pertaining to the sphenoid and ethmoid bones. जतुकास्थि तथा झर्झरास्थि सम्बन्धीय।

Sphenoid (sfé-noid). Wedge-shaped; sphenoidal. जतुकाकार।

S. **Bone,** a very irregular wedge-shaped bone at the base of the skull. जतुकास्थि।

Sphenoides (sfe-noi'-dez). The sphenoid-bone. जतुकास्थि।

Sphenoiditis (sfe-noi'-di-tis). Inflammation of the sphenoid sinus. जतुकाकार परिखाका प्रदाह।

Sphenomalar (sfe-no má-lar). Relating to the sphenoid and malar bones. जतुकास्थि तथा कपालास्थि विषयक।

Sphenomaxillary. Relating to the sphenoid and maxilla. जतुकास्थि तथा हन्वस्थि सम्बन्धीय।

Sphenopalatine. Ralating to the sphenoid and palate bones. जतुकास्थि तथा तल्वास्थि सम्बन्धीय।

Sphenotresia (sfe-no-tré-ze-ah). The breaking up of the base of skull of the fetus, in order to facilitate its crushing in craniotomy. भ्रूणकी खोपड़ीकी तली करोटीको चूर करनेके लिये तोड़ना।

Sphenoturbinal (sfe-no-teŕ-bin-al). Relating to the sphenoid and turbinate bones. जतुकास्थि तथा शुक्तिकास्थि-सम्बन्धीय।

Sphere. Ball or globular body. गोलाकार अंश-शरीर; गेंद।

Spheric, Spherical (sfeŕ-ik, sfeŕ-ik-al). Like a sphere. गोलाकृत।

Spherobacterium (sfe-ro-bak-té-re-um). A micrococcus. एक आनुवीक्षणिक बीजाणु।

Spheroma (sfe ró mah). A spheric tumor. एक गोलाकार अर्बुद।

Sphincter (sfingḱ-ter). A muscle constricting an orifice. मुखा-संकोचनी पेशी। **Sphincter ani internus muscle.** मलद्वार संकोचनी अंतःस्था पेशी। **S. Ani exterius muscle.** मलद्वार संकोचनी वहिस्था पेशी। **S. Vaginæ muscle.** योनि-संकोचनी पेशी।

Sphincteralgia (sfingk-ter-al-je-ah). Pain in the sphincter ani muscle. मलद्वारावरोधिनी पेशियोंका दर्द।

Sphygmic, Pertaining to the pulse. नाड़ी सम्बन्धीय।

Sphygmograph (sfiǵ mo-graf). An instrument for recording the movements, form and force of the pulse. नाड़ीकी गति, आकार तथा बल चिह्नित करनेवाला यंत्र; नाड़ी-परीक्षा यंत्र।

Sphygmography (sfig-moǵ-ra-fe). A description of the pulse. नाड़ी-वर्णन।

Sphygmoid (sfig-moid). Resembling the pulse. नाड़ीके आकारका।

Sphygmology (sfig-mol-o-je). The science of the pulse. नाड़ी-विज्ञान।

Sphygmomanometer (sfig-mo-man-om-et-er). An instrument for measuring blood-pressure in the arteries. रक्त-भार मापक यंत्र।

Sphygmometer (sfig-mom-et-er). An instrument to measure the frequency and force of the pulse. नाड़ीका बल तथा तीव्रता मापक यंत्र।

Sphygmous (sfig-mus). Having the nature of pulse. नाड़ीकी प्रकृतिका।

Spina (spi'-nah). The spine. मेरुदण्ड ; पृष्ठवंश ; रीढ़।

Spinal (spi-nal). Pertaining to the spine. पृष्ठवंश सम्बन्धीय। **S. Bulb,** the medulla oblongata. सुषुम्ना-शीर्षक। **S. Column,** the backbone, spine, vertebral column. मेरुदण्ड ; कशेरुका। **S. Cord,** medulla spinalis. सुषुम्ना। **S. Marrow,** the spinal cord. सुषुम्ना। **S. Meningitis,** inflammation of the meninges or membranes which inclose the spinal marrow. पृष्ठवंशकी मज्जाकी झिल्लीका प्रदाह। **S. System of nerves,** the nerves which issue from the spinal marrow. पृष्ठवंशीय स्नायु।

Spinant (spi-nant). That which stimulates the spinal cord. सुषुम्नामें बल भरनेवाला।

Spine (spin). The vertebral column. कशेरुकाकी लड़ी ; मेरुदण्ड।

Spine of scapula. अंश प्राचीरका।

Spinous (spi'-nus). Relating to the spine. मेरुदण्ड विषयक।

Spintherism (spin-ther-izm). Photopsia ; the appearance as of a spark before the eyes. आँखोंके सामने आगकी चिनगारियाँ दिखाई देना।

Spintheropia (spin-ther-ó-pe-ah). Photopsia. आँखोंके सामने अग्नि-स्फुलिङ्ग दिखाई देना।

Spiral (spi-ral). Winding like a screw. कुण्डला ; कुरल।

Spirillum. A genus of bacteria. एक प्रकारके शलाकाणु।

Spirit (spir-it). An alcoholic liquor stronger than wine. सुरासार।

Spirituous (spir-it-u-us). Containing alcohol. कलकोहल-मिश्रित।

Spiritus (spir-it-us). Spirit. सुरासार।

Spirograph (spi' ro-graf). Instrument for recording respirations. श्वास-प्रश्वासकी क्रिया अंकित करनेवाला यंत्र।

Spirometry (spi-rom-et-re). The measurement of the breathing capacity. श्वास-यंत्रकी धारण-शक्तिकी माप।

Spirophore (spi-ro-for). Instrument for artificial respirations. कृत्रिम श्वास-प्रदायक यंत्र ।

Spirus. A thin layer or covering. एक पतला स्तर या आवरण ।

Spissated (spis-á-ted). Thickened ; inspissated. घनीभूत ; गाढ़ा ; काठिन्य-प्राप्त ।

Spissitude (spiś-it-ūd). The state of being thickened. घनीभूतवाली अवस्थामें ।

Spittle (spiť-l). Saliva. लार ; लाला ।

Splanchnectopia (splank-nek-tó-pe-ah). Displacement of any of the viscus. किसी भी अंतःयंत्रकी स्थान-च्युति ।

Splanchnic (splanḱ-nik). Pertaining to the viscera. अन्तरकोष्ठ-सम्बन्धीय ।

Splanchnocele (splanḱ-no-sel). Hernia of the abdominal viscus. औदरिक यंत्र (यंत्र आदि) का नीचे झूल पड़ना ।

Splanchnoscopy (splangk-noś-ko-pe). Examination of the viscera. यंत्र आदिकी परीक्षा ।

Splay foot (splá-foot). Flat-foot. चपटा पैर ।

Spleen (splen). A large vascular ductless gland lying in the upper part of the abdominal cavity on the left side, between the stomach and the diaphragm. प्लीहा ।

Splenalgia (splen-al-je-ah). Pain in the spleen. प्लीहामें दर्द ; प्लीहा-वेदना ।

Splenauxe (splin-awḱ-se). Enlargement of the spleen. प्लीहाकी अभि-वृद्धि ।

Splenculus (spleń-ku-lus). An accessory spleen. सहायक प्लीहा ।

Splenectasis (splen-eḱ-tas-is). Enlargement of the spleen. प्लीहा-वृद्धि ।

Splenectomy (splen-eḱ-to-me). Removal of the spleen. प्लीहाको निकाल देना ; प्लीहामें नश्तर ।

Splenectopia, Splenectopy. A condition of abnormal mobility of spleen ; displacement of the spleen. प्लीहाकी अस्वाभाविक विचल-नीयता ; प्लीहाकी स्थान-च्युति ।

Splenelcosis (splen-el-kó-sis). Ulceration of the spleen. प्लीहामें जख्म ।

Splenemia, Splenæmia (splen-é me-ah). Splenic leukemia. प्लीहामें रक्तस्वल्पता ।

Splenemphraxis (splen-em-fraḱs-is). Obstruction of the spleen. प्लीहामें रक्त-संचय ।

Splenepatitis (splen-ep-a-ti-tis). Inflammation of both spleen and liver. प्लीहा और यकृत दोनोंका ही प्रदाह ।

Splenetic, Splenic (splen-eť-ik-spleń-ik). Relating to the spleen. प्लीहा-विषयक ।

Splenicterus. Jaundice with splenitis. प्लीहा-प्रदाहके साथ पाण्डु-रोग ।

Splenitis (splen-i-tis). Inflammation of the spleen. प्लीहा-प्रदाह ।

Splenium (splé-ne-um). A bandage or compress. बन्धन ; पट्टी । 2. A structure resembling a bandaged part. पट्टी बंधे अंशको तरहका कोई शारीरिक निर्माण । **S. Corporis Callosis,** the posterior extremity of the corpus callosum. महासंयोजकका सम्मुखस्थ बहिर्भाग ; महासंयोजकः पुच्छ ।

Splenius (splé-ne-us). A muscle. प्लैहिक पेशी ।

Splenization. A condition of the lung in which it is so intensely congested as to be quite solid, so as to sink in the water. फुस्फुसकी एक अवस्था, जिसमें वह इतना ठोस हो जाता है, कि पानीमें डूब जाता है ।

Splenocele (splen-o-sel). 1. The hernia of the spleen. प्लीहाकी स्थान-च्युति । 2. A splenic tumor. प्लीहार्बुद ।

Splenocolic (splen-o-kol-ik). Relating to the spleen and colon. प्लीहा तथा बृहदन्त्र विषयक ।

Splenodynia (splen-o-din-e-ah). Pain in the spleen. प्लीहामें दर्द ।

Splenohemia (splen-o-hé-me-ah). Congestion of the spleen. प्लीहामें अस्वाभाविक रक्त-संचय ।

Splenoid (splen-oid). Resembling the spleen. प्लीहाकार ; प्लीहाके समान ।

Splenology (splen-ol-o-je). The science of the spleen. प्लीहा-विज्ञान ।

Splenolysis. Destruction of the splenic tissue. प्लीहाके तन्तुओंका क्षय ।

Splenoma (splen-ó-mah). A tumor of the spleen. प्लीहाका अर्बुद ।

Splenomalacia (splen-o-mal-á-se-ah). Abnormal softness of the spleen. प्लीहाकी अस्वाभाविक कोमलता ।

Splenomegalia (splen-o-meg-á-le-ah). Enlargement of the spleen. प्लीहा-वृद्धि; प्लीहाका आकार बढ़ जाना ।

Splenoncus (splen-ong-kus). Tumor of the spleen. प्लीहाका अर्बुद।

Splenonephric. Relating to the spleen and the kidney. वृक्क-प्लीहा-विषयक ।

Spleno-pancreatic. Pertaining to the spleen and the pancreas. प्लीहा तथा क्लोम-ग्रन्थि सम्बन्धीय ।

Splenoparectasia. Extreme enlargement of the spleen. प्लीहाकी अभिवृद्धि ।

Splenopathy (splen-op-ath-e). Any disease of the spleen. कोई प्लीहा रोग ।

Splenophrenic (splen-o-fren-ik). Pertaining to the spleen and diaphragm. प्लीहा तथा वक्षोदर-मध्यस्थ पेशी सम्बन्धीय ।

Splenopneumonia (splen-o-nu-mó-ne-ah). Pneumonia with splenization of the lung. फेफड़ेके ठोस हो जानेके साथ फुस्फुस-प्रदाह ।

Splenoptosia, Splenoptosis. Down ward displacement of the spleen. प्लीहाका नीचेकी ओर स्थानच्युत हो जाना ।

Splenorrhagia (sple-no-rá-je-ah). Hemorrhage from the spleen. प्लीहासे रक्त-स्राव ।

Splenulus, Splenunculus. A little spleen. क्षुद्र प्लीहा ।

Splint, An apparatus for preventing movement of a joint or between the ends of a broken bone. खपाच या तख्ती ; उतरे हुए जोड़ या हिलने-डोलनेवाले अंगको बांध रखनेका यंत्र । **S. Bone,** fibula. अग्रजंघास्थि ।

Splinter (splin′-ter). A sharp piece of bone separated in a fracture. शल्य ; टूटी या फटी हुई हड्डीका टुकड़ा ; क्षय ।

Spondylagia (spon-dil-al-je-ah). Pain in the vertebras. कशेरुकाओंमें दर्द ।

Spondylarthritis (spon-dil-ar-thré-tis). Inflammation of the inter-vertebral articulations. कशेरुका-सन्धियोंका प्रदाह ।

Spondylarthrocace (spon-dil-ar-throk-á-se). Caries of a vertebra. कशेरुकाकी अस्थि-क्षय ।

Spondyle (spon′-dil). A vertebra. एक कशेरुका ।

Spondylexarthrosis (spon-dil-eks-arth-ró-sis). Dislocation of a vertebra. कशेरुकाका स्थानच्युति ।

Spondylizema (spon-dil-iz-é-mah). Down-ward displacement of a vertebra in consequence of the destruction of or softening of one below it. किसी कशेरुकाका, उसके नीचेवाली कशेरुकाका क्षय या कोमल हो जानेके कारण नीचेकी ओर सरक जाना ।

Spondylopathy (spon-dil-op-ath-e). Any disease of the vertebræ. कशेरुका-रोग ।

Spondyloschisis (spon-dil-os-kis-is). Congenital fissure of the vertebral arches. कशेरुकाकी महराबकी आजन्म विदीर्णता ।

Spondylous (spon-di-las). Vertebral ; relating to the vertebræ. कशेरुका-सम्बन्धीय ।

Sponge (spunj). A fibrous skeleton of a marine animal organism ; used mainly as an absorbent. जलशोषक ।

Spongiform (spun′-jif-orm).Similar to a sponge. स्पंजके आकारका ।

Spongiose (spun′-je-os). Full of pores. छिद्रपूर्ण ।

Spongy (spun′-je). Porous. सछिद्र ।

Spontaneous (spon-tá-ne-us). Occurring without external stimulation. स्वतःसू ; स्वतःसिद्ध ; स्वाभाविक ; अकारण । S. **Evolution**. स्वाभाविक विनिर्गम ।

Sporadic (spo-rad-ik). Scattered ; Occurring singly, not grouped. बिखरा ; एकक होनेवाला सामूहिक ; नहीं ; अव्यापक रोग ; व्यक्ति-विशेषमें उत्पन्न रोग ।

Sporadoneure (spo-rad-o-nūr). An isolated nerve-cell occurring in any of the tissues. किसी भी तन्तुमें होनेवाला विच्छिन्न स्नायुकोष ।

Spore. A reproductive body of a cryptogam. रेणु ।

Sporicidal (spo-ris-i'-dal). Spore-destructor. रेणु-नाशक ।

Sporiferous (spo-rif-er-us). Producing spores. रेणु-उत्पन्नकारक ।

Sporule (spoŕ-úl). A small spore. क्षुद्र रेणु ; एक क्षुद्र रक्तकीट बीजाण ।

Spotted (spoť-ed). The wrenching of a joint. मोच ।

Sprew (spru). Thrush. मुख-क्षत ।

Sprue (spru). Thrush. मुख-क्षत ।

Spurious (spú-re-us). False, adulterated. कृत्रिम ; मिश्रित ।

Sputum (spú-tum). Expectorated matter. थूक ; बलगम ।

Squama (skwá-mah). An epidermic scale. कलिका ; भूसी ; रूसी ।

Squamosa. The squamous bone. शंखास्थि ।

Squamous (skv á-mus). Scaly. शल्कयुक्त । S. **Bone**, the circular plate forming the upper portion of the temporal bone. शंखचक्र ।

Squarrous (skwaŕ-us). Scurfy. रूसीभरा ।

Squint (skwint). Strabismus. तिर्यक-दृष्टि ; वक्र-दृष्टि ; अपंग-दृष्टि ।

Stabile (stá-bil). Stable, steady fixed. स्थिर ; स्थित ; सुदृढ़ ।

Stactometer (stak-tom-et-er). A dropper ; an instrument for measuring drops. बिन्दु परिमापक यंत्र ।

Stadium (stá-de-um). A stage or period of a disease. रोगका काल ; रोगकी दशा । S. **Acmes**, the height of a disease. किसी रोगका सर्वोच्च काल । S. **Augmenti**, the stage of rising temperature. तापमान बढ़नेवाली दशा । S, **Caloris**, the hot stage in a malarial paroxysm. मैलेरियाके आवेशका ज्वर भोगकाल । S. **Decrementi**, defervescence. तापमान ह्रासकाल ।

Stage (stāj). A period of a disease. रोगका भोगकाल । S. **Expulsive**, the stage of labor which begins when the dilatation of the cervix is complete. निष्कासन काल, प्रसवकी वह दशा, जिसमें जरायु-ग्रीवाका पूर्ण प्रसारण हो जाता है । S. **First**, the beginning of labor, the period during which the cervix-uteriisdisappearing and the os is delating. प्रथम अवस्था ; प्रसवकी वह आरम्भिक अवस्था ; जिसमें जरायु ग्रीवा धीरे-धीरे अदृश्य हो जाती है और जरायु-मुख प्रसारित होता जाता है। **S. Incubative**, the primary stage of any infectious disease. किसी संक्रामक रोगकी प्राथमिक दशा। **S. Latency**. the incubation period of any infectious disease. संक्रामक रोगका बीजारम्भकाल। **S. Pyrogenetic**, the stage of invasion in febrile disease. ज्वर-रोगोंमें आक्रमणकाल। **S. Second**, the expulsive stage of the labor. प्रसवको वह अवस्था, जिसमें भ्रूण बाह्यजगतमें आता है। **S. Third**, the stage of labor following the birth of the child during which the placenta are being expelled. प्रसवकी तृतीयावस्था ; सन्तान प्रसवके बादकी वह अवस्था, जिसमें प्रसवांतिक स्राव निकलता रहता है।

Stagger. To walk unsteadily. डगमगाना।

Staggers. Dizziness ; vertigo. शिरोघूर्णन ; सरमें चक्कर आना। 2. A form of the functional and organic disease of the brain and spinal cord, with vertigo, mental confusion and muscular weakness. एक मस्तिष्क और सुषुम्नाका रोग, जिसमें सरमें चक्कर, चित्त-विभ्रम और मांसपेशिक दुर्बलता प्रभृति लक्षण प्रकट होते हैं।

Stagnate. To cease to flow. स्राव-रोध।

Stagnation (stag-na-shun). The cessation of flow of blood in the vessels. रक्तवाहिनियोंमें रक्तस्रावका रोध।

Stain (stān). A dye. रंग। 2. A discoloration. विवर्णता।

Stamina (stam-in-ah). Vigor ; power of endurance. बल ; सहन-शक्ति।

Stammer. To utter with hesitation and repetition. तोतलाना।

Stammering (stam-er-ing). Stuttering. अस्पष्टोच्चारण। **S. Bladder**, a bladder that acts spasmodically. आक्षेपिक क्रिया करनेवाला मूत्राशय।

Stanch. To check or stop a flow. प्रवाह रोध करना।

Stannum (stan'-um). Tin. टीन।

Stapedectomy (sta-ped-ek-to-me) Excision of the stapes. रकाबास्थिमें नश्तर।

Stapedial (sta-pé-de-al). Relating to the stapes. रकाबास्थि-सम्बन्धीय।

Stapedius. A small muscle in the tympanum inserted into the neck of the stapes. कर्णपटहकी एक छोटी पेशी, जो रकाबास्थि ग्रीवामें प्रवेश किये रहती है ; रकाबोष्टा पेशी।

Stapes. A bone of the middle ear, like stirrup. रकाबके आकारकी मध्य-कर्णकी एक अस्थि।

Staphyle (staf-il-e). The uvula. शुण्डिका ; उपजिह्वा ।

Staphyledema (staf-il-e-dé-mah). Edema of the uvula. उपजिह्वाकी सूजन ।

Staphylodematoma (staf-il-ode-mat-ó-mah). Hæmorrhage from the uvula. शुण्डिकासे रक्तस्राव ।

Staphyline (staf-il-in). Relating to uvula. उपजिह्वा-सम्बन्धीय ।

Staphylitis (staf-il-i'-tis). Inflammation of the uvula. उपजिह्वाका प्रदाह ।

Staphylium (staf-il-e-um). The mammary nipple. स्तन-वृन्त ।

Staphylococcemia (staf-il-o-kok-sé-me-ah). The presence of staphylococci in the blood. रक्तमें गुच्छाणुकी उपस्थिति ।

Staphylococcus (staf-il-o-kok-us). A genus of bacteria made up of spheric cells arranged in groups. गुच्छाणु ।

Staphylohemia. The state due to staphylococci in the blood. रक्तमें गुच्छाणुके कारण उत्पन्न उपसर्ग ।

Staphyloma (staf-il-ó-mah). Protrusion of the cornea or sclera resulting from inflammation. प्रदाहके परिणामस्वरूप स्वच्छ चक्षु-कनीनिका या श्वेत-पटलका बाहरकी ओर निकल आना ।

Staphyloncus (staf-il-on-kus). A swelling of the uvula. शुण्डिकाकी सूजन ।

Staphyloptosis (staf-il-o-tó-sis). Abnormal elongation of the uvula शुण्डिकाका झूल पड़ना या बढ़ जाना ; घण्टी बढ़ना ।

Staphylotomy (staf-il-ot-o-me). Incision of the uvula. उपजिह्वामें नश्तर ।

Starch (starch). A substance, obtained from vegetables and the grains of germinous plants. श्वेत-सार ; चावनी ।

Starvation (star-vá-shun). Long continued deprival of food. बुभुक्षितावस्था ।

Stasis (stá-sis). A stoppage of the blood-current in any part. रक्त-रोध ; रक्तप्रवाहका रुकवा ।

Stasophobia (stas-o-phó-be-ah). A fear to standing upright on walk. चलने या सीधे तनकर खड़े होनेका भय ।

State (státe). Condition, situation, status, दशा ; अवस्था ; स्थिति ।

Statics (stat-iks). At rest. विश्रामावस्था ; स्थितिशील ।

Stature (stat-ūr). The height of a person standing. खड़े हुए मनुष्यकी ऊँचाई या लम्बाई ।

Status (stá-tus). State or condition. अवस्था ; धातुदोष ; दशा । **S. Arthriticus**, gouty condition. गठिया धातुदोष । **S. Choreicus**, a severe and persistent form of chorea. बटित्त और अनवरत लगा रहनेवाला नर्त्तन रोग । **S. Epilepticus**, a condition in which there occur successive spasm. मृगी-रोग, जिसमें एकके बाद दूसरी खींचनका दौरा लगातार हुआ करता है । **S. Gastricus**, chronic indigestion. पुरानी अजीर्ण रोग । **S Typhosus**, a typhoid condition. सान्निपातिक दशा । **S. Raptus**, ecstasy. अति आनन्दातिरेक । **S. Vertinosus**, chronic vertigo. पुराना शिरोघूर्णन ।

Staxis (stak-sis). Hæmorrhage. रक्तस्राव ।

Steariform (ste-aŕ-if-orm). Resembling fat. बसाके आकारका ।

Stearodermia (ste-er-o-dur-mi-ah). Any disease of the sebaceous glands of the skin. चर्मकी तैलस्रावी ग्रन्थिका कोई रोग ;

Stearrhe, Stearrhœa (ste-ar-e-ah). Seborrhea. बसा-स्रावी ।

Steatite (sté-at-it). Talcum. A soft, greasy magnesium silicate, used as a dusting-powder. एक प्रकारके मुलायम, चिकना प्रसाधन या अंगराग करनेवाला पाउडर ।

Steatocele (ste-aí-o-sel). A fatty tumour whithin the scrotum. मुष्कके भीतर रसाबुंद ।

Steatogenous (ste-a-toj-en-us). Causing any disease of the sebaceous gland. बसा-स्रावी ग्रन्थि-रोगोत्पादक ।

Steatoma (ste-at-o-mah). Lipoma ; a fatty tumour. बसाबुंद ; बतौड़ी ।

Steapsin. बसाविश्लेषक ।

Steatopathic. Relating to disease of the sebaceous glands. बसा-स्रावी ग्रन्थि-रोग सम्बन्धीय ।

Steatopyga, Steatopygia (ste-at-o pi-ja, ste-at-o-pij-e-ah). An excessive accumulation of fat on the buttocks. नितम्बमें अत्यधिक बसा-संचय ।

Steatosis (ste-at-ó-sis). Fatty degeneration. बसाका अपचय ।

Stegnosis (steǵ-no-sis), A stoppage of any of the secretion or excretion. स्राव या मलका रोध ; कब्ज ।

Stellate (stiĺ-āt). Star-shaped. तारकाकार ; ताराकी शक्लका ।

Stenocardia (sten-o-kaŕ-de-ah). Constriction of the heart ; angina pectoris. हृत्संकोचन ; हृत्शूल ।

Stenocephalia, Stenocephaly (sten-o-sef-a-le-ah, sten-o-seḟ-al-e). Narrowness of the head. मस्तक-संकीर्णता ; माथेका संकरापन ।

Stenochoria (sten-o-kó-re-ah). Abnormal contraction of the lachrymal ducts. अश्रु-प्रणालियोंकी अस्वाभाविक संकीर्णता ; अश्रु-प्रणाली रोध ।

Stenocoriasis (sten-o-ko-re-es-is). Contraction of the pupil ; myosis. चक्षु-ताराका संकोचन ।

Stenopeic (sten-o-pé-ik), Having a narrow opening. संकीर्ण मुख ; संकीर्ण वहिर्द्वारी ।

Stenosed (sten-ozed), Contracted, narrowed. संकुचित ; संकीर्णीभूत ।

Stenostomia (sten-oś-to-me-ah). The contraction of an oral cavity. मुख गह्वरका संकोचन ।

Stenothorax (sten-o-thó-raks). Having a contracted narrow chest. संकीर्ण संकुचित वक्षवाला ।

Stenotic. Affected with stenosis. संकीर्णता ; रोग आकान्त ।

Stercobilin (ster-ko-bil-in). A brown colouring-matter in the feces. मलमें भूरा रंगका पदार्थ ।

Stercoral (ster-kor-al). Stercoraceous. विष्ठानुकल्प ।

Stercoremia. Stercoræmia. Blood-poisoning from retained feces. मलरोधके कारण रक्तविषाक्तता ।

Stercus (ster-kus). Feces ; dung. मल ; विष्ठा ।

Stereoanesthesia (ster-e-o-an-es-the-zi-ah). Inability to recogn the form of objects by handling them. हाथसे छूनेपर भी किसी पदार्थका पहचाननेकी शक्तिका न रहना ।

Stereognosis. Determining the form and nature of solid. घनपदार्थों के आकार और प्रकृतिका अवधारण ।

Stereometry. The measurement of the capacity of a hollow body. शून्य-गर्भ पदार्थों की समायोकी माप ।

Sterile (steŕ-il). Unfruitful ; not fertile. वन्ध्या ।

Sterility (ster-il-it-e). The condition of being barren. वन्ध्यात्व ; निष्फलता ; बाँझपन ।

Sterilization (ster-il-iz-á-shun). The destruction of germs. जीवाणु-शून्यकरण ।

Sterilizer. An instrument for making anything germ-free. जीवाणु शून्यकरण ।

Sternad. In a direction towards sternum. वक्षोस्थिकी दिशामें ।

Sternal (steŕ-nal). Relating to the sternum. वक्षोस्थि-सम्बन्धीय ।

Sternalgia (ster-nal-je-ah). Pain in the sternum. वक्षोस्थि-शूल ।

Sternalis Sternal muscle. वक्षोस्थिकी पेशी ।

Sternebra (steŕ-ne-brah). A sternal vertebra. वक्षोस्थि-कशेरुका ।

Sternoclavicular. Relating to the sternum and clavicle. वक्षोस्थि तथा कण्ठास्थि-सम्बन्धीय ।

Sternocleidomastoideus (ster-no-kli-do-mas-toi-de-us). Muscles that turn the head. मस्तक-चालक-पेशी ; उर-कर्ण मूलिका पेशी ।

Sternocostal. Relating to the sternum and the ribs. वक्षोस्थि तथा पर्शुका सम्बन्धीय ।

Sternodymia. Pain in the sternum. वक्षोस्थि शूल ।

Sternohyoideus. A muscle of the clavicle thyroid bone. उर-कण्ठिका पेशी ।

Sternoid (steŕ-noid). Resembling the sternum. वक्षोस्थिके आकारका ।

Sternomastoid. Relating to the sternum and mastoid process. उरः-संखास्थि चुचुक-प्रवर्द्धन सम्बन्धीय ।

Sternothyroideus. Relating to the sternum and the thyroid. उर-थायरायड सम्बन्धीय ।

Sternum (steŕ-um). The breast bone. वक्षोस्थि ; उरोऽस्थि ।

Sternutament (ster-nú-tam-ent). A substance causing sneezing. संवनी ; छींक लानेवाला पदार्थ ।

Sternutation (ster-nu-tá-shun). The act of sneezing. छींकना ।

Sternutatory (ster-nú-ta-to-re). Provocative of sneezing. छींक लानेवाला ।

Stertor (steŕ-tor). Snoring ; noisy inspiration. नाक बोलना ; नासा-रव ।

Stetharteritis (steth-ar-ter-i-tis). Inflammation of the aorta and other arteries of the breast. महाधमनी तथा वक्षकी अन्य धमनियोंका प्रदाह ।

Stethemia, Stethæmia. Pulmonary congestion. फुस्फुसमें अस्वाभाविक रक्त-संचय ।

Stethocatharsis. Expectoration. बलगम ।

Stethograph (stetń-o-graf). An instrument for recording the respiratory movements of the chest. वक्षकी श्वास-कालकी गति अंकित करनेवाला यंत्र ।

Stethometer (steth-oḿ-et-er). An instrument for measuring the chest-expansion. वक्ष - प्रसारणका मापनेवाला यंत्र ।

Stethoscope. An instrument for hearing the respiratory and cardiac sounds. आकर्णन यंत्र ; हृद्-शब्द परीक्षक यंत्र ।

Stethoscopy. Examination of the chest by means of auscultation. आकर्णन द्वारा वक्ष-परीक्षा ।

Sthenia (stheń-e-ah). Strength ; excessive force. बल ; शक्ति ; अत्य बल ।

Sthenic (stheń-ik). Strong ; active. सुदृढ़ ; सक्रिय ।

Sthenopyra (sthen-o-pi-rah). Sthenic fever ; fever with rapid pulse ; high temperature and delirium. उच्च ज्वर ; तीव्र नाड़ी ; उच्च-तापमान तथा प्रलाप-सम्भूत ज्वर ।

Stibialism (stib e-al-izm). Poisoning with antimony. रसांजनकी विष-क्रिया प्रवित लक्षण ।

Stibium (stib-e-um). Antimony. रसांजन ।

Stiff (stif). Not easily bent ; non-yielding ; rigid. अनन्य ; अकड़ो ; कठिन । S. **Joint**, anchylosis. अचल-सन्धि । S. **Neck**, wry-neck. ग्रीवा-स्तम्भ । S. **Neck-fever**. Cerebro-spinal meningitis. मस्तिष्क-मेरुमज्जा-प्रदाह ।

Stiffness. The state of being stiff. अकड़न ; अवशता ।

Stigma (stig-mah). A red spot on the skin. चर्मपर लाल दाग ; रक्त-चिह्न ।

Still-born. Born-lifeless. निर्जीव ; जीवन रहित जन्म ; मृतजात ।

Stimulant (stim-u-lant). Exciting to action. 2. An agent that arouses organic activity. उत्तेजक ; तेजस्कर ; स्फूर्तिदायक ।

Stimulus (stim-u-lus). Anything which excites an organ. किसी यंत्रको उत्तेजना देनेवाला पदार्थ ।

Stirrup. The stapes. रकाब । S. **Bone**, the stapes. रकाबास्थि ।

Stitch (stich). A sharp, lancinating pain of short duration. अल्प-स्थायी तीव्र वेधक वेदना ; सूई गड़नेकी तरह दर्द ।

Stoma. The mouth. मुखगह्वर ।

Stomacace (sto-mak-as-e). Canker of the mouth. मुख-क्षत ; मुखा-औप-दंशिक क्षत ।

Stomach (stum-ak). The chief digestive organ. प्रधान पाचक यंत्र । S. **Pump**, an instrument to evacuate the contents of the stomach. पाकाशयिक सामग्री खाली कर देनेका यंत्र ।

Stomachalgia (stum-ak-al-je-ah). An agent which improves appetite. क्षुधावर्द्धक ।

Stomatalgia. Pain in the mouth. मुख-शूल ।

Stomatic. Relating to the mouth ; oral. मुख-विषयक ।

Stomatitis (sto-mat-i-tis). Inflammation of the mouth. मुख-प्रदाह ।

Stomatology (sto-mat-ol-o-je). The science of the disease of mouth and its relation to the disease of the body. मुख-विज्ञान ।

Stomatomalacia (sto-mat-o mal-á-si-ah). Softening of the structure of the mouth ; noma. मुख-निर्माणकी कोमलता ।

Stomatomenia (sto-mat-o-mé-ne-ah). Vicarious menstruation by the mouth. मुँहसे अनुकल्प रजः ; रजः-स्राव न होकर मुँहसे रक्त-स्राव होना ।

Stomatomycosis. Fungus disease of the mouth. मुँहका क्षेपक रोग।

Stomatonecrosis (sto-mat-o-ne-kró-sis). Gangrenous stomatitis. पचनशील मुख-प्रदाह ; सड़नेवाला मुंहका प्रदाह।

Stomatonoma (sto-mat-o-nó-mah). Noma ; gangrene of the mouth. मुँहका सड़न रोग।

Stomatopathy (sto-mat-op-ath-e). Any disease of the mouth. मुख-रोग।

Stomatorrhagia (sto-mat-or-á-je-ah). Hemorrhage from the mouth. मुखसे रक्त-स्राव।

Stomatoscope (sto-mat-o-skop). A speculum for examining the mouth. मुख-परीक्षा यंत्र।

Stomenorrhagia (sto-men-o-rá-je-ah). Hemorrhage from the mouth. मुँहसे रक्त स्राव।

Stomodeum (sto-mo-dé-um). Primitive oral cavity of the embryo. भ्रूणका आरम्भिक मुख-गह्वर।

Stone (ston). Calculus. पथरी ; पत्थर।

Stool (stool). The fecal discharge from the bowels. आँतोंसे मल-स्राव। 2. Feces. मल।

Strabismic (stra-biz'-mik). Relating to strabismus. वक्रदृष्टि-सम्बन्धीय।

Strabismus (stra-biz-mus). Squint ; a constant lack of parallelism of the visual axes of the eyes. वक्र-दृष्टि ; डेरा देखना।

Strabotomy (stra-bot-o me). Cutting of the ocular muscles or their tendon for the correction of squint. वक्र-दृष्टि दूर करनार्थं चाक्षुषी पेशी या कण्डरामें नश्तर।

Strain (strān). To use to an extreme and harmful degree. अत्यधिक व्यवहार ; असीम और हानिकर अवस्थातक व्यवहार ; जोर डालना।

Strait (strāt). A narrow passage. संकीर्ण प्रणाली। S. **Of the pelvis,** either opening of the pelvis. वस्ति-गह्वरके दोनों ही मुख।

Stramonium (stra-mó-ne-um). Datura stramonium. धतूरा।

Strangalesthesia (strang-al-es-thé-ze-ah). Zonesthesia ; Girdle-sensation. आबद्ध-भाव।

Strangle (stranǵ-l). To suffocate ; to choke. श्वास रोध होना ; दम घुटना।

Strangulated (stranǵ-u-la-ted). Constricted, so as to cut off the blood suppty. ऐसा संकोचन कि वायु-पथ रुद्ध हो जाता है या रक्त-प्रवाह रोध हो जाता है ; रुद्ध।

Strangulation (strang-gu-lá-shun). Constriction ; choking. संकोचन ; श्वासरोध।

Strangury (strang-gu-re). Difficulty in micturition, the urine being passed drop by drop with pain and tenesmus. कष्टकर मूत्र-स्राव, जिसमें वेग और वेदनाके साथ बंद-बूंद पेशाब होता है ; मूत्रकृच्छ् ; मूत्रानुन्ध।

Strapping (strap-ing). The adhesive plaster for dressing of wounds. जखम बांधनेके लिये व्यवहृत एक प्रकारका लसदार मलहम।

Stratified (strat-e-fid). Arranged in layers. स्तर-बद्ध ; स्तरपर प्रति स्तर नियोजित।

Stratum (strá-tum). A layer. स्तर।

Stremma (strem-ah). A sprain. मोच।

Strepitus (strep-it-us). A noise; a sound heard on auscultation. एक जोरकी आवाज ; आकर्णन शब्द।

Streptococcal (strep-to-kok-al). Due to streptococcus. मालाणु-सम्बन्धीय।

Streptococcus (strep-to-kok-us). A genus of micro-organisms. मालाणु।

Stretcher (strech-er). A portable cot for carrying the sick. भग्न या आहत व्यक्तियोंको ले जानेवाला खटोला।

Stria (stri-ah). A streak or line. सूत्रवत् रेखा ; सीता।

Striate, Striated. Marked with parallel lines. सम-रेखा-पूर्ण।

Striatum (stri-á-tum). The corpus striatum. मस्तिष्कका भूरा सीतापूर्ण अंश।

Stricture (strik-chūr). A contraction of a tube. नलीका संकोचन ; आकृति ; निरुद्ध पथ।

Stridor (stri-dor). A harsh noisy respiration like the blowing of the wind. हवाकी आवाजकी तरह जोरकी कड़ी आवाजके साथ श्वास-प्रश्वास। **S. Dentium,** Grinding of teeth. दाँत किटकिटानेकी आवाज।

Strobila (stro-bi-lah). A mature tape-worm. फीता क्रिमि या पट क्रिमि।

Stroke (strok). A sudden and severe attack. एक आकस्मिक और तीव्र आक्रमण।

Stroma (stró-mah). The tissue which forms the ground substance, or matrix of an organ. किसी शरीर-यंत्रका मूल या भित्ति-तन्तुके मूल-तन्तु।

Stromatic (stro-mat-ik). Resembling stroma, मूल-तन्तुके आकारका।

Stromatolysis (stro-mat-ol-is-is). Destruction of the enclosing membrane of a cell. कोषाच्छादक झिल्लीका क्षय।

Strophulus (strof-u-lus). An eruption of infants, called tooth-rash or gum-rash. अजगल्लिका।

Structural (struk-tu-ral). Relating to the structure. रचनागत।

Structure (struk-chūr). An organ. कोई शरीर यंत्र। 2. The composition of an organ. शरीर-यंत्रकी रचना ; यंत्र-निर्माण।

Struma (strú-mah). Scrofula. कण्ठमाला ; गण्डमाला।

Strychnine. An alkaloid of nux-vomica. कुचलाका सारांश।

Strychninomania. Delirium from the use of strychnine. कुचलाका सत खानेके कारण सान्निपात।

Stump. The extremity of a limb left after amputation. छिरांश ; किसी शाखा अंशको काटने बाद बचा हुआ अंश।

Stun. To stupefy ; to render unconscious. अचेतन करना।

Stupefacient (stu-pe-fá-shent). Narcotic ; causing stupor. तन्द्राकर ; अचेतनकर।

Stupemania (stu-pe-má-ne-ah). Stuporous insanity. अचेतनकर उन्माद।

Stupor (stú-por). Partial or nearly complete unconsciousness. आंशिक या करीब करीब सम्पूर्ण अचैतन्य।

Stutter (stut-er). To hesitate and repeat in speaking. हकलाना ; तोतलाना।

Sty. Stye (sti). Hordeolum ; a small inflammatory tumour on the eyelid. अंजनी। गुहारी। **S. Meibomians,** inflammation of the meibomian gland at the posterior surface of the lid. पलकके पश्चात् पटलपरकी मिबोमियन ग्रन्थिका प्रदाह।

Stycosis (sti-ko-sis). The presence of calcinum sulphate in the lymphgland. लसिका ग्रन्थियोंमें केलसियम सल्फेटकी उपस्थिति।

Style, Stylet (stil-sti'-let). Stilet, a small sharp-pointed instrument. एक छोटा नुकीला अस्त्र ; शिफा।

Styloglossus (sti log-loś-us). Relating to the styloid process and the tongue. शिफा-रसनिका-सम्बन्धीय। **S. Muscle.** शिरा-रसनिका पेशी।

Stylo-hyoid (sti-lo-hi'-oid). Relating to the styloid-process and to the hyoid bone. शिफा-अस्थि-सम्बन्धीय। **S. Muscle.** शिफा-कटिकापेशी।

Styloid (sti-loid). Resembling a stylus or pen, long-pointed शिफा। **S. Process.** मणिक शिफा-प्रवर्द्धन। **S. Processes of radius.** बहिर्मणिक। **S. Process of ulna.** अन्तर्मणिक।

Stylomastoid. Relating to the styloid processes and mastoid. शिफा प्रवर्द्धन तथा हनु-सम्बन्धीय। **S. Foramen.** शिफा-छिद्र।

Stylus (sti-lus). An instrument for writing ; pen. कलम ; लेखन यंत्र। 2. A sound. शब्द।

Stymatosis (sti-mat-ó-sis). Priapism with a bloody discharge. रक्त-स्रावके साथ लिंगोद्रेक ।

Stypsis (stip sis). Constipation. कब्ज ; मल-रोध । 2. The use of a styptic. रक्त-रोधकका प्रयोग ।

Styptic (stip-tik). Astringent. संकोचक । 2. A hemostatic. रक्त-रोधक ।

Sub. A prefix denoting under or beneath. निम्न-अनाधिक, कियत् परिमाण-सूचक उपसर्ग ।

Sub-abdominal (sub-ab-dom-in-al) Situated near or below the abdomen. उदर निम्नस्थ ।

Sub-acid. Somewhat acid. अल्प अम्ल ।

Sub-acidity (sub-as-id-it-e). Deficient acidity. अल्प अम्लत्व ।

Sub-acrominal. Situated below the acromion. स्कन्धास्थि प्रवर्द्धनके नीचे स्थित ।

Sub-acute (sub-ak-ūt). Not severe ; of moderate severity. नाति प्रबल ; अनुग्र ; अपवृद्ध ।

Sub-alimentation (sub-al-im-en-tá-shun). Insufficient nourishment. असम्पूर्ण परिपोषण ।

Sub-anal (sub-á-nal). Situated below the anus. मलद्वार निम्नस्थ ।

Sub-anconeus (sub-an-ko-ne-us). Beneath the elbow. कोहनी-निम्नस्थ ।

Sub aponeurotic (sub-ap-on-u-rot-ik), Beneath the aponeurosis. कण्डरा-सम्प्रसारण निम्नस्थ ।

Sub-arcuate. Slightly lowed. थोड़ा झुका ।

Subastragalar (sub-as-trag-al-ar). Beneath the astragalus. गुल्फास्थि निम्नस्थ ।

Subastringent. Slightly astringent. लघु संकोचक ।

Subaural (sub-aw'-ral). Below the ear. कर्ण-निम्नस्थ ।

Subcartilaginous (sub-kar-til-aj-in-us). Situated beneath cartilage. उपास्थि निम्नस्थ ।

Subclavian (sub-klá-ve-an). Under the collar-bone. अक्षकाधोवर्त्ती ; हंसलीको हड्डी । **S. Artery.** अक्षकाधोवर्त्तिनी धमनी । **S. Vein.** अक्षकाधोवर्त्तिनी शिरा । **S. Muscle.** अक्षकधरा पेशी ।

Subclavicular (sub-kla-vik-u-lar). Beneath the clavicle. अक्षकाधोवर्त्ती ।

Subconjunctival (sub-kon-junk-ti-val). Beneath the conjunctiva. चक्षु-श्वेत-पटल निम्नस्थ ।

Subcostal (sub-kos-tal). Beneath a rib. पर्शुकाधोवर्त्ती ।

Subcranial (sub-krá-ne-al).Beneath the skull. करोटी निम्नस्थ ।

Subcutaneous (sub-ku-tá-ne us). Under the skin. चर्म-अधोवर्त्ती ।

Subcuticular (sub-ku-tik-u-lar). Beneath the epidermis. अधस्त्वचा ।

Subdural (sub-dú-ral). Beneath the duramater. मस्तिष्क वहिर्आवरणके नीचे ।

Subendocardial (sub-en-do-kaŕ-de-al). Situated beneath the endocardium. हृदावरण निम्नस्थ ।

Subepidermal (sub-ep-e-deŕ-mal). Situated beneath the epidermis. अधस्त्वचा निम्नस्थ ।

Subepithelial (sub-ep-ith-é-le-al). Beneath the epithelium. उपत्वक निम्नस्थ ।

Subfebrile (sub-feb-ril). Slightly febrile. थोड़ा ज्वर ; ज्वाराभास ।

Subflavous (sub-flá-vus). Yellowish. पीलापन ।

Subglossal (sub-gloś-al). Sublingual. जिह्वाधोवर्त्ती ।

Subglossitis. Inflammation of the lower surface of the tongue. जिह्वाधोपटलका प्रदाह ।

Subgrundation (sub-grun-dá-shun) The depression of one fragment of broken cranial bone below the other. टूटी हुई करोटीकी हड्डीके टुकड़ेका नीचे दूसरीमें प्रवेश कर जाना ।

Subinvolution (sub-in-vo-lú-shun). Imperfect involution. जरायुकी अल्प वृद्धि ।

Subject. A body for dissection. शवच्छेद ; गृहस्ति "मृतदेह ।" 2. A patient. रोगी ।

Subjective (sub-jek-tiv). Pertaining to or perceived only by the affected individual. आश्रयनिष्ठ । आन्तरिक ; आत्मगत ।

Subjugal (sub-jú-gal). Situated below the malar bone. हनुस्थ अस्थि निम्नस्थ ।

Sublimation (sub-lim-á-shun). Vaporization and recondensation. वाष्पीकरण और महतीकरण ; अधःपातन प्रक्रिया ।

Sublingual(sub-linǵ-gu-al).Beneath the tongue. जिह्वाधोवर्त्ती ।

Sublinguitis. Inflammation of the sublingual gland. जिह्वाधोवर्त्तिनी लसिका-ग्रन्थिका प्रदाह ।

Subluxation (sub-luks-á-shun). Partial disclocation आंशिक स्थानच्युति ।

Submammary. Beneath the mammary gland. स्तन-ग्रन्थि निम्नस्थ ।

Sub-maxillary. Pertaining to the lower jaw. निम्न-हन्वस्थि । S. Gland. हन्वधोवर्त्ती लालाग्रन्थि ।

Submaxillitis. Inflammation of the submaxillary gland. निम्न-हन्वस्थि-ग्रन्थिका प्रदाह ।

Submental (sub-meń-tal), Under the chin. चिबुक निम्नस्थ ।

Submucos (sub-mú-kus). A part lying beneath the mucous membrane. श्लैष्मिक झिल्ली निम्नस्थ अंश।

Subnormal (sub-nor-mal). Below the normal. स्वाभाविकसे कम।

Subordination (sub-or-din-á-shun). Under control. अधिकार भुक्त।

Subphrenic (sub-fren-ik). Beneath the diaphragm वक्षोदर मध्यस्थ पेशी निम्नस्थ।

Subpleural (sub-plú-ral). Situated beneath the pleura. फुस्फुसावरक झिल्ली निम्नस्थ।

Sub-pubic (sub-pú-bik). Beneath the pubes. भगास्थि निम्नस्थ।

Subscapular (sub-skap-u-lar). Under the shoulder-blade. अंसफलक निम्न-स्थित।

Subserous (sub-sé-rus). Situated beneath the serous-membrane. स्नैहिक झिल्ली निम्नस्थ।

Subsidence (sub-sid-ens). Gradual disappearance of disease. रोगका क्रमशः प्रशमन।

Substance (sub-stans). The material of which an organ or body is made up. शरीर या शारीर-यंत्र-निर्मायक पदार्थ।

Substantia (sub-stan-she-ah). Substance. शारीर-यंत्र निर्मायक पदार्थ। S. **Alba,** the white matter of the brain and spinal cord. मेरुदण्ड तथा मस्तिष्कका धूसर पदार्थ।

Substernal (sub-ster-nal). Beneath the sternum. वक्षोस्थि निम्नस्थ।

Subsultus-tendinum (sub-sul-tus-ten-din-um). A twitching movement of the muscles and tendons in a typhoid condition. पेशीका ऐंठना या काँपना; शून्यमें कुछ पकड़ना प्रभृति स्नायु-विकारके लक्षण।

Subtarsal (sub-tar-sal). Situated beneath the, tarsus. गुल्फास्थि निम्नस्थ।

Subtertian fever. Remittent fever. सविराम ज्वर।

Sububeres (sub-ú-ber-iz). Children at the breast. मातृ-दुग्ध पोष्य शिशु।

Subungual, Subunguial (sub-ung-wal, sub-ung-gui-al). Beneath the nail. नाखूनके नीचेका भाग।

Suburethral (sub-u-ré-thral). Below or beneath the urethra. मूत्रनली निम्नस्थ; मूत्र-मार्गके दोनों पार्श्वकी दोनों ग्रन्थियाँ।

Subvaginal (sub-vaj-in-al). Below the vagina. योनि-निम्नस्थ।

Subvertebral (sub-ver-te-bral). Baneath or on the ventral side of a vertebra or vertebral column. मेरुदण्ड या कशेरुका निम्नस्थ।

Subvitrinal (sub-vit-rin-al). Beneath the vitreous humor. काचभम रसके नीचे।

Succedaneous (suk-se-dá-ne-us). Of the nature of substitute. दवा, जो किसी दूसरी दवाकी रूपमें दी जाये ।

Succedaneum. A substitute. प्रतिनिर्ि ।

Succenturiate (suk-sen-tú-re-āt). Accessory ; substituting. सहायक ; सहकारी ।

Succinum (suk-sin-um). Amber. अम्बर ।

Succus (suk-us). Juice ; the fluid constituents of the body tissue. शरीर-रस ; रस । **S. Gastric,** the gastric juice. पाकाशयिक रस । **S. Entericus,** the intestinal juice. आंत्रिक रस ।

Succussion (suk-ush-un). The act of shaking a patient to determine the presence of liquid in the body-cavities. शरीर-गह्वरमें तरलकी उपस्थितिकी परीक्षाके लिये रोगीको हिलाना ; आलोड़न ।

Suck. To draw a fluid into the mouth, especially to draw milk from the breast. मुंहसे कोई तरल खींचना ; खासकर स्तनसे दूधका शोषण ; चूसना ।

Suckle (suk-l). To nurse ; to feed by milk from the breast. पोषण ; स्तनसे दूध पिलाना ।

Sucrose (sú-kros). Saccharum. शर्करागार ।

Sudamina (su-dam-iń-ah). Miliaria crystalline. घमौरी ; घर्म-चर्चिका ।

Sudation (su-dá-shun). The act of sweating. पसीना होना ।

Sudatoria (su-dat-ó-re-ah). Ephidrosis. अत्यधिक पसीना ।

Sudatorium (su-da-tó-re-um). A room for giving a sweat-bath. स्वेद स्नान करानेकी कोठरी ।

Sudor (sú-dor). Sweat ; perspiration. पसीना ; स्वेद ।

Sudoriferous (su-dor-if-er-us). The ducts which carry sweat. स्वेद-स्रावी प्रणाली ।

Sudorific (su-dor-if-ik). Diaphoretic. causing perspiration. पसीना लानेवाला ।

Sudoriparous (su-dor-ip-ar-us). Producing sweat. स्वेदोत्पन्नकारी ; पसीना उत्पन्न करनेवाला ।

Suffocation (suf-o-ká-shun). Stoppage of respiration. श्वास-रोध ।

Suffumigation (suf-u-mig-á-shun). A fumigation. चूर्णकार बनाना ।

Suffusion (suf-ú-zhun). The flow of any fluid of the body into surrounding tissue. किसी तरह शरीर तरलका परिवेष्टकमान तन्तुओंके भीतर स्राव ।

Sugar. A sweet carbohydrate of various kinds. चीनी ; शर्करा ।

Suggestibility (suj-es-tib-il-it-e). A condition of the enfeebled with abnormal susceptibility of suggestions. एक अवस्था, जिसमें दूसरेका कहा मान लेनेकी प्रवृत्ति हो जाती है; इच्छाशक्तिकी दुर्बलताकी एक अवस्था।

Suggestion (suj-eś-chun). The implanting of an idea in the mind of another by some word or act on the part of the operation. सूचना; प्रस्ताव; मत।

Suggillation (sug-jil-á-shun). A bruise or ecchymosis. कालिमा; काला दाग।

Suicide (sú-is-id). Self-murder; one who destroys himself. आत्म-हत्या।

Sulcate. Furrowed. फटा हुआ।

Sulcus (suĺ-kus). A furrow; a groove. छत्ता; परिखा; गड्हा। S. **Alveolabial,** the space between the gums and the lips. ओष्ठ तथा मसूढ़ेके बीचका स्थान। S. **Alveolingual,** the spaces between the gums and tongue. जीभ और मसूढ़ेके मध्यका स्थान। S. **Coronary,** the great transverse groove separating the auricles from the ventricles. ग्राहक कोष्ठसे क्षेपक कोष्ठका अलग करनेवाला वृहद नाड़ी सीता।

Sulphurated (suĺ-fu-ra-ted). Combined with sulphur. गन्धक-मिश्रित।

Sulphuric acid (sul-fú-rik). गन्धक-द्रावक।

Sumbul (sum-bul). Musk-root. मृगनाभिकी जड़।

Summer Cholera, S. Complaint. S. Diarrhoea. The cholera of infants. शिशु-हैजा; शिशु-विसूचिका।

Sun-burn (suń-burn), Dermatitis from exposure to sun. लू लग जानेके कारण जलना; सैंड-दग्ध।

Sun-stroke (suń-strok). Isolation. अर्कांघात; सर्दी-गर्मी; लू लगना।

Super-acid (su-per-aś-id). Excessively acid. अत्यधिक अम्ल।

Super-acidity (su-per-as-id-it-e). Increase of the normal acidity of the gastric secretion. पाकाशयिक स्रावका अत्यधिक अम्ल हो जाना।

Super-alimentation (su-per-al-im-en-tá-shun). Over-feeding. अत्यधिक खिला देना।

Supercallosal (su-per-kal-ó-sal). Situated above the corpus callosum. महासंयोजक उपरिस्थित।

Supercerebral (su-per-ser-e-bral). लघुमस्तिष्कके ऊर्ध्व भागमें स्थित।

Superciliary (su-per-siĺ-e-a-re). Relating to the eye-brow. भ्रू-सम्बन्धीय।

Supercilium (su-per-siĺ-e-um). The eye-brow. भ्रू-भौं।

Super-duct (su-per-dukt). To carry to elevate. वहन करना; उत्थानम करना।

Superexcitation (su-per-ek-si-tá-shun). Over excitation. अनुचित प्रसारण ।

Superfecundation (su-per-fe-kun-dá-shun). The fertilization of more than one ovum of the same ovulation by separate acts of coitus. गर्भ रहनेपर भी गर्भ ।

Superfetation (su-per-fe-tá-shun). A second conseption after a prior one. गर्भ रहनेपर भी गर्भ ।

Superficial (su-per-fish-al). Situated on the surface. वहिस्थ ; अनवगाढ़ ; अगमीर ।

Superficies (su-per-fish-e-iz). The outer surface. वाह्य पटल ।

Superficialis (su-per-fish-e-á-lis). Superficial artery or muscle. वहिस्थ धमनी या पेशी ।

Superior (su-pé-re or). The upper of two or more parts. दो या अधिक अंशोंमें ऊर्ध्व । **S. Glutal nerve.** जंघा वहिः पार्श्विका पेशी । **S. Hæmorrhoidal artery.** सरलांत्रोर्ध्व धमनी । **S. Nasal meatus.** नासा ऊर्ध्व सुरंगा । **S. Orbital fissure.** पक्षान्तटाला पक्षान्तर । **S. Mesenteric vein.** अंत्रोर्ध्व-शिरा । **S, Mesenteric artery.** अंत्रोर्ध्व धमनी । **S. Pancreatico duodenal artery.** क्लोम-पक्वाशय ऊर्ध्व धमनी ।

Superlactation (su-per-lak-tá-shun) Excessive secretion of milk. अत्यधिक दुग्ध-स्राव ।

Supernatant (su-per-ná-tant). Floating upon a surface of the liquid. ऊपर तैरनेवाला ; ऊपर प्लवमान ।

Supernumerary (su-per-nú-mer-a-re). Exceeding the normal number ; accessory. स्वाभाविक संख्यासे अधिक सहायक ।

Supersalt (sú-per-sawlt). A salt with an excess of acid. अत्यधिक अम्लपूर्ण लवण ।

Supersecretion (su-per-se-kré-shun). Excess of any secondary function. स्राव-क्रियाका अधिक्य ।

Supersedent (su-per-sé-dent). A remedy which prevents a disease in part. आंशिक रूपसे रोग आरोग्यकारी औषध ।

Supination (su-pi-ná-shun). The turning of the palm of the hand upward. तलहत्थीको ऊपरकी ओर उलट जाना ।

Supinator (sú-pin-a-tor). A muscle that assists in lifting the hand upward. करोत्तोलिनी पेशी ।

Supine (sú-pin). Lying flat on the back. पीठके बल लेटना ।

Suppository (sup-oz'-it-o-re). A medicine, melting at body temperature, for introduction into the rectum or vagina. मलांत्र या मल-मलद्वारमें देनेकी एक दवा, जो शारीरिक तापसे ही गल जाती है तथा जिससे दस्त या स्राव हो जाता है ।

Suppression (sup-resh-un). The sudden stoppage of a secretion or normal discharge. स्राव रोघ ; स्वामाविक स्राव-रोघ ।

Suppurant (sup-u-rant). That which causes suppuration. पीव पैदा करनेवाला ।

Suppuration (sup-u-rá-shun). The formation of pus. पीव होना ; पीव सचय ; पूयोत्पत्ति ।

Suppurative (sup-u-ra-tiv). Producing pus ; promoting suppuration. पीव उत्पन्नकारक ; पीव बढ़ानेवाला ; पकनेवाला । S. **Olitis medica.** मध्यकर्ण पूटह ।

Supraacromial (su-prah-ak-ró-me-al). Situated over the acromion. स्कन्धि-प्रवर्द्धन-उपरि-स्थित ।

Supraauricular (su-prah-aw-rik-u-lar). Situated above the auricle. ग्राहक कोष्ठोपरिस्थित ; हृत्पिण्डके ग्राहक कोष्ठके उपर स्थित ।

Suprachoroid (su-prah-kó-roid). Situated above or upon the choroid. चक्षुं-कृष्ण-पटलके ऊपर स्थित ।

Suprachoroidea (su-prah-kó-roid-e-ah). The choroid layer next to the sclera. चक्षु-श्वेत-पटलके बादका ही कृष्ण-पटल ।

Supraclavicular (su-prah-kla-vik-u-lar). Above the clavicle. कण्ठास्थिके ऊपर स्थित । **S. Nerve.** असकोष्ठवत्यकीया नाड़ी ; उपाक्षीका नाड़ी ।

Supracostal (su-prah-koś-tal). Situated above a rib. पशु काके ऊपर स्थित ।

Supracotyloid (su-prah-koṫ-il-oid). Above the cotyloid fossa. वंक्षणो-लूखल ऊपर स्थित ।

Supracranial (su-prah-krá-ne-al). On the upper surface of the cranium. करोटीके ऊपर स्थित ।

Supraglenoid. Above the glenoid cavity or fossa. अस्थिखातके ऊपर ।

Suprainguinal (su-prah-inǵ-gwin-al). Above the groin. वंक्षणके ऊपर ।

Supralumbar. Above the loins. कमरके ऊपर ।

Supramalleolar (su-prah-mal-é-o-lar)- Above the malleoli. गुल्फ-प्रवर्द्धनके ऊपरका अंश ।

Supramammary. Above the mammary gland. स्तन-ग्रन्थि-ऊर्द्ध-स्थित ।

Supranasal (su-prash-ná-sal). Above the nose. नासिकोपरि ; नाकके ऊपर ।

Supraneural (su-prah-nú-ral). Above a nerve. स्नायुके ऊपर ।

Supraoccipital (su-prah-ok-sip-it-al). Above or in the upper portion of the occiput. पश्चात मस्तकके ऊपरी अंशमें या ऊपर स्थित ।

Supraocular (su-prah-ok-u-lar). Above the eye-ball. चक्षु-गोलकके ऊपर ।

Supraorbital (su-prah-or-bit-al). Above the orbit. चक्षु-कोटरके ऊपर रहनेवाला ; आँखके खोलके ऊपर ।

Suprapelvic (su-prah-pel-vik). Above the pelvis. वस्ति-गह्वरके ऊपर स्थित ।

Suprarenal (su-prah-ré-nal). Situated above a kidney. मूत्र-पिण्डोपरि स्थिति ।

Suprascapular (su-prah-skap-u-lar) Above the scapula. असाधरा ; स्कन्धास्थिके ऊपर स्थित ।

Supraspinal (su-prah-spi-nal). Situated on the spine. मेरुदण्डके ऊपर स्थित ।

Suprasternal (su-prah-ster-nal). Above the sternum. वक्षोस्थिके ऊपर ।

Supravaginal (su-prah-vaj'-in-al). Above the vagina. योनिके ऊपर स्थित ।

Sura (sú-rah). Calf of the leg. पैरके पोटली ; जंघा ।

Sural (sú-ral). Relating to the calf of the leg. जंघा-सम्बन्धीय । S. Nerve. बहिःलालाटिका नाड़ी ।

Suralimentation (sur-al-im-en-tá-shun). Over feeding. अति भोजन ।

Surditas (ser-dit-as). Deafness. बधिरता ।

Surdity (ser-dit-e). Deafness. बहरापन ।

Surdomute (ser-do-mūt). Both deaf and dumb. गूंगा, बहरा दोनों हो ।

Surexcitation (ser-ek-sit-á-shun). Over excitation. अतिरिक्त उत्तेजना ।

Surface (ser-fas). The outer part of a solid body. सतह ; तल ; पटल ।

Surgeon (ser-jun). One who practises surgery. अस्त्र चिकित्सक ; शल्य चिकित्सक ।

Surgery (ser-jer-e). That branch of medicine which treats diseases by operative procedures. अस्त्र-चिकित्सा विद्या ।

Surgical (ser-jik-al), Relating to surgery. अस्त्र-चिकित्सा-सम्बन्धीय ।

Surrogate (sur-o-gat). A medicine used as a substitute. स्थानापन्न ओषधि ; अनुकल्प ओषधि ।

Sursanure (ser-sá-nūr). A superficially healed ulcer, with pus beneath the surface. बाह्य रूपसे आरोग्य जखम, जिसके नीचे पीव रहता है ।

Sursumvergence (sur-sum-vur-gens). An upward turning, specifically upward movement of the eye-ball. ऊपरकी ओर पलट जाना, खासकर चक्षुगोलककी ऊपरकी ओर गति ।

Suscitation (sus-sit-á-shun). An excitation. उत्तेजना ।

Suspension (sus-peń-shun). A temporary interruption of any function. किसी क्रियाका सामयिक रोध।

Suspensory (sus-peń-so-re). Serving to hold a part; suspending. दोदुल्यमान; लम्बन। S. **Ligament of lens.** ताल लम्बन।

Sustentacular (sus-ten-tak-u-lar). Supporting. आधारप्रद।

Sutural (sú-tu-ral). Relating to suture. सिवनी-सम्बन्धीय।

Suturation (su-tu-rá-shun). An act of suturing. सिवनी-क्रिया।

Suture (sú-tur). A surgical stitch. सिलाई; टाँका।

Swallow's-nest (swol.oz-nets). A deep fossa of the cerebellum लघुमस्तिष्कका एक गहरा खात।

Sweat (swet). The secretion of the sodoriferous glands; perspiration. पसीना; स्वेद।

Swelling (swel-ing), Tumefaction. सूजन; स्फोति।

Swoon. Syncope; fainting. मूर्च्छा।

Sycephalus (si-sef-al-us). A monster with two united heads. दो संयुक्त शिरका विकटाकार जीव।

Sycoma (si-kó-mah). A large soft wart; a pendulous fig-like growth. गुलरकी तरह मसा।

Sycosiform (si-kó-sif-orm). Resembling sycosis. अंजीरके आकारका।

Sycosis (si-kó-sis). 1. A chronic inflammation of the hair follicles. केश-गर्भका पुराना प्रदाह। 2. Hahnemannian term for the consitutional effect of the gonorrheal virus. प्रमेह विष-दोष।

Sydenham's Chorea. Infectious chorea. संक्रामक नर्त्तन-रोग।

Syllepsiology. The science which treats of conception and of the period of pregnancy. गर्भ-विज्ञान।

Syllepsis. Pregnancy. गर्भ।

Symbiosis (sim-bi-ó-sis). The mutually advantageous association of two or more organisms. दो या उससे ज्यादा जीवाबयवोंकी एक दूसरेके साथ परिपोषक सम्मिलन।

Symblepharon (sim-blef-ar-on). Adhesion of the lid to the eye ball. पलकका चक्षुगोलकमें सटना।

Symmetry (sim-et-re). A harmonious correspondence of parts. सौष्ठव; सममात्रा।

Sympatheoneuritis (sim-path-e-o-nu-ri'-tis). Inflammation of the sympathetic nerve. पिंगला नाड़ीका प्रदाह।

Sympathetic (sim-path-et-ik). Relating to or exhibiting sympathy. सहानुभूतिक। S. **Nerve.** पिंगला नाड़ी।

Sympathicopathy (sim-path-i-kop-á the). A disease resulting from the disordered action of the sympathetic nervous system. धिमला नाड़ी संस्थानमें विशृङ्खलताके कारण उत्पन्न रोग।

Sympathic (sim-path-ik). Sympathetic. सहानुभूतिक ; स्नैहिक।

Symphyseal (sim-fiz'-e-al). Relating to symphysis. अस्थि-सन्धि-सम्बन्धीय।

Symphysis (sim fis-is). A junction of bones. अस्थि-सन्धि। **S. Pubis.** भग-सन्धि।

Symptom (simp-tom). An evidence of disease or of a patient's condition; a change in a patient's condition. लक्षण ; रोग-लक्षण।

Symptomatic (simp-to-mat-ik). Relating to or of the nature of symptoms. लक्षण-सम्बन्धीय ; उपसर्ग-सम्बन्धीय।

Symptomatology (simp-to-mat-ol-o-je). The branch of medicine which treats of symptom. लक्षण-तत्व।

Symptosis (simp-to-sis). Wasting; collapse. क्षयकर ; हिमांग।

Synalgia (sin-al-je-ah). Sympathetic pain. सहानुभूतिक वेदना।

Synalgic (sin-al-jik). Relating to sympathetic pain. सहानुभूतिक वेदना सम्बन्धीय।

Synanastomosis (sin-an-as-tó-mo-sis). The joining of several blood vessels. अनेक रक्तवाहिनियोंकि सम्मिलन।

Synarthrosis. An immovable articulation. अचल सन्धि।

Synchilia, Syncheilia (sin-ki-le-ah). Adhesion of lips ओष्ठका सटना।

Synchondrosis . (sin kon-dró-sis). A synorthrosis between two bones formed in cartilage. मध्यमें उपास्थि द्वारा दो अस्थियोंका संयोग।

Synchondrotomy (sin-kon-drot-o-me). The division of an articulating cartilage. सन्धि-उपास्थि-विभाग।

Synchronous (sin-kro-nus).Occurring at the same time. तत्कालिक।

Synchysis (sin-kis-is). A fluid condition of the vitreous tumor of the eye. आँखके सफेद वस्तुकी द्रवत्व।

Synclinal (sin-kli-nal). Bent toward each other. आपसमें एक दूसरेकी ओर झुका।

Synclonus (sin-klo-nus). Muscular tremor. कम्पाक्षेप ; मांसपैशिक कम्पन।

Syncope (sin-ko-pe). A swoon; fainting. मूर्च्छा ; हृत्पिण्डको अवसन्नता। **S. Anginosa,** cardiac spasm caused by closure of the coronary arteries. हार्दिक धमनीके रोधके कारण हृत्पिण्डका आक्षेप।

Syncopic. Syncopal ; relating to syncope. मूर्च्छा-सम्बन्धीय।

Syndactylus. The union of two or more fingers. दो अथवा अधिक अंगुलियोंका आपसमें जुड़ा रहना।

Syndesmitis (sin-des-mi-tis). Inflammation of ligaments. बंधनियोंका प्रदाह।

Syndesmology (sin-des-mol-o-je). That branch of science which treats of the ligaments. बन्धनी-विज्ञान।

Syndesmorrhaphy (sin-des-mor af-e). Suture of ligaments. बंधनी-सीवन।

Syndesmosis (sin-des-mó-sis). The union of bones by a ligament. बन्धनी द्वारा अस्थियोंका संयोग।

Syndrome (sin-drom). A comblexus of symptom. जटिल लक्षण ; लक्षण; जिसमें बहुत तरहके लक्षण सम्मिलित रहते हैं।

Synechia (si-né-ke-ah). Adhesion of the iris with cornea. चक्षु-उपताराका कनीनिकासे चिपक जाना।

Synergetic (sin-er-get-ik). Working together. सहकारी।

Synergia. Synergetic. सहकारी।

Synergist (sin-er-jist). Acting with another medicine. सहकारी औषध ; अन्य औषधके सम्मिलनसे किया करनेवाली दवा।

Synergy (sin-e-je). Combined action. सम्मिलित क्रिया ; पदार्थ-संयोग क्रिया।

Syngamy (sin-gam-e). Conjugation of cell ; sexual reproduction. कोषका सम्मिलन ; भ्रूणोत्पत्ति ; भ्रूणका उत्पन्न।

Syngenesis (sin-jen-es-is). Reproduction. पुनर्जन्म ; उत्पादन।

Synizesis (sin-iz-é-sis). Closure of the pupil. पुतलीका बन्द हो जाना।

Synkinesia, Synkinesis (sin-kin-é-sha, sin kin-é-sis). Any involuntary or reflex movement in a paralyzed part, excited by a voluntary and reflex movement in non-paralyzed part. पक्षाघात-रहित अंशमें अनैच्छिक या परावर्त्तित गति होनेके कारण पक्षाघातग्रस्त काममें अनैच्छिक या परावर्त्तित गति होना।

Synocha (sin-o-kah). A continued fever. अविराम ज्वर।

Synochal (sin-o-kal). Relating to a continued fever. अविराम ज्वर-विषयक।

Synophrys (sin-of-ris). The growing together of the eyebrow. सम्मिलित भौंहोंका उत्पादन।

Synophthalmia (sin-off-thal-me-ah) Congenital fusion of the eyes. आजन्म चक्षु-संयोग ; जन्मसे ही दोनों आँखें जुड़ी रहना।

Synophthalmus (sin-off-thal-mus). Fusion of the orbits. सम्मिलित चक्षु-गह्वर।

Synorchism (sin-or-kizm). Congenital fusion of the testes in the abdominal cavity. उदर-गह्वरमें ही आजन्म अण्ड-संयोग।

Synoscheos (sin-os-ke-os). Adhesion of the penis and scrotum. मुष्क तथा लिंगका जुड़ा रहना; सम्मिलित मुष्क-लिंग।

Synosteography (sin-os-te-óg-ra-fe) A description of the joints. सन्धि-स्थान-वर्णन।

Synosteology (sin-os-te-ol-o-je). The science of the joints. सन्धि-विज्ञान।

Synostosis (sin-os-tó-sis). Abnormal union of the bones. अस्वाभाविक सन्धि-संयोग; दो हड्डियोंका जुड़कर एक हो जाना।

Synovectomy (sin-o-vek-to-me). Excision of synovial membrane. स्नैहिक कलामें नश्तर।

Synovia (sin-ó-ve-ah). Joint-oil: a clear viscid fluid secreted by a synovial membrane. सन्धि-तैल; एक स्वच्छ लसदार स्राव, जो स्नैहिक-कलासे हुआ करता है।

Synovial. Relating to or consisting of synovia. सन्धि-टैल विषयक; सन्धि-तैल पूर्ण। **S. Sac.** श्लैष्मिक कोष। **S- Membrane.** स्नैहिक कला।

Synoviparous (sin-o-víp ar-us). Producing synovia. सन्धि-स्वेद उत्पन्नकारक।

Synovitis (sin-o-vi-tis). Inflammation of the synovial membrane. स्नैहिक कलाका प्रदाह।

Syntaxis. Articulation. सन्धि।

Syntexis (sin-te-ks-is), Emaciation; wasting; phthisis. क्षीणता; क्षय; यक्ष्मा।

Synthesis. The formation of a compound by uniting its elements समभाव; संश्लेषण; एकत्र विन्यास।

Synthetic (sin-thet-ik). Made by synthesis. संश्लेषण निर्मित।

Syntrophus (sin-trof-us). A congenital disease. कोई आजन्म रोग।

Synulosis (sín-u-lo-sis). Cicarization. त्वगुत्पादन क्रिया; फुन्सी या जखमका सूखना और उसपर खुरण्ड बैठना।

Syphilecosis (sif-il-el-kó-sis). Syphilitic ulceration. औपदंशिक जखम निकलना; गर्मी रोगका घाव निकलना।

Syphilelcus (sif-il-eĺ-kus). A syphilitic ulcer. उपदंशका क्षत।

Syphilicoma (sif-il-ik-ó-mah). A hospital for syphilitics. उपदंश-ग्रस्तोंका अस्पताल।

Syphilemia (sif-il-é-mi-ah). Constitutional syphilis. धातुगत उपदंश।

Syphilide (sif-il-id). A syphilitic skin-disease. औपदंशिक चर्म-रोग।

Syphilionthus (sif-il-e-oń-thus). A copper coloured syphilide. उपदंशके तांबेके रंगके चकत्ते।

Syphiliphobia (sif-il-if-ó-be-ah). A morbid fear of syphilis. उपदंशका रोगातंक भय।

Syphilis (sif-il-is). A chronic infectious disease spread by inoculation through sexual intercourse and through other medium of contaminated table, utensils, pipes, towels etc. उपदंश ; आतशक ; गर्मी-रोग। **S. Congenital,** syphilis existing at birth. आजन्म उपदंश। **S. Constitutional,** syphilis after it has ceased to be a mere local manifestation. धातुगत उपदंश। **S. Hereditary,** syphilis acquired from parents. वंशगत रूपसे प्राप्त उपदंश। **S. Innocentium or Insontium,** nonvenereal syphilis. संगम न करनेपर भी हो जानेवाला उपदंश। **S. Primary,** the first stage of the disease from the development of the chancre to the appearance of the eruption. उपदंशकी प्राथमिक आवरण ; वह अवस्था, जिसमें उपदंश-क्षत उद्भेदके आकारमें दिखाई देता है। **S. Secondary,** the second stage. which begins with the appearance of the eruption of the disease and lasts an indefinite period with skin eruption, glandular enlargement, mucous patches etc. उपदंशकी द्वितीयावस्था, यह उद्भेद निकलनेके समयसे लेकर अनिश्चित कालतक रहती है और शरीरपर उद्भेद, चकत्ते, ग्रन्थियोंकी विवृद्धि प्रभृति लक्षण रहते हैं। **S. Tertiary,** third stage of syphilis, the stage characterized by a set of peculiar skin disease, gummata etc. तृतीयावस्था ; उपदंशकी तृतीयावस्था, इसमें अद्भुत ढंगके चर्म-रोग, गांटें इत्यादि हो जाती हैं।

Syphilitic (sif-il-it-ik). Affected with, caused by or relating to syphilis. उपदंशग्रस्त ; उपदंश-सम्भूत ; उपदंश-विषयक ; औपदंशिक।

Syphilization. Inoculation with the pus of a chancre. उपदंश-क्षतका पीव लगकर रोग होना।

Syphilize. To infect with syphilis. उपदंश-रोग-ग्रस्त।

Syphiloderm, Syphiloderma (sif-il-o-derm, sif-il-o-der-mah). Syphilitic skin disease. उपदंश जनित चर्म-रोग।

Syphilodermatous (sif-il-o-der-maf-us). Pertaining to a syphilitic skin disease. औपदंशिक चर्मरोगग्रस्त या विषयक।

Syphiloid (sif-il-oid). Resembling syphilis. उपदंशाकार।

Syphilology (sif-il-oĺ-o-je). The science of syphilis. उपदंश-विज्ञान।

Syphilopathy (sif-il-op-ath-e). Any syphilitic manifestation. औपदंशिक लक्षण ; औपदंशिक वाह्य प्रदर्शन।

Syphilophobia (sif-il-o-fó-be-ah). Morbid fear of syphilis. उपदंशका अस्वाभाविक भय।

Syphilous (sif-il-us). Syphilitic. औपदंशिक।

Syphionthus (sif-e-on'-thus). Copper coloured eruption of the syphilis. उपदंशके ताम्र-वर्ण उद्भेद।

Syriac Ulcer (sir-e-ak). Diphtheria. डिपथीरिया।

Syrigmophonia. A whistling state of voice. सीटी बजने-सा स्वर।

Syrigmus (sir-ig-mus). Ringing or hissing sound in the ears. कानोंमें घण्टी बजने या सों-सोंकी आवाज।

Syringocele (sir-ing-go-sel). The central canal of the spinal cord. सुषुम्नाकी मध्य-परिखा।

Syringomyelitis (sir-ing-go-mi-el-i'-tis). Inflammation of the spinal cord, with the formation of cavities in its substance. मेरुमज्जामें गह्वर होनेके साथ सुषुम्नाका प्रदाह।

Syringomyelocele. The presence of cysts in the spinal cord. सुषुम्नामें कोषार्बुदकी उपस्थिति।

Syringotome (sir-ing-go-tom). An instrument for incising fistulas. नासूरोंमें नश्तर देनेका यंत्र।

Syringotomy(sir-ing-got-o-me). The cutting of a fistula, particularly an anal fistula. नासूरमें, खासकर भगन्दरमें नश्तर देकर मुँह बढ़ा देना।

Syrinx (sir-inks). A fistula ; a tube. नासूर ; नाली। 2. The Eustachian tube. कण्ठकर्णी नली।

Syssarcosis (sis-ar-kó-sis). Muscular union of bones. अस्थियोंका मांसपेशिक संयोग।

Systaltic (sis-tal-tik). Pulsating ; alternately contracting and dilating. स्पन्दनशील ; पर्यायक्रमसे संकोचन और प्रसारण।

System (sis-tem). The entire organism. संस्थान ; मण्डल।

Systematic (sis-tem-at-ik). According to system. प्रणालीबद्ध ; नियमानुसार।

Systemic. Relating to or affecting the body as a whole. समस्त शरीरका ; समस्त शरीरको प्रभावित करनेवाली।

Systole (sis-to-le). The contraction of the heart, especially of the ventricle. हृत्पिण्डका, खासकर क्षेपक-कोष्ठका आकुञ्चन।

Systolic (sis-tol-ik). Pertaining to the systole. हृदाकुञ्चन सम्बन्धीय।

Systremma (sis-trem-ah). A muscular cramp in the calf of the leg. पैरकी पिण्डलियोंकी मांसपेशियोंमें ऐंठन।

T.

Tabacum (tab-ak-um). Tobacco. तम्बाकू ; साम्रकूट ।

Tabacosis (tab-ák-ó-sis). Poisoning by tobacco. ताम्रकूट-विष ।

Tabagism (tab-ag-ism). The tobacco habit. तम्बाकूका अभ्यास ।

Tabefaction (ta-be-fak-shun). Emaciation ; atrophy ; tabes, क्षय ; शीर्णता ; रोग-जनित शीर्णता ।

Tabes (tá-bez). Progressive emaciation. वर्द्धनशील क्षीणता ; क्षय । **T. Dorsalis,** wasting of the spinal marrow. कशेरुका-मज्जाका क्षय । **T. Mesenterica,** tuberculosis of the mesenteric glands. माध्यमिक क्षय रोग । **T. Mucosa,** a wasting of mucous membranes. श्लैष्मिक-झिल्लीका क्षय रोग । **T. Urinates,** diabetes. बहुमूत्र रोग ।

Tabesent (ta-bes-ent). Progressively emaciating. वर्द्धनशील क्षीणता ; क्षय ।

Tabetic (ta-bet-ik). Affected with tabes. क्षय-रोग-ग्रस्त ।

Tabetiform (ta-bet-if-orm). Resembling tabes dorsalis. कशेरुका-मज्जाके क्षय रोगके अनुरूप ।

Tabic (tá-bik). Tabetic. क्षय या क्षीणता-रोगग्रस्त ।

Tabid (tá-bid). Tabetic. क्षय-रोग-ग्रस्त ।

Tabification (ta-bif-ik-á-shun). Emaciation. क्षीणता ; सुखण्डी ।

Table (tá-bl). A plate or layer of bone. अस्थि-पटल ; अस्थि-स्तर ।

Tablet (tab-let). A troche or disc. टिकिया ।

Tabular (tab-u-lar). Laminar ; like-table. फलकाकार ।

Tabule. Tablet. छोटी टिकिया ।

Tac (tak). Influenza ; spot. धब्बा ; दाग ।

Tache (tahsh). A white spot on the liver in certain infectious disease. स्पर्शाक्रमक-विशेष रोगोंमें यकृतपर श्वेत-चिह्न । **T. Blanche,** a white spot in liver in some infectious disease. किसी-किसी संक्रामक रोगावस्थामें यकृत-प्रदेशमें सफेद दाग होना ।

Tachycardia (tak-e-kar-de-ah). Excessive rapidity in the action of the heart. हृत्पिण्डकी अति तीव्र क्रिया ; कलेजेमें तेज धड़कन ।

Tachyphagia (tak-e-fá-je-ah) Rapid eating. शीघ्र भोजन ।

Tachypnea (tak-ip-né-ah). Excessive rapidity or respiration. श्वासकी अति तीव्र गति ।

Tactile (tak-til) Relating to touch or pertaining to sense of touch. स्पर्श-सम्बन्धीय या स्पर्शेन्द्रिय सम्बन्धीय ।

Tactometer (tak-tom-et-er). An instrument for estimating tactile sensibility. स्पर्श चेतना परिमापक यंत्र ।

Tactual (tak-chu-al). Tactile. स्पर्श-सम्बन्धीय ।

Tactus (tak-tus). Touch. स्पर्श । The sense of touch. स्पर्शेन्द्रिय ।

Tænia (té-ne-ah). A genus of tape-worm. पट्टिका ; फीता-क्रिमिका एक जाति । **T. Sogimata.** गोपट्टिका । **T. Solium.** शूकरपट्टिका । **T. Echunococus.** कुपकुरपट्टिका ।

Tail (tal). The caudal extremity. पूँछ ; पुच्छ ।

Tailors' spasm. A spasmodic neurosis of the muscles of the fore arm and hand of the tailors. दर्जियोंके अग्रबाहु तथा हाथको मांसपेशियोंकी ऐंठन ।

Taint. A spot. धब्बा ; दाग ।

Talalgia (tal-al-je-ah). Neuralgic pain in the heel. एड़ीका स्नायुशूलका दर्द ।

Talc, Talcum (talk, tal-kum). A soft, greasy magnesium silicate. अभ्र ; आबरक ।

Taliped (tal-ip-ed). A club footed. वक्र-चरणी ।

Talipes (tai-ip-ez). A deformity of the foot. वक्र-चरण ।

Talipomanus (tal-ip-om-an-us). Club-hand. वक्र-हस्त ; टेढे हाथवाला ।

Talocalcaneal ligament. गुल्फ-पार्ष्णि-बन्धन ।

Talonavieuke ligament. गुल्फ-नौका-बन्धन ।

Talocrural. Pertaining to the tabes and leg-bones. गुल्फास्थि और पादास्थि सम्बन्धीय ।

Talofibular. Relating to the tabes and fibula. गुल्फास्थि तथा अग्रजंघास्थि विषयक ।

Talonid (tal-o-nid). The posterior part of a lower molar teeth. निम्न-चर्वणक दन्तका पश्चाद् भाग ।

Tama. Edema of the feet and leg. पैर तथा प्रपादका शोथ ।

Tap (tap). To empty by paracentesis. किसी नोकदार शस्त्रसे छेदकर भीतरका तरल निकाल देना ।

Tape-worm. Tænia. an intestinal parasitic. पट्टिका ; फीता-कृमि ।

Taphephobia, Taphosphobia (taf-e-fo-be-ah, taf-os-fo-be-ah). Morbid fear of being buried alive. जीवितको गाड़ दिये जानेका अस्वाभाविक भय ।

Tapinocephalic. Having a low, flat head. नीचा चपटा माथेवाला ।

Tapotement (tap-ot-e-ment). The slapping movement in massage. मालिशके समय थपकी देना ।

Tar. A coal tar biproduct. अलकतरा।

Tarantism, Tarantismus (taŕ-ant-izm). A dancing mania. नर्तनोन्माद।

Tarsadenitis (tar-sad-en-i'-tis). Inflammation of the tarsal and border of the eye-lids and Meibomian glands. नेत्रच्छद फलक तथा मिबोमियन ग्रन्थिका प्रदाह।

Tarsal. Relating to tarsus. चक्षुपुटीय ; नेत्रच्छद फलकीय। **T. Artery.** कोर्ची धमनी। **T. Plate.** नेत्रच्छदको फलक। **T. Bone.** कूर्चास्थि ; प्रपादास्थि।

Tarsal. Any tarsal bone. कोई कूर्चास्थि।

Tarsalgia (tar-saĺ-je-ah). Podalgia ; pain in the tarsus. प्रपादास्थिमें दर्द।

Tarsalia. Musculous tarsatis. नेत्रच्छद पेशी।

Tarsalia (tar-sá-le-ah). The tarsal bones. कूर्चास्थि ; प्रपादास्थि।

Tarsectomy (tar-sek-to-me). Excision of the tarsal bones. प्रपादास्थिमें नश्तर।

Tarsitis (tar-si'-tis). Blepharitis. पलकका प्रदाह।

Tarsomalacia (tar-so-ma-la-se-ah). Softening of the tarsal cartilages of the eye lid. नेत्रच्छद उपास्थियोंका प्रदाह।

Tarsophyma (tar-so-fi-mah). Any tumor of the tarsus. पलकका अर्बुद।

Tarsoptosis (tar-sop-tó-sis). Falling of the tarsus. पलकोंका पतजम्।

Tarsotebial (tar-so-tib-e-al). Relating to the tarsus and tibia. प्रपादास्थि तथा जंघास्थिसम्बन्धीय।

Tarsus (taŕ-sus). Instep. गुल्फास्थि ; प्रपादास्थि ; ऐंड़ी।

Tartar of the teeth. The deposit of calcarious matter upon the teeth. कपालिका ; दन्त-बल्कल।

Tartaric acid. Acidum Tartaricum टार्टेरिक एसिड।

Tartrate. A salt of tartaric acid. टार्टरिक अम्लका लवण।

Taste (tāst). The sense effected by the tongue, the gustatory and other nerves. स्वाद ; रस। **T. Organ,** organus gustus. स्वादेन्द्रिय। **T. Bud,** calyculus gustatorius. स्वाद-कोष। **T. Centre.** स्वादकेन्द्र।

Taxis (takś-is). Reduction of a dislocation or hernia. of a dislocation of any part by means of manipulation. अंत्र-वृद्धिका फिर अपनी जगहपर बैठा देनेकी प्रक्रिया।

Tears (terz). The secretion of the lachrymal gland. अश्रु-ग्रन्थिका स्राव ; आँसू ; अश्रु।

Tearing. Like lacerating sensation फाड़नेकी अनुभूति।

Teat (tit). The nipple. स्तन-वृन्त

Technic (tek-nek). Technical; the method of procedure in operation. शल्य-क्रिया-प्रणाली ; शिल्प-विद्या ; कोई विशेष कला।

Technique (tek-nek). Relating to technic. शल्य-क्रिया-प्रणाली सम्बन्धीय।

Technotonia, Technotomy (tek-no-tó-ne-ah, tek-no-tó-me). Child murder, infanticide. शिशु-हत्या।

Tecnology (tek-no-lo-ge). The science of childhood. शिशु-विज्ञान।

Tecnotonia (tek-no-tó-ne-ah). Child-murder. शिशु-हत्या।

Tecosis (te-ko-sis). A wasting disease of goats. बकरियोंका क्षयरोग।

Tectifrm (tek-te-form). Roof-shaped. छत्रके आकारका ; छत्राकार।

Tectocepbaly (tek-to-sef-al-e). Scapho-cephaly ; the condition of having a roof-shaped skull. छत्राकार करोटी हो जानेवाली दशा।

Tectology (tek-tol-o-je). The doctrine of structure. रचना-सिद्धान्त।

Tectorial (tek-tó-re-al). Of the nature of roof or covering. आवरक या छत्र-प्रकृतिवाला।

Tectorium (tek-tó-re-um), The membrane or covering. बलकली कला ; मस्तिष्क वाह्यावरण कला।

Tectum (tek-tum). A roof or covering. छत्र या आवरण।

Teeth. Dentes ; the organs of mastication. दन्त ; दाँत। **T. Anterior**, the six front teeth in each jaw. प्रत्येक चबके छः सामनेका दाँत। **T. Canine**, the first teeth which immediately join the incisors. कर्त्तनक दन्तके पास चार चर्वणक दन्त। **T. Cuspid**, the four teeth, two in each jaw, which immediately adjoin the incisors. भेदक-दन्त। **T. Incisor**, the four front teeth of each jaw. कर्त्तनक दन्त। **T. Maxillary**, the teeth of the upper jaw. ऊर्द्ध हनुके दन्त। **T. Molar.** the grinders tooth. पेषक दन्त। **T. Permanent**, secondary dentition दूसरी बारका दन्तोद्भेद ; स्थायी दन्त। **T. Eemporary**, the milk-teeth. दुग्ध-दन्त। **T. Wisdom**, the uppermost tooth in each side of the jaw. प्रत्येक हनु-पार्श्वके सबके बाद आनेवाले चार दाँत ; दाढ़ ; कुक्षि-दन्त।

Teething (teth-ing). Dentition. दन्तोद्भेद।

Tegmen (teg-men). A covering. आवरण। **T. Mastoideum**, the roof of the mastoid cells. चुचुकाकार कोषावरण।

Tegument (teg-u-ment). The integument of skin. चर्म ; खाल।

Tegumentary (teg-u-men-ta-re). Tegumental, relating to the skin. चर्म-सम्बन्धीय।

Teinodynia (ti-no-dín-e-ah). Pain in the tendons. कण्डरा-शूल ।

Tela (té-lah). Any thin web-like tissue or structure. जालवत तन्तु या रचना ।

Telangiectasia, Telangiectasis (tel-an-je-ek-tá-ze-ah, tel-an-je-ek-tas-is). Delatation of the capillary vessels and small arteries. केशिका नाड़ियोंका तथा क्षुद्र धमनियोंका प्रसारण ।

Telangitis (tel-an-ji'-tis). Inflammation of the capillaries. केशिका-प्रदाह ।

Telangioma (te-lan-je-o'-mah). A tumor made up of dilated capillaries. प्रसारित केशिका-निर्मित अर्बुद ।

Telangiosis (tel-an-je-o'-sis). Any disease of the capillary. केशिका रोग ।

Tellurism (tel-u-rizm . The disease producing influence of the earth. मृत्तिकाकी रोगोत्पन्नकारी प्रभाव ।

Telophase (tel-o-fäz). The final stage ofcell-division. कोष-विभाजनकी अन्तिम अवस्था ।

Temperament (tem-per-am-ent). The peculiar physical character and mental condition of an individual. प्रकृति ; मिजाज । T. **Bilious**, one marked by more or less general pigmentation ; dark or sallow complexion, black hair and a slow or moderate circulation of blood. पित्त-प्रकृति । T. **Lymphatic, T. Phlegmatic**, one marked by pallor of skin, slow and shallow respiration, hyperplasia of the lymphatic glands and a tendency to inflammations of the skin and lymphatics. कफज ; प्रकृति कफ धातुदोष। T. **Melancholic**, one characterized by a predominance of black bile, rendering the disposition melancholy. उदासीन प्रकृति ।

Temperature (tem-per-at-ur). The degree of sensible heat or cold. तापमान ; ताप-परिमाण ।

Temple. The flat portion of the head above the zygomatic arch or between the fore-head and ear. शंखदेश ; कनपटी ।

Temporal (tem-po-ral). Relating to the temple. शंखदेशस्थ ; कनपटीसम्बन्धीय । T. **Artery**. शांखिकी धमनी । T. **Bone**, the bone at the side of and base of the skull. शंखास्थि । T. **Crest**, a ridge on the frontal bone. कपालास्थि-शीर्ष । T. **Lobe**, that part of the cerebral hemisphere below the sylvian and in front of the ex-occipital fissures. शंखखण्ड । T. **Pole**. शंखध्रुव । T. **Sutures**. शंख सेता ।

Temporal (tem-por-á-l). Muscle of the temple. शंखच्छदा पेशी ।

Temporosphenoid (tem-per-o-sfé-noid). Relating to the temporal and sphenoid bones. जतूक शंख-अस्थि सम्बन्धीय ।

Temulence (tém-u-lens). Drunkenness. शराबीपन ।

Tenacious (te-ná-shus). Stichy ; adhesive ; glutinous. लसदार ; चिपचिपा ।

Tenaculum (ten-ak-u-lum). A hook-shaped instrument. हूक या चिमटेकी तरह अस्त्र ।

Tendency (ten-den-se). Direction towards any affect or result ; inclination. प्रवणता ; उन्मुखता ; प्रकृति ; चित्तवृत्ति ।

Tender (teń-der). Sensitive ; painful on pressure or contact. असहिष्णु ; दबाव या स्पर्श करनेपर वेदना-पूर्ण ।

Tenderness (teń-der-ness). Abnormal sensitiveness, painfulness to pressure or contact स्पर्श-असहिष्णुता ; स्पर्शका सहन न होना ।

Tendinitis (ten-din-i'-tis). Inflammation of tendon. कण्डरा-प्रदाह ।

Tendinosuture (ten-din-o-sú-chūr). Reunion of a divided tendon by suture. सीवन द्वारा दो कण्डराओंका पुनः संयोग ; कण्डरा पुर्नमिलन ।

Tendinous (teń-dın-us). Relating to tendon. कण्डरा-सम्बन्धीय ; कण्डरीय ।

Tendo (teń-do).A tendon. कण्डरा । **T. Achillis**, calcaneous, the strong tendon of the heel. गुल्फ-देशीय सुदृढ़ कण्डरा ।

Tendon (teń-don). The fibrous cord of connective tissue in which the fibres of a muscle end and by which a muscle is attached to a bone or other structures. कण्डरा ; पेशी-बन्धनी । **T. Os rectus femoris.** सरला औविकी कण्डरा ।

Tendoplasty (teń-do-plas-te).Tenoplasty ; a plastic operation on a tendon. कण्डराका संयोजक नश्तर ।

Tendosynovitis (ten-do-si-no-vi-tis). Tendon to the citis, inflammation of the sheath of a tendon. कण्डरा आवरक पटलका प्रदाह ।

Tenesmus (ten-nez-mus). A painful spasm of the anus. कंथन ; वेग ; कुन्थन कामना ।

Tenia (té-ne-ah). Tœnia ; tape-worm. पट्ट-क्रिमि ; फीता क्रिमि ।

Teniacide (té-ne-as-id). A remedy destroying tape-worms. पट्ट क्रिमि-नाशक ओषधि ; पट्ट-क्रिमि ध्वंसकारी ।

Teniafuge (té-ne-af-ūj). Having the power to expel tape-worm. पट्ट-क्रिमि निष्कासन-शक्ति-सम्पन्न । 2. An agent which causes the expulsion of tape-worms. पट्ट-क्रिमि-निष्कासक औषधि।

Tenial. Relating to a tape-worm. पट्ट-क्रिमि-सम्बन्धीय।

Teniasis, Tæniasis. The presence of a tape-worm in the intestine. आँतोंमें केचुआकी उपस्थिति।

Tenicide (ten-i-sid). Teniacide. फीता-क्रिमि ध्वंसकारी।

Tenifugal. Teniafuge, an agent expelling tape-worms. फीता क्रिमि ध्वंसकारक औषधि।

Tenide, Remedy for diabetes. बहुमूत्र रोगकी एक औषधि।

Tenioid (té-ne-oid). Band-shaped, ribbon-shaped. पट्टी या फीतेके आकारका। 2. Resembling a tape-worm. पट्ट-क्रिमिके आकारका।

Tennysin (ten-is-in). An alkaloid in brain-tissue. मस्तिष्क तन्तुओंमें प्राप्त एक उपक्षार।

Tenodesis (ten-o-dé-sis). Transfering a tendon to a new point of attachment. कण्डरा-संयोजक ; कण्डराका अन्य संयोजक स्थानपर लगा देना।

Tenodynia (ten-o-din-e-ah). Pain in a tendon. कण्डरा-शूल्य।

Tenontagra (ten-on-tá-grah). Gouty pain in a tendon. कण्डरामें वात वेदना।

Tenontitis (ten-on-ti'-tis). Inflammation of a tendon. कण्डरा-प्रदाह।

Tenontography (ten-on-tog-ra-te). A description or delineation of tendons. कण्डरा-विवरण।

Tenontology (ten-on-tol-o-je). The science of tendons. कण्डरा-विज्ञान।

Tenontothecetis (ten-on-to-the-si-tis). Inflammation of the tendon and its sheath. कण्डरा तथा उसके आवरणका प्रदाह।

Tenophyte (teń-o-fit). A bony growth in a tendon. कण्डरामें अस्थिमय प्रवर्द्धन उत्पन्न होना।

Tenoplasty (teń-o-plas-te). A plastic operation on a tendon. कण्डरा संयोजक नश्तर।

Tenorrhaphy (ten-or-a-fe). The suture of the divided ends of a tendon. कण्डराके विभाजित अंशको सेवन।

Tenostosis (ten-os-tó-sis). The ossification of a tendon. कण्डराका अस्थिमय हो जाना।

Tenosuture (te-no-sú-chūr). Tenorrhaphy ; tendinosuture. कण्डरामें सीवन।

Tenosynovitis (te-no-sin-o-vi-tis). Inflammation of the tendon and its sheath. कण्डरावरण-प्रदाह।

Tenotomy (ten-ot-o-me). The incision of a tendon. कण्डराच्छेदन ; कण्डराको काटना।

Tension (teń-shun). The act of stretching. प्रसारण-क्रिया ; खींचन ; तनाव ।

Tensor (teń-sor). A muscle making a part tense. प्रसारिणी पेशी ; तरुनी पेशी ; आकर्षिणी पेशी । **T. Fascia femoris muscle.** और्वीकला-तरुनी पेशी । **T. Polati muscle.** तालु-तेरुनी पेशी । **T. Tarsi,** a small muscle situated at the inner commissure of the eyelids. चक्षुपुटाग्र आकर्षक पेशी । **T. Tympani,** a muscle of the internal ear. कर्णपट विस्तारक पेशी ।

Tent. A roll of tissue etc. used for dilating wounds, sinuses. वस्त्र या मलमलकी बनी जखम या घावको चौड़ा रखनेके लिये बत्ती ।

Tenth nerve. The pneumogastric nerve. दसमी नाड़ी ।

Tentigo (ten-ti-go). Lust, काम ; काम-प्रवृत्त ।

Tentorium (ten-tó-re-um). The endocranium. मस्तिष्क वाह्य आवरक झिल्ली ; लघु और वृहद मस्तिष्कके मध्यका मस्तिष्क बहिरांश प्रवर्द्धन ।

Tentum (teń-tum). Penis. लिंगेन्द्रिय ।

Tennis. Slender ; delicate. कोमल ; नर्म । **T. Matter,** pin-matter. मस्तिष्कका धूसर भाग ।

Tephromalacia (tof-ro-mal-á-si-ah). Softening of the gray-matter of the brain or spinal cord. मस्तिष्क तथा सुषुम्नाके धूसर पदार्थका कोमल पड़ जाना ।

Tephromyelitis (tef-ro-mi-el-i-tis). Inflammation of the gray substance of the spinal cord. सुषुम्नाकी धूसर पदार्थका प्रदाह ।

Tephrosis (tef-ró-sis). Incineration, cremation. शव-प्रदाह ।

Tephrylometer. An instrument for measuring the thickness of the cerebral cortex. मस्तिष्क आवरक-शरोटीकी मोटाई मापनेका यंत्र ।

Tepid (te-pid). Luke-warm. ईषदुष्ण ; सुसुम ।

Tepidarium, A warm bath. गर्म-स्नान ।

Tepor. Luke warmness. ईषदुष्णता ।

Terabdella. Artificial teeth. कृत्रिम दुन्त ; नकली दाँत ।

Teras (té-ras). A monster. विकटाकार जीव ।

Teratic (ter-at-ik)- Monstrous. विकटाकारिता ।

Teratism (teŕ-at-izm). A fetal monstrosity. भ्रूणकी कदाकारिता ।

Teratogenesis (té-rat-o-jeń-is-is). The development of a fetal monstrosity. भ्रूण-कदाकारिताकी अति वृद्धि या विकास ।

Teratoid (teŕ-at-oid). Resembling a monster. कदाकार ।

Terebinthin (ter-e-beń-then). Oil of turpentine. तारपीनका तेल ।

Terebinthina (ter-e-biń-thin-ah). Turpentine. तारपीन ।

Terebrachesis (ter-e-bra-ké-sis). The operation of shortening the round ligament. गोल अन्धनियोंका लघु क्रियात्मक नश्तर ।

Terebrant (teŕ-e-brant). Of a piercing quality. बेधक ।

Terebration (ter-e-brá-shun). Cutting out a portion of the skull-bone. छेदन या बेधन-क्रिया

Teres (té-rez). Round. गोल । Long and round. लम्बा और गोल ।

Ter in die. Three times a day. दिनमें तीन बार ।

Term (term). A limit or boundary. सीमा । चौहद्दी । 2. A definite period. निश्चित काल ।

Terma (teŕ-mah). The lamina terminalis of the cerebrum. मस्तिष्कका बहिस्तर ।

Termatic (ter-ma-tik). Relating to terma. a small artery. एक क्षुद्र धमनी सम्बन्धीय ।

Terminal (teŕ-min-al). Towards the extremity or terminus. बाह्यांश या सीधा अथवा अन्तकी ओर ।

Terminat (teŕ-min-al). Ending. final. अन्तिम ।

Termination (ter-min-á-shun). The end ; expiration. अन्त ; मृत्यु ; परिणाम ।

Terminology. Onomatology ; the science of technical terms of words ; nomenclature. सवामःज्ञा ; पारिभाषिक संज्ञा ।

Terminus. The end ; the conclusion. अन्त ; परिणाम ।

Terms. Menses. ऋतु ; मासिक ऋतु-स्राव ।

Ternary (teŕ-na-re). Consisting of three parts. त्रय अंश समन्वित ; तीन खण्डवाला ; त्रितयी ; त्रयात्मक ।

Terra (teŕ-ah). Earth. पृथ्वी ।

Terralin. An ointment vehicle. मरहमकी सामग्री ।

Tertian (teŕ-shan). Occurring every third day. तृतीयक । T. Fever, the paroxysms of which recur every other day (every third day, reckoning from the day of the paroxysm as the first day). तृतीयक ज्वर ; तिजारी ।

Tertiarism, Tertiarismus. All the symptoms of the tertiary stage of syphilis, taken collectively. उपदंशकी तृतीय अवस्थाके लक्षण समूह ।

Tertiary (teŕ-she-a-re). Third in order. तृतीय ; तृतीय अवस्था प्राप्त ।

Tertipara (ter-tip-a-rah). A woman pregnant for the third time. तृतीय बारकी गर्भवती ।

Tesselated (teś-el-a-ted) Checkered खाने ड़िबा ।

Test (test). An examination or trial. परीक्षा ; जाँच । **T. Meal**, a meal given to examine the digestive power. पथ्य ; पाचन-शक्ति परीक्षाके लिये किया हुआ खाद्य । **T. Paper**, paper impregnated with litmus or other indicator, which is used to determine the presence or absence of certain substances in solution. परीक्षाका कागज ; परीक्षा-पत्र ; लिटमस या अन्य प्रदर्शक लगा हुआ कागज, जिसे द्रव अवस्थाके कितने ही पदार्थोंकी वर्ण-परिवर्त्तनसे परीक्षा हो जाती है । **T. Types**, printed words or letters of various sizes to test the acuteness of vision. परीक्षक वर्ण ; दृष्टि-शक्तिकी परीक्षाके लिये विभिन्न आकारके अक्षर ।

Testa (teś-tah). A shell, egg-shell. छाल ; आवरण ; छिलका ; सीप । **T. Ovi**, an egg-shell. अण्डावरण ।

Testaceous (tes-tá-shus). Relating to a sgell. वाह्यावरण-सम्बन्धीय ।

Testicle (teś-tik-l). One of the male reproductive glands, normally present in the cavity of seroline ; testis, orchis. अण्डकोष ।

Testicond (teś-tik-ond). A person having undescended testes. अण्ड न उतरा हुआ व्यक्ति ।

Testicular. Relating to the testicle. अण्डकोष-सम्बन्धीय । **T. Duct**, vas deterence. शुक्र-प्रणाली । **T. Fluid, T. Juice**, spermin ; semen. शुक्र । **T Therapy**, treatment of certain nervous affections and senile debility by means of injections of testicular fluid or extract. शुक्र-चिकित्सा ; एक प्रकारकी चिकित्सा-प्रणाली, जिसमें कितने ही स्नायु रोग तथा धातु-दौर्बल्यका शुक्रके अवस्त्वच प्रयोग द्वारा चिकित्सा की जाती है ।

Testis (teś-tis). One of the two male reproductive glands in the scrotum that secrete the semen. अण्ड ; शुक्र-ग्रन्थि ।

Testitis (tes-ti′-tis). Orchitis. अण्ड-प्रदाह ।

Tetaniah (te-tá-ne-ah). Tetany. टंकाड़ ; अकड़न ; अंगुलियोंकी अकड़न । **T. Gravidarum**, tetany in pregnant woman. गर्भवतियोंका टंकार ।

Tetanic (tet-an-ik). Relating to tetanus. टंकार-सम्बन्धीय ।

Tetaniform (tet-ań-if-orm). Resembling tetanus. टंकारके आकारका ; टंकारकी तरह ; धनुष्टंकारवत् ।

Tetanilla (tet-an-il-ah). A form of tetany without regidity. एक प्रकारका धनुष्टंकार, जिसमें शरीर कड़ा नहीं पड़ जाता ।

Tetanization (tet-an-iz-á-shun). The production of tetanus. टंकारका उत्पादन ।

Tetanize (tet-an-iz). To throng into a state of tetanus or continuous spasm. अविरत आक्षेप या टंकारकी अवस्थामें ला देना ।

Tetanoid (tet-an-oid).Resembling tetanus. टंकारवत् ; धनुष्टंकारकी तरह ।

Tetanomotor (tet-an-o-mó-tor). An instrument for producing muscular tetanus. मांस-पशिक आक्षेपोत्पादक यंत्र ।

Tetanus (tet-an-us). An infectious disease marked by spasmodic and continuous contruction of the muscle. धनुस्तम्भ ; धनुष्टंकार ; दाँती लगना ; बहिरायाम पेशी ; हनुस्तम्भ ।

Tetany (tet-an-e). A disease characterized by painful tonic spasm of the muscles of the extremities and especially of the fingers of the hands. एक प्रकारकी अकड़नकी बीमारी, इसमें शाखा अंग और खासकर हाथोंकी अंगुलियाँ अकड़ने लगती हैं और जोरोंका दर्द होता है ।

Tetrabasic (tet-rah-bá-sik). Containing four atoms of replaceable hydrogen. चतुर्भास्मक ।

Tetrablastic (tet-rah-blas-tik). Having four germ layer. चतुर्भ्रूणाणु ; चतुस्तरी ।

Tetrabrachius (tet-rah-brá-ke-us). A four-armed monster. चतुर्बाहु विकटाकार जीव ।

Tetracid (tet-ras-id). Capable of replacing four atoms of hydrogen in an acid. चतुराम्ल ।

Tetrad (tet rad). A group of four bodies. चतुर्वर्ग समूह ।

Tetragonus (tet-rah-gó-nus). The platysma muscle वस्त्रकी तरह पतली माँसपेशी ।

Tetramastea. Tetramazia ; having four breasts. चतुर्स्तनी ।

Tetramazia. The condition of having four mammary glands. चतुर्स्तनी ।

Tetrameric, Tetramerous (tet-rah mer-ik, tet-ram-er-us). Having four parts. चतुःअंश समन्वित ।

Tetranophthalmos (tet-ran-of-thal mes). A monstrous fetus having four eyes. चतुराक्षो विकटाकार जीव ।

Tetranopsia (tet-ran-op-se-ah). Diminition of visual field by one quarter. चौथाई दृष्टि क्षेत्रका ह्रास ।

Tetrapus (tet-rap-us). A four-footed monster. चौपाया कदाकार जीव ।

Tetrascelus (tet-ras-el-us). A four legged monster. चार टांगवाला विकटाकार जीव ।

Tetravalent (tet-rav-al-ent). Having a valency of four. चतुर्बन्धक ।

Tetter (tet-er). A form of herpes ; ring-worm. एक तरहका भैंसिया दाद ; दाद । 2. A term properly applied to eczema. अकौता ।

Texas Fever. Red water-fever. भेड़रगाइकरमें होनेवाला एक प्रकारका ज्वर ।

Texis (teks-is). Child-birth. सन्तान-प्रसव ।

Textiform (teks-tif-orm). Made like a network. जालवत् । Tissue. तन्तु ; जाल ।

Textoblastic (teks-to-blas-tik). Regenerative. पुनरोत्पादक कोष ।

Textural. Relating to the texture of the tissues. तन्तु-जाल निर्माण-सम्बन्धीय ।

Texture (teks-tūr). Any of the organized tissues or substance of the body. शरीरके कोई सुशृङ्खलित तन्तु या पदार्थ ।

Textus (teks-tus). A tissue. मांस-तन्तु ।

Thalamic (thal-am-ik). Pertaining to the optic thalamus. चाक्षुषी दर्शन तन्तु सम्बन्धीय ।

Thalamocele (thal-am-o-sel). The third ventricle. तृतीय ग्राहक-कोष्ठ ।

Thalamus (thal-am-us). The great posterior ganglion of the brain. मस्तिष्कका बृहत् पश्चात् गण्ड ।

Thalassophobia (thal-as-o-fó-be-ah). Fear of the sea. समुद्रका अकारण भय ।

Thalassotherapy. The treatment of a disease by sea-bathing or sea voyages. समुद्र-स्नान या समुद्र-यात्रा द्वारा रोग-चिकित्सा ।

Thallium. A soft, lustrous white metallic element. थैलियम ।

Thanatognomonic (than-at-og-no-moń-ik). Indicative of death. मृत्यु-सूचक ।

Thanatoid (thań-at-oid). Resembling death. मृत्युकी तरह ; मृतवत् ।

Thanatomania (than-at-o-má-ne-ah). Suicidal mania. आत्मघाती विचारपूर्ण उन्माद ।

Thanatophidia (than-at-of-id-e-ah). Venomous snake. विषधर सर्प ।

Thanatophobia (han-at-o-fó-be-ah). Morbid fear of death. अस्वाभाविक मृत्यु-भय ।

Thea (thé-ah). Tea. चाय ।

Theatre, Theater (the-a-tur). The operating room of a public hospital. सार्वजनिक अस्पतालका शल्य-गृह ।

Thebaine. Derived from opium. अहिफेन निष्कासित ।

Thebaism (thé-ba-izm). Poisoning by opium ; opium addiction. अफीमका जहर फैलना ; अफीमका अभ्यास ; अफीमचीपन ।

Theca (thé-kah). A sheath. मगावरण । **T. Cardis**, pericardium. हृदावरण । **T. Folliculi**, the outer wall of a Graafian follicle. डिम्ब-प्रणालीका बाह्यावरण । **T Tendenia,** the synovial sheath of a tendon. कण्डरावरण । **T Vertebralis,** the spinal membrane. सुषुम्ना शीर्षक ।

Thecodont (thé-ko-dont). Having the teeth inserted in alveoli मसूडेमें घुसे दाँत ।

Thecostegnosis (the-ko-stig-nó-sis) Contraction of a tendon-sheath. कण्डरावरणका संकोचन ।

Theism (thé-izm). Morbid condition due to excessive tea-drinking. अत्यधिक चाय पीनेके कारण रोगोत्पत्ति ।

Thelalgia (the-laĺ-je-ah). Pain in the region of nipple. स्तन-वृन्त-प्रदेशमें दर्द ।

Thelitis (the-li′-tis). Inflammation of the nipple. स्तन-वृन्तका प्रदाह ।

Thelium (thé-le-um). A papilla. स्तन-वृन्त । 2. Nipple. स्तन-वृन्त ।

Theloncus (thel-on-kus). A tumour of the nipple. स्तन-वृन्तका अर्बुद ।

Thelophlebostemma (the-lof-leb-os-tem-ma). A venous circle surrounding the nipple. स्तन-वृन्त-परिवेष्टक शिरिक घेरा ; स्तन-वृन्तको घेरे रहनेवाला शिराओंका एक चक्कर ।

Thelorrhagia (thel-or-á-je-ah). Bleeding from the nipple. स्तन-वृन्तसे रक्त-स्राव ।

Thelyblast (theĺ-ib-last). The active element of the female generative cell. स्त्री उत्पादक कोषका सक्रिय तत्व ।

Thelymania. Satyriasis. स्त्री-कामोन्माद ।

Thelytocous (the-lit-o-kus). Giving birth to female offspring only. केवल कन्या ही सन्तान उत्पन्नकारिणी ।

Thenad (thé-nad). Toward the outer side of the hand. करतल-सम्बन्धीय ; तलहत्थीकी ओर ।

Thenal (thé-nal). Relating to the palm or sole. करतल किम्बा पदतल-विषयक ।

Thenar (the′-nar). The palm of the hand or sole of the foot. करतल किम्बा पदतल ; तलहत्थी या तलवा । **T. Eminence,** the eminence on the palm at the base of the thumb. अंगुष्ठ-मूल निकटस्थ करतल प्रवर्धन ; अंगूठेकी जड़के पासका तलहत्थीका ऊँचा उठा स्थान । **T. Muscle,** the abductor and flexor muscle of the thumb. अंगुष्ठ-उत्तोलनी और प्रसारणी पेशी ।

Thenel (thé-nel). Relating only to the palm. केवल करतल सम्बन्धीय ।

Theomania (the-o-má-ne-ah). Religious mania. धर्मोन्माद ।

Theophobia. An insane fear of the anger of God. भगवद् कोपका अस्वाभाविक भय ।

Theophyllin (the-o-fil-in). An alkaloid from tea. चायका उपक्षार।

Theoretical. Relating to or based on theory. काल्पनिक ; अनुमानमूलक ; सिद्धान्तमूलक।

Theory (theo-re). An hypothesis ; a collected view of all that is known on any subject. मतवाद ; सिद्धान्त।

Theotherapy. Treatment of disease by prayer or religious excercises. प्रार्थना या उपासना द्वारा रोग-चिकित्सा।

Therapeutic, Therapeutical. Relating to therapeutics or the treatment of disease. रोग-चिकित्सा-सम्बन्धीय ; आरोग्यकर। T. **Action.** आमयिक क्रिया। T. **Use.** आमयिक प्रयोग।

Therapeutics (ther-ap-ú-tiks). The science and act of healing. आरोग्य-विज्ञान। 2. The practical branch of medicine dealing with the treatment of disease. आमयिक प्रयोग ; रोग-चिकित्सा। T. **Alimentary,** treatment by careful regulation of diet. पथ्य-संयम-चिकित्सा। T. **Empirical,** treatment by medicines proved to be useful in similar cases. सदृश रोगोंमें परीक्षित औषधी द्वारा चिकित्सा। T. **Mental,** treatment directed to influencing the mind. मनःसंयम या मनपर प्रभाव डालकर रोग-चिकित्सा।

Therapeutist (ther-ap-ú-tist). A person skilled in the treatment of disease. रोग-चिकित्सा विषयक।

Therapy (ther-ap-e). The treatment of disease by various method विभिन्न प्रणालियों द्वारा रोग-चिकित्सा।

Theriaca (the-ri'-ak-ah). Treacle ; Molasses. गुड़।

Theriacal (the-ri'-ak-al). Useful as an antidote for snake-bites. सर्प-विष प्रतिषेधक।

Therioma. A malignant tumour or ulcer. सांघातिक अर्बुद या सांघातिक क्षत।

Theriomimicry. Imitation of the acts of animal. पशु शब्दोंकी नकल।

Therm. A heat-unit. ताप।

Thermacogenesis (ther-mak-o-jen-es-is). The action of a drug in affecting the temperature. शरीर-तापमान आक्रान्तकारी भेषज। 2. The elivation of body temperature by drug-action. भेषज-क्रिया द्वारा ताप-मानकी अभिवृद्धि।

Thermæ. Hot spring. गर्म पानीका झरना।

Thermaerotherapy (thur-ma-er-o-ther-a-pi). The treatment of disease by means of heated air. उष्ण वायु द्वारा रोग-चिकित्सा।

Thermal (ther-mal). Relating to heat. तापीय।

Thermalgesia. The condition in which heat causes pain. शरीरकी वह दशा या वह उपसर्ग, जिसमें तापसे दर्द होता है।

Thermanesthesia (theŕ-man-es-thé-ze-ah). Absence of the heat-sense. ताप-अनुभवकी शक्तिका न रहना ; ताप-बोध राहित्य।

Thermatology (ther-mat-oĺ-o-je). The scientific study of heat as a therapeutic agent. चिकित्सार्थ तापका वैज्ञानिक रूपसे अध्ययन।

Thermesthesiometer (therm-es the-ze-oḿ.et-er). An instrument for measuring the sensibility to heat. ताप-चेतनता परिमापक यंत्र।

Thermic (theŕ-mik). Relating to heat. ताप-सम्बन्धीय। **T. Fever**, sun-stroke. लू लगना।

Thermion (theŕ-me-on). A particle containing an electric charge emitted by one incandescent substance. तापायन।

Thermoalgesia (ther-mo-al- é-z-ah). Excessive sensibility to heat अत्यधिक ताप असहिष्णुता। 2. Pain caused by slight degree of heat. थोड़े ही तापसे दर्द होने लगना।

Thermoanesthesia. Loss of heat-sense. अत्यधिक जलनका अनुभव न होना। ताप-बोध-राहित्य।

Thermodynamics (theŕ-mo-di-nam-iks). The science of the transformation of heat and energy ताप-गति-विज्ञान।

Thermo-electric (theŕ-mo-e-leḱ-trik). Relating to electricity, generated by heat. ताप-विद्युत।

Thermogenesis (ther-mo-jeń-es-is). The production of heat ; especially the process of generating heat whithin the animal body. ताप-जलन ; देहमें ताप-संचारण।

Thermograph (theŕ-mo-graph). An instrument for recording heat variations. ताप-विभिन्नता अंकन करनेवाला यंत्र ; ताप-लेखक यंत्र।

Thermohyperalgesia (theŕ-mo-hi-per-al-je-ze-ah). A condition in which the application of heat causes intense pain. एक उपसर्ग, जिसमें ताप-प्रयोगसे असीम वेदना उत्पन्न होती है।

Thermohyperesthesia (theŕ-mo-hi-per-es-thé-ze-ah). Excessive acuteness of the heat-sense. अत्यधिक ताप असहिष्णुता।

Thermology (theŕ-mo-lo-ge). The science of heat. ताप-विज्ञान।

Thermolysis (ther-moĺ-is-is). The loss of body-heat by radiation, discharge of excretion etc. ताप-विक्षेप, स्राव-विक्षेप प्रभृतिके कारण शरीरका ताप ह्रास।

Thermometer (therˊ-mom-et-er). An instrument for ascertaining temperature. ताप-निश्चयकारक यंत्र ; तापमान यंत्र ; ताप-मापक । **T. Clinical,** a small self-registering thermometer consisting of a simple glass tube used for taking the body temperature. शरीर-ताप-मापक ।

Thermometry. The measurement of temperature. तापमानकी माप ।

Thermoneurosis (ˊther-mo-nu-róˊ-sis). An elevation of the temperature of the body due to nervous influences. स्नायविक प्रभावके कारण तापमानकी अभिवृद्धि ।

Thermophagy. The eating of hot food. उष्ण खाद्य भक्षण ; गर्म भोजन करना ।

Thermophobia (therˊ-mo-fo-be-ah). An abnormal dislike of heat. तापकी अस्वाभाविक घृणा ।

Thermophilic (ther-mo-filˊ-ik). Requiring great heat for growh. वृद्धिके लिये अत्यधिक तापकी आवश्यकता-वाले जीव ।

Thermoplegia (ther-mo-plé-je-ah). Heat-stroke. सर्दी-गर्मी ।

Thermopolypnea. Rapid respiration from high temperature. उच्च तापमानके कारण तीव्र श्वास-प्रश्वास ।

Thermostabile (ther-mo-stá-bil). Not changeable by heat. ताप अपरिवर्त्तनीय ; जिसका तापके कारण परिवर्त्तन या नाश नहीं हो सकता ।

Thermosystaltic. Contracting under the action of heat. ताप-क्रियाके कारण संकोचनशील ।

Thermotherapy. The treatment of disease by heat. ताप-चिकित्सा ; ताप-प्रयोग द्वारा रोग-चिकित्सा ।

Thermotic. Relating to heat. ताप-सम्बन्धीय ।

Thigh. The upper leg, between the hip and the knee. ऊरू ।

Thigh-friction. A form of masturbation. एक प्रकारका हस्तमैथुन ।

Thigmesthesia (thig-mes-thé-ze-ah). Sensibility to touch. स्पर्श-असहिष्णुता ।

Third pair. The motor oculi nerves. चाक्षुषी धमनी ।

Thoracal (tho-rakˊ-al). Pertaining to the thorax or chest. वक्षस्थलीय ।

Thoracalgia (tho-rak-alˊ-je-ah). Pain in the chest-wall. वक्ष-प्राचीरमें दर्द ।

Thoracaorta (tho-rak-a-orˊ-tah). the thoracic aorta. वक्षस्थलीय महा-धमनी ।

Thoracic (tho-raśˊ-ik). Relating to the chest. वक्षस्थल सम्बन्धीय । **T. Duct.** महालसिकावाहिनी ।

Thoracocyllosis (tho-tak-o-sil-ó-sis). Deformity of the chest. वक्षका आकार बिगड़ जाना ।

Thoracocystosis (tho-rak-o-sis-tó-sis). Abnormal curvature of the thorax. वक्षका अस्वाभाविक रूपसे टेढ़ा पड़ जाना ; वक्ष कदाकारिता ।

Thoracodynia (tho-rak-o-diń-e-ah). Pain in the chest. वक्ष-वेदना ।

Thoracogastroschisis (thó-rak-o-gas-troś-kis-is). Fissure of the thorax and abdomen. वक्षोदरका नासूर ।

Thoracolumber (tho-rak-o-lum-ber). Relating to the thoracic and lumber part of the spine. मेरुदण्डका वक्ष-कटि-प्रदेशका अंश ।

Thoracomyodynia (tho-rak-o-mi-o-diń-e-ah). Pain in the muscles of the chest. वक्ष-पेशियोंमें दर्द ; वक्षो-परिपेशीय वेदना ।

Thoracoschisis (tho-rak-oś-kis-is). Cleft of the thorax. वक्षका गह्वर ।

Thoracoscope (tho-raḱ-os-kop). A stethoscope. वक्ष-परीक्षा यंत्र ; वक्षनोवीक्षण यंत्र ।

Thoracoscopy (tho-rak-oś-ko-pe). Examination of the chest. वक्ष-परीक्षा ।

Thoracostenosis (tho-rak-o-ste-nó-sis). Contraction of the chest ; narrowness of the chest. वक्ष-संकीर्णता ; वक्ष-संकोचन ।

Thoracotomy (tho-rak-ot-o-me). An incision of the thorax. वक्षमें नश्तर ।

Thorax (thó-raks). The chest ; the cavity above the abdomen. उदरकी ऊपरी गह्वर ; वक्षोदर ।

Thread-worm. Oxyuris. सूत्र क्रिमि ।

Three-day fever. Dengue. हड्डी-तोड़ बोखार ।

Threpsology (threp-sol-o-je). The science of nutrition. पोषण-विज्ञान ।

Thrill (thril). A tremor ; quiver. कम्पन ; सिहरावन ।

Throat (throt). The anterior part of the neck. गल-मध्य कण्ठ । The pharynx. गलकोष । The fauces. गल-गह्वर ।

Throbbing. Pulsating, beating. टपक ; स्पन्दन ; वेगका स्पन्दन ; धमक ।

Throe (thro). A violent pain, as in parturition. प्रचण्ड वेदना ; प्रसवकी तरह प्रचण्ड वेदना ।

Thrombectomy (throm-bek-to-me) The operation of a venous thrombus. शैरिक समवरोधनका नश्तर ।

Thrombin (throḿ-bin). The fibrin-ferment. रेशेदार तन्तु ।

Thromboarteritis. Arteritis due to thrombosis. रक्त समवरोधनके कारण धमनी-प्रदाह ।

Thromboid (throḿ-boid). Resembling a thrombus. समवरोधनाकार ।

Thrombokinasis (throm-bo-ki-nas-is). The formation of blood-clot ; clotting of blood. रक्तका थक्का जमना ।

Thrombophlebitis (throm-bo-fleb-i-tis). Thrombosis, with inflammation of a vein. शिरा-प्रदाहके साथ समवरोधन।

Thrombosed. Affected with thrombosis. समवरोधनोंसे ग्रसित।

Thrombosis (throm-bó-sis). The formation of a thrombus, समवरोधन निर्माण।

Thrush. Small white ulcers of the mouth. छाला ; मुँहके सफेद छोटे-छोटे घाव।

Thrypsis (thrip-sis). A comminuted fracture. अस्थि-भंग होकर छोटा नष्ट जाना।

Thumb (thum). The most external or more nearly radial of the five digits of the hand. अंगुष्ठ ; अंगूठा।

Thylactitis (thi-las-e-i-tis). Inflammation of the oil-glands. तैल-स्रावी ग्रन्थियोंका प्रदाह।

Thymectomize (thi-mek-to-miz). To remove the thymus gland. उण्डूक ग्रन्थिका निकाल देना।

Thymelcosis (thi-mel-kó-sis). Ulceration of the thymus. उण्डूक-ग्रन्थिका क्षत।

Thymic (thi-mik). Relating to the thymus. उण्डूक-ग्रन्थि-सम्बन्धीय।

Thymion (thi-me-on). A small wart on the skin. चर्मपर क्षुद्र मसा।

Thymitis (thi-mi-tis). Inflammation of the thymus gland. उण्डूक-ग्रन्थिका प्रदाह।

Thymol (ti'-mol). A phenol from oil of thyme. पिपरमेन्ट।

Thymopathy. Any disease of the thymus gland. कोई उण्डूक-ग्रन्थिका रोग।

Thyreohyoideus. The thyrohyoid muscle. चुल्लिका कण्ठिका पेशी।

Thyrocele (thi-ro-sel). A tumor of the thyroid gland. चुल्लिका ग्रन्थि ; Goiter. घेघा।

Thyrogenous (thi-ro-jen-us). That which originates in the thyroid gland. चुल्लिका ग्रन्थिमें उत्पन्न होनेवाला।

Thyroglossal. Relating to the thyroid gland and the tongue. चुल्लिका-ग्रन्थि और जिह्वा-सम्बन्धीय।

Thyroid (thi-roid). Shield-shaped ; scutiform. ढालके आकारका ; चुल्लिकाकार। **T. Gland,** a ductless glandular body at the upper part of the trachea. टेंटुआके ऊपरकी एक प्रणाली-विहीन ग्रन्थि ; गल-ग्रन्थि ; चुल्लिका ग्रन्थि।

Thyroidea (thi-roi-de-ah). The thyroid gland. चुल्लिका-ग्रन्थि।

Thyroidism (thi-roid-ixm). Poisoning by thyroid extract. चुल्लिका-ग्रन्थिके सत्तका जहर फैलना।

Thyroiditis. Inflammation of the thyroid gland. चुल्लिका-ग्रन्थि-प्रदाह।

Thyroncus (thi-ronǵ-kus). Thyrocele. चुल्लिका-ग्रन्थिका अर्बुद ; घेघा।

Thyrophyma (thi-ro-fi-mah). Enlargement of the thyroid gland. चुल्लिका ग्रन्थिकी अभिवृद्धि।

Thyroprivia (thi-ro-priv-e-ah). The condition aftet the removal of the thyroid gland. चुल्लिका-ग्रन्थि निष्कासनके बाद उत्पन्न हुए उपसर्ग।

Thyrosis (thi-ró-sis). Any disease based on disordered thyroid action. विशृङ्खलित चुल्लिका क्रियाके कारण उत्पन्न रोग।

Thyrotome (thi-ro-tom). An instrument for cutting the thyroid cartilage. चुल्लिका उपास्थिमें नश्तर देनेवाला यंत्र।

Tibia (tib-e-ah). The inner and larger bone of the leg. जंघास्थि।

Tibial (tib-e-al). Relating to the tibia. जंघास्थि-सम्बन्धीय।

Tibialis (tib-e-á-lis). Tibial ; relating to the tibia or to any structure named from it. जंघीला ; जंघास्थि-सम्बन्धीय। **T. Anterior**. जंघासम्मुखा पेशी। **T. Posterior**. जंघा पाश्चमगा पेशी।

Tibiofemoral (tib-e-o-fem-or-al). Relating to the tibia and femur. जंघास्थि और उर्वास्थि सम्बन्धीय।

Tibiofibular. Relating to the tibia and fibula. जंघास्थि तथा अग्रजंघास्थि विषयक।

Tibiotarsal. Relating to the tibia and tarsus. जंघास्थि तथा गुल्फास्थि सम्बन्धीय।

Tic (tik). A spasmodic contraction or twitching of a certain group of muscles. कितनी ही पेशी-समूहोंका आक्षेपिक संकोचन ; पेशियोंकी खींचन। **T. Convulsive,** the convulsion of the facial nerve. मौखिकी नाड़ीका आक्षेप या अकड़न। **T. Douloureux**. neuralgic faceache, the painful affection of the nerves of the face without any particular inflammatory action. मुखमण्डलका स्नायुशूल।

Tic in dic. Three times a day. प्रत्यह तीन बार।

Tick-Fever. An infectious spotted fever of high mortality. कीट-ज्वर।

Tickling. A peculiar sensation resulting from excitation of the cutanious nerves ; titillation. खुजली ; सुरसुरी।

Tidal (ti'-dal). Rising and falling. उत्थान और पतनशील।

Tiglii oleum. Oil of croton. जमालगोटाका तेल।

Tilma. Lint. मलमलकी पट्टी।

Tilmus (til-mus). Carphology. खाटपर पड़े-पड़े बेचैनीसे हाथ शून्यमें पकड़नेके लिये उठाना ; बिछावन नूटना।

Tint. An abbreviation of tincture. टिंचरका संक्षिप्त रूप।

Tincture. An alcoholic solution of medicinal substance. भेषज-पदार्थों का सुरासारीय द्रव, मूल अर्क, अरिष्ट।

Tinea (tiń-e-ah). Ring-worm. दद्रु; दाद; सरका दाद। **T. Annulani.** tunia capila. कण्टत्वक दद्रु। **T. Axillaris,** ring-worm of the axilla. बगलका दाद। **T. Decalvans,** alopecia areata. बालक्षर; चाँदीपरके केशोंका झड़ जाना; इन्द्रमुक्त खल्वाट। **T. Circenata,** ring-worm of the body. शरीरका दद्रु। **T. Favosa,** favers. मधुचक्र दद्रु। **T. Imbricata,** herpes desquamans. विसर्पिका, भैंसिया दाद। **T. Lata.** चौड़ी और फीताकी तरह क्रिमि। **T. Sycosis,** parasitic sycosis, ring-worm of the beard. दाढ़ीका दाद। **T. Tonsurans.** prurigo furfurans. मस्तकका सामान्य दाद। **T. Trichosphytina,** ring-worms a disease of the skin, hair and nails. माथा, शरीर, नाखून प्रभृतिका दाद। **T. Versicolor,** pityriasis versicolor. नाना प्रकारके रंगोंका बुंसिका।

Tingling. A peculiar pricking thrill, caused by cold or mental shock. सिहरावन। स्फुरण; झुनझुनी।

Tinnitus (tiń-it-us). A tinkling or ringing sound. कर्णनाद; कानमें घंटी बजनेकी तरह टुनटुनाहटकी आवाज। **T. Aurium,** ringing in ears. कानमें टुनटुन शब्द।

Tiquers (tik-ers). One who suffers from a tic. खींचनका रोगी।

Tire. Weariness; fatigue; exhaustion. क्लान्ति; थकान।

Tires (tiriz). Trembles, milk sickness. कम्पन; दुग्ध-ज्वर।

Tisic. Phthisis. यक्ष्मा; क्षय-रोग।

Tissue (tiśh-u). A collection of similar cells and fibers forming a definite structure. विधान-तन्तु; मांस-तन्तु। **T. Adenoid,** a form of connective tissues which contain lymphoid cells. लसिकावाही कोष समन्वित संयोजक तन्तु। **T. Areolar,** a kind of connective tissue made up of cells and elastic fibers. वर्द्धनशील रेशे और कोष-समन्वित संयोजक तन्तु। **T. Cartilaginous,** cartillage. उपास्थि। **T. Connective,** the supporting tissue of the animal body containing numerous cells of various kinds. जैव-शरीरके बहु-विभिन्नाकार कोष समन्वित सहायक मांस-तन्तु; संयोजक तन्तु। **T. Elastic,** connective tissue composed of yellow elastic fibers. पीत वर्द्धनशील शुभ्रमय तंतु निर्मित संयोजक तंतु। **T. Epithelial,** epithelium. अन्तस्त्वक। **T. Fibrous,** the connective tissue of the body, consisting of white or yellow fibers. श्वेत या पीत शुभ्र-तन्तु समन्वित संयोजक

तन्तु। **T. Gelatinous,** mucous tissue. श्लैष्मिक तन्तु। **T. Mucoid,** gelatinous Connective tissue. मांसतन्तु। **T. Mucous,** that which represents the embryonic connective tissue. भ्रूण संयोजक तन्तु ; नाभिनाल तन्तु। **T. Muscular,** muscle. पेशी। **T. Osseous,** bone, a connective tissue, the ground substance of which is calcefied. अस्थितन्तु। **T. Subcutaneous,** the layer of loose connective tissue situated directly beneath the skin. अधस्त्वचा तन्तु ; ठीक त्वचाके नीचेका शिथिल संयोजक तन्तु स्तर।

Tissue-remedies. Twelve salts especially used in the bio-chemical school of homœopathy. तन्तुजायु औषधि।

Titer. Titre (té-ter). The standard of strength. शक्ति-प्रमाण।

Titillation (tit-il-á-shun). Tickling. सुरसुरी।

Titrate. To analyse volumetrically by means of a test solution of standard strength. विलेयमापन करना।

Titration. Volumetric analysis by means of a standard solution of known strength. विलेयमापन।

Titubation (tit-u-bá-shun). 1 A staggering or stumbling in trying to walk, due to spinal lesion. सुषुम्नाके रोगके कारण चलनेकी चेष्टा करनेपर डगमगाना। 2. Restlessness. बेचैनी ; अस्थिरता। **T. Lingual,** stammering. तोतलाना।

Tobacco (to-bak-o). The dried leaves of Nicotiana tabacum. तम्बाकू।

Tobaccoism. Nicotinism, tobacco-poisoning. तम्बाकूका विष फैलना। **T. Heart,** the cardiac disturbance from the over use of tobacco. अत्यधिक तम्बाकू सेवनके कारण हृद्‌रोग।

Tocodynamometer (to-ko-di-nam-om-et-er). An instrument for measuring the force of labor-pains. प्रसव-वेदनाकी शक्ति मापनेका यन्त्र।

Tocology (to-kol-o-je). The science dealing with child-births. प्रसवविज्ञान।

Tocus (tó-kus). Child-birth. प्रसव ; सन्तान-प्रसव।

Toe. A digit of the foot. पैरकी अंगुलियोंके नोंकें ; अंगुष्ठ।

Tolerance. Toleration (tol-ér-ans, tol-er-á-shun). Ability of resisting the continual or increasing use of any drug. सहन-शक्ति ; भेषज-सहन शक्ति ; वृहत् मात्रामें औषध सहन करनेकी शक्ति।

Tomentum (to-mén-tum). A lock of wool ; flocculent hairiness. उद्भिदके ऊपरके कोमल रेशेकी तरह पदार्थ।

T. Cerebri, a net-work of minute blood-vessels of the pia-mater and the cortex cerebri. मस्तिष्क आवरण तथा राहगारमें जानेवाले सूक्ष्म रक्त-वाहिनियोंके जाल ।

Tomomania (to-mo-má-ne-ah) Undue eagerness to perform an original operation. शल्य-क्रिया करनेकी अस्वाभाविक अभिलाषा ।

Tomotocea (to-mo-tó-she-ah). Delivery by abdominal section. उदर चीरकर सन्तान प्रसव ।

Tone (ton). 1. The normal vigour or activity. स्वाभाविक शक्ति । 2. The healthy state of a part. किसी शरीरांशकी स्वस्थ दशा ।

Tongue (tung). The organ of taste and speech. स्वादेन्द्रिय ; वाक्येन्द्रिय ; जिह्वा ; जीभ । **T. Baked**, the dry brown tongue of typhoid fever. सान्निपातिक ज्वरकी शुष्क भूरी जीभ । **T. Bald**, tongue which has no papillæ. कण्टक-रहित जिह्वा । **T. Black**, glossophytia. जिह्वाका एक उपसर्ग, जिसमें जीभकी जड़ काली या नीली पड़ जाती है । **T. Fever**, a coated tongue, papillæs of which are so prominent that give the mucous membrane the shape of fur. रोएँदार जीभ । **T. Geographic**, a tongue whith denuded patches surrounded by thickened epithelium. नक्शोंकी तरह जीभ । **Strawberry tongue**, a tongue with enlarged red papillæ. वर्द्धित लाल काँटे-भरी जीभ । **T. Wrinkled**, scrotal tongue ; tongue with deep depression or furrows. फुन्सियाँ-भरी जीभ ।

Tonic (toń-ik). Producing normal tone or tension. स्वाभाविक बल या तनाव उत्पन्नकारक । 2. Continuous tension. लगातार तनाव । **T. Spasm**, permanent rigidity of the muscle. बलवत् संकोचन ।

Tonicity (to-niś-it-e). The normal condition of tone or tension. बल या प्रसारणकी स्वाभाविक दशा । 2. The elasticity of living parts. पेशी-तन्तुकी स्थिति स्थापकता ।

Tonograph (toń-o-graf). An instrument for recording the blood-pressure. रक्तका चाप अंकित करनेवाला यंत्र ।

Tonometer (ton-oḿ-et-er). An instrument to measure the eye-tension. आँखोंका प्रसारण मापनेका यंत्र ।

Tonoscillograph(to-nos-cil-o-graf). An instrument which produces graphic records of arterial and capillary pressures as well as oi individual pulse character. धमनी, केशिका तथा नाड़ीकी चाप अंकित करनेवाला यंत्र ; टानसिलोग्राफ ।

Tonoscope (toń-o-skop). A device for examining the head or brain by means of sound. शब्द द्वारा मस्तक या मस्तिष्कका परीक्षा करनेवाला यंत्र।

Tonsil (toń-sil). The almond shaped glands on each side of the throat. कण्ठके प्रत्येक पार्श्वकी बादामके आकारकी ग्रन्थि; तालुमूल; तालु-पार्श्व-ग्रन्थि।

Tonsilar, Tonsillar (toń-sil-ar). Relating to tonsils. तालुमूल-सम्बन्धीय।

Tonsillectomy (ton-sil-lek-to-me). Removal of entire tonsil. सम्पूर्ण तालुमूलका काट निकालना।

Tonsillitis (ton-sil-i-tis). Inflammation of the tonsils. तालुमूल-प्रदाह। T. **Superficial**, inflammation of the mucous membrane over tonsil. तालुमूलके इलैष्मिक-झिल्लीका प्रदाह। T. **Suppurative**, quinsy. सम्पूर्ण तालुमूल-प्रदाह।

Tonsillolith (ton-sil-o-lith). A tonsillar concretion or calculus; calculus in the tonsil. तालुमूलमें पथरी जमना।

Tonsilloprive (ton-sil-o-priv). Due to removal of tonsils. तालुमूल विष्कासनजनित उपसर्ग।

Tonus (tó-nus). Tone or tonicity. बल; सक्रियता।

Tooth (tooth). Dens or the hard conical structure set in the alveoli of the upper and lower jaws employed in mastification of the food. दन्त; दाँत। T. **Ache**, the pain in the teeth odontalgia. दाँतका दर्द; दन्त-शूल।

Topalgia, Topoalgia (to-paĺ-je-ah, to-po-aĺ-je-ah). Localized pain. स्थानिक वेदना; स्थिर वेदना।

Topesthesia (top-es-thé-ze-ah). Local sensibility to touch. स्थानिक स्पर्श-चेतनता।

Tophaceous (to-fá-shus). Hard; gritty. कठिन; प्रस्तरवत्।

Tophus (tó-fus). A calcareous deposit in gout. गठिया प्रभृति रोगोंमें चूना जमना।

Tophyperidrosis (tof-ip-er-id-ro-sis). Excessive local sweating. किसी स्थानके बहुत अधिक पसीना; स्थानिक अति स्वेद।

Topic, Topical (top-ik, toṕ-ik-al). Local; relating to a particular spot. स्थानिक; वाह्यिक; किसी विशेष स्थानमें स्थित।

Topica (toṕ-ik-ah). Medicine for external use. वाह्य प्रयोगका औषध; लगानेकी दवा।

Topoalgia (to-po-al-je-ah). A localized pain. किसी विशेष स्थानका स्थिर दर्द।

Topography (to-pog-ra-fe). The description of an anatomic region of the body. शरीरके विभिन्न प्रदेशोंका वर्णन।

Toponeurosis (top-o-nu-ró-sis). A neurosis affecting a limited region. सीमित प्रदेश आक्रान्तकारी स्नायु-रोग।

Torcular herophili (tór-ku-lar her-off-il-i). The dilated point of confluence of the superior sagittal, occipital and two transverse sinuses of the dura-mater. महा संयोजकके प्रधान-प्रधान शिरा-पर्वोंके असम गह्वर-विशेष ; शिराकुल्या संगम स्थल।

Tormen (tor-men). A severe ; colicky pain. तीव्र शूलका दर्द।

Tormina (tor-min-ah). A gripping pain in the bowels. अंत्र-शूल ; आँतोंमें चबानेकी तरह दर्द।

Torminal, Torminous, Affected with tormina. अंत्र-शूलाक्रान्त ; आँतोंमें चबानेकी तरह तीव्र दर्दका रोगी।

Torpent (tor-pent). An agent that reduces irritative action. उपदाह-नाशक ; स्निग्धकर। 2. Inactive. अक्रिय।

Torpid (tor-pid). Not acting with normal power ; benumbed ; inactive. अक्रिय ; निश्चेष्ट ; गति-शक्ति-रहित।

Torpor (tor-por). The condition of normal activity ; numbness, insensibility ; stupor. स्पर्श-ज्ञान-शून्यता ; सुन्नपन ; अनुभव शून्यता ; गति-राहित्य।

Torque (tork). A rotary force. पूर्णक गति।

Torrefy (tor-e-fi). To dry by the aid of heat. ताप देकर सुखाना।

Torsion (tor-shun). The act of twisting. मरोड़ ; ऐंठन।

Torsive (tor-siv). Twisted. सिकुड़ा।

Torticollis (tor-tik-ol-is). Wry-neck. ग्रीवा-स्तम्भ।

Tortuous (tor-tu-us). Twisted. मरोड़ खाया ; ऐंठा।

Torus (tó-rus). Knobbed. गाँठ-गाँठ।

Touch (tuch). The tectile sense. स्पर्श-ज्ञान ; त्वाशक्ति। 2. Digital examination. अंगुलि द्वारा परीक्षा। **T. Double,** digital examination of the rectum and vagina at the same time. सरलान्त्र या योनिकी एक साथ ही अंगुलि द्वारा परीक्षा।

Tourniquet (toor-nik-et). An instrument to compress arteries. धमनीपर चाप देनेका यंत्र।

Toxanemia (toks-an-é-me-ah). Anemic condition from poisoning विष फैलनेके कारण रक्तहीन दशा।

Toxemia (toks-é-me-ah). Poisoined state of the blood. रक्तकी जहरीली दशा ; रक्तका विष दूषित हो जाना ।

Toxic (toks-ik). Poisonous. विषाक्त ।

Toxicoderma (toks-ik-o-der-mah). A skin-disease due to poisons. विषके कारण चर्म-रोग ; विषाक्त-चर्म ।

Toxicogenic (toks-ik-o-jeń-ik). Producing poison. विषोत्पन्नकारी ।

Toxicoid (toks-ik-oid). Resembling a poison. विषाकार ।

Toxicology (toks-ik-oĺ-o-je). The science of poisons. विष-विज्ञान ; विष-तत्व ।

Toxicomania (toks-ik-o-má ne-ah). An intense desire for poison. जहर खानेकी प्रबल इच्छा ।

Toxicopathy (toks-ik-op-ath-e). Any disease due to poison. विषोत्पन्न रोग ; विषज रोग ।

Toxicophobia (toks-ik-o-fó-be-ah). A morbid fear of poisoning. विषातंक ; विष-भीति ।

Toxicosis (toks-ik-ó-sis). Any disease due to poisoning. विषोत्पन्न रोग ।

Toxidermitis (toks-e-der-mi-tis). The inflammation of the skin due to poison. विषके कारण चर्म-प्रदाह ; विषोत्पन्न चर्म-प्रदाह ।

Toxiferous (toks-if-er-us). Producing poison. विषोत्पन्नकारी ।

Toxigenic (toks-e-jeń-ik). Producing toxin. विषोत्पन्नकारी ।

Toxin (toks-in). A poisonous albumin produced by the action of bacteria. कीटाणु-क्रियोत्पन्न विषाक्त-अण्डलाल ; विष ; शरीरोत्पन्न विष ।

Toxinemia (toks-in-é-me-ah). Blood-poisoning. रक्त-विषाक्तता ।

Toxinicide (toks-iń-is-id). Any substance that destroys a toxin. विषघ्न ।

Toxomucin (toks-o-mú-sin). A poison from tubercle bacilli. यक्ष्मा कीटाणु-विष ।

Toxonosis (toks-o-nó-sis). A disease due to poisoning. विषजन्य रोग ।

Toxophil, Toxophile (toks-ó-fil). Easily susceptible to poison. विष-प्रवण ; सहजमें ही विषका जिसपर प्रभाव पहुँच सके ।

Trabal (trá-bal). Relating to the trabs. महासंयोजक सम्बन्धीय ।

Trabecula (tra-bek-u-lah). A fibre or band which extends from the capsule into the interior of an organ. संयोजक तन्तु-जाल ; जाल-कोष ; किसी शरीर यंत्रके बाह्य अवस्थासे भीतर प्रवेश कर जानेवाला तन्तु या बन्धन ।

Trabs cerebri. The corpus callosum. महा संयोजिक ।

Trace. A mark ; a streak. चिह्न ; धारी ।

Trachea (trá·ke·ah). Wind-pipe ; the tube extending from the larynx to the wind-pipe. टेंटुआ ; कण्ठनली ; श्वास-पथ ।

Tracheal. Relating to the wind-pipe. वायुनली-सम्बन्धीय ।

Trachealis (tra-ke-á-lis). The intrinsic muscle of the trachea. टेंटुआकी भीतरी पेशी ।

Tracheitis (tra-ke·i'-tis). Inflammation of the lining membrane of the trachea. टेंटुआकी आवरक झिल्लीका प्रदाह ; वायुनली-प्रदाह ।

Trachelagra (tra-kel-ā-grah). A rheumatic affection of the neck-muscle. गलपेशियोंका एक वात रोग ; गलेका गठिया ।

Trachelian (tra-ké-le-an). Cervical. ग्रैवेयी ।

Trachelism (trak-e-lizm). Bending backward of the neck. गर्दनका पीछेकी ओर झुक जाना ।

Trachelismus (tra-kel-iz-mus). Spasm of the cervical muscles. ग्रैवेयी पेशीका अकड़न ।

Trachelitis (tra-kel-i'-tis). Cervicitis. ग्रीवा-पेशीका प्रदाह ।

Trachelology (tra-kel-ol-o-je). The science of neck and its diseases. नासिका तथा नासिका-रोग विज्ञान ।

Trachelocystitis (trak-e-lo-sis-ti-tis). Inflammation of the neck of the bladder. मूत्राशय-ग्रीवाका प्रदाह ।

Trachelodynia (trak-e-lo-din-e-ah). Pain in the neck. ग्रीवामें दर्द ।

Trachelomyitis (trak-e-lom-i-tis). Inflammation of the neck-muscles ग्रैवेयी पेशियोंका प्रदाह ।

Trachelopanus (trak-e-lo-pá-nus). Swelling of the lymphatic vessels of the neck. ग्रैवेयी लसिकावाहिनियोंका प्रदाह । 2. Lymphatic engorgement of the cervix-uteri. जरायु-ग्रीवाकी लसिकावाहिनीकी स्फीति ।

Trachelopexy (trak-el-o-pek-se). Fixation of the cervix-uteri ta an adjacent part. निकटस्थ अंशमें जरायु-ग्रीवाका संयोजन ।

Trachelorrhaphy (tra-kel-or-a-fe). Suture of a laceration of the cervix-uteri जरायु-ग्रीवाके दरारकी सीवन ।

Trachelotomy (trá-ke-lot-o-me). Incision of the cervix-uteri. जरायु-ग्रीवामें नश्तर ।

Tracheobronchial (tra-ke-o-brong-ki-al). Relating to both trachea and bronchi. टेंटुआ तथा वायुनली-सम्बन्धीय ।

Tracheobronchitis(tra-ke-o-brong-ki-tis). Inflammation of the mucous membranes of both trachea and bronchi. टेंटुआ तथा वायुनलीकी श्लैष्मिक-झिल्लीका प्रदाह ।

Tracheocele (trá-ke-o-sel). Enlargement of the thyroid gland ; bronchocele ; goitre. घेघा ; चुल्लिका-ग्रन्थिकी विवृद्धि ।

Tracheoscopy (tra-ke-oś-ko-pe). Inspection of the trachea. टेंटुआ-परीक्षा ।

Tracheotome (trá-ke-o-tom). Instrument for opening the trachea. टेंटुआ खोलनेका यंत्र ।

Tracheotomy (tra-ke-ot-o-me). The operation of opening into the trachea. टेंटुआमें नश्तर ।

Tracheitis (tra-ke-i-tis). Inflammation of the trachea. टेंटुआका प्रदाह ।

Trachoma (tra-kó-mah). Granular lids, a form of conjunctivitis. रोहा ।

Trachyphonia (trak-e-fó-ne-ah). Roughness of the voice. स्वर-भंग ; आवाजका रुखापन ।

Tract. A track or course. प्रणाली ; पथ । 2. An area of greater length than breadth. लम्बा स्थान ; शरीरका चौड़ाईकी अपेक्षा विशेष लम्बा स्थान । **T. Alimentary,** digestive tract. अन्न-पथ ।

Traction (traḱ-shun), Drawing ; attraction. खींचन ; आकर्षण ।

Tractus (traḱ-tus). Tract. पथ ; प्रणाली ।

Tragal. Pertaining to the tragus. कर्ण-शंकुली वाह्यार्बुद सम्बन्धीय ।

Tragicus. The muscle of the Tragus. कर्णपेशियोंकी लेर ।

Tragus. A small prominence of cartilage projecting over the meatus of the external ear. कर्ण-शंकुली बाह्यार्बुद ; कर्ण बाह्यार्बुद ; बाहरी कानमें कुड़ियोंकी गैरमामूली पैदायश या दराजी ।

Trait (trat). A distinguishing characteristic. एक प्रभेदक विशेष लक्षण ।

Trance (trans). Catalepsy. मोह ; मूर्च्छा ।

Transection (tran-seḱ-shun). A cross-section. आड़े भावसे काटना ।

Transfer, Transference (trańs-fer, trans-fer-ens). The shifting of symptoms from one side of the body to another. शरीरके एक पार्श्वसे उपसर्गोंका दूसरेमें चला जाना ; रोगका पार्श्व परिवर्त्तन ।

Transfix (trans-fix). To pierce with a sharp instrument. तीक्ष्ण-धार अस्त्रसे छेदना ; बेधना ।

Transforation (tran-for-á-shun). The act of perforating the base of the skull of fetus. कष्ट-प्रसवमें भ्रूण मस्तकका तलदेश छेदनकी क्रिया; भ्रूण-मस्तक छेदन ।

Transformation (trans-for-má-shun). A change of form. आकार परिवर्त्तन ; रूपान्तर ।

Transfusion (trans-fú-zhun). The transfer of blood from one persons into the veins of another. रक्त-संक्रमण ; एक मनुष्यके शरीरसे दूसरेकी शिरामें रक्तका प्रवेश करना। 2. The injection into a vein of saliva solution. लवण-द्रावकका अभस्त्वच प्रयोग। **T. Arterial,** the transfusion of blood into an artery. धामनिक ; रक्त-संक्रमण ; किसी दूसरेकी धमनीमें रक्तका प्रवेश कराना। **T. Direct or Immediate,** the transfusion of blood without exposure to air. वायु स्पर्श-हीन भावसे एकका रक्त दूसरेमें पहुँचा देना। **T. Indirect or Mediate,** the transfusion of blood, having first collected into a vessels. पहले किसी पात्रमें रक्त एकत्र कर लेने बाद किसी दूसरेके शरीरमें प्रवेश कराना।

Transic (trans-ik). Pertaining to a trance. मृगी रोग सम्बन्धीय।

Transiliac (trans-il-e-ak). Extending from one ilium to the other. एक श्रोण्यस्थिसे अन्यतक विस्तृत।

Transillumination (trans-il-u-min-á-shun). The inspection of the interior of a cavity by means of a strong-light made to pass through its walls. गह्वर-प्राचीरपर तीव्र आलोक प्रदानकर अन्तरस्थ भागका निरीक्षण।

Transinsular Across the insula. इन्सुला व्यत्यस्त।

Translation (trans-lá-shun). A change of place ; matastasis. स्थान-परिवर्त्तन ; रोगका जगह बदलना।

Translucid (trans-lú-sid). Semi-transparent. अर्द्ध-स्वच्छ ; पारभासक।

Transmigration (trans-mi-grá-shun). The passage of blood-cells through the walls of the vessels. रक्तवाहिनी-प्राचीरके भीतरसे कोषोंका पथ।

Transmission (trans-mish un). The transfer of a disease. रोग-परिवर्त्तन। The transfer of an infectious disease from one person to another. संक्रामक रोगका एकसे दूसरेमें संक्रमण करना।

Transmutation (trans-mú-ta-shun). A change;transformation. परिवर्त्तन ; आकार परिवर्त्तन ; तत्वान्तरकरण।

Transpiration. The act of passing fluid, vapour or gas through a membrane. पारश्वासन ; तरल वाष्प या गैसकी श्लैष्मिक-झिल्ली द्वारा उत्तरणकी क्रिया। 2. Perspiration. पसीना।

Transport. To transfer; to transplant. प्रवाहण करना।

Transposition (tranz-po-zish-un). Removal from one place to another. स्थान-विपर्य्यय।

Transudation (tran-su-dá-shun). An oozing of fluid through a membrane. किसी झिल्लीकी राहसे रस-स्राव ; सछिद्र-विधान-तन्तु या झिल्लीकी भीतरसे तरल पदार्थकी निःसरण क्रिया।

Transversalis (trans-ver-sá-lis). Transverse to the body-axis. अनुप्रस्थ-पेशी।

Transverse (trans-verś), Cross-wise; lying across the long axis of the body. व्यतस्त ; आड़ो। **T. Section.** व्यतस्ता काट ; व्यतस्त शिरा-कुल्या।

Transversectomy. Excision of a transverse process of the vertebra कशेरुका व्यतस्त प्रवर्द्धनका वाह्य काट।

Transversus. Transverse to an organ or part. व्यतस्त ; किसी यंत्र या आरासे त्यनस्त। **T. Abdominis muscle.** ज्वरच्छदा ; अंतस्थापेशी।

Trapezium. The first bone of the second carpal row. विषम चतुर्भुजा-कार अस्थि।

Trapezius (tra-pé-ze-us). Cawl muscle, shawl muscle. कशेरु अंश, अक्षका पेशी।

Trapezoid (trap-e-zoid). The first bone of the second row of the carpus. द्वि समान्तराल चतुर्भुजाकार अस्थि।

Trauma (traw-mah). A wound ; an injury. घाव ; चोट।

Traumatic (traw-mat-ik). Relating to the wound. आघातजनित ; आभि-घातिक।

Traumatism (traw-mat-izm). The condition of one injured or wounded. आघात या घावजनित शारीरिक अवस्था।

Traumatology (traw-mat-ol-o-je). The science of wounds. आघात-विज्ञान।

Traumatoponea. The passage of air through a wound of the chest wall. वक्ष-प्राचीरमें आघातजनित छिद्रके कारण वायुका यातायात।

Traumatopyrea (traw-ma-top-i-re-ah). Traumatic fever. आघात-जन्य ज्वर ; आघात-ज्वर।

Traumatocepsis (traw-ma-to-sep-sis). आघातजनित विष फैलना।

Traumatosis. Traumatism. आघात-जनित शारीरिक अवस्था।

Traumatotherapy (traw-ma-to-ther-a-pi). Treatment of the results of injury. आघात-चिकित्सा ; आघात-जन्य रोगोंकी चिकित्सा।

Treatment (treet-ment). Thera-peutics ; therapy ; the medical care of a patient. रोग-चिकित्सा।

Trembles (trem-blz). Milk-sick-ness. दुग्ध-ज्वर।

Tremor (tré-mor). Trembling of the body ; shaking. कम्पन ; हिल उठना। **T. Continuous,** tremor resembling paralysis agitans. सकम्प पक्षाघातके रूपका कम्पन। **T. Passive,** one which occurs when the subject is at rest. विश्रामकालीन

कम्पन। **T. Cordes,** palpitation of the heart. हृद्स्पन्दन।

Tremulor. An instrument for giving vibratory massage. कम्पनशील मालिशका यंत्र।

Tremulous. Trembling, shaking. कम्पनशील।

Trench Back. Dorsal and lumbar pains. कटि-शूल।

Trepan (tre-pan). Trepheric. एक प्रकारकी गोल आरी, करोटीमें छेद करनेके लिये जिसका व्यवहार होता था।

Trephine. A crown-saw for removing a circular piece of bone from the skull. करोटीमें रन्ध्र करनेके लिये व्यवहृत अस्त्र—एक प्रकारकी आरी।

Trepidation (trep-id-á-shun). A trembling. कम्पन; कंपकंपी। Nervous anxiety or fear. स्नायविक चित्त; भय।

Trepanosomiasis (trep-an-o-so-mi'-as-is). Syphilis. उपदंश।

Triacid (tri-aś-id). A base capable of neutralizing three equivalents of monobasic acid. आम्ल।

Triad (tri-ad). A trivalent element त्रित्रलय; त्रितत्वो।

Trial (tri-al). Testing. परीक्षा; जाँच। **T. Case,** a box with a set of trial lenses. चक्षु-परीक्षाके लिये परीक्षक ताल। **T. Frame,** a device for testing of colour blindness. वर्णान्धता परीक्षक यंत्र।

Triangle (tri-an-gl). A three cornered area or space. त्रिकोण; त्रिभुज।

Triangularis (tri-ang-gu-lá-ris). Name given to muscles of three or triangular outline. त्रिकोण पेशी।

Triatomic (tri-at-om-ik). Having three atoms. त्रि-परमाणु।

Tribadism (tri-bad-izm). Unnatural sexual intercourse between women. स्त्रियोंका आपसमें अस्वाभाविक संगम या रतिक्रिया।

Tribrachius (tri-bra-ki-us). A monster with three arms. त्रिबाहु-वाला विकटाकार जीव।

Tricalcic. Containing the calcium atoms. तीन कैलसियम अणु समन्वित।

Tricellular. Having three cells. त्रिकोषो; त्रिकोष समन्वित।

Triceps. Three headed muscles. त्रिधारा पेशी।

Trichangeia (trik-an-ji-ah). The capillary blood-vessels. केशिका रक्तवाहिनियाँ।

Trichangeiectasis (trik-an-ji-ek-tá-sis). Dilatation of the capillary blood-vessels. केशिका रक्तवाहिनियोंका प्रसारण।

Trichiasis (trik-i-as-is). Inversion of the eyelashes. वक्रपक्ष्म; बरुनियोंका भीतरकी ओर झुक जाना।

Trichina (trik-i-nah). एक प्रकारका कीटाणु।

Trichismus (trik-iz mus). A scarcely perceptible fracture. सूक्ष्म अस्थि-भंग।

Trichitis (trik-i-tis). Inflammation of the hair-bulbs. केश-ग्रन्थियोंका प्रदाह।

Trichoclasia (trik-o-klá-ze-ah). A brittle condition of the hair. केशकी भंग-प्रवण अवस्था।

Trichocirsus (tri-ko-sur-sus). Dilatation of the capillary blood-vessels. केशिका रक्तवाहिनियोंका प्रसारण।

Trichocryptosis (tri-ko-krip-tó-sis). Any disease of the hair follicles. केशमूलका रोग।

Trichodangeitis (tri-ko-dan-je-i-tis) Inflammation of capillaries. केशिका-प्रदाह।

Trichogenous (tri-koj-en-us). Promoting the growth of the hair. केशवर्द्धक।

Trichoglossia (trik-o-glos-e-ah). The growth of the hair on the tongue. जिह्वापर केश उत्पन्न।

Trichoid (trik-oid). Resembling hair. केशाकार।

Trichology (trik-ol-o-je). The science of the hair. केश विज्ञान।

Trichoma (trik-ó-mah). Trichomatosis. केश-रोग ; पलकके केशोंका भीतरकी ओर मुड़ जाना ; वक्रपक्ष्म।

Trichomycosis (trik-o-mi-kó-sis). Any hair disease caused by the invasion of bacteria. कीटाणु-केश-रोग।

Trichonosis (trik-on-ó-sis). Any hair-disease. केश-रोग।

Trichopathy (trik-op-a-the). Insane hair-disease. केश-रोग।

Trichophagia (trik-of-a-je-ah). Insane habit of eating hair. केश-भक्षणका अभ्यास।

Trichoptilosis (trik-o-ti-ló-sis). A condition of splitting of the ends of the hair. केशान्तका फटना ; बालके अन्तका फटना।

Trichorthea, Trichorrhœa (tri-ko-re-ah). Falling of the hair. केश झड़ना।

Trichorrhexis (trik-or-eks-is). Brittleness of the hair. केशोंकी भंग-प्रवणता।

Triehosis (trik-ó-sis). Any hair-disease. केश-रोग।

Trichotillomania (trik-o-til-o-má-ne-ah). Morbid desire to pull out one's hair. अपने केश नोचनेकी अस्वाभाविक इच्छा।

Trichotomy (tri-kot-o-mi). Division into three parts. त्रिभाग-विभाजन।

Trichotrophy(tri-kot-ro-fi). Nutrition of the hair. केश परिपोषण।

Trichromatic (tri-kro-mat-ik). Capable of perceiving the three fundamental colours, red, green and violet. त्रि-मूल वर्ण दर्शन योग्य ।

Trichromic (tri-krom-ik). Capable of distinguishing the three colours red, blue and green. लाल, नीला तथा हरा—तीनों वर्णोंका प्रभेद करने योग्य ।

Tricipital. Having three heades. त्रि-शिरा ।

Tricornute. Having three horns. त्रि शृंगी ।

Tricuspid (tri-kuś-pid). Having three points, prongs or cusps. त्रि-सूक्ष्माग्र-विशिष्ट । **T, Valve,** that which controls the opening from the right auricle to the right ventricle points. त्रि-शृंगी **T. Disease,** disease of the Tricuspid valve. हृत्पिण्डत्रि कपाटके रोग ।

Trident, Tridentate (tri-dent, tri-deń-tat). Three pronged ; three toothed. त्रि-वर्द्धनशील ; त्रि-दन्ती ; तीन दाँतेंवाला ।

Trielcon (tri-eĺ-kon). An instru ment for drawing bullets or foreign bodies from the wound. ज्खमसे बाहरी पदार्थ निकालनेका यंत्र ।

Trifacial (tri-fá-shal). The fifth cranial nerve. पंचमी मौखिकी नाड़ी ।

Trifid (tri-flid). Having three clefts. त्रिधारा ।

Trigastric (tri-gas-trik). A muscle of having three bellies. त्रयोदर पेशी ।

Trigeminal (tri-jeḿ-in-al). Triple. त्रिगुना । त्रिस्तरपूर्ण । 2. Relating to the trigeminus. त्रयोज्ञा पेशी विषयक ; त्रिकशाखा नाड़ी विषयक ।

Trigeminus (tri-jeḿ-in-us). The trifacial or fifth nerve. त्रिक-शाखा (पंचमी) नाड़ी ।

Trigocephalus (tri-go-seḟ-al-us). A monster with triangular face. त्रिकोणाकार मुखमण्डलवाला विकटाकार जीव ।

Trigone, Trigonum (tri-gon, tri-go-num). A triangle. त्रिकोण । A triangular patch or area. कोई त्रिकोण चिह्न या स्थान । **T, Of the bladder.** a small smooth triangular space at the anterior part of the bladder. मूत्राशयके मूलदेशके सम्मुख भागमें स्थित क्षुद्र त्रिभुजाकार स्थान ।

Trigonal (tri-go-nal). Triangular. त्रिकोणाकार ।

Trigonid (tri-gon-id). The first three cusps of a lower molar tooth. निम्न चर्वणक दन्तके प्रथम तीन दाँतें ।

Trilabe (tri-lab). A thin pronged instrument for taking calculi from the bladder. मूत्राशयसे पथरी निकालनेकी त्रिस्तरी ।

Trilateral (tri-laț-er-al). Consisting of three layer. त्रि-स्तरी ।

Trill (tril). A tremulous utterance. कम्पनशोल वाक्य ।

Trilobate, Tri-lobed (tri-ló-bet, tri-lobd). Having three lobes. त्रि-खण्ड सहित ; त्रिखण्डित ।

Trimenual (tri-meń-u-al). Occurring every three months. त्रै मासिक ।

Trimorphism (tri-moŕ-fizm). Existing under three distict forms. तीन आकारमें जीवन ।

Trinitrophenol (tri-ni-tro-fé-nol). Picric acid. पिकरिक अम्ल ।

Triorchid (tri-oŕ-kid). Having three testicles. त्रि-अण्डधारी ; अण्ड-कोषत्रय ।

Triorchis (tri-oŕ-kis). A person having three testicles. त्रि-अण्डधारी ।

Tripara (triṕ-ar-ah). A woman pregnant for the third time. तीसरी बार गर्भ धारण करनेवाली स्त्री ।

Triphasic (tri-fá-zik). Having three phases or variations. त्रि-सम्मानशोल ।

Triple (trip-l). Consisting of three. त्रिगुण ; तिगुनी ।

Triplets (triṕ-letz). Three offsprings at a time or at one birth. तीन यमज समज स्थान ; एक साथ तीन सन्तान प्रसव ; त्रिक ।

Triplopia (trip-ló-pe-ah). A visual defect, in which three images are seen of the same object. दृष्टि-दोष । जिसमें एक पदार्थ तीन दिखाई देत हैं ।

Tripper-faden (triṕ-er-fa-den). Gonorrheal threads. प्रमेह सूत्र ; सूजाकका सूतकी तरह मवाद ।

Tripsis (trip-sis). A trituration. विचूर्ण । 2. Massage मालिश ।

Triquetrous bone. Triquetrum (tri-ké-trus, tri-ké-trum). The carpal cuneiform bone. त्रिकोणास्थि ।

Triradial, Triradiate (tri-rá-de-ät) Radiating in three directions. तीन दिशाओंमें विकोर्णशील ।

Trismus (tris-mus). Lock-jaw. हनुस्तम्भ ; दाँती लगना ।

Trisplanchnic (tri-splanḱ-nik). Relating to the three cavities—skull, thorax and abdomen. तीन गह्वर विषयक—करोटी-गह्वर, वक्ष गह्वर और उदर-गह्वर-विषयक ।

Tristimania (tris-tim-á-ne-ah). Melancholia. विषादोन्माद ।

Tristichia (tri-strik-i-ah). The presence of three rows of eyelashes. त्रि-बरुनी संयुक्त ।

Tristis. Sad ; gloomy. उदास ; विमर्ष ।

Tritanopia. Tritanopsia (trit-an-ó-pe-ah, trit-an-oṕ-se-ah). Violet blindness. बैंगनी रंगका न दिखाई देना ; एक प्रकारकी वर्णान्धता, जिसमें बैंगनी रंग नहीं दिखाई देता है ।

Triticeous (trit-ish-us). Resembling a grain of wheat. गोधूमाकार ; गोधूकी तरहके आकारका। **T. Nodule.** गोधूमाकार ग्रन्थि ।

Triturable (trit-u ra-bl). Susceptible of being triturated. विचूर्ण योग्य।

Triturate (trit-u-rat). To make powder. विचूर्णकरण। 2. A trituration. विचूर्ण ।

Trivalve. Provided with three valves. त्रिकपाटी ; तीन कपाटोंवाला।

Trocar (tró-kar). An instrument for withdrawing fluid from a cavity. छिद्रकरण अस्त्र विशेष ; एक अस्त्र, जिसके द्वारा छेदकर गह्वरोंका तरल निकाल दिया जाता है।

Trochanter (tro-kań-ter). Either of the two processes below the neck of the femur. उर्वस्थि-प्रवर्द्धन ; उरुकी हड्डीके ऊपरी भागके दो प्रवर्द्धन अंशोंमेंसे एक। **T. Major.** महा-शिरावरक।

Trochantin (tro-kań-tin). The lesser trochanter of the femur. क्षुद्र उर्वस्थि प्रवर्द्धन ; लघु-शिरावरक।

Troche, Trochiscus (tró-ke, tro-kiś-kus). A medicated tablet ; lozenge. टिकिया ; लाजेन्जस ।

Trochiter (trok-it-er). The greater tuborisity of the humerous. वृहत् डमरुक।

Trochantinian (trok-kań-tin-i-an). Relating to the trochantin. वृहत् मसक सम्बन्धीय।

Trochlea (troḱ-le-ah). A pulley-like process. अस्थि-डमरुक ; कोबीको तरहकी उपास्थि ; चरखी ; चक्की, हड्डीका चरखकी तरह सिरा या अंश ; डमरुक ।

Trochlearis (trok-le-á-ris). The obliquus superior ocular muscle. चक्षु-पेशी ।

Trochoides (tro-koi-diz). Pivot-joints or pulley-joints. चक्राकार ; सन्धि ।

Tromomania. Delirium tremens. सकम्प प्रलाप ।

Trophedema. Trophœdema. Chronic edema of the extremities, not due to cardiac or renal disease. शाखा अंगोंका पुराना शोथ, जो मूत्रयंत्र या हृत्पिण्डके रोगके कारण नहीं होता ; वाह्यांश शोथ ।

Trophic (tró-fik). Relating to nutrition. पोषण विषयक ।

Trophology (trof-oĺ-o-je). The science of nutrition. पोषण-विज्ञान ; परिपोषण तत्व ; पुष्टि-विज्ञान ।

Trophoneurosis (trof-o-nu-ro-sis). Any nervous disease due to defective nutrition from an injury of nerves. स्नायु आघातकी वजहसे स्नायविक रोग ; कोई स्नायु-रोग, किसी स्नायुमें आघात प्राप्त होनेपर दोषावह परि-पोषणके कारण होता है ।

Trophopathy (trof-op-ath-e). A disorder of nutrition. पोषण विशृंखलता। 2. A trophic disease, due to excessive deficient nutrition. परिपोषण रोग, जो अत्यधिक दोषावह परिपोषणजनित होता है।

Trophozoite (trof-o-zó-it). Undeveloped parasite. अविकसित जीवाणु।

Tropical chlorosis. Dochmiasis ; anæmia without any change of blood affecting natives of hot countries. रक्तमें परिवर्त्तन-रहित रक्त-स्वल्पता।

Truncal. Relating to the trunk. धड़-विषयक।

Truncated (truń-ka-ted). Deprived of limbs ; amputated. प्रत्यंगहीन ; जिसे नश्तर लगा हो ; छिन्नवत् स्थूल मुख।

Truncus (truń-kus). The body excluding the head and extremities. धड़, शाखा-अंग तथा मस्तक-रहित शरीर ; शरीरका मध्य भाग ; देह-काण्ड ; मध्य-देह। 2. A large vessel. वृहत् रक्तवाहिनी।

Trunk (trunk). The body, except the head, neck, arms and legs. मध्य-देह ; धड़।

Trusion (trú-zhun). Displacement of a tooth forward. दाँतका आगेकी ओर सरक आना ; दन्तकी आगेको ओर स्थान-च्युति।

Truss (trus). A bandage or apparatus used in hernia, to keep-up the reduced pain and hinder further protrusion. अंत्र-वारण यंत्र ; ट्रस ; कटि-बन्धनी।

Trypesis (trip-é-sis). The operation of trephining. नश्तर लगानेकी सूई।

Trypsin (trip-sin). A proteolytic ferment of pancreatic fluid. क्लोम-रसका उत्सेचन।

Tubal (tú-bal). Relating to the fallopian tube or oviduct. काललनल या डिम्ब-प्रणाली सम्बन्धीय।

Tube. A pipe. नली। **T. Air**, bronchial tube. वायुनली। **T. Cardiac**, the primitive heart in the embryo. भ्रूणका आरम्भिक हृत्पिण्ड जो अन्तमें बढ़कर ग्राहक और क्षेपक कोष्ठ बन जाता है। **T. Eustachian**, the passage from the naso-pharynx to the tympanum. कण्ठकर्णी नली। **T, Fallopian**, the oviduct. डिम्ब-प्रणाली ; काललनल। **T, Otopharyngeal**, the Eustachian tube. कण्ठकर्णी नली।

Tuber (tú-ber). A localized swelling. स्थानापन्न ; सूजन ; कष्ट। Knob. ग्रन्थि ; गूमड़। 2. Tuberosity. पिण्डक।

Tubercle (tú-ber-kl). A nodule ; a small eminence. अर्बुद ; गुटिका ;

पिण्ड। T. Bacillus. क्षयाणु। T. Navicular. नौकार्बुद।

Tubercular (tu-beŕ-ku-lar). Containing tubercle. क्षयाणु-पूटित; गुटिका-पूटित।

Tuberculitis (tu-ber-ku-li'-tis). Inflammation of the tubercle. गुटिका-प्रदाह।

Tuberculocele (tu-ber-ku-lo-sil). Tuberculous disease of the tecticle क्षय रोग।

Tuberculoside (tu-ber-ku-lo-sid). Destructive to tubercle bacillus. क्षयाणु-नाशक।

Tuberculoderma (tu-beŕ-ku-lo-der mah). A tuberculous swelling of the skin. चमकी क्षयजनित सूजन; क्षयाणुजन्य चर्म-शोथ।

Tuberculoid (tu-beŕ-ku-loid). Resembling tuberculosis. क्षयाकार।

Tuberculoma (tu-ber-ku-ló-mah). A tuberculous tumour. क्षयार्बुद।

Tuberculomania (tu-ber-ku-lo-ma ni-ah). A morbid belief that one is affected with tuberculosis. क्षयरोगका आक्रमण हो जानेका अस्वाभाविक विश्वास।

Tuberculophobia (tu-ber-ku-lo-fó-be-ah). Morbid fear of tuberculosis. क्षय रोगका अस्वाभाविक भय।

Tuberculosis (tu-ber-ku-ló-sis). A specific disease saused by the presence of bacillus tuberculosis. क्षयाणु-जनित विशेष रोग; क्षय रोग; गुटिका-दोष।

Tuberculous (tu-beŕ-ku-lus). Relating to the tuberculosis. क्षय-रोग-सम्बन्धीय; क्षय-रोगात्मक।

Tuberosity (tu-ber-oś-it-e). A bony protuberance. अस्थिका असम प्रवर्द्धन या उन्नतांश; पिण्डक।

Tuberous (tú-ber-us). Nodular; knobby. ग्रन्थि; गुटिकावत्।

Tuboligamentous (tu-bo-lig-am-eń-tus). Relating to the oviduct and the broad ligament. डिम्ब-प्रणाली तथा चौड़ी बन्धनी सम्बन्धीय।

Tubo-ovarian (tu-bo-o-va-ri-an). Pertaining to an oviduct and ovary. डिम्बाशय तथा डिम्ब-प्रणाली सम्बन्धीय।

Tubo-peritoneal (tu-bo-per-it-o-ne-al), Relating to the oviduct and peritoneum. अंत्रधारक कला तथा डिम्बप्रणाली विषयक।

Tuborrhea. A condition marked by a discharge from the eustachian tube. कण्ठकर्णी नलीसे स्राव-जनित उपसर्ग।

Tubular (tú-bu-lar). Resembling a tube. नलाकार। **T. Breathing**, bronchial respiration. श्वासोपनलियों द्वारा श्वास-ग्रहण। **T. Membrane**, the perineurium. नलाकार झिल्ली। **T. Glands**. नलाकार ग्रन्थि।

Tubule (tú-bŭl). A small tube. क्षुद्र नलिका ।

Tubuliform (tu-bu-lif-orm). Tubular ; resembling a tubule. क्षुद्र नलिकाकार ।

Tubulus (tu-bu.lus). A tubule. एक छोटा नल ।

Tumefacient (tu-me-fá-shent). Causing a swelling. शोथकारक ।

Tumefaction (tu-me-fak-shun). The state of being swollen ; puffiness ; edema. शोथ ; सूजन ; स्फोति ।

Tumid (tu'-med). Swollen or edematous. फुला या शोथ ग्रस्त ।

Tumor (tu'-mor). An abnormal enlargement. अस्वाभाविक विवृद्धि । A preternatural eminence developed in any part of the body, रसौली ; बतौड़ी ; अर्बुद । **T. Albus**, white swelling. श्वेत स्फोतता ; सफेद सूजन । **T. Gummous or gummy,** a syphilitic gumma. उपदंशज अबद । **T. Malignant,** that which destroys life. सांघातिक अर्बुद । **T. Splenic.** an enlarged splleen. वर्द्धित प्लीहा ।

Tunik (tú-nik). A lining membrane. परिशक आवरक झिल्ली ।

Tunica (tu'-nik-ah). An enveloping membrane. आवरक झिल्ली । **T. Adnata,** that portion of conjunctiva which comes in contact with the eye-ball. योजकत्वक् । **T. Albuginea** (testis). आण्डावरक श्वेत-झिल्ली । **T. Arachnoidea** membrane covering the brain. मस्तिष्कावरक झिल्ली । **T. Intima,** the inner coat of an artery. धमनी अन्तरावरक । **T. Media,** middle coat of an artery. धमनी मध्यावरण । **T. Marginalis.** पर्यण्डिका । **T. Vaginalis,** the serous covering of the testis. मुष्कान्तरवेष्ट झिल्ली ।

Tunicated. Covered with a membrane. झिल्ली आवन्त परिशक ।

Turbinal (teŕ-bin-al). A turbinated bone. शुक्तिका अस्थि ।

Turbinated. Shaped like a top. लट्टूके आकारका । **T. Bones,** the three projection on the outer wall of each nasal fossa. नास्यास्थि ।

Turbinotomy (tur-bin-ot-o-me). The surgical removal of a turbinated bone. नास्यास्थिको काटकर निकाल देना ।

Turgescence (ter-jeś-ens). A swelling ; an enlargement of an organ. सूजन ; किसी यंत्रको आकार वृद्धि ।

Turgid (teŕ-jid). Swollen. फूला ; सूजन ; स्फोति ।

Turgor (tuŕ-gor). The condition of being turgid ; fulness. पूर्णता ; स्फोतिकी दशा ।

Turn of life. Menopause. वयः-सन्धिकाल।

Tusk (tusk). A very large tooth projecting beyond the lips. ओष्ठके बाहर निकला हुआ वृहद् दन्त।

Tussal (tuś-al). Relating to cough. खाँसी सम्बन्धीय।

Tussicula (tus-ik-u-la). A slight cough. हल्की खाँसी।

Tussicular (tus-ik-u-lar). Relating to cough. खाँसी विषयक।

Tussiculation (tus-ik-u-lá-shun). A short, hacking cough. सूखी खाँसी; खुसखुसी खांसी।

Tussis (tuś-is). Cough. खाँसी। **T. Convulsive**, whooping cough. कुकुर खाँसी।

Tussive (tuś-iv). Due to cough. खाँसीको वजहसे।

Twang (twang). Nasal quality of voice. नकियाना; नकियाकर बोलना।

Tween brain. The thalamencephalon; inter-brain. अन्तः मस्तिष्क।

Twelfth Nerve. The hypoglossal nerve. हृदकी नाड़ी।

Twin. One of two individuals born at the same birth. जोड़वाँ बच्चेमेंसे एक; यमज सन्तान।

Twinge. A sharp, momentary local pain. तीव्र क्षणिक वेदना।

Twitching. A sudden, short pulling or jerking. ऐंठन; मरोड़; झटका।

Tyloma (ti-ló-mah). A callosity. अनुभव शक्तिहीनता।

Tylosis (ti-ló-sis). The formation of callous thickenings on the skin. चर्मपर जगह-जगह गड्डे पड़ना।

Tympanal (tiḿ-pan-al). Relating to the tympanum. कर्णपटह-विषयक।

Tympanic membrane. कर्णपटहको झिल्ली।

Tympanic (tim-pań-ik). Relating to tympanum. कर्णपटह-सम्बन्धीय।

Tympanites (tim-pan-i'-tiz). Distention of the abdomen due to gas or air. उदर-प्रसार; उदराध्मान।

Tympanitic (tim-pan-it-ik). Affected with tympanites. आध्मानिक; आध्मानग्रस्त; वायुगर्भ।

Tympanitis (tim-pan-i'-tis). Inflammation of the tympanum. कर्ण-पटह-प्रदाह। 2. Otitis media. कानके मध्य-भागका प्रदाह।

Tympanum (tiḿ-pan-um). The middle-ear cavity; the ear drum. मध्य कर्ण-गह्वर; कर्ण-पटह।

Tympany. Tympanites. कर्ण-पटह-प्रदाह।

Typhemia The presence of typhoid bacillus in the blood. रक्तमें टाइफायडके बीजाणुकी उपस्थिति।

Typhia. Typhoid fever. सान्निपातिक ज्वर; मोतीझरा; मियादी बोखार; आंत्रिक ज्वर।

Typhinia (ti-fiń-e-ah). Relapsing fever. पौनःपुनिक ज्वर ; बार-बार देह गर्मवाला ज्वर ।

Typhlenteritis (tif-len-ter-i-tis). Typhlitis. उपांत्र-प्रदाह ।

Typhlology (tif-lol-o-je). The science of blindness. अंधत्व-विज्ञान ।

Typhlotomy (tif-lot-o-me). Incision into the cecum. अंधांत्रमें नश्तर देना ।

Typhlon. Cecum. अंधांत्र ; उपांत्र ।

Typhloptosis (tif-lop-to-sis). Downward displacement of the cecum. अंधांत्रकी नीचेकी ओर स्थान-च्युति ।

Typhlosis. Blindness. अन्धत्व ; अन्धापन ।

Typhoid (ti-foid). Resembling typhus ; stuporous form of fever. ज्वर-विकार । **T. Fever,** an infectious and acute fever with intestinal lesions and eruptions. आंत्रिक ज्वर ; सान्निपातिक ज्वर ; मियादी बोखार ; ज्वर-विकार ।

Typhoidal (ti-foi-dal). Resembling typhoid. आंत्रिक ज्वरके आकारका ।

Typhoidet or **Typhoidette** (ti-foid-et). Mild type of typhoid fever. लघु सान्निपातिक ज्वर ; हल्का मियादी बोखार ।

Typhomalarial fever. Malarial fever with typhoid symptoms. सान्निपातिक उपसर्गपूर्ण सविराम ज्वर ।

Typhomania (ti-fo-má-ne-ah). The delirious state of typhus. मोह-ज्वरकी प्रलापावस्था ।

Typhonia. The typhoid condition. सान्निपातिक उपसग ।

Typhous (ti-fus). Having the nature of typhus fever. मोह-ज्वरकी प्रकृति-सम्पन्न ।

Typhus (ti-fus). An epidemic infectious and contagious disease, marked by high temperature, mental and physical depression, and eruptions. मोह ज्वर ; एक बहु-व्यापक संक्रामक रोग, जिसमें तीव्र ज्वर तथा मानसिक और शारीरिक दुर्बलता तथा उद्भेद निकलती है ।

Tyriasis (ti-ri-as-is). Elephantiasis. फीलपाया ।

Tyrosis (ti-ró-sis). The curdling of milk. दूधका जमना ; खट्टा होना ।

Tyrotoxicon. Poisoning by cheese or any milk product. दुग्ध उत्पन्न पदार्थ या पनीरका जहर फैलना ।

U.

Uarthritis (u-ar-thri-tis). Gout due to excessive uric acid in the system. स्वास्थ्य-विधानमें मूत्राम्लके आधिक्यके कारण ग्रन्थि-वात ।

Uberous (ú-ber-us). Fertile ; prolific. उपजाऊ ; उर्वरा-शक्ति-सम्पन्न ; उर्वर ।

Uberty (u-beŕ-te). Fertility. उर्वरत्व ।

Udder (ud-er). The mammary gland of cattle and certain other animals. गो तथा अन्य पशु-जातिकी स्तन-ग्रन्थि ।

Ulac (ú-lak). The gum ; the gingiva. मसूढ़ा ।

Ulæmorrhagia. Bleeding from the gums. मसूढ़ेसे रक्तस्राव ।

Ulalgia (u-lal-je-ah). Pain in the gums. मसूढ़ेमें दर्द ।

Ulatrophia (oo-lat-ró-fe-ah). Shrinkage of gums. मसूढ़े दब जाना ।

Ulcer (ul-ser). A lesion or open sore other than a wound. क्षत ; खुला हुआ जखम ; व्रण । **U. Atonic,** ulcer which has no tendency to heal. जड़ क्षत ; वह जखम, जिसमें आरोग्य-प्रवणता नहीं रहती । **U. Indolent,** callous ulcer ; one with an indurated and elevated edge. and no granulation and ahowing, no tendency to heal. क्षत ; जिसके किनारे ऊँचे और कड़े रहते हैं और जिसमें आरोग्य-प्रवणता नहीं रहती ।

Ulcerate (ul-ser-āt). To break down into an ulcer. क्षतोत्पन्न होना ।

Ulceration (ul-ser-á-shun). The formation of an ulcer. क्षत-निर्माण ।

Ulcerative (ul-ser-a-tiv). Relating to or causing an ulcer. क्षतकर ; क्षतयुक्त ।

Ulcerous (ul-ser-us). Having the nature or character of an ulcer. क्षत-प्रकृति सम्पन्न ।

Ulcus (ul-kus). Ulcer. क्षत । **U. Cancrosum**. क्षतकर कर्कटिका । **U. Durum,** chancre. उपदंश-क्षत । **U. Rotundum,** round ulcer. गोल क्षत ।

Ulcuscle, **Ulcuscule** (uĺ-kus-l, ul-kuś-kul). A small ulcer. क्षुद्र क्षत ; छोटा जखम ।

Ulemorrhagia (u-lem-or-á-je-ah). Bleeding from the gums. मसूढ़ेसे रक्त-स्राव ।

Uletic (u-leť-ik). Relating to the gums. मसूढ़ाके सम्बन्धमें ।

Uliginous (u-lij-i-nus). Slimy ; Muddy. कीचकी तरह ।

Ulitis (u-li-tis). Gingivitis ; inflammation of the gums. मसूढ़ोंका प्रदाह ; दन्त-मांस-प्रदाह ।

Ulna (ul-nah). The inner and larger two bones of the forearm. अन्तः प्रकोष्ठास्थि ।

Ulnad Towards the ulna. अन्तः प्रकोष्ठास्थि-निकटस्थ ।

Ulnar (ul-nar). Relating to the ulna. अन्तः प्रकोष्ठास्थि सम्बन्धीय । **U. Artery.** अन्तः प्रकोष्ठिका धमनी ।

Ulnaris (ul-ná-ris). अन्तः प्रकोष्ठिका पेशी ।

Ulnocarpal (ul-no-kar-pal). Relating to the ulna and the carpus. अन्तः प्रकोष्ठिका तथा मणिबन्ध सम्बन्धीय ।

Ulocace (u-lck-ā-se). Ulcerative inflammation of the gums. मसूढ़ोंका क्षतकर प्रदाह ।

Uloid (ú-loid). Scar-like. क्षत-चिह्न सदृश ।

Uloncus (u-loń-kus). A tumor of the gums. मसूढ़ेका अर्बुद ।

Ulorrhagia (u-lor-á-je-ah). Bleeding from the gums ; Ulæmorrhagia. मसूढ़ेसे रक्त-स्राव ।

Ulorrhea, Ulorrhœa (u-lor-é-ah). Oozing of blood or any fluid from the gums. मसूढ़ेसे रक्त-स्राव या रस-स्राव ।

Ulosis (u-ló-sis). Gicatrization. क्षत-चिह्नोत्पत्ति ; खुरण्ड बन्धन ।

Ulotrichous (u-lot ri-kus). Woolly-haired. लोमश ।

Ultimate (ul-tim-at). The last or farthest ; final. अन्तिम । **U. Analysis**, the resolution of a substance into the various elements composing it. अन्तिम-विश्लेषण । **U. Moriens**, the right auricle of the heart. हृत्पिण्डका दक्षिण ग्राहक-कोष्ठ ।

Ultrafiltration (ul-trah-fil-trá-shun) Filtration through a jelly filter. अति सूक्ष्म निस्पन्दन ।

Ultramicroscope. A microscope which renders visible, by means of refraction, produced by side illumination, objects, too small to be visible. अति सूक्ष्मदर्शक यंत्र ।

Ultramicroscopic. Too small to be visible under the ordinary microscope. अति सूक्ष्म दर्शकीय ।

Ultraviolet Rays. The invisible rays of the spectrum which are beyond the violet rays. नील लोहितोन्तर किरण ।

Ultramotivity (ul-tra-mo-tiv-it-e). Ability to move spontaneously. त्वरित स्थानान्तरित योग्य ।

Ululation (u-lu-lá-shun). The loud crying of hysteric patient. हिस्टीरिया-ग्रस्तोंकी चित्कार ।

Umbilical (um-bil-ik-al). Relating to umbilicus. नाभि-सम्बन्धीय । U.

Arteries, the arteries of the umbilical cord. नाभिनालकी धमनियाँ; नाभि-धमनी। **U. Cord**, funiculus umbilicus. नाभिनाल। **U. Duct**, omphalomesenteric duct. नाभि-नाल। **U. Ligament**. नाभि-बन्धन।

Umbilicated (um-bil-ik-a-ted). Pit-like ; of navel shape. नाभिके आकारका गह्वर।

Umbilicus (um-bil-i-kus). The navel. नाभि।

Umbo (uḿ-bo). The projecting point on a surface. किसी पटलका उठा हुआ स्थान्; पटह-नाभि।

Unbalance (un-bal-ans). Loss of the normal balance. समता-ह्रास।

Uncia (uń-se-ah). An ounce. एक आउन्स परिमित।

Unciform. Having the shape of a hook. पक्षी नखाकार। **U. Bone**, unciform or humative, hook-shaped bone of the carpus. वक्रास्थि; मणिबन्धकी पक्षी-नखाकार अस्थि।

Uncinaria (un-sin-á-re-ah). A species of hook-worm. एक प्रकारकी वक्र-क्रिमि।

Uncinariasis (un-si-na-re-á-sis). Infection with hook-worm. वक्र-क्रिमि रोग।

Uncinate (un-sin-āt). Hooked. वक्राकार; हुकके आकारका।

Uncinated bone. The unciform bone. वक्रास्थि।

Uncipressure (un-se-presh-ur). Pressure with a hook to arrest hemorrhage. रक्त-स्राव रोधके लिये हुकसे दबाकर रक्तस्रावी शिरा या धमनीका रोध करना।

Unconscious (un-koń-shus). Insensible. अचेतन ; मूर्च्छित।

Unco-ossified (un-ko-os-if-id). Not united into one bone. किसी एक अस्थिमें सम्मिलित न हों।

Unction (unḱ-shun). An ointment. मरहम।

Unctuous (unḱ-shus). Greasy ; oily. स्नैहिक ; तैलाक्त।

Uncus (uń-kus). A hook. हुक।

Undulant Fever. Mediterranean fever. भूमध्यसागरका ज्वर।

Undulation. A wave-like movement ; fluctuation. तरंग; आन्दोलन।

Undulatory (un′-du-la-to-re). Moving like waves. तरंगायित-गतिशील।

Ungual (uńg-gwal). Relating to the nails. नख-सम्बन्धीय।

Unguent (un′gwent). Ointment. मरहम।

Unguentum (un-gweńt-um). A soft, fatty, medicated mixture. मरहम।

Unguiculate (un-gwiḱ-u-lat). Having claws सनख; नखाकार।

Unguinal (un′-gwin-al). Relating to a nail; ungual. नखाकार।

Unguis. The nails. नख। 2. The lacrimal bone. अश्रवस्थि।

Ungula. The claw. पंजा; पक्षियोंका नख। 2. An instrument to draw the dead fetus. मृत-भ्रूण निष्कासन यंत्र।

Uniaxial (u-ne-akś-e-al). Having only one axis. एकाक्ष।

Unicamerate (u-nik-am-er-āt). Having only one cavity. एक गह्वरी।

Unicellular (u-ne-sel-u-lar). Made of a single cell. एक कोषी; एक कोषयुक्त।

Uniceps (ú-nis-eps). Having one head or origin. एक शिरी; एक मूलीय।

Unicorn (u-nik-orn). Having a single horn. एक शृंगी।

Unilateral (u-ne-laṫ-er-al). Affecting but one side. एक पार्श्विक रोग; एक पार्श्वपर आक्रमण करनेवाली बीमारी।

Unilobar (u-ne-ló-bar). Having only one lobe. एक खण्डक।

Unilocular (u-ne-lok-u-lar). Having but one cell or cavity. एक गर्भ।

Uninucleated (u-ne-nú-kle-a-ted). Having but one nucleus. एक अणुमींगीयुक्त।

Uniocular (u-ne-ok-u-lar). Affecting one eye only. एक चक्षुपर आक्रमणकारी।

Union (ún′-yun). The process of heating. आरोग्य-प्रणाली। Joining. अस्थि-संयोग।

Unioval (u-ne-ó-val). Having but one egg. एक अण्डधारी।

Unipara, Dniparous (u-nip-ar-ah). A woman who has borne but one child. एकगर्भा; एकप्रसू।

Unipolar (u-ne-pó-lar). Having but one pole, noting a nerve-cell in which the branches project from one side only. एक ध्रुव; एक प्रकारका स्नायुकोष, जिसमें एक पार्श्वसे ही शाखा-स्नायु निकलते हैं।

Unipotential. A kind of cells which can give rise to cells of order only. एक ही श्रेणीके कोष उत्पन्न करनेवाले कोष।

Unisexual (u-ne-seks-u-al). Having the sexual organs of one sex only. एक लिंगी।

Unit (ū-nit). A single thing. एक; एकक। **U. Practical.** व्यवहारिक एकक।

Unitary (ú-nit-a-re). Relating to one unit. एकाकी।

Univalence (u-niv-al-ens). The condition of being univalent. एक बन्धकता।

Univalent (u-ni-vá-lent). Having the combining power of one atom of hydrogen. एक बन्धकत्व।

Univalve, Univalved. A shell consisting of one valve. एक कपाटी।

Unorganized (un-oŕ-gan-izd). Without organs, but not necessarily without life. अदेहबद्ध ; अयांत्रिक ।

Unrest peristaltic (un-rest). A state of muscular spasm of the stomach. पाकाशयके मांसपेशिक आक्षेपकी दशा ; अस्थिरता ; बेचैनी ।

Unwell. Ill. बीमार । 2. Menstruating. रजःस्रावी दशा ; रजःस्राव होते रहनेवाली अवस्था ।

Upper Extremities. A term applied to the hands. ऊर्ध्व-बाहु ।

Urachus (ú-rak-us). A fibrous cord from the bladder to the umbilicus. मूत्राशयसे लेकर नाभितककी एक तन्तुमय रज्जु ।

Uracratia (u-rak-rá-she-ah). Enuresis ; a disordered state of the urine. मूत्र-विकार ।

Uranalysis (u-ran-al-is-is). Urine-analysis. मूत्र-विश्लेषण ।

Uraniscochasma (u-ran-is ko-kaś-ma). Cleft-palate. तालुका फटा घाव ।

Uraniscoņitis (u-ran-is-ko-ni-tis). Inflammation of the palate. तालु-प्रदाह ।

Uraniscorrhaphy (u-ran-is-koŕ-af-e), Suture of the cleft-palate. तालुके घावकी सिलाई ।

Uraniscus (u-ran-iś-kus). The palate. तालु ।

Uranist (ú-ran-ist). A sexual pervert. इन्द्रिय-विषयक ; कुपथगामी ।

Uranoschisis (u-ran-oś-kis-is). Fissure of the palate. तालुका विदीर्णित घाव ।

Uraroma (u-rar-ó-mah). The spicy odor of the urine. मूत्र-गन्ध ; पेशाबकी मसालेकी तरह गन्ध ।

Urarthritis (u-rar-thri-tis). Gouty inflammation of a joint. गठिया-जनित सन्धि-प्रदाह ।

Urate (ú-rāt). Any salt of uric acid. मूत्राम्ल-लवण ।

Uratemia (u-rat-é-me-ah). The presence of large quantities of urates in the blood. रक्तमें अधिक मात्रामें युरेटकी उपस्थिति ।

Uratic (u-rat-ik). Consisting of urates. युरेट-सम्मिलित । U. **Diathesis,** a gouty tendency. गठिया-प्रवणता ।

Uratoma (u-rat-ó-mah). A concretion made of urates. युरेट-निर्मित पत्थर ।

Uraturia (u-rat-ú-re-ah). The presence of an excess of urates in the urine. मूत्रमें अत्यधिक युरेट रहना ।

Urea (u-ré-ah). A white crystallizable substance formed in the urine, blood and lymph. मूत्र-क्षार ।

Ureal (ú-re-al). Relating to urea. मूत्र-क्षार विषयक ।

Ureameter. An instrument for measuring the quantity of urea in the urine. मूत्रक्षार-परिमापक यंत्र ; मूत्रमें कितना मूत्रक्षार है, यह जाँचनेका यंत्र ।

Ur. do. 1. Urticaria. जुलपित्ती । 2. A burning sensation in the skin. चर्म-ज्वाला ; चमड़ेमें एक तरहका जलन अनुभव होना ।

Urelcosis (u-rel-kó-sis). Ulceration of any part of the urinary tract. मूत्रमार्गके किसी भी स्थानमें जखम ।

Uremia (u-ré-me-ah). An excess of urea and other wastes in the blood. मूत्रक्षय विकार ; मूत्रनाश विकार ।

Uremic. Relating to or caused by uremia. मूत्रक्षय-विकार-सम्बन्धीय ; या मूत्रक्षय-विकारोत्पन्न ।

Uresiesthesis (u-res-e-eś-the-sis). The constant desire to urinate. मूत्रेच्छा ; अनवरत मूत्रेच्छा ; बराबर पेशाव लगा रहना ।

Uresis (u-ré-sis). The act of voiding the urine. पेशाब करना ; मूत्रस्रावकी क्रिया ।

Ureter (u-ré-ter). A tube carrying urine from the kidney to the bladder. मूत्र-प्रणाली ; गुर्देसे मसानेतककी मूत्रवाही नली ।

Ureteralgia (u-re-ter-al-je-ah). Pain in the ureter. मूत्र-प्रणाली-शूल ।

Ureterectomy (u-re-ter-ek-to-me). Excision of a ureter. मूत्र-प्रणाली छेदन ; मूत्र-प्रणालीमें नश्तर ।

Ureteritis (u-re-ter-l-tis). Inflammation of a ureter. मूत्रप्रणाली-प्रदाह ।

Ureterocervical. Relating to an ureter and the cervix-uterus. मूत्र-प्रणाली और जरायु-ग्रीवा-सम्बन्धीय ।

Ureterocystostomy (u-ré-ter-c-sis-toś-to-me). The artificial formation of an opening from the ureter to the bladder. मूत्र-प्रणालीसे मूत्राशय-कृत्रिम मुख निर्माण ।

Ureterolith (u-ré-ter-o-lith). A calculus in the ureter. मूत्र-प्रणाली शिला ।

Ureterolithotomy. Operation for the removal of a stone lodged in an ureter. मूत्र-प्रणाली शिला निकालनेके लिये नश्तर ।

Ureterolysis. Rupture of an ureter. मूत्र-प्रणालीमें छिद्र ।

Ureterophlegma (u-re-ter-o-fleg-mah). The presence of mucus in the ureter. मूत्र-प्रणालीमें श्लेष्माकी उपस्थिति ।

Ureteropyosis. Purulent inflammation of a ureter. मूत्र-प्रणालीमें पूयसंयुक्त प्रदाह ।

Ureterorrhagia (u-re-te-or-á-je-ah). A discharge of blood from the ureter. मूत्र-प्रणालीसे रक्त-स्राव ।

Ureterostegnosis (u-re-ter-o-steg-nó-sis). Constricton of a ureter. मूत्र-प्रणालीका संकोचन ; मूत्रवाही नलीका संकरा पड़ जाना ।

Ureterostoma (u-re-ter-oś.to-mah). An urethral fistula. मूत्र-प्रणालीका नासूर।

Ureterotomy (u-re-ter-ot-o-me). Any cutting operation of an ureter. मूत्र-प्रणालीमें नश्तर।

Uretero-ureteral (u-ré-ter-o-u-ré-ter-al). Connecting two parts of an ureter. मूत्र-प्रणालीके दो संयोजक अंश;

Uretero-uterine (u-re-ter-o-ú-ter-in). Relating to an ureter and the uterus. गर्भाशय और मूत्र-प्रणाली सम्बन्धीय।

Urctero-vaginal (u-re-ter-o-vaj-in-al). Relating to an ureter and the vagina. मूत्र-प्रणाली और योनि-सम्बन्धीय।

Urethra (u-ré-thrah). The leading canal from the bladder. मूत्रमार्ग।

Urethral (u-ré-thral). Relating to the urethra. मूत्रमार्ग सम्बन्धीय।

Urethralgia (u-re-thral-je-ah). Pain in the urethra. मूत्रमार्गका दर्द।

Urethratresia (u-re-thra-tre-zi-ah). Imperforation of the urethra. मूत्रमार्गमें छिद्र हो जाना।

Urethrism (ú-re-thrizm). Irritability or chronic spasm of the urethra. मूत्रमार्गका उपदाह या पुरानी अकड़न।

Urethritis (u-re-thri-tis). Inflammation of the urethra. मूत्रमार्गका प्रदाह।

Urethrocele (u-ré-thro-sil). A prolapse of the female urethra. स्त्री-मूत्रमार्गको स्थान-च्युति।

Urethrocystitis (u-ré-thro-is-ti-tis). Inflammation of the urethra and the bladder. मुत्राशय और मूत्रमार्गका प्रदाह।

Urethropenile (u-re-thro-pé-nil). Relating to the urethra and the penis. लिङ्ग-मूत्रमार्ग सम्बन्धीय।

Urethroperineal (u-re-thro-per-in-é-al). Relating to the urethra and the perineum. मूत्रमार्ग-मूलाधार सम्बन्धीय।

Urethrophyma. Any tumor or swelling of the urethra. मूत्रमार्गका अर्बुद या सूजन।

Urethrorectal. Relating to the urethra and the rectum. मूत्रमार्ग तथा सरलांत्र सम्बन्धीय।

Urethrorrhagia(u-re-thror-á-je-ah). Hemorrhage from the urethra. मूत्रमार्गसे रक्त-स्राव।

Urethrorrhaphy. Suture of a wound of the urethra. मूत्रमार्गके घावकी सीवन।

Urethrorrhea, Urethrorrhœa (u-re-thro-é-ah). An abnormal discharge of mucus or pus from the urethra. मूत्रमार्गसे श्लेष्मा या पीवका अस्वाभाविक स्राव।

Urethroscope. An instrument for examining the interior portion of urethra. अन्तः मूत्रमार्ग परीक्षक यंत्र ।

Urethroscopy. The inspection of the urethral mucous membrane. मूत्रमार्गकी श्लेष्मिक-झिल्लीकी परीक्षा ।

Urethrospasm (u-re-thro-spazm). The spasm of the urethra. मूत्रमार्गका आक्षेप ।

Urethrostenosis (u-re-thro-sten-ó-sis). Stricture of the urethra. मूत्रमार्गकी संकीर्णता ।

Urethrotomy (u-re-throt-o-me). An incision of the urethra. मूत्रमार्गका नश्तर ।

Urethrovaginal. Relating to the urethra and the vagina. योनि-मूत्रमार्ग सम्बन्धीय ।

Uretic (u-ré-tik). Increasing the excretion of urine ; diuretic. मूत्रस्रावी औषधि ; पेशाब लानेवाली दवा ; मूत्राम्ल ; मूत्रवर्द्धक ।

Uric (ú-rik). Relating to the urine. मूत्र-सम्बन्धीय । U. **Acid,** lithic acid मूत्राम्ल ; यूरिकाम्ल ।

Uricacidemia. The presence of uric acid in large amounts in the blood. रक्तमें मूत्राम्लका आधिक्य ।

Uricaciduria. The presence of large amounts of uric acid in the urine. मूत्रमें अति अधिक मात्रामें मूत्राम्ल रहना ।

Uricemia (u-ris-é-me-ah). Uricacidemia ; the presence of uric acid in the blood. रक्तमें मूत्राम्लाधिक्य ।

Uricolysis (u-rik-ol-is-is). Decomposition of uric acid into urea. युरियामें मूत्राम्लका विघटन ।

Uricometer (u-ri-kom-e-ter). An instrument for determining the amount of uric acid voided in the urine. मूत्रके साथ निकले हुए मूत्राम्लकी मात्रा निर्णायिक यंत्र ।

Uridrosis (u-rid-ró-sis). The excretion of uric acid in sweat. पसीनेके साथ मूत्राम्ल निकलना ।

Urinœmia (u-rin-e-me-ah). Uremia. मूत्र-विकार ।

Urina (u-rín-ah). Urine. मूत्र ; पेशाब । U. **Chylosa,** urine of milk colour, mixed with chyles. काइल मिश्रित दुग्धवत् मूत्र । U. **Gibi,** urine of blood, the urine secreted after a full meal. भरपूर भोजनके बाद आनेवाला पेशाब । U. **Galactodes,** urine of milky colour. दुग्धवत् मूत्र । U. **Jumentosa,** cloudy urine like that of a horse. घोड़ेके पेशाबकी तरह गदला पेशाब । U. **Sanguinis,** urine secreted in the morning after a long absence from food or drink. प्रातःकालीन मूत्र ।

Urinal (ú rin-al). A vessel in which urine is passed. पेशाब करनेका बर्तन ; मूत्राधार ।

Urinalysis. The analysis of urine. मूत्र-विश्लेषण ।

Urinary (ú-rin-a-re). Relating to the urine. मूत्रीय ; मूत्र-सम्बन्धीय । **U. System,** the kidneys, ureters, bladder and urethra. मूत्रवाहक—मूत्रपिण्ड, -प्रणाली, मूत्राशय, मूत्रमार्ग ।

Urinate. To micturate, to urinate. मूत्र स्राव करना ; पेशाब करना ।

Urination. Micturition, the act of passing urine. मूत्र-स्रावकी क्रिया ।

Urine (ú-rin). The fluid secreted by the kidneys. मूत्र ; पेशाब ।

Urinæmia (u-rin-é-me-ah). Contamination of blood, due to the nonexcretion of urinary materials. रक्त-मूत्र ; मूत्र-विकार ।

Urine-mucoid (u-rin-mū-koid). A mucus like substance found in the urine. पेशाबमें श्लेष्माकी तरह एक पदार्थ ।

Uriniferous (u-rin-if-er-us). Conveying urine. मूत्रवाही ।

Urinific (u-rin-if-ik). Uriniparous. मूत्रोत्पन्नकारी ।

Uriniparous (u-rin-ip-ar-us). Producing or preparing urine. मूत्रोत्पन्नकारी ।

Urinogenital (u-rin-o-jen-it-al). Relating to the urinary and genital organs. मूत्र तथा जननयंत्र-सम्बन्धीय ।

Urinology (u-rin-ol-o-je). The scientific study of urine. पेशाबका वैज्ञानिक अध्ययन ।

Urinomal (u-rin-ó-ma). A cyst containing urine. मूत्रपूर्ण कोषार्बुद ।

Urinometer. An hydrometer for determining the specific gravity of the urine. पेशाबका आपेक्षिक गुरुत्व परिमापक यंत्र ।

Urinose, Urinous (ú-rin-os. ú-rin-us). Pertaining to the urine ; containing urine. मूत्र-सम्बन्धीय ; मूत्र-मिश्रित ।

Urino-sexual (u-rin-o-seks-u-al). Urogenital ; genito-urinary. मूत्र-जननेन्द्रिय-सम्बन्धीय ।

Urinous. Relating to or of the nature of urine. मूत्र-सम्बन्धीय या मूत्र-प्रकृतिशील ।

Urisolvent (u-ris-ol-vent). Dissolving uric acid. मूत्राम्ल-द्रावक ।

Uritis (u-ri-tis). Dermatitis calorica. त्वक्-प्रदाह ।

Urning (oor-ning). A sexual perversion in which the sexual object is a person of one's own sex. समलिंगीसे रमणेच्छा ।

Uroacidimeter (u-ro-as-id-im-et-er). An instrument for measuring the acidity of nrine. मूत्रका अम्लत्व मापनेका यंत्र ।

Urobilin (u-ro-bil-in). A brownish pigment found in urine. मूत्र-प्राप्त एक भूरा पूजक पदार्थ ; युरोबिलिन ।

Urobilinæmia (u-ro-bi-lim-el-mi-ah). The presence of urobilin in the blood. रक्तमें युरोबिलिनकी उपस्थिति ।

Urocele (ú-ro-sil). An effusion of urine into the scrotum. मुष्कके भीतर मूत्रका स्राव होना ।

Urocheras (u-rok-er-us). A sandy deposit in urine. पेशाबमें बालूकी तलछट ।

Urochesia (u-ro-ké-ze-ah). The discharge of urine through the anus. मलद्वारकी राहसे मूत्रस्राव ।

Uroclepsia (u-ro-klep-se-ah) The unconscious discharge of urine. अज्ञानमें मूत्रस्राव ।

Urocrisia (u-ro-kriz-e-ah). Diagnosis by observing the urine. मूत्र-परीक्षाकर रोग-निदान ।

Urocrisis (u-rok-ris-is). A crisis of disease attended with excessive urination. अत्यधिक मूत्रस्राव संयुक्त रोग संकट काल ।

Urocyanogen (u-ro-si-an-o-jen). A blue pigment in the urine. मूत्रमें नील रंजक पदार्थ ।

Urocyanosis. Blue urine from the presence of indican. मूत्रमें नील रहनेके कारण नीला पेशाब ।

Urocyst (u-ro-sist). The urinary bladder. मूत्राशय ; मूत्र-कोष ।

Urocystic (u-ro-sis-tik). Relating to the urinary bladder. मूत्रकोष-विषयक ।

Urocystitis (u-ro-sis-ti'-tis). Inflammation of the urinary bladder. मूत्राशयका प्रदाह ।

Urodialysis (u-ro-di-al-is-is). Partial and temporary suppression of urine. सामयिक या आंशिक मूत्र-रोध ।

Urodochium (u-ro-dó-ke-um). A urinal. मूत्र-सम्बन्धीय ।

Uroerythrin (u-ro-er-ith-rin). A red pigment occurring in the urine in rheumatism, वात रोगमें होनेवाला पेशाबका रक्त-रंजक पदार्थ ।

Urogaster. The urinary passages collectively. सामूहिक रूपसे मूत्र-पथ ।

Urogenital (u-ro-jen-it-al). Relating to the urinary and genital organs. मूत्र तथा जनन-यंत्र-सम्बन्धीय ।

Urogenous (u-roj-en-us). Producing urine. मूत्रोत्पन्नकारक ; पेशाब पैदा करनेवाला ।

Urolith (ú-ro-lith).Urinary calculus. मूत्र-पथरी ; मूत्राश्मरी ।

Urolithiasis (u-ro-lith-i-as-is). The condition marked by the presence of urinary calculi. मूत्राश्मरी सम्बन्धीय ।

Urolithology (u-ro-lith-ol-o-je). The science of urinary calculi. मूत्राश्मरी विज्ञान।

Urolithus. A urinary calculus. मूत्राश्मरी।

Urology (u-rol-o-je). Urinology; the branch of medical science which has to do with the urine. मूत्र-चिकित्सा विज्ञान।

Urolutein (u-ro-lú-te-in). A yellow pigment in the urine. मूत्रमें पीत-रंजक।

Uromancy (ú-ro-man-se). Diagnosis of disease by the inspection of urine. पेशाब देखकर रोगका कारण निर्णय।

Uromelanin (u-ro-mel-an-in). A black pigment found in the urine. मूत्रमें प्राप्त श्याम रंजक।

Uromelus. An monster with a single hand or foot. एक हाथ या पैरका विकटाकार जीव।

Urometer (u-rom-et-er). Urinometer. मूत्र-परीक्षा यंत्र।

Uroncus (u-rong-kus). A urinary cyst; a tumour containing urine. मूत्रापूर्ण अर्बुद।

Urophanic (u-ro-fan-ik). Appearing in urine. मूत्रमें दिखाई देनेवाला।

Urophein, Urophæin. A grayish pigment occasionally found in the urine. मूत्रमें समय-समय प्राप्त खाकी रंजक-पदार्थ।

Urophthisis (u-rof-tni-sis). Diabetes mellitus. मधुमेह; शर्करायुक्त बहुमूत्र।

Uroplania (u-ro-plá-ne-ah). The abnormal appearance of urine, in other than urinary organs. मूत्र-यंत्रके अतिरिक्त अन्य स्थानोंमें मूत्र दिखाई देना।

Uropoiesis (u-ro-poi-é sis). The production or excretion of urine. मूत्रोत्पन्न या मूत्र-स्राव।

Uropoietic (u-ro-poi-et-ik). Relating to uropoiesis; urogenous. मूत्र-स्राव-सम्बन्धीय; मूत्र-स्रावी।

Uropsammus (u-ro-sam-us). Gravel. अश्मरी; पथरी।

Urorrhagia (u-ror-á-je-ah). An excessive secretion of urine. अतिरिक्त मूत्र-स्राव।

Urorrhea (u-ror-é-ah). Enuresis, polyuria. अनजानमें मूत्र-स्राव; अनैच्छिक मूत्र-स्राव; अत्यधिक मूत्र-स्राव।

Urorrhodin (u-ro-ró-din). A pink pigment found in the urine. मूत्रमें प्राप्त गुलाबी रंजक।

Uroscheocele (u-roś-ke-o-sil). Urocele. मुष्कमें मूत्र-स्राव।

Uroschesis (u-roś-ke-sis). The suppression of urine. मूत्र-रोध।

Uroscopist (u-roś-ko-pist). A specialist in urinary examinations. मूत्र-परीक्षा-विषयक।

Urosepsis (u-ro-sep-sis). Septic poisoning from the absorption and decomposition of urinary substance in the urine मांस-तन्तुओंमें मूत्र-सम्बन्धी पदार्थोंके शोषण और सड़नेके कारण विष फैल जाना।

Urosis (u-ró-sis). Any disease of the urinary organs. मूत्र-यंत्र रोग।

Urostealith (u-ro-sté-al-ith). The fatty matter in the urinary calculi मूत्राश्मरीमें वसामय पदार्थ।

Urotoxic (u-ro-toks-ik). Relating to toxic substance of the urine. मूत्रके विषमय पदार्थ सम्बन्धीय।

Uroureter (u-ro-u-re′-ter). Distention of the ureter with urine. मूत्रके कारण मूत्रनलीका प्रसारण।

Urticaria (ur-tik-á-re-ah). Nettle-rash. जुलपित्ती ; आमवात।

Urticarial, Urticarious. Relating to urticaria. आमवात-विषयक।

Urtication (ur-tik-á-shun). A burning sensation as of stinging with nettles. जलन ; चुभन।

Ustion (uś-chun). Burning. जलन।

Ustulation (us-tu-lá-shun). The dryness of a drug. भेषजका सूखा भाव।

Ustus (uś-tus). Burnt. जला हुआ ; दग्ध।

Uteralgia (u-ter-al-je-ah). Hysteralgia ; metralgis. जरायु-शूल।

Uterine (ú-ter-in). Relating to the uterus. गर्भाशयिक ; गर्भाशय-सम्बन्धीय।

Uterismus. Painful spasmodic contraction of the uterus. गर्भाशयका कष्टप्रद आक्षेपिक संकोचन।

Uteritis (u-ter-i-tis). Metritis ; inflammation of the womb. जरायु-प्रदाह।

Utero-abdominal (u-te-ro-ab-do-mi-nal). Relating to the uterus and the abdomen. जरायु और उदर-सम्बन्धीय।

Uterocervical. Relating to the ureter cervix uteri. जरायु-ग्रीवा सम्बन्धीय।

Uterogestation (u-ter-o-jes-tá-shun) Gestation in the uterus. स्वाभाविक गर्भ-धारण।

Uteromania (u-ter-o-má-ne-ah). Nymphomania. कामोन्माद।

Uteroovarian. Relating to the uterus and ovary. जरायु-डिम्बाशय विषयक।

Utero-parietal. Relating to the uterus and the abdominal wall. जरायु-उदर-प्राचीर-विषयक।

Utero-placental. Relating to the uterus and the placenta. जरायु-नाभि-नाल-विषयक।

Uterotomy (u-ter-ot-o-me). Hysterotomy ; an incision into the uterus. जरायु-छेदन ; गर्भाशयमें नश्तर।

Uterotonic. An agent, which overcomes the relaxation of the muscular wall of the uterus. जरायुकी मांसपेशिक प्राचीन शिथिलता दूरकारक पदार्थ ।

Utero-vagina. Relating to the uterus and vagina. जरायु-योनि-सम्बन्धीय ।

Utero-vesical. Pertaining to the uterus and the bladder. जरायु-मूत्राशयिक ।

Uterus (ú-ter-us). The female organ of gestation; womb. गर्भाशय; गर्भधारक यंत्र; जरायु । U. Grand. a pregnant uterus. गर्भपूर्ण गर्भाशय ।

Utricle (ú-trik-l). A little sac. क्षुद्र-कोष ।

Utricular (u-trik-ú-lar). Relating to the utricle. क्षुद्र-कोष-सम्बन्धीय ।

Utriculitis (u-trik-u-li-tis). Inflammation of the internal ear. अन्तः कर्ण-प्रदाह ।

Utriculus (u-trik-u-lus). Utricle. क्षुद्रस्थायी ।

Uvea (ú-ve-ah). The choroid; ciliary body; iris, as a whole. पर्दए अम्बिया ।

Uveal (ú-ve-al). Relating to the uvea or middle coat of the eye. चक्षुमध्यावरण सम्बन्धीय ।

Uveitis (u-ve-i-tis), Inflammation of the whole uveal tract. चक्षु-मध्यावरण त्वकका प्रदाह ।

Uvi form. Resembling a grape. अंगूरके आकारका ।

Uvula. Pendulum palatai. शुण्डिका; उपजिह्वा ।

Uvular (ú-vu-lar). Pertaining to the uvula. शुण्डिका-विषयक ।

Uvulitis (u-vu-li-tis), Inflammation of the uvula. शुण्डिका-प्रदाह ।

V.

Vaccigenous (vak-sij-en-us). Producing vaccine. गो-बसन्त-बीज ।

Vaccinable (vak-siń-a-bl). Susceptible to the action of vaccine. गो-बसन्त-बीजकी क्रिया-प्रबण ।

Vaccinal (vaḱ-sin-al). Relating to vaccination. टीका सम्बन्धीय ।

Vaccination (vak-sin-á-shun). Inoculation with the vaccine of cow-pox. गो-बीज टीका ; दान-गो-सूर्याघान ।

Vaccinator (vakś-in-a-tor). An instrument used in vaccination. टीका देनेका यंत्र । 2. A person who vaccinatis. गो-बीज टीकादाता ।

Vaccine (vaḱ-sin). Lymph from cow-pox vesicle ; the genus of cow-pox. गो-चेचक-बीज ।

Vaccinella. A secondary eruption following cow-pox. गो-बसन्तके बाद होनेवाले गौण उद्भेद ।

Vaccinia (vak-siń-e-ah). Cow-pox. गो-चेचक ।

Vaccinin (vaḱ-sin-in). The inoculable principle of cow-pox गो-बसन्त बीजके संक्रमणका प्रभाव ।

Vaccininum. A homœopathic attenuation of the virus of cow-pox. गो-चेचक-बीजका होमियोपैथिक क्रम ।

Vacciniola. A secondry form of vesicle appearing after vaccination. टीका लेनेके उपरान्त निकलनेवाले गौण उद्भेद ।

Vacuole (vaḱ-u-ol). A clear space in the substance of a cell. विलक ; शून्य स्थान ।

Vacuum (vaḱ-u-um). An empty space. शून्य-स्थान ।

Vagal (vá-gal). Relating to the vagus nerve, फुसफुस-पाकाशयिक स्नायु-सम्बन्धीय ।

Vagina (va-ji-nath). The genital canal extending from the uterus to the vulva. योनि ; अपत्यपथ ; प्रसव-द्वार । V. **Artering.** योनि धमनी । V. **Nerve.** योनि नाड़ी । N. **Formix.** योनि कोण ।

Vaginal (vaj-in-al). Relating to vagina or to any sheath, यौन ; योनि-सम्बन्धीय ।

Vaginalitis (vaj-in-al-i-tis). Inflammation of the tunica vaginalis of the testes. मुष्कांतरवेष्ट झिल्लीका प्रदाह ।

Vaginate (vaj-in-āt). To enclose in a sheath. आवरण अन्तर्गत करना ।

Vaginismus (vaj-in-iz-mus). A painful spasm of the vagina. योनिका कष्टपूर्ण आक्षेप ।

Vaginitis (vaj-in-i-tis). Inflammation of the vagina. योनिप्रदाह।

Vaginocele (vaj-in-o-sel). Colpocele. योन्यर्बुद।

Vaginodynia (vaj-in-o-din-e-ah). Neuralgia of the vagina. योनिका स्नायु-शूल।

Vaginofixation (va-jin-o-fiks-á-shun). The fixation of an abnormally movable vagina. अस्वाभाविक रूपसे चल-योनिका उपयुक्त स्थानपर स्थिर कर देना।

Vagenolabial. Relating to the vagina and the labia. योनि-भगोष्ठ-सम्बन्धीय।

Vaginoperitoneal. Relating to the vagina and peritoneum. योनि और उदरावरक झिल्ली सम्बन्धीय।

Vaginotomy (vaj-in-oṫ-o-me). Surgical incision of the vaginal wall. योनि-प्राचीरमें चिकित्सार्थ नश्तर।

Vaginovesical (vaj-in-o-ves-ik-al). Relating to the vagina and bladder. मूत्राशय और योनि-सम्बन्धीय।

Vagitis (va-ji-tis). Inflammation of the vagus. फुस्फुस-पाकाशयिक स्नायुका प्रदाह।

Vagitus (vaj-it-us). The cry of an infant. शिशु-क्रन्दन; बच्चेका चित्कार। V. **Uterinus,** the crying of a child at or just before birth. प्रसव-कालका शिशु-क्रन्दन।

Vagus (vá-gus). Pneumogastric nerve. फुस्फुस-पाकाशयिक स्नायु।

Valence, Nalency. The combining power of one atom of an element; one hydrogen atom being the unit of comparison. शक्ति।

Valgus (val-gus). A bow-legged person; talipes valgus. बहिश्चक्र पद।

Vallecula (val-ek-u-lah). A small depression. क्षुद्र खात।

Valley. A deep fossa separeting the hemispheres of the cerebellum on the lower surface. क्षुद्र मस्तिष्क विभेदक गह्वर।

Valve (valv). A fold in a canal or passage which prevents the reflux of its contents. कपाट। V. **Aortic,** the semilunar valve at the aortic orifices of the heart. महाधमनी कपाट; हृत्पिण्डको महाधमनी-मुखका अर्द्ध चन्द्राकार कपाट। **V. Bicuspid,** the valves between the left auricle and the left ventricle. द्वि कपाट, बाम ग्राहक कोष्ठ और बाम क्षेपक कोष्ठके बीचका कपाट। **V. Mitral** the valves which control the opening from the left auricle to the left ventricle. बायें ग्राहक कोष्ठ तथा बाम क्षेपक कोष्ठके बीचका कपाट। **V. Pulmonary,** the valve at the junction of the pulmonary artery and the right ventricle. फुस्फुसीया

धमनी तथा दक्षिण ग्राहक कोष्टके बीचका कपाट। **V. Semilunar,** the valves of the aorta and the pulmonary artery. महाधमनी तथा फुस्फुसी धमनी कपाट। **V, Tricuspid,** the valves which control the opening from the right auricle to the right ventricle. त्रिकपाट, दाहिना ग्राहक कोष्ठ और दाहिने क्षेपक कोष्ठके बीचका कपाट।

Valvula (val-vu-lah). A small valve. क्षुद्र कपाट।

Valvular (val-vu-lar). Pertaining to the valve. कपाट-विषयक।

Valvulitis (val-vu-li-tis). Inflammation of the heart valve. हृत्कपाटका प्रदाह।

Vapor (vá-por). The gaseous form assumed by a solid or liquid when sufficiently heated. भाफ; वाष्प।

Vapors (vá-porz). Lowness of spirits. हतोत्साह।

Varicella. Chicken pox. छोटी माता।

Variciform (vaŕ-is-if-orm). Resembling chicken pox. मोतिया चेचक।

Varicoblepharon (var-ik-o-blef-ar-on). A varicose tumor of the eyelid. पलकका शिरार्बुद।

Varicocele (vaŕ-ik-o-sil). An enlargement of the veins of the spermatic cord. शुक्ररज्जुकी शिरावृद्धि। शुक्ररज्जुका शिरार्बुद।

Varicomphalus (var-ik-óm-fal-us). Varicose tumour of the navel. नाभिका शिरार्बुद; नाभि-शिरार्बुद।

Varicose (vaŕ-ik-os). Swollen; knotted. स्फीत; फूला; गांठ-गांठ; शिरा-प्रसारण।

Varicosity. A varix. शिरा-प्रसारण; शिराकी स्फीतावस्था।

Varicula (var-ik-u-lah). A varix of the coujunctiva. चक्षु-श्वेत आवरणकी शिरा-स्फीति।

Variola (va-ri-o-lah). Small pox. चेचक। **V. Black,** a form of small pox, in which hæmorrhage occurs from the vesicles. गोटियोंसे रक्त-स्राव होनेवाली चेचककी बीमारी। **V. Confluent,** a severe form of small pox, in which the pustules spread and run together. संयुक्त चेचक; वह चेचक जिसकी गोटियाँ आपसमें जुड़ जाती हैं। **V. Malignant,** a very dangerous form of the small pox of the hæmorrhagic type. मारात्मक चेचक; रक्तस्रावी चेचक।

Variolate (vaŕ-e-o-lāt). Having small pustules. क्षुद्र दानेवाला चेचक।

Variolization (var-e-o-liz-á-shun). Vaccination. चेचक निकलना।

Varioloid (vaŕ-e-o-loid). Varioliform; resembling small pox. चेचकके आकारका। 2. A disease resembling small pox. रूपान्तरित चेचक ; उपबसन्त ।

Variolous (var-i-o-lus). Having the nature of variola. चेचकको प्रकृतिका ।

Varix (vá-riks). A venous dilatation. शिरा-प्रसारण; शिराकी स्फीतावस्था ।

Variolian. Relating to the pons varolii. शुभ्र-स्नायु तन्तु गुच्छ-सम्बन्धीय ।

Varolii, Pons. A process connecting two parts of the brain. मस्तिष्कका दो अंशोंको संयुक्त करनेकी प्रणाली ।

Varus (vá-rus). A bow-legged person. वक्रपद व्यक्ति ।

Vas. A vessel. रक्त आदि वहा नाड़ी । **V, Aberrans,** a blind tube sometimes connected with the epididymis or vasdeferens. अण्डकी एक अन्ध नलिका । **V. Deferens,** the excretory duct of the testicle. शुक्र-प्रणाली ।

Vasa. The plural of vas. वासका बहुवचन । **V. Afferentia,** the lymphatic vessels which enter a gland. ग्रन्थिमें प्रवेश करनेवाली लसिकावाहिनी । **V. Deferentia.** वास डिफरेन्सका बहुवचन । **V. Efferentia,** 1. The lymphatics which have lymph-glands connected with them. लसिका ग्रन्थि-संयुक्त लसिकावाहिनी । 2. Terminal ducts of the testis. छोटी नलियाँ, जिनसे अण्डमें शुक्रप्रणाली बनती है । **V. Recta,** the straight tubes of the testicle. अंडकी सीधी नलियाँ । **V. Vasorum,** the vessels supplying arteries and veins with blood. धमनी तथा शिराओंमें रक्त पहुँचानेवाली सूक्ष्म नाड़ियाँ । **V. Vorticosa,** veins of the choroid coat of the eye. चक्षु-कृष्णपटलकी शिराएँ ।

Vasal (vaś-al). Pertaining to a vessel ; vascular. वाड़ीमय ; रक्त तथा लसिकावाहिनी सम्बन्धीय ।

Vascular (vaś-ku-lar). Relating to the vessels. रक्तवहा-नाड़ी-मण्डल । **V. System,** that part of the animal economy which are related to the blood vessels. रक्तवहा-नाड़ी-मण्डल ।

Vascularization. The formation of new blood vessels in a part. किसी अंशमें नवीन रक्तवाहिनियाँ बनना ।

Vasculitis (vaś-ku-lit-is). Inflammation of a vessel. किसी रक्तवाहिनीका प्रदाह ।

Vasculogenesis (vas-ku-lo-jen-es-is). The development of the vascular system. रक्तवहानाड़ी मंडलका विकाश ।

Vasculomotor (vaś-ku-lo-me-tor). Vasomotor ; effecting movement of the walls of vessels. रक्तवाहिनी-प्राचीरकी गतिपर प्रभावशील ।

Vasculum (vaś-ku-lum). A small vessel. क्षुद्र रक्तवहा नाड़ी।

Vasectomy (vas-ek-to-me). Removal of the vas-deferens or of a portion of it. शुक्र-प्रणाली या उसका कुछ अंश काट निकालना।

Vasifactive (va-zif-ak-tiv). Forming new blood-vessels नवीन रक्त-वहा-निर्मायक।

Vasiform (vá-zif-orm). Resembling a vessel ; having the appearance of a vessel. रक्तवाहिनीके आकारका उपनल ; नलीके आकारका।

Vasitis (vas-i-tis). Inflammation of the vas-deferens. शुक्र-प्रणाली-प्रदाह।

Vasoconstriction (va-zo-kon-strik-shun). Narrowing of a blood-vessels. रक्तवाहिनी-संकीर्णता ; रक्त-वाहिनीका संकरा पड़ना।

Vasocorona (va-zo-ko-ró-nah). The system of peripheral vessels encircling the spinal cord and leading branches inward. सुषुम्ना नाड़ी, जो रीढ़की हड्डीको और अन्य आंतरिक शाखाओंको वेष्ठन करती है।

Vasodentine (va-zo-deń-tin). Dentin provided with blood-vessels. रक्तवाहिनीपूर्ण दन्त।

Vasodilator (va-zo-di-lá-tor). Causing dilatation of a blood-vessel. रक्तवाहिनी प्रसारक।

Vasofactive (va-zo-fak-tiv). Vasifactive. नल ; रक्तवाहिनी-निर्मायक या उत्पन्नकारक।

Vasoganglion (va-zo-gang-gle-on). A rete of blood-vessels. रक्तवाहिनी गण्ड।

Vasoinhibitor (va-zo-in-hib-it-or). Any drug that restricts or prevents the action of the vasomotor nerves. रक्तवाहिनी-निर्मायक स्नायुकी क्रिया रोध करनेवाला भेषज।

Vasomotor (va-zo-mó-tor). Regulating tension of blood-vessels. रक्तवाहिनीके तनाव-निर्मायक। **V. Catarrh,** hay fever. उद्भिज्ज्वर। **V. Spasm,** spasmodic contraction of the smaller arteries. क्षुद्र धमनियोंका आक्षेपिक आकुञ्चन।

Vasomotory. Relating to vasomotor function. रक्तवाहिनी-प्रसारण-संकोचन क्रिया विषयक।

Vasoparesis (va-zo-paŕ-e-sis). Paralysis of the vasomotor nerves. रक्तवाहिनी संकोचक-प्रसारक स्नायुका पक्षाघात।

Vastus (vaś-tus). Large. वृहत्। 2. धमनी ; पेशी। **V. Intermedina muscle.** उरु-प्रसारिणी अन्तस्था पेशी। **V. Laterales muscle.** उरु-प्रसारिणी वहिस्था पेशी। **V. Mediales muscle.** उरु-प्रसारिणी पेशी।

Vection (vek-son). The transference of the germs of disease from the sick to the well. रोगीसे नीरोग व्यक्तिमें रोग-कीटाणुका प्रवेश करना।

Vectis lever. An instrument used as an aid in delivery by making traction on the paesenting part of the fetus. गर्भस्थ भ्रूणको जीवित खींच निकालनेका अस्त्र-विशेष।

Vegetal (vej-et-al). Relating to vegetation. उद्भिजाणु।

Vegetation (vej-e-tá-shun). A growth or excrescence of any sort. प्रदाह; मांसांकुर।

Vegetative (vej-e-ta-tiv). Having the power of growth. बर्द्धन सम्पदा; बर्द्धन-शक्ति-सम्पन्न। **V. Disturbance.** resting, not active. बर्द्धन-शक्ति-विलोप; अक्रिय।

Vegetoanimal (vej-et-o-an-im-al). Common to plants and animals. उद्भिज और जैव दोनोंमें ही प्राप्त होनेवाला।

Vehicle (vé-hik-l). An excipient; a medium of administration. अनुपान।

Vein (vān). A blood-vessel, conveying blood toward the heart. शिरा।

Velamen (vel-á-men). A veil or envelop. एक पर्दा; आवरण।

Vellication (vel-ik-á-shun). A twitching of the muscles. पेशियोंकी ऐंठन।

Velum. Any veil or veil-like organ. पर्दा या पर्देकी तरह यंत्र।

Vena (vé-nah). A vein. शिरा।

Venation (ve-ná-shun). The arrangement and distribution of veins. शिराओंकी स्थिति और विभाजन।

Venenation (ven-en-á-shun). Poisoning. विष फैलना; विषाक्तता।

Veneniferous (ven-en-if-er-us). Conveying poison. विष-प्रवाही; विषवाही।

Venenosalivary (ven-en-o-saĺ-iv-a-re). Secreting a poisonous saliva. विषाक्त लार बहानेवाला।

Venenose, Venenous (veń-en-oz, veń-en-us). Poisonous. विषाक्त।

Venereal (ven-é-re-al). Relating to or resulting from sexual intercourse. रतिज या रति-सम्बन्धीय। **V. Bubo.** an enlarged gland in the groin associated with any venereal disease. बाघी; **V. Disease,** any disease which is usually acquired during sexual intercourse. gonorrhœa, syphilis, etc. प्रमेह; उपदंश; रतिज रोग।

Venereology. The special study of venereal disease. रतिज रोगोंका विशेष अध्ययन।

Venerophobia (ven-er-o-fo-bi-ah). The morbid fear of venereal disease. रतिज रोगोंका अस्वाभाविक भय।

Venery (veń-er-e). Excessive intercourse. अत्यधिक सम्भोग ।

Venesection (ven-e-sek-shun). Opening a vein. शिराका मुंह खोल देना ; शिराच्छेदन ।

Veniplex (veń-ip-leks). A plexus of veins. शिरा-जाल ।

Venitis (veń-i-tis). Sclerosing phlebitis. प्रदाहयुक्त शिराओंका कड़ापन ।

Venom (veń-om). A poison secreted by certain insects and reptiles. विष ; जहर ।

Venomosalivary (ven-om-o-saĺ-iv-a-re). Producing a poisonous saliva. विषैली लार उत्पन्न करनेवाला ।

Venose (vé-noz). Having veins. शिरायुक्त ।

Venosity. A condition in which the birth of the blood is in the veins at the expense of the arteries. एक उपसर्ग ; जिसमें धमनी चोरकर अधिकांश रक्त शिरामें चला जाता है ।

Venous (vé-nus). Relating to a vein. शैरिक । **V. Blood,** the dark blood in the veins, शैरिक रक्त ; शिराओंका काला रक्त ।

Vent. The outlet ; the anal opening. मुख-द्वार ।

Venter (veń-ter) The belly. निम्बोदर ।

Ventilate. To ærate or oxygenate ; the blood in the pulmonary capillariec. फुस्फुसिया कैशिकाओंमें रक्तको वायु या अम्लजान व.ष्प-पूरितकरण ।

Ventilation. Aeration of blood in the lungs. फुस्फुसमें रक्तका वायु-पूरित-करण ।

Ventrad (veń-trad). Toward the belly. निम्नोदरकी तरफ ।

Ventral (veń-tral). Relating to the belly. औदरिक ।

Ventricle (veń-trik-l). A small cavity especially in the brain or in the heart. क्षुद्र गह्वर ; वहर-निलय ; बिशेषकर मस्तिष्क-गह्वर या हृद्-गह्वर; हृद्-पिण्डका ग्राहक कोष्ठ ।

Ventricornu (ven-trik-oŕ-nu). The anterior horn of gray matter of the myelon. धूसर भागका सम्मुखस्थ शोर्ष ।

Ventricular (ven-triḱ-u-lar). Relating to the ventricles. ग्राहक-कोष्ठ-सम्बन्धीय ।

Ventriculus (ven-triḱ-u-lus). Ventricle. निलय ।

Ventricumbent (ven-trik-uḿ-bent). Prone ; lying on the belly. पट लिटना ; आनत ; नत ; अभिमुख ।

Ventriduct (veń-trid-ukt). To draw towards the belly. उदरकी ओर खींचना ; उदर प्रणाली ।

Ventrimeson (ven-trim-é-son). The ventral median line. उदर-मध्य रेखा ।

Ventripyramid An anterior pyramid of the oblongata. सुषुम्ना-शीर्षका सम्मुखस्थ सूचि-पिण्ड।

Ventrose (veń-tros). Having a belly. उदरधारी।

Ventrosity. Corpulence. मेद-वृद्धि।

Ventrotomy. Laparatomy ; the incision of the abdomen. तलपेटमें नश्तर देना।

Venula, Venule (veń-u-lah, veń-úl). A little vein. शिरण्ड ; सूक्ष्म शिरा। शिरा-जाल।

Venus (vé-nus). Sexual intercourse. रति-क्रिया। 2. Copper. ताम्र ; ताँबा।

Verbigeration (ver-bij-er-á-shun). The constant repetition of meaningless words or phrases. निरर्थक वाक्य या शब्दोंका लगातार दुहराना।

Vergence (veŕ-jens). Inclining ; turning. घुमाव।

Verjuice (veŕ-jūs). The acid juice of unripe fruits. कच्चे फलोंका खट्टा रस।

Vermicidal (veŕ-mis-id-al). Destructive of worms. क्रिमिनाशक।

Vermicide (veŕ-mis-id). An agent which kills intestinal worms. अंत्र-क्रिमिनाशक।

Vermicular (ver.mik-u-lar). Worm-like ; resembling a worm. क्रिमिके आकारका ; कृमि-सदृश। **V. Appendix**, vermiform appendix. कीटपार्श्व उपांत्र। कीड़ेकी तरह अंत्र-विशेष। **V. Movement**, peristaltic movement. कीटाकार गति। **V. Pulse**, a small rapid pulse, giving a worm-like sensation to the finger. कीटाकार नाड़ी गति ; क्षुद्र तीव्र नाड़ी ; जिसकी गति अंगुलीके नीचे कीड़ा चलनेकी तरह मालूम होती है।

Vermiculate (ver-mik-u-lāt). Shaped like a worm. कीड़के आकारका।

Vermiculation (ver-mik-u-lá-shun). Worm-like ; peristaltic motion. कीटाकार गति।

Vermiform (veŕ-mif-orm). Having a shape like a worm. उपक्रिमि ; क्रिमि-सदृश। **V. Appendix**. उपांत्र।

Vermifugal (ver-mif-u-gal). Causing the expulsion of parasitic worms from the intestine. क्रिमि-नाशक ; कृमिघ्न।

Vermifuge (veŕ-mif-új). An agent expelling worm. क्रिमिनाशक औषध ; क्रिमिघ्न।

Vermination (ver-min-á-shun). Infestation with vermis. क्रिमि रोग होना।

Verminous (veŕ-min-us). Caused by worm. क्रिमिजनित।

Vermis (veŕ-mis). A worm. कीड़ा। 2. The middle cerebellar lobe. मध्य लघुमस्तिष्क खण्ड।

Vermix. Vermiform appendix. उपांत्र।

Vernal. Relating to or occurring in the spring time. वसन्तलालिक ; वसन्त ऋतुमें होनेवाला।

Verruca. A wart. मसा।

Verruciform (ver-roó-sif-orm). Wart-like. मसेकी तरह।

Verrucose, Verrucous (veŕ-roo-kos, veŕ-roo-kus). Warty. मसेके आकारका।

Version (veŕ-zhun). The act of turning. आवर्त्तन ; पलटा लेनेको क्रिया। 2. The turning of the fetus in utero. गर्भाशयमें भ्रूणका करवट लेना।

Vert (vert). To turn, to duct, noting the revolving motion of any part. पलटना ; घूमना ; परिक्रमाकार गति।

Vertebra (veŕ-te-brah). One of the bony segments of the spinal column. कशेरुका ; मोहरा। **V. Basilar**, the lowest lumber vertebra. सर्व-निम्न-कटि-कशेरुका। **V. Cervical**, the upper seven bones of the spinal column. मेरुदण्डके ऊपरी ७ कशेरुकाएँ ; ग्रैवेयी कशेरुकाएँ। **V. Dorsal**, twelve thoracic vertebra to which the ribs are attached. द्वादश वक्ष-कशेरुकाएँ, जिससे पसलीका शिरा संयुक्त है। **V. Lumber**; five vertebras between the dorsal vertebra and the sacrum. त्रिक-प्रदेश तथा वक्षीय कशेरुकाओंके बीचकी ५ कशेरुकाएँ। कटि-कशेरुकाएँ। **V. Prominens**, the seventh cervical vertebra. सातवीं ग्रैवेयी कशेरुका।

Vertebral (veŕ-te-bral). Relating to the vertebra. कशेरुका सम्बन्धीय। **V. Column**, the spinal column. मेरुदण्ड। **V. Ribs**, the last two ribs. अंत्रकी दोनों पसलियाँ।

Vertebrarium (ver-te-brá-re-um). The spinal column. मेरुदण्ड।

Vertebrate (veŕ-te-brát). Having a verteral column. मेरुदण्डी।

Vertebrated (veŕ-te-bra-ted). Made up of joints resembling vertebra. कशेरुकाकार सन्धि निर्म्मित।

Vertebro-arterial (veŕ-te-bro-ar-té-re-al). कशेरुकी धमनी ; धमनी-सम्बन्धीय।

Vertebrochondral (ver-te-bro-kon-dral). Relating to a vertebra and a costal cartilage. कशेरुका पंजरास्थि संयोजक उपास्थि सम्बन्धीय।

Vertebrocostal (ver-te-bro-kos-tal). Relating to a vertebra and a rib. कशेरुका-पशु का सम्बन्धीय।

Vertebrosternal (ver-te-bro-steŕ-nal). Extending, as a rib, from the spinal column to the sternum. कशेरुकासे वक्षोस्थितक प्रसारित पसलियाँ।

Vertex (veŕ-teks). The crown or top of the head. मूर्द्धा ; मस्तक ; शीषदेश ।

Vertical (veŕ-tik-al). Perpendicular. लम्बा-आड़ा ; ऊर्द्धाधार ।

Vertiginous (ver-tij'-in-us). Affected with vertigo. शिरोघूर्णन रोगसे आक्रान्त ; सरमें चक्कर आना ।

Vertigo (veŕ-tig-o). Giddiness ; dizziness. सरमें चक्कर ; सर घूमना । **V. Aural,** vertigo due to some ear-disease. कर्ण-रोगजन्य शिरोघूर्णन । **V. Cardiac,** that which is due to any chronic disease of the heart. हृद्रोगजनित शिराघूर्णन । **V. Cardiovascular,** vertigo due to sclerosis of the blood-vessels and heart. हृद्‌पिण्ड तथा रक्तवाहिनीके सरोषके कारण शिरोघूर्णन । **V. Nocturnal,** a sensation of falling, coming on just after going to sleep. निद्रा प्राप्त होते ही गिर जानेकी तरह एक अनुभूति । **V. Objective,** that form of vertigo in which every object seen by the patient appears moving around him. एक प्रकारका शिरोघूर्णन, जिसमें दिखाई देनेवाली सभी चोजें चक्कर खाती दिखाई देती हैं । **V. Vertical,** that which is caused by looking up or down at a distant object. दूरके पदार्थ ऊपर-नाचे देखनेपर सरमें चक्कर ।

Verumontanum (vé-ru-mon-tá-num). Folliculous seminalis, a rounded projection on the floor of the prostatic portion of the urethra. मूत्र-मार्गके आरम्भ स्थलका एक क्षुद्र उन्नत स्थान ।

Vesania (ves-á-ne-ah). Unsoundness of mind ; insanity. उन्माद ; मस्तिष्क विभ्रम ।

Vesanic (ves-ań-ik). Relating to insanity. उन्माद-विषयक ; औन्मादिक ।

Vesica (veś-ik-ah). The bladder. मूत्राशय । **V. Fallea,** gall-bladder. पित्ताशय । **V. Urinarea,** the urinary bladder. मूत्राशय ।

Vesical (veś-ik-al). Relating to the bladder. मूत्राशयी ।

Vesicant (veś-ik-ant). Causing blister ; blistering. छाले उत्पन्न करनेवाला ।

Vesicatory (veś-ik-a-to-re) Producing blister. छाले उत्पन्न करनेवाला ।

Vesicle (veś-ik-l). A blister ; a small sac containing fluid. छाला ; तरलपूर्ण क्षुद्र थैली छाला ; फफोला ; फुन्सी ।

Vesicocele (veś-ik-o-sel). Hernia of the bladder. मूत्राशयिक अंत्रवृद्धि ।

Vesicocervical (ves-ik-o-seŕ-vik-al). Relating to the bladder and cervix uteri. जरायु-ग्रीवा तथा मूत्राशय-विषयक ।

Vesicoprostatic. Relating to the bladder and prostate. मूत्राशय और मुखशायी-ग्रन्थि सम्बन्धीय ।

Vesicopubic. Relating to the bladder and pubes. मूत्राशय-विटपास्थि-सम्बन्धीय ।

Vesicospinal. Relating to the bladder and vagina. मूत्राशय और योनि सम्बन्धीय ।

Vesicula (ves-ik-u-lah). A vesicle. फुन्सी ; छोटा छाला ।

Vesicular (ves-ik-u-lar). Having vesicles. फोलेभरा ; आवलेदार ।

Vesiculation (ves-ik-u-lá-shun). The formation of vesicles. छाले पड़ना ।

Vesiculiferous (ves-ik-u-lef-er-us). Having vesicles. छालेवाला ।

Vesiculiform (ves-ik-u-liform). Shaped like a vesicle. फुन्सीके आकारका ।

Vesiculitis (ves-ik-u-li-tis). Inflammation of the vesicle, especially of the seminal vesicles. शुकाशयका प्रदाह ।

Vespajus (ves-pá-jus). Suppurative inflammation of the hair-follicles of the scalp. मस्तक-त्वचाके केश-मूलका पीव-फुन्सी-प्रदाह ।

Vessel (veś-el). Vas ; a tube conveying the fluids of the body. शरीर-रसवाहक नली ; नली ।

Vestibular (ves-tib-u-lar). Relating to the vestibule. कर्ण-कुटी सम्बन्धीय ।

Vestibule (veś-tib-ūl). The cavity of the internal ear. कर्ण-कुटी ।

Vestibulum. The cavity of the internal ear. अन्तर कर्ण गह्वर ।

Vestige (veś-tij). A trace. चिह्न ; निदर्शन ।

Vestigial (ves-tij-e-al). Forming a trace. चिह्न-निर्माता ।

Vesuvin (ves-ú-vin). A brown dye. भूरा रंग ।

Veta (vé-tah). Mountain-sickness. पहाड़ी रोग ।

Veterinary (veť-er-in-a-re). Relating to domestic animals. घरेलू पशु-सम्बन्धीय ; गृह-पालित-पशु सम्बन्धीय ।

Viability (vi-ab-il-it-e). Ability to live. जीवन-धारण शक्ति ।

Vial (vi-al). Phial ; a small glass bottle. शीशी ।

Vibex, Vibix (vi-beks, vi-biks). A large purple spot seen under the skin in certain malignant fever ; purpura. काला दाग ; यह मारात्मक ज्वरोंमें चर्मके नीचे दिखाई देता है ।

Vibices (vib-i-sez). Vibex. का बहुवचन ।

Vibratile (vi-brat-il). Vibrating ; swaying to and fro. स्पन्दनशील ; आगे-पीछे हिलनेवाला ;

Vibration (vi-brá-shun). A shaking, oscillation. उत्कम्पन ; परिदोलन ; स्पन्दन ।

Vibratory (vi-brat-or-e). Swaying. डोलना ; हिलना ।

Vibrissa (vi-briś-ah). The hair ; one of the hairs within the onstrils. नाकका केश ।

Vibrometer (vib-rom-et-er). An instrument for treating the deafness. बधिरताको चिकित्सा करनेका यंत्र ।

Vibrophone (vib-ro-fon). An instrument similar to vibrometer used for the same purpose. बधिरता चिकित्सार्थ यंत्र ।

Vicarious (vi-ká-re-us), Taking the place of another or of something else. प्रतिनिधिक ; अनुकल्प । Occurring in an abnormal position. अस्थानिक ; अथवा स्थान छोड़कर अन्य स्थानोंमें होनेवाला ।

Vice (vis). A blemish ; defect. दोष ; धब्बा ।

Vigilance (vig-il-ans). Insomnia ; morbid wakefulness. अनिद्रा ।

Viginlinormal (vij-iń-li-nor-mal). Having one-twentieth of what is normal. स्वाभाविकका बीसवाँ हिस्सा ।

Villi. A tuft. ग्राहकांकुर ।

Villitis (vil-i-tis). Inflammation of the soft part of thc wall cf the horsels hoof. अश्व-खुरको प्राचीरके कोमल अंशका प्रदाह ।

Villoma, Villioma (vil-oó-mah, vil-e-ó-mah). A villous tumour, chieffy of the rectum. ग्राहकांकुरवत् अर्बुद, विशेषकर सरलान्त्रका केशवत् अर्बुद ।

Villosity (vil-oś-it-e). The condition of being covered with villi. ग्राहकांकुर द्वारा आच्छादित होनेकी दशा ।

Villous (vil-us). Shaggy, with soft hair. कोमल केश-पूर्ण ।

Villus (vil-us), A minute projection from the surface of a mucous membrane. ग्राहकांकुर ।

Vin (vin). Wine. मद्य ; शराब ।

Vinculum (viń-ku-lum). A band, or ligament. पट्टी ; बन्धनी ।

Vinegar (viń-e-gar). A weak and impure dilution of acetic acid. सिर्का ; शुक्त ।

Vinic (vi-nik). Relating to wine. मद्य-सम्बन्धीय ।

Vinous (vi-nus). Containing wine. मद्य-मिश्रित ; शराब मिला ।

Vinum (vi-num). Wine. मद्य ; शराब ।

Violation (vi-o-lá-shun). Rape. सतीत्व-हरण ; बलात्कार ।

Viraginity (vi-raj-in-it-e). The assumption of male characteristics by a woman. स्त्रीका पुरुषोचित ढंग धारण करना ।

Virgin (viŕ-jin). A woman who has had no sexual intercourse. कुमारी ; अनूढ़ा ।

Virginity (viŕ-jin-it-e). Maidenhood ; the condition of being virgin. कुमारीत्व; कौमार्य ; अनूढ़ावस्था ।

Virile (viŕ-il). Masculine ; belonging to a man or to the male sex. पुरुष जाति सम्बन्धीय ; पौरुषिक ; उत्पादनशील ।

Virilescence (vir-il-eś-ens). The manifestation of male qualities in women of advanced ege. प्रौढ़ावस्थामें स्त्रियोंमें पुरुषोचित गुणोंका प्रादुर्भाव।

Virilia (vir-iĺ-e-ah). The male generative organ. लिंगोद्भेद ।

Virility (vir-iĺ-it-e). The condition of mature manhood. पुरुषत्व ; जनन-शक्ति ।

Viripotent (vi-rip-o-tent). Having virility. विवाहोपयोगी ; सन्तानोत्पादनक्षम ।

Virose, Virous (vi-roz, vi-rus). Foisonous. जहरीला ; विषैला ।

Virulence (viŕ oo-lens). Extreme poisonousness. अत्यधिक विषाक्त ; सांघातिक विषाक्त ।

Virulent (viŕ-oo-lent). Having the nature of a poison. विष-प्रकृति-सम्पन्न ; विषकी तरह ।

Viruliferous (vir-oo-lif-er-us). Conveying a virus or infective germ. विष या संक्रामक कीटाणुवाही ।

Virus (vi-rus). Venous ; contagious matter. संक्रामक विष ; चेचक आदिका पीब या बीज ।

Vis (vis). Force ; energy. शक्ति ; वेग । **V. A fronte,** the drawing or attracting force. आकर्षणी शक्ति । **V. Medictrix nature,** curative power of the animal economy. जैव-शरीर विधानकी आरोग्यकारिणी शक्ति । **V. Vitalis,** vital power or force. जीवनी-शक्ति ।

Viscera (viś-er-ah). Plural of viscus ; internal organs ; especially one of the large abdominal organs. आभ्यन्तरिक यंत्र ; उदर-गह्वरके वृहत् यंत्र ; कोष्ठ ।

Visceral (viś-er-al). In a direction toward the viscera. कोष्ठकी तरह ।

Visceralgia (vis-er-aĺ-je-ah). Neuralgia of the abdominal viscera. औदरिक कोष्ठका स्नायुशूल ।

Visceroptosis (vis-er-op-tó-sis). Enteroptosis. अंत्र-च्युति ।

Viscerosensory (vis-er-o-seń-so-re). Relating to the sensation in the viscera. उदर-कोष्ठकी अनुभूतियां-विषयक ।

Viscid (viś-id). Viscous ; clammy ; sticky. लसदार ।

Viscidity (vis-id-it-e). The adhering property. लसलसापन ।

Viscosity (vis-kos-it-e). The quality of being viscous. श्लसलसापन ।

Viscous (vis-kus). Sticky or gummy. चिपचिपा ; लसलस ।

Viscus (vis-kus). Any organ inclosed within the cranium, abdominal cavity or thorax. बृहत् कोष्ठ ; शरीरके चार गह्वरोंमेंसे खासकर उदर-गह्वरका कोई बृहत् कोष्ठ ।

Visible (viz-ib-l). Capable of being seen. दृश्य दिखाई देनेवाला ।

Vision (vizh-un). The act of seeing; sight. दृष्टि । **V. Half,** hemianopia. अर्द्ध-दृष्टि ।

Visual (viz-u-al), Pertaining to vision. दृष्टि-सम्बन्धीय ; चाक्षुष ; दर्शनेन्द्रिय-संक्रान्त । **V. Angle.** दृष्टि-कोण । **V. Field,** the area within which objects may be seen. दृष्टि-क्षेत्र ।

Visuoauditory. Relating to the vision and hearing. दृष्टि और श्रवण-सम्बन्धीय ।

Vita (vi-tah). Life. जीवन ।

Vital (vi-tal). Relating to life. जैव ; जीवन-सम्बन्धीय । **V, Signs,** respiration; pulse; temperature. जीवन-चिह्न ; श्वास ; नाड़ी ; ताप । **V. Power.** जीवनी-शक्ति । **V. Principle,** प्राणवायु ।

Vitalise (vi-tal-iz). To make vital or alive. जीवित करना ; जीवनयुक्त ।

Vitality (vi-tal-it-e). The vital principle of life. प्राणमूल ; जीवनी-शक्ति; सजीवता ; जीवनवहा ।

Vitals (vi-talz). The organs essential to life. शरीर-यंत्र ; जीवनके लिये आवश्यक यंत्र ।

Vitamins (vi-ta-mins). One of a class of unknown substances existing in minute quantity in natural food, खाद्योज ।

Vitellus (vit-el-us). The yolk of an egg. डिम्ब-कुसुम ।

Vitiligo (vit-il-i-go). Leucoderma. श्वेत-कुष्ठ ; धवल ; शुक्र-चर्म्मिका ।

Vitiligoidea. A cutaneous disease resembling the white leprosy. श्वेतकुष्ठके सदृश एक रोग, यह कभी अर्बुद और कभी पीले चर्मके रूपमें प्रकट होता है ।

Vitium (vish-i-um). Defect; fault; vice. दोष ।

Vitodynamic (vi-to-di-nam-ik). Relating to the vital force. जीवनी-शक्ति-सम्बन्धीय ।

Vitreous (vit-re-us). Like glass. काँच-प्रभ ; शीशेकी तरह । **V. Body,** vitreous humor, the transparent body which fills the globe of the eye-back of the crystalline lens. सपित कोषम वस्तु ।

Vitreus (vi-tre-us). The vitreous body of the eye. चक्षु-श्वेताल ।

Vitriol (vit́-re-ol). Sulphuric acid. गन्धकाम्ल ।

Vitrina (vit-ri-nah). The vitreous body, corpus vitreum. काँचप्रभ अंश ।

Vitritis. (vit-ri-tis). Glaucoma. धुन्ध रोग ।

Vitular (vit́-u-lar). Relating to a calf. पिण्डली-सम्बन्धीय । **V. Fever,** the puerperal fever in the cow. गायोंका सूतिका-ज्वर ।

Vives (vivz). Enlarged glands. बढ़ित ग्रन्थियाँ । 2. Chronic inflammation of the submaxillary glands of the horse. घोड़ेकी हनु-निम्नस्थ-ग्रन्थियोंका प्रदाह ।

Vivification (viv-if-ik-á-shun). The conversion of lifeless into living protin matter in the process of assimilation. समीकरण प्रक्रियामें अजैव पदार्थकी सजीव खाद्यमें परिणति ।

Viviparous (vi-viṕ-ar-us). Producing living young. जरायुज ।

Viviperception (viv-i-per-seṕ-shun). Observation of the vital processes in the organism without the aid of vivisection. जैव अंशोंको जैव कियाका बिना चीरे ही निरीक्षण ।

Vivisec (viv-is-eḱ). To dissect while yet alive. जीवित अवस्थामें ही शरीर काटना ।

Vivisection (viv-is-eḱ-shun). Any cutting operation on a living animal for purposes of experimentation. परीक्षाके लिये जीवित जन्तुका अंग-छेदन ; जीवच्छेद ; जीवित तन्तुका व्यवच्छेद।

Vixen (vik-sen). A cross ill-tempered woman. चिड़चिड़ी स्त्री ; कलह-प्रिय ।

Vocal (vó-kal). Relating to the voice. स्वर-सम्बन्धीय ; स्वरयुक्त ; वाचिक ; उच्चारीय ; शब्दित । **V. Cords** four folds of mucous membrane in the interior of larynx. स्वर-रज्जु । **V. Femitus,** a vibration felt on palpation of the chest-wall, when the subject speaks. वाक्-स्पन्दन ; वक्ष-प्राचीरपर आघातन कालमें रोगीके बोलते रहनेपर अनुभव होनेवाला एक स्पन्दन । **V. Resonace,** a sound heard at the time of auscultation of the chest, when the petient speaks. रोगीके बोलते रहनेपर वक्षको आकर्णन परीक्षामें सुन पड़नेवाला शब्द ।

Voice (vois). A sound produced by the speech-organ and uttered by the mouth. शब्द ।

Voice-box. Larynx. स्वर-यन्त्र ।

Void (void). To evacuate ; to cast out as waste matter. खाली करना ; वृथाकी सामग्री निकाल फेंकना ।

Vola (vó-lah). The palm or the sole. तळहत्थी ; करतळ ; तलवा ; पदतळ ।

Volar (vó-lar). Relating to the palm of the hand. करतल सम्बन्धीय या पदतल सम्बन्धी ।

Volatile (vol-at-il). Tending to evaporate readily. उड़ायी ; उड्डीयनशील ; उड़ जानेवाला बाष्पशील ।

Volatilization, Evaporation. The process of conversion of a solid or liquid into a vapor. उड़ना ; बाष्पीकरण ।

Volatilize. To convert a solid or liquid into vapor ; to evaporate. उड़ाना ; बाष्पीभूत करना ।

Volition (vo-lish-un). The will to act. इच्छा-शक्ति ।

Volitional (vo-lish-en-al). Voluntary ; done by act or will. ऐच्छिक ; इच्छाकृत । **V. Muscle,** muscle which are put in action in obedience to the will and to motion resulting thereform. ऐच्छिक पेशियाँ ।

Volt (volt). वोल्ट ; विभव ।

Voltage (vol-taj). Electromotive force measured in volts. विभवत्व ।

Volᵉameter (volt-am-e-ter). An instrument for estimating the strength of a galvanic current. विद्युत-विच्छेद मापक ।

Volume. The apparent space which a body occupies. आयतन । **V. Atonic,** the quantity obtained by dividing the atomic weight of an element by its specific gravity in the solid condition. परमाणु-आयत्व । **V. Molentar.** अणुक आयतन । **V. Specific.** विशिष्ट आयतन ।

Volumemometer. A devise for determining the volume of a solid by measuring the amount of liquid which it displaces, आयतन-मापक ।

Voluntomotory (vol-un-to-mó-tor-e). Relating to the voluntary motion. ऐच्छिक गति विषयक ।

Voluptuous (vo-lup-tū-us). Given to the enjoyments of pleasure and luxury ; sexual. इन्द्रियसेवी ; विषयासक्त ।

Volute (vo-lūt). Rolled up, convoluted. आवर्तित : लपेटा हुआ ।

Volvulus (vol-vu-lus). A twisting of the bowel upon itself. आँतोंका आपसमें लिपटना ; अंत्र-शूल ।

Vomer (vó-mer). The thin plate of bone between the nostrils. नासा-फलकास्थि ।

Vomerine (vó-mer-in). Relating to the vomer. नासा-फलकास्थि-सम्बन्धीय ।

Vomeronasal. Pertaining to the vomer and the basilar portion of the cranium. नासा-फलकास्थि तथा करोटी-तल सम्बन्धीय ।

Vomica (vom-ik-ah). A cavity in the lungs containing pus. पीवपूर्ण फुस्फुस-गह्वर ; फुस्फुसका फोड़ा । 2. A pulmonary cavity. फुस्फुस-गह्वर ।

Vomic-nut. Nux vomica. कुचला ।

Vomicose (vom-ik-os). Ulcerous ; full of ulcers. क्षतपूर्ण ; बहुतसे जखमोंसे भरा ।

Vomicus (vom-i-kus). Vomica ; a cavity in the lungs containing pus. पीव संयुक्त फुस्फुस-गह्वर ।

Vomit. To eject from the stomach through the mouth. वमन हुआ पदार्थ ।

Vomiting (vom-it-ing). The forcible expulsion of the contents of the stomach through the mouth. वमन ; कै । **V. Dry,** nausea with attempt of vomiting but no ejection except gas. ओकाई । **V. Permuous,** severe vomiting in pregnancy as to threaten the life of the petient. सांघातिक वमन ; गर्भावस्थाका सांघातिक वमन, जिससे रोगिणीका जीवन संशय उपस्थित हो जाता है ।

Vomitive (vom-it-iv). Emetic. वमनकारक ; के लानेवाला ।

Vomitonagro (vom-i-to-na-gro). Black vomit. काला वमन ।

Vomiturition (vom-it-u-rish-un). Retching ; a futile effort to vomit. ओकाई ; वमनेच्छा ।

Vomitus (vom-it-us). Vomited matter. वमन हुआ पदार्थ । **V. Cruentus,** hematemesis. रक्त-वमन । **V. Gravidrum,** vomiting of pregnancy. गर्भावस्थाका वमन । **V. Marimus,** Sea-sickness. सामुद्रिक वमन । **V. Matutinus,** morning vomiting. प्रातःकालीन वमन । **V. Niger,** black vomit. काला वमन ।

Voracious (vo-rá-shus). Having an insatiable appetite. अतृप्त क्षुधा-वाला रोगी ।

Vox (voks). Voice. शब्द ; आवाज ; स्वर ।

Voyeurism (voah-yer-izm). A morbid desire to look at the sexual organs of one of the opposite sex. विपरीत लिंगोका कामयंत्र देखनेकी रोगात्मक इच्छा ।

Vuerometer (vu-rom-e-tor). An instrument for measuring the distance of the eyes from each other. चक्षु-दूरत्व मापक यंत्र ।

Vulgaris (vul-gá-ris). Ordinary. साधारण ।

Vulnerable (vul-ner-a-bl). Capable of being wounded. easily injured. आघात-प्रवण ; सहजमें ही जखमी हो जानेवाला ।

Vulnerary (vul-ner-a-re). An agent useful in healing wound. घाव भरनेवाला ।

Vulnerate (vul-ner-āt). To wound. जखमी करना।

Vulnus (vul-nus). A wound. घाव।

Vulva (vul-vah). The external female genitals. योनि-कपाट ; योनि-वहिर्द्वार।

Vulval, Vulvar. Relatjng to the vulva. भग-विषयक।

Vulvitis (vul-vi-tis). Inflamation of the vulva. भग-प्रदाह।

Vulvouterine (vul-vo-ú-ter-in). Relating to the vulva and the uterus. भग और जरायु-सम्बन्धीय ; योनि-पथ।

Vulvovaginal. Relating both to vulva and vagina. योनि-भग-सम्बन्धीय ; भग-ग्रन्थि।

Vulvovaginitis (vul-vo-vaj-in-i-tis). Inflammation of the vulva and vagina. भग-योनि-प्रदाह।

W.

Waist (wast). The part of the body between the thorax and the hips. कमर ; कटि।

Wakefulness. The state in which there is an absence of inclination for sleep. निद्राभाव। अनिद्रा ; जागृति।

Walking-typhoid (wauk-ing-ti-phoid). A mild from of typhoid. एक हल्का मियादी वोखार।

Wall-eye. Leukoma. धुन्ध-रोग।

Wall-tooth. Molar tooth. चर्वण दंत।

Wandering (won-der-ing). Moving freely about. भ्रमणकारी। W. Cell, leukocyte. श्वेतकणिका।

Wane (wān). To decline ह्रास होना ; घटना।

Wart (wort). An elevation of theskin formed by hypertrophy of the papilæ. मस्सा ; किण।

Warty. Relating to or covered with warts. चर्मकील।

Wash (wosh). To cleanse with a liquid. धोना। 2. Lotion. धावन।

Wasmann's Glands. The peptic glands. एक प्रकारकी पाकाशयिक ग्रन्थि।

Wassermann's Test or Reaction. A serum-test used in the diagnosis of syphilis. उपदंश-रोग-निदानकी एक रक्ताम्बु-परीक्षा।

Waster (wást--er). An animal affected with tuberculosis and losing of flesh. यक्ष्माग्रस्त और क्षीणता प्राप्त पशु।

Wasting (Wāst-ing). Destroying. नाश ; क्षय ; ह्रास।

Water. A clear, odorless fluid. जल ; पानी ; **W. Brash,** pyrosis. मुँहमें पानी भर आना। **W. Cure.** hydropathy. जल-चिकित्सा। **W. Hammer pulse,** Corrigan's pulse धमनियोंकी वैलक्षणयताकी वजहसे नाड़ीकी हठात् कम्पमान अवस्था। **W. pang,** pyrosis. कलेजा जलना ; मुँहमें पानी भर आना। **W. Pox,** true chicken pox. जलवसन्त। **W. On the brain,** hydrocephalus. मस्तिष्कोदक।

Wax. A thick tenacious substance gathered by honey-bees. मोम।

Waxing (wakś-ing). Increasing in size. आकार वर्द्धनशील।

Waxy. Like wax. मोमकी तरह।

Weaning. To take from the breast. स्तन-दुग्ध-दान।

Weazand (wē-zand). The trachea. टेंटुआ।

Web (web). जाल।

Weight (wāt). Heaviness as determined by a given standard. वजन ; भार।

Wells's disease. Infectious jaundice. संक्रामक कामला रोग।

Wen. A sebaceous cyst. वसाबुद।

Wet. Not dry ; moist. तर। **W. Brain,** serous meningitis. मस्तिष्क-झिल्ली-प्रदाह। **W. Dream,** a nocturnal seminal emission with a lascivious dream. स्वप्न-दोष। **W. Nurse,** a nursing woman, who suckles the child of another. धाय ; दूसरोंके बच्चेको दूध पिलानेवाली धाय। **W. Letter,** weeping eczema. रस-स्रावी अकौता।

Wharton's duct. The duct of submaxillary gland. हनुनिम्नस्थि ग्रन्थि-प्रणाली।

Wheal (hwel). A circumscribed elevation of the skin. चकत्ते ; दाग।

Wheezing (hwez-ing). 1. A sibilant respiration in various diseases. अनेक रोगोंमें आनेवाला सनसनाहटकी तरह श्वास-शब्द। 2. The sound made by air passing through the fauces and glottis in difficult breathing. फुफकार शब्द ; हाँफनेका शब्द।

Whelk (hwelk). Acne rosacea ; a pimple. मुँहासा ; फुन्सियाँ।

Whey (hwā). Milk-serum ; serum-lactis ; the watery part of milk remaining after the separation of the curd in coagulation. मठा ; तक्र ; छानाका पानी।

Whiff (hwif). A slight inhallation or exhalation of air ; a puff of air. धीमा श्वास-प्रश्वास ; फुफकार।

Whirl bone. 1. Patella. फलकास्थि । 2. The rounded head of the femur or of the humerous. फलकास्थि तथा प्रगण्डास्थियोंका गोल शीर्ष-भाग ।

Whisper (hwis-per). Speech without phonation. फुस्फुसाकर बोलना ।

White (hwit). The colour resulting from the perfect commingling of all the rays of the spectrum. श्वेत ; सफेद । **W, Cell or Corpuscle,** leukocyte. रक्तके श्वेत-कण । **W. Kidney,** large white kidney. श्वेत बृहत् मूत्रपिण्ड । **W. of an Egg,** albumen. अण्डलाल । **W, Gangrene,** gangrene with anemia of the tissues. मांसतन्तुओंकी रक्तहीनताके साथ सड़नेवाली बीमारी । **W. Leg,** phlegmasia alba dolens. श्वेतपद ; फोलपाव ; गर्भावस्थामें पैर फूलना । **W, Matter, W. Substance,** the fibrous portion of the brain and cord having a white colour. मज्जा; मस्तिष्क तथा सुषुम्नाका श्वेत अंश ।

Whites (hwites). Leukorrhœa श्वेतप्रदर ।

Whitlow (hwit-lo). Panaris; felon. अंगुलबेड़ा ।

Whooping Cough (hoop-ing-kawf). Pertussis ; an acute infectious disease marked by recurrent attacks of spasmodic coughing. हूप खाँसी ; कुकुर खाँसी ।

Whytt's disease. Tubercular basilar meningitis, a collection of fluid in the cerebral ventricles. मस्तिष्क-कोषोंमें जल-संचय ।

Wilks's Kidney. The large white kidney. सुवृहत् श्वेत मूत्रपिण्ड ।

Willan's Leprosy. Psoriasis. विचर्चिका ।

Willard's Disease. Lupus. चर्म-रोग ; कुष्ट विशेष ।

Wind-pipe (wind-pip). Trachea. टेंटुआ ।

Wind-stroke. Acute spinal paralysis. तीव्र मेरुदण्डीय पक्षाघात ।

Wing (wing). Ala. पक्ष । **W, of the Sphenoid,** one of the lateral projections of the sphenoid. कीलकास्थि पश्चाद्द प्रवर्द्धन ।

Wink. To close and open the eyes rapidly. आँखें मिटमिटाना ।

Winker. An eyelash. बरुनी ; पलक ।

Winter Itch. Itching of the legs in winter. शीत स्फोटक; बिवाई फटना ।

Wirsung's Duct. The pancreatic duct. क्लोम-प्रणाली ।

Wisdom Teeth (wiz-dum). The last molar teeth. अन्तिम चर्वणक दन्त ; बुद्धि-दन्त ।

Withering (with-er-ing). Shriveling and atrophy of an organ. किसी यंत्रकी क्षीणता और कम्पन ।

Womb (woom). Uterus. जरायु ; गर्भाशय ।

Woolsorters' Disease. Anthrax. विष-व्रण ।

Word-blindness (word-blindness). Inability to recognize written or printed words. लिखे या छपे अक्षरोंका पहचान न सकना ; वर्णान्धता ।

Word-deafness. Inability to understand spoken words although the sound is heard. शब्द सुन पड़नेपर भी कहे हुए शब्दका शब्दार्थ समझमें आनेको योग्यता न रहना ।

Worm (werm). Any member of vermes family. क्रिमि । **W. Fever,** an infantile fever due to worms. क्रिमि-ज्वर ।

Wound (woond). An injury ; break in continuity of soft parts, from violence. घाव ; आघात ; सद्य-व्रण ; जखम ।

Wrinkle (ring-ki). A furrow ; fold. झुर्री ; वलि ।

Wrist (rist). The carpus ; the part connecting the forearm and the hand. कलाई ; मणिबन्ध ।

Wrist-drop. Paralysis of the extensor muscle of the wrist and fingers. मणिबन्ध तथा अंगुलियोंका पक्षाघात ।

Writer's Cramp. Inco-ordination of the muscles of the hand from excessive writing. लेखकोंके हाथकी मरोड़न ; अत्यधिक लिखनेके कारण हाथमें ऐंठन होना ।

Writing hand. A contraction of the hand muscles in paralysis-agitans. सकम्प पक्षाघातमें हाथकी पेशियोंका संकोचन ।

Wry-neck (ri-neck). Torticollis. मन्यास्तम्भ ; वक्र-ग्रीवा ; गर्दन अकड़ना ।

X.

Xanthaline (zań-thal-in). An alkaloid from opium. अफीमका उपक्षार।

Xanthate (zan·thāt). A salt of xanthic acid. जैन्थिकाम्ल लवण।

Xanthein (zań-the-in). Yellow colouring matter of plants. बासंती। पीताभ।

Xanthelasma (zań-thal az-mah). Xanthoma. पीतवर्ण चर्म।

Xanthic (zań thik). Yellow. पीत। **X. Calculus,** an urinary calculus composed of xanthin. जैन्थिन-निर्मित मूत्र-पथरी।

Xanthin (zań-thin). A non-poisonous leukomain formed in the tissues. मांसतन्तुओंमें प्राप्त एक विष-रहित ल्यूकोमेन।

Xanthinuria (zań-thin-u-ri-ah). Excessive secretion of xanthin in the urine. मूत्रमें अत्यधिक जैन्थिन निकलना।

Xanthochromia (zan-tho-kró-me-ah). The occurence of patches of yellow colour in the skin. शरीरपर पीले रंगके धब्बे निकलना; पीत-वर्णिका।

Xanthochroous (zan-tho-kró-us). Having a yellow skin. पीत-चर्म-वाला। 2. Having a yellow complexion. पीत-मुखमण्डलशील; पीले चेहरेवाला।

Xanthocreatinin (zan-tho-kre-at-in-in). A poisonous leukomain found in muscle-tissues. मांसपेशिक तन्तुओंमें प्राप्त एक जहरीला उपक्षार।

Xanthoderma (zan-tho-deŕ-mah). A yellow coloration of skin. पीले रंगका चर्म हो जाना।

Xanthodontous (zan-tho-don-tus). Having yellow teeth. पीत-दन्त; पीले दाँतवाला।

Xanthogen (zan-tho-jen). A coloring matter of vegetables producing a yellow colour. उद्भिदोंमें प्राप्त पीला रंग।

Xanthoglobulin (zan-tho-glob-u-lin). A yellow pigment from the liver and pancreas. यकृत तथा क्लोम-ग्रन्थि निःसृत पीला रंग।

Xanthoma (zan·thó-mah). A skin-disease characterized by the presence of yellow growths upon the skin चर्मपर पीले उद्भेद निकलनेवाला एक चर्म-रोग; पीली रसौली।

Xanthopia (zan-tho pe-ah) A defect of sight, in which objects appear yellow. पीत दृष्टि; पांडु रोग।

Xanthopatny (zan-thop-a-the). Morbid yellowness of the skin. चर्मकी अस्वाभाविक पीतवर्णता ; चमड़ा अस्वाभाविक रूपसे पीला पड़ जाना ।

anthopsia (zan-thop-se-ah). Yellow vision, as in jaundice. कामला रोगकी तरह पीत-दृष्टि ; सब पदार्थों का पीला दिखाई देना ।

Xanthopsydracia (zan-thop-si-drá-si-ah). A skin disease marked by an eruption of yellow pustules. चर्म-रोग, जिसमें पीले रंगकी फुन्सियाँ उद्भेद रूपमें निकलती है ।

Xanthorrhœa (zan-thú-ré-ah). Yellow gum. पीला मसूढ़ा ।

Xrnthosis (zan-thó-sis). A yellow pigmentation in cancer. कर्कट रोगमें पीले रङ्गके उद्भेद ।

Xanthous (zań-thus). Yellow. पीला ; पीत ।

Xanthuria (zan-thú-re-ah). Xanthinuria ; excess of xanthin in the urine मूत्रमें अत्यधिक जेन्थिन निकलना ।

Xenembole (zen-em-bole) The introduction of foreign substances into the system. शरीरमें वाहरी पदार्थका प्रवेश ।

Xenogenesis (ze-no-jeń-es-is). Alternation of generation ; the production of offspring varying in character from parents. माता-पितासे सम्पूर्ण विपरीत और स्थायी रूपमें असदृश अङ्गका उत्पादन ।

Xenogenous (zen-oj-en-us). Caused by a foreign body. वाह्य वस्तु द्वारा उत्पन्न ।

Xenomenia (zen-o-mé-ne-ah). Vicarious menstruation अनुकल्प रजः ।

Xenophobia (zen-o-fó-be-ah). Fear of atrangers. अपरिचितोंसे भय ।

Xenophthalmia (zen-off-thal-me-ah). Traumatic conjunctivitis. सकल्प चक्ष-श्वेत-पटलका प्रदाह ।

Xeransis (ze-rań-sis). Drying up. शुष्क हो जाना ।

Xeraphium (ze-raf-e-um) A drying powder. शोषक चूर्ण ; सुखाने-वाली बुकनी ।

Xerasis (ze-rá-ze-ah). A morbid dryness of the hair. केशका रोगात्मक सूखापन ; शुष्क केश ।

Xeroderma (ze-ro-der-mah). A dryness of the skin. रुक्ष-चर्म्मो ; चर्म-शुष्कता ।

Xerodes. A dry tumour. रुक्षार्बुद ।

Xeroma (ze-ró-mah). Xerophthalmia ; an abnormally dry condition of the conjunctiva शुष्क चक्षु श्वेत-पटल ।

Xeromenia (ze-ro-mé-ne-ah). The occurrance of the usual constitutional symptoms at the menstrual period without any show of blood. रजःस्राव हुए बिना ही मासिक

रजःस्रावकालके सब शारीरिक लक्षण उत्पन्न हो जानेका रोग।

Xeromycteria (ze-ro-mik-te-re-ah). Extreme dryness of the nasal mucous membrane. नासाकी श्लैष्मिक-झिल्लीका बहुत अधिक सूखापन।

Xeronosos (ze-ro-no-sus). Xerosis ; a condition of extreme dryness of the skin. चर्मका असीम शुष्कतापूर्ण उपसर्ग।

Xerophagia (zer-off-aj-e-ah). The eating of dry food. शुष्क खाद्य-भक्षण ; सूखी चीजें खाना।

Xerophthalmia (zer-off-thal-me-ah). A dry condition of conjunctiva. चक्षु-श्वेत पटल शुष्कता।

Xerosis (ze-ró-sis). Dryness. शुष्कता ; सूखापन।

Xerostoma (ze-ro-stó-mah). Dryness of the mouth. मुख-शुष्कता ; मुँहका सूखापन।

Xerotes (zé-ro-tez). Dryness. शुष्कता।

Xerotic (ze-rot-ik). Characterized by dryness. शुष्कतासे पहचानमें आने-वाला।

Xerotocia. Dry labor. शुष्क-प्रसव ; गर्भोदक-विहीन प्रसव।

Xerotripsis (ze-ro-trip-sis) Dry friction. शुष्क।

Xiphicostal (zif-e-kos-tal). Relating to the xiphoid cartilage and the ribs. अग्रखण्ड उपास्थि तथा पर्शुका-सम्बन्धीय।

Xiphisternum (zif-is-ter-num). The ensiform cartilage. अग्रखण्डीय उपास्थि।

Xiphodynia (zif-o-din-e-ah). Pain in the ensiform cartilage. अग्रखंडीय उपास्थिमें दर्द।

Xiphoid (zif-oid). Shaped like a sword. तलवारके आकारका। **X. Cartilage** अग्रखण्ड ; असथाकार उपास्थि। **X. Ligament,** costo-xiphoid ligament. उपपर्शु का अग्र-खण्डीया बन्धनी।

Xiphoiditis (zi-foi-di-tis). Inflammation of the xiphoid process. अग्रखण्ड-प्रदाह।

X-Rays (eks-raz). Rontgen Rays. एक्स-किरण।

Xylotherapy (zi-lo-ther-ap-e). Treatment by the application of certain woods in the body. काष्ठौषधि चिकित्सा।

Y.

Yard. A measure of three feet. गज। 2. Penis. शिश्न ; लिंगेन्द्रिय।

Yarrow. (yaŕ-o). Achillea. एक प्रकारकी बूटी।

Yava-skin (yaȟ-vah-skin). Elephantiasis. फीलपाया।

Yawn. To gape, to open the mouth widely. जम्हाई लेना।

Yeast. A ferment. खमीर ; माबा ; अभिदव।

Yelk (yelk). Yolk. अण्डेकी जर्दी।

Yellow Fever. An epidemic disease with high fever, jaundice, black-vomit, etc. एक बहुव्यापक रोग, जिसमें जोरोंका बुखार, कामला तथा काला वमन प्रभृति उपसर्ग रहते हैं ; पीतज्वर।

Yerba (yeŕ-bah). A herb. एक बूटी।

Yoke-bone. The malar bone. कण्ठास्थि।

Yolk (yok). The yellow portion of an egg. अण्डेका पीतांश।

Z.

Zeismus (ziś-mus). A skin disease caused by the excessive use of maize. अत्यधिक मकई खानेके कारण उत्पन्न एक चर्म-रोग।

Zeissian Glands. The sebaceous glands of the eyelashes. बरुनियोंकी लसिका ग्रन्थियाँ।

Zinc, Zincum (zink, zinḱ-um). A metallic element. जस्ता।

Zingiber. (ziń-jib-er). Ginger अदरक।

Ziphac. Peritoneum. अंत्रावरक-झिल्ली।

Zoanthropy (zo-ań-thro-pe). An insane delusion in which the person believes himself an animal. एक प्रकारका मति-विभ्रम, जिससे रोगी अपनेको पशु समझने लगता है।

Zoe. Life. जीवन।

Zoetic (zo-et-ik). Relating to life. जैव ; जीवन-सम्बन्धीय।

Zona (zó-nah). Herpes zoster. कमरबन्दकी तरह दाद।

Zona virginilatis. Hymen. सतीच्छद ; कुमारीच्छद ।

Zonal. Relating to a zone. चक्री ; वेष्टनी मेखला-मंडल विषयक ।

Zonesthesia (zon-es-thé-ze-ah). Girdle sensation. ऐसा अनुभव होना, मानो कमरबन्द या पट्टा बंधो है ।

Zoobiology (zó-o-bi-ol-o-ji). Biology. प्राणी-विद्या ।

Zooblast (zó-o-blast). An animal cell. जीव-कोष ।

Zoochemistry (zo-o-kem-is-tre). Animal chemistry. जैव रसायन ।

Zoodermic (zo-o-der-mik). Relating to the skin of an animal. पशु-चर्म सम्बन्धीय । 2. Performed with the skin of an animal. पशु-चर्मकृत ।

Zoodynamics (zó-o-di nam-iks). Animal physiology. पशु-कारण-तत्व ।

Zooerastia (zó-o-e-reś-te-ah) Sexual intercourse with animal. पशु-सम्भोग ।

Zoogenous (zo oj-en-us) Derived from animals. पशुओंसे प्राप्त ।

Zoogeny (zo-oj'-en-e). The generatlon of animals. पशु-वंश ।

Zoogony (zo-oj'-o-ne). The production of animals. पशु-उत्पादन ।

Zoolagnia (zo-o-lag-ne-ah). Suxual attraction towards animals. पशुके प्रति कामेच्छा ; पशु-सम्भोगेच्छा ।

Zoonosis (zo-on-o-sis). A disease produced by animal parasites. पशु कीटाणुजनित रोग ।

Zoonotic (zo-on-ot-ik). Relating to a zoonosis. Due to animal parasltes. पशु-कीटाणुजनित रोग ।

Zooparasite (zo-o-par-as-it). Any animal parasite. पशु-कीटाणु ।

Zoophilism (zo-of-il-izm). Fondnesa for animals पशु-प्रेम ।

Zoophobia (zo-o-fó-be ah). The dread of animals. पशु-भय ।

Zoopsia (zo-op-se-ah). A delusion in which the patient thinks that he sees animals. एक भ्रम. जिसमें रोगी सोचता है कि वह पशु देख रहा है ।

Zoosis (zo-ó-sis). A disease caused by an animal parasite. पशु-कीटाणु-जनित रोग ।

Zootomy (zo-ot-o-me), The dissection of animals. पशु-शारीरिक ।

Zoster (zoś-ter). Shingles or herpes zoster. भैंसिया दाद ।

Zosteriform (zos-ter-if-orm), Resembling herpes zoster. भैंसिया दादके आकारका ।

Zygal (zi'-gal).Shaped like a yoke. जुँके आकारका ।

Zygocyle (zi-go-cil). Zygoli. भ्रूण-कोष ; भ्रूण-सेल ।

Zygoma (zi-gó-mah). The bony yoke connecting the malar and temporal bones. गण्डास्थि युग्मक प्रवर्द्धन।

Zygomatic (zi-go-maṫ-ik). Relating to the zygoma. गण्डास्थि-प्रवर्द्धन सम्बन्धीय। **Z. Muscle.** सूपकण उदश्‍षिणी पेशी।

Zyme (zim), A ferment. खमीर; उत्सेचन।

Zymocyte (zi-mo-sit). An organism which causes fermentation. खमीर पैदा करनेवाले जीव।

Zymogene (zi-mo-jin), Any microbe which causes a fermentation. उत्सेचनोत्पादक अणुवीक्षणिक जीवाणु।

Zymology (zi-moḷ-o-je). The science of knowledge regarding fermentation. खमीर-विद्या; उत्सेचन-विज्ञान।

Zymolytic (zi-mo-liṫ-ik). Caused by zymolysis. उत्सेचन-जनित

Zymoma (zi-mó-mah). Any ferment. किसी तरहका खमीर।

Zymophyte (zí-mo-fit). A bacteria that causes fermentation; a zyme. उत्सेचनकारी शलाकाणु।

Zymosis (zi-mó-sis). The process of fermentation. उत्सेचन-प्रणाली।

THE END